Holzfrei

Nr. 25
S. 3829—3988

1953
24. Juni

Chemisches Zentralblatt

Vollständiges Repertorium für alle Zweige der reinen und angewandten Chemie

Im Auftrage der Deutschen Akademie der Wissenschaften zu Berlin, der Akademie der Wissenschaften zu Göttingen und der Gesellschaft Deutscher Chemiker

herausgegeben von

Prof. Dr. **Maximilian Pflücke**

Chefredakteure: Dr. Eugen Klever und Prof. Dr. Maximilian Pflücke

124. Jahrgang

1953

Akademie-Verlag GmbH., Berlin — Verlag Chemie, GmbH., Weinheim/Bergstr.

Inhalt

Ein vollständiger oder gekürzter Abdruck der Referate ist ohne Genehmigung der Redaktion und des Verlages verboten!

Namenregister

CHEMISCHES ZENTRALBLATT

VOLLSTÄNDIGES REPERTORIUM
FÜR ALLE ZWEIGE DER REINEN UND ANGEWANDTEN CHEMIE

GEGRÜNDET 1830

Im Auftrage der Deutschen Akademie der Wissenschaften zu Berlin,
der Akademie der Wissenschaften zu Göttingen
und der Gesellschaft Deutscher Chemiker

herausgegeben von

Prof. Dr. Maximilian Pflücke

124. JAHRGANG

1953

SEITE 2705—3988
MAI BIS JUNI

Chefredakteure: Dr. Eugen Klever und Prof. Dr. Maximilian Pflücke

1953

AKADEMIE-VERLAG GMBH · BERLIN
VERLAG CHEMIE, GMBH., WEINHEIM/BERGSTR.

Herausgeber und verantwortlich für den Inhalt: Prof. Dr. Maximilian Pflücke, Berlin W 8, Jägerstraße 22/23, Fernsprecher: 200481, 201464. Redaktion: Chefredakteure Dr. Eugen Klever u. Prof. Dr. Maximilian Pflücke. Verlag: Akademie-Verlag GmbH, Berlin NW 7, Schiffbauerdamm 19 (Fernsprecher 425571, Postscheckkonto Berlin 35021) u. Verlag Chemie, GmbH, Weinheim/Bergstraße (Postscheckkonto Frankfurt/M. 145314 u. Berlin [West] 7430, Fernsprecher: Weinheim 2017).
Bestell- und Verlags-Nr. 1007/124.
Satz u. Druck: VEB Leipziger Druckhaus, Leipzig, III/18/203. III. 53.
Veröffentlicht unter der Lizenznummer 1212 des Amtes für Literatur u. Verlagswesen der Deutschen Demokratischen Republik.
Printed in Germany.

Chemisches Zentralblatt

1953 Nr. 25 24. Juni

Geschichte. Unterricht.

H. Dohse, *Theo Goldschmidt zum 70. Geburtstag.* Würdigung der Verdienste des Generaldirektors der TH. GOLDSCHMIDT A.-G., Essen, THEO GOLDSCHMIDT, für den Wiederaufbau u. die Förderung sowohl der chem. Forschung als auch der chem. Industrie aus Anlaß seines 70. Geburtstages am 11/3. 1953. — Bild. (Z. Elektrochem., Ber. Bunsenges. physik. Chem. **57.** 71. Febr. 1953.) KLEVER. 1

—, *Zum 75. Geburtstage von Wolfgang Heubner. 18. Juni 1952.* Wissenschaftliche Würdigung u. personelle Angaben über W. HEUBNER, den langjährigen Vertreter der Pharmakologie in Berlin. (Pharmaz. Ztg.-Nachr. **88.** 450—51. 15/6. 1952.) KERN. 1

—, *Arthur Simon zum sechzigsten Geburtstage.* Glückwunschadresse mit kurzer Würdigung der Verdienste von A. SIMON (Dresden). — Bild. (Z. anorg. allg. Chem. **272.** 1. Febr. 1953.) KLEVER. 1

—, *Gustav Keppeler.* Am 21/8. 1952 verstarb G. KEPPELER. In seiner 50jährigen Forschertätigkeit arbeitete er auf folgenden Gebieten: anorgan. Großindustrie, keram. Industrie, Glasfabrikation, Moorverwertung, Brennstoffe. (Tonind.-Ztg. keram. Rdsch. **76.** 333. Nov. 1952.) PISTOR. 1

J. A. Gautier, *Notiz über das Leben und die Arbeiten von Marcel Sommelet (1877 bis 1952).* Nachruf auf den am 17/10. 1952 in Langres verstorbenen Organiker (am 16/1. 1877 daselbst geboren), der bes. durch die nach ihm benannte Rk. zur Synth. von Aldehyden bekannt geworden ist. Würdigung seiner wissenschaftlichen Leistungen u. seiner Persönlichkeit. — Bild. (Bull. Soc. chim. France, Mém. [5] **20.** 231—32. März 1953.) SPAETH. 1

Otto Hahn, *Die Entwicklung der Radiochemie und die Spaltung des Urans.* (Vortrag.) Histor. Überblick über frühere radiochem. Arbeiten, die sich später bei der Uranspaltung als wichtig erwiesen haben. (Naturwiss. Rdsch. **6.** 45—49. Febr. 1953. Göttingen.) GERHARD SCHMIDT. 2

Wilhelm Hofmann, Otto Schmitz und Kurt Seeleke, *Chemische und metallographische Untersuchung des Braunschweiger Burglöwen, gegossen im Jahre 1166.* Die verwendete Legierung kann als Rotguß bezeichnet werden. Ein in dem Standbild vorgefundener Flicken besitzt n. Gefügeaufbau, während der Originalguß ein noch nicht beobachtetes Gefüge aufweist. (Abh. braunschweig. wiss. Ges. **3.** 177—81. 1951.) H. W. LEVI. 2

Laurence S. Foster, *Molekülformeneffekte.* Die Erklärung der geometr. Gestalt anorgan. Moll. (anorgan. Strukturchemie) aus den Atomgrößen u. Anordnungen der Valenzelektronen (Art der Bindung, Beteiligung der verschied. Elektronenbahnen usw.) im Unterricht wird zum besseren Verständnis der Eigg. der Verbb. empfohlen. (J. chem. Educat. **29.** 156—58. März 1952. Watertown, Mass., Arsenal Labor.) BLUMRICH. 6

G. van Praagh und H. C. Brooker, *Bestimmung der Formel für Ozon.* Demonstrationsversuch. Das Absinken des Druckes in einem mit O_2 gefüllten Ozonisator wird sowohl während der stillen elektr. Entladung, als auch bei der nachfolgenden Einw. von Terpentin mit der beschriebenen Vorr. gemessen. (School Sci. Rev. **33.** 408. Juni 1952. Christ's Hosp.) BLUMRICH. 6

G. A. Lees, *Die Einwirkung von Metallen auf Wasser.* Unterrichtsverss. über die Wasserzers. durch *Na, K* u. *Ca* in der Kälte, durch *Mg* beim Anwärmen u. durch *Zn* u. *Fe* beim Glühen (*Sn, Pb* u. *Cu* geben keine H_2-Entw.) werden unter Angabe bewährter Geräte beschrieben. — Vorsichtsmaßnahmen u. Unterrichtserfahrungen. (School Sci. Rev. **33.** 406—07. Juni 1952. Hampton, Grammar School.) BLUMRICH. 6

John T. Stock und M. A. Fill, *Methoden für kleine Mengen in der organischen Chemie.* Beschreibung von Unterrichtsübungen mit kleinen Geräten (Pyrexglaskölbchen u. -röhrchen, Halteklammern, Handzentrifugen, Filtrier- u. Destilliervorr. usw.). — 2 Beispiele (Acetylieren u. Verseifen mit Prüfen der Prodd.). (School Sci. Rev. **33.** 331—35. Juni 1952. Knight's Hill, London, L. C. C. Techn. Coll.) BLUMRICH. 6

A. Allgemeine und physikalische Chemie.

L. Jean Bogert, Fundamentals of chemistry, 7th ed. Phil.: Saunders. 1953. (648 S. m. Abb.) $ 4,50.

Helen Miles Davis, The chemical elements. Wash.: D. C. Science Service. 1952. (160 S.) $ 2,—.

Christian Gerthsen und Max Pollermann, Einführung in das physikalische Praktikum zum Studium der Physik als Nebenfach. 2. Aufl. Berlin, Göttingen, Heidelberg: Springer: 1953. (VI + 107 S. m. 132 Abb.) 8°. DM 6,60.

Paul Nylén u. Nils Wigren, Einführung in die Stöchiometrie (Elementära kemiska Räkneuppgifter, dt.) 5. u. 6. durchges. u. verm. Aufl. Darmstadt: Steinkopff. 1952. (XII + 218 S. m. 535 Aufg. u. Lösungen) 8°. DM 12,—.

Ira Remsen, Einleitung in das Studium der Chemie. (An Introduction to the study of chemistry.) Neu bearb. u. neu hersg. v. Hans Reihlen. 17. unveränd. Aufl. Dresden u. Leipzig: Steinkopff. 1953. (354 S. m. 60 Abb. u. 5 Taf.) 8°. DM 10,—.

A_1. Kernphysik und Kernchemie.

S. Flügge, *Beugungsprobleme der Physik.* Beugungserscheinungen werden als Beispiel dafür angeführt, daß sich längst entwickelte mathemat. Methoden auch auf neueste Probleme der Kernphysik anwenden lassen. (Scientia [Asso] [6] **87. 165—69. 1952.** Marburg, Inst. für Struktur der Materie.) KIRSCHSTEIN. 80

Dario Maravall Casesnoves, *Die Quantelung der physikalischen Wahrscheinlichkeit und Unmöglichkeit in der Wellenmechanik.* (Vgl. C. **1952.** 5842.) Die Vorstellungen von der Diskontinuität der Variablen der Wellenmechanik werden auf die statist. Mechanik angewandt. Auf Grund einer Berechnung der Wahrscheinlichkeitsquanten wird für den harmon. Oscillator u. für das *H*-Atom eine Theorie entwickelt, die für kleine Abstände der gewöhnlichen Quantenmechanik analog ist, für große Abstände von ihr abweicht. (Euclides [Madrid] **12.** 225—33. Juni 1952.) R. K. MÜLLER. 80

R. B. Leighton und **S. D. Wanlass**, *Das Vorkommen schwerer Mesonen in durchdringenden Schauern.* Bei Nebelkammerunterss. durchdringender Schauer wurden zwei Zerfälle von τ-Mesonen u. ein Zerfall eines $\varkappa$-Mesons im Flug mit großer Wahrscheinlichkeit gefunden. Das eine τ-Meson zerfällt in drei geladene Teilchen, wahrscheinlich π-Mesonen, u. hat eine M. von ca. 975 m_e u. eine Lebensdauer von 10^{-9} Sek. oder länger. Das $\varkappa$-Meson zerfällt in ein geladenes Teilchen, ein μ- oder π-Meson, sein Impuls beträgt 185 ± 20 MeV/c u. seine M. 1200 ± 300 m_e. Ferner wurden in den Schauern drei Teilchen mit Massen 550 ± 150, 450 ± 150 u. 750 ± 150 m_e gefunden, was auf die Existenz eines Teilchens mit einer M. zwischen 400 u. 650 m_e hinweist. (Physic. Rev. [2] **86.** 426—27. 1/5. 1952. Pasadena, Calif., Inst. of Technol.) WIEDEMANN. 85

D. C. Peaslee, *V^0-Teilchen und Isotopenspin.* Der Isotopenspin hat sich als geeignete Quantenzahl für Meson–Nucleon-Systeme erwiesen. Seine Bedeutung für die V^0-Teilchen, die als Nucleonen im angeregten Zustand betrachtet werden, wird diskutiert. Der Isotopenspin kann nicht die Stabilität der V^0-Teilchen gegen Zerfall durch π- u. γ-Ausstrahlung bewirken. Da keine V^{++}- u. andere Begleitteilchen beobachtet werden, müssen die Wellenfunktionen des V-Teilchens einige Komponenten mit einem Isotopenspin $< 3/2$ besitzen. (Physic. Rev. [2] **86.** 127—28. 1/4. 1952. New York, N. Y., Columbia Univ.) WIEDEMANN. 90

E. Gerjuoy und **David S. Saxon**, *Variationsrechnung von Streuquerschnitten.* Vff. berichten über Ergebnisse der Berechnungen, welche die Verwendbarkeit der SCHWINGERschen Variationsformulierung des Streuproblems abzuschätzen versuchen, wenn ka so groß ist, daß eine Phasenverschiebungsanalyse ein langsam konvergierendes Verf. darstellt. Neben der Anwendung von Variationsausdrücken für die einzelnen Phasenverschiebungen werden Verbesserungen gegenüber der BORNschen Approximation angebracht. (Physic. Rev. [2] **85.** 939—40. 1/3. 1952. New York, N. Y., New York Univ.; Los Angeles, Calif., Nat. Bur. of Stand.) GERHARD SCHMIDT. 90

Carl-Erik Fröberg, *Über die Bestimmung der Proton–Proton-Wechselwirkung aus Streuversuchen.* Ausführliche Darst. der C. **1951.** I. 2390 referierten Arbeit. (Ark. Fysik **3.** 1—34. 1951. Lund, Univ., Inst. för mekan. och matemat. fys.) KLEVER. 90

R. S. Christian, *Die Analyse der Daten energiereicher Neutron–Proton- und Proton–Proton-Streuung.* Zusammenfassender Bericht über die phänomenolog. Beschreibung der Nucleon–Nucleon-Wechselwrkg. in Ausdrücken eines stat. Potentials. Die Streuquerschnitte bei verschied. Energien von 28—340 MeV werden für verschieden angenommene Potentialmodelle berechnet u. mit den experimentellen Ergebnissen verglichen. Für (n–p)-Streuung läßt sich Übereinstimmung mit einem Potentialmodell erzielen, das keine Wechselwrkg. in ungeraden Paritätszuständen besitzt u. eine langauslaufende Radialabhängigkeit aufweist. Die vorausgesagten totalen Streuquerschnitte sind im allg. um 20% zu hoch. Die Ergebnisse über die (p–p)-Streuung fordern einen großen Anteil der

Gesamtstreuung bei hohen Energien in den ungeraden Paritätszuständen. Die entsprechenden Kräfte besitzen einen nichtzentralen Charakter. Bei kurzen Entfernungen wird eine extrem starke Wechselwrkg. gefordert, welche die Form eines Rückstoßkerns im Singulettzustand oder eines Tensors in Triplettzuständen annehmen kann. Der Zusammenfassung der Kenntnisse über Wechselwirkungen in den verschied. unabhängigen (n–p)- u. (p–p)-Zuständen schließt sich ein ausführliches Literaturverzeichnis an. (Rep. Progr. Physics **15.** 68—100. 1952. Los Alamos, N. Mex., Sci. Labor.) GERHARD SCHMIDT. 90

William G. Cross, *Die Winkelverteilung der Neutron–Proton-Streuung bei 14 MeV.* (Sitzungsbericht.) Die differentielle Impulshöhenverteilung eines Stilbenscintillationszählers, der den 14 MeV-(T–D)-Neutronen ausgesetzt war, wurde zur Best. der Energieverteilung der in dem Kristall hervorgerufenen Rückstoßprotonen u. ihrer Winkelverteilung verwendet. Der Zusammenhang zwischen Impulshöhe u. Protonenenergie für Stilben wurde mittels der monoenerget. Protonen aus der Rk. ^{3}*He*(d, p)^{4}He bestimmt, wobei die Protonenenergie durch Al-Absorber verändert wurde. Theoret. Ausdrücke für die Störung des Protonenspektr. durch aus dem Kristall austretende Protonen u. durch Doppelstreuung von Neutronen im Kristall wurden abgeleitet u. durch Beobachtung der Änderungen der Impulshöhenverteilung für Kristalle verschied. Größe u. Form bestätigt. Die Beschränkung auf den Winkelbereich 90—180° ergab, daß in diesem Bereich die Winkelverteilung gleichmäßig war. Die Ungenauigkeit läßt sich durch verbesserte Best. der Energie–Impulshöhen-Beziehung auf 3% herabmindern. (Physic. Rev. [2] **87.** 223. 1/7. 1952. Chalk River Labor.) v. HARLEM. 90

A. E. Taylor, *Reichweite–Energie-Beziehungen.* Zusammenfassender Bericht über Messungen des Bremsvermögens einer Anzahl von Elementen für Protonen mit Energien $>$100 MeV. Zwischen dem mittleren Anregungspotential u. der Kernladungszahl läßt sich eine lineare Beziehung für Elemente mit einer Kernladungszahl größer als der von Fe aufstellen. Während die Reichweite–Energie-Beziehung für α-Teilchen u. Protonen mit Energien $>$20 keV durch quantenmechan. Modelle des Atoms erklärt werden kann, können die Ergebnisse für sehr langsame Protonen, schwere Ionen u. Spaltprodd. nach der klass. Mechanik gedeutet werden. Von der Polarisation des Mediums herrührende Wirkungen machen sich in der Bremsung energiereicher Teilchen in verdichteter Materie u. in der Bremsung von Teilchen niedriger Energie in Metallen bemerkbar. — Ausführliches Literaturverzeichnis. (Rep. Progr. Physics **15.** 49—67. 1952. Harwell, Didcot, Berks., A. E. Res. Establ.) GERHARD SCHMIDT. 90

J. Catalá, F. Senent und J. Aguilar, *Das Bremsvermögen der Kernemulsionen C-2 für Protonen.* Für Protonen in Luft gilt bei Verwendung der Emulsion ILFORD C-2 die Beziehung $E' = 0{,}00383\ R_a^{0{,}564}$ bzw. in g/cm² ausgedrückt $E' = 29{,}2\ R_a^{0{,}564}$. Das Bremsvermögen für Protonen ist gegeben durch $S = 1694\ R^{0{,}0283}$. Es schwankt zwischen 1800 für Protonen von 2 MeV bis 2050 für solche von 13 MeV. (An. Real Soc. españ. Fisíca Quím., Ser. A **48.** 209—10. Juli/Aug. 1952. Valencia, Inst. de Opt. Daza de Valdes.) R. K. MÜLLER. 90

Seishi Kikuchi, *Durch hochenergetische Synchrotron-γ-Strahlen hervorgerufene Photodissoziation von Kernen.* (Vgl. C. **1952.** 797.) Die in photograph. Emulsionen durch hochenerget. Synchroton-γ-Strahlung erzeugten Sterne u. einzelnen Protonenbahnspuren wurden analysiert. Es wurde untersucht: a) Abhängigkeit des Querschnitts für Sternerzeugung von der Anregungsenergie, b) Energie- u. Winkelverteilung von Sternprotonen u. Einzelprotonen, c) die relative Anzahl von Sternen, die mit einem emittierten Meson verknüpft sind. Der Querschnitt für Kernphotoprozesse steigt oberhalb der Mesonenschwelle mit steigender Anregungsenergie an. Es scheinen dabei zwei konkurrierende Prozesse stattzufinden: a) der freie Mesoneneffekt, der darin besteht, daß durch Wechselwrkg. eines Photons mit dem Kern ein freies Meson erzeugt wird u. vom gleichen Kern wieder absorbiert wird, b) die unmittelbare Absorption eines Photons durch eine Gruppe von Kernteilchen, ohne daß ein Meson emittiert wird. Das Auftreten einer starken Vorwärtsspitze in der Winkelverteilung von 20—60 MeV Sternprotonen bei 300 MeV Anregung spricht für den Effekt a), während die starke Vorwärtsasymmetrie der Winkelverteilung hochenerget. Sternprotonen (ca. 100 MeV) für den Effekt b) spricht. Der Querschnitt ist für unmittelbare Absorption wesentlich größer, als es der LEVINGERschen Theorie der Kern-Photodissoziation entspricht. (Physic. Rev. [2] **86.** 41—51. 1/4. 1952. Ithaca, N. Y., Cornell Univ.) O. ECKERT. 90

Hermann-Josef Kopineck, *Zweizentrenwechselwirkungsintegrale.* 3. Mitt. *Integrale mit 2p- und wasserstoffähnlichen 2s-Funktionen.* (2. vgl. C. **1952.** 4564.) In Erweiterung vorhergehender Integralberechnungen wird gezeigt, daß die Berechnung von Zweizentrenintegralen mit wasserstoffähnlichen 2s-Funktionen in die Berechnung von Integralen zerfällt, die ψ_k bzw. ψ_s u. ψ_p enthalten. Orthogonalitäts-, Übergangs-, Austausch-,

COULOMB- u. Ionenintegrale mit ψ_k u. ψ_s u. ψ_p werden für gleiche effektive Kernladungszahlen berechnet u. tabelliert. Die Gleichungen sind angegeben, die von Integralen mit ψ_s zu denen mit ψ_k u. ψ_s (u. ψ_p) führen. (Z. Naturforsch. **7a**. 785—800. Dez. 1952. Göttingen, Max-Planck-Inst. für Phys.) GERHARD SCHMIDT. 95

R. Sternheimer, *Wirkung des Atominneren auf die magnetische Hyperfeinstruktur.* Vf. leitet Gleichungen für das Magnetfeld im Kern ab, das von einem im Elektroninneren durch ein äußeres Valenzelektron induzierten Strom hervorgerufen wird. Die Formel enthält wegen des Kerns ein Korrekturglied, das für die Berechnung des Kernquadrupolmomentes wichtig ist. Der magnet. Effekt hebt annähernd die Austauschterme in der Korrektur der Quadrupolkopplung auf, so daß der Korrekturfaktor für die Kernquadrupolmomente dem des THOMAS-FERMI-Modells entspricht. (Physic. Rev. [2] **86**. 316—24. 1/5. 1952. Upton, N. Y., Brookhaven Nat. Labor.) KÖHN. 95

D. M. Hunten, *Kernmagnetisches Moment von ^{45}Sc.* Nach der Meth. der magnet. Kernresonanz (Magnet mit $3^3/_4$ in. Polen u. einstellbarem Spalt) wurde das magnet. Moment von ^{45}Sc ohne diamagnet. Korrektur zu $4{,}74916 \pm 0{,}00012$ gemessen. Die Anordnung zur Best. der magnet. Resonanz durch Änderung des Magnetfeldes wird beschrieben, wobei besonderes Gewicht auf den Magnetstromregler gelegt wird. In Anbetracht der beobachteten Abhängigkeit der Resonanzfrequenz von der chem. Verb. ist das Ergebnis nicht so genau, wie es durch den wahrscheinlichen Beobachtungsfehler von $+0{,}00717$ angezeigt wird. (Canad. J. Physics **29**. 463—69. Nov. 1951. Montreal, Quebec, Can., McGill Univ., Radiat. Labor.) GERHARD SCHMIDT. 95

Raphael Littauer und James Keck, *Photozertrümmerung von Deuterium bei 180 bis 260 MeV.* (Sitzungsbericht.) Äquivalente Targets aus D_2O u. H_2O wurden mit Bremsstrahlung des 315 MeV-Elektronensynchrotrons bestrahlt. Die ausgesandten Protonen wurden mit einem Koinzidenz–Antikoinzidenz-Teleskop gezählt, das ein bestimmtes Reichweiteintervall für geladene Teilchen definiert u. diese Teilchen durch ihre spezif. Ionisation identifiziert. Der einzig mögliche Prozeß in D unter Protonenemission ist im untersuchten Winkel- u. Energiebereich nur die Photozertrümmerung. Die Energie der Protonen bestimmt die Energie des die Photozertrümmerung auslösenden Photons, so daß sich der Wirkungsquerschnitt der Rk. als Funktion der Photonenenergie u. des Protonenwinkels bestimmen läßt. Vorläufige Verss. ergaben einen differentiellen Wirkungsquerschnitt bei 90° in der Größenordnung von $4 \cdot 10^{-30}$ cm²/Raumwinkel, der sich im Bereich von 180—260 MeV nicht stark ändert. (Physic. Rev. [2] **87**. 195—96. 1/7. 1952. Cornell Univ.) GERHARD SCHMIDT. 103

Raphael Littauer und James Keck, *Energiereiche Photozertrümmerung des Deuterons.* Ausführliche Darst. des vorst. referierten Sitzungsberichtes. (Physic. Rev. [2] **86**. 1051—52. 15/6. 1952. Ithaca, N. Y., Cornell Univ.) GERHARD SCHMIDT. 103

L. M. Langer und R. D. Moffat, *Das β-Spektrum von Tritium und die Masse des Neutrinos.* (Sitzungsbericht.) Mit dem großen Magnetspektrometer mit 0,7% Auflösung wurde das β-Impulsspektr. von ^3H direkt bestimmt. Als Quelle diente eine dünne gleichförmige Schicht T-Ionen enthaltender Bernsteinsäure, die therm. im Vakuum auf 1,5 μg/cm² Zapon aufgebracht wurde. Ein G.-M.-Zähler mit gleichstarkem Zaponfenster diente als Detektor. Das FERMI-Diagramm einer ca. 1 mC starken Quelle verläuft von 7 keV bis zum Endpunkt gradlinig. Vorläufige Messungen ergaben eine Ruhmasse des Neutrinos von $< 0{,}1$% der Elektronenmasse, falls das Antineutrino die β^--Emission begleitet. In bezug auf die ThA-Linie bei $H\varrho = 533{,}66$ ist die Maximalenergie des ^3H-Spektr. $18{,}0 \pm 0{,}4$ keV. (Physic. Rev. [2] **88**. 169—70. 1/10. 1952. Indiana Univ.) GERHARD SCHMIDT. 103

R. N. H. Haslam, L. Katz, R. J. Horsley, A. G. W. Cameron und R. Montalbetti, *Feinstruktur in der $^{16}O(\gamma, n)^{15}O$-Aktivierungskurve.* (Sitzungsbericht.) Bei Unterss. der Rk. $^{16}O(\gamma, n)^{15}O$ mit γ-Strahlen aus dem Betatron mit Energietoleranzen < 30 keV wurden in der Umgebung des Schwellenwertes in der Aktivierungskurve eine Anzahl von kurzen geraden Strecken beobachtet. Diese Diskontinuitäten werden der Photoabsorption durch einzelne Niveaus in ^{16}O zugeschrieben. Die Energien dieser Niveaus liegen bei 15,60, 15,84, 16,56, 16,72 u. 16,96 MeV. Das erste Niveau erscheint nahe dem aus den Massendifferenzen zu erwartenden Schwellenwert. (Physic. Rev. [2] **87**. 196. 1/7. 1952. Univ. of Saskatchewan.) GERHARD SCHMIDT. 103

V. L. Telegdi, *Untersuchung der Reaktion $^{12}C + h\nu = 3\ ^4He$ mit γ-Strahlen bis zu 48 MeV.* (Sitzungsbericht.) (Vgl. C. **1953**. 2068.) Auf Kernemulsionen, 400 μ stark, traf eine Betatronbremsstrahlung. Aus der Energieverteilung der Sterne u. dem Spektr. eines dünnen Targets wurde der Wirkungsquerschnitt $\sigma(h\nu)$ berechnet. Der Wirkungsquerschnitt geht nach der Spitze bei ca. 18 MeV über ein weiteres Maximum von ca. 4 MeV Halbwertsbreite, das bei 29 MeV liegt. Von 250 Ereignissen wurden nur 3 durch Photonen mit Energien über 35 MeV erzeugt. Beide Spitzen haben innerhalb 20% gleiche Höhe

(0,2 mbarn). Die durch Photonen mit größerer Energie als 24,3 MeV hervorgerufenen Ereignisse scheinen überwiegend über einen angeregten Zustand von ^{8}Be bei ca. 17 MeV mit einer experimentell gefundenen Halbwertsbreite von 1 MeV zu gehen. (Physic. Rev. [2] **87.** 196. 1/7. 1952. Univ. of Chicago.) GERHARD SCHMIDT. 103

D. W. Kerst, L. J. Koester, A. S. Penfold und J. H. Smith, *Winkelverteilung von Neutronen über 50 MeV, die durch 320 MeV-Bremsstrahlung ausgelöst wurden.* (Sitzungsbericht.) Vff. messen die Winkelverteilung der Neutronen aus einem *C*-Target unter Röntgenstrahleneinw. aus dem 320 MeV-Betatron. Die Neutronen lösen in Paraffin Rückstoßprotonen aus. Die Neutronenwinkelverteilung zeigt relativ zum Maximum bei 45° folgende Ausbeuten: 30° (0,85), 45° (1,00), 60° (0,85), 80° (0,69), 100° (0,37) u. 120° (0,35). Nach LEVINGER (C. **1952.** 3440) wird das Maximum bei einem größeren Winkel erwartet. Werden die Ausbeuten als Funktionen der Betatronenergie aufgetragen, so zeigt sich, daß ein beträchtlicher Teil der Neutronen durch Photonen über 250 MeV ausgelöst wird. Aufnahmen mit Kernemulsionen ließen keine Mesonen erkennen. Das Auftreten von Elektronen u. sek. Neutronen konnte nicht nachgewiesen werden. (Physic. Rev. [2] **87.** 197. 1/7. 1952. Univ. of Illinois.) GERHARD SCHMIDT. 103

G. J. Plain, H. L. Morrison und F. T. Rogers, *Der energiearme Teil des β-Spektrums von* ^{35}S. (Sitzungsbericht.) Vf. beobachtet das untere Ende des β-Spektr. von ^{35}S mit einer Meth., bei der radioakt. Dampf in einer kontinuierlich empfindlichen Diffusionsnebelkammer verwendet wird. Die Aktivität wurde in Spurenmengen von Äthylmercaptan eingeführt. 1000 β-Bahnen niedriger Energie wurden aus ca. 25000 Bahnen gefunden u. photograph. registriert. In dem beobachteten Spektr. erscheinen, falls überhaupt, wenige β-Teilchen von ^{35}S mit einer Energie unterhalb 10 keV. (Physic. Rev. [2] **88.** 170. 1/10. 1952. Inyokern.) GERHARD SCHMIDT. 103

K. M. Terwilliger und L. W. Jones, *Neutronenerzeugung durch energiereiche Quanten.* (Sitzungsbericht.) Die totalen Neutronenausbeuten von 12 Elementen wurden als Funktion der maximalen Bündelenergie des 320 MeV-Synchrotrons aufgenommen. Die Messungen erfolgten von 40—320 MeV in 40 MeV-Intervallen. Die Neutronen wurden mit einem BF_3-Langzähler unter 90° zum einfallenden Bündel gemessen. Geeicht wurde die Anordnung mit der $β^+$-Aktivität von ^{62}Cu aus der Rk. ^{63}Cu(γ, n)^{62}Cu. Die totalen Neutronenausbeuten nehmen bei allen 12 Elementen mit der maximalen Bündelenergie von 40—320 MeV zu, die 40 MeV-Ausbeuten liegen bei ca. 60% der Ausbeuten bei 320 MeV. (Physic. Rev. [2] **87.** 196. 1/7. 1952. Berkeley, Calif., Univ. of California.) GERHARD SCHMIDT. 103

R. J. Debs, J. T. Eisinger, A. W. Fairhall, I. Halpern und H. G. Richter, *Photokernausbeuten von Kupfer bis Arsen.* (Sitzungsbericht.) Das 330 MeV-Röntgenstrahlenbündel aus dem Synchrotron wurde zur Beobachtung von Photokern-Rkk. bei Elementen zwischen Cu u. As benutzt. Die radioakt. Prodd. wurden chem. von den Targets abgetrennt u. die mit geeichten GEIGER-Zählern aufgenommenen Zerfallskurven analysiert Die relativen (γ, n)-, (γ, p)-, (γ, np)- u. (γ, 2n)-Ausbeuten stimmen mit früheren Ergebnissen überein. Die (γ, pn)-Ausbeuten (wahrscheinlich γ, d) von ^{64}Zn u. ^{70}Ge umfassen 18 bzw. 5% der entsprechenden (γ, n)-Ausbeuten. Für ein vorgegebenes Element sind die (γ, pn)-Ausbeuten bei den leichteren Isotopen am höchsten, die (γ, α)-Ausbeuten liegen bei 1% der (γ, n)-Ausbeuten. α-Teilchen werden meist von einigen Neutronen begleitet, so sind z. B. die Verhältnisse der (γ, 2α)-, (γ, 2α 3n)- u. (γ, 2α 6n)-Ausbeuten zur (γ, n)-Ausbeute in ^{75}As 2, 18 bzw. $5 \cdot 10^{-4}$. Einige Aktivitäten, die der Emission mehrerer Nucleonen entsprechen, sind wahrscheinlich mit Mesonenerzeugung verbunden. In allen untersuchten Kernen überschreitet die (γ, n)-Ausbeute die Summe der anderen Ausbeuten. (Physic. Rev. [2] **87.** 196. 1/7. 1952. MIT.) GERHARD SCHMIDT. 103

E. P. Tomlinson und S. L. Ridgway, *Das β-Spektrum von* ^{76}As. (Sitzungsbericht.) Mit einem Doppelfokusspektrometer hoher Auflösung vom SIEGBAHN-Typ wurde das β-Spektr. von ^{76}As untersucht. Der Endpunkt des Spektr. wurde bei 2,98±0,01 MeV gefunden. Aus dem KURIE-Diagramm ergab sich ein Übergang vom $\Delta J = 2$-Typ. Der nächst höhere Übergang hatte seinen Endpunkt bei 2,40±0,03 MeV. Es wurden K-Konversionselektronen beobachtet, die einem 558±6 keV-Übergang entsprachen. Wird das SIEGBAHNsche Zerfallsschema zugrunde gelegt, so ist der K-Konversionskoeff. bei elektr. Quadrupolstrahlung $(2{,}0 \pm 0{,}2) \cdot 10^{-3}$. Bei Annahme eines geraden Nullzustandes von ^{76}Se liefern diese Werte zwei gerade Terme für den ersten angeregten Zustand von ^{76}Se u. zwei ungerade für ^{76}As. (Physic. Rev. [2] **88.** 170. 1/10. 1952. Princeton Univ.) GERHARD SCHMIDT. 103

Alan B. Smith und Allan C. G. Mitchell, *Das Kernspektrum von* ^{77}Ge. Sitzungsbericht zu der C. **1953.** 329 referierten Arbeit. (Physic. Rev. [2] **86.** 619. 15/5.; Bull. Amer. physic. Soc. **27.** Nr. 1. 44. 31/1. 1952. Indiana Univ.) KIRSCHSTEIN. 103

Erich M. Harth, *Photoerzeugung des isomeren Paares von ^{80}Br.* (Sitzungsbericht.) Vff. bestimmen das Verhältnis $\sigma g/\sigma m$ bei einer (γ, n)-Rk., wobei die Indices g u. m den Grundzustand bzw. den metastabilen Zustand kennzeichnen. Bei den Verss. wurden durch Cd abgeschirmte Br-Präpp. mit der Bremsstrahlung aus einem 22 MeV-Betatron bestrahlt. Die Zerfallskurven der in den Proben induzierten Aktivitäten konnten durch eine Subtraktionsmeth. aufgelöst werden in ^{80m}Br (4,4 Std.), ^{80}Br (18 Min.) u. in eine 6 Min.-Aktivität aus der Rk. ^{79}Br(γ, n)^{78}Br. σ_g/σ_m wurde aus den extrapolierten 4,4 Std.- u. 18 Min.-Anfangsaktivitäten u. der Bestrahlungsdauer gewonnen. In Abhängigkeit von der maximalen Photonenenergie (E_{max} in MeV) ist σ_g/σ_m 14 (10,5 MeV), 18 (10,7), 28 (10,8), 18 (11,0), 13 (11,2), 8,5 (11,7), 4,2 (14,2), 2,2 (18,3) u. 1,8 (22,2 MeV). Die Werte stimmen mit den Ergebnissen anderer Autoren überein. (Physic. Rev. [2] **88.** 170. 1/10. 1952. Naval Res. Labor.) Gerhard Schmidt. 103

L. Katz, L. Pease und H. Moody, *Die Photoneutronenwirkungsquerschnitte für die Reaktionen $^{81}Br(\gamma, n)^{80}Br$ und $^{81}Br(\gamma, n)^{80}Br^*$ und eine Analyse des Verhältnisses zwischen diesen Wirkungsquerschnitten.* (Sitzungsbericht.) Die Wirkungsquerschnittskurven der Rkk. ^{81}Br(γ, n)^{80}Br u. ^{81}Br(γ, n)^{80}Br* werden als eine Funktion der Energie aufgenommen. Die Kurven zeigen für Photokern-Rkk. charakterist. Spitzen mit maximalen Wirkungsquerschnitten von 88 bzw. 42 mbarn. Das Verhältnis der Wirkungsquerschnitte hängt von den Spins der angeregten Niveaus ab, in welchen der ^{80}Br-Kern zurückgelassen wird. (Physic. Rev. [2] **87.** **196.** 1/7. 1952. Univ. of Saskatchewan.) Gerhard Schmidt. 103

S. C. Curran, D. Dixon und H. W. Wilson, *Die natürliche Radioaktivität von Rubidium.* Ausführliche Darst. der C. **1952.** **6005** referierten Arbeit. (Philos. Mag. [7] **43.** 82–92. Jan. 1952. Glasgow, Univ., Dep. of Natural Philos.) O. Eckert. 103

S. C. Fultz, R. J. Nash, R. L. Woodward und M. L. Pool, *Strahlungen von ^{99}Rh und ^{67}Ga.* (Sitzungsbericht.) Rh-Aktivitäten wurden durch Beschuß von *Ru*-Metall mit 6,3 MeV-Protonen erzeugt u. in einem 180°-Spektrometer untersucht. Es wurden Spitzen aus der inneren Konversion, die γ-Energien von 0,144 $\pm$ 0,005 u. 0,286 $\pm$ 0,005 MeV entsprechen, beobachtet. Beide γ-Strahlen zerfielen mit einer langen Halbwertszeit von 4,3-Tagen, was ^{101}Rh entspricht, der 0,286 MeV-γ-Strahl außerdem mit einer kürzeren Halbwertszeit von 4,5 Stunden. Diese Aktivität wird ^{99}Rh u. nicht einem Isomer von ^{101}Rh zugeschrieben. Die γ-Strahlen von ^{67}Ga wurden nach der Koinzidenzmeth. untersucht. Die 295 u. 180 keV-γ-Strahlen bilden eine Kaskade, während der 90 keV-γ-Strahl nicht mit den beiden härteren γ-Komponenten koinzidiert. Vorläufige Messungen der verzögerten Koinzidenzen von Röntgen- u. γ-Strahlen mit einem Scintillationsspektrometer ergaben, daß der 90 keV-γ-Strahl metastabil mit einer Halbwertszeit im μSek.-Bereich ist. (Physic. Rev. [2] **88.** 170. 1/10. 1952. Ohio State Univ.)
Gerhard Schmidt. 103

B. Ss. Dshelepow, N. N. Shukowski und Ju. W. Cholnow, *γ-Strahlung von ^{110}Ag.* Die Best. des γ-Strahlenspektr. von ^{110}Ag mit einem früher beschriebenen γ-Spektrometer (C. **1951.** II. **1691**) ergab neben dem Auftreten von 2 scharfen Linien bei 652$\pm$7 u. 886 $\pm$ 9 keV 2 weitere weniger intensive bei 1388 u. 1484 keV in guter Übereinstimmung mit den Befunden von Siegbahn (C. **1951.** II. **3124**). Es konnte jedoch keine Aufspaltung der Linie bei 886 keV in 885 u. 930 keV beobachtet werden. Aus dem Spektr. der Konversionselektronen ergaben sich Anhaltspunkte für die Existenz weiterer schwacher γ-Linien von ^{110}Ag. (Доклады Академии Наук СССР [Ber. Akad. Wiss. UdSSR] [N. S.] **77.** 597–98. 1/4. 1951.) Klever. 103

Rolf M. Steffen und W. Zobel, *Die Winkelkorrelation der von den angeregten Zuständen von ^{114}Cd emittierten γ-Strahlen.* (Sitzungsbericht.) Die Winkelbeziehung der 548 u. 715 keV-γ-Strahlen von ^{114}*In* wurde unter Benutzung von $InCl_3$ $In_2(SO_4)_3$ u. In-Metall vermessen. Trotz der kurzen Lebensdauer des Zwischenzustandes ($<2 \cdot 10^{-9}$ Sek.) wurde ein merklicher Effekt des chem. Zustandes der ^{114}In-Quellen auf die Winkelbeziehung beobachtet. Für In-Metall-Quellen ergab sich für die ungestört angenommene Winkelbeziehung: $f(\vartheta) = 1 + 0{,}09 \cos^2\vartheta + 0{,}07 \cos^4\vartheta$ ($\pm$0,01). Die Winkelbeziehung kann als (4–2–0)-Kaskade beschrieben werden, wobei der (4–2)-Übergang eine Mischung von Oktupol- u. Quadrupolstrahlung ist oder als (2–2–0)-Kaskade, wobei der (2–2)-Übergang eine Mischung von Quadrupol- (4,4%) u. Dipolstrahlung (95,6%) ist. In beiden Fällen erfolgt der (2–0)-Übergang zum Grundzustand durch Quadrupolstrahlung. Die Unters. des 73 Sek.-^{114}In-Grundzustandes, der durch Deuteronenbeschuß von In u. Cd direkt hervorgerufen wurde, ergab, daß die γ-Kaskade dem K-Einfangzerfall des 72 Sek.-^{114}In-Grundzustandes folgt, was auf einen Spin 2 für das 1,26 MeV-Niveau von ^{114}Cd hindeutet. (Physic. Rev. [2] **88.** 170. 1/10. 1952. Purdue Univ.) Gerhard Schmidt. 103

W. C. Kelly, *Innere Konversion bei ^{144}Pr, ^{114}In, ^{137}Ba und ^{110}Cd.* Bei der Durchführung β-spektrometr. Messungen des Konversionsverhältnisses α_K/α_L wurden der

132 keV-Übergang von ^{144}Pr, der 192 keV-Übergang von ^{114}In, der 662 keV-Übergang von ^{137}Ba u. der 656 keV-Übergang von ^{110}Cd untersucht. Aus den Messungen ergaben sich α_K/α_L-Werte von 5,3 ± 0,1, 1,30 ± 0,05, 4,57 ± 0,05 bzw. 14 ± 2. Diese beobachteten Werte deuten auf elektr. Quadrupolstrahlung im Falle von ^{144}Pr, elektr. 2^4- oder auch 2^5-Strahlung im Fall von ^{114}In, elektr. 2^5-Strahlung im Falle von ^{137}Ba sowie auf elektr. Dipolstrahlung im Falle von ^{110}Cd hin. (Physic. Rev. [2] **85.** 101—03. 1/1. 1952. Pittsburgh, Pa., Univ.) O. Eckert. 103

S. G. Bauer, *Technologische Probleme der Atomkraft.* Entw. der Verff. des Wärmetransports vom Reaktor zum Generator. Von den verschied. Lösungen des Problems, wie z. B. Kühlung durch Gase, W. bei hohem Druck u. durch fl. Metalle, liefert die letzte Meth. mit *Na, Hg* u. *Bi* als Kühlmaterial die günstigsten Ergebnisse. Die Vorteile dieser Meth. bestehen hauptsächlich in dem Wärmetransport bei jeder gewünschten Temp. mit einem Minimum an Temperaturverlust u. in der Verwendung geringer Drucke. (Research **5.** 515—21. Nov. 1952. Harwell, A. E. Res. Establ.) Gerhard Schmidt. 105

W. W. Happ und **J. L. Horwood,** *Prüfung uranhaltiger Erze durch Spaltungsanalyse.* Es wird versucht, mit Hilfe einer Messung des durch Neutronenbeschuß erzeugten Anteils an Spaltprodd. von U eine Prüfmeth. auszubilden. Die Strahlung einer 50 mg-Probe (Mischung von 40% U_3O_8, 40% P u. Amylacetat) beim Beschuß mit gebremsten Neutronen einer 50 mC-Ra–Be-Quelle wird mit Hilfe eines n. ZnS-Scintillationszählers für α-Strahlen gemessen. Mit Hilfe eines Diskriminators wird die Strahlungsintensität in Abhängigkeit von der Impulshöhe mit u. ohne Neutronenbeschuß sowie mit u. ohne Probe bestimmt. Der durch Spaltprodd. erzeugte Intensitätsanteil steigt mit wachsender Impulshöhe. Bei Messungen an Proben mit 10 u. 1% U konnte nur eine geringe bzw. gar keine Vergrößerung der Strahlungsintensität festgestellt werden. Für Prüfzwecke an U-Erzen erwies sich die Strahlungsmessung des natürlichen Zerfalles als genauer u. einfacher. (Science [Washington] **115.** 622—23. 6/6. 1952. Ottawa, Can., Dep. of Mines and Technic. Surv., Mines Branch, Radioact. Div.) Werner Schulz. 105

C. Sánchez de Río, Oscar Jiménez Reynaldo und **E. Rodríguez Máyquez,** *Über die absolute Messung von β-Aktivitäten.* Für absol. Messungen an Feststoffen mit sehr kurzer Lebensdauer wird ein „Innenzähler" ohne Fenster zwischen Probe u. empfindlichem Bereich verwendet u. die Probe auf eine Unterlage gelegt, deren Dicke größer als die Reichweite der β-Strahlen ist, so daß als Korrekturen nur das Reflexionsvermögen der Unterlage u. die Probendicke selbst zu berücksichtigen sind. Die mit verschied. Materialien aufgenommene Beziehung zwischen Albedo u. Kernladungszahl zeigt geringere Materialabhängigkeit als bei bisher bekannten Methoden. (An. Real Soc. españ. Física Quím., Ser. A **48.** 127—32. Mai/Juni 1952. Madrid, Junta de la Energia nucl.)
R. K. Müller. 112

James Fresco, Evelyn Jetter und **John Harley,** *Radiometrische Eigenschaften der Thoriumreihe.* Der relativ schnelle Zerfall der Glieder der Th-Reihe nach ^{232}Th erfordert eine prakt. Meth. zur Angabe der Ausschlagszahlen nach einer graph. Darst. der Lösung der partiellen Differentialgleichung von Bateman. Mit Hilfe der Kurven kann die Aktivität jedes Präp. zu jeder Zeit gemessen werden. Die relative Genauigkeit der Meth. wird zu ca. 1% angegeben. (Nucleonics **10.** Nr. 8. 60—64. Aug. 1952. New York, N. Y., U. S. A. E. C., Operat. Off., Health and Safety Div., Analytic. Branch.)
Gerhard Schmidt. 112

Gunnar Aniansson und **Naftali Steiger,** *Mikroradiographie mit α-Strahlen.* Die Voraussetzungen für die Erzielung aufschlußreicher Bilder bei der α-Strahl-Mikroradiographie werden erläutert (scharfer α-Strahl, geringer Abstand Objekt–Film, feinkörnige Emulsion, möglichst senkrechter Strahleneinfall). Als Beispiel wird die Darst. eines Carcinomschnittes von 10 μ Stärke mittels einer ^{210}Po-α-Quelle von 3,5 mC wiedergegeben. Emulsion: Lippmann 84,890 1 M. Das gleiche Objekt wird in dreifacher Darst. gezeigt, wobei die α-Reichweite 0,6, 1,1 bzw. 1,6 cm in Luft betrug. (Nature [London] **170.** 201—02. 2/8. 1952. Stockholm, K. T. H., Div. of Phys. Chem.) Reusse. 112

L. Jauneau und **F. Hug-Bousser,** *Korndichtemessungen an Bahnspuren energiereicher Teilchen in photographischen Emulsionen. Bestimmung des Ionisationsminimums.* Vff. untersuchen die Abhängigkeit der Korndichte von der Lage der Bahnspur senkrecht zur Plattenebene u. stellen ein Maximum in der Mitte der Schicht fest, das um ∼10% gegenüber den niedrigsten Werten erhöht ist. Die Schwankungen in der Korndichte längs einer Bahnspur entsprechen einer Gaussschen Verteilung. An Primärteilchen, Protonen, Mesonen u. Elektronen aus dem Zerfall von μ-Mesonen wird das Verhältnis der Korndichten bei E/mc^2 im Bereich von 0,08—350 zur minimalen Korndichte bestimmt. Die Ergebnisse sprechen für einen relativist. Wiederanstieg der Ionisation. (J. Physique Radium **13.** 465—72. Okt. 1952. Paris, École Polytechn., Labor. de Phys.)
Eichhoff. 112

M. Della Corte und **M. Ramat**, *Photometrische Messungen von Bahnspuren in Kernemulsionen.* Durch Photometrieren kurzer Bahnspuren von Teilchen geringer Energie mit steigenden Spaltbreiten (0,08—1,9 μ) läßt sich deren Profil bestimmen. Aus einer Darst. der durchgelassenen Intensitäten für eine klare Plattenstelle u. die gemessene Bahnspur in Abhängigkeit von der Spaltbreite lassen sich graph. Kenngrößen ermitteln, die unter Ausschaltung des Fehlers durch gestreutes Licht die Identifizierung von energiearmen Teilchen aus Verdampfungsprozessen gestatten. (Nuovo Cimento [9] **9.** 605—09. 1/7. 1952. Firenze, Univ., Ist. di Fis.) Eichhoff. 112

Larkin Kerwin, *Bemerkung über das Auflösungsvermögen von Massenspektrometern.* Bei der Berechnung der Strahlweite sind zu berücksichtigen das Bild der endlichen Strahlquelle, die durch unvollkommene magnet. Fokussierung u. die durch Strahldivergenz hervorgerufene Aberration, die Dispersion infolge der etwas verschied. Energie der Teilchen, der verzerrende Effekt der Raumladung u. des Streufeldes, die endlichen Spaltbreiten u. die Ansprechzeit des Auffängers. Vf. gibt Formeln zur Berechnung des Auflösungsvermögens eines Massenspektrometers, in denen diese Einflüsse berücksichtigt sind, u. Hinweise zur prakt. Best. des Auflösungsvermögens. (Canad. J. Physics **30.** 503—11. Sept. 1952. Quebec, Can., Univ. Laval, Dép. de Phys.) Conrad. 112

A_2. Optisches Verhalten der Materie.

Lyle B. Borst, *Dynamik der Supernovae.* (Sitzungsbericht.) Die Halbwertszeit der Lichtkurven der Supernovae vom Typ I wird mit der von ^{7}*Be* ($T_{1/2}$ = 53 Tage) in Zusammenhang gebracht. ^{7}Be könnte aus α-Teilchen während der Gravitationskondensation entstehen u. als Energiequelle dienen. (Physic. Rev. [2] **86.** 613. 15/5.; Bull. Amer. physic. Soc. **27.** Nr. 1. 38. 31/1. 1952. Univ. of Utah.) Kirschstein. 113

Jorge Sahade und **Jorge Landi Dessy**, *Das Spektrum von Nova Scorpii 1950 II am 16. August 1950.* Das Spektr. (Dispersion ~42 Å/mm) zeigt breite Emissionen von *Ca* II, *Si* II, *Sc* II, *Ti* II, *Fe* II u. *H* (komplexe Struktur) u. Absorptionen bei 3825, 3877, 3918 u. 3953 Å. Das Stadium der Nova nach einem neuen Klassifizierungsschema war während der Beobachtungszeit Q 3. Wellenlängen, Emissionszentren u. -breiten werden angegeben. Abb. des Spektrums. (Astrophysic. J. **115.** 579—80. Mai 1952. Cordoba, Argentina, Obs. Astron.) F. W. Krüger. 113

Arne Slettebak, *Das Spektrum des A-Sterns hoher Geschwindigkeit HD 161817.* Die Linien von *Fe* II, *Cr*, II, *Ni* II, *Mg* II, *Si* II u. die Balmer-Linien sind schwächer, *Ca* I u. *Sc* II stärker als die des verwendeten Vergleichsspektr. von η Ophiuchi, während Fe I, *Ti* II, *Sr* II u. Ca II in beiden Spektren gleich stark sind. Der Stern hat demnach ein p-Spektr. vom Typ A 2 u. liegt zwischen Unterzwergen u. Sternen der Hauptreihe. Abb. des blauen Spektrums. (Astrophysic. J. **115.** 576. Mai 1952. Perkins Obs.) F. W. Krüger. 113

Arne Slettebak, *Das Spektrum von 29 Cygni.* Das Spektr. ist durch eine allg., vom Ionisationsgrad abhängige Schwächung der Linien charakterisiert. Relativ stark sind *Fe* I, *Ca* I u. daneben *Sr* II, während Fe II, *Ti* II, *Ni* II u. *Mg* II beträchtlich geschwächt sind. Das Ultrarotspektr. (*O* I) u. die trigonometr. Parallaxe lokalisieren 29 Cygni eine Größenordnung unterhalb der Hauptreihe. Spektraltyp ca. A 2. Das abgebildete blaue Spektr. wird mit dem von η Ophiuchi verglichen. (Astrophysic. J. **115.** 575. Mai 1952. Perkins Obs.) F. W. Krüger. 113

C. S. Beals, *Gasmoleküle und Staubkörner im interstellaren Raum.* Zusammenfassung der Forschungsergebnisse über die Materie im interstellaren Raum, nach denen die Hauptmasse der Materie sich fein verteilt zwischen den Sternen befindet. Aus der interstellaren Materie können noch ständig Sterne gebildet werden. Es wird auf die Erkennung der interstellaren Gasmaterie mittels Atom- u. Mol.-Absorptionslinien sowie auf die Staubwolken u. ihre Bewegung im interstellaren Raum eingegangen. Das Licht vieler ferner Frühtypsterne ist polarisiert (bis zu 12%), wodurch die Eigg. der interstellaren Materie weitererforscht werden können. (J. Roy. astronom. Soc. Canada **46.** 41—55. März/April 1952.) D. Hahn. 113

Renée Herman, Louis Herman und **Georges Hepner**, *Emissionsprozesse der Molekül- und Atomspektren von Stickstoff, beobachtet im Licht des polaren Nordlichts.* Vff. untersuchen das Entladungs- u. Nachleuchtspektr. einer N_2–He-Mischung u. finden, daß die augenscheinliche Erregung dieses Spektr. im Nachleuchten viel höher ist als in der Entladung. Die Rekombination der N_2^+-Ionen u. Elektronen findet nicht durch die Emission des Triplettbandensyst., sondern des Singulettbandensyst. statt. Im nahen UV des Nordlichtspektr. sind diese Banden zu erwarten. Der Arbeit sind zahlreiche Abbildungen der aufgenommenen Spektren beigefügt. Ferner werden die möglichen Emissionsprozesse für das Nordlichtspektr. diskutiert. (Trans. Amer. geophysic. Union **33.** 489—94. Aug. 1952. Meudon, Observatoire de Meudon; Paris, Sorbonne, Labor. des Rech. Phys.) D. Hahn. 113

A. Budó und **I. Kovács,** *Über die Störungen in Bandenspektren.* Das Problem der Störungen in Bandenspektren von zweiatomigen Moll. wird nach einem einheitlichen Gesichtspunkt mit Berücksichtigung der Bahn–Spin-Wechselwrkg. der Elektronen behandelt. Dadurch können auch Störungen zwischen Termen von verschied. Multiplizität gedeutet werden. Die Theorie wird auf die noch nicht untersuchten Störungsarten $^3\Pi$–$^1\Pi$, $^3\Pi$–$^1\Sigma$, $^2\Pi$–$^2\Pi^*$ u. $^3\Pi$–$^3\Pi^*$ angewandt. Bzgl. der Anwendungen der erhaltenen Ergebnisse wird auf einige zitierte Arbeiten verwiesen. (Acta physica Acad. Sci. hung. **1.** 84—96. 1951. Budapest, TU.) Wisseroth. 114

I. Kovács, *Über die Berechnung der Rotationskonstanten von zweiatomigen Molekültermen auf Grund von Störungsdaten.* 2. Mitt. (1. vgl. Z. Physik. **106.** [1937] 431, vgl. auch vorst. Ref.) Das eine von den drei Verff., die zur Berechnung der Konstanten von störenden Molekültermen früher (l. c.) angegeben wurden, wird auf alle Störungen (Singulett- u. Triplettstörungen) ausgedehnt, die in Verbindung mit Singulettübergängen prakt. vorkommen können. Die Meth. beruht auf der Beobachtung von mindestens zwei überzähligen Linienpaaren an der Störungsstelle u. führt zu unmittelbar anwendbaren Formeln. Prakt. Anwendungen der abgeleiteten Meth. bei der Deutung der Störungen im BaO-Spektrum. Vgl. Vf. u. Lagerqvist (C. **1951.** II. 637 u. 1544.) (Acta physica Acad. Sci. hung. **1.** 97—103. 1951.) Wisseroth. 114

Bert L. Vallee und **Ruth W. Peattie,** *Verdampfungsgeschwindigkeit von Elementen im Gleichstrom-Helium-Lichtbogen. Verwendung einer Matrix für biologische Untersuchungen.* Vff. untersuchen die Verdampfungsgeschwindigkeit von *Be, Mg, Ca, Sr, Ba, Al, Sc, Y, Fe, Ni, Co, Pd, Ru, Re, Mn, Ti, Zr, V, Nb, Ta, Mo, Cr, Li, Rb, In, Ga, Ge, Sn, Bi, Pb, Cu, Ag, Cd* u. *Zn* im Gleichstrombogen von 6 u. 15 A in *Luft* u. He im Hinblick auf die quantitative Spektralanalyse. Die Spektrallinien der Ionen u. der neutralen Atome wurden photograph. nach Intensität u. Verflüchtigungszeit registriert. Einige Elemente zeigen ganz verschied. Verh. in beiden Gasen, andere nicht. Die spektrochem. Best. ist in He oft besser, bes. bei Verwendung der neutralen Atomlinien. Allg. theoret. Regeln konnten nicht entwickelt werden. Die Untersuchungsmethoden werden ausführlich beschrieben, die Resultate in 30 Abbildungen wiedergegeben. (Analytic. Chem. **24.** 434—44. März 1952. Cambridge, Mass., Massachusetts Inst. of Technol.) Miething. 118

R. H. Garstang, *Multiplettintensitäten für die Linien ^4S—^2D von S II, O II und N I.* Unter Verwendung der Formeln von Aller u. Mitarbeitern (vgl. Astrophysic. J. **109.** [1949.] 42) u. Berücksichtigung der Spin–Spin-Wechselwrkg. werden die Übergangswahrscheinlichkeiten der ^{4}S–^{2}D-Dubletts von S II, O II u. N I u. bei Annahme einer Boltzmann-Verteilung für ^{2}D das Intensitätsverhältnis der Übergänge berechnet. (Astrophysic. J. **115.** 506—08. Mai 1952. Yerkes Obs.) F. W. Krüger. 118

Peter Brix, *Zum Isotopieverschiebungseffekt in den Atomspektren der Seltenen Erden. Die Isotopieverschiebungskonstanten von Eu, Gd und Yb.* In der vorliegenden Arbeit wird die Isotopieverschiebung (Is.V.) aus Hyperfeinstrukturmessungen (Hfs.M.) in den Spektren von ^{151}Eu, ^{153}Eu, ^{156}Gd, ^{158}Gd u. ^{160}Gd sowie ^{171}Yb, ^{172}Yb, ^{173}Yb, ^{174}Yb u. ^{176}Yb bestimmt. Sie läßt sich in guter Näherung vom sogenannten Kernvolumeneffekt her verstehen u. demnach für jedes Isotopenpaar durch Angabe der Is.V.-Konstante beschreiben. Es wird die Is.V. für 10 Eu I-Terme u. zusätzlich 3 Eu I- u. 1 Eu II-Linie ausgewertet. Eine genaue Proportionalität zwischen der Is.V. u. den Hfs.-Aufspaltungsfaktoren der Leucht-s-Elektronen kann an 3 Eu I-Termen nachgewiesen werden. Für ^{151}Eu u. ^{153}Eu ergibt sich die Is.V.-Konstante zu $\beta\, C_{exp}$ = (Eu 151—153) = $(450 \pm 50) \cdot 10^{-3}$ cm^{-1}, worin β die Abschirmungseffekte der Leuchtelektronen auf die s^2-Schalen des Rumpfes berücksichtigt u. etwa $\beta \sim 1$ ist. Die Is.V.-Konstante des Isotopenpaares ^{151}Eu–^{153}Eu ist extrem groß u. hängt wahrscheinlich mit den Kernquadrupolmomenten der Eu-Isotope zusammen u. rührt nicht von Anomalien der Elektronenhülle her. Aus den Spektrenmessungen von Gd I u. Gd II bestimmt Vf. die Is.V.-Konstante zu $\beta\, C_{exp}$ (Gd 156—158) = $\beta\, C_{exp}$ (Gd 158—160) = 125 ± 20. Für die Is.V.-Konstante von Yb erhält er folgende Werte: $\beta\, C_{exp}$ (Yb 171—173) = 126 ± 30; $\beta\, C_{exp}$ (Yb 172—174) = 97 ± 25; $\beta\, C_{exp}$ (Yb 174—176) = 91 ± 25. Abschließend wird für die Analyse unvollständig aufgelöster Kernmomentaufspaltungen von Spektrallinien eine Regel aufgestellt. (Z. Physik **132.** 579—607. 1952. Göttingen, Univ., II. Physikal. Inst.) D. Hahn. 118

Janine Mayence, *Absorptionsspektren bei tiefen Temperaturen. Untersuchung von gasförmigem N_2O sowie von gasförmigem und flüssigem NO.* In einem für Raman- u. Absorptionsmessungen konstruierten Kryostaten werden für die Gase N_2O u. NO bei Raumtemp. die Absorption von 1400—2300 Å gemessen. N_2O zeigt zwei Banden bei 1840 u.

1450 Å unabhängig vom Druck. Eine Dissoziation unter der Einw. der Strahlung wird nicht festgestellt. NO zeigt außer den bekannten 4 Schwingungsbandensystemen ($\beta, \gamma, \delta, \varepsilon$) zwei kontinuierliche Banden bei 1820 u. 1470 Å, von denen die erste eine Änderung des Absorptionskoeff. mit der Länge der Meßzelle, mit dem NO-Partialdruck u. dem Totaldruck bei Mischungen mit Fremdgasen aufweist. Das RAMAN-Spektr. von fl. NO besitzt bei Anregung mit der Hg-Linie 4388 Å zwei RAMAN-Frequenzen $\nu = 259$ u. $\nu' = 1862\ cm^{-1}$, wobei letzte der der N-O-Schwingung entsprechenden RAMAN-Frequenz 1876 cm^{-1} des gasförmigen NO ähnlich ist, während die Frequenz $\nu = 259\ cm^{-1}$ assoziierten Moll. zuzuschreiben ist. Das Spektr. von fl. NO im Gebiet 4500—8500 Å zeigt keine Banden, sondern nur einen nach langen Wellen zunehmenden langsamen Absorptionsanstieg. Um 4000 Å dagegen liegt eine starke Bande, die offenbar N_2O_2-Moll. zuzuordnen ist. Die Diskussion der Meßergebnisse ergibt u. a.: N_2O kann als zweiatomiges Mol. angesehen werden, dessen Bande bei 1840 Å der Schwingung N—N→←O zuzuschreiben ist. Die Bande 1470 Å des NO wird durch Übergänge vom 2 π-Grundzustand zum angeregten 2 π-Niveau erklärt. Die Moll. des fl. NO sind polymerisiert. (Ann. Physique 12] **7.** 453—505. Juli/Aug. 1952. Enseignement de la Sorbonne, Labor. de Phys.)
RUDOLPH. 120

R. Kronig, *Allgemeine Gesichtspunkte bei Beugungsvorgängen.* Mathemat. Behandlung der Beugungsvorgänge. (Nederl. Tijdschr. Natuurkunde **18.** 186—95. Aug. 1952.)
WESLY. 122

Karl Przibram, *Über die Färbungen des Fluorits.* Eingangs wird über die bisherigen Unterss. der künstlichen Verfärbung des Fluorits sowie dessen therm. Entfärbung u. Thermoluminescenzen berichtet. Bei der Unters. der Absorptionsspektren der natürlichen Fluorite ergab sich, daß die Absorptionsmaxima teils Farbzentren, teils den zweiwertigen Seltenen-Erd-Ionen des Sm u. Eu u. gegebenenfalls einer Kolloidbldg. zuzuordnen sind. Noch nicht deutbar sind die Maxima bei 430, 500 u. 525 mμ. Zur Deutung der natürlichen Fluoritfarben als Bestrahlungsfarben ist der Uran–Radium-Geh. des Minerals als ausreichend anzusehen. (Tschermaks mineralog. petrogr. Mitt. [3] **3.** 21—31. 1952. Wien, Inst. für Radiumforsch.)
RUDOLPH. 125

F. Stöckmann, *Zur Physik der Kristallphosphore.* Zusammenfassende Übersicht. 1. SrS u. ZnS als Beispiele für doppelt aktivierte Phosphore mit chem. identifizierten Aktivatoren u. Haftstellen. 2. Lichtelektr. Leitung u. Photographie: verfärbte Alkalihalogenide, der photograph. Prozeß, lichtempfindliche Gläser, strahlungslose Übergänge, „Killer". 3. Reaktionskinetik der Phosphorescenz, Wirkungsquerschnitte, Quantenausbeuten, α-Zerstörung, das Abklingen der Phosphorescenz. 4. Phosphorescenz u. Fluorescenz, Leuchtmechanismen in einem Kristall. 5. Unters. der Haftstellen mit Hilfe der Thermoluminescenz, theoret. Grundlagen, Gitterstörungen als Haftstellen, Nachw. im AgCl durch den photograph. Prozeß. (Naturwissenschaften **39.** 226—33. Mai. 246—54. Juni 1952. Göttingen.)
BRAUER. 125

K. W. Böer und U. Kümmel, *Über die Luminescenz von Cadmiumsulfideinkristallen in starken elektrischen Gleichfeldern.* Vff. berichten über die Auffindung einer Luminescenz von CdS-Einkristallen bei Feldstärken dicht unterhalb der Durchbruchsfeldstärke. Der sehr kleine Dunkelstrom befolgt zunächst das OHMsche Gesetz, um dicht unterhalb des Durchschlags um mehrere Zehnerpotenzen steil anzusteigen. In diesem Gebiet (Stromdichten $>1\ A/cm^2$) luminesciert der Kristall in der Farbe (rot oder grün) der opt. anregbaren Luminescenz, wobei der Kristall nicht zerstört wird. Das Auftreten der Luminescenz zeigt, daß die Konz. der Elektronen im Leitfähigkeitsband nicht im Gleichgewicht mit dem Gitter steht; es handelt sich nicht um den Einsatz eines „Wärme"- sondern eines „Felddurchschlags". Deshalb wurde auch in fl. Luft gemessen (Erhöhung der für den Wärmedurchschlag maßgebenden „krit." Leistung). Es handelt sich n i c h t um eine Anregung „auf Umwegen", d. h. durch kurzwelliges UV aus der Entladung in Gasbläschen. Auf die Bedeutung dieser Erscheinung für das Verständnis von Durchschlag u. Elektroluminescenz wird hingewiesen. (Z. physik. Chem. **200.** 193—98. Sept. 1952. Berlin, Humboldt-Univ., II. Phys. Inst.)
BRAUER. 125

A_3. Elektrizität. Magnetismus. Elektrochemie.

Nicole Astoin, *Eine Modifikation des Millikan-Funkens für das ferne Ultraviolett.* Zwei Metallringe bilden die Elektroden, welche durch einen handelsüblichen Kohlewiderstand von 50 mm Länge u. 9 mm Durchmesser verbunden sind ($\sim 15000\ \Omega$). Bei einem Druck $< 10^{-4}$ Torr, einer gleichgerichteten Wechselspannung bis herunter zu 5000 V, einer eingeschalteten Kapazität von 0,03—0,125 μF u. einem Elektrodenabstand von 3 mm bilden sich Gleitfunken aus, die nur an den Elektroden in einer kleinen Zone sichtbare Strahlung, in dem mittleren Teil der Funkenstrecke prakt. nur UV-Strahlung emittieren. Die Zündspannung ist unabhängig von dem Elektrodenmaterial. Die Qualität der Kohle spielt eine wesentliche Rolle, u. es wird angenommen, daß adsorbierte Gase für den Mechanismus der Gleitfunkenausbildung von Bedeutung sind, da im Spektr. stets Sauerstofflinien auftreten. Kohle u. Kathode zeigen einen nicht störenden Materialverbrauch, das Spektr. wird durch das Kathodenmaterial bestimmt. Die Intensität des Spektr. wird durch eine Veränderung der Spannung nicht wesentlich beeinflußt, jedoch durch eine Erhöhung der Kapazität verstärkt. Der Vakuumfunken auf Kohle ist stabil u. erfordert keine Überwachung. (C. R. hebd. Séances Acad. Sci. **234.** 2055—57. 19/5. 1952.) EICHHOFF. 131

I. N. Beljajew und **A. L. Chodakow,** *Dielektrische Eigenschaften von Bleititanateinkristallen.* Aus einem $PbO-V_2O_5-TiO_2$-Gemisch wurden durch Abkühlung von 1100 auf 850° im Laufe von 40 Std. $PbTiO_3$-Einkristalle gezüchtet u. durch HNO_3 von der Schmelze abgetrennt; es waren dunkelbraune Würfel von 2—3 mm Kantenlänge. Mit Goldelektroden, die durch Kathodenzerstäubung aufgebracht wurden, wurde die Abhängigkeit der DK., des Verlustwinkels u. des Widerstandes σ von der Temp., der Feldstärke u. der Frequenz untersucht. Danach ist $PbTiO_3$ zu den Seignetteelektrika zu zählen. σ läßt sich in der Form $\sigma = Ae^{-E/2kT}$ darstellen, wo $E = 1{,}06$ eV ist. Die Verluste nehmen mit der Temp. stark zu; sie sind bei 100° mehr als 5mal so groß wie bei Raumtemperatur. Die DK. ist oberhalb 100000 Hz fast frequenzunabhängig u. nimmt erst bei kleineren Frequenzen zu. Bei Zimmertemp. ist $\varepsilon \approx 170$, bei 400° > 1000, bei der Temp. der fl. Luft 60. (Журнал Экспериментальной и Теоретической Физики [J. exp. theoret. Physik] **22.** 376—78. März 1952. Rostow/Don, Univ.) KIRSCHSTEIN. 132

J. R. Haynes und **W. C. Westphal,** *Die Elektronendriftbeweglichkeit in Silicium.* Oscillograph. Best. der Elektronendriftbeweglichkeit von p-leitenden Si-Einkristallstäbchen. Es ergab sich ein mittlerer Wert von 1210 $cm^2/V\cdot$Sek., über viermal so groß wie der von PEARSON u. BARDEEN an polykristallinem Material bestimmte Wert. Vorläufige Messungen an n-leitendem Si (Löcherbeweglichkeit) ergaben Werte von ca. 250 $cm^2/V\cdot$Sekunde. (Physic. Rev. [2] **85.** 680. 15/2. 1952. Murray Hill, N. J., Bell Telephone Labor.) SPEER. 135

C. S. Fuller, H. C. Theuerer und **W. van Roosbroeck,** *Die Eigenschaften von thermisch erzeugten Acceptoren in Germanium.* Unterss. der therm. Umwandlung von n- in p-Ge u. umgekehrt ergaben, daß diese Umwandlung als die Diffusion einer p–n-Grenzschicht von der Oberfläche in das Innere des Ge-Kristalls verstanden werden kann. Für die Acceptorkonz. ergab sich ein temperaturabhängiger Gleichgewichtswert von ca. 10^{15}—10^{16} cm^{-3} im Temperaturbereich 500—900°. (Physic. Rev. [2] **85.** 678—79. 15/2. 1952. Murray Hill, N. J., Bell Telephone Labor.) SPEER. 135

W. E. Danforth, *Thoriumoxyd als Kathodenemissionsstoff.* Zusammenfassender Bericht über die Eigg. von ThO_2 als Kathodenmaterial, bes. im Vgl. zu BaO-Kathoden. Hervorgehoben werden: Hohe Verdampfungstemp., leichte Aktivierbarkeit, geringe Anfälligkeit gegen Vergiftungen, Emissionsströme von ca. 4 A/cm^2 bei 1600° u. 14—15 A/cm^2 bei 1800° im Impulsbereich, Austrittsarbeit 2,5 eV (im Mittel) u. Mengenkonstante von 0,79—7,9 A/cm^2 $°K^2$. Mittlere Lebensdauer sowie Emission von ThO_2-Kathoden als Funktion der Temp. werden mitgeteilt u. die Theorien des Mechanismus der Aktivierung des ThO_2 diskutiert. (J. Franklin Inst. **251.** 515—20. Mai 1951. Swarthmore, Bartol Res. Found. of the Franklin Inst.) RUDOLPH. 135

J. M. Lock, A. B. Pippard und **D. Shoenberg,** *Supraleitfähigkeit von Zinnisotopen.* Die Übergangstempp. T_s der Supraleitung wurden für die Sn-Isotope 116, 120 u. 124 bestimmt zu 3,767 ±0,002° K (sehr scharfer Übergang) bzw. 3,71±0,02 (unscharf) bzw., 3,659±0,002 (sehr scharf). Diese Werte lassen sich darstellen durch $T_s = k\cdot M^{-n}$ mit $n = 0{,}462 \pm 0{,}014$ (M = At.-Gew.). Die Temperaturkurven der krit. magnet. Feldstärken können bei ^{116}Sn u. ^{124}Sn durch dieselbe Gleichung $H_s/H_0 = f(T/T_s)$ mit dem gleichen Wert für das Verhältnis H_0/T_s dargestellt werden. Aus den Verss. folgt, daß sich die spezif. Elektronenwärme nur wenig mit M ändert. Die gefundene Abhängigkeit von H_0 u. T_s von M stimmt mit den von FRÖHLICH (vgl. C. **1951.** I. 3301) u. BARDEEN (vgl. C. **1951.** I. 3302) erhaltenen Ergebnissen überein. (Proc. Cambridge philos. Soc. **47.** 811—19. Okt. 1951. Cambridge, Royal Soc. Mond Labor.) FUCHS. 136

Louis Néel, *Antiferromagnetismus und Ferrimagnetismus.* Vf. gibt eine Übersicht über den heutigen Stand der Kenntnisse über den Antiferromagnetismus mit Einschluß des Ferrimagnetismus. Außerdem werden einige besondere Erscheinungen beim magnet. Verh. gewisser Ferrite ($MgO\cdot Fe_2O_3$, $NiO\cdot Fe_2O_3$, $FeO\cdot Fe_2O_3$, $CoO\cdot Fe_2O_3$) u. von *Pyrrhotin* ausführlicher beschrieben u. erklärt. (Proc. physic. Soc., Sect. A **65.** 869—85. 1/11. 1952. Grénoble, Univ., Labor. d'Électrostat. et de Phys. du Métal.) v. HARLEM. 137

A. B. Lidiard, *Spinentartung und die Theorie des „kollektiven Elektronenferromagnetismus"*. Die Theorie des Ferromagnetismus ist oft entwickelt worden unter der Annahme, daß die für die Magnetisierung verantwortliche Austauschenergie sich als Summe der Austauschintegrale zwischen Paaren von Elektronen mit wechselseitig parallelem Spin darstellen läßt. Diese Darst. ist äquivalent mit der Benutzung einer Determinante für die gesamte Wellenfunktion, die aus den Funktionen für ein einzelnes Elektron aufgebaut ist. Für die beim Ferromagnetismus interessanten magnetisierten Zustände muß eine einzige Wellenfunktiondeterminante wegen der sogenannten Spin- oder Austauschentartung als unzureichend angesehen werden. Vf. gibt nun ein Modell, für welches die Ergebnisse sowohl bei Vernachlässigung als auch bei Berücksichtigung der Spinentartung ident. sind. Das Modell läßt sich exakt behandeln u. ergibt Gleichungen für die freie Energie, Magnetisierung usw., welche eine Verallgemeinerung der Theorie des Ferromagnetismus von STONER auf ein Syst. mit zwei Energiebändern darstellen. Diese können auch die beiden sich überlappenden 3d- u. 4s-Bänder in der Fe-Übergangsgruppe sein. Die Rechnungen beschränken sich nicht notwendigerweise auf die ferromagnet. Metalle, sondern können auch ebensogut auf solche wie die paramagnet. angewendet werden. (Proc. physic. Soc., Sect. A **65.** 885—93. 1/11. 1952. London, Kings Coll., Dep. of theoret. Phys.) V. HARLEM. 137

Ja. Ss. Schur und D. D. Mischin, *Einfluß geringer elastischer Spannungen auf die Anfangssusceptibilität von Ferromagnetika.* Vff. untersuchen die Anfangssusceptibilität $\varkappa_a(\sigma)$ als Funktion einer Zugspannung $0 < \sigma < 4$ kg/mm² von *Eisen* (I), *Nickel* (II), *66-Permalloy* (III), *Dynamostahl* (1% Si) sowie kalt u. warm gewalztem *Transformatorstahl ChWP* (3,7—4,2% Si) (IV). In Übereinstimmung mit der Theorie von WONSSOWSKI u. SCHUR (Ferromagnetismus Moskau-Leningrad [1948.]) finden Vff. eine lineare Abhängigkeit von $\varkappa_a(\sigma)$ für I, für II eine monotone, jedoch nicht lineare Zunahme, für III u. IV ein Maximum. Vorhergehendes Ausglühen ohne Magnetfeld (MF) liefert ein Maximum von $\varkappa_a(\sigma)$ bei 1,2 kg/mm²; $\varkappa_a \approx$ const im longitudinalen MF; $\varkappa_a = 60$ (Gauß/Oe), 70, 170, 350, 380, 370 bei 0; 1; 2; 3; 3,5; 4 kg/mm² im transversalen MF. Für tetragonale Proben (vorwiegende Orientierung der tetragonalen Achsen der Kristallite in Richtung der Probekörperachse) von kalt gewalztem **IV** liefert vorheriges Ausglühen ohne MF $\varkappa_a$ = const; im longitudinalen MF $\varkappa_a$ = 80, 90, 80, 75, 78 bei 0; 0,5; 2; 3; 4 kg/mm²; für „trigonale" Proben mit u. ohne MF $\varkappa_a$ = const; für „digonale" ohne MF $\varkappa_a$ = 13, 18, 28, 35, 31 u. mit MF = 16, 29, 27, 25, 23 für 0; 1; 2; 3 u. 4 kg/mm². (Доклады Академии Наук СССР [Ber. Akad. Wiss. UdSSR] [N. S.] **87.** 543—46. 1/12. 1952. Uraler Gorki-Univ.) AMBERGER. 137

A. G. Kotow, *Ferromagnetische Resonanz in parallelen Drähten in Abhängigkeit von der Dehnung.* (Vgl. Доклады Академии Наук СССР [Ber. Akad. Wiss. UdSSR] [N. S.] **87.** [1952.] 373.) Vf. mißt die ferromagnet. Resonanz (α_0/α_H) bei einer Wellenlänge $\lambda = 9{,}1$ (cm) für 2 parallele, ausgeglühte *Ni*-Drähte von d = 0,1 (mm) Durchmesser unter Zugspannungen p = 3,2; 6,5; 28 (kg/mm²) bis 700 Oe (Maxima entsprechend p bei 440; 500; 700 Oe); von *Fe*-Drähten [d = 0,08; p = 10 u. 40 (Maxima bei 490 bzw. 510 Oe); $\lambda = 3{,}2$]; ferner α_0/α_H für diese Drähte bei Frequenzen $3{,}2 < \lambda < 9{,}1$ als Funktion von p u. für die Ni-Drähte als Funktion der Zeit der Rückkehr des stationären Zustandes t nach erfolgter Entlastung von 28 auf 6 kg/mm² bei $\lambda = 9{,}1$ u. 3,2 cm. Bei $\lambda = 9{,}1$ ergibt sich hier ein monotoner asymptot. Abfall, bei $\lambda = 3{,}2$ ein monotoner Anstieg für α_0/α_H mit der Zeit t. (Доклады Академии Наук СССР [Ber. Akad. Wiss. UdSSR] [N. S.] **87.** 531—33. 1/12. 1952. Moskau, Lomonossow-Univ.) AMBERGER. 137

B. M. Kosyrew, *Paramagnetische Resonanz in flüssigen Lösungen.* Vf. mißt die Abhängigkeit des Koeff. der paramagnet. Absorption χ'' von der stat. magnet. Feldstärke $H_\perp$ für wss. Lsgg. von $Er(NO_3)_3$ (I) (0,3 mol.); $CuCl_2$ (II) (1 mol.); $MnCl_2$ (III) (0,01—3,5 mol.); 0,25 mol. III + 1 mol. II bei $\nu = 2{,}17\cdot10^8$ Hz, T $\sim$ 295° K, ferner III bei $\nu = 4{,}55\cdot10^8$ Hz, C = 0,5 u. 1,0 mol.; bes. stark ausgeprägte Maxima ergeben sich für III, 2,17·10⁸ Hz u. Konzz. unterhalb 1,0 mol. bei $H_\perp \approx 170$ Oe, während (für III) die Kurven bei hohen Konzz., ferner bei 4,55·10⁸ Hz im wesentlichen einen „glatten" Verlauf aufweisen. Diskussion der Ergebnisse. (Известия Академии Наук СССР, Серия Физическая [Nachr. Akad. Wiss. UdSSR, physik. Ser.] **16.** 533—40. Sept./Okt. 1952. Physikal.-Techn. Inst. der Kasaner Zweigstelle der Akad. der Wiss. der UdSSR.) AMBERGER. 137

A. F. Kapusstinski und O. Ja. Ssamoilow, *Die Struktur von wässerigen Elektrolytlösungen und die Ionenhydratation.* Bei 25° wurden die Lösungswärmen von Li_2SO_4, K_2SO_4, $BeSO_4\cdot7\,H_2O$ in der wss. Lsg. von HCl verschied. Konz. gemessen u. aus der Abhängigkeit der integralen Lösungswärme von der HCl-Konz. die Koordinationszahlen der Ionen als mittlere Zahl der Wassermoll. in der unmittelbaren Umgebung des Ions ermittelt: *Li*$^+$ (3,8); *Na*$^+$ (3,7); *K*$^+$ (3,8); *Be*$^{2+}$ (3,3); *Mg*$^{2+}$ (3,8); *Ca*$^{2+}$ (4,0); *Sr*$^{2+}$ (4,4); *Ba*$^{2+}$ (4,8); *Cl*$^-$ (4,4); *Br*$^-$ (4,8); *J*$^-$ (5,3). Thermodynam. wurde gezeigt, daß bei der wahren Hydratation der Aktivitätskoeff. des W. $<$ 1 u. bei der negativen Hydratation $>$ 1 ist. Es wird der Begriff „isoakt. Punkt" eingeführt, entsprechend der Elektrolytkonz., bei welcher der Aktivitätskoeff. des W. in der Lsg. dem des reinen W. gleich ist. Der Aktivitätskoeff. des W. ändert sich in Abhängigkeit von der polarisierenden Wrkg. der Ionen. Zwischen den isoakt. Punkten u. dem reziproken Wert der Polarisationsstärke der gelösten Ionen besteht eine angenäherte Proportionalität. In verd. Lsgg. sind die Koordinationszahlen aller Ionen ungefähr gleich der Koordinationszahl des reinen W. (4,6 bei 25°). Nur in der konz. Lsg. bleibt eine Kristallhydratstruktur erhalten. (Журнал Физической Химии [J. physik. Chem.] **26.** 918—27. Juni 1952. Kurnakow-Inst. für allg. u. anorgan. Chem. der Akad. der Wiss. der UdSSR.) LEBTAG. 138

M. Bonnemay, *Über den Temperatureinfluß bei Halbelementen.* **Vf. beschreibt eine** Meth. zur Best. von Halbzellenpotentialen u. ihrer Änderungen mit der Temperatur. Die temperaturabhängigen Verbindungspotentiale werden eliminiert u. folgende Werte der Potential- (in mV/Grad) u. Entropieänderungen (ΔS in cal/Grad) der Elektroden erhalten: H–Pt: 0,65—15,3; gesätt. Cd-Amalgam: 0,03—14,14; Cd: 0,456—21,70; Zn: 1—46,2; Zn-Amalgam: 1—46,2; Cu: 0,81—37 u. Cu-Amalgam: 0,81—37. Die Natur eines Ions scheint nicht in einer einfachen Beziehung zur Entropieänderung der betreffenden Rk. zu stehen, wahrscheinlich weil die Solvatationsentropie in die Messung eingeht. Die Anwendung der Meth. wird auch für die Messung der Temperaturänderung der Verbindungspotentiale zwischen zwei Lsgg. gleicher Konz. vorgeschlagen. (J. Chim. physique Physico-Chim. biol. **49.** C 199—209. Febr. 1952. Paris, Inst. de Chim.)

SURAWSKI. 140

E. Lange und **J. Schücker,** *Zur Galvanispannung zwischen Elektrolytlösungen mit einer Festionenart und zur Membranspannung in entsprechenden Dreiphasensystemen.* Vff. betrachten die Galvanispannung in Zweiphasensystemen mit einer, nur in einer der beiden Phasen vorkommenden Ionenart (sogenannte Festionenart) bei gleichen u. ungleichen chem. Grundpotentialen der übrigen Ionen. Der 1. Fall liegt z. B. in Ionenaustauscher/Elektrolytlsg.-Systemen vor, der 2. in Systemen Öl/Wasser. Die Ergebnisse werden auf die sogenannten Membranspannungen von Dreiphasensystemen angewandt, bei denen zwischen zwei Elektrolytlsgg. mit gleichem Lösungsm. eine Zwischenphase mit einer Festionenart, deren Gegenionen als vollständig abdissoziiert angenommen werden, vorhanden ist. (Z. Elektrochem., Ber. Bunsenges. physik. Chem. **57.** 22—29. 1953. Erlangen, Univ., Inst. für Physikal. Chem.) R. LEVI. 140

Th. Heumann und **W. Rösener,** *Über das elektrochemische Verhalten von Fe-Cr-Legierungen in KNO_3 und verd. HNO_3.* Vff. nehmen an Fe–Cr-Legierungen verschied. Zus. in neutraler u. saurer Lsg. Ruhepotential–Zeit- u. Stromdichte–Potential-Kurven auf. Die Einstellung des Ruhepotentials erfolgt in beiden Fällen grundsätzlich ähnlich, die Polarisationskurven verhalten sich dagegen in neutraler u. saurer Lsg. völlig verschieden. Legierungen bis zu 17,5% Cr zeigen in neutraler Lsg. den gleichen Kurvenverlauf wie reines Fe. Sie verhalten sich wie unangreifbare Gaselektroden. Dementsprechend wird bei hohen Stromdichten O_2 entwickelt, ohne daß Metall in Lsg. geht. Mit weiter wachsendem Cr-Geh. sinken die Potentiale rasch ab, bis sie in die des reinen Cr übergehen. Dabei gehen Fe u. Cr im gleichen Verhältnis, wie sie in der Legierung vorliegen, in Lsg., u. es tritt keine O_2-Entw. mehr auf. In saurer Lsg. dagegen liegt das Verh. der Legierungen zwischen dem der reinen Metalle. Es tritt sowohl O_2-Entw. als auch Metallauflösung auf, u. zwar ist die O_2-Entw. um so stärker u. die Auflösung um so schwächer, je Fe-reicher die Legierung u. je höher die Stromdichte ist. Die Kurven liegen hier nicht wie in neutraler Lsg. parallel, sondern gehen teils kontinuierlich, teils sprunghaft in die des Fe über. Im letzten Falle werden bei rückläufiger Polarisation Hystereseerscheinungen beobachtet. Weiterhin wird der veredelnde Einfl. von Chromatzusätzen untersucht. In der Diskussion wird zwischen einer für das Fe u. einer für das Cr charakterist. Passivschicht unterschieden. (Z. Elektrochem., Ber. Bunsenges. physik. Chem. **57.** 17—22. 1953. Münster, Univ., Inst. für Physikal. Chem.) R. LEVI. 142

M. Haissinsky und **M. Quesney,** *Anodische Herstellung und elektrochemisches Potential von Nickelperoxyd.* Voraussetzung ist die Trennung des Anodenraumes mit $NiSO_4$ u. NH_4OH vom Kathodenraum mit NH_4OH. Zur Aufrechterhaltung des p_H ist ein Puffer (am besten Na-Borat) notwendig. Cl^- müssen vermieden werden, auch im Heber bei den Potentialmessungen. Der optimale p_H-Wert ist 8,5. Zwischen p_H 7,7—10,5 können festhaftende Abscheidungen erhalten werden. Die beste Elektrode ist glänzendes Pt als Spirale oder als zylindr. Drahtnetz. Stromdichte ist 1—2 mA/cm². Das Anodenpotential soll 1,05 V sein. Es werden die anod. Potentiale als Funktion des p_H bestimmt. Es ergibt sich, daß die Überspannung des Peroxydes am Pt am höchsten u. größer als auf PbO_2 oder Ni ist. Auf letzterem ändern sich die Potentiale nicht mehr linear. Sie sind proportional log $(OH^-)^{3/2}$. Es wird die folgende Rk. angenommen: $Ni(OH)_2 + 3\,OH^- = HNiO_3^+ + 2\,H_2O + 2\,e$. (J. Chim. physique Physico-Chim. biol. **49**. 302—07. Mai 1952. Paris, Inst. Radium.) J. FISCHER. 142

M. Fournier, *Untersuchung der Kinetik der primären Elektrolysereaktionen mit einem Kathodenstrahloscillograph nach der polarographischen Methode.* Vf. untersucht den Einfl. eines Wechselstromes in der Polarographie, indem er die Potential–Zeitkurven u. Potential–Stromdichtekurven bei überlagertem Wechselstrom ermittelt. Die experimentellen Ergebnisse werden für Tl^+, Cu^+, Cd^{2+}; Pb^{2+}; Zn^{2+}; Mn^{2+}; Fe^{2+}, Co^{2+} u. Ni^{2+} in einem, oder in mehreren der folgenden Lösungsmittel angegeben: NH_4OH-NH_4Cl; KCl; H_2SO_4 u. NaOH u. für die Anionen Br^-, J^-, $S_2O_3^{2-}$; SO_3^{2-} u. CN^- in KCl-Lösungen. Der Diffusionsstrom wird unterhalb von 1 MHz nicht beeinflußt, oberhalb dieses Wertes ist ein Ansteigen zu beobachten. Die Größe des Stromes nimmt mit steigender Frequenz zu. Für Ionen, wie Cd^{2+}, Cu^+ u. Tl^+, ändert sich das Halbstufenpotential mit der Frequenz nicht, während das von Mn^{2+}, Zn^{2+} u. Ni^{2+} durch die Frequenz des angewandten Wechselstromes beeinflußt wird. Diese Änderungen führt Vf. auf die Energie zurück, die notwendig ist, um die Elektronenstruktur der Ionen herzustellen. (J. Chim. physique Physico-Chim. biol. **49**. C183—93. Febr. 1952. Paris, Inst. de Chim., Labor. de Mlle Qinzin.) SURAWSKI. 142

F. Tödt und **W. Meyer,** *Untersuchungen über die Potentiale am platinierten Platin bei kathodischer Beladung unter besonderer Berücksichtigung der reversiblen Wasserstoffelektrode.* Es wird versucht, eine H_2-Elektrode anstatt durch Beladung mit gasförmigem H_2 durch kathod. Beladung eines ganz in die Lsg. tauchenden platinierten Pt-Bleches zu realisieren. Stromdichte–Potentialkurven an solchen Elektroden zeigen, daß die Potentiale mit steigender Stromdichte u. Zeit immer unedler werden, d. h. die Rk. an der Elektrodenoberfläche wird offenbar zunehmend alkalisch. Mit wachsender Stromdichte stellt sich immer schneller ein konstantes Endpotential ein. (Bei 2000 $\mu A/cm^2$ nach ca. 1 Min.) Eine feste Potentialeinstellung kann erst erfolgen, wenn die Stromdichte größer ist als die dem O_2-Depolarisationsstrom entsprechende. Es wird empfohlen, 100 bis 200 μA über diesem zu arbeiten. Eine solche Anordnung reagiert auf jede p_H-Änderung mit einer starken Potentialänderung. Weiter wird die Potentialveredlung einer solchen Elektrode nach Stromabschaltung diskutiert u. die von platiniertem Pt in verschied. Zeiten aufgenommene O_2-Menge untersucht. Dazu wird die zur kathod. Red. bis zum Abklingen auf den konstanten O_2-Diffusionsstrom notwendige Elektrizitätsmenge gemessen. Der nach ca. 5 Min. erreichte Grenzwert der Beladung ergibt sich dabei als ca. 100mal so groß wie der entsprechende bei glattem Pt. (Z. Elektrochem., Ber. Bunsenges. physik. Chem. **57**. 29—33. 1953. Berlin-Dahlem, Materialprüfungsamt, u. Berlin-Charlottenburg, TU.) R. LEVI. 142

J. O'M. Bockris und **R. G. H. Watson,** *Der Mechanismus der Wasserstoffentwicklung an einer Quecksilberkathode in alkalischer Lösung.* Der Mechanismus einer H-Entw. an einer Hg-Kathode bei der Elektrolyse von Alkalimetallhydroxyden wird wie folgt beschrieben: $M^z + ze \rightarrow M_{Hg}$, $M_{Hg} + zH_2O \rightarrow M^z + zH + zOH^-$, $Hg \cdots H + H \cdots Hg \rightarrow H_2$ oder $Hg \cdots H + H_2O + e \rightarrow H_2 + OH^-$. Nach schnell verlaufender Abscheidung am Hg reagieren die Alkalimetallatome irreversibel mit den H_2O-Moll. zu H u. Alkalihydroxyd. In dieser Rk. tritt eine wahre H-Überspannung auf, obgleich das Alkalimetallkation ein wesentliches Zwischenglied in diesem Mechanismus ist. Es kann gezeigt werden, daß frühere Unterss. mit einem Fehler behaftet sind, der wahrscheinlich auf Verunreinigungen des Elektrolyten zurückzuführen ist. Die Werte für die Kapazität der Doppelschicht in alkal. Lsgg. kommen denen in sauren Lsgg. nahe. Der Einfl. des p_H u. des Salzeffektes u. der Abfall der TAFELschen Geraden stimmen mit den theoret. Berechnungen überein. Ebenso entspricht die gemessene Änderung von i_0 der verschied. Metalle, z. B. Ba, K, Li u. Na, qualitativ der Theorie. (J. Chim. physique Physico-Chim. biol. **49**. C 70—81. Jan. 1952.) SURAWSKI. 143

A$_4$. Thermodynamik. Thermochemie.

Wolfhart Zimmermann, *Zur Thermodynamik eines Fermi-Gases mit Wechselwirkung.* Vf. geht von einem Energieausdruck aus, der einen Wechselwirkungsterm enthält, u. leitet in Analogie zur Thermodynamik des freien FERMI-Gases eine Verteilungsfunktion ab. Die spezif. Wärme ist in der Nähe des absol. Nullpunktes proportional T. Die Anwendung gilt der FRÖHLICHschen Theorie der Supraleitung. Nach dieser Theorie müßte die spezif. Wärme im supraleitenden Zustand oberhalb des Wertes für die n. Phase liegen, was den Beobachtungen widerspricht. (Z. Physik **132**. 1—22. 1952. Göttingen, Max-Planck-Inst. für Phys.) KIRSCHSTEIN. 146

H. A. C. McKay, *Thermodynamik von ternären Systemen.* Es wird eine Möglichkeit angegeben, rein mathemat. durch Überkreuzdifferentation von der Aktivität einer Komponente eines tern. Syst. auf die Aktivitäten der anderen Komponenten zu schließen. (Nature [London] **169.** 464–65. 15/3. 1952. Harwell, Didcot, Berks., Atomic Energy Res. Establ.) Klaffke. 146

A. Huber, *Das Verhalten der Integrale der Gibbs-Duhem-Margulesschen Gleichung für binäre Gemische in der Umgebung ihrer festen singulären Stellen.* Zu den in einer früheren Arbeit (C. **1952.** 1449) erörterten graph. Integrationen werden die analyt. Entwicklungen u. Beweise abgeleitet. (S.-B. österr. Akad. Wiss., math.-naturwiss. Kl., Abt. IIa **160.** 181–97. 1951.) Wesly. 150

Arthur C. Jenkins und **Clair M. Birdsall,** *Der Dampfdruck und die kritischen Daten von reinem Ozon.* Im Temperaturbereich von –182,96 bis –30° bestimmten Vff. die Dampfdrucke von reinem O_3 mit einer Genauigkeit von ±3%. Der Dampfdruck ist gegeben durch log p_{mm} = 8,25313–814, 941587/T – 0,001966943·T. Der Kp. wurde zu –111,9±0,3° u. die krit. Temp. experimentell zu –12,1±0,1° bestimmt. Aus der Dampfdruckgleichung u. $T_{krit.}$ ergab sich $p_{krit.}$ zu 54,6 at. Die zur Reinigung des O_3 u. zur Durchführung der Messung verwendeten App. sind eingehend beschrieben. (J. chem. Physics **20.** 1158–61. Juli 1952. Tonawanda, N. Y., Labor of Linde Air Prod. Comp., Div. of Union Carbide and Carbon Corp.) Plust. 150

Reino W. Hakala, *Über die Berechnung von Änderungen der Entropie und Enthalpie aus der Freien Energie.* Die Freie Enthalpie muß bei mehr als zwei verschied. Tempp. bestimmt werden, um (aus einer etwaigen Temperaturabhängigkeit der Enthalpie resultierende) Fehler bei der Best. der Entropie ausschließen zu können. (J. physic. Chem. **56.** 427–28. April 1952. Syracuse, N. Y., Syracuse Univ., Dep. of Chem.) Wittig. 154

L. E. Drain und **J. A. Morrison,** *Thermodynamische Eigenschaften von an Rutil adsorbiertem Argon.* In Ergänzung älterer Messungen bei geringer Oberflächenbedeckung untersuchten Vff. die Wärmekapazität von an Rutil adsorbiertem Ar bei 4 verschied. Bedeckungsgraden in der Nähe der monomol. Bedeckung im Temperaturgebiet von 13 bis 85° K. Weiterhin wurden die integralen u. isoster. Adsorptionswärmen bei 85° K bis zu einem adsorbierten Vol. von 4,6 V_m gemessen. Die Meßergebnisse wurden zur Berechnung der mol. Entropie u. der differentiellen mol. Entropie benutzt, wobei die Entropie des idealen Gases nach der Sackur-Tetrode-Gleichung u. die Korrekturen für die Abweichungen vom idealen Gaszustand mit Hilfe der modifizierten Berthelot-Gleichung bestimmt wurden. Zur Berechnung der Nullpunktsentropien wurden die nur bis ca. 13° K herunter gemessenen Wärmekapazitäten auf 0° extrapoliert. Hierzu wurde vorausgesetzt, daß die Wärmekapazität unterhalb 15° K durch den Ausdruck für einen dreidimensionalen harmon. Oscillator wiedergegeben werden kann, dessen Frequenz durch die spezif. Wärme bei 15° K bestimmt ist. (Trans. Faraday Soc. **48.** 840–47. Sept. 1952. Ottawa, Can., Nat. Res. Labors., Div. of Chem.) E. Heinrich. 154

S. Prosad, *Die thermische Leitfähigkeit von flüssigem Sauerstoff.* Der Wärmeübergang an kondensierten Sauerstoff-Filmen von wenigen μ Dicke zwischen –179,6 u. –182° wurde gemessen. Wegen der geringen Dicke der Filme war die Wahrscheinlichkeit für das Auftreten von Konvektionsströmen sehr gering. Der Temperaturabfall längs der Schichten lag zwischen 0,082 u. 2,42°. Aus den Wärmeübergangsmessungen wurden mit Hilfe der Gleichung von Nusselt die therm. Leitfähigkeit von fl. O_2 in dem angegebenen Temperaturintervall berechnet. Die Werte stimmen gut mit den aus Meßwerten von Hammann (–207 bis –191°) extrapolierten überein. Der Mittelwert der therm. Leitfähigkeit zwischen –177,6 u. –182° beträgt $5{,}05 \cdot 10^{-4}$ cal/sec/cm²Grad/cm. (Brit. J. appl. Physics **3.** 58–59. Febr. 1952. Patna, India, Sci. Coll., Ind. Res. Labor.) E. Heinrich. 158

C. P. Lentz, *Eine auf der Bestimmung des übertragenen Wärmeflusses beruhende Methode zur Bestimmung der Wärmeleitfähigkeit. Anwendung für Isolierstoffe.* Mit einer ursprünglich für Wärmeleitsfähigkeitsmessungen in Böden entwickelten Sonde, die aus einer geraden, von einer Metallröhre umschlossenen Heizspirale besteht, führte Vf. Messungen der Wärmeleitfähigkeit an Isoliermaterialien aus. Nach Erörterung der theoret. Voraussetzungen beschreibt Vf. die Meßvorr. u. das Verfahren. Nach Vorverss. mit einer nicht ummantelten Heizspirale in gesponnener Wolle (D. 10 lbs. per cu.ft.) als Isolierstoff sind mit demselben Stoff u. ummantelter Sonde Verss. ausgeführt worden, die wenig befriedigende Ergebnisse zeigten. Weiter sind Prüfungen zur Kontrolle des Einfl. der Anordnung der Heizspirale (horizontal oder vertikal) u. des Temperaturverlaufs auf die Wärmeleitfähigkeit in granulierter Wolle u. mit verschied. Isoliermaterialien (Wolle, Kieselsäuregel u. Korkplatten) mit nicht ummantelter Spirale ausgeführt worden. Es zeigt sich, daß mit der Sonde schlechte, dagegen mit der nichtummantelten Spirale gute Ergebnisse bei Materialien so geringer D. erhalten werden, wenn eine Spirale kleiner Abmessung angewendet u. für Verminderung der Wärmeverluste gesorgt wird. (Canad. J. Technol. **30.** 153—66. Juni 1952.) DICKHAUT. 158

Yasaku Wada und **Sotoshi Shimbo**, *Experimentelle Untersuchungen über den Ursprung der anomalen Absorption von Ultraschallwellen in Flüssigkeiten.* Vff. messen die D. (Pyknometer), Viscosität (OSTWALDsches Viscosimeter), Schallgeschwindigkeit (Interferometer) u. die Schallabsorption (Impulsverf.) von Flüssigkeitsgemischen. Das Impulsverf. arbeitet mit Sende- u. Empfangsquarz. Der Impuls läuft zunächst durch Bzl. als Standardstoff u. erzeugt im Registrierinstrument einen bestimmten Ausschlag. Nach Austausch des Bzl. durch die Fl. unbekannter Absorption wird durch Änderung im Empfangsteil gleicher Ausschlag im Registrierinstrument hervorgerufen u. hieraus die Absorption ermittelt. Auf Grund der Diskussion eigener u. Messungen anderer Autoren wird bestätigt, daß die anomale Absorption bei nichtassoziierenden Fll. ebenso wie bei Gasen auf mol. Absorption beruht, während bei assoziierenden Fll. neben der mol. Absorption noch ein Relaxationsmechanismus zufolge zwischenmol. Kräfte besteht. (J. acoust. Soc. America **24.** 199—202. März 1952. Tokyo, Univ., Dep. of Appl. Phys.) H. JACOB. 159

Paul J. Ernst und **Charles W. Hoffman**, *Neue Methoden der Ultrasonoskopie und Ultrasonographie.* Eindrücke von der Intensitätsverteilung in Schallfeldern lassen sich u. a. nach folgenden 5 Verff. gewinnen: Bei den Farbumschlagmethoden („thermo- u. chemotrope Methoden") färben sich unter Einw. von Ultraschall (US)-Energie Hg–Ag-Jodide von Kanariengelb in Ziegelrot um, ebenso zeigen Leukobasen nach US-Einw. die Färbung, die die organ. Farbsubstanz vor der Red. hatte. Eine weitere Gruppe sind die Luminescenzverff., bei denen Anregung der Phosphorescenz künstlicher Phosphore oder Ausleuchten von mit UV angeregten Zn–Cd-Sulfiden durch US-Einw. erfolgt. Als sogenannte „Detonationsmeth." schlagen Vff. die plötzliche Zers. von NJ_3 u. anderen labilen Substanzen bei Beschallung vor. Bisher bewährte sich Meth. 4 relativ am besten, Meth. 1 erscheint aussichtsreich, die Meth. 5 ist noch nicht angewendet. (J. acoust. Soc. America **24.** 207—11. März 1952. Philadelphia, Pa., Temple Univ., Ultrasonics Labor.) H. JACOB. 159

—, *Die Herstellung von Bariumtitanat-Ultraschallerzeugern.* Übersicht über die Technologie der Bariumtitanat-Transducer-Herst. sowie ihre Eichung u. Anwendungsmöglichkeiten. (Electronics **25.** Nr. 8. 162—74. Aug. 1952.) SPEER. 159

A₅. Grenzschichtforschung. Kolloidchemie.

Enzo Ferroni und **Giulio Rovai**, *Die Messung der kinematischen Oberflächenspannung.* (Vgl. C. **1951.** II. 940.) Es wird untersucht, wie sich die Werte für die Oberflächenspannung nach der Ringabreißmeth. ändern, wenn man Ringe von verschied. Durchmesser u. verschied. Drahtstärken verwendet u. in der Mitte oder am Rande des Flüssigkeitsbehälters mißt. Die Verss. wurden mit Lsgg. von *Na-Dioctylsulfosuccinat* ausgeführt. (Atti Accad. naz. Lincei, Rend., Cl. Sci. fisiche, mat. natur. [8] **11.** 202—05. Sept./Okt. 1951. Florenz, Univ.) HENTSCHEL. 166

H. Steels, *Die Oberflächenspannung von Quecksilber. Eine Abänderung der Methode von Ferguson.* In der beschriebenen Vorr. wird reines Hg in einer eingetauchten Capillare bis zur Höhe des äußeren Nivaus (eingestellt mit Kathetometer oder elektr. Kontaktanzeige) angesaugt. Aus dem gemessenen Unterdruck wird unter Annahme eines Randwinkels von 139° die Oberflächenspannung berechnet. (School Sci. Rev. **33.** 412—14. Juni 1952. Leeds, Roundhay School.) BLUMRICH. 166

B. D. Powel und **A. E. Alexander**, *Untersuchungen über Oberflächenpotentiale. 1. Mitt. Einfluß von Salzen und der Natur der Grenzfläche auf die Oberflächenpotentiale unlöslicher Monoschichten.* Mit Hilfe eines Röhrenelektrometers werden die Oberflächenpotentiale von *D 41*, einem Copolymerisat aus *Styrol* u. *Vinylpyridin*, gegenüber *Luft*, *Bzl.*, *Amylacetat* sowie Gemischen dieser beiden Fll. in Abwesenheit u. Ggw. von 4n$(NH_4)_2SO_4$ gemessen. Die erhaltenen Kurven zeigen die Form einer LANGMUIRschen Adsorptionsisotherme. Ferner wird das ζ-Potential von *Nujol* in Lsgg. des Copolymerisats gemessen. Das Oberflächenpotential ist durch das Vorhandensein einer elektr. Doppelschicht bedingt, die durch folgende Vorgänge allein oder gemeinsam auftreten kann: 1. Die Grenzfläche ist für Ionen eines Vorzeichens durchlässiger als für die des anderen: Diffusionspotential. 2. Die Ionen eines Vorzeichens werden stärker als die des anderen adsorbiert: Adsorptionspotential. 3. Es werden Ionen oder Moll. mit elektr. Dipolen adsorbiert u. an der Grenzfläche ausgerichtet: Dipolpotential. Da bei den untersuchten Systemen das Potential von der Zeit unabhängig ist, können Diffusionspotentiale ausgeschlossen werden. Aus den Werten für Grenzflächen- u. ζ-Potential ergibt sich ferner, daß an der Grenzfläche Bzl./W. das Dipolpotential von D 41 von der Salzkonz. unabhängig ist u. ungefähr dem Wert für Luft/W. entspricht. Die Orientierung der Dipole muß daher in beiden Fällen ähnlich sein. An der Grenzfläche Amylacetat/W. ist das Dipolpotential ebenfalls von der Salzkonz. unabhängig, besitzt aber einen kleineren Wert. In Übereinstimmung mit der Theorie läßt sich das maximale Oberflächenpotential bei der Spreitung von D 41 auf einer gegebenen Unterlage berechnen. (J. Colloid Sci. **7.** 482—92. Okt. 1952. Cambridge, Dep. of Coll. Sci., u. Sidney, New South Wales Univ. of Technol.) HENTSCHEL. 166

B. D. Powel und **A. E. Alexander,** *Untersuchungen über Oberflächenpotentiale.* 2. Mitt. *Einfluß von Salzen und der Natur der Grenzfläche auf die Oberflächenpotentiale löslicher Monoschichten.* (1. vgl. vorst. Ref.) Die in der vorangehenden Mitt. beschriebenen Verss. werden auf lösl. Monofilme einer kationenakt. (*Hexadecyltrimethylammoniumbromid*) u. anionenakt. Seife (*Na-Sulfobernsteinsäuredioctylester*) ausgedehnt u. dabei der Einfl. der Salzkonz. in der wss. Phase u. der Natur der nichtwss. Phase auf die Oberflächenpotentiale geprüft. Es wird eine Bestätigung der dabei aufgestellten Behauptungen erhalten, u. die Ergebnisse werden mit denjenigen von DEAN sowie der Theorie von DEAN, GATTY u. RIDEAL verglichen. (J. Colloid Sci. **7.** 493—97. Okt. 1952.) HENTSCHEL. 166

D. M. Tolstoi, *Molekulartheorie der Gleitung von Flüssigkeiten auf festen Oberflächen.* Ausgehend von der Viscositätstheorie von FRENKEL für die Fll. wird für die quantitative Beziehung zwischen Gleitung u. Benetzung der festen Oberfläche die Formel $u_{Gr}/u = e^{\alpha S(K-A)/kT} = e^{\alpha S\sigma(1-\cos\theta)/kT}$ abgeleitet, wo u_{Gr} u. u die Beweglichkeit an der Flüssigkeitsgrenze bzw. im Vol., k die BOLTZMANNsche Konstante, K u. A die Kohäsions- bzw. Adhäsionsarbeit, θ der Randwinkel der Fl. an der Grenze mit fester Oberfläche u. Vakuum, S die effektive Fläche des Mikrohohlraumes, σ die Oberflächenspannung an der Grenze Fl.-Vakuum, α der auf die Oberfläche der festen Wand entfallende Anteil der mol. Mikrohohlraumfläche bedeuten. (Доклады Академии Наук СССР [Ber. Akad. Wiss. UdSSR] [N. S.] **85.** 1089—92. 11/8. 1952. Moskau, Stalin-Inst. für Werkzeugmaschinenbau.) LEBTAG. 166

G. I. Ismailowa und **B. W. Derjagin,** *Über den Einfluß von Adsorptionsschichten auf die äußere Reibung.* Die Abhängigkeit des Koeff. der stat. Reibung μ von der Konz. c der oberflächenakt. Substanz im Vaselinöl wurde an der Reibung *Glas*/Glas u. *Stahl*/Stahl untersucht. Die μ-Kurven von *Palmitinsäure* (I), *Stearinsäure* (II) u. *Cetylalkohol* gehen mit steigendem c über ein Minimum, dann über ein Maximum. Die Kurve von *Dimethylsebacinat,* dessen Moll. ihre Orientierung nicht verändern, fällt monoton ab. Bei Zugabe von ca. 10^{-8} Mol/Liter der oberflächenakt. Substanz fällt die μ-Kurve steil ab, bedingt durch die ungleichmäßige Verteilung der akt. Zentren u. ihre Blockierung bei der Adsorption. Der nichtmonotone Verlauf der μ-Kurven wird mittels der Orientierungsänderung der Moll. in der Adsorptionsschicht erklärt, wonach μ hauptsächlich vom mol. Relief der Gleitfläche bestimmt wird. Die Temperaturkurven von μ für I bei Glas/Glas u. Stahl/Stahl zeigen mit steigender Temp. eine Verschiebung der Extrempunkte nach höheren c-Werten. Bei $t^0 \cong 60^0$ tritt die entgegengesetzte Verschiebung ein. Aus dem zeitlichen Verlauf von μ für **II** folgt, daß auf reinen Oberflächen die Latenzperiode bis zur maximal vollkommenen Orientierung nur einige Min. beträgt. Der von HARDY u. DOUBLEDAY (J. chem. Soc. [London] **127.** [1925.] 1222) gefundene höhere Wert erklärt sich aus der Desorptionskinetik der Verunreinigungen u. nicht aus der Kinetik der Molekülorientierung. An Glas, *Quarz* u. Stahl wurde ferner festgestellt, daß die reine Oberfläche weit effektiver durch **II** geschmiert wird als die verunreinigte. An reinem Glas u. Quarz werden geringe Mengen **II** u. Vaselinöl irreversibel sorbiert, bedingt durch akt. Zentren an der festen Oberfläche, an denen die Desorption erschwert ist. (Доклады Академии Наук СССР [Ber. Akad. Wiss. UdSSR] [N. S.] **87.** 85—88. 1/11. 1952.) LEBTAG. 176

A_6. Strukturforschung.

C. C. Jonker und **J. Blok,** *Beugung von Neutronen in Gasen und Kristallen.* Übersicht über die Beugung von Neutronen in Gasen u. Kristallen u. die mathemat. Beziehungen. (Nederl. Tijdschr. Natuurkunde **18.** 201—11. Sept. 1952.) WESLY. 181

Fernando Huerta, *Eine Röntgenkamera mit schraubenförmiger Bewegung.* Für eine (zunächst nur theoret. entwickelte) Röntgenkamera mit schraubenförmiger Drehbewegung werden die Grundformeln u. die Kurven der damit erhältlichen Diagramme abgeleitet u. die Einfachheit der Ergebnisse im Vgl. mit WEISSENBERG-Diagrammen erläutert. (An. Real Soc. españ. Física Quím., Ser. A **48.** 147—52. Mai/Juni 1952. Madrid, Inst. de Física Alonso de Santa Cruz.) R. K. MÜLLER. 181

A. Rimsky, G. v. Eller, A.-J. Rose und **J. Guilhaumou,** *Methode zur Berechnung der Elektronendichten bei der Bestimmung von Kristallstrukturen. Verwendung von Lochkartenmaschinen.* Beschreibung der Methode. (Bull. Soc. franç. Minéralog. Cristallogr. **74.** 197—206. April/Juni 1951. Paris, Fac. des Sci., Labor. de Minéralogie.) GOTTFRIED. 181

Mercedes Cubero und **V. Hernández Montis,** *Optische Methoden in der Röntgenstrukturbestimmung.* (Vgl. C. **1951.** II. 2015.) Mit Hilfe eines aus 441 Linsen von ca. 3 mm Brennweite bestehenden „Fliegenauges", durch das mittels einer Maske die gesamte Strahlung hindurchgeht, werden direkte PATTERSON-Diagramme erhalten. Im Vgl. mit NaCl wird damit die Struktur von *Rutil* untersucht. (An. Real Soc. españ. Física Quím., Ser. A **48.** 133—34. 3 Tafeln. Mai/Juni 1952. Sevilla, Univ., Inst. Alonso de Santa Cruz.) R. K. MÜLLER. 181

Fernando Huerta, *Systematisierung der Untersuchung der Drehkristalldiagramme.* Es wird die Beziehung zwischen der räumlichen Anordnung der Gitterbestandteile u. dem in der Ebene projizierten Diagramm untersucht. Zunächst werden die Formeln für die Richtungen der gestreuten Strahlenbündel in Abhängigkeit vom Drehwinkel abgeleitet (für senkrechten u. schrägen Einfall). Mittels dieser Formeln ist es möglich, die Umwandlung einfacher Linien des Gitterraumes in das Diagramm u. umgekehrt für WEISSENBERG-Diagramme verschied. Art vorzunehmen u. die Deutungsmethoden zu begründen. (An. Real Soc. españ. Física Quím., Ser. A **48.** 135—46. Mai/Juni 1952. Madrid, Inst. de Física Alonso de Santa Cruz.) R. K. MÜLLER. 181

Joseph S. Lukesh, *Kristallstrukturbestimmung aus rohen Intensitätsbeziehungen.* An Hand eines Beispiels ($PbCrO_4$) wird eine Meth. beschrieben, auf Grund weniger starker Reflexionen die wahrscheinlichsten Atomlagen zu bestimmen. Die Meth. versagt, wenn mehrere Atome mit annähernd gleichem Streuvermögen vorhanden sind oder wenn keine großen Intensitätsunterschiede auftreten. (Amer. Mineralogist **36.** 687—95. Sept./Okt. 1951. Schenectady, N. Y., General Electric Co., Knolls Atomic Power Labor.) GOTTFRIED. 181

Jean Barraud, *Optik der Laue-Methode der Röntgenstrahlenbeugung. Anwendung auf die genaue Messung der Kristallparameter und auf die Bestimmung der Orientierung von Kristallen. Beitrag zur Bestimmung der Elementarzelle von Muskovitglimmer.* Nach einer ausführlichen Beschreibung der theoret. Grundlagen der LAUE-Meth. werden die möglichen, bei der Ausführung der Meth. auftretenden Fehlerquellen u. ihre Ausschaltung besprochen. Es wird hierauf eine neu konstruierte App. beschrieben, mit der die auftretenden Fehlerquellen weitestgehend ausgeschaltet werden. Mit dieser neuen App. wurde zuerst die Orientierung zahlreicher Quarzblättchen u. hierauf der Elementarkörper des Muskovits zu $a = 5{,}17_8$ Å; $b = 8{,}98_4$ Å, $c = 10{,}08_2$ Å u. $\beta = 99^0\ 7{,}4'$ bestimmt. Unter Zugrundelegung der Aufstellung von TSCHERMAK erhält man $a' = 5{,}17_8$ Å, $b' = 8{,}98_4$ Å, $c' = 20{,}00_7$ Å u. $\beta = 95^0\,41'$. (Bull. Soc. franç. Minéralog. Cristallogr. **74.** 223—372. April/Juni 1951. C. N. R. S.) GOTTFRIED. 181

Victor A. Lewinson und **George E. Kimball,** *Anwendung einer modifizierten quantenmechanischen „Zellenmethode" (cellular method) auf das Wasserstoffmolekül.* Vff. versuchen, zur Lsg. des Problems der Berechnung von Molekülstrukturen, speziell zur Berechnung der Elektronenbindungsenergien u. der Bindungsabstände, ein neues Verf. einzuführen. Sie übertragen die von WIGNER u. SEITZ (Physic. Rev. [2] **43.** [1933.] 804) stammende Zellenmeth., die ursprünglich zur Erklärung des metall. Zustandes diente, auf das H_2-Molekül. Es kann gezeigt werden, daß die Zellenmeth. sich einigermaßen zur Lsg. des Problems eignet; sie ergibt Resultate, die mit den aus den beiden anderen Verff. (Molekülbahnmeth. u. Meth. von HEITLER-LONDON) gewonnenen vergleichbar sind. Die Zellenmeth. hat außerdem den Vorteil, daß zu ihrer Anwendung kein großer mathemat. App. gehört. — Vff. vermuten eine bessere Anwendbarkeit ihrer Meth. bei komplizierteren Moll., sie führen Schwierigkeiten beim H_2 auf besondere Eigg. der Molekülstruktur zurück, z. B. auf das Fehlen einer abgeschlossenen inneren Elektronenschale; sie sehen darin auch den Grund für einige anomale Eigg. der H-Atome, wie etwa die Ausbildung der „Protonendoppelbindung" im B_2H_6. (J. chem. Physics **19.** 690—93. Juni 1951. New York, N. Y., Columbia Univ., Chem. Dep.) ZIMMER. 182

Aurelio Burdese, *Über die Kristallstruktur von Monocalciumferrit.* Von $CaO \cdot Fe_2O_3$ wurden einige Einkristalle in Form nadelförmiger, nach der c-Achse gestreckter Kristalle beim langsamen Abkühlen einer Schmelze der theoret. Zus. von 1230—1200° erhalten. Die mkr. Unters. der Kristalle deutete auf hexagonale Symmetrie hin; LAUE-Aufnahmen ergaben jedoch rhomb. Symmetrie. Aus Drehkristall- u. WEISSENBERG-Aufnahmen wurden die Elementarkörperdimensionen $a = 9{,}16$ Å; $b = 10{,}60$ Å; $c = 3{,}01$ Å u. $Z = 4$ erhalten. Das Gitter des $CaO \cdot Fe_2O_3$ zeigt eine gewisse Ähnlichkeit mit dem des Goethits auf, was nicht nur aus den Elementarkörperdimensionen, sondern auch aus der Ähnlichkeit der WEISSENBERG-Aufnahmen mit Drehung um [001] hervorgeht. Es ist daher anzunehmen, daß im Gitter des $CaO \cdot Fe_2O_3$ die O-Atome angenähert eine hexagonale Kugelpackung bilden, in deren Oktaeder- u. Tetraederlücken die Metallatome lokalisiert sind. (Ricerca sci. **22.** 259—64. Febr. 1952. Torino, Politecnico, Ist. di chim. generale e applicata e di metallurgia.) GOTTFRIED. 195

L. Brú, M. Pérez Rodriguez und V. Cortés, *Über die „partiellen“ Patterson-Diagramme. Anwendung auf die Struktur von NiSi.* In den PATTERSON-Diagrammen maskieren die Maxima der schweren Pseudoatome oft die den leichten Atomen entsprechenden Maxima; dies läßt sich durch ein Diagramm einer ausschließlich aus schweren Atomen bestehenden virtuellen Struktur beheben, wie rechner. begründet wird. Für NiSi werden auf Grund der so erhaltenen Korrekturen die mit den experimentellen Befunden gut übereinstimmenden Werte $X_{Si} = 0{,}075$ u. $Y_{Si} = 0{,}325$ erhalten. (An. Real Soc. españ. Física Quím., Ser. A **48.** 187—88. Mai/Juni 1952. Sevilla, Univ., Inst. Alonso de Santa Cruz.) R. K. MÜLLER. 195

Aldo Iandelli und Riccardo Ferro, *Die Amalgame des Lanthans.* Zur Darst. der La–Hg-Legierungen (bis 85% Hg) werden die Metalle in einer Fe-Bombe (bis 40% Hg im Al_2O_3-Tiegel) auf 1200°, oberhalb 60% Hg entsprechend niedriger erhitzt u. sehr langsam (mehrere Tage) auf 200—300° abgekühlt. Die Weiterbehandlung erfolgt in CO_2-Atmosphäre. La bildet mit Hg die Verbb. *La_3Hg* (fraglich), *LaHg* (kub. zentriert, a = 3,837 Å), *$LaHg_2$* (hexagonal, $a_0 = 4{,}948$, c = 3,633, c/a = 0,734); D. 12,45; Struktur wie $PrGa_2$), *$LaHg_3$* (hexagonal, $a_0 = 3{,}404$, c = 4,951, c/a = 1,454; D. 11,41; wahrscheinliche Struktur: Hg in 000, La in $^1/_3\ ^2/_3\ ^1/_2$) u. *$LaHg_4$* (kub. zentriert, $a_0 = 3{,}656$; D. 12,7; Struktur wahrscheinlich vom Typ γ-Messing). Die Röntgenaufnahmen der einzelnen Legierungen werden tabellar. mitgeteilt. Die La-Amalgame sind den von RUNDLE u. WILSON (C. **1950.** I. 848) untersuchten U-Amalgamen isomorph. (Atti Accad. naz. Lincei, Rend., Cl. Sci. fisiche, mat. natur. [8] **11.** 85—93. Juli/Aug. 1951.) R. K. MÜLLER. 197

Ernst Raub und Paul Walter, *Die Legierungen der Platinbeimetalle mit Wolfram.* Die Platinmetalle besitzen im festen Zustande alle ein zum Teil weitreichendes Lösungsvermögen für Wolfram. Weitaus am größten ist die Löslichkeit des W in *Ru* u. *Os*, die beide eine A3-Struktur besitzen. In den kub. Platinmetallen ist die Löslichkeit wesentlich geringer. Ru–W u. *Pd*–W weisen keine intermediären Phasen auf. Im Syst. Os–W beobachtet man eine intermediäre Kristallart, der wahrscheinlich die Zus. OsW_3 zukommt. In den Systemen *Rh*–W u. *Ir*–W tritt eine intermediäre Phase mit A3-Struktur auf, die in beiden Systemen ein größeres Homogenitätsgebiet hat. Die Härte liegt im allg. sehr hoch. Bes. hart ist OsW_3. (Festschr. 100 Jahre W. C. Heraeus GmbH., Hanau **1951.** **124—46.** Schwäbisch-Gmünd, Forschungsinst. u. Probieramt für Edelmetalle.) SCHUBERT. 197

G. Grube, A. Schneider und U. Esch, *Das System Gold–Platin.* Durch therm. Analyse u. durch Messungen des elektr. Widerstandes wurde das Syst. Pt–Au neu untersucht. Gegenüber den Angaben von WICKORIN (C. **1950.** I. 387), der bei höheren Tempp. eine homogene Mischkristallreihe zwischen Pt u. Au annahm, wird eine peritekt. Rk. Pt(Au) + Schmelze = Au(Pt) bei 1300° wahrscheinlich gemacht. Die Grenzen der Mischungslücke im festen Zustand wurde erneut bestimmt. Die Befunde stimmen mit den Ergebnissen von JOHANSSON u. LINDE (Ann. Physik **5.** [1930.] 762) bei Tempp. unterhalb 1100° weitgehend überein. Im Gebiet des Au-Mischkristalls wird, ähnlich wie im Syst. Pt–Ag, bei Konzz. um 25 At.-% Pt unterhalb ca. 1100° nach vorausgegangener Verformung eine zweite kub. Phase mit erheblich kleinerer Gitterkonstante gefunden. Für die von JOHANSSON u. LINDE vermutete Existenz intermediärer Phasen innerhalb der Mischungslücke wurden keine Anzeichen gefunden. (Festschr. 100 Jahre W. C. Heraeus GmbH., Hanau **1951.** 20—42. Stuttgart, TH, Inst. für physikal. Chem.) SCHUBERT. 197

Werner Köster und Ulrich Zwicker, *Das System Palladium–Zink.* Im Syst. Pd–Zn treten sechs intermediäre Phasen auf. β′ u. β″ sind vom A2-Typ. Diese Phasen gehen anscheinend dicht unterhalb der Soliduslinie kontinuierlich ineinander über. β″ weist bei der Zus. Pd_2Zn ein F.-Maximum auf u. wandelt sich unterhalb 700° in eine δ-Form um, die ein der γ-Messingphase ähnliches verzerrtes Gitter hat. Zwischen die Felder der beiden β-Phasen ist das Gebiet der tetragonalen β_1-Phase eingeschoben, das sich wahrscheinlich dicht unterhalb des F. der Legierung schließt. β′ zerfällt bei 545° eutektoid in β_1 u. γ′. Bei der Zus. Pd_5Zn_{21} entsteht, hervorgehoben durch ein F.-Maximum, die kub. γ-Phase. Sie wandelt sich im Pd-reicheren Teil ihres Zustandsgebietes in die verzerrte γ′-Form um. Pd vermag bei höheren Tempp. ca. 18 At.-%, bei tieferen Tempp. ca. 9% Zn zu lösen. Der Pd(Zn)-Mischkristall bildet mit Pd_2Zn ein Eutektikum. (Festschr. 100 Jahre W. C. Heraeus GmbH., Hanau **1951.** 76—90. Stuttgart, Max-Planck-Inst. für Metallforsch.) SCHUBERT. 197

G. Grube und **R. Jauch**, *Das System Palladium–Aluminium.* Mittels therm. Analyse, mkr. Unters. u. Messung des elektr. Widerstandes wurde das Syst. Pd–Al aufgestellt. Der Pd(Al)-Mischkristall erstreckt sich bei Zimmertemp. bis ca. 15% Al. Er bildet mit Pd_2Al bei 1050° ein Eutektikum. Pd_2Al schm. kongruent bei 1425° u. bildet aus PdAl ein Eutektikum bei 1315°. PdAl schm. kongruent bei 1645° u. macht bei ~700° eine Umwandlung durch. Bei 940° entsteht peritekt. aus PdAl u. Schmelze die Phase Pd_2Al_3. Bei 785° entsteht peritekt. aus Pd_2Al_3 u. Schmelze die Phase $PdAl_3$. Diese bildet mit Al bei 615° ein Eutektikum. Die Hochtemperaturmodifikation von PdAl krist. im B2-Typ. Pd_2Al_3 krist. im Ni_2Al_3 ($D\,5_{13}$)-Typ. (Festschr. 100 Jahre W. C. Heraeus GmbH., Hanau **1951**. 52—68. Stuttgart, TH, Inst. für physikal. Chem.) SCHUBERT. 197

F. Erdmann-Jesnitzer und **F. Günther**, *Zum Joffé-Effekt bei Steinsalz unter Druck.* Zur Aufklärung der von JOFFÉ gefundenen Erhöhung der Zugfestigkeit von Steinsalz unter W. wird die Stauchung von 2—3 mm dicken Steinsalzplatten in Abhängigkeit vom Staudruck gemessen. In Luft, gesätt. NaCl-Lsg. u. C_6H_6 ergeben sich nahe übereinstimmende Werte. Ae., Xylol, Aceton, CS_2 u. A. ergeben bei niedrigen Drucken kleinere Werte, W. (u. in geringerem Maße verd. NaCl-Lsg. unter 10 Gew.-% sowie Paraffinöl) bis auf den 3fachen Betrag erhöhte. Voraussetzung für den Effekt ist eine Einwirkungsdauer der Fl. von ca. 10 Minuten. Mit dem Dipolmoment der Fl. besteht kein eindeutiger Zusammenhang. Als Ursache des Effektes wird das Eindringen von Flüssigkeitsmoll. in den Kristall angesehen. (Z. Elektrochem., Ber. Bunsenges. physik. Chem. **56**. 446—49. 1952. Freiberg/Sa., Bergakademie, Inst. für Metallkunde u. Materialprüfungsamt.) TELTOW. 200

A_7. Gleichgewichte. Kinetik.

William R. King jr. und **Clifford S. Garner**, *Der Austausch von Vanadium(II)- und Vanadium(III)-Ionen in perchlorsauren und schwefelsauren Lösungen.* Vff. untersuchen den Austausch von V^{2+}- u. V^{3+}-Ionen in 1,0—1,2 f perchlorsaurer bzw. 0,86 f schwefelsaurer Lsg. unter Verwendung von V(II)-Perchlorat bzw. -Sulfat u. von mit ^{48}V ($T_{1/2}$ = 16 Tage) gekennzeichnetem V(III)-Perchlorat bzw. -Sulfat. Die quantitative Trennung der beiden Oxydationsstufen erfolgt mit alkoh. α.α'-Dipyridyllsg., mit welcher V^{2+}, nicht aber V^{3+} einen grünen Komplex bildet, oder mittels des Kationenaustauschharzes Ion-X. Danach wird die spezif. Aktivität der beiden Fraktionen mit GEIGER-MÜLLER-Zähler, der Gesamtvanadiumgeh. durch Oxydation zu V^{5+}, Red. durch SO_3^{2-} zu V^{4+} u. Titration desselben mit Standard-$KMnO_4$ bestimmt. Die Verss. finden wegen der leichten Oxydierbarkeit von V^{2+} u. V^{3+} in wss. Lsg. durch Luft-O_2 unter O_2-freiem N_2 statt. Mit Ausnahme zweier Verss., die bei n. Laborbeleuchtung u. bei 25° erfolgen, werden alle Verss. im Dunkeln bei 2° durchgeführt. Nach den Versuchsergebnissen verläuft der Austausch in 1—5 Min. vollständig. Die Herst. der V^{2+}- u. V^{3+}-Lsgg. wird beschrieben. (J. Amer. chem. Soc. **74**. 3709—10. 20/7. 1952. Los Angeles, Calif., Univ. of California, Dep. of Chem.) GEDSCHOLD. 221

N. W. Nikolajewa und **W. N. Pressnjakowa**, *Untersuchung der Kinetik der Austauschreaktionen von Komplexverbindungen in Elektrolytlösungen nach der polarographischen Methode.* Vff. untersuchten die Red. von 10^{-3} n $K_2[Pt(NO_2)_4]$ (I) an der Hg-Tropfelektrode in Abhängigkeit von der Ggw. verschied. Fremdelektrolyte, vom p_H u. von der Zeit. Bei gleichen Bedingungen steigt in Ggw. 1n Fremdelektrolyte die Stromstärke I in der Reihe $NO_2^- \rightarrow NO_3^- \rightarrow SO_4^- \rightarrow Cl^- \rightarrow Br^-$ an, bedingt durch die in derselben Reihenfolge ansteigende Geschwindigkeit des Eintritts der Anionen in die innere Sphäre an die Stelle der Nitrogruppen. Diese Substitution erfolgt genügend langsam. Die Kurve I—t (Zeit) erreicht in Ggw. von KBr ihr Maximum in 2 Std., in Ggw. von *KCl* (**II**) in 8 Stunden. In Ggw. von **II** entsteht zunächst die Komplexverb. $K_2[Pt(NO_2)_2Cl_2]$ (**III**), dadurch bewiesen, daß das maximale I bei der Red. von **III** zeitlich unverändert bleibt u. etwa dem Maximum von I nach 8 Std. entspricht, daß ferner in Ggw. von **II** die Kurve zeitlich absteigt. Welcher Komplex bei der weiteren Substitution von NO_2^- durch Cl^- entsteht, bleibt ungeklärt. Aus dem Einfl. von p_H auf die Red. von **I** ist zu schließen, daß hierbei eine komplexe Säure entsteht. Beim $p_H > 2{,}7$ steigt I beim Potential positiver als die Nulladung schwach an, nimmt beim Potential der Hg-Nulladung ab u. steigt bei —1,6 V (gegen die Kalomel-Normalelektrode) stark an. Beim $p_H < 2{,}7$ zeigen die Polarisationskurven bei —0,5 bis —0,6 V einen starken Anstieg. In Ggw. von **II** werden die Polarisationskurven noch komplizierter. (Доклады Академии Наук СССР [Ber. Akad. Wiss. UdSSR] [N. S.] **87**. 61—64. 1/11. 1952. Moskau, Lomonossow-Univ.) LEBTAG. 223

Je P. Dergunow, *Komplexbildung zwischen den Fluoriden von Alkalimetallen und von Metallen der Lanthanidengruppe.* Bei Zugabe von ErF_3 (**I**) zu *KF* (**II**), *RbF* (**III**) u. *CsF* (**IV**) sinkt die Kristallisationstemp. bis zum Eutektikum bei 756, 732 bzw. 648°. Die singulären Maxima für 25 Mol-% I liegen entsprechend bei 1012, 1034 u. 1048°, entsprechend der Bldg. von $Me_3^+ErF_6$, wo Me^+ K^+, Rb^+ u. Cs^+ bedeutet. Auf den Schmelzdiagrammen von SmF_3 (V) mit II, III u. IV entsprechen die Maxima bei 25 Mol-% V der Bldg. von $Me_3^+SmF_6$ (882, 916 u. 972°) III u. IV bilden bei 25 Mol-% PrF_3 (VI) die Komplexe Rb_3PrF_6 bzw. Cs_3PrF_6, erkennbar an den scharfen Maxima des Schmelzdiagramms. Im Syst. II—VI entsteht inkongruent schm. $KPrF_4$. In *NaF*-VI entstehen feste Lsgg. (NaF-I u. NaF-V nicht untersucht). In den Systemen Me^+F–$Me^{3+}F_3$ tritt häufiger die Koordinationszahl 6, seltener 4 auf. Die Neigung zur Bldg. der Komplexe $Me_3^+Me^{3+}F_6$ nimmt mit steigendem Radius des Metallions im Zentralkern ab (Er–Sm–Pr). Für die Alkalimetalle nimmt sie in der Reihenfolge Na–K–Rb–Cs zu. In derselben Reihenfolge nehmen F. u. Höhe des Maximums zu. Die therm. Stabilität der Komplexe verändert sich in derselben Reihenfolge wie das Komplexbildungsvermögen. Die Ergebnisse werden als Bestätigung der These des Vf. angesehen, wonach die Bldg. von Komplexen vom Typ der bin. Salze bei der Kristallisation der Schmelzen von der Radiusgröße der Ionen des Komplexes abhängig ist. (Доклады Академии Наук СССР [Ber. Akad. Wiss. UdSSR] [N. S.] **85.** 1025—28. 11/8. 1952.) Lebtag. 223

A. B. Garrett und **J. R. Heiks**, *Die Auflösung von Metallen im Temperaturbereich 25 bis —60°.* 2. Mitt. *Die Auflösung von Cadmium in Salzsäure–Methanol–Wasser-Lösungen.* (1. vgl. C. **1950.** II. 1902.) Es werden Werte angegeben, die für den Auflösungsgrad von Cd in HCl–CH_3OH–W. unter stat. u. dynam. (Rühren) Bedingungen, in Ggw. u. Abwesenheit eines Depolarisators (Nitroäthan) über den Temperaturbereich 25 bis —60° ermittelt wurden. Die Aktivierungsenergie für das stat. Verf. mit Depolarisator beträgt 4000 cal/Mol, während sie für das gleiche Verf. ohne Depolarisator ca. 10000 cal/Mol beträgt, woraus geschlossen wird, daß in ersterem Fall ein mechan. Prozeß, wahrscheinlich Diffusion, vorwiegend den Reaktionsgrad bestimmt. Zu dem gleichen Schluß berechtigt die Beobachtung, daß die Rührgeschwindigkeit starken Einfl. auf den Auflösungsgrad hat. Der unpolarisierte Auflösungsprozeß ist 1. Ordnung bzgl. Säurekonzentration. (J. physic. Chem. **56.** 449—51. April 1952. Columbus, O., Ohio State Univ., Dep. of Chem.) Free. 224

B. Anorganische Chemie.

E. E. Aynsley, **R. Nichols** und **P. L. Robinson**, *Umsetzungen von Jodpentafluorid mit anorganischen Substanzen. Jodoxytrifluorid und Jodylfluorid.* Wenn Jodpentoxyd in sd. Jodpentafluorid gelöst wird, scheiden sich beim Abkühlen auf Zimmertemp. nach der Rk. $J_2O_5 + 3\,JF_5 \rightarrow 5\,JOF_3$ weiße Nadeln von Jodoxytrifluorid ab. Die Rk. ist im Gegensatz zu der Behauptung von Ruff u. Braida (Z. anorg. allg. Chem. **220.** [1934.] 43) nicht reversibel. Vielmehr unterliegt das JOF_3 beim Erwärmen auf 110° der reversiblen Umwandlung $2\,JOF_3 \rightleftharpoons JF_5 + JO_2F$ zu Jodylfluorid. Letzteres geht beim Kochen mit JF_5 wieder unter Bldg. von JOF_3 in Lösung. JO_2F ist in trockenem Zustand beständig u. nicht bes. hygroskop., entwickelt aber in feuchter Luft langsam HF. In W. löst es sich leicht unter Hydrolyse gemäß $JO_2F + H_2O \rightarrow HJO_3 + HF$. Bei 220° greift es Glas an, wobei J_2 frei wird. — Auch J_2O_4 löst sich in JF_5 unter Bldg. von JOF_3, welches durch freies J_2 verunreinigt ist. — Die Umsetzungen von P_2O_5, V_2O_5, CrO_3 u. WO_3 mit heißem JF_5 liefern die Verbb. POF_3, $2\,VOF_3 \cdot 3\,JOF_3$, CrO_2F_2 bzw. $WO_3 \cdot 2JF_5$. MoO_3 ist in JF_5 weniger lösl. u. ergibt $2\,MoO_3 \cdot 3\,JF_5$. As_2O_5 ist in JF_5 unlösl., bildet aber eine feste Substanz von undefinierter Zusammensetzung. Sb_2O_5 löst sich leicht u. hinterläßt beim Eindampfen der Lsg. im Vakuum bei 170° einen Rückstand der Zus. $SbF_5 \cdot JO_2F$. Mit NO_2 setzt sich JF_5 zu der cremefarbenen Molekülverb. $JF_5 \cdot NO_2$ um, die unzers. sublimierbar ist, bei höheren Tempp. aber unter Bldg. von NO_2 zerfällt u. von verd. KOH schnell zu Jodat- u. Fluoridionen zers. wird. CO u. SO_2 reagieren mit JF_5 nicht. — Aus der Lsg. von K-Perjodat in sd. JF_5 scheiden sich beim Erkalten kub. Kristalle von $KJO_4 \cdot JF_5$ ab. KNO_3 wird von sd. JF_5 unter Entw. brauner Dämpfe zers. u. in KJF_6 übergeführt. Dagegen sind Ba- u. Ag-Nitrat in JF_5 unlösl., hinterlassen aber JF_5-haltige Rückstände mit der Zus. $Ba(NO_3)_2 \cdot 2{,}5\,JF_5$ bzw. $AgNO_3 \cdot 0{,}1\,JF_5$. — Hg wird von JF_5 langsam gelöst unter Bldg. von hellbraunem $Hg(JF_5)_2$, welches sich in Berührung mit Luft rot färbt. Die Verb. ist in A. lösl., in Chlf. unlösl. u. wird von W. nicht gelöst, aber langsam hydrolysiert; in NaOH zers. sie sich schnell zu gelbem HgO, Jodat u. Fluorid. Ag wird von JF_5 nicht angegriffen. Cd bildet mit JF_5 das Fluorid u. freies Jod. (J. chem. Soc. [London] **1953.** 623—26. Febr. Newcastle-on-Tyne, King's Coll.) Forche. 249

H. Braune und **E. Steinbacher**, *Die Dissoziation des Schwefeldampfes.* 2. Mitt. (1. vgl. C. **1951.** II. 3558.) Nach früheren Dichtemessungen des S-Dampfes zwischen 350 u. 1000° nahmen Preuner u. Schupp (1909) an, daß im S-Dampf nur S_8, S_6 u. S_2

vorhanden sind, während Vff. auch noch S_4 annehmen. Vff. führen mit Hilfe eines Spektralphotometers quantitative Absorptionsmessungen im sichtbaren Bereich bei Tempp. zwischen 300 u. 940° durch. Sie finden dort ein Kontinuum mit einem Maximum bei 5100 Å. Seine Intensität bei dieser Wellenlänge wurde nach Variation von Druck u. Temp. mit der Druck- u. Temperaturabhängigkeit der mol. Konzz. der verschied. im S-Dampf vorkommenden Molekülarten verglichen. Die Meßergebnisse sind in zahlreichen Tabellen wiedergegeben. Vff. finden ihre Annahme bestätigt, Ferner läßt sich das bisher allein dem S_2 zugeschriebene diffuse Bandensyst. im kurzwelligen Teil des sichtbaren Spektr. nunmehr auch gleichfalls dem S_4-Mol. zuschreiben. (Z. Naturforsch. **7a.** 486—93. Juli 1952. Hannover, TH, Inst. für physikal. Chemie.) D. Hahn. 253

I. Franke, *Einwirkung alkalischer Lösungen auf Quarz und geschmolzene Kieselsäure unter Druck von gesättigtem Dampf.* Es wurde zuerst die Einw. von Lsgg. von *NaOH, KOH,* Na_2CO_3 u. $NaHCO_3$ auf **Quarz** im Autoklaven bei verschied. Tempp. untersucht. Bei Einw. von 2n NaOH bei 200° unter dem Druck von gesätt. Dampf ist der Gewichtsverlust des Quarzes sehr gering u. entspricht nicht einmal der Bldg. von Natriummonosilicat. Bei 260° bzw. 300° entspricht der Gewichtsverlust 2 Mol SiO_2 pro 1 Mol Na_2O; es trat Ausscheidung von reichlich *Na-Disilicat* ein. Mit 0,2n NaOH bildet sich erst bei 300° Na-Disilicat, das jedoch in Lsg. bleibt. Bei 260° reicht der Gewichtsverlust des Quarzes nicht zur Bldg. von Natriummonosilicat aus. — Bei Einw. von 2n KOH bei 260° entspricht der Gewichtsverlust der Bldg. von *Kaliumtetrasilicat,* das sich in kleinen weißen Kriställchen ausscheidet. Nach Einw. von Lsgg. von Na_2CO_3 entspricht das Verhältnis $SiO_2:Na_2O$ bei 250° ½, bei 330° 1, bei 350° 2 u. bei 370° 3. Die Einw. von $NaHCO_3$-Lsg. ist noch schwächer als die von Na_2CO_3; selbst bei der krit. Temp. des W. (372°) tritt selbst für eine Konz. von 2n $NaHCO_3$ keine Bldg. von Na-Disilicat ein. — Bei Einw. alkal. Lsgg. auf geschmolzene SiO_2 sind gleichzeitig drei Vorgänge zu beobachten, u. zwar 1. ein Gewichtsverlust, der der Bldg. eines Alkalisilicates entspricht; 2. Entglasung u. 3. Abscheidung von Kristallen im Autoklaven oder auf einem Keim von eingeführtem Quarz. Die Gewichtsverluste der Kieselsäure hängen von der Menge des Silicates ab, das sich in Lsg. bilden kann, sowie von dem Verhältnis von Alkali zu SiO_2 in dem Silicat. Er hängt ferner von der Menge Fl., der Konz. u. der Natur der Alkalilsgg. (K, Na, Li), sowie von der Temp. u. dem Druck ab. Zur vollständigen Entglasung eines Stäbchens geschmolzener SiO_2 mit einem Durchmesser von 1 cm werden 18 Std. benötigt. Im Innern der entglasten SiO_2 bildet sich eine Geode, deren Wände mit kleinen Quarzkriställchen besetzt sind. Die schönsten Geoden wurden mit 0,1n Lsgg. von Na_2CO_3, $NaHCO_3$ u. $Na_2B_4O_7$ erhalten. Es wurde ferner beobachtet, daß bei Einw. von 0,25 bis 0,001n $NaHCO_3$ u. Na_2CO_3 auf geschmolzene SiO_2 bei 365° *Cristobalit,* bei höheren Konzz. Quarz entsteht. (Bull. Soc. franç. Minéralog. Cristallogr. **74.** 207—13. April/Juni 1951. Labor. de Cristallographie du S. R. C. T.) Gottfried. 261

W. M. Borissow und M. G. Gorstein, *Über einige physikalisch-chemische Eigenschaften von Arsenigsäureanhydrid.* Mit Hilfe der therm. Analyse wurde die Umwandlung der oktaedr. Form von As_4O_6 (I) in die monokline Form sowie das Schmelzen desselben untersucht. Es ergab sich, daß oktaedr. I bei 270° zu schm. beginnt u. bei 290—295° **vollständig geschmolzen** ist. Vor Schmelzbeginn tritt als Folge der inneren Strukturänderung ein exothermer Effekt auf. Das völlige Schmelzen von I unterhalb des F. des monoklinen I u. das Fehlen eines zweiten F. auf den Thermogrammen bewiesen das Fehlen von monoklinem I unterhalb des F. der monoklinen Form. Hieraus ist zu schließen, daß bis zum F. die oktaedr. Form von I als beständig anzusehen ist. (Журнал Общей Химии [J. allg. Chem.] **22.** (**84.**) 1903—06. Nov. 1952. Staatl. Inst. für hüttenchem. Rohstoffe.) Lebtag. 265

Joseph K. Thompson und Jacob Kleinberg, *Die Oxydation von Lithium und der Erdalkalimetalle in flüssigem Ammoniak.* Li, *Ca, Sr* u. *Ba* werden einmal oxydiert, indem die reinen Proben in O_2-gesätt., fl. NH_3 geworfen werden. Die zweite Meth. besteht darin, daß die Proben in NH_3 gelöst werden u. dann die Lsg. mit O_2-gesätt. NH_3 gemischt wird. Es entstehen in beiden Fällen Monoxyde u. in geringem Prozentsatz Peroxyde. Die Reaktionsprodd. enthalten in Spuren die reinen Erdalkalien, da beim Zusatz von W. H_2 entwickelt wird. Die Absorptionsspektren der oxydierten Lsgg. von Li, *Na* u. *K* weisen alle in der Nähe von 380 mμ eine Absorptionsbande auf. Vff. schließen daraus, daß Li in gleicher Weise wie Na u. K ein Superoxyd bildet, welches in fl. NH_3 bei —78° beständig ist. (J. Amer. chem. Soc. **73.** 1243—45. März 1951. Lawrence, Kans., Univ. of Kansas, Chem. Labor.) v. Schieszl. 280

O. P. Alexejewa, *Umsetzung von metallischem Beryllium mit festen Kristallhydraten.* Untersucht wurde die Rk. von metall. Be mit dem Kristallwasser von 59 festen Kristallhydraten, die unter Freisetzung von H_2 erfolgt u. mit zunehmender Be-Menge bis zu einer gewissen Grenze intensiver wird. Ist die Rk. mit Erwärmung verbunden, so wird vom prim. gebildeten $Be(OH)_2$ W. abgespalten, das durch Be zers. wird. Bei der Rk. mit Chloridkristallhydraten wird vielfach neben der Bldg. von H_2 auch die von HCl sowie eine Red. des Kations bis zum Metall beobachtet. Am aktivsten gegenüber Be sind die Kristallhydrate der Chloride, die der Nitrate sind völlig inaktiv. Ggw. von SO_4^{2-} u. $(C_2H_3O_2)^-$ setzt die Aktivität des Kristallhydrates stark herab, bes. die Ggw. des letzteren. Doppelsalze u. Alaune wirken stärker als entsprechende einfache Salze. Von den Kationen zeigen die Ionen von Na u. den Erdalkalien die geringste, die Chloride der Fe- u. Schwermetalle die stärkste Aktivität. Im Vgl. zu Mg, Al u. Zn bleibt eine Rk. bei Be mit viel mehr Kristallhydraten aus. Wo eine Rk. eintritt, ist sie jedoch viel intensiver. Nach der abnehmenden Aktivität ergibt sich die Reihe Be, Mg, Al, Zn. Bei den meisten Kristallhydraten wird nicht das gesamte Kristallwasser zersetzt. Die Rk. zwischen Be u. Kristallhydrat erfolgt in Stufen mit meistens 2, seltener 3 Maxima. In den Ergebnissen wird ein Beweis dafür gesehen, daß die Wassermoll. in den Aquokomplexen ungleichwertig sind, daß sich die Wasserhüllen in der Anlagerungsenergie u. in der Stabilität des Protons unterscheiden. (Журнал Общей Химии [J. allg. Chem.] **22.** (**84.**) 1906—16. Nov. 1952. Woroschilowgrad, Pädagog. Inst.) LEBTAG. 281

Earl Ingerson und George W. Morey, *Doppelfluoride von Zink.* Es wurden die folgenden Fluoride bzw. Doppelfluoride des Zinks durch Behandlung der Mischungen aus den Carbonaten u. ZnO mit HF bzw. durch Zusammenschmelzen der Komponenten dargestellt: ZnF_2; $ZnF_2 \cdot 4\,H_2O$; $NH_4F \cdot ZnF_2$; $MgF_2 \cdot ZnF_2$; $CaF_2 \cdot ZnF_2$; $SrF_2 \cdot ZnF_2$; $BaF_2 \cdot ZnF_2$; $MnF_2 \cdot ZnF_2$; $ZnF_2 \cdot ZnCl_2$. Tabellar. sind die FF. sowie die opt. Eigg. (opt. Charakter, Brechungsindices u. Doppelbrechung) zusammengestellt. (Amer. Mineralogist **36.** 778—80. Sept./Okt. 1951. Washington, D. C., Geophys. Labor.) GOTTFRIED. 288

W. Wayne Meinke und Richard E. Anderson, *Eine Methode zur kontinuierlichen Extraktion mit einem chelatbildenden Mittel.* Um große Mengen *Th* als Nitrat von Spuren *Ac* u. *Ra*-Isotopen gefahrlos abtrennen zu können, entwickelten Vff. ein kontinuierliches Extraktionsverf. unter Verwendung einer 0,25 mol. Lsg. von *Thenoyltrifluoraceton* (**I**) in Bzl. als Komplexbildner. Dabei bleiben die Spuren in einer fast fremdsalzfreien Lsg. zurück. Die Extraktions-Fl. kommt durch eine Glasfritte feinverteilt mit der salpetersauren Th-Lsg. vom p_H 2,5 in innige Berührung, gelangt durch einen Überlauf in einen N_2-Strom, der sie zum Zersetzungsgefäß mit 2n HNO_3 transportiert, wo der Komplex zerfällt u. Th in die wss. Phase geht. Die Th-freie Lsg. wird gewaschen u. gelangt in den Kreislauf zurück. Da bei der Extraktion H^+-Ionen entstehen u. die Rk. zwischen Th^{4+} u. **I** p_H-abhängig ist, wird das p_H laufend verfolgt u. die Th-Lsg. bei p_H 0,7 mit NH_3 wieder auf p_H 2,5 eingestellt. Man kann so ca. 1 g Th in 3 Std. extrahieren. (Analytic. Chem. **24.** 708—10. April 1952. Ann Arbor, Mich., Univ. of Michigan.) WEITBRECHT. 324

C. M. Harris, *Koordinationsverbindungen von Kupfer.* 2. Mitt. *Vom Kupfer(I)-jodid abgeleitete Verbindungen.* (1. vgl. J. Proc. Roy. Soc. New South Wales **82.** [1948.] 218.) CuJ löst sich in kochender konz. Alkali- oder NH_4-Bromidlsg. unter Bldg. einer farblosen Lsg., die das *Bromojodocuprat(I)*-Ion $[CuJBr]^-$ enthält; beim Verdünnen zerfällt dieses unter CuJ-Abscheidung. Die Lsg. des komplexen Ions gibt mit Lsgg. von Tetrammin-Cu(II)- oder Bis-äthylendiamin-Cu(II)-Ion das entsprechende *Tetrammin-* bzw. *Bis-äthylendiamin-Cu(II)-Bromojodocuprat(I)* der allg. Formel $[Cu^{II}A_4][Cu^{I}JBr]_2$ (**I** bzw. **II**), die durch W. zu tiefblauer bzw. purpurroter Lsg. von *Tetrammin-* bzw. *Bis-äthylendiamin-Cu(II)-Bromid* u. weißem Nd. von CuJ zers. werden. Säure zers. den Komplex zu $Cu^{++} + 2\,Br^- + 4\,AH^+ + 2\,CuJ$; dadurch wird die Best. von Cu(II) in Ggw. von Cu(I) möglich, da beim Zusatz von Jodidion die dem Cu(II) äquivalente Menge Jod frei wird. Kochende konz. KJ-Lsg. löst die Verb. **II** unter Umwandlung in *Bis-äthylendiamin-Cu(II)-Dijodocuprat(I)*. Die Bromojodocupratlsg. gibt mit NH_4OH weiße Platten einer Verb. der empir. Formel $(CuJ)_2 \cdot NH_3$ (**III**). Im Gegensatz zum Dijodocupration, das gelbe Prismen von $CuJ \cdot NH_3$ (**IV**) liefert. Auch durch die Rk. mit Äthylendiamin unterscheiden sich die beiden Ionen: Während aus Dijodocupratlsg. sich sofort die rahmfarbige mikrokrist. Verb. $(CuJ)_2 \cdot C_2H_4(NH_2)_2$ (**V**) abscheidet, gibt Bromojodocuprat kein CuJ-Deriv., sondern bildet nach Schütteln des Reaktionsgemisches an der Luft unter Oxydation purpurfarbene Prismen der Verb. **II**. Damit ist erwiesen, daß der Komplex tatsächlich Bromojodocuprat u. nicht etwa ein Gemisch von Dibromo- u. Dijodokomplex ist. — Die Struktur der Verb. **III** ist nicht bekannt. Für die Verbb. **IV** u. **V** ist von verschied. möglichen Formulierungen eine solche mit tetraedr. Struktur (für **IV** als Tetrameres $[H_3N \rightarrow CuJ]_4^0$) am wahrscheinlichsten. Die Verbb. **I**—**V** reduzieren $AgNO_3$-Lsg. u. geben gleichzeitig einen Ag-Halogenid-Nd.; sie sind unlösl. in den üblichen organ. Lösungsmitteln u. gegen W. unbeständig. — Ein Vers., das Diammin-(äthylendiamin)-Cu(II)-Ion $[Cu(NH_3)_2(C_2H_4(NH_2)_2)]^{++}$ durch Umsetzen von 1 Mol Cu(II)-Salz, z. B. $CuCl_2$, mit 1 Mol Äthylendiamin u. mäßigem NH_4OH-Überschuß u. danach mit einer

K-Jodocuprat(I)-Lsg. in Lsg. zu bilden u. als Dijodocuprat(I)-Deriv. zu isolieren, gelang nicht, sondern es wird ein erdfarben-grünliches Gemisch von Tetrammin- u. Bis-äthylendiamin-Cu(II)-Dijodocuprat(I) erhalten. — CuJ löst sich auch in kochender Alkali- oder NH_4-Chloridlsg., wahrscheinlich unter Bldg. des Chlorojodocuprat(I)-Ions, dessen Isolierung aus dem Reaktionsgemisch als Bis-äthylendiamin-Cu(II)-Deriv. aber durch die Ggw. großer Mengen krist. Alkalichlorids unmöglich gemacht wird. — Die Herst. der Verbb. **I—V** ist ausführlich beschrieben; **I** u. **II** werden aus einer mit Essigsäure versetzten Lsg. von Diammin-Cu(II)-Acetat in NH_4OH bzw. einer Lsg. von Bis-äthylendiamin-Cu(II)-Bromid in W. nach Zugabe von NH_4Br u. Erhitzen auf 85° durch Versetzen mit kochender Lsg. von CuJ + NH_4Br, dann Kühlen auf 25° als schwarze, an feuchter Luft durch Oxydation grünlich verfärbte Mikrokristalle bzw. luftbeständige purpurfarbige Prismen erhalten. (J. Proc. Roy. Soc. New South Wales **84**. 111—16. 1951. Sydney, Techn. Coll., Chem. Dep.) V. DECHEND. 358

C. M. Harris, *Koordinationsverbindungen von Kupfer.* 3. Mitt. *Komplexe Jodocuprate(I) aus Acetonlösung.* (2. vgl. vorst. Ref.) Die Darst. dreier Arten komplexer Jodocuprate(I) aus Aceton oder wss. Acetonlsg. wird beschrieben. $Na[Cu_2J_3]$ wird erhalten durch Sättigen einer aceton. NaJ-Lsg. mit CuJ u. anschließende Filtration dieser Lsg. in wasserfreiem Ae., die hieraus erhaltenen Kristalle werden mit Bzl. gewaschen u. bei 100° getrocknet. Sie sind zerfließlich u. durch Luftfeuchtigkeit schnell zersetzlich. Die Verb. ist in Aceton nicht vollständig lösl. auf Grund einer teilweisen Zers. zu CuJ. *Pyridindijodocuprat(I)* (**I**), $[C_5H_5NH][CuJ_2]$, u. *N-Methylpyridindijodocuprat(I)* (**II**), $[C_5H_5NCH_3][CuJ_2]$, wurden als gelbe Prismen beim Abkühlen der gesätt. aceton. Lsgg. von *Pyridin* + CuJ bzw. *N-Methylpyridin* + CuJ erhalten. **I** u. **II** wurden auch aus *Methyläthylketon* erhalten. Beide Verbb. werden durch W. zersetzt. Durch Auflsg. von CuJ in geschmolzenem *Pyridinjodid* bzw. in *N-Methylpyridinjodid* wurden nach dem Abkühlen u. Herauslösen des überschüssigen Lösungsm. wahrscheinlich die gleichen Verbb. **I** u. **II** erhalten. Konduktometr. Titration einer Lsg. von **II** in Aceton mit einer Aceton-*NaJ*-Lsg. ergab keinen Beweis einer Ionenbldg. gemäß $[CuJ_2]^- + J^- \rightleftharpoons [CuJ_3]^{2-}$. *N-Methylchinolindijodocuprat(I)* (**III**), $[C_9H_7NCH_3][CuJ_2]$, wurde nach analogem Darstellungsverf. in Form roter Prismen erhalten. Durch Rk. von **II** oder CuJ + NaJ in Aceton mit einer wss. Acetonlsg. von *Bis-(äthylendiamin)-kupfer(II)-jodid* wurden hellviolette Platten von $\{Cu^{II}[C_2H_4(NH_2)_2]_2\}[Cu^I J_3]\cdot 1{,}5\ H_2O$ (**IV**) erhalten Eine analoge *Propylendiamin*-Verb. (**V**), $\{Cu^{II}[CH_3CH(NH_2)CH_2NH_2]_2\}[Cu^I J_3]\cdot 1{,}5\ H_2O$, mit gleichen Eigg. wie **IV** wurde dargestellt. **IV** u. **V** geben bei 100° unter Farbvertiefung ihr Kristallwasser ab. Durch kochendes W. findet augenblicklich Zers. nach $[Cu^{II}(A)_2]\cdot[Cu^I J_3] \rightarrow [Cu^{II}(A)_2]^{2+} + 2\ J^- + CuJ$ statt. Bei Durchführung der Zers. mit verd. CH_3COOH bei Ggw. von *KJ* setzt Cu^{II} J_2 in Freiheit: $2\,[Cu^{II}(A)_2][Cu^I J_3] + 8\ H^+ \rightarrow J_2 + 4\,[AH_2]^{2+} + 4\ CuJ$. Verbb. **I—V** red. infolge des Cu^I wss. $AgNO_3$-Lsg. augenblicklich in der Kälte zu *Ag*. Durch Kochen einer Mischung von CuJ, Propylendiamin u. W. am Rückfluß für 3 Std. u. Einengen der Lsg. nach Filtration bis zur beginnenden Kristallisation wurden purpurrote Kristalle von $\{Cu[CH_3CH(NH_2)CH_2NH_2]_2\}J_2\cdot 2\ H_2O$ erhalten. Vf. diskutiert die Struktur der Verbb., **II** u. **III** enthalten offenbar das Dijodocupration, für das eine lineare Konfiguration $[J—Cu—J]^-$ angenommen wird. **IV** u. **V** können $[CuJ_3]^{2-}$, $[Cu_2J_6]^{4-}$ oder $[CuJ_2]^-$ in Form einer gemischten anion. Verb. $[Cu(A)_2]\cdot[CuJ_2]J$ enthalten. Beschreibung der analyt. Best. von Cu^{II} neben Cu^I vgl. Original. (J. Proc. Roy. Soc. New South Wales **85**. 138—41. 16/7. 1952. Sydney, N. S. W., Univ. of Technol., School of Appl. Chem.) SPARMANN. 358

C. M. Harris und **H. N. S. Schafer**, *Koordinationsverbindungen von Kupfer.* 4. Mitt. *Einige Cuprate(I) aus Acetonlösung.* (3. vgl. vorst. Ref.) Darst. u. chem. Verh. folgender Verbb. werden beschrieben: $\{Cu^{II}[C_2H_4(NH_2)_2]_2\}[Cu^I Cl_3]\cdot 1{,}5\ H_2O$ (**I**); $\{Cu^{II}[C_2H_4(NH_2)_2]_2\}\cdot[Cu^I Br_3]\cdot 2{,}5\ H_2O$ (**II**); $[C_5H_5NH][CuJBr]$ (**III**); $[C_5H_5NCH_3][CuJ(CNS)]$ (**IV**); $[C_5H_5\cdot NCH_3][Cu(CNS)_2]$ (**V**). **I** u. **II** werden erhalten durch Rk. des entsprechenden Cu(I)-Halogenids, in einer wss. Lsg. des entsprechenden NH_4-Halogenids gelöst, mit dem erforderlichen Bis-(äthylendiamin)-kupfer(II)-halogenid, wobei beide Verbb. in Form purpurroter Kristalle anfallen. *CuJ* löst sich in kochender Aceton- bzw. Methyläthylketonlsg. von *Pyridinbromid*. Beim Erkalten dieser Lsg. fällt **III** in Form gelber Prismen aus. Aus einer Acetonlsg. von *N-Methylpyridinjodid*, welche mit *CuCNS* gesätt. wurde, konnte **IV** in gelben Prismen erhalten werden. Die gelbe Verb. **V** wurde dargestellt durch Behandeln einer NH_4CNS- u. CuCNS-Acetonlsg. mit N-Methylpyridinjodid. Alle Verbb. werden durch W., Säuren u. Alkali, bes. in der Hitze, zersetzt. In Bzl., Chlf. u. Ae. sind sie unlösl., wss. $AgNO_3$-Lsg. red. sie zu Ag. (J. Proc. Roy. Soc. New South Wales **85**. 145—47. 16/7. 1952.) SPARMANN. 358

E. de Barry Barnett and **C. L. Wilson**, Inorganic chemistry. London: Longmans. 1953. (512 S. m. Abb.) 35s

C. Mineralogische und geologische Chemie.

Antonieta do Larmo Cantição, *Die Spurenelemente in Kalksteinen.* In einer Kalksteinprobe wurde spektrograph. nur Cu gefunden, nicht aber Zn, B oder Co. Geringe Mengen S u. P können auf Beimengungen von Gips u. Phosphaten zurückzuführen sein. (Rev. Quím. ind. **21.** Nr. 238. 24. Febr. 1952.) R. K. MÜLLER. 378

C. Osborne Hutton, *Allanit vom Yosemite National Park, Tuolumne Co., Kalifornien.* Von zwei Fundorten im Yosemite National Park, von Long Gulch (I) u. Aspen Valley (II) wird Allanit beschrieben. Opt. Eigg.: (I) (II) $n_\alpha = 1{,}769$, $1{,}791$; $n_\beta = 1{,}784$, $1{,}815$; $n_\gamma = 1{,}791$, $1{,}822$; 2 V = 60°, 40°, deutliche Dispersion $r > v$, $r < v$, beide opt. negativ, D. 3,87, 3,95. Beide werden durch warme, konz. HCl leicht zersetzt. (I) enthält ca. 0,6% MnO. Analyse (II): SiO_2 28,80, Al_2O_3 10,00, Fe_2O_3 10,25, FeO 7,33, TiO_2 2,02, MgO 0,58, MnO 6,74, CaO 10,08, ThO_2 0,95, UO_2 0,015, Ce_2O_3 9,06, La_2O_3 13,36, H_2O^+ 1,32, H_2O^- —%. Formel: $(Ca, Th, Ce, La, Mn)_{2,13}(Al, Fe^{3+}, Fe^{2+}, Mg, Mn)_{3,00}(Si, Al)_3O_{12} \cdot OH_{0,87}$. Beide sind leicht metamikt u. enthalten kein Pb. Die Löslichkeit in Säure ist von der Zus. abhängig u. wirkliche Gelatinierung ist vom metamikten Zustand abhängig. (Amer. Mineralogist **36.** 233—48. März/April 1951. California, Stanford Univ.) HILLER. 380

Mary E. Mrose, *Hurlbutit, $CaBe_2(PO_4)_2$, ein neues Mineral.* Das neue Mineral Hurlbutit, das neben *Triphylin* auf der Smith Mine, Chandler's Mill, Newport, New Hampshire, gefunden wurde, ist rhomb.-dipyramidal, farblos bis grünlichweiß, kurz prismat. nach [0 0 1] mit (0 0 1), (0 1 0), (1 1 0), (2 0 1) u. (3 1 1). Spaltbarkeit nicht beobachtet, muschliger Bruch, spröd, Härte 6, $D._{gemessen}$ 2,877, $D._{röntg.}$ 2,88. Glas- bis Fettglanz, durchsichtig bis durchscheinend. Optik: zweiachsig negativ mit n X = 1,595, n Y = 1,601, n Z = 1,604, 2 V = 70°, $r > v$ schwach; X = b, Y = c. Analyse: CaO 21,84, BeO 21,30, P_2O_5 56,19, Unlösl. 0,76%. Raumgruppe nach WEISSENBERG-Aufnahmen P m m m, a = 8,29, b = 8,80, c = 7,81 Å. Er wird in einem Pegmatit mit Li, Be u. P_2O_5 gefunden mit folgender Paragenese: *Muskovit, Albit,* Triphylin, *Quarz,* wobei er nach dem Triphylin aber vor dem Quarz gebildet wurde. Sekundärminerale sind: *Beryllonit, Albit, Brasilianit, Amblygonit, Apatit, Siderit,* u. Sideritpseudomorphosen nach Hurlbutit. (Amer. Mineralogist **37.** 296. März/April 1952.; Bull. geol. Soc. America **62.** 1464—65. Dez. 1951. Salem, State Teachers Coll., u. Cambridge, Mass., Harvard Univ.) HILLER. 380

Victor T. Allen und **Joseph J. Fahey**, *Salit und Aktinolith am Iron Mountain, Missouri.* Von Iron Mountain, Miss., wird Salit, ein mittlerer Pyroxen der *Diopsid–Hedenbergit*-Reihe beschrieben, der in einem Skarn vorkommt. Er wurde gebildet durch Fe-haltige Lsgg. einer praekambr. Andesitlava. Analyse: SiO_2 52,76, Al_2O_3 1,12, TiO_2 0,16, Fe_2O_3 1,73, FeO 8,92, MnO 0,47, CaO 20,48, MgO 13,43, Na_2O 0,35, K_2O 0,05, H_2O 0,45%. Optik: $n_\alpha = 1{,}695$, $n_\gamma = 1{,}715$, 2 V = 60°, positiv, Z/c = 45°. D. 3,350. Örtlich ist der Salit zu **Aktinolith** (früher für *Amphibol* oder *Tremolit* gehalten) umgewandelt. Optik: $n_\alpha = 1{,}625$, $n_\gamma = 1{,}645$, Z/c = 45°. Aktinolith wird durch in Rhombendodekaedern wohl ausgebildeten *Andradit* (n = 1,88) verdrängt. Ebenso verdrängen *Quarz* u. Salit den Aktinolith u. werden von *Hämatit*-Adern durchsetzt. Violetter *Fluorit* kommt im Quarz vor. In Adern in der Andesitlava tritt ein rhodochrositfarbenes Mineral auf, das aber nur 1,45% MnO enthält u. mit $\omega = 1{,}685$ die Optik von *Dolomit* besitzt. Die früheren Angaben über *Rhodochrosit* müssen daher bezweifelt werden. (Amer. Mineralogist **37.** 283. März/April 1952. St. Louis, Mo., Univ.,; Washington, D. C., U. S. Geol. Survey.) HILLER. 380

Gerald M. Friedman, *Sapphirinvorkommen von Cortlandt, New York.* Es wird ein Sapphirin von Cortlandt beschrieben. Es sind kleine schwarze Körner von maximal 1,3 mm Länge u. 0,5—0,7 mm Dicke. Viele haben opake Einschlüsse von wahrscheinlich *Magnetit.* Opt. zweiachsig negativ, ziemlich starker Pleochroismus. Polysynthet. Verzwilligung nach (0 1 0) mit b als Zwillingsachse, möglicherweise gibt es einen zweiten polysynthet. Typ nach (1 0 0). Vorwiegend sind es Kontaktzwillinge. Die Spaltbarkeit parallel (0 1 0) ist nicht sehr ausgeprägt. Bei Cortlandt gibt es zwei Arten von Vorkk.: Einmal im *Schmirgel* nahe bei *Quarz*-Adern, wo er aus *Spinell* entstanden ist. Ferner im *Cordierit–Sillimanit*-Hornfels in der Nähe des Kontaktes zum Cortlandtnorit. Dort sind Mg–Fe- u. Al-Oxyde in den Hornfels eingedrungen, wo sie mit dem Si-Geh. des Schiefers zu Sapphirin reagiert haben. (Amer. Mineralogist **37.** 244—49. März/April 1952. Cincinnati, O., Univ.) HILLER. 380

Joseph Murdoch, *Bemerkungen über einige kalifornische Minerale: Nuevit = Samarskit; Trona und Hanksit; Gaylussit.* Der Nuevit von Nuevo ist ident. mit Samarskit. Obgleich meist metamikt, konnte ein Röntgendiagramm hergestellt u. die d-Werte angegeben werden. Analyse: SiO_2 0,28, Ta_2O_5 22,08, Nb_2O_5 32,46, TiO_2 2,75, Y_2O_3 11,98, Ce_2O_3 Sp.,

UO_2 13,66, UO_3 3,51, FeO 11,09, MnO 0,57, ZrO_2 0,02, PbO 0,14, Verlust 1,07%. Vom Mono Lake wurde zuerst Trona u. Hanksit gefunden. Die Ausscheidungsfolge ist *Steinsalz*, Trona, Hanksit. Die Tronakristalle werden morpholog. beschrieben. Einige Kristalle von Gaylussit wurden auf dem Zweikreisgoniometer vermessen. Die Werte gaben nur geringe Abweichungen von alten Messungen. Die Kristalle zeigten die Formen {0 0 1} u. {$\bar{1}$ 1 2} vorherrschend u. kleiner {1 0 0}, {$\bar{1}$ 0 1}, {0 1 0}. Monoklin mit $\beta = 102^0\,{}^1\!/_2{}'$, a: b: c = 1,4878: 1: 1,4453. (Amer. Mineralogist **36.** 358—62. März/April 1951. Los Angeles, Calif., Univ. of California.) HILLER. 380

Charles Milton und **Joseph M. Axelrod**, *Stylotypit, kein selbständiges Mineral.* Auf Grund einer krit. Durchsicht der über Stylotypit vorhandenen Literatur kommen Vff. zu dem Ergebnis, daß Stylotypit kein selbständiges Mineral ist, sondern daß es sich in den meisten Fällen um *Tetraedrit* handelt. Der Name ist daher zu streichen. (Amer. Mineralogist **36.** 696—703. Sept./Okt. 1951. Washington, D. C., U. S. Geol. Survey.) GOTTFRIED. 380

E. Wm. Heinrich, *Mineralogie von Triplit.* Rund 80 Vorkommen von Triplit werden untersucht u. 3 neue Analysen mitgeteilt: (I) von Mica Lodge Pegmatit, (II) von School Section Pegmatit, beide in Eight Mile Park, Fremont County, Colorado, (III) Turkey Creek, Deadmans Canyon, El Paso County, Colorado. Analysen (I), (II), (III): Fe_2O_3 0,86, 1,63, 2,30; TiO_2 0,19, 0,08, 0,42; FeO 9,00, 10,65, 11,39; MnO 33,20, 44,44, 31,46; MgO 13,62, 1,15, 9,93; CaO 2,29, 4,59, 4,70; Na_2O 0,03, 0,11, 0,11; K_2O 0,01, 0,03, 0,02; H_2O^+ 0,21, 0,23, 0,35; H_2O^- 0,03, 0,06, 0,06; P_2O_5 34,96, 32,01, 34,41; F 8,52, 7,66, 7,63%. Formeln: (I) $Mn_{0,95}Fe_{0,25}Mg_{0,7}Ca_{0,1}PO_4F$, (II) $Mn_{1,4}Fe_{0,4}Mg_{0,05}Ca_{0,15}PO_4F$, (III) $Mn_{0,95}Fe_{0,4}Mg_{0,5}Ca_{0,15}PO_4F$. Opt. Eigg.: n_α = 1,643, 1,671, 1,648; n_β = 1,647, 1,681, 1,652; n_γ = 1,668, 1,686, 1,672. D. ist abhängig vom FeO- u. MgO + CaO-Geh. u. hat Werte zwischen 3,55 u. 3,97. Bei Verwitterung bilden sich *Dufrenit*, *Vivianit* u. *Phosphosiderit*, durch Lsgg. entstehen *Alluaudit* u. *Apatit*. Triplit kommt in 4 Arten von Pegmatiten u. 3 Arten hochtemperierter hydrothermaler Gänge vor. (Amer. Mineralogist **36.** 256—71. März/April 1951. Ann Arbor, Mich., Univ. of Michigan.) HILLER. 380

Hermann Borchert, *Die Bildungsbedingungen mariner Eisenerzlagerstätten.* Marine Eisenerzlagerstätten sind nicht auf Verwitterungslsgg. des Festlandes zurückzuführen. Die Lsg. des Fe geschieht im Meer selbst aus Bodensedimenten u. neu zugeführtem Schlick in der Kohlensäurezone. Das sind Gebiete mit reichlichem CO_2-Geh. aus der Zers. organ. Substanz, in denen gleichzeitig noch so viel organ. Substanz vorhanden ist, daß eine Oxydation zu Fe^{3+} verhindert wird. Solche Kohlensäurezonen existieren in Meeren, in denen Sapropel sedimentiert wird, als Zone zwischen der Faulschlammfacies u. dem sauerstoffreichen Flachmeer. Hier wird Fe red. u. als $Fe(HCO_3)_2$ gelöst. Werden diese Lsgg. in das oxydierende Milieu der Flachsee transportiert, so erfolgt die Wiederausscheidung des Fe. Vordevon., marine Eisenerzlagerstätten müssen auf dieser Grundlage erklärt werden, weil es vor dieser Zeit keine Organismen auf dem Festland gab u. Fe bei Sauerstoffüberschuß prakt. unlösl. ist. (Chem. d. Erde **16.** 49—74. 1952. Clausthal-Zellerfeld, Bergakad., Inst. für Mineralogie, Petrographie u. Lagerstättenkunde.) HILLER. 384

M. Ss. Totschilin, *Über den primären Ursprung des oolithischen Hydrogoethits in den Siderit–Chamosit-Erzen.* Den prim. Charakter von oolith. *Hydrogoethit* (I) in Assoziation mit *Siderit* (II) u. *Chamosit* (III) beweisen die glatten u. glänzenden Oberflächen der Oolithe u. ihrer Trümmer im II/III-Zement, die Verdrängung der I-Oolithe durch II u. III sowie das Fehlen der Oolithe von II u. III, nach denen I entstehen könnte. Demnach haben sich die bereits gebildeten Oolithe von I auf dem Meeresboden abgesetzt. In der unteren reduzierenden Zone wurden sie teilweise durch II u. III ersetzt. Die Oolithe stammten entweder aus der oberen Oxydationszone oder aus dem Küstenstreifen. Die Sedimentation von I, II u. III erfolgte gleichzeitig, wobei in der Reduktionszone II wahrscheinlich zahlreicher vertreten war als III. Während der diagenet. Umwandlungen konnte zusätzlich III nach II entstehen. (Доклады Академии Наук СССР [Ber. Akad. Wiss. UdSSR] [N. S.] **87.** 269—71. 11/11. 1952. Woronesh, Univ.) LEBTAG. 384

G. Michael und **B. Blume**, *Über den Fluorgehalt Thüringer Buntsandstein- und Muschelkalkböden und dessen Bedeutung für die Löslichkeit der Phosphorsäure.* Die Ackerböden des Thüringer Muschelkalkes sind gegenüber denen des Buntsandsteins arm an pflanzenaufnehmbarer Phosphorsäure. Es wird untersucht, ob Fluor der Böden P_2O_5 zu schwerlösl. *Apatit* bindet. Es zeigt sich, daß der F/P_2O_5-Quotient in allen Fällen, bes. aber in den Muschelkalkböden, höher ist als beim reinen *Fluorapatit*. F konz. sich in den Buntsandsteinböden bes. im abschlämmbaren Anteil u. ist hier wahrscheinlich an *Glimmer* gebunden, dessen F-Löslichkeit allerdings gering ist. Im Gegensatz dazu findet sich in den Muschelkalkböden ein verhältnismäßig starker Anteil an CaF_2, der gelöstes F zur

Verfügung stellen kann. Daraus läßt sich schließen, daß bei Ggw. von hinreichend Ca die Phosphorsäure zu schwerlösl. Apatit gebunden wird. (Chem. d. Erde **16.** 27—48. 1952. Jena, Univ., Agrikulturchem. Inst.) HILLER. 385

Walter Weiskirchner, *Zur Kenntnis der Olivingruppe.* Einige Glieder der Olivingruppe wurden synthet. hergestellt. Gemeinsam mit natürlichen Olivinen wurden ihre opt. Daten gemessen u. der *Fayalit*-Geh. chem. bestimmt. Auf diese Weise konnten die bisherigen Bestimmungskurven überprüft werden. Die von BOWEN erweisen sich dabei denen von WINCHEL überlegen. Obgleich synthet. eine lückenlose Mischkristallreihe zwischen *Forsterit* u. Fayalit darstellbar ist, zeigen die Analysen natürlicher Olivine, daß gewisse Bereiche der Reihe in der Natur selten oder nicht vorkommen. Es wird deshalb eine neue Unterteilung vorgeschlagen, die durch Häufungspunkte der natürlichen Olivine gegeben ist: in Mol-% Fayalit 0—5 Forsterit, 5—30 *Chrysolith,* 30—50 *Hyalosiderit,* 50—70 *Hortonolith,* 70—85 *Ferrohortonolith,* 85—100 Fayalit. Die Olivinaggregate in Basalten werden als Kontakt- oder pneumatolyt.-hydrothermale Bildungen aus carbonat. Mg-haltigem Nebengestein gedeutet. Hierfür spricht neben den CO_2-Einschlüssen in den Aggregaten das SiO_2-Defizit des Basaltes (0,45—11,92%) u. sein reicher Geh. an MgO u. CaO. (Heidelberger Beitr. Mineralog. Petrogr. **3.** 169—78. 1952. Tübingen, Mineralog.-petrograph. Inst.) HILLER. 385

F. Heide, *Die Geochemie der Süßwässer.* Am Beispiel des Stoffgeh. der Saale bei Jena erörtert Vf. prinzipielle Fragen des Stoffbestandes der Süßwässer u. seiner Untersuchung. Im einzelnen werden Fragen des relativen Geh. verschied. Elemente zueinander im Vgl. mit den Verhältnissen in Eruptivgesteinen u. dem Meerwasser behandelt. Ferner die regionalen Inhomogenitäten, Fließrichtung, -geschwindigkeit, Turbulenz, zeitliche Schwankungen, Bestandteile in Lsg. u. am Schweb adsorbiert, prim. u. cycl. Stoffgeh. sowie der Einfl. der menschlichen Wirtschaft an der Stoffverschiebung. (Chem. d. Erde **16.** 3—21. 1952. Jena, Univ., Mineralog. Inst.) HILLER. 393

J. Leonhardt und W. Berdesinski, *Semisalinare (assimilierte) Mineralkomponenten der Salzlagerstätten. (Genetische Grundlage einer Systematik.)* Vff. weisen auf die Bedeutung der Assimilation in der Salzpetrographie hin. Hierunter wird verstanden die Umbldg. von nichtsalinarem Material durch salinare Einflüsse, d. h. meist Salzlaugen, aber auch laugenfreie Vorgänge u. solche im festen Zustande. Derartig entstandene Prodd. werden semisalinar genannt. Dabei ergeben sich Grundzüge einer Systematik auf genet. Grundlage. (Chem. d. Erde **16.** 22—26. 1952. Kiel, Univ., Mineralog.-petrograph. Inst.) HILLER. 393

Robert Kühn, *Reaktionen zwischen festen, insbesondere ozeanischen Salzen.* Vf. gibt zunächst eine zusammenfassende Übersicht über die Rkk. zwischen festen Salzen u. zeigt, daß bei manchen Synthesen während der Rk. H_2O zusätzlich entsteht. Die weitere Rk. läuft dann bei Ggw. von Laugenspuren. Man sollte hierbei von laugenfrei einsetzenden Rkk. sprechen. Besondere Bedeutung u. möglicherweise katalyt. Einflüsse haben H_2O-Dipolfilme auf den Kristalloberflächen, zu denen noch Laugenspuren in Form mkr. sichtbarer Einschlüsse hinzukommen. Es wird gezeigt, daß Laugenspuren Keime des Reaktionsprod. bilden u. als Überträger der Ionen zwischen scheinbar fest reagierenden Salzen wirken können. Immerhin können Rkk., die unter Laugeneinfl. vor sich gehen, im laugenfreien Zustand unterbleiben bzw. bei Laugenspuren verzögert werden. Tatsächlich handelt es sich also um Rkk. im Grenzgebiet zwischen Laugenumsetzung u. zwischen festen Körpern, sie sollten als Rkk. mit der Laugenmenge nahezu gleich Null aufgefaßt werden. Der Einfl. des Druckes wird sich erst bei sehr hohen Werten, um 10000 at, stark bemerkbar machen. Solche hohen Drucke werden im Salzgebirge allerdings kaum geherrscht haben. (Heidelberger Beitr. Mineralog. Petrogr. **3.** 147—68. 1952. Hannover, Kaliforschungsstelle.) HILLER. 393

D. Organische Chemie.

D_1. Allgemeine und theoretische organische Chemie.

Seinosuké Miyakawa, Ikuzo Tanaka und Taku Uémura, *Spektralchemische Untersuchungen an Cyclooctatetraen* (C_8H_8) *und* $C_{10}H_{10}$. Die Absorptionsspektren von C_8H_8 u. $C_{10}H_{10}$ werden im Gaszustand u. in Lsg. (Hexan u. CCl_4) gemessen. Im UV-Bereich finden sich 2 Absorptionsbanden (2800 u. ∼2000 Å) ohne Feinstruktur. Die entsprechenden Banden des $C_{10}H_{10}$ zeigen höhere Extinktion u. Verschiebung nach längeren Wellen (2300 Å). Zugabe von J_2 zu CCl_4 als Lösungsm. erhöht den Absorptionskoeff. bei 2800 Å ein wenig; Ä. als Lösungsm. zeigt maximale Extinktionen. Änderungen der Temp. zwischen 10 u. 110° haben keinen Einfl. auf die Absorption. (Bull. chem. Soc. Japan **24.** 136—40. Juli 1951. Tokio, Inst. of Technol., Labor. of Physic. Chem. and Inorgan. Chem.) W. KAUFMANN. D 118

Anneliese Wenzel, *Über die Existenz eines verborgenen Überganges in Biphenyl und Anthracen.* (Sitzungsbericht.) Durch Vgl. mit den Spektren ähnlicher organ. Verbb. konnte an *Biphenyl* der von PLATT (J. chem. Physics **19.** [1951.] 101) angenommene, durch die Bande bei 2480 Å verdeckte Übergang nachgewiesen werden. In *Anthracen* wird ein dem Naphthalin bei 3100 Å entsprechender Übergang vermutet. (Physic. Rev. [2] **87.** 169. 1/7. 1952. Duke Univ.) H. HAUSWALD. D 118

G. M. Badger und **R. S. Pearce,** *Absorptionsspektrum von Rubren in verschiedenen Lösungsmitteln.* Das Absorptionsspektr. des roten vielkernigen KW-stoffs *Rubren* in 19 Lösungsmitteln wurde bestimmt. Es wurde gefunden, daß die Lage der Absorptionsbande angenähert abhängig ist vom Brechungsindex des Lösungsm., u. daß eine angenäherte lineare Beziehung besteht zwischen $\Delta \nu$ u. $(n^2 - 1)/(2 n^2 + 1)$, wenn eines der Lösungsmittel als „Standard" angenommen wird. Die Bedeutung der Ergebnisse für die Deutung der Spektren bei tiefen Tempp. wird erörtert. (Spectrochim. Acta [London] **4.** 280—83. 1951. Adelaide, Univ.) WISSEROTH. D 118

E. D. Bergmann und **S. Pinchas,** *Struktureinfluß auf die Infrarotfrequenz der Carbonylgruppe.* Vff. ermitteln die Wellenzahl der C=O- bzw. C=N-Bindung in folgenden Verbb. u. vergleicht sie mit den Ergebnissen an verwandten Stoffen. In CCl_4 wurden gemessen: *Fluorenon* (1718), *1.2-Benzo-* (orange Nadeln, F. 135° [A.], 1702), *2.3-Benzo-* (gelbe Nadeln, F. 152° [A.], 1718), *3.4-Benzo-* (F. 161° [Toluol], 1712), *2.7-Dimethyl-* (F. 157° [Toluol–Heptan], 1712), *1-Brom-* (F. 135° [PAe.], 1726), *2-Brom-* (F. 143° [Isopropanol], 1722), *3-Brom-* (1724), *4-Brom-* (F. 127—128° [Bzl.-Heptan], 1725) u. *2.7-Dibromfluorenon* (F. 202° [Butanol], 1727), *4-Dimethylaminobenzaldehyd* (**I**, 1672), *Salicylaldehyd* (**II**, 1669), *Anisaldehyd* (1692), *Benzhydrylidenanthron* (F. 208° [Eisessig], 1668), *p.p'-Dimethoxybenzhydrylidenanthron* (F. 192° [Eisessig], 1667), *Cycloheptanon* (1705), *2-Methylcyclohexanon* (1716), *α-Hydrindon* (1721), *α-Tetralon* (1691), *2-Phenylcyclohexen-(2)-on* (1674) u. *Methylisobutylketonanil* (1658); in Chlf.: *1.2.3.4-Dibenzo-* (1700), *1.2.7.8-Dibenzo-* (F. 272°, 1697), *3.4.5.6-Dibenzo-* (F. 222—223°, 1704), *2-Methyl-* (**III**, F. 62° [PAe.], 1713) u. *3-Methylfluorenon* (**IV**, F. 70,5° [Hexan], 1712), *4-Dimethylaminoacetophenon* (1646), *3-Aminoacetophenon* (**V**, 1672), *p-Dimethylaminocinnamylidenaceton* (1642), *p-Dimethylaminocinnamylidenacetophenon* (1646), *Bis-[4-dimethylaminobenzyliden]-aceton* (1632), *Xanthon* (**VI**, 1658), *Thioxanthon* (**VII**, F. 207° [Butanol], 1629), *10.10-Diphenyl-* (1660), *Benzyliden-* (F. 127° [A.], 1660), *Fluorenyliden-* (aus Xylol, F. 280 [Zers.], 1674), *Xanthylidenanthron* (**VIII**, F. 201° [Toluol], 1663), *Bianthron* (**IX**, umkrist. aus $C_2H_2Cl_4$–PAe., 1665), *2.2'-Dibrom-* (1663), *4.4'-Dibrom-* (1672) u. *4.4'-Dimethylbianthron* (1667), *2.3-Dimethylindon* (F. 80° [PAe.], 1704), *Benzophenonanil* (F. 113—114° [A.], 1614), *Fluorenonanil* (1647), *2.3-Diphenylindonanil* (1631) u. *Diphensuccindandion-(9.12)* (F. 212° [Isopropanol], 1698 u. 1712). Im Gegensatz zu BARRIOL u. CHERRIER, C. R. hebd. Séances Acad. Sci. **226.** [1948.] 1979) nehmen Vff. an, daß mit zunehmender Polarisierung der C=O- bzw. C=N-Bindung die charakterist. Infrarotfrequenz abnimmt u. diskutieren entsprechend die Ergebnisse. Chlf. als Lösungsm. vermindert die C=O-Frequenz, was durch H-Bindungen bzw. Vergrößerung des ion. Charakters der C=O-Bindung erklärt wird. Für **III** u. **IV** werden noch die Beiträge von chinoiden Formen mit Hyperkonjugation in der CH_3-Gruppe, für **I** $(CH_3)_2N^{(+)}$ = =CH—O$^{(-)}$ in Erwägung gezogen. Analoge Effekte werden für **II** u. **V** angenommen, wobei die bas. Gruppe [$N(CH_3)_2$ bzw. OH] anscheinend eine starke negative Ladung in o- u. p-Stellung induziert u. so eine Elektronenverschiebung vom Kern zu ihr erleichtert. Für **VI** u. **VII** wird ein Beitrag von den polaren Strukturen **A** erwartet, während infolge Fehlens des planaren Mol.-Baus bei **VIII** u. **IX** entsprechende Formen unmöglich sind. — *1.2.3.4-Dibenzofluorenon,* F. 189° (Bzl.), durch Oxydation von 1.2.3.4-Dibenzofluoren. — *2-[p-Brombenzoyl]-benzamid,* F. 189 bis 190°, aus 2-[p-Brombenzoyl]-benzoesäure u. PCl_5 in Bzl. am Rückfluß u. Einw. von NH_3. — *4-Brom-2'-aminobenzophenon,* F. 103 bis 105°, aus vorst. Verb., KOH u. Br_2 in kaltem W., Erwärmen auf 80°. — *3-Bromfluorenon,* F. 164—165° (Bzl.–A.), aus vorst. Verb. nach MILLER u. BACHMAN (J. Amer. chem. Soc. **57.** [1935.] 2443). — *10.10-Diphenylanthron,* F. 192° (Isopropanol), aus o-Dibenzoylbenzol u. C_6H_5MgBr u. 30 Min. Erwärmen auf 300°. — *Fluorenonanil,* $C_{19}H_{13}N$, F. 89° (PAe.), durch Erwärmen von Fluorenon, Anilin u. $ZnCl_2$ 30 Min. auf 130°. — *2.3-Diphenylindonanil,* $C_{27}H_{19}N$, F. 173—174° (Methylcyclohexanon), orangerote Kristalle, aus Diphenylindon, Anilin u. etwas J_2 3 Std. bei 160° u. digerieren mit Aceton–Äthylalkohol. — *Methylisobutylketonanil,* $C_{12}H_{17}N$, $Kp._{29}$ 126—128°, aus den Komponenten in Bzl. am Rückfluß; 43% Ausbeute; n_D^{30} 1,5095; $D.^{30}_4$ 0,9194. (J. Chim. physique Physico-Chim. biol. **49.** 537—44. Okt. 1952. Tel-Aviv, Israel, Dép. Sci., Min. de la Déf., u. Réhovoth, Israel, Weizmann Inst. of Sci.) GNAUCK. D 120

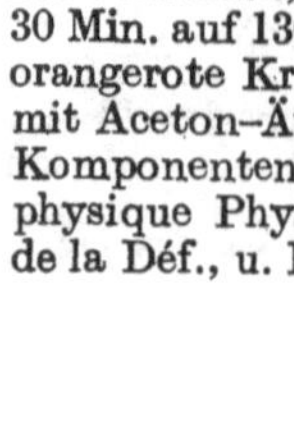

A

Paul Pesteil, *Fluorescenz und Absorption von kristallisiertem Stilben.* In Ergänzung früherer Arbeiten (vgl. C. R. hebd. Séances Acad. Sci. **233.** [1951.] 377. 924) über die obige Fragestellung stellt Vf. fest, daß die Fluorescenzschwingung hauptsächlich in der Richtung der großen Achse L erfolgt, daß die Banden geringer Absorption Schwingungen parallel L zuzuordnen sind, während die Banden starker Absorption Übergängen parallel der kleinen Achse M entsprechen. (C. R. hebd. Séances Acad. Sci. **233.** 1356. 26/11. 1951.) GOTTFRIED. D 122

Henry Freiser, Robert Charles, John Speier und Mary Eagle, *Elektrische Momente und Strukturen von Organosiliciumverbindungen.* 1. Mitt. *Die aliphatische Kohlenstoff-Silicium-Bindung.* Es werden die DKK. u. Dichten von *Chlormethyltrimethylsilan* (I), *Dichlormethyltrimethylsilan* (II) u. *Neopentylchlorid* (III) in Bzl. bei 30° bestimmt. Vgl. der μ von I u. III ergibt 0,25 D für das Moment der $(CH_3)_3Si-C$-Gruppe. Aus dem μ von II u. dem Moment der $-CHCl_2$-Gruppe (gemessen an 1.1-Dichloräthan u. 1.1-Dichlorpropan) berechnen sich 0,32 D für $(CH_3)_3Si-C$. Der höhere Wert im letzteren Fall wird der hohen Polarisierbarkeit des Si-Atoms zugeschrieben. — *Chlormethyltrimethylsilan,* Kp. 97,2°, $D.^{25}_4$ 0,8764; n_D^{25} 1,4148; Mol.-Refr. 35,0; μ 2,03 Debye. — *Dichlormethyltrimethylsilan,* Kp. 134°, $D.^{25}_4$ 1,042; n_D^{25} 1,4421; Mol.-Refr. 40,0; μ 2,28. — *Neopentylchlorid,* Mol.-Refr. 30,1; μ 1,93. (J. Amer. chem. Soc. **73.** 5229—30. Nov. 1951. Pittsburgh, Pa., Univ., Dep. of Chem., u. Mellon Inst.) GROSSE-RUYKEN. D 132

J. R. Lacher, J. W. Pollock und J. D. Park, *Die anomalen Susceptibilitäten von dreigliedrigen Ringverbindungen.* Bei den dreigliedrigen Ringverbb. *Cyclopropan, Äthylenoxyd* u. *Propylenoxyd* werden mit der QUINKEschen Steighöhenmeth. mol. Susceptibilitäten gemessen, die in allen drei Fällen um $8,4-8,8 \cdot 10^{-6}$ größer sind als bei den isomeren Kettenverbb. Propylen, Acet- u. Propionaldehyd. Bei Berücksichtigung einer paramagnet. Korrektion von $3-4 \cdot 10^{-6}$ für eine dreigliedrige Ringverb. führt das PASCALsche Additionsgesetz des Diamagnetismus zu angenäherten Werten. Die paramagnet. Korrektur wird durch eine magnet. Anisotropie der Verbb. infolge der nahezu trigonalen Lage der Ringatome zu erklären versucht. (J. chem. Physics **20.** 1047—48. Juni 1952. Boulder, Colo., Univ., Dep. of Chem.) FAHLENBRACH. D 137

George G. Manov, Kathryn E. Schuette und Floyd S. Kirk, *Ionisationskonstante von 5.5-Diäthylbarbitursäure von 0—60°.* Messung der Ionisationskonstanten u. davon abgeleiteter thermodynam. Größen der *5.5-Diäthylbarbitursäure* (I) zwischen 0 u. 60°. Es wurden mehrere Reihen von Lsgg. entsprechend dem mol. Verhältnis von **I**: Na-**I**: NaCl (bzw. NaJ) wie 1:0,5:1,667 bzw. 1:1:1,667 u. 1:2:1,667 untersucht. Die Werte für die Ionisationskonstante von **I** bei vorst. Verhältnissen u. 2 Arten von Bezugselektroden (Ag/AgCl u. Ag/AgJ) liegen innerhalb der Fehlergrenze; der pK-Wert von **I** ändert sich mit der absol. Temp. von 0—60° nach pK $2324,47/T + 0,0118562\,T - 3,3491$; bei 25° hat pK den Wert 7,980. Der Einfl. des NaJ auf den pK' des Puffers war n., für NaCl anomal; es konnte aber gezeigt werden, daß es sich hierbei um eine Wechselwrkg. zwischen dem lösl. I-Ion u. der Ag/AgCl-Elektrode handelte. Die thermodynam. Größen ΔF^0, ΔS^0, ΔH^0 u. ΔCp^0 für den Ionisationsvorgang $I_{(aq)} \rightleftharpoons H^+ + I^-$ zwischen 0 u. 60° wurden berechnet; nachst. die Werte für 25° in vorst. Reihenfolge in cal/Grad: 22,924, 12,237, —35,84 u. —68,1. (J. Res. nat. Bur. Standards **48.** 84—91. Jan. 1952. Washington). ZIMMER. D 139

L. A. Wiles, *Die polarographische Reduktion der Oxy- und Methoxyanthrachinone.* Vf. untersucht das Verh. einiger Oxy- u. Methoxyanthrachinone an der Hg-Tropfkathode in 70%ig. alkoh. Lsgg. bei p_H 1,25 u. 11,2. Im alkal. Gebiet sind die Methoxyanthrachinone sämtlich reduzierbar, während im sauren Gebiet die Verbb., bei denen beiden Carbonylgruppen eine Methoxygruppe benachbart ist, sich nicht reduzieren lassen. Dieser Effekt wird mit einer durch die Salzbldg. im sauren Gebiet ermöglichten Wasserstoffbrückenbldg. erklärt, die die CO-Gruppen blockiert. Bei den Oxyanthrachinonen ist der Effekt nicht so deutlich. Hier sind das 1.4-Dioxy-, das 1.2.4-Trioxy- u. das 1.2.5.8-Tetraoxyanthrachinon reduzierbar, obwohl beide CO-Gruppen blockiert sein sollten. Offensichtlich sind die Wasserstoffbrücken hier nicht so fest. Mit Ausnahme des 1-Methoxyanthrachinons sind die Reduktionsvorgänge nicht reversibel. Folgende Halbwellenpotentiale wurden gemessen (Oxyanthrachinone bei $p_H = 1,25$, alle FF. korr.): *1-* (F. 194 bis 195°) 0,21; *2-* (F. 312°) 0,22; *1.2-Di-* 0,26; *1.3-Di-* 0,25; *2.3-Di-* 0,25; *1.4-Di-* (F. 194°) 0,27; *1.5-Di-* nicht reduzierbar; *1.8-Di-* 0,23; *1.2.3-Tri-* (F. 316°) 0,27; *1.2.4-Tri-* (I, F. 257°) 0,31; *1.2.7-Tri-* 0,27; *1.2.5.8-Tetra-* (II) 0,30 u. *1.4.5.8-Tetraoxyanthrachinon* nicht reduzierbar; (Methoxyanthrachinone bei p_H 1,25 [a] u. p_H 11,2 [b]): *1-* a 0,12, b 0,73; *2-* a 0,20, b 0,78; *1.2-Di-* a 0,17, b 0,73; *1.3-Di-* (F. 164°) a 0,14, b 0,73; *2.3-Di-* a 0,25, b 0,78; *1.4-Di-* (F. 172°) nicht reduzierbar, b 0,76; *1.5-Di-*(F. 237°) a nicht reduzierbar, b 0,76; *1.8-Di-* a 0,12, b 0,74; *1.2.3-Tri-* a 0,14, b 0,73; *1.2.4-Tri-* (III) a nicht reduzierbar b 0,79; *1.2.7-Tri-* a 0,17, b 0,73; *1.2.5.8-Tetra-* (**IV**) a nicht reduzierbar, b 0,75; *1.4.5.8-Tetra-* a nicht reduzierbar, b 0,79; *2-Methyl-1.5.6.7-tetra-* a nicht reduzierbar, b 0,74 u. *2-Methyl-1.5-dioxy-6.7-dimethoxyanthrachinon* a nicht reduzierbar. — **III**, $C_{17}H_{14}O_5$, gelbe Nadeln aus A., F. 168° (korr.), aus dem K-Salz von **I** mit 10 Mol K_2CO_3 u. 10 Mol Dimethylsulfat während 7 Std. bei 180°. — **IV**, $C_{18}H_{16}O_6$, goldgelbe Nadeln aus A., F. 202° (korr.), analog aus **II**. (J. chem. Soc. [London] **1952**. 1358—62. April. Shrivenham, Swindon, Wilts, Military Coll. of Sci., Chem. Dep.) GABRIELE GÜNTHER. D 142

R. J. Lunbeck und C. A. ten Seldam, *Über den zweiten und dritten Virialkoeffizienten von Methylfluorid.* Es ist nicht möglich, den zweiten u. dritten Virialkoeff. von *Methylfluorid* (**I**) durch eine LENNARD-JONES-Formel wiederzugeben, weil **I** ein ziemlich großes Dipolmoment hat. Wenn die Formel aber durch einen Term erweitert wird, der die Dipolwechselwrkg. darstellt, erzielt man für den zweiten Virialkoeff. eine Übereinstimmung zwischen der theoret. Formel u. den experimentellen Befunden innerhalb 1%, bei dem dritten Virialkoeff. ist die Übereinstimmung ebenso gut wie bei unpolaren Gasen. (Physica **17**. 788—92. Aug. 1951. Amsterdam, Gemeente Univ., Van der Waals Labor.) FORCHE. D 149

P. L. Walker jr. und C. C. Wright, *Gegenüberstellung der nach dem thermischen und nach dem Diffusionsmechanismus vorausgesagten Verbrennungsgeschwindigkeiten der Kohlenwasserstoffe.* Die maximalen Verbrennungsgeschwindigkeiten von 36 KW-stoff–Luft-Gemischen werden nach der halbempir. therm. Gleichung von SEMONOV (Progress of Phys. Sci. [USSR] **24**. [1940.] Nr. 4) vorausgesagt u. mit den gemessenen sowie den von SIMON (C. **1952**. 5050) nach der halbempir. (TANFORD u. PEASE, C. **1948**. II. 1043) Diffusionsgleichung vorausgesagten verglichen. Beide Berechnungsmethoden basieren auf der Annahme, daß die Reaktionsgeschwindigkeitskonstanten für die chem. Rkk., die den jeweiligen Mechanismus kontrollieren, unabhängig vom KW-stoff sind. Auch der therm. Mechanismus zeigt, daß der Verbrennungsvorgang für die meisten KW-stoffe ganz ähnlich verläuft. Bei Annahme eines konstanten Frequenzfaktors in der SEMONOV-Gleichung bringt eine Veränderung der Aktivierungsenergie von weniger als 5% die therm. Ergebnisse in Übereinstimmung mit den experimentellen Geschwindigkeiten für alle Mischungen mit Ausnahme von Äthylen u. Acetylen. Angegeben sind Daten für die folgenden KW-stoffe: *Methan* bis *Heptan, 2-Methyl-, 2.2-Dimethylpropan, 2-Methyl-, 2.2-* u. *2.3-Di-, 2.2.3-Trimethylbutan, 2-, 3-Methyl-, 2.3-* u. *2.4-Dimethylpentan, Äthylen, Propylen, Buten-* bis *Hexen-(1), Isobuten, 2-* u. *3-Methyl-, 2-Äthylbuten-(1), 2-* u. *4-Methylpenten-(1), Acetylen, Propin, Butin-(1)* u. *-(2), Pentin-(1), Hexin-(1), Bzl.* u. *Cyclohexan.* (J. Amer. chem. Soc. **74**. 3769—71. 5/8. 1952. State College, Pa., Div. of Fuel Technol.) H. HAUSWALD. D 157

A. I. Jurshenko und R. W. Kutscher, *Das Micellargewicht und einige kolloidale Eigenschaften sulfurierter Emulgatoren.* Untersucht wurden Lsgg. der *Na-Salze* von *Dibutylnaphthalinsulfonsäure* (*Nekal*) (**I**), *Dibutylbenzolsulfonsäure* (**II**) u. *Eikosylbenzolsulfonsäure* (*Sulfanol*) (**III**). Das Micellargewicht erwies sich als abhängig vom Mol.-Gew. u. von der Struktur des koll. Elektrolyten. Das im Vgl. zu **II** viel geringere Micellargewicht von **I** bei höherem Mol.-Gew. zeigt, daß ster. Hinderungen für die Micellbldg. als Folge der Substitution von Phenyl durch Naphthyl vorliegen. Höherem Micellargewicht entspricht niedrigere krit. Konz. der Micellbildung. Von dieser Konz. bis zur Emulgatorkonz. 2,5—3,0% ist die Micellengröße konstant. Die Dissymmetriewerte von 1,02 für **I** u. 0,98 für **II** beweisen die sphär. Form der Micellen. Der hohe Wert von 4,72 bei **III** zeigt die Formänderung mit zunehmender Länge der aliphat. Seitenkette. Oberhalb der Emulgatorkonz. von 3% nimmt die Diffusionsgeschwindigkeit merklich ab. Bei hoher Konz. werden die Micellen opt. anisotrop. Beides spricht für Formänderung der Micelle. In Emulgatorlsgg., deren Konz. $>$0,01 Mol/Liter ist, bleibt das Verhältnis (S_m) der koll. gelösten Menge Sudan III zur mol. Emulgatorkonz. konstant. Ferner ist für jeden Emulgator das Verhältnis S_m/Micellargewicht bei verschied. p_H der Lsg. oder bei Elektrolytzusatz konstant. Demnach ist bei **I—III** das Lösungsvermögen durch die Micellgröße bestimmt. Nach der Oberflächenaktivität ordnen sich die untersuchten Emulgatoren in einer anderen Reihe als nach dem Micellargewicht oder dem Lösungsvermögen. (Доклады Академии Наук СССР [Ber. Akad. Wiss. UdSSR] [N. S.] **85**. 1337—40. 21/8. 1952. Lwow, Franko-Univ.) LEBTAG. D 171

H. Böhme und H. Lampe, *Über das Verhalten von Alkaloidsalzlösungen an Aluminiumoxydsäulen.* 1. Mitt. *Chininhydrochlorid.* Es wird eine Unters. durchgeführt mit dem Ziel festzustellen, ob bei der Filtration von Chininhydrochlorid durch Al_2O_3-Säulen Adsorption, Kationenaustausch oder Anionenaustausch vorliegt. Durch quantitative Best. aller Bestandteile der Eluate (Alkaloide gravimetr. als *Reineckate* bestimmt) sind Aussagen über stöchiometr. Verhältnisse möglich. Angewendet werden je 30 g 1. *Aluminiumoxyd* (**I**) *„anhydr. puriss. Merck"*; 2. **I** *„Merck, standardisiert nach Brockmann"*;

3. I „*Woelm, bas.* (*kationotrop*)"; 4. I „*Woelm alkalifrei* (*annähernd neutral*)", von denen 1—3 alkal. Rk. zeigen. Bei der Filtration wss. Lsgg. liegt bei 1—3 Kationenaustausch vor. Wird mehr Alkaloidsalz, als permutoid gebundenem Na entspricht, aufgegeben, so erscheinen im Filtrat Chininium-, Na^+- u. Cl^--Ionen nebeneinander. Bei 4 erfolgt keine Zerlegung. Bei der Filtration methanol. Lsg., die äthanol. gleich ist im Verh., erfolgt bei 1—4 Anionenaustausch. (Arch. Pharmaz. Ber. dtsch. pharmaz. Ges. **284/56.** 227—39. 24/9. 1951. Marburg, Univ., Pharmaz.-chem. Inst.) BRINKMANN. D 177

C. A. Coulson und J. de Heer, *Additive Regeln zum Abschätzen der Resonanzenergien in Hydrochinonen und Chinonen.* 1. Mitt. *Die Konjugation von OH-Gruppen zu alternierenden Kohlenwasserstoffen und verwandten Systemen.* Vff. geben mittels der Molekülbahntheorie eine theoret. Begründung der von EVANS u. DE HEER (vgl. nachst. Ref.) empir. aufgestellten Meth. zur Ermittlung der Resonanzenergien, die zwischen dem aromat. Syst. u. einer bzw. zwei OH-Gruppen auftreten. Die Gültigkeit der von Vff. aufgestellten Theorie wird durch Berechnung der bereits bekannten Resonanzenergien des *Phenols*, *α-Naphthols*, *Brenzcatechins*, *Resorcins*, *Hydrochinons*, *Vinylalkohols* u. *Butadienols*-(*1*) geprüft. (Trans. Faraday Soc. **47.** 681—90. Juli 1951. London, King's Coll., Wheatstone Phys. Labor.) ZIMMER. D 184

M. G. Evans und J. de Heer, *Additive Regeln zum Abschätzen der Resonanzenergien in einigen Hydrochinonen und Chinonen.* 2. Mitt. *Die Beziehung der additiven Regeln zu der allgemeinen Theorie konjugierter Systeme.* (1. vgl. vorst. Ref.) Auf Grund der einfachen Molekülbahntheorie geben Vff. eine Regel, die die Konjugationsenergien von einer oder zwei OH-Gruppen mit einem aromat. Syst. zu berechnen gestattet. Für die Konstante a' in der abgeleiteten Regel $E_\pi(QH_2) = E_\pi(c\cdot h) + 2\,E_\pi(OH) + a'$ (E_π = totale π-Elektronenenergien (QH_2) für die Oxyverbb. (c·h), für den Grund-KW-stoff, (OH) für die Hydroxylgruppe) wird der Wert $a' = \text{const.}\sqrt{\pi_{r,r'}}$ eingesetzt, wobei $\pi_{r,r'}$ die Eigenpolarisierbarkeit der C-Atome, die mit den OH-Gruppen verbunden sind, bedeuten. Durch Einführung der 2. OH-Gruppe wird ein nichtäquivalenter Betrag an Resonanzenergie gewonnen. Weiter läßt die aufgestellte Regel den Einfl. des Substitutionsortes auf die Resonanzenergie erkennen u. berechnen. Berechnet wurden die 3 isomeren *Dioxybenzole*, *1.4-Dioxynaphthalin*, *9.10-Dioxyanthracen* u. *9.10-Dioxyphenanthren.* Die diesen Verbb. entsprechenden Chinone werden gleichfalls erneut (vgl. EVANS u. Mitarbeiter, Trans Faraday Soc. **45.** [1949.] 312) abgehandelt. (Trans. Faraday Soc. **47.** 801—14. Aug. 1951. Manchester, Univ.) ZIMMER. D 184

T. R. R. McDonald und C. A. Beevers, *Die Kristall- und Molekularstruktur von α-Glucose.* α-Glucose krist. aus Methylalkohol in Form feiner, nach der c-Achse gestreckten Nadeln. Die Dimensionen der rhomb. Zelle sind a = 10,36±0,02 Å; b = 14,84 ± 0,02 Å; c = 4,97±0,02 Å. Raumgruppe ist $P2_12_12_1$; Z = 4. Die Struktur wurde durch drei PATTERSON-Projektionen nach den drei Hauptachsen aufgeklärt; eine Verfeinerung der so erhaltenen Parameter wurde durch FOURIER-Synth. u. die Meth. der kleinsten Quadrate erhalten. Folgende Parameter werden angegeben: O_1 (x in Å) = 1,60 Å; (y in Å) = 1,47; (Z in Å) = 3,27. O_2 1,16; 3,83; 4,61. O_3 9,04; 3,19; 0,85. O_4 8,09; 0,48; 0,37. O_5 1,36; 0,23; 0,18. O_6 0,53; 12,36; 4,70. C_1 1,66; 1,50; 4,58. C_2 0,85; 2,62; 0,30. C_3 9,73; 2,23; 0,03. C_4 9,43; 0,84; 0,60. C_5 0,04; 14,68; 4,90. C_6 10,19; 13,24; 0,42. H_1 2,71; 0,62; 2,97. H_2 0,31; 4,38; 3,68. H_3 0,92; 11,49; 0,68. H_4 7,68; 3,39; 0,61. H_5 7,77; 0,00; 4,09. H_6 2,71; 1,70; —0,14. H_7 1,06; 2,67; 1,38. H_8 —0,90; 2,31; —1,03. H_9 —0,74; 0,85; 1,68. H_{10} —0,13; —0,13; —1,16. H_{11} 0,10; —1,67; 1,48. H_{12} —1,24; —1,85; 0,36. Aus der so gefundenen Struktur ist ersichtlich, daß in der α- Glucose der Pyranosering die SACHSEsche trans-Konfiguration besitzt u. daß cis-Glykolgruppierung an C_1 u. C_2 existiert. Der mittlere C—C-Abstand beträgt 1,54 Å. Fünf der C—O-Bindungslängen betragen im Mittel 1,43 Å; die Entfernungen C_1—O_1 u. C_6—O_6 sind 1,32 Å. — Aus der Härte u. der hohen D. der Kristalle kann geschlossen werden, daß VAN DER WAALSsche Kräfte nur eine geringe Rolle bei der Bindung der Moll. untereinander spielen u. daß die Packungsanordnung hauptsächlich durch H-Bindung bedingt ist. In der α-Glucose werden die 5 verfügbaren H-Atome pro Mol. voll bei der Bldg. der intermol. Bindungen beansprucht. Die Struktur ist eine Schichtstruktur parallel a—b, während die Ebene der Moll. nahezu senkrecht zu der c-Achse liegt. Die Moll., die die Schichten bilden, werden durch H-Bindungsbldg. zwischen O_2 u. O_3 zusammengehalten, während die restlichen H-Bindungen die verschied. Schichten untereinander binden. Die intermol. Bindung ist in allen Richtungen gleich stark in guter Übereinstimmung mit der Abwesenheit jedweder Anisotropie in den physikal. Eigg. des Kristalls. (Acta crystallogr. [Kopenhagen] **5.** 654—59. 10/9. 1952. Edinburgh, Univ., Dewar Crystallographic Labor.) GOTTFRIED. D 195

Maurice Morton und Harold Landfield, *Die Kinetik der Bisulfitaddition an α.β-ungesättigte Verbindungen.* Um die bei Polymerisationen wasserlösl. Monomere in wss. Lsgg.

bemerkte katalyt. Wrkg. von HSO_3' bei Ggw. oxydierender Agentien aufzuklären, wurde die Addition von Na-Sulfit (**I**) in wss. Lsg. an *Acrylnitril* (**II**), *Methacrylnitril* (**III**), *Methylacrylat* (**IV**) u. *Methylmethacrylat* (**V**) in Abhängigkeit vom p_H zwischen 4 u. 8 u. von der Temp. (288—318° K) unter N_2 jodometr. verfolgt. Als Puffer wurden bei p_H 4 bis 6 Na-Acetat/Essigsäure, bei p_H 6—8 Na_2HPO_4/H_3PO_4 verwendet. Vff. stellten fest, daß die Reaktionsgeschwindigkeit bei Ggw. von Stoffen, welche die Bldg. freier Radikale verhindern (z. B. Hydrochinon), unbeeinflußt ist. Die Rk. ist 2. Ordnung über den untersuchten p_H-Bereich u. bei Konzz. von 0,01—0,10 mol; im alkal. Bereich wurden während der Rk. Wachsen des p_H u. nach 40%ig. Umsatz Abweichung von der 2. Ordnung festgestellt. Die Reaktionsgeschwindigkeitskonstanten k_2 steigen mit wachsendem p_H stark an, scheinbar ist $[H^+]$ umgekehrt proportional den k_2, woraus Vff. annehmen, daß die geschwindigkeitsbestimmende Stufe die Anlagerung des Sulfitions ist. Unter Berücksichtigung des sek. Salzeffektes, der Ionenstärke u. der 2. Ionisationskonstanten der H_2SO_3 wurden p_H-unabhängige k_2 berechnet, wobei aber für **III** u. **V** ein Konzentrationseffekt bemerkt wurde, ferner die Aktivierungsenergie E (in cal/Mol) u. die Stoßzahl: (**III** 18000; $4{,}0 \pm 1{,}3 \cdot 10^9$; **IV** 12000; $2{,}0 \cdot 10^8$ u. **V** 12000; $1{,}1 \pm 0{,}3 \cdot 10^6$). Für **II** nimmt E mit der Temp. ab. Vff. nehmen an, daß dies entweder durch Wechsel des Mechanismus oder durch H-Bindungen bei niedrigen Tempp. verursacht wird. Die niedrige E von **IV** u. **V** gegenüber **III** wird erklärt durch den Resonanzeffekt, der durch den stärker elektronegativen Charakter von O im Vgl. mit N für **IV** u. **V** größer ist. (J. Amer. chem. Soc. **74.** 3523—26. 20/7. 1952. Akron, O., Univ., Rubber Res. Labor.) GNAUCK. D 225

I. M. Kolthoff und **I. K. Miller,** *Die Chemie des Persulfats.* **3.** Mitt. *Die Reaktion von Persulfat mit Mercaptanen, die in Natriumlauratlösungen gelöst sind, welche noch ungesättigte Verbindungen enthalten.* (2. vgl. C. **1952.** 5701.) Vff. lösen *n-Hexylmercaptan, n-Octylmercaptan* bzw. *n-Dodecylmercaptan* ($Kp._{6,5}$ 114—116°, n_D^{20} 1,4589) in Na-Lauratlsgg. auf, die noch $K_2S_2O_8$ enthalten. Solche Mercaptanlsgg. reagieren mit ungesätt. Verbb., wobei eine Addition des Mercaptans an die Doppelbindung als Ketten-Rk. abläuft. Als ungesätt. Verbb. benutzten Vff. *Na-Oleat, Isopren, Styrol* u. *2.5-Dimethylhexadien-(1.5)* (Kp. 111—112°, n_D^{20} 1,4289). Freie Radikale, welche die Rk. einleiten, können entweder durch therm. Zers. des Persulfats oder durch Rk. des Persulfats mit dem Laurat oder der ungesätt. Verb. gebildet werden. Sie bilden ihrerseits RS·-Radikale, die sich dann an die Olefine addieren. Kettenabbruch erfolgt durch Disulfidbildung. Mercaptane in Lauratlsgg. werden bei Abwesenheit von ungesätt. Verbb. viel langsamer von Persulfat angegriffen, als bei deren **Anwesenheit.** Ferner wird bei Ggw. von ungesätt. Verbb. viel mehr Mercaptan verbraucht, als $K_2S_2O_8$ verschwindet. Die Menge an gebildetem Disulfid, dem Oxydationsprod. des Mercaptans durch Persulfat, ist in diesem Falle sehr klein. Diese Feststellungen stehen mit dem angegebenen Reaktionsmechanismus im Einklang. Eine Bestimmungsmeth. von Mercaptanen auch neben Persulfat, die auf der Meth. von KOLTHOFF u. HARRIS (C. **1947.** I. 87) aufgebaut ist, wird angegeben. (J. Amer. chem. Soc. **74.** 4419—22. 5/9. 1952. Minneapolis, Minn., Univ., School of Chem.) J. MATTNER. D 225

M. C. Ford und **William A. Waters,** *Eigenschaften und Reaktionen von freien Alkylradikalen in Lösung.* 3. Mitt. *Einige Reaktionen mit organischen Halogenverbindungen.* (2. vgl. C. **1952.** 5718.) Tert. aliphat. Radikale RR'XC·, wobei R u. R' Alkyl u. X CN oder $COOCH_3$ bedeuten, trennen Halogenatome von den „positiven" Halogenverbb., wie *α-Brommalonsäurediäthylester* (**I**) u. *ω.ω.ω-Tribromchinaldin* (**II**) ab u. reagieren mit *Allylbromid* (**III**) u. *Allyljodid* (**IV**), z. B. RR'XC· + HalZ = RR'XCHal + Z·. Die Radikale entstehen bei der therm. Zers. von tert. aliphat. Azoverbb. des Typs RR'XC—N=NCXRR' in Lösungen. Mit einfachen Halogenverbb., wie *n-Butylbromid, Isopropyljodid, Benzyljodid* u. *Jodbenzol* reagieren die Radikale nicht. Die Rk. tritt offenbar immer dann ein, wenn das Halogen am Radikal RR'XC· fester haftet als am Radikal Z· u. wenn Z· beständiger ist als RR'XC·. Sehr schnell erfolgt die Br-Abspaltung aus *N-Bromsuccinimid* (**V**). Die Radikale wirken daher als gute Katalysatoren bei Bromierungen mit **V**. Unter diesen Bedingungen kann sogar *Cyclohexan* (**VI**) bromiert werden.

V e r s u c h e: *α-Jodisobutyronitril*, $Kp._{10-12}$ 47—57°, aus α.α'-Azoisobutyronitril (**VII**) u. **IV** unter N_2; 8% (Ausbeute), daneben *Tetramethylsuccinonitril. α-Jodisobutyramid*, F. 181—182°. — *Methyl-α-bromisobutyrat* (**VIII**), $Kp._9$ 38°, n_D^{16} 1,4531, *Methyl-(±)-α.β-dibromisobutyrat* ($Kp._9$ 80°, n_D^{17} 1,5092) u. *Dimethyltetramethylsuccinat* (**IX**) (*Säure*, F. 192—193°), aus **III** u. Dimethyl-α.α'-azoisobutyrat (**X**). — **VIII** (*α-Bromisobutyramid*, F. 147°), *Äthylmalonat* (?) u. **IX**, aus **I** u. **X**. — (±)-*α-Methylbutyronitril*, (±)-*α-Brom-α-methylbutyronitril* (**XI**), 32% [als (±)-*α-Brom-α-methylbutyramid*, F. 45,5—48°], *symm.-Diäthyldimethylsuccinonitril* (**XII**), F. 97—101°, u. *ω.ω-Dibromchinaldin* (F. 119—120°, 15%) aus α.α'-Azo-α-methylbutyronitril (**XIII**) u. **II**. — **XI** ($Kp._{15}$ 58—59°, 39%; *Amid*, F. 46,5—48°), **XII**, wenig NH_4Br u. *Succinimid* (**XIV**) (F. 124—125°, 20%) aus **XIII** u.

V. — Katalyt. Bromierungen: *Benzylbromid* (**XV**, Kp.$_{758}$ 197—198°, 66 %; *Benzyl-β-naphthyläther*, F. 99—100°), *Benzylidenbromid* u. **XIV** (90%), aus Toluol, **V** u. **X**. — Bei Verwendung von J_2 als Inhibitor betrug die Ausbeute an **XV** nur 36%, bei Verwendung von Chloranil nur 10%. — *3-Bromcyclohexen* (Kp.$_{30}$ 70—72°, 75%; Hydrolyse mit $NaHCO_3$ liefert *Cyclohexen-(2)-ol-(1)*, als *Cyclohexenyl-(2)-phenylcarbamat*, F. 107,5—108,5°), aus *Cyclohexen*, **V** u. **X**. — *Cyclohexylbromid* (Kp.$_{18}$ 63°, n_D^{22} 1,4920, 48%; *Cyclohexylquecksilberbromid*, F. 152°), aus **VI**, **V** u. **X**. — Die angegebenen Ausbeuten beziehen sich auf die Halogenkomponente. (J. chem. Soc. [London] **1952**. 2240—45. Juni. Oxford, Dyson Perrins Labor.) J. MATTNER. D 225

E. F. P. Harris und **William A. Waters**, *Eigenschaften und Reaktionen freier Alkylradikale in Lösung*. 4. Mitt. *Direkte Reaktion zwischen Alkylradikalen und aliphatischen Aldehyden*. (3. vgl. vorst. Ref.) Es wurde die Rk. des aus Dimethyl-α.α'-azoisobutyrat (**Ia**) freigesetzten 2-Carbomethoxy-2-propylradikals (**Ib**) mit n-Heptanal (**II**), n-Octanal(**III**), n-Decanal (**IV**), 3.5.5-Trimethylhexanal (**V**) u. 2-Äthylhexanal (**VI**) durch 1std. Erhitzen einer Lsg. von **Ia** im Aldehyd bei 80—110° untersucht, wobei unter CO-Verlust die Aldehyde in den entsprechenden *KW-stoff* übergingen u. *Methylisobutyrat* entstand. Bei der Rk. mit **II** konnte durch Hydrolyse des höhersd. Teils des Reaktionsprod. etwas *Isobuttersäure* isoliert werden, was auf Bldg. des Esters von *1.1-Dimethyloctanon-(2)-carbonsäure-(1)* (**VII**) zurückgeführt wird. Vff. untersuchten ferner die Zers. von **Ia** bei Ggw. von CCl_4 in Benzaldehyd (**VIII**), **II**, **III**, **IV**, **V** u. **VI** unter N_2, wobei CO nur bei **III**, **IV**, **V** u. **VI** entwickelt wurde. Das aus Aldehyd u. CCl_4 gebildete *Acylchlorid* wurde titrimetr. bestimmt, KW-stoffe entstanden nicht. Bei Luftzutritt wurde etwas *$COCl_2$* gebildet. Vff. nehmen an, daß für die Reaktionsfolge die von STEACIE für die therm. u. photochem. Zers. von Aldehyden aufgestellte zutrifft, wobei mit **Ib** die Reaktionskette beginnt. Die Bldg. von Ketosäureestern, wie **VII**, wird auf radikal. Rk. des RCO· mit **Ib** zurückgeführt. Die durch CCl_4 unterbundene Bldg. von KW-stoffen wird der Reaktionsfolge $RCO\cdot + CCl_4 \rightarrow RCOCl + \cdot CCl_3$; $RCHO + \cdot CCl_3 \rightarrow RCO\cdot + CHCl_3$ zugeschrieben, die Bldg. von $COCl_2$ bei Luftzutritt der Ggw. von $\cdot CCl_3$-Radikalen.

Versuche: Reaktionsprodd. aus **Ia** u. **II** (bei 90°): *n-Hexan* (**IX**), C_6H_{14}, Kp. 69,0, n_D^{20} 1,3754, D.$^{20}_{16}$ 0,661; daneben *Isobuttersäure* (*S-Benzylthiuroniumsalz*, F. 144°), u. *2-n-Pentylnonen-(2)-al* (1 Std. unter N_2 am Rückfluß); *2.4-Dinitrophenylhydrazon*, $C_{20}H_{30}O_4N_4$, F. 129,5°, λ_{max} 3850 Å. — Reaktionsprodd. aus **I** u. **III**- *n-Heptan* (**X**), C_7H_{16}, Kp. 98,4° (bei 90°), auch aus **I** u. **VI**; n_D^{20} 1,3876, D.$^{20}_{20}$ 0,684; daneben *n-Octanol*, Kp.$_{75}$ 163—168°, Kp.$_9$ 60—90°, u. *2-n-Hexyldecen-(2)-al* (*2.4-Dinitrophenylhydrazon*, $C_{22}H_{34}O_4N_{42}$ F. 100°). — Reaktionsprodd. aus **I** u. **IV**: *n-Nonan* (**XI**), C_9H_{20}, Kp. 150,8°, daneben *2-n-Octyldodecen-(2)-al*, *2.4-Dinitrophenylhydrazon*, $C_{26}H_{42}O_4N_4$, F. 84°. — *2.4.4-Trimethylpentan*, C_8H_{18}, Kp. 99,2°, aus **I** u. **V**, n_D^{20} 1,3914, D.$^{20}_{20}$ 0,692. (J. chem. Soc. [London] **1952**. 3108—13. Aug.) GNAUCK. D 225

N. B. Chapman und **J. L. Levy**, *Nucleophile. Verdrängung von Fluor in organischen Verbindungen*. 2. Mitt. *Kinetik der Reaktionen von Alkylfluoriden mit äthanolischem Natriumäthylalkoholat*. (1. vgl. CHAPMAN u. PARKER, C. **1953**. 2417.) Vff. verfolgten titrimetr. die Verdrängungen von F aus *n-Amyl-*(**I**, Kp.$_{750-761}$ 64,0—64,2°, n_D^{20} 1,3590 bis 1,3593, n_D^{25} 1,3569—1,3570), *n-Butyl-* (**II**, Kp.$_{755}$ 32,2°), *opt.-inakt. 2-Methyl-n-butyl-* (**III**, Kp.$_{577}$ 56,2°, n_D^{20} 1,3570, n_D^{25} 1,3542), *Isoamyl-* (**IV**, Kp.$_{757}$ 56,1, n_D^{20} 1,3572, n_D^{25} 1,3547), *sek.-Amyl-* (**V**, Kp.$_{738-756}$ 56,2—56,3°, n_D^{20} 1,3578—1,3588, n_D^{25} 1,3550), *sek.-Butyl-* (**VI**, Kp.$_{765}$ 24,7°), *Cyclohexyl-* (**VII**, Kp.$_{100}$ 43,2°, n_D^{20} 1,4149, n_D^{25} 1,4123), *tert.-Butyl-* (**VIII**, $n_D^{1,5}$ 1,3320) u. *tert.-Amylfluorid* (**IX**, Kp.$_{300}$ 22,0, n_D^{20} 1,3481) durch Na·OC_2H_5 in absol. A. zwischen 89,9 u. 161,7° u. bestimmten die entstandenen Olefine durch Extraktion nach HUGHES u. INGOLD (J. chem. Soc. [London] **1940**. 910) mit CCl_4 als Lösungsmittel. Vff. nehmen an, daß die Rk. 2. Ordnung ist, obwohl die Geschwindigkeitskonstanten bes. bei höheren Tempp. mit Verlauf der Rk. abnehmende Tendenz zeigen, bes. bei **III**, **IV** u. **V**. Auch bei tert. Fluoriden wurde kein Zeichen einer Rk. 1. Ordnung gefunden. Die Aktivierungsenergien E in kcal/Mol u. Stoßzahlen log A betrugen: **I** (22,1; 7,4), **II** (21,8; 7,3), **III** (ca. 21; ca. 6,0), **IV** (ca. 22; ca. 6,9), **V** (ca. 27; ca. 8,7), **VII** (26,4; 8,2), **VIII** (24,8; 8,0), **IX** (24,4; 7,7); für **VI** betrug bei 120,0° die Reaktionsgeschwindigkeitskonstante $k = 0{,}94 \cdot 10^{-6}$. Die Ergebnisse bei **III**, **IV** u. **V** haben nur qualitativen Wert, da die Reinheit dieser Stoffe nicht sicher war. Vff. vergleichen die Ergebnisse mit den Daten der entsprechenden Bromverbb., teilen die k der Gesamt-Rk. in Anteile der Substitutions-Rk. u. der Eliminierung auf Grund der gebildeten Olefinmengen auf u. erhalten für die k der Substitution $k_S \cdot 10^5$ u. der Eliminierung $k_E \cdot 10^5$ bei 120°: **I** (1,41; 0,02), **IV** (0,49; 0,05), **III** (0,30; 0,04), **VI** (0,027; 0,067), **V** (0,014; 0,060), **VIII** (0,007; 0,139), **IX** (0,006; 0,121) u. **VII** (0,005; 0,038). Die prim. Bromide substituieren ca. 5000—7000mal schneller als die Fluoride, was auf den Unterschied in log A.

zurückgeführt wird. Vff. vermuten daher, daß analog 1-Fluor-2.4-dinitrobenzol (vgl. 1. Mitt.) durch die Solvatation des entstehenden F-Ions im Übergangszustand die Rk. eine geringere E benötigt, als der großen Dissoziationsenergie der C—F-Bindung entspricht. Die gleiche Erklärung gilt für tert. Halogenide, bei denen Eliminierung vorherrscht. log A ist 2 Einheiten niedriger als bei den Bromiden, E steigt aber von 20 auf 24 kcal an, daher ist das Geschwindigkeitsverhältnis sogar 10^5—10^6. Der Einfl. von Alkylgruppen auf k_E u. k_S geht bei Bromiden u. Fluoriden parallel, wobei aber bei Fluoriden die Änderung in k_S beträchtlicher ist. Bei sek. Fluoriden tritt ebenfalls mehr Eliminierung als Substitution ein, aber die Gesamt-k-Werte sind am geringsten, so daß für die Eliminierung die Folge prim. $<$ sek. $<$ tert., die umgekehrte für die Substitution gilt. Die Olefinbldg. scheint mit steigenden Tempp. abzunehmen, im Gegensatz zu den Bromiden. — Vff. stellten fest, daß wss. A. Alkali verbraucht, so daß hierin keine kinet. Unters. möglich war. — Die Fluoride wurden a) durch Rk. von KF auf Alkylbromide in Äthylenglykol oder b) durch Zugabe von wasserfreier HF zu dem entsprechenden Olefin dargestellt. b) wurde für die sek. u. tert., a) bes. für prim. Fluoride benutzt. Die Olefine für b) wurden durch Dehydratation des entsprechenden Alkohols (außer Cyclohexen), *tert.-Amylalkohol* in der Wärme mit verd. H_2SO_4, *tert.-Butyl-* u. *n-Amylalkohol* in der Dampfphase bei 200—300° an akt. Al_2O_3-Katalysator dargestellt. (J. chem. Soc. [London] **1952**. 1673—77. Mai.) GNAUCK. D 225

N. B. Chapman und **J. L. Levy**, *Nucleophile Verdrängung von Fluor aus organischen Verbindungen. 3. Mitt. Säurekatalysierte Solvolyse von Alkylfluoriden in wässerigem Äthanol.* (2. vgl. vorst. Ref.) Vff. untersuchten die Solvolyse von *tert.-Amyl-* (I), *Cyclohexyl-* (II), *sek.-Amyl-* (III), *2-Methyl-n-butyl-* (IV) u. *tert.-Butylfluorid* (V) in 80%ig. wss. A. sowie von **I**, **II** u. *n-Amylfluorid* (VI) in 70%ig. wss. A. u. **I** u. **II** in absol. A. im geschlossenen Rohr mit u. ohne Ggw. von HCl zwischen ca. 80 u. 160° durch titrimetr. Verfolgung. Ferner wurden der Verbrauch an gebildeter HF durch das als Gefäßmaterial verwendete Pyrexglas zwischen 80 u. 160° in 80%ig. wss. A. u. der an HCl durch A. ermittelt. Die Rk. ist bei Ggw. von HCl 1. Ordnung bzgl. Alkylfluorid u. der [HCl] proportional, die Reaktionsgeschwindigkeitskonstanten k_1 (in $sec^{-1} \cdot 10^5$) betrugen in 80%ig. A. bei 79,8° in Ggw. von 0,00742—0,0742 Mol HCl für **I** 1,4—18, für **V** 1,1—12. Für die übrigen Rkk. werden nur Kurven: Umsatz/Zeit mitgeteilt. Berücksichtigung des HF-Verbrauches durch Glas verändert die Werte nicht prinzipiell. Der Einfl. der Struktur auf die Reaktionsgeschwindigkeit v ist bei der Solvolyse weit größer als bei Rk. mit alkoh. $NaOC_2H_5$, das Verhältnis der v zwischen den untersuchten Verbb. ist ca. 10^5—10^6 gegenüber ca. 40 bei der Rk. mit $NaOC_2H_5$. Bei 80° u. Ggw. von 0,0741 mol. HCl wird 5%ig. Umsatz bei **I** nach 400 Sek., bei **VI** bei 160° u. gleicher [HCl] erst nach $4,8 \cdot 10^5$ Sek. erreicht. Temperatursteigerung um 20° erhöht v auf das 4fache. Ersatz von HCl durch NaCl führte zu anderen Verhältnissen. Vff. nehmen an, daß für tert. Fluoride die säurekatalysierte Solvolyse monomol. verläuft, ähnlich der von Alkylbromiden u. -chloriden, u. HF wegen seiner Rk. mit Glas u. seiner geringen Säurestärke die Kinetik kaum beeinflußt, das letztere gilt auch für H_3PO_4. Bei hohen Anfangskonzz. an Alkylfluorid veränderte HF die Kinetik, da Rkk. nullter Ordnung beobachtet wurden. Vff. nehmen an, daß dies zufällig ist u. durch Überlagerung der Rk. 1. Ordnung u. einer beträchtlichen Autokatalyse durch HF erfolgt. Autokatalyse wurde bei Rkk. in neutralen Lsgg. oder beim Verhältnis Alkylfluorid/HCl $>$ 100 beobachtet. Die Solvolyse sek.-Alkylfluoride war stets entweder nullter Ordnung oder autokatalysiert. — Vff. untersuchten ferner die Stabilität der Fluoride in neutralem absol. A., wobei keine Rk. bei **II** während 200 Std. Erhitzen auf 140° u. bei **I** nach 4 Std. bei 120° erfolgte, während nach 22 Std. bei **I** 85%ig. Rk. erfolgt war. Die reinen Alkylfluoride, bes. **I** u. **V**, sind dagegen beim Kp. instabil. — Vff. betrachten die Gesamt-Rk. als nucleophile Substitution, da W. wie A. schwach nucleophil sind, u. nehmen folgenden Übergangszustand an: $\genfrac{}{}{0pt}{}{H}{H}\!\!>O^+{-}H\cdots F\cdots R$, der langsam in $R^+ + HF + H_2O$ übergeht, worauf schnell $R^+ + H_2O \rightarrow ROH + H_3O^+$ abläuft. Als Charakteristik der Verdrängung von F sehen Vff. folgende Eigg. von F an: Bldg. von H-Brückenbindungen u. starken C—F-Bindungen sowie hochgradige Solvatation der entstehenden F^-. (J. chem. Soc. [London] **1952**. 1677—82. Mai.) GNAUCK. D 225

C. W. L. Bevan und **G. C. Bye**, *Reaktionsfähigkeit von m-Nitrofluorbenzol und 3.5-Dinitrofluorbenzol mit Natriummethylat.* (Vorl. Mitt.) Die Rk. zwischen *m-Nitrofluorbenzol* (I) bzw. *3.5-Dinitrofluorbenzol* (II) u. Na-Methylat in absol. Methanol ist von 2. Ordnung, für $k_2 \cdot 10^7$ bei 49,56°, die ARRHENIUSsche Aktivierungsenergie E (kcal/Mol) u. den Stoßzahlfaktor B ergeben sich bei **I** (k_2) 1,59 (extrapoliert) (E) 28,9; (B) $62,7 \cdot 10^{11}$; bei **II** 41900; 21,7; $20,0 \cdot 10^{11}$ u. bei p-Nitrofluorbenzol 24200; 20,3; $1,32 \cdot 10^{11}$. Zwei m-ständige NO_2-Gruppen aktivieren also in diesem Fall das Mol. bei einer nucleophilen

Substitution ähnlich stark wie eine p-NO_2-Gruppe. (Chem. and Ind. **1952**. 981—82. 4/10. Exeter, Univ. Coll.) KRESZE. D 225

Karl H. Hausser und Udo Wegner, *Über die Intensitätsabhängigkeit der Quantenbilanz photochemischer Prozesse.* Vff. beschäftigen sich mit der experimentellen Unters. der Quantenbilanz bei der rot ⇌ gelb-Umwandlung des *Triphenylformazans* durch sichtbares Licht. Sie versuchen festzustellen, ob u. unter welchen Bedingungen die Dosis-Effekt-Kurve eines Zweitreffervorganges mit instabilem Zwischenzustand einer Eintrefferkurve so ähnlich werden kann, daß sie kaum mehr zu unterscheiden sind. Nach Analyse verschied. Kurvendarstellungen finden sie als Bedingungen für das Zusammenfallen: 1. instabiler, kurzlebiger Zwischenzustand, u. 2. Absorptionsquerschnitt des Zwischenzustands unterscheidet sich erheblich von dem des Anfangszustandes. Die aufgestellten Formeln können zur Berechnung der Halbwertzeit u. des Absorptionsquerschnittes des experimentell nicht erfaßbaren instabilen Zwischenzustandes dienen. (Z. Naturforsch. **7a**. 493—97. Juli 1952. Heidelberg, Max-Planck-Inst. für med. Forsch., Abt. für physikal. Therapie.) D. HAHN. D 226

N. I. Schuikin, Ch. M. Minatschew und A. M. Rubinstein, *Über die dehydrierenden und hydrierenden Eigenschaften niedrigprozentiger Palladiumkatalysatoren.* Untersucht wurden Pd/Kohle-Katalysatoren mit 0,05—2% Pd. Die Dehydrierung von *Cyclohexan* erfolgte im schwachen H_2-Strom mit der Volumengeschwindigkeit 0,2 Liter/Std. pro Liter Katalysator bei 300—302°, die Hydrierung von *Bzl.* im stärkeren H_2-Strom mit der Volumengeschwindigkeit 0,06 Liter/Std. pro Liter Katalysator. Das Hydrierungs- u. Dehydrierungsvermögen der Katalysatoren war für jede Katalysatorzus. prakt. gleich. Der Umwandlungsgrad betrug z. B. bei Verwendung von 2% Pd bei der Dehydrierung 82%, bei der Hydrierung 90%, bei der von 0,05% Pd entsprechend 9 u. 9,4%. Alle Katalysatoren, bes. derjenige mit 0,25% Pd, hatten bei längerer Benutzung (bis 1000 Min.) ihre Aktivität fast ganz bewahrt. Sie unterschieden sich hierin von den früher untersuchten höherprozentigen Pd-Katalysatoren. Nach den Röntgenogrammen enthielten alle Katalysatoren das Metall im krist. Zustand. Das Kristallgitter war vor dem Vers. nur wenig deformiert u. nahm den n. Gitterwert bei längerer Benutzung des Katalysators an oder, bes. bei dem mit 0,25% Pd, lagerte geringe Mengen H_2 unter Bldg. einer festen Lsg. ein. Die früher untersuchten hochprozentigen Pd-Katalysatoren, bei denen unter starker Deformierung des Gitters viel H_2 eingelagert war, zeigten destruktive Wrkg., die hier fortfiel. Die Aktivität der Pd-Katalysatoren war geringer als diejenige der früher untersuchten entsprechenden Pt-Katalysatoren. (Доклады Академии Наук СССР [Ber. Akad. Wiss. UdSSR] [N. S.] **79**. 89—92. 1/7. 1951. Inst. für organ. Chem. der Akad. der Wiss. der UdSSR.) R. KNOBLOCH. D. 227

D₂. Präparative organische Chemie. Naturstoffe.

G. M. Dyson, *Das Dyson-System.* Vortrag über das Ziffernsyst. des Vf. zur Bezeichnung organ. Verbindungen. (Bull. Soc. chim France, Mém. [5] **19**. 20D—22D. März/April 1952.) SCHICKE. 450

D. C. Bradley, R. C. Mehrotra und W. Wardlaw, *Strukturchemie der Alkoholate. 1. Mitt. Amylalkoholate des Siliciums, Titans und Zirkons.* Vff. fanden kürzlich (C. **1951**. II. 2447), daß bei Zr-Alkoholaten die Flüchtigkeit mit der Verzweigung der Alkoxygruppe zunimmt. Dieses Verh., das Vff. auf Assoziation zurückführten, wird an den Alkoholaten der isomeren Amylalkohole des Si, Ti u. Zr durch Best. des Mol.-Gew. bestätigt. Untersucht wurden die Ti- u. Zr-Alkoholate der Alkohole: $CH_3(CH_2)_4OH$, $(CH_3)_2CH(CH_2)_2OH$, $(CH_3)(C_2H_5)CHCH_2OH$, $(CH_3)_3CCH_2OH$, $(C_2H_5)_2CHOH$, (CH_3)(n-C_3H_7)CHOH, $(CH_3)\cdot$(iso-C_3H_7)CHOH u. $(CH_3)_2(C_2H_5)COH$; dabei fiel bei den Ti-Verbb. der Assoziationsgrad (gefundenes: berechnetes Mol.-Gew.) von 1,4—1,0 u. bei den Zr-Verbb. von 3,2, nach einem anfänglichen Anstieg auf 3,3 u. 3,7, ebenfalls auf 1,0. Das Si-n-Amylat wurde als monomer gefunden. Die Alkoholate wurden durch Rk. der Isopropylate (**I** bzw. **II**) mit den entsprechenden Alkoholen gewonnen; die Mol.-Geww. wurden kryoskop. in Bzl. bestimmt.

V e r s u c h e (Assoziationsgrade in []): *Ti-Tetraisopropylat* (**I**), $C_{12}H_{28}O_4Ti$, Kp.$_2$ 80° aus $TiCl_4$ u. Isopropylalkohol in Bzl. durch Einleiten von NH_3 u. anschließende Dest.: 72% (Ausbeute). — *Zr-Tetraisopropylat* (**II**), analog aus $ZrCl_4$; krist. mit 1 Mol Isopropanol; 66%. — *Ti-Tetra-n-amylat*, $C_{20}H_{44}O_4Ti$, Kp.$_{0,1}$ 158°, Kp.$_{0,8}$ 175°, aus 6,4 g **I** u. 9,1 g n-Pentanol; 8,4 g; [1,4] — *Zr-Tetra-n-amylat*, $C_{20}H_{44}O_4Zr$, Kp.$_{0,01}$ 256°, aus 5,7 g **II** u. 10,7 g n-Pentanol; 6,2 g; [3,2]. — *Ti-Tetra-[3-methylbutylat]*, Kp.$_{0,1}$ 148°, aus 8,5 g **I** u. 15,5 g 3-Methylbutanol; 11,5 g; [1,2]. — *Zr-Tetra-[3-methylbutylat]*, Kp.$_{0,1}$ 247°, aus 6,3 g **II** u. 9,2 g 3-Methylbutanol; 7,0 g; [3,3]. — *Ti-Tetra-[2-methylbutylat]*, Kp.$_{0,1}$ 140°, Kp.$_{0,5}$ 154°, aus 5,5 g **I** u. 10,4 g 2-Methylbutanol; 7,6 g; [1,1]. — *Zr-Tetra-[2-methyl-*

butylat], $Kp._{0,1}$ 238°, aus 5 g II u. 8,7 g 2-Methylbutanol; 5,5 g; [3,7]. — *Ti-Tetraneopentylat*, F. 64°, $Kp._{0,05}$ 105°, $Kp._{0,1}$ 111°, aus 3,5 g I u. 5,1 g Neopentanol; [1,3]. — *Zr-Tetraneopentylat*, F. 154—157°, $Kp._{0,05}$ 176°, $Kp._{0,2}$ 188°, aus 8 g II u. 8,8 g Neopentanol; 8,6 g; [2,4]. — *Ti-Tetra-[1-äthylpropylat]*, $Kp._{0,1}$ 112° aus 11,1 g I u. 16,5 g 1-Äthylpropanol; 15,2 g; [1,0]. — *Zr-Tetra-[1-äthylpropylat]*, $Kp._{0,08}$ 178°, $Kp._{0,1}$ 181°, aus 9,2 g II u. 11,6 g 1-Äthylpropanol; 10,4 g; [2,0]. — *Ti-Tetra-[1-methylbutylat]*, $Kp._1$ 135°, $Kp._{0,1}$ 115°, aus 6,2 g I u. 13,4 g 1-Methylbutanol; 8,2 g; [1,0]. — *Zr-Tetra-[1-methylbutylat]*, $Kp._{0,08}$ 175°, $Kp._{0,1}$ 178°, aus 4,7 g II u. 8,8 g 1-Methylbutanol; 5,0 g; [2,0]. — *Ti-Tetra-[1.2-dimethylpropylat]*, $Kp._{0,5}$ 131°, $Kp._{0,1}$ 117°, aus 6,5 g I u. 11 g 1.2-Dimethylpropanol; 5,0 g; [1,0]. — *Zr-Tetra-[1.2-dimethylpropylat]*, $Kp._{0,01}$ 156°, $Kp._{0,1}$ 176°, aus 8,0 g II u. 10,3 g 1.2-Dimethylpropanol; 8,3 g; [2,0]. — *Ti-Tetra-[1.1-dimethylpropylat]*, $Kp._{0,1}$ 98°, aus 8,4 g I u. 13 g 1.1-Dimethylpropanol; 11,6 g; [1,0]. — *Zr-Tetra-[1.1-dimethylpropylat]*, $Kp._{0,1}$ 95°, $Kp._2$ 121°, aus 12,4 g II u. 16 g 1.1-Dimethylpropanol; 13,7 g; [1,0]. — *n-Amylorthosilicat*, $C_{20}H_{44}O_4Si$, $Kp._{0,1}$ 134°, aus aus 13,2 g $SiCl_4$ u. Amylalkohol; 20 g. — *Neopentylorthosilicat*, F. 75—76°, $Kp._{0,1}$ 85°, $Kp._{0,3}$ 94°, aus 4,4 g $SiCl_4$ u. 10 g Neopentylalkohol in Pyridin, Stehen über Nacht; 6,0 g. (J. chem. Soc. [London] **1952.** 2027—32. Juni. London, Birkbeck Coll.) ZIMMER. 560

D. C. Bradley, F. M. Abd-el Halim, E. A. Sadek und **W. Wardlaw**, *Die Darstellung von Zirkonalkoholaten.* Die von BRADLEY u. Mitarbeiter (C. **1951.** II. 2447) entwickelte Meth. zur Herst. von Alkoholaten ist auf prim. u. sek. Alkohole beschränkt. Die Synth. von tert. Alkoholaten wurde nach folgendem neuen Verf., das mit prim. u. sek. Alkoholen gute Ergebnisse zeitigte, versucht: $(C_5H_6N)_2ZrCl_6$ (I) + 4 ROH + 6 NH_3 → $Zr(OR)_4$ + 6 NH_4Cl + 2 C_5H_5N; mit tert.-Butanol lassen sich jedoch nur 3 Cl-Atome substituieren; es bildet sich die Verb. *ZrCl(tert.-OC₄H₉)₃·2 C₅H₅N*, diese läßt sich mit A. in Bzl. in das gemischte Alkoholat *Zr(OC₂H₅)(tert.-OC₄H₉)₃* überführen. Beim Erhitzen im Vakuum disproportioniert sich die asymm. Verb. unter Bldg. des gesuchten *Zr(tert.-OC₄H₉)₄* (II). Die komplexe Verb. I setzt sich mit Na-Äthylat nur unter Substitution eines Cl-Atoms zu *(C₅H₆N)₂Zr(OC₂H₅)Cl₅* um.

Versuche: *Pyridiniumhexachlorozirkonat* (I), $C_{10}H_{12}N_2Cl_6Zr$. 23 g $ZrCl_4$ in absol. A. wurden bis zur Sättigung mit HCl behandelt, dann wurde Pyridin zugegeben u. der gebildete Nd. im Vakuum bei 80° getrocknet; 44 g (Ausbeute). I bildet sich analog auch aus 57 g $ZrOCl_2 \cdot 6 H_2O$; 91 g. I ist lösl. in W. u. Pyridin, unlösl. in Bzl. u. CCl_4, mäßig lösl. in A. u. Methanol. — *Zr-Tetraäthylat*, $C_8H_{20}O_4Zr$, $Kp._{0,1}$ 180°. Eine Suspension von 22,3 g I in A. u. Bzl. wurde mit NH_3 gesätt.; 12 g. — *Zr-Tetraisopropylat*, $C_{12}H_{28}O_4Zr \cdot C_3H_7OH$. Aus 20,5 g $ZrCl_4$ bildet sich in analoger Rk. zunächst der Komplex $[Zr(OC_3H_7)_4]_2 \cdot C_5H_5N$, nach dem Trocknen im Hochvakuum u. Umkristallisieren aus Pyridin wurde der Komplex $C_{12}H_{28}O_4Zr \cdot C_5H_5N$ erhalten. Nach dem Umkristallisieren aus Isopropylalkohol wurde die pyridinfreie Verb. gewonnen; 3,7 g. — *Zr-Tetra-n-butylat*, $C_{16}H_{36}O_4Zr$, $Kp._{0,1}$ 260°, analog aus 18 g $ZrCl_4$; 11,5 g. — *Zr-Tetra-sek.-butylat*, $C_{16}H_{36}O_4Zr$, $Kp._{0,1}$ 180°, aus 16,5 g $ZrCl_4$; 9,5 g. — *ZrCl(tert.-OC₄H₉)₃·2 C₅H₅N*, wie vorst. aus 12,5 g I; 5,8 g; der Komplex reagiert nicht mit einer Lsg. von Na in tert.-Butylalkohol. — *Zr-Tetra-tert.-butylat* (II), $C_{16}H_{36}O_4Zr$, $Kp._{0,2}$ 50. 8 g des vorst. Komplexes wurden in Benzol mit A. in Äthoxyzirkontri-tert.-butylat, $C_{14}H_{32}O_4Zr$, F. 110—130°, übergeführt; 4,5 g; bei Erwärmen trat Disproportionierung zu II ein. — *Pyridiniumäthoxypentachlorozirkonat*, $(C_5H_6N)_2Zr(OC_2H_5)Cl_5$. Eine alkoh. Na-Äthylatlsg. wurde tropfenweise in eine sd. alkoh. I-Lsg. gegeben, wobei innerhalb 5 Std. das kristalline I unter Bldg. eines feinverteilten Nd. verbraucht wurde, danach wurde zur Trockne eingedampft. (J. chem. Soc. [London] **1952.** 2032—35. Juni. London, Birkbeck Coll.) ZIMMER. 560

Roland Muxart, Pascaline Daudel, Claude Rigolet und **Robert Melet**, *Halbmikrosynthese einer Essigsäure von hoher spezifischer Aktivität mit ¹⁴C-markierter Carboxylgruppe.* Beschreibung der Apparaturen zur Darst. von $CH_3{}^{14}COOH$ (I) aus entsprechendem Na-Acetat, das nach VAN BRUGGEN, CLAYCOMB u. HUTCHENS (C. **1952.** 5043) gewonnen wurde. Vff. erhielten I in Mengen von 50 mg mit 60% Ausbeute u. einer Aktivität von 4 mC/mMol. Schutzmaßnahmen. — 14 Literaturstellen. (Bull. Soc. chim. France, Mém. [5] **19.** 577—80. Mai/Juni 1952. Inst. du Radium.) V. PILINSZKY. 810

Joseph D. Park, Henry J. Gerjovich, Wilford R. Lycan und **John R. Lacher**, *Darstellung und bromierende Eigenschaften einiger halogenierter N-Bromacetamide.* Die Darst. von N-bromierten Mono-, Di- u. Trichlor-, sowie Di- u. Trifluoracetamid erfolgte unter milden Bedingungen in wasserfreier Trifluoressigsäure. Bei der Einw. auf einen großen Überschuß an Toluol ergaben die Acetamide *Benzylbromid* u. als kernsubstituiertes Prod. vorwiegend *p-Bromtoluol.* Die Ausbeute an bromierten Prodd. betrug zwischen 50 u. 70%. Während *N-Bromacetamid* (I) ausschließlich Benzylbromid ergab, stieg der Anteil an p-Bromtoluol in der Reihenfolge *N-Bromtrichloracetamid* (II), *N-Bromdichlor-*

acetamid (**III**), *N-Brommonochloracetamid* (**IV**), *N-Bromtrifluoracetamid* (**V**) an u. betrug bei **V** 88% der bromierten Produkte. *N-Bromsuccinimid* lieferte wie **I** nur Benzylbromid. Der mögliche Mechanismus der Rk. wird diskutiert. Bei der Einw. auf Cyclohexen erfolgte die Bldg. von *3-Bromcyclohexen* u. *1.2-Dibromcyclohexan*. In der Reihenfolge **I, III, II, IV, V** nahm die Bldg. von 3-Bromcyclohexen ab.

V e r s u c h e: *N-Bromtrichloracetamid* (**II**), C_2HONCl_3Br, F. 125°, aus Trichloressigsäure über den Äthylester u. das Amid mit Ag_2O u. Br_2; 81% (Ausbeute). — *N-Bromdichloracetamid* (**III**), $C_2H_2ONCl_2Br$, F. 96°, analog; 76%. — *N-Brommonochloracetamid* (**IV**), $C_2H_3ONClBr$, F. 75°, weiße Nadeln, das Amid wurde nach GILMAN u. JONES (J. Amer. chem. Soc. **65.** [1943.] 1458) erhalten u. wie oben bromiert; 61%. — *N-Bromtrifluoracetamid* (**V**), $C_2HONBrF_3$, F. 63°, nach Sublimation bei 60° u. 5 mm, analog **IV**; 63%. — *N-Bromdifluoracetamid*, $C_2H_2ONBrF_2$, F. 43°, analog **IV**; 40%. — *Benzaldehyd*, aus den N-Bromverbb. mit einem großen Überschuß an Benzylalkohol. Der ungereinigte Aldehyd hatte Kp.$_{628}$ 172°, n_D^{20} 1,5445; 44—70%. *2.4-Dinitrophenylhydrazon*, F. 237—238°. (J. Amer. chem. Soc. **74.** 2189—93. 5/5. 1952. Boulder, Colo., Univ., Dep. of Chem.) E. BECKER. 810

John F. Tinker, *5* (im Orig. *4*)*-Carboxyazelaïnsäure. 5-Carboxyazelaïnsäuretrimethylester* (**I**), $C_{13}H_{22}O_6$, Kp.$_3$ 135—137°, entsteht durch 3std. Kochen von 2-Ketocyclopentancarbonsäuremethylester + CH_3ONa in Methanol **mit Methyl-4-brombutyrat,** mehrstd. Stehen, Eingießen in Eis, Alkalisieren u. Extrahieren mit Chlf.; $D.^{24}_4$ 1,088; n_D^{24} 1,4464; Mol.-Refr. 67,3; 70% (Ausbeute); daneben bildet sich *Adipinsäuredimethylester*, Kp.$_3$ 70 bis 75°; n_D^{24} 1,4277. — **I** liefert bei der Verseifung mit 2%ig. HCl *5-Carboxyazelainsäure* (*1.4.7-Tricarboxyheptan*), $C_{10}H_{16}O_6$, F. 114—115° (W.); 83%. — *Tris-[p-bromphenacyl]-5-carboxyazelat*, $C_{34}H_{31}O_9Br_3$, F. 124,5—125,5 (A.–Dioxan). (J. Amer. chem. Soc. **73.** 4493—94. Sept. 1951. Cambridge, Mass., Harvard Univ., Converse Labor.) W. HOFFMANN. 830

G. E. Utzinger und **A. Hoelle,** *Kondensationen mit N.N-Diäthyloxamidsäureester.* Analog den übrigen β-Ketosäureestern läßt sich auch im Oxalsäurediäthylester eine Äthoxygruppe gegen eine Diäthylaminogruppe austauschen. Der entstandene *Diäthyloxamidsäureäthylester* (**V**) reagiert nun in einer der CLAISENschen Esterkondensation ähnlichen Rk. mit Ketonen bei Ggw. von Na zu *α.γ-Diketosäureamiden,* so mit Mesityloxyd zu *ω.ω-Dimethylacryloylbrenztraubensäurediäthylamid* (**I**), mit Cyclohexanon zu [*Cyclohexanon-(2)-yl*]*-glyoxylsäurediäthylamid* (**II**). Beide Verbb. bilden als β-Diketoderivv. mit kovalenten Metallen (z. B. Cu) Salze, in Toluol lösl. Chelate. Sowohl **I** wie auch **II** treten in 2 isomeren Formen auf (α- u. β-Form nach CLAISEN), deren Gleichgewicht eine andere p_H-Abhängigkeit aufweist als die n.Keto-Enoltautomerie. Nach v. AUWERS (Liebigs Ann. Chem. **453.** [1927.] 232) bildet die α-Form des analogen Mesityloxydglyoxylsäureäthylesters mit Phenylhydrazin (**III**) ein *Pyrazolderiv.*, die β-Form nur ein n. *Phenylhydrazon,* [Cyclohexanon-(2)-yl]-glyoxylsäure dagegen mit Hydrazin (**IV**) nur ein *Pyrazol*: *4.5.6.7-Tetrahydroindazolcarbonsäure-(3)*, was DIECKMANN (Ber. dtsch. chem. Ges. **56.** [1923.] 1567) so deutete, daß die β-Form mit der α-ständigen CO-Gruppe einen cycl. Enoläther, ein Dihydro-γ-pyronderiv., bildet. Nun reagieren **I** bzw. **II** mit **IV** zu *Pyrazolderivv.*, vermutlich *5-Isobutenylpyrazolcarbonsäure-(3)-diäthylamid* bzw. *4.5.6.7-Tetrahydroindazolcarbonsäure-(3)-diäthylamid,* während **I** mit **III** nur ein Phenylhydrazon bildet, das sich nicht in ein Pyrazolderiv. umwandeln läßt. Demzufolge ist die DIECKMANNsche Schlußfolgerung (l. c.) in Frage gestellt, da der Unterschied im Verh. zu **III** u. **IV** auch in deren verschied. Basizität gesucht werden kann, wobei **IV** als stärkere Base den Pyronring spaltet. Die Unfähigkeit von **I** mit **III** ein Pyrazolderiv. zu bilden, führen Vff. auf ster. Hinderung zurück. Sowohl die α- wie auch die γ-CO-Gruppe in **I** können Phenylhydrazone bilden, aber das STUART-Kalottenmodell zeigt eine stärkere Behinderung des γ-Phenylhydrazons bei der anschließenden Pyrazolringbildung. Ergänzend zu diesen Befunden stellen Vff. fest, daß die Dihydro-γ-pyronform des Mesityloxydglyoxylsäureäthylesters mit **IV** nur das *Hydrazon* des *6.6-Dimethyl-5.6-dihydro-γ-pyroncarbonsäure-(2)-hydrazids* bildet. Ein Pyrazolderiv. wurde nicht gefunden. Die Cylisierung zum Dihydropyronderiv. ist also eine für $\alpha.\gamma$-Diketosäureester charakterist. Rk., nicht aber für $\alpha.\gamma$-Diketosäurediäthylamid. Erwähnt sei, daß die n-Propyl-, n-Butyl- u. Isoamylester von Mesityloxydglyoxylsäure Öle sind u. daher nicht in α- u. β-Form getrennt werden können, darüber hinaus gibt es eine krist. dimere Form. Der n-Butylester ist das bekannte Insektenabhaltemittel „*Indalon*". Für die insektenabhaltende Fähigkeit einiger von ihnen dargestellten Verbb. erproben Vff. einen neuen Ameisentest (vgl. Original).

V e r s u c h e (FF. korr., KOFLER-Block): *ω.ω-Dimethylacryloylbrenztraubensäurediäthylamid* (**I**), $C_{12}H_{19}O_3N$, F. 60—61°, durch Zutropfen eines Gemisches von Mesityl-

oxyd u. Diäthyloxamidsäureäthylesters (**V**) zu Na in Ae., Zufügen von Cu-Acetat in W. (*Cu-Salz*, $C_{12}H_{18}O_3N \cdot \frac{1}{2}$ Cu, F. 167,5—168,5°, grüne Nadeln aus Toluol; 45% [Ausbeute]), Aufnehmen des Nd. in Ae., Schütteln mit $2nH_2SO_4$, aus der äther. Schicht in gelben Tafeln. *Phenylhydrazon*, $C_{18}H_{25}O_2N_3$, F. 141—142°, hellgelbe Nadeln aus A. + Wasser. — *5-Isobutenylpyrazolcarbonsäure-(3)-diäthylamid*, $C_{12}H_{19}ON_3$, F. 150—151° (A. + Ae.), aus **I** u. **IV** in Ae. durch 14std. Stehen. — *[Cyclohexanon-(2)-yl]-glyoxylsäurediäthylamid* (**II**), $C_{12}H_{19}O_3N \cdot H_2O$, F. 103—108°, aus Cyclohexanon, **V** u. Na in Ae. wie oben (nicht über 20°), Gießen auf Eis, Überschichten mit Ae., Einstellen mit H_2SO_4 auf Kongosauer; aus der äther. Lsg. durch Ausziehen mit $KHCO_3$-Lsg. über das *Cu-Salz* ($C_{12}H_{18}O_3N \cdot \frac{1}{2}$ Cu, F. 199—200°, dunkelgrüne Kristalle aus Aceton; 37%), durch Zers. einer äther. Lsg. mit H_2SO_4, hellgelbe Nadeln aus Äther. — *4.5.6.7-Tetrahydroindazolcarbonsäure-(3)-diäthylamid*, $C_{12}H_{19}ON_3$, F. 176°, aus vorst. Verb. u. **IV** wie oben, Nadeln aus Essigester. — *6.6-Dimethyl-5.6-dihydro-γ-pyroncarbonsäure-(2)-hydrazidhydrazon*, $C_8H_{14}O_2N_4$, F. 177°, aus dem entsprechenden Äthylester u. **IV**, Kristalle aus Methanol. — *Mesityloxydglyoxylsäureäthylester*, *Cu-Salz*, F. 166—167°, $C_{10}H_{13}O_4 \cdot \frac{1}{2}$ Cu, aus dem grasgrünen entsprechenden Hydrat durch 5tägiges Stehen im Exsiccator, ockergraue Substanz. (Helv. chim. Acta **35**. 2054—64. 15/10. 1952. Basel, Univ., org.-chem. Anstalt.)
LEHWALD. 870

Israël Marszak und Roland Epsztein, *Über die Synthese von β-Acetylenaminen.* Vff. erhielten aus Butin-(1)-ol-(4) über den Benzolsulfonsäureester mit Dimethylamin *1-Dimethylaminobutin-(3)* (**I**). Durch Rk. von CH_3J bzw. C_2H_5J mit der Na-Verb. von **I** im fl. NH_3 entstehen *1-Dimethylaminopentin-(3)* bzw. *1-Dimethylaminohexin-(3)*.

Versuche: *1-Dimethylaminobutin-(3)* (**I**), $C_6H_{11}N$, Kp. 97—98°, n_D^{17} 1,4282, aus 21 g 1-Benzolsulfonoxybutin-(3) u. 11,5 g $(CH_3)_2NH$ in Ae. während 5 Tagen; 4,5 g (Ausbeute). *Jodmethylat*, $C_7H_{14}NJ$, F. 224—226°. — *1-Dimethylaminopentin-(3)*, $C_7H_{13}N$, $Kp._{53}$ 69—70°, n_D^{15} 1,4450, aus 9,7 g **I** u. 18,6 g CH_3J, die man langsam nacheinander zu einer Lsg. von 0,1 g $Fe(NO_3)_3$ u. 3 g Na in 200 cm³ fl. NH_3 gibt; 6,5 g. *Jodmethylat*, $C_8H_{16}NJ$, F. 276—278°. — *1-Dimethylaminohexin-(3)*, $C_8H_{15}N$, $Kp._{10}$ 53°, $n_D^{14,5}$ 1,4448, analog mit 20,4 g C_2H_5J; 6 g. *Jodmethylat*, $C_9H_{18}NJ$, F. 221—223°. (Bull. Soc. chim. France, Mém. [5] **19**. 441—42. Mai/Juni 1952. C. N. R. S. u. Labor. Central des Serv. Chim.)
SEIDE. 910

R. Ostwald, P. T. Adams und B. M. Tolbert, *Synthese einiger ^{14}C markierter DL-Alanine.* Durch Bromierung u. Aminierung von *$^{14}C_{(1)}$-Propionsäure* (**I**), *$^{14}C_{(2)}$-Propionsäure* (**II**) u. *$^{14}C_{(3)}$-Propionsäure* (**III**) wurden *$^{14}C_{(1)}$-Alanin* (**IV**), *$^{14}C_{(2)}$-Alanin* u. *$^{14}C_{(3)}$-Alanin* dargestellt. **I** wurde durch Carboxylierung von C_2H_5MgJ mit $^{14}CO_2$ erhalten; **II** u. **III** aus den entsprechend markierten Essigsäuren durch Red. mit $LiAlH_4$, Bromierung des entstandenen markierten Äthanols, dessen Überführung in markiertes Äthylbromid(**V**), das in Form der GRIGNARD-Verb. mit CO_2 umgesetzt wurde. Zur Gewinnung reinster Alanine wurden die erhaltenen Prodd. an Ionenaustauschern adsorbiert u. die getrockneten Eluate in Hochvakuum sublimiert. Die Reinheit der erhaltenen Alanine wurde papierchromatograph. nachgewiesen.

Versuche: *Na-$^{14}C_{(1)}$-Propionat*, aus 30 mMol C_2H_5MgJ u. 20 mMol $^{14}CO_2$; 97,8% (Ausbeute). — *$^{14}C_{(1)}$-α-Brompropionsäure*, **I** (aus dem Na-Salz u. trockenem HCl) wird mit rotem P, J_2 u. C_2H_5COCl ½ Std. auf dem Wasserbad erhitzt, tropfenweise mit Br_2 versetzt u. 3 Std. erhitzt; Hydrolyse durch Wasserzugabe. — *$^{14}C_{(1)}$-Alanin* (**IV**), durch 6 Std. Erhitzen von voriger Verb. mit $(NH_4)_2CO_3$ u. konz. NH_4OH auf 60°; Reinigung durch Ionenaustausch an „Dowex-50" (H) u. Hochvakuumsublimation bei 1μ u. 160—200°; radiochem. Ausbeute 80,5%; chem. Ausbeute 76%. — *$^{14}C_{(1)}$-Äthylbromid* (**V**), durch Red. von $CH_3{}^{14}COOH$ mit $LiAlH_4$ in Diäthylcarbitol u. Rk. des $CH_3{}^{14}CH_2OH$ mit PBr_3. — *Na-$^{14}C_{(2)}$-Propionat*, aus der GRIGNARD-Verb. von **V** u. CO_2; 68% (radiochem. Ausbeute). — *$^{14}C_{(2)}$-Alanin*, aus vorst. Propionat analog **IV**; 63% (radiochem.). — *Na-$^{14}C_{(3)}$-Propionat*, durch Red. von $^{14}C_{(2)}$-Acetat (aus über Hochdruckhydrierung von $^{14}CO_2$ gewonnenem $^{14}CH_3J$) mit $LiAlH_4$ in Diäthylcarbitol wird $^{14}CH_3CH_2OH$ dargestellt, der in $^{14}CH_3CH_2Br$ übergeführt u. dessen GRIGNARD-Verb. mit CO_2 umgesetzt wird; 49,5% (radiochem.). — *$^{14}C_{(3)}$-Alanin*, aus vorst. Propionat analog **IV**; 74% (radiochem.). (J. Amer. chem. Soc. **74**. 2425—27. 5/5. 1952. Berkeley, Calif., Univ., Radiation Labor. u. Dep. of Chem.)
K. F. MÜLLER. 950

Alexander T. Shulgin, Oliver G. Lien jr., Emery M. Gal und David M. Greenberg, *Synthese und chromatographische Trennung von mit Isotopen markiertem DL-Threonin und DL-Allothreonin.* *^{15}N-DL-Threonin* (**I**) wurde durch Aminierung des niedriger schm. Isomeren der *α-Brom-β-methoxybuttersäure* (**II**) (F. 46—52°) mit $^{15}NH_3$ u. Entmethylierung dargestellt, wobei die Abtrennung von der Alloform vermieden wird. — *$^{14}C_{(1,2)}$-DL-Threonin* (**III**) u. *-Allothreonin* (**IV**) wurden, ausgehend von markierter Crotonsäure, die aus Malonsäure (nach GAL u. SHULGIN, C. **1952**. 3143) dargestellt wurde, synthetisiert. Die markierte Crotonsäure wurde in ein Gemisch der *N-Formyl-O-methylderivv.* von **III** u. **IV** übergeführt. Das nach einer Umkristallisation erhaltene *N-Formyl-O-methyl-DL-threonin* ergab nach der Hydrolyse ein Gemisch gleicher Mengen **III** u. **IV**, das an einer Kationaustauschsäule (Dowex 50), jedoch nicht papierchromatograph., getrennt werden konnte. (J. Amer. chem. Soc. **74**. 2427—29. 5/5. 1952. Berkeley, Calif., School of Med., Div. of Biochem.) K. F. MÜLLER. 950

H. I. Waterman und **H. Breederveld**, *Alkoxyderivate des Siliciums und Titans. — Die Reaktion von Glykol und Glycerin mit einem großen Überschuß von Siliciumtetrachlorid.* Bei großem Überschuß von $SiCl_4$ u. Verdünnung des Glykols bzw. Glycerins mit Dioxan entsteht etwas *1.2-Bis-[trichlorsiloxy]-äthan* (I), $SiCl_3OCH_2CH_2OSiCl_3$, F. $< -50^0$, Kp.$_{30}$ 99—100^0, bzw. *1.2.3-Tris-[trichlorsiloxy]-propan* (II), $SiCl_3OCH_2CH(OSiCl_3)CH_2 \cdot OSiCl_3$, F. $< -50^0$, Kp.$_{17}$ 146—147^0, neben viel höhermol. Verbindungen. Ausbeute: I 15%; II 21% nach Aufspaltung des hochmol. Rückstands mit $SiCl_4$ bei 225^0 im Bombenrohr. Beim Erhitzen der Verbb. I u. II zum Sieden verläuft letztere Rk. umgekehrt unter Abspaltung von $SiCl_4$. (Research **4**. 435—36. Sept. 1951. Delft, Univ., Labor. of Chem. Technol.) GROSSE-RUYKEN. 980

Eugene Rothstein und **Rowland W. Saville**, *Darstellung einiger ungesättigter aliphatischer Derivate von Quecksilber und Bor.* Es werden Verss. zur Herst. u. zum chem. Verh. einiger ungesätt. Hg- u. B-organ. Verbb. beschrieben. Asymm. ungesätt. Hg-organ. Verbb. mit dem Allylrest als ungesätt. Gruppe geben die erwartete Disproportionierung in die entsprechenden symm. Verbb. nicht eindeutig; auf die teilweise Bldg. des *Diallylquecksilbers* (**I**) bei der Disproportionierung von *Allyläthylquecksilber* (**II**) schließen Vff. durch das Auftreten von metall. Hg. **I** scheint mit Ae. eine relativ beständige Mol.-Verb. zu bilden. An feuchter Luft oder spontan zerfällt die Ae.–I-Verb. wahrscheinlich nach $(H_2C{=}CH \cdot CH_2)_2Hg : O(C_2H_5)_2 \rightarrow (CH_2{=}CH \cdot CH_2)_2 + Hg + O(C_2H_5)_2$. Durch Behandeln von **II** mit $HgCl_2$ wurden als n. Reaktionsprodd. C_2H_5HgCl (**IX**) u. C_3H_5HgCl hergestellt. Analoge Verss. mit B-organ. Verbb. gestalteten sich wegen der größeren Unbeständigkeit dieser noch schwieriger. Bei der Hydrolyse der Allylborverbb. bildet sich als beständiges Prod. *Bis-diallylboroxyd* (**X**).

Versuche: Allylquecksilberjodid (**III**) wird durch heiße wss. NaOH-Lsg. nicht verändert, gegen kalte konz. HCl ist **III** stabil, beim Erhitzen entwickelt sich Propylen; mit Benzaldehyd in Ggw. von Piperidin tritt keine Kondensation ein. Beim Erhitzen von **III** mit K-tert.-Butylat bildet sich *Diallylquecksilber* (**I**); durch Zugabe von äther. Br_2-Lsg. wird daraus *Allylquecksilberbromid*, F. 126^0 (A.), gewonnen, aus dem Rückstand ließen sich metall. Hg u. unverändertes **III** isolieren. — *Propin-(1)-ylquecksilberchlorid* (**V**), C_3H_3ClHg, Plättchen, F. 135—136^0 (Methanol). Acetylen wurde durch Einleiten in eine Lsg. von $NaNH_2$ in fl. NH_3 in Na-Acetylid umgewandelt u. dieses durch Behandeln mit Methyljodid bei -40^0 in *Propin* (**IV**) übergeführt; **IV** ließ sich durch Rk. mit Äthyl-MgBr zu der entsprechenden GRIGNARD-Verb. umsetzen, die dann mit $HgCl_2$ **V** ergab, das mit Aceton aus dem Reaktionsgemisch extrahiert wurde. — *Dipropin-(1)-ylquecksilber* (**VI**), C_6H_6Hg, glitzernde Plättchen, F. 203—204^0 (Methanol oder Toluol), aus **V** durch Behandeln mit KCN. **V** u. **VI** ließen sich nicht reduzieren. — *Äthylquecksilberbromid* (**VII**), Blättchen, F. 193^0 (A.), aus Äthyl-MgBr u. $HgBr_2$; 90% (Ausbeute). — *Allyläthylquecksilber* (**II**), $C_5H_{10}Hg$, aus **VII** u. Allyl-MgBr unterhalb -5^0, bei der Dest. disproportioniert **II** zu **I** (isoliert als Diallyl u. Hg) u. *Diäthylquecksilber* (**VIII**), $C_4H_{10}Hg$, Kp. 152—155^0. **VIII** entstand auch als einzige Hg-organ. Verb. beim Umsatz von **III** mit Äthyl-MgJ (Nebenprod. Äthyl-HgJ), sowie bei der Rk. zwischen Allyl-HgBr u. Diäthylzink (**XV**) in Ae., hierbei wurden noch metall. Hg u. Diallyl isoliert. — *Äthylquecksilberchlorid* (**IX**), F. 190—191^0, aus **II** beim Behandeln der Lsg. in A. mit $HgCl_2$; 55%; aus der Mutterlauge konnte das leichtlösl. *Allylquecksilberchlorid*, F. 110—112^0, isoliert werden; 45%. Eine äther. **II**-Lsg. gibt beim Erwärmen mit gesätt. alkoh. HCl **IX**; 70%. — *Trimethylborat* (**XI**), *Tri-n-butylborat* (**XII**), $C_{12}H_{27}O_3B$, *Triallylborat* (**XIII**), $C_9H_{15}O_3B$, Kp.$_{14}$ 77—78^0; 84%; u. *Trimethallylborat* (**XIV**), $C_{12}H_{21}O_3B$, Kp.$_{20}$ 119—121^0; 87%, wurden nach Org. Synth. (Coll. Vol. **II**. 106) hergestellt. — *Bis-diallylboroxyd* (**X**), $C_{12}H_{20}OB_2$, Kp. 118—120^0, entstand als einziges definiertes Prod. bei der Rk. zwischen BF_3 u. Allyl-MgBr bei -10^0, nach 1 Std. wurde zers. u. fraktioniert, wobei 3 Fraktionen erhalten wurden; die beiden niedrigsd. ergaben bei weiterer Fraktionierung **X**; 32%. — *Methyldiallylborat*, $C_7H_{13}OB$, Kp.$_{15}$ 82^0, aus **XI** u. Allyl-MgBr bei -15^0; 31%; daraus durch Hydrolyse u. anschließende Dest. **X**. Ähnlich verliefen Verss. mit **XII**, wobei wahrscheinlich *Diallylallylborat*, $C_9H_{15} \cdot O_2B$, entstand. — *Tri-n-butylborin*, $C_{12}H_{27}B$, Kp.$_{20}$ 86^0, u. **X** wurden bei der Rk. von Allyl-MgBr mit Di-n-butylborbromid erhalten. — **XV** u. **XIII** reagierten in Tetralin beim 2std. Erhitzen auf 100^0 zu mehreren B-organ. Verbb., die wahrscheinlich als *Diäthyläthylborat*, Kp. 125^0, u. *Allyldiäthylborat*, $C_7H_{15}OB$, anzusprechen sind. *Äthyldiallylborat*,

$C_8H_{15}OB$, Kp. 115—120°, war das einzige Reaktionsprod. der analogen Rk. ohne Lösungsmittel. — *Methallyldiäthylborat*, $C_8H_{17}OB$, Kp.$_{17}$ 52—54°, als einziges Reaktionsprod. aus **XV** u. **XIV** in Tetralin. — *Di-n-butyl-3-methoxypropylborat*, $C_{20}H_{27}O_3B$, Kp.$_{41}$ 140—150°, aus **XII** u. der GRIGNARD-Verb. aus 3-Methoxypropylchlorid; 20%. (J. chem. Soc. [London] **1952.** 2987—91. Aug. Leeds, Univ.) ZIMMER. 980

Gene M. Le Fave und **Paul G. Scheurer**, *Einige Reaktionen der Trifluormethylgruppe in den Benzotrifluoridreihen.* 2. Mitt. *Alkoholyse.* (1. vgl. C. **1950.** II. 1224.) Bei der Alkoholyse des Reaktionsprod. von Benzotrifluorid mit konz. H_2SO_4 entstehen bei Einhaltung gemäßigter Tempp. *Benzosäureester.* Vff. stellen auf diesem Wege eine Anzahl kernsubstituierter Ester dar. Darst. des Benzyl- u. tert.-Butylesters gelang hiernach nicht. Benzotrichlorid reagiert unter ähnlichen Bedingungen mit n-Propanol zum entsprechenden *n-Propylester.*

Versuche (soweit nicht bes. vermerkt R bzw. R' = H; FF. korr.): Nachst. $R-C_6H_4-COOR'$ durch Erhitzen von 0,25 Mol des entsprechenden Benzotrifluorids mit 35 g 15% SO_3 enthaltender H_2SO_4 bis zum Beginn der HF-Entw., Rühren bis zum Verschwinden der organ. Phase, Gießen in den entsprechenden H_2O-freien Alkohol, $^1/_4$std. mäßiges Erhitzen unter Schütteln u. Gießen in Eis: R = *m-Nitro*, R' = *Phenyl*, F. 97—98°; 71,5% (Ausbeute). — R = *m-Nitro*, R' = CH_3, F. 77—78,5°; 52,2%. — R = *p-Chlor*, R' = CH_3, Kp. 41,5—43°; 77,5%. — R = *m-Chlor*, R' = *Phenyl*, F. 54 bis 55,5°; 79,1%. — *R* = *m-NH*$_2$, R' = CH_3, F. 36—38°; 48,1%. — R' = *Phenyl*, F. 69—70°; 83%. — R' = *Isoamyl*, Kp. 261—264°; 64,5%. — R' = *n-Propyl*, Kp. 229—231°; aus dem entsprechenden Trichlorid u. Rückflußkochen bei der Veresterung; 81%; aus dem Trifluorid 79,6%. — R' = CH_3, Kp. 198—201°; 89,9%. — R' = *Isopropyl*, Kp. 216 bis 219°; 59,2%. — R' = *Decyl*, Kp. 175—179°; 42,7%. — R = *p-Chlor*, R' = *n-Propyl*, $C_{10}H_{11}O_2Cl$, Kp.$_{4-5}$ 110—111°; n_D^{25} 1,509; 63,5%. — R = *m-Chlor*, R' = *Isoamyl*, $C_{12}H_{15}O_2Cl$, Kp.$_{3-4}$ 122—125°; n_D^{25} 1,501; 64,5%. (J. Amer. chem. Soc. **72.** 2464—65. Juni 1950. Indianapolis, Ind., J. I. Holcomb Res. Labors., u. Butler Univ., Chem. Dep.) LEHWALD. 1010

B. G. Kedge, *Tribromphenol.* Schnelle Herst. in guter Ausbeute durch Einlaufenlassen einer Lsg. von Br_2 (in fast gesätt. KBr-Lsg.) in Phenol unter Rühren bis zur bleibenden Gelbfärbung, Absaugen, Waschen mit verd. Na_2CO_3 u. W. u. Umkristallisieren aus Ae. unter Durchblasen von warmer Luft. (School Sci. Rev. **33.** 410. Juni 1952. Canterbury, St. Edmund's School.) BLUMRICH. 1060

L. N. Nikolenko, *Einwirkung von wässerigem Ammoniak auf Arylsulfonylglycine und ihre N-Substitutionsprodukte.* Beim Erhitzen von *N-p-Toluolsulfonylsarkosin* mit 30%ig. wss. NH_3 auf 220° werden (statt des erwarteten p-Toluolsulfamids (I) u. Sarkosins) *p-Thiokresol* u. *p.p'-Ditolyldisulfid* (zusammen 65,8%; Ausbeute) erhalten. Die Rk. erfolgt in gleicher Weise bei anderen N-Arylsulfonylsarkosinen u. -glycinen (**II**) u. den N-phenylsubstituierten Derivv. letzterer, so bei *N-Benzol-*, *N-o-* u. *p-Toluol-*, *N-p-Chlorbenzol-*, *N-p-Biphenyl-*, *N-Phenyl-N-p-toluolsulfonylglycin* u. *N-β-Naphthylsulfonylglycin.* Dagegen wird N-p-Toluolsulfonyl-β-alanin (240°; 12%ig. NH_3; 6 Std.) in n. Rk. in **I** u. β-Alanin zerlegt; auch bei N-m-Xylol- u. N-Mesitylensulfonylglycin bildet sich das entsprechende Sulfamid. Verbb. **II** mit acylierter Aminogruppe in p-Stellung zur substituierten Sulfamidgruppe spalten diese ab u. tauschen sie gegen H aus; z. B. gibt *N-[p-Acetamidobenzolsulfonyl]-glycin* (240°; 12%ig. NH_3; 16 Std.) quantitativ *Anilin.* — Für die Beurteilung des Reaktionsverlaufs gibt die Feststellung, daß in der Reaktionsmasse neben dem Mercaptan u. dem Disulfid das entsprechende Amin (NH_3, CH_3NH_2 u. $C_6H_5NH_2$) u. CO_2 gefunden wird, einem Hinweis: die Verbb. **II** u. ihre N-Methyl- u. N-Phenylderivv. unterliegen demnach einer innermol. Oxydation–Red. nach: $Ar-SO_2-NR-CH_2-COOH \rightarrow ArSH + RNH_2 + 2\,CO_2$; das Disulfid entsteht durch Luft–O_2. (Доклады Академии Наук СССР [Ber. Akad. Wiss. UdSSR] [N. S.] **87.** 775—78. 11/12. 1952. Moskau, Chem.-Technol. Mendelejew-Inst.) R. K. MÜLLER. 1090

A. N. Nessmejanow, A. K. Kotschetkow und **R. Ch. Freidlina**, *Synthese von O-Allyläthern der Oxime.* Aus Oximen von Aldehyden u. Ketonen u. Allylbromid (I) in Ggw. von C_2H_5ONa oder CH_3ONa wurden *O-Allyläther* der *Oxime* erhalten (Meth. **A**). N-Allylderivv. wurden hierbei nicht gebildet. Durch Einw. von **I** auf das Trikaliumsalz der Hydroxylamindisulfonsäure, $KON(SO_3K)_2$, u. Hydrolyse wurde *O-Allylhydroxylamin* (**II**) mit 60%ig. Ausbeute synthetisiert. Letzteres lieferte mit Aldehyden u. Ketonen ebenfalls die O-Allyläther der Oxime (Meth. **B**). Die Struktur der Allyläther als O-Verbb. wurde entweder 1. durch Red. zum entsprechenden prim. Amin oder 2. durch Umsetzung mit 2.4-Dinitrophenylhydrazin u. Identifikation der sich bildenden Reaktionsprodd., des **II** u. des 2.4-Dinitrophenylhydrazons des betreffenden Aldehyds oder Ketons oder 3. durch die Identität der nach beiden Darstellungsmethoden erhaltenen Verbb. bewiesen.

Versuche: *Acetophenonoxim-O-allyläther*, $Kp._2$ 91—92°, nach **A** aus 50 g Acetophenonoxim in CH_3ONa-Lsg. (9,5 g Na; 200 cm^3 CH_3OH) u. 50 g **I**, anfangs bei Zimmertemp., dann 1 Std. auf dem Wasserbad; das Reaktionsprod. wird von unverändertem Oxim durch Fällen des Hydrochlorids in äther. Lsg. befreit; $D.^{20}_4$ 0,9980; n_D^{20} 1,5413; 56% (Ausbeute); nach **B** aus Acetophenon u. **II**-Hydrochlorid in Ggw. von Na_2CO_3; $D.^{20}_4$ 0,9974; n_D^{20} 1,5408; 84%. — *α-Phenyläthylamin*, $C_8H_{11}N$, $Kp._{14}$ 75—76° (korr.); aus vorst. Verb. durch Red. mit Na in CH_3OH; 87%. — *O-Allylhydroxylamin* (**II**), C_3H_7ON, Kp. 97,5—99°. Nach RASCHIG (Ber. dtsch. chem. Ges. **40**. [1907.] 4581) aus 104 g KNO_2 hergestelltes $KON(SO_3K)_2$ wird mit 750 ml W. u. 150 ml 50%ig. KOH übergossen, 100 g **I** hinzugefügt u. das Gemisch 4 Std. geschüttelt. Zur Verseifung wird mit H_2SO_4 angesäuert u. 10—12 Std. gekocht, dann alkal. gemacht, mit Wasserdampf in 10—15%ig. HCl dest., das Destillat zur Trockne verdampft u. aus dem so erhaltenen Hydrochlorid (53,2 g) die Base in üblicher Weise gewonnen. Flüchtige, aminartig riechende Fl.; $D.^{20}_4$ 0,9351; n_D^{20} 1,4342. *Hydrochlorid*, C_3H_8ONCl, F. 173—173,5°; aus absol. A. + Ae. Schuppen. — *Acetaldoxim-O-allyläther*, Kp. 100—101°. Nach **B** wird eine Lsg. von 12 g **II**-Hydrochlorid, 4,4 g CH_3CHO u. 6 g Na_2CO_3 (wasserfrei) 10 Min. auf dem Wasserbad erhitzt u. das Reaktionsprod. mit NaCl abgeschieden; unangenehm riechende Fl.; $D.^{20}_4$ 0,8599; n_D^{20} 1,4238; 72%; nach **A** wird ein Präp. mit $D.^{20}_4$ 0,8610; n_D^{20} 1,4232 in 51%ig. Ausbeute erhalten. — *Acetonoxim-O-allyläther*, Kp. 119—119,5°. Konstanten nach **A** (**B**): $D.^{20}_4$ 0,8603 (0,8588); n_D^{20} 1,4299 (1,4295); 68% (75%) Ausbeute. — *Cyclohexanonoxim-O-allyläther*, $Kp._{22}$ 96—97°, nach **A** (**B**): $D.^{20}_4$ 0,9426 (0,9437); n_D^{20} 1,4786 (1,4785); 69% (54%). — *Benzaldoxim-O-allyläther*, $Kp._{10}$ 104—104,5°, nach **A**: $D.^{20}_4$ 1,0012; n_D^{20} 1,5494; 75%. — *Benzophenonoxim-O-allyläther*, $Kp._1$ 129—130°, nach **A** (**B**, aber in Ggw. von NaOH): $D.^{20}_4$ 1,0655 (1,0650); n_D^{20} 1,5930 (1,5922); 70% (82%). — *α-Tetralonoxim-O-allyläther*, $Kp._2$ 114,5—115°, nach **A**: $D.^{20}_4$ 1,0590; 1,5721; 75%. — *Methyl-p-tolylketonoxim-O-allyläther*, $Kp._2$ 103,5—104°, nach **B**: $D.^{20}_4$ 0,9848; n_D^{20} 1,5401; 69%. (Известия Академии Наук СССР, Отделение Химических Наук [Nachr. Akad. Wiss. UdSSR, Abt. chem. Wiss.] **1951**. 512—17. Sept./Okt. Inst. für organ. Chem. der Akad. der Wiss. der UdSSR.) R. KNOBLOCH. 1160

Norman H. Cromwell und **Harold H. Eby**, *Darstellung und Reaktionen des α-Phenylisobutyraldehyds und der α-Phenylisobuttersäure.* Vff. erhalten *α-Phenylisobutyraldehyd* (**I**) aus 1-Phenyl-2-methylpropandiol-(1.2) bei Verwendung wasserfreier Ameisensäure in über 90%ig. Ausbeute. Mit Ag_2O entsteht aus **I** *α-Phenylisobuttersäure*, deren Chlorid mit *β*-Diäthylaminoäthanol den entsprechenden Ester ergab. Im Gegensatz zu Phenylacetaldehyd u. *α*-Phenylpropionaldehyd, welche mit Malonsäure unter CO_2-Entw. zu *α.β*-ungesätt. Säuren kondensieren, ergab **I** nur geringe Mengen der erwarteten *γ.γ-Dimethyl-γ-phenylcrotonsäure.* Die Carbonylgruppe scheint in **I** weniger reaktionsfähig zu sein als die des Pivalinaldehyds.

Versuche: *α-Phenylisobutyraldehyd* (**I**), $C_{10}H_{12}O$, $Kp._{12-13}$ 93—97°, n_D^{25} 1,5114, aus 1-Phenyl-2-methylpropandiol-(1.2) mit wasserfreier Ameisensäure, nach 4 Std. am Rückfluß Neutralisation mit $KHCO_3$ u. Extraktion mit Äther, 91,2% (Ausbeute). TOLLENS u. SCHIFFsche Rkk. positiv. *Semicarbazon*, F. 178—179°. — *α-Phenylisobuttersäure*, F. 77—78° (Methanol), aus 46 g **I** in Methanol u. $AgNO_3$ bei Zusatz von NaOH 1,5 Std. am Rückfluß u. Ae-Extraktion nach Ansäuern; 37,8 g Rohprodukt. — *α-Phenylisobutyrylchlorid*, $Kp._{10}$ 94—96°, aus vorst. Verb. mit $SOCl_2$ 45 Min. am Rückfluß; 50%. — *α-Phenylisobuttersäure-β'-[diäthylamino]-äthylester-hydrochlorid*, $C_{16}H_{26}O_2NCl$, F. 134—136°, aus vorst. Verb. u. *β*-Diäthylaminoäthanol in Ae. bei Raumtemp. (17 Std.). — *γ.γ-Dimethyl-γ-phenylcrotonsäure*, $C_{12}H_{14}O_2$, F. 86,5—87,5°, aus **I**, wasserfreier Malonsäure sowie Pyridin u. etwas Piperidin bei 100° bis zum Aufhören der CO_2-Entw., NH_4OH zufügen u. unverbrauchtes **I** mit Ae. extrahieren. Zusatz von HCl zur Lsg. ergab 2,4% rohe Säure. (J. Amer. chem. Soc. **74**. 4201—02. 20/8. 1952. Lincoln, Nebr., Univ., Avery Labor.) LÜTKE. 1210

Norman Rabjohn und **J. Z. Shahabeddin**, *Dem Procain verwandte Harnstoffderivate.* Durch Umsetzung von Procain mit Arylisocyanaten wurden mehrere *4-[β-Diäthylaminocarbäthoxy]-carbanilide* dargestellt.

Versuche: *4-[β-Diäthylaminocarbäthoxy]*-(nachst. mit R bezeichnet)-*carbanilid*, $C_{20}H_{25}O_3N_3$, F. 94—96°. 0,05 Mol Procainbase u. 0,05 Mol Phenylisocyanat in trockenem Bzl./Toluol werden 30 Min. erhitzt u. anschließend zur Kristallisation gekühlt; 91% (Ausbeute). *Hydrochlorid*, $C_{20}H_{26}O_3N_3Cl$, F. 202—204°. — *R-2'-methylcarbanilid*, $C_{21}H_{27}O_3N_3$, F. 87—89°; 96%. *Pikrat*, $C_{27}H_{30}O_{10}N_6$, F. 174—175°. — *R-2'-chlorcarbanilid*, $C_{20}H_{24}O_3N_3Cl$, F. 86—88°; 87%. *Hydrochlorid*, $C_{20}H_{25}O_3N_3Cl_2$, F. 195—197°. — *R-3'-chlorcarbanilid*, $C_{20}H_{24}O_3N_3Cl$, F. 88—90°; 88%. *Hydrochlorid*, $C_{20}H_{25}O_3N_3Cl_2$, F. 193—195°. — *R-2'.5'-dichlorcarbanilid*; $C_{20}H_{23}O_3N_3Cl_2$, F. 155—156°; 89%. *Hydrochlorid*, $C_{20}H_{24}O_3N_3Cl_3$, F. 221—223°. — *R-4'-bromcarbanilid*, $C_{20}H_{24}O_3N_3Br$, F. 174—176°; 87%. *Hydrochlorid*,

$C_{20}H_{25}O_3N_3ClBr$, F. 215—217°. — *R-2'-nitrocarbanilid*, $C_{20}H_{24}O_5N_4$, F. 101—102°; 91%. *Hydrochlorid*, $C_{20}H_{25}O_5N_4Cl$, F. 202—203°. — *R-4'-nitrocarbanilid*, $C_{20}H_{24}O_5N_4$, F. 156 bis 158°; 84%. *Hydrochlorid*, $C_{20}H_{25}O_5N_4Cl$, F. 221—223°. (J. Amer. chem. Soc. **74**. 3696. 20/7. 1952. Missouri, Univ., Dep. of Chem.) NEZEL. 1280

Carlo G. Alberti und **Alberto Vercellone**, *Bemerkungen zu der Arbeit von C. Weitnauer. Die Acylierung von Phenylserin.* Bei der Acetylierung von Phenylserin mit Acetanhydrid entstehen in wss. u. in wasserfreiem Medium dieselben Prodd. u. nicht, wie nach WEITNAUER (C. **1952**. 5557), 2 verschied. Verbindungen. Bei Darst. in wasserfreiem Medium ist das entstandene Acetylphenylserin durch gelbgefärbte Nebenprodd. verunreinigt. (Chim. e Ind. [Milano] **33**. 359. Juni 1951. Mailand, Labor. Ric. Farmitalia, Sez. chim.)
K. FABER. 1350

Karl E. Rapp, John T. Barr, Roy L. Pruett, Carl T. Bahner, J. Donald Gibson und **Robert H. Lafferty jr.**, *Reaktionen von Polyfluorolefinen. 5. Mitt. Chemische Eigenschaften anionischer Additionsprodukte.* (4. vgl. C. **1952**. 7484.) Vff. untersuchten die Reaktionsprodd. der anion. Addition von Mercaptanen, Alkoholen u. Aminen an Polyfluorolefine auf ihre Reaktionsfähigkeit (analog zu der von funktionellen Gruppen in organ. Sulfiden, Äthern u. Aminen), um die Rolle des F beim chem. Verh. von Verbb. dieser Art aufzuklären. Die Ergebnisse zeigen den starken Einfl. von F auf die benachbarten funktionellen Gruppen organ., F-haltiger Verbindungen. Sie stützen damit die Theorie, daß F seinen äußerst elektronegativen Einfl. über die kovalente C—F-Bindung hinaus überträgt, so daß die Elektronenverteilungen einer benachbarten funktionellen Gruppe verzerrt wird. Dadurch wird die Rk., die die Elektronen dieser Gruppe umfaßt, wirksam verhindert, wenn nicht sehr energ. Bedingungen vorliegen. Je weniger elektronegativ andererseits das Zentralatom einer funktionellen Gruppe ist, desto geringer ist sein Widerstand gegenüber der Elektronenfeldverzerrung, so daß die benachbarten C—F-Bindungen polarer, weniger kovalent u. empfindlicher gegen einen chem. Angriff werden. — Bei den Unterss. wurden folgende Befunde festgestellt: Die Oxydation von Polyfluoralkylsulfiden zu Sulfoxyden mit H_2O_2 oder Br_2 gelingt nicht, ebensowenig wie eine Addition von CH_3J oder Schwermetallsalzen. Während die $KMnO_4$-Oxydation dieser Sulfide Sulfone ergibt (RAPP u. Mitarbeiter, C. **1951**. I. 1854), führt sie bei *1.2-Bis-[butylmercapto]-3.3.4.4-tetrafluorcyclobuten* (**I**) bzw. bei *1.2-Bis-[2-naphthylmercapto]-3.3.4.4-tetrafluorcyclobuten* (**II**) zum *Dibutylester* (**III**) bzw. *Dinaphthylester* (**IV**) der *Tetrafluordithiolbernsteinsäure* (Konstitutionsbeweis für **I** bzw. **II**). Bei Einw. von wasserfreiem $AlCl_3$ bzw. von Cl_2 bei UV-Belichtung in der Wärme entstehen nichtdefinierte, übelriechende u. giftige Spaltprodukte. — Die Polyfluoralkyläther erwiesen sich ebenfalls als relativ stabil. Sie reagieren weder mit GRIGNARD-Verbb. noch mit $KMnO_4$ in Eisessiglsg. u. sind sogar kurzfristig beständig gegenüber geschmolzenem Na oder Reduktionsmitteln wie Zn-Staub in Eisessig. Erst bei Tempp. über 5° findet deutliche Rk. mit wasserfreiem $AlCl_3$ unter Bldg. von Alkyl- u. Acylhalogeniden statt. Bei höheren Tempp. u. bei UV-Bestrahlung findet Chlorierung statt zu Verbb., die am nichfluorierten Alkylrest mit Chlor substituiert sind u. die chem. u. therm. sehr stabile, in konz. H_2SO_4 unlösl. Fll. darstellen. Diese werden durch $ZnCl_2$ bei 90—100° schnell zers., jedoch mit $AlCl_3$ (im Vgl. zum nichtchlorierten Äther) nur langsam. Der *Äther aus Trifluorchloräthylen u. Allylalkohol* (**X**) ist ebenfalls sehr stabil u. polymerisiert nicht in Ggw. von Peroxyden oder Fluoriden. Der gegenüber wss. Na_2CO_3-Lsg. stabile *tert.-Butyl-2-chlor-1.1.2-trifluoräthyläther* zers. sich augenblicklich bei 20° in Ggw. von wasserfreiem Na_2CO_3. *Monoalkoxypentafluorcyclobutene* sind gegenüber konz. Alkalihydroxydlsgg. sehr beständig, reagieren aber mit Na-Alkoholat zu *Dialkoxybutenen* u. geben bei der $KMnO_4$-Oxydation *Tetrafluorbernsteinsäuremonoalkylester*. Letztere neigen zur Säurehydrolyse u. Decarboxylierung. — *Polyfluoralkylamine* sind im Gegensatz zu den entsprechenden Äthern, Sulfiden u. Sulfonen sehr reaktionsfähig. Z. B. reagieren *N-[2-Chlor-1.1.2-trifluoräthyl]-diäthylamin* (**V**) u. *1-[2-Chlor-1.1.2-trifluoräthyl]-piperidin* (**VI**) heftig mit wasserfreien Alkoholen unter Bldg. von Amiden, HF u. Äthern. Nur bei sehr guter Kühlung ergeben diese Amine bei der Rk. mit Mercaptanen hellgelbe, fl. Prodd., deren Komponenten jedoch nicht identifiziert werden konnten. Es treten aber keine Dialkylsulfide auf, so daß diese Rk. andersartig verläuft als die mit Alkoholen.

Versuche: 10 g **I** in 100 cm³ Eisessig wurden bei 12° mit 10 g $KMnO_4$ versetzt. Nach 1 Std. wurde nach Wasserzugabe die untere Schicht abgetrennt u. daraus *Tetrafluordithiolbernsteinsäuredibutylester* (**III**), $C_{12}H_{18}O_2F_4S_2$, Kp.$_{<0,01}$ 85—105°, n_D^{25} 1,4719; 3 g, isoliert. — Aus **II** analog *Tetrafluordithiolbernsteinsäure-bis-[2-naphthylester]* (**IV**), $C_{24}H_{14}O_2F_4S_2$, F. 130—131,5°. — 2-Chlor-1.1.2-trifluoräthylmethyläther (**VII**) wurde mit $AlCl_3$ bei 44° zur Rk. gebracht; dabei entstanden HCl, CH_3F u. CH_3Cl, ferner ein fl. Prod., dessen Destillat wahrscheinlich aus einer Mischung aus Chlorfluoracetylfluorid u. -chlorid (**VIII**) bestand, da bei Rk. mit Anilin nur *N-Phenyl-α-chlor-α-fluoracetamid* (**IX**),

F. 80—81°, entstand. — Durch sd. **VII** wurde bei UV-Bestrahlung Cl_2 geleitet, bis Kp. ca. 100°. Dest. ergab *2-Chlor-1.1.2-trifluoräthyl-chlormethyläther*, $C_3H_3OCl_2F_3$, $Kp._{745}$ 112°, n_D^{25} 1,3745, $D.^{25}_{20}$ 1,530, daraus durch $AlCl_3$-Einw. **VIII**, identifiziert als **IX**. — Aus 2-Chlor-1.1.2-trifluoräthyläther durch Cl_2-Einw. *1-Chloräthyl-2-chlor-1.1.2-trifluoräthyläther*, $C_4H_5OCl_2F_3$, $Kp._{750}$ 120°, n_D^{25} 1,3742, $D.^{25}_{20}$ 1,3747, u. *2-Chloräthyl-2-chlor-1.1.2-trifluoräthyläther*, $C_4H_5OCl_2F_3$, $Kp._{740}$ 142—143°, n_D^{25} 1,3920, $D.^{25}_{20}$ 1,4637. — Längere Cl_2-Einw. ergab *1.2.2-Trichloräthyl-2-chlor-1.1.2-trifluoräthyläther*, $C_4H_3OCl_4F_3$, $Kp._{23}$ 85°, n_D^{25} 1,4284, $D.^{25}_4$ 1,6330. — Br_2-Einw. auf Allyl-2-chlor-1.1.2-trifluoräthyläther (**X**) lieferte *2.3-Dibrompropyl-2-chlor-1.1.2-trifluoräthyläther*, $C_5H_6OClBr_2F_3$, $Kp._{19}$ 110—111° n_D^{25} 1,4675, $D.^{25}_{20}$ 1,596. Durch Chlorierung von **X** entstand *2-Chlor-1.1.2-trifluoräthyl-2.3-dichlorpropyläther*, $C_5H_6OCl_3F_3$, $Kp._{17,5}$ 86°, n_D^{25} 1,4180, $D.^{25}_{20}$ 1,498. — Aus 1-Äthoxypentafluorcyclobuten (**XI**) wurde mit Na-Äthylat in absol. A. *1.2-Diäthoxytetrafluorcyclobuten*, $Kp._{12}$ 62°, n_D^{25} 1,3783, dargestellt. — **XI** wurde mit $KMnO_4$ in Aceton bei 0—10°, zu *Tetrafluorbernsteinsäuremonoäthylester*, $C_6H_6O_4F_4$, $Kp._{1,5}$ 92°, n_D^{25} 1,3675, oxydiert. Daneben entstand eine *Verb.* $Kp._{3,2}$ 68—70°, n_D^{25} 1,3663 (wahrscheinlich Tetrafluorpropionsäureäthylester) u. *Tetrafluorbernsteinsäure* (**XII**), F. 85—86°. — Die analoge Oxydation von 1-Methoxypentafluorcyclobuten ergab **XII**. 1:1-Komplex mit Dioxan $C_8H_{10}O_6F_4$, F. 119° (sublimiert unzers. bei 78°/0,01 mm). — 59 g **VI** wurden mit 98%ig. Isopropylalkohol (41,6 g) unter Kühlung versetzt. Dabei entstanden HF, Isopropyläther u. 39 g *1-[Chlorfluoracetyl]-piperidin*, $C_7H_{11}ONClF$, $Kp._{0,5}$ 74°, F. 34—35°. In analoger Rk. mit A. ergab **V** HF, Ae. u. *N.N-Diäthyl-α-chlor-α-fluoracetamid*, $Kp._{0,7}$ 47°. Bei der Rk. von **VI** mit Äthylmercaptan bei 30° bildeten sich 2 Schichten, deren untere etwas *Äthylchlorfluorthiolacetat*, C_4H_6OClFS, $Kp._2$ 38°, n_D^{25} 1,4680, $D.^{25}_4$ 1,2587, enthielt. Bei der Rk. von **VI** mit Butylmercaptan entstand u. a. *Butylchlorfluorthiolacetat*, $Kp._{0,3}$ 43°, n_D^{25} 1,4668, $D.^{25}_4$ 1,175, daraus mit Anilin Butylmercaptan u. **IX**. (J. Amer. chem. Soc. **74**. 749—53. 5/2. 1952. Oak Ridge, Tenn., Carbide & Carbon Chem. Co., K–25 Plant, Res. Labors.) SCHÄFF. 1810

Roy L. Pruett, Carl T. Bahner und Hilton A. Smith, *Reaktionen von Polyfluorolefinen*. 6. Mitt. *Umsetzungen von aliphatischen tertiären Aminen mit Hexafluorcyclobuten.* (5. vgl. vorst. Ref.) *Hexafluorcyclobuten* (**I**) bildet mit aliphat. tert. Aminen bei Raumtemp. leicht quaternäre Ammoniumfluoride **A**, die außerordentlich empfindlich gegen W.,

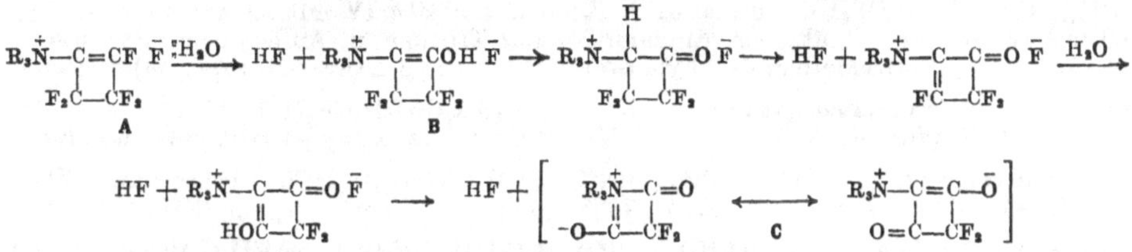

Alkohole u. prim. u. sek. Amine sind. Die Hydrolyse dieser Salze führt — vermutlich über die im nachst. Schema aufgeführten instabilen Zwischenstufen — zu beständigen Verbb. **C**, die auf Grund ihres chem. Verh. u. ihrer Infrarot- u. UV-Spektren als *Trialkyl-[3.3-difluor-2.4-dioxocyclobutyl]-ammoniumbetaine* anzusprechen sind. In einem Falle gelang es, ein Deriv. von **B** darzustellen: die Alkoholyse des aus Triäthylamin u. **I** erhaltenen quaternären Salzes mit absol. A. u. Zugabe einer alkoh. Pikrinsäurelsg. lieferte *[2-Äthoxy-3.3.4.4-tetrafluorcyclobutenyl]-triäthylammoniumpikrat.* Die Difluorbetaine **C** sind unlösl. in Bzl., Ae. u. anderen unpolaren Lösungsmitteln; die niederen Alkylverbb. sind in W. lösl. u. in A. wenig lösl., während die höheren Glieder in W. unlösl. u. in A. lösl. sind. Ihre FF. steigen mit abnehmendem C-Gehalt. Wenn die N-Alkylgruppen verschieden sind, schm. das Betain niedrig u. ist in A. löslich. Die Betaine geben nicht die üblichen Carbonyl-Rkk. (Oxim, Semicarbazon, p-Nitrophenylhydrazon). *[3.3-Difluor-2.4-dioxocyclobutyl]-trimethylammoniumbetain* (**IV**) bildet einen unbeständigen Komplex mit H_2SO_4 u. eine beständige Additionsverb. mit NaJ_3, die 3 Mol **IV** u. 1 Mol NaJ_3 enthält. Die Triäthylverb. **V** reagiert mit anorgan. Säuren u. Salzen nicht. Die CH_3-Gruppen enthaltenden Betaine **IV, VI, VII** u. **VIII** erleiden beim Kochen mit 3nHCl Ringspaltung unter Bldg. von *Trialkyl-[3.3-difluor-2-oxopropyl]-ammoniumchloridmonohydraten* u. CO_2. Die Fluoratome der Difluorbetaine sind zu FRIEDEL-CRAFTS-Rkk. befähigt. So setzt sich **V** mit Bzl. in Ggw. von $AlCl_3$ leicht zu *[2.4-Dioxo-3.3-diphenylcyclobutyl]-triäthylammoniumbetain* (**X**) um, welches im Gegensatz zu den Difluorbetainverbb. ein Hydrobromid bildet. — Auch 1-Chlorpentafluorcyclobuten vermag Triäthylamin anzulagern, u. bei der Hydrolyse entsteht dasselbe Betain **V** wie mit **I**, aber mit wesentlich schlechterer Ausbeute. Octafluorbuten-(2) reagiert mit tert. Aminen nicht.

Versuche: Die tert. Amine *Trimethylamin, Triäthylamin, Tri-n-butylamin* (**II**), *N.N-Dimethyläthylamin, N-Methyldiäthylamin, N-Methyldi-n-butylamin, 1-Äthylpiperidin* u. *4-Methylmorpholin* wurden mit einem geringen Überschuß **I** im Einschmelzrohr oder in einem Stahlgefäß bei Zimmertemp. über Nacht stehen gelassen, wobei im allg. vollständige Umsetzung zu den quaternären Salzen erzielt wurde. Lediglich **II** reagierte in 5 Tagen nur zu 55% zu *Tri-n-butyl-[2.3.3.4.4-pentafluorcyclobutenyl]-ammoniumfluorid* (**III**), $C_{16}H_{27}NF_6$, aus Bzl. reinweiße Kristalle, die sich in Benzol-Dibutylätherlsg. bei 85—90° zu **I** u. **II** zersetzen. — *[2-Äthoxy-3.3.4.4-tetrafluorcyclobutenyl]-triäthylammoniumpikrat,* $C_{18}H_{22}O_8N_4F_4$, aus absol. A. gelbe Kristalle, F. 78—79° nach Sintern bei 76°. — Die Hydrolyse der quaternären Ammoniumfluoride erfolgte durch Einrühren von 0,1 Mol des Salzes in 100 cm³ W. unter Kühlung (nur **III** erfordert Erwärmen mit 5%ig. KOH), Neutralisation der Lsg. mit konz. KOH (bei der Trimethylverb. mit NaOH) unterhalb 35°, Abkühlen u. Extraktion des abfiltrierten Nd. mit warmem Aceton. *[3.3-Difluor-2.4-dioxocyclobutyl]-trimethylammoniumbetain* (**IV**), $(CH_3)_3NC_4O_2F_2$, F. 233—234° (aus Methanol); 73% (Ausbeute). *Komplex mit* H_2SO_4, durch Lösen von **IV** in warmer konz. H_2SO_4 u. Einrühren der abgekühlten Lsg. in Ae., sehr hygroskop. Nd., F. 103—108°, nach Umkristallisation aus Methanol F. 207—210°, nach zweiter Umkristallisation zu **IV** zerfallen. *Komplex mit* NaJ_3, $C_{21}H_{27}O_6N_3F_6NaJ_3$, durch Einrühren einer Lsg. von 10 g J_2 + 25 g NaJ in 100 cm³ W. in eine Lsg. von 5 g **IV** in 20 cm³ W.; Rohausbeute 91%; aus Eisessig rotbraune, bei 233—235° zersetzliche Nadeln. — *[3.3-Difluor-2.4-dioxocyclobutyl]-triäthylammoniumbetain* (**V**), $(C_2H_5)_3NC_4O_2F_2$, F. 166—167° (aus Methanol); 92%. — *[3.3-Difluor-2.4-dioxocyclobutyl]-tri-n-butylammoniumbetain,* $(C_4H_9)_3NC_4O_2F_2$, F. 106,5 bis 107,5° (aus Methanol–W.); 55%. — *[3.3-Difluor-2.4-dioxocyclobutyl]-dimethyläthylammoniumbetain* (**VI**), $(CH_3)_2N(C_2H_5)C_4O_2F_2$, F. 153—154° (aus Äthylacetat); 63%. — *[3.3-Difluor-2.4-dioxocyclobutyl]-diäthylmethylammoniumbetain* (**VII**), $(C_2H_5)_2N(CH_3)C_4 \cdot O_2F_2$, F. 126—127° (aus Äthylacetat); 92%. — *[3.3-Difluor-2.4-dioxocyclobutyl]-di-n-butylmethylammoniumbetain,* $(C_4H_9)_2N(CH_3)C_4O_2F_2$, F. 68—70° (aus Methanol bei —78°); 81%. — *[3.3-Difluor-2.4-dioxocyclobutyl]-1-äthylpiperidiniumbetain,* $H_2C<[CH_2-CH_2]_2>N(C_2H_5)C_4O_2F_2$, F. 174—175° (aus Methanol bei —78°). — *[3.3-Difluor-2.4-dioxocyclobutyl]-4-methylmorpholiniumbetain* (**VIII**), $O<[CH_2-CH_2]_2>N(CH_3)C_4O_2F_2$, F. 215° (aus Methanol); 63%. — *[3.3-Difluor-2-oxopropyl]-trimethylammoniumchloridmonohydrat* (**IX**), $(CH_3)_3\overset{+}{N}CH_2C(OH)_2CF_2H\overline{Cl}$, durch 4std. Kochen von 10 g **IV** mit 20 cm³ konz. HCl + 60 cm³ W. am Rückflußkühler, Eindampfen zur Trockne u. Aufnehmen mit Aceton; F. 134,5—135,5° (aus Methanol–Äthylacetat); 97%. — *[3.3-Difluor-2-oxopropyl]-dimethyläthylammoniumchloridmonohydrat,* $(CH_3)_2\overset{+}{N}(C_2H_5)CH_2C(OH)_2CF_2H\overline{Cl}$, ebenso aus **VI**; F. 102—103° (aus A.–Ae.); 57%. — *[3.3-Difluor-2-oxopropyl]-4-methylmorpholiniumchloridmonohydrat,* $O<[CH_2-CH_2]_2>\overset{+}{N}(CH_3)CH_2C(OH)_2CF_2H\overline{Cl}$, ebenso aus **VIII**; F. 142—143,5° (aus Methanol–Ae.); 70%. — *[3.3-Difluor-2-oxopropyl]-diäthylmethylammoniumchloridmonohydrat,* $(C_2H_5)_2\overset{+}{N}(CH_3)CH_2C(OH)_2CF_2H\overline{Cl}$, aus **VII** u. HCl in 20 Std.; F. 97—98° (aus Essigsäure–Äthylacetat); 35%. — Beim Erwärmen von **IX** in absol. A. mit gesätt. alkoh. Pikrinsäurelsg. entsteht ein *Pikrat mit 1 Mol A.*, $C_{14}H_{20}O_9N_4F_2$, F. 137 bis 138° (aus absol. A.); 68%. Dieses geht bei 6std. Erhitzen im Vakuum (0,1 mm) auf 100° in das *alkoholfreie Pikrat* $C_{12}H_{14}O_8N_4F_2$ über. — Mit p-Nitrophenylhydrazin bildet **IX** ein Cl-haltiges **IX**-*p-Nitrophenylhydrazon,* $C_{18}H_{31}O_4N_5Cl_2F_4$, ohne definierten Schmelzpunkt. — *α-Oxy-α-difluormethyl-β-trimethylammonoäthansulfonat,* $C_6H_{13}O_4NF_2S$, aus **IX** mit wss. Na-Bisulfitlsg.; aus W. glitzernde Kristalle, Zers. 190—191,5°. — *[2.4-Dioxo-3.3-diphenylcyclobutyl]-triäthylammoniumbetain* (**X**), $C_{22}H_{25}O_2N$, durch einstd. Kochen von 10 g **V** mit 200 cm³ Bzl. u. 30 g wasserfreiem $AlCl_3$ unter kräftigem Rühren u. Eingießen in HCl-Eis; aus Methylacetat Kristalle, F. 188—189°; 46%. *Hydrobromid,* $C_{22}H_{26} \cdot O_2NBr$, F. 166—167° (aus Eisessig); 95%. — Die Infrarot- u. UV-Absorptionsspektren von **V**, **VII** u. **X** wurden aufgenommen. (J. Amer. chem. Soc. **74**. 1633—38. 5/4. 1952.)

FORCHE. 1810

Roy L. Pruett, Carl T. Bahner und **Hilton A. Smith,** *Reaktionen von Polyfluorolefinen.* 7. Mitt. *Umsetzungen von Pyridin und dessen Derivaten mit Hexafluorcyclobuten.* (6. vgl. vorst. Ref.) Wenn 127 g *Hexafluorcyclobuten* (**I**) mit 80 cm³ *Pyridin* (**II**) 18 Std. lang in einem Stahlautoklaven bei 0° eingeschlossen werden, bildet sich mit 36%ig. Ausbeute ein **I**-*Trimeres,* $C_{12}F_{18}$, $Kp._{17}$ 51—52°, $D.^{25}{}_4$ 1,7767, n_D^{25} 1,3246, das als *1-[2-(Heptafluorcyclobutyl)-hexafluorcyclobutyl]-2.3.3.4.4-pentafluorcyclobuten* (**IV**) angesehen wird. Wird mit 137 g **I** u. 10 cm³ **II** gearbeitet, so entstehen neben 50% **IV** auch 15% eines **I**-*Dimeren* (**V**), C_8F_{12}, Kp. 80—85,5°, n_D^{26} 1,3045. Die Konst. von **IV** ergibt sich einerseits aus seiner Oxydation in Acetonlsg. mit wss. $KMnO_4$-Lsg. bei 10—20° zu der Verb. **VI**, $C_{12}HO_3F_{17}$, $Kp._{0,5-0,7}$ 45,5—46,5°, n_D^{22} 1,3332—1,3418; 39% (Ausbeute); sowie andererseits aus der Umsetzung von **IV** durch 2std. Kochen mit Na-Äthylatlsg. in absol. A. zu *3-[2-(Heptafluorcyclobutyl)-hexafluorcyclobutyl]-1.2.3-triäthoxy-4.4-difluorcyclobuten* (**VII**), $C_{18}H_{15}O_3F_{15}$, F. 51,5—52,5° (aus Methanol bei —78°), 67%, berechnet auf Na. — *2-Chlorpyridin* u. *2.2'-Dipyridyl* reagieren mit **I** nicht, *2-Methylpyridin* heftig unter starker Teerbldg., die eine Isolierung der Prodd. unmöglich macht. — Wenn man 39 g **I** mit 52 g *3-Brompyridin* im Einschmelzrohr 10 Tage lang bei Zimmertemp. schüttelt, erhält man 31% **IV** u. eine leichtere Fl., die beim Lösen in verd. HCl u. Reinigung der ausgeschiedenen M. (13%) aus Acetonlsg. *[3.3-Difluor-2.4-dioxocyclobutyl]-3-brompyridiniumbetain* (**VIII**), $C_9H_4O_2NBrF_2$, F. 223—224°, liefert. **VIII** muß durch Hydrolyse eines intermediär gebildeten quaternären Fluorids entstanden sein. Aus 10 g *Nicotinsäureäthylester* (**III**) u.

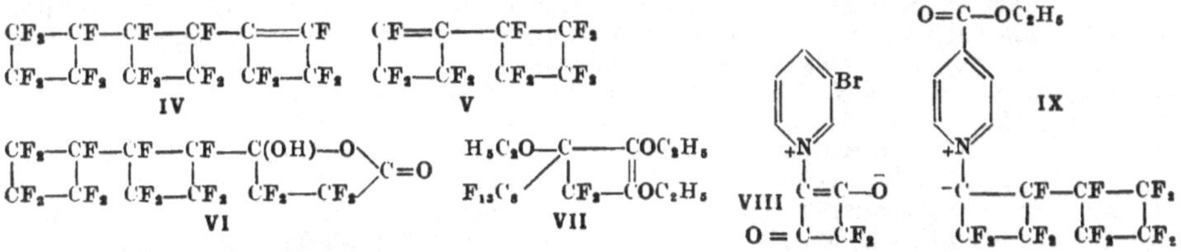

IV V VI VII VIII IX

42 g **I** entstehen auf gleiche Weise 35% **IV**, weniger als 2% **V** u. 9,5 g gelbes $C_{16}H_9O_2NF_{12}$, F. 76—78°, dessen Formel der Additionsverbb. aus **III** u. **V** entspricht. Unter denselben Bedingungen liefert *Isonicotinsäureäthylester* 6% **IV**, 6% **V** u. 39% *1-[2-(Heptafluorcyclobutyl)-2.3.3.4.4-pentafluorcyclobutyl]-4-carbäthoxypyridiniumcarbeniat* (**IX**), $C_{16}H_9O_2NF_{12}$, F. 64—66°. — Vff. geben eine Formulierung des Reaktionsmechanismus, welcher die Entstehung u. Konst. der beobachteten Prodd. erklärt. Die UV-Absorptionsspektren von **VIII** u. **IX** wurden aufgenommen. (J. Amer. chem. Soc. **74**. 1638—42. 5/4. 1952.)

FORCHE. 1810

Roy L. Pruett, Carl T. Bahner und **Hilton A. Smith**, *Reaktionen von Polyfluorolefinen. 8. Mitt. Umsetzungen von Hexafluorcyclobuten mit Isochinolin und 3-Methylisochinolin.* (7. vgl. vorst. Ref.) Während Chinolin mit *Hexafluorcyclobuten* (**I**) nicht reagiert, setzen sich *Isochinolin* (**II**) u. *3-Methylisochinolin* (**III**) in Ätherlsg. mit **I** bei Zimmertemp. um. Aus **II** entsteht dabei etwas *2-[2-(Heptafluorcyclobutyl)-2.3.3.4.4-pentafluorcyclobutyl]-isochinoliniumcarbeniat* (**IV**) u. ein Hauptprod., welches bei der Hydrolyse in eine Verb. $C_{22}H_{14}ON_2F_4$ (**V**) übergeht, für die nachst. Strukturformeln in Erwägung gezogen werden. **V** setzt sich mit konz. HBr zu *[2-Brom-3.3.4.4-tetrafluorcyclobutenyl]-isochinoliniumbromid* (**VI**) um, welches in kochendem W. leicht zu *[3.3-Difluor-2.4-dioxocyclobutyl]-isochinoliniumbetain* (**VII**) hydrolysiert. — **III** reagiert langsamer mit **I**. In 3 Tagen bildet sich ein Prod., dessen Hydrolyse zu *[3.3-Difluor-2.4-dioxocyclobutyl]-3-methylisochinoliniumbetain* (**VIII**) führt. Bei längeren Reaktionszeiten (ca. ein Monat) entsteht daneben als Hauptprod. eine noch nicht identifizierte Verbindung.

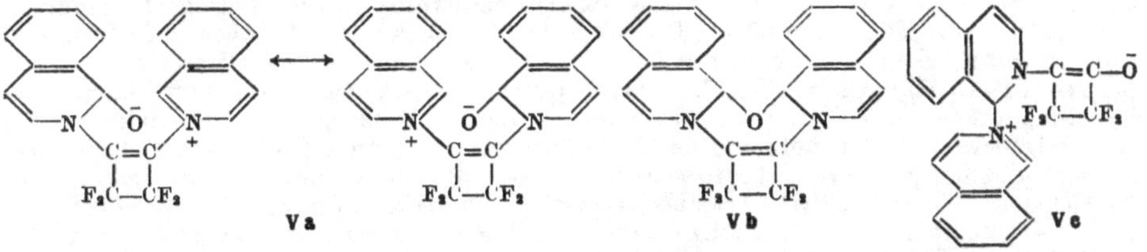

Va Vb Vc

Versuche: Verb. $C_{22}H_{14}ON_2F_4$ (**V**), F. 168—169° unter Zers. (Chlf.); durch 40std. Stehenlassen von 41 g **II** in 300 cm³ Ae. u. 37 g **I** in einem Stahlautoklaven bei Raumtemp., Vermischen der Ätherlsg. mit 200 cm³ W., Eindampfen der Ätherschicht bis fast zur Trockne u. Aufnehmen des Rückstandes mit Methanol; (Ausbeute) 59% berechnet auf **II**; 41% berechnet auf **I**. — *2-[2-(Heptafluorcyclobutyl)-2.3.3.4.4-pentafluorcyclobutyl]-isochinoliniumcarbeniat* (**IV**), $C_{17}H_7NF_{12}$, F. 68—69°; durch Versetzen der wie vorst. erhaltenen Ätherlsg. mit Methanol, Eindampfen im Vakuum u. Kristallisation bei —78°; 10% berechnet auf **II**; 24% berechnet auf **I**. — *[2-Brom-3.3.4.4-tetrafluorcyclobutenyl]-isochinoliniumbromid* (**VI**), $C_{13}H_7NBr_2F_4$, durch 5 Min. langes Erwärmen von 3 g **V** mit 10 cm³ 48%ig. HBr; aus Eisessig goldgelbe Kristalle, F. 176—178° (Zers.); 87%. — *[2-Jod-3.3.4.4-tetrafluorcyclobutenyl]-isochinoliniumjodid*, F. 145—148° (Zers.); ebenso aus **V** mit 57%ig. HJ; 92%. — *[3.3-Difluor-2.4-dioxocyclobutyl]-isochinoliniumbetain* (**VII**), $C_{13}H_7O_2NF_2$, F. 248—249° unter Zers. (aus Methanol oder A.); durch Einrühren einer Lsg. von 21 g **VI** in 35 cm³ sd. Eisessig in 200 cm³ sd. W.; 36%; oder durch Kochen einer

Lsg. von **V** in sd. konz. HCl mit W.; 45%. — *[3.3-Difluor-2.4-dioxocyclobutyl]-3-methyl-isochinoliniumbetain* (**VIII**), $C_{14}H_9O_2NF_2$, F. 240—243° (Zers.); durch 3tägiges Stehenlassen von 28,6 g **III** in 150 cm³ Ae. u. 40 g **I** im Autoklaven bei Raumtemp. u. Schütteln der Ätherlsg. mit W.; aus absol. A. gelbe Kristalle; 15%. — Die UV-Absorptionsspektren von **IV**, **V**, **VII** u. **VIII** in alkoh. Lsg. wurden im Bereich von 220—440 mμ aufgenommen. (J. Amer. chem. Soc. **74**. 1642—44. 5/4. 1952.) Forche. 1810

Philip S. Bailey, Gene Nowlin, Seymour H. Pomerantz, J. Virgil Waggon jr. und **Elias E. Kawas**, *2.3-Dibenzoylpropen. Die Addition von Chlorwasserstoff an 1.2-Dibenzoylpropen.* 6. Mitt. *über 1.3-Wasserstoffverschiebungen bei Reaktionen von Dibenzoylalkenen und verwandten Verbindungen.* (5. vgl. C. **1952**. 4297.) 2.3-Dibenzoylpropen (**I**) wird synthetisiert u. seine Rolle als Zwischenprod. bei der Rk. von 1.2-Dibenzoylpropen (**III**) mit Aminen zu *3-Amino-1.2-dibenzoylpropanen* aufgeklärt. In einer wss. Lsg. von 1.2-Dibenzoyl-3-morpholinopropan (**II**)-hydrochlorid stellt sich beim Kochen ein Gleichgewicht zwischen **I**, *3-[Morpholinomethyl]-2.5-diphenylfuranhydrochlorid* u. etwas *1.2-Dibenzoyläthan* ein. Die Struktur von **I** wird durch Red. zu *1.2-Dibenzoylpropan* u. Ozonolyse zu HCOH bewiesen. **I** reagiert mit Morpholin unter Bldg. von **II** u. mit HCl unter Bldg. von *3-[Chlormethyl]-2.5-diphenylfuran* (**IV**). Analog liefern beide Isomere von **III** mit HCl auch **IV** oder *3-Chlor-1.2-dibenzoylpropan* (**VI**) je nach HCl-Konzentration. Das Gleichgewicht zwischen **III** u. **I** wird durch Rk. von **III** mit Triäthylamin (**V**) näher untersucht. cis- u. trans-**III** liefern bei dieser Rk. stets auch **I**, durch Infrarotspektr., Bldg. von HCOH bei der Ozonolyse u. Isolierung der Dioxime nachgewiesen. Es wird eine verbesserte Darst. von *Mesaconylchlorid* u. *trans*-**III** beschrieben.

V e r s u c h e (FF. korr.): *Mesaconylchlorid*, Kp.$_5$ 48—49°, n_D^{20} 1,5040. Citraconsäureanhydrid, Phthalylchlorid u. geschmolzenes $ZnCl_2$ wurden 3 Std. auf 127—130° erwärmt u. langsam über eine Kolonne dest.; 55% (Ausbeute). Hydrolyse lieferte *Mesaconsäure*. — *trans-1.2-Dibenzoylpropen* (**III**), F. 51—53° (A.). Vorst. Verb. wurde in Bzl. mit $AlCl_3$ behandelt; 90%. — *2.3-Dibenzoylpropen* (**I**), $C_{17}H_{14}O_2$, F. 59,8—60° (A.). **II** wurde mit verd. HCl neutralisiert u. mehrere Std. zum Sieden erhitzt, wobei stündlich mit Ae. extrahiert wurde; 30% neben 2% *1.2-Dibenzoyläthan*, F. 144—145°; der wss. Rückstand lieferte 3% *3-[Morpholinomethyl]-2.5-diphenylfuranhydrochlorid*, F. 215—223°, u. **II**-HCl. **I**-*Dioxim*, $C_{17}H_{16}O_2N_2$, F. 201—202° (50—60%ig. A.). — Red. von **I** zu *1.2-Dibenzoylpropan*, F. 102—104°, nach Lutz u. Taylor (J. Amer. chem. Soc. **55**. [1933.] 1177); 95%; Überführung in **II**, F. 83—84°, nach Lutz u. Bailey (J. Amer. chem. Soc. **67**. [1945.] 2229); 76%. — Ozonolyse von **I** u. *cis*- u. *trans*-**III** wurde unter Eiskühlung in $CH_3COOC_2H_5$ mit 150% Überschuß an O_3 durchgeführt; 47,3 bzw. 4% HCHO. — *cis*-**III**-*Dioxim*, $C_{17}H_{16}O_2N_2$, F. 145—146° (50—60%ig. A.). — *trans*-**III**-*Dioxim*, F. 171—172° (60%ig. A.). — trans-**III** u. **V** nach 24 Std. Stehen in Ae. lieferten zwischen **III** u. **I** ein Gleichgewicht. Durch Ozonolyse konnten 16% HCHO isoliert werden; analog lieferte *cis*-**III** 23 u. 13% HCHO. — Eine gesätt. Chlf.-HCl-Lsg. von **I** bildete nach 36 Std. Stehen 93% *3-[Chlormethyl]-2.5-diphenylfuran* (**IV**), F. 69—70°, welches in *3-[Morpholinomethyl]-2.5-diphenylfuran* (*Hydrochlorid*, F. 218—220°) übergeführt wurde. Analoge Behandlung von *cis*- u. *trans*-**III** lieferte 86% **IV**, auch wenn die Rk. in gesätt. äther. HCl-Lsg. ausgeführt wurde. Bei einer geringeren HCl-Konz. bildeten sich 80% *3-Chlor-1.2-dibenzoylpropan* (**VI**), $C_{17}H_{15}O_2Cl$, F. 97—97,5° (Isopropylalkohol), welches durch nachfolgende Behandlung mit gesätt. HCl-Lsg. auch **IV** lieferte u. auch in **II** übergeführt werden konnte. — cis-2.3-Dibenzoyl-1-morpholinobuten-(2) konnte mit HCl in *3-[Chlormethyl]-4-[morpholinomethyl]-2.5-diphenylfuranhydrochlorid*, F. 228—230°, übergeführt werden, das mit wss. Na_2CO_3-Lsg. *3-[Oxymethyl]-4-[morpholinomethyl]-2.5-diphenylfuran*, F. 173—174°, lieferte. — 1.2-Dibenzoyl-1-chloräthan wurde durch **V** in Ae. nach 12 Std. Stehen zum *Dibenzoyläthylen*, F. 109—111° (A.), dehydrohalogeniert. Analog verhielt sich 1.2-Dibenzoyl-1-bromäthan. **VI** wurde dagegen nach 36 Std. zu 75% unverändert zurückgewonnen. (J. Amer. chem. Soc. **73**. 5560—62. Dez. 1951. Austin, Tex., Univ., Dep. of Chem.) Faass. 2370

Walter Freund, *Eine neue Synthese von Arsonsäuren.* 2. Mitt. *Kupplung von α.β-ungesättigten Carbonylverbindungen mit diazotierter Arsanilsäure und 4-Amino-2-nitrophenylarsonsäure.* (1. vgl. C. **1952**. 2499.) Das von Vf. in der 1. Mitt. ausgearbeitete Verf. zur Herst. von Arsonsäuren aus diazotierter Arsanilsäure u. Zimtsäuren wurde auf substituierte Verbb. ausgedehnt; *4'-Oxy-3'-nitrostilbenarsonsäure-(4)* u. *4'-Oxy-3-nitrostilbenarsonsäure-(4)* wurden, allerdings in sehr schlechter Ausbeute, hergestellt.

V e r s u c h e: *4-Oxy-3-nitrobenzaldehyd* (**I**), F. 143—144° (A.), durch Nitrieren von p-Oxybenzaldehyd mit HNO_3 (D. 1,48) in Eisessig; 37% (Ausbeute). — *4-Oxy-3-nitrozimtsäure* (**II**), $C_9H_7O_5N$, F. 221—223° (A.), durch Kondensation von **I** mit Malonsäure in Pyridin in Ggw. einiger Tropfen Piperidin, nach 2std. Sieden wurde in HCl eingegossen, der Nd. in Bicarbonat gelöst u. nach dem Trocknen mit Aceton digeriert; 65,7%. — *4'-Oxy-3'-nitrostilbenarsonsäure-(4)*, $C_{14}H_{12}O_6NAs$, gelbe Nadeln, schm. bis 300° nicht. Die diazotierte Arsanilsäurelsg. wurde zu einer Lsg. von **II** in Aceton u. wss. Na-Chloracetat gegossen; bei p_H ca. 5 wurde unter Farbumschlag von gelb nach rot auf 20—22° erwärmt u. eine wss. Lsg. von $CuCl_2$ zugetropft, wobei sich unter Gasentw. ein Nd. absetzte; dieser wurde nach 2 Std. abfiltriert, in 2nNaOH gelöst, vom $Cu(OH)_2$ abfiltriert, mit HCl ausgefällt; dieser Nd. wurde mit kalter Bicarbonatlsg. behandelt u. die ungelöst bleibende Arsonsäure aus A. u. Eisessig umkrist.; ca. 2%; die Säure gibt ein rotes Na-Salz. Das in Bicarbonat lösl. Prod. wurde als *Azobenzol-4.4'-diarsonsäure* (vgl. 1. Mitt.) identifiziert. — *4'-Oxy-3-nitrostilbenarsonsäure-(4)*, rötliche Nadeln u. Stäbchen, schm. bis 300° nicht, wie vorst. aus 12,26 g 4-Amino-2-nitrophenylarsonsäure, die wie üblich diazotiert wurde, u. 8,2 g p-Oxyzimtsäure; der in wenig wss. Bicarbonatlsg. unlösl. Teil wurde aus Eisessig umkrist.; 1,3 g. (J. chem. Soc. [London] **1952**. 3072—73. Aug. Helbourne, Univ., Dep. of Physiol.) ZIMMER. 2580

Walter Freund, ***Eine neue Synthese von Arsonsäuren.*** **3. Mitt.** ***Kupplung von Furan, Thiophen und β-Thienyl-(2)-acrylsäure mit Arsanilsäure.*** (2. vgl. vorst. Ref.) Nach der im vorst. Ref. mitgeteilten Meth. setzt Vf. diazotierte Arsanilsäure (**I**) mit Thiophen u. Furan zu *(2?)-p-Arsonophenylthiophen* bzw. *(2?)-p-Arsonophenylfuran* um; bei beiden Verbb. erscheint die 2-Stellung des Substituenten wahrscheinlicher als die 3-Stellung. β-Thienyl-(2)-acrylsäure (**II**) bildet mit diazotierter **I** *2-[4'-Arsonostyryl]-thiophen*, während bei der analogen Rk. mit β-Furyl-(2)-acrylsäure nur *β-[5-p-Arsonophenylfuryl-(2)]-acrylsäure* isoliert werden konnte.

Versuche: *(2?)-p-Arsonophenylfuran*, $C_{10}H_9O_4As$, Nadeln, schm. bis 300° nicht. **I** wurde wie üblich diazotiert u. die Lsg. zu einer Lsg. von Furan in Aceton in Ggw. von Na-Acetat zugegeben, es setzte sofort eine Gasentw. ein, trotzdem wurden $CuCl_2$ u. W. zugegeben; nach einer Std. wurde filtriert u. der Nd. in 2nNaOH gelöst, daraus durch Ansäuern die Säure gefällt u. aus A. umkrist.; geringe Ausbeute. — *(2?)-p-Arsonophenylthiophen*, $C_{10}H_9O_3SAs$, gelbliche Kügelchen, schm. bis 300° nicht, wie vorst. aus **I** u. Thiophen, Gasentw. setzt erst nach Zugabe des $CuCl_2$ ein; 20—25%. — *β-[5-p-Arsonophenylfuryl-(2)]-acrylsäure*, $C_{13}H_{11}O_6As$, F. wie vorst., durch analoge Rk. zwischen **I** u. Furylacrylsäure; als Hauptprod. entstand wahrscheinlich *2-p-Arsonophenyl-5-[4'-arsonostyryl]-furan*, dieses konnte nicht rein erhalten werden. — *β-Thienyl-(2)-acrylsäure* (**II**), F. 144—145°, durch DOEBNER-Kondensation von Thiophenaldehyd-(2) mit Malonsäure; 75—80%. PERKIN-Kondensation nach BIEDERMANN [1886] gab nur sehr geringe Ausbeuten an **II**. — *2-p-Arsonostyrylthiophen*, $C_{12}H_{11}O_3SAs$, Plättchen u. Prismen, schm. bis 300° nicht, wie üblich aus **I** u. **II**; 30%. (J. chem. Soc. [London] **1952**. 3073—75. Aug.) ZIMMER. 2580

I. N. Nasarow und L. N. Pinkina, ***Acetylenderivate.*** **120. Mitt.** ***Mechanismus der Hydratation und Cyclisation von Dieninen.*** **27. Mitt.** ***Umwandlung von 2-Methyl-1-vinyläthinylcyclohexanol-(1) in 1.8-Dimethyl-Δ¹-hexahydroindon-(3). Eine neue Methode der Synthese von polycyclischen Ketonen mit einem Cyclopentanonkern mit angulären Substituenten.*** (119. bzw. 26. vgl. C. **1953**. **3551**.) Das aus 1-Methylcyclohexanon-(2) u. Vinylacetylen darstellbare *2-Methyl-1-vinyläthinylcyclohexanol-(1)* (**I**) geht bei der Dehydratation mittels 50%ig. H_2SO_4 in *2-Methyl-1-vinyläthinyl-Δ¹-cyclohexen* (**II**) über. Die Hydrierung von **I** an Pt führt zu *2-Methyl-1-butylcyclohexanol-(1)*, während **II** schnell 3 H_2, dann langsam ein 4. Mol. anlagert u. in *1-Methyl-2-butylcyclohexan* übergeht. Beim Erwärmen in wss. Methanol in Ggw. von $HgSO_4$ geht **II** in *Allyl-[2-methyl-Δ¹-cyclohexenyl-(1)]-keton* (**III**) über, welches unter den Entstehungsbedingungen teilweise Methanol anlagert. Das so entstehende Methoxyketon liefert bei Dest. mit p-Toluolsulfonsäure **III** zurück. Die Hydrierung von **III** erfolgt in Ggw. von Pt in alkoh. Lsg. nur an der Allylgruppe, während in Eisessig auch die Ringdoppelbindung abgesätt. u. *Propyl-[2-methylcyclohexyl-(1)]-keton* gebildet wird. Die Konst. von **III** wird durch die Bldg. von *HCOOH*, *CH_3COOH* u. *δ-Acetylvaleriansäure* bei der Ozonisation bewiesen. Die Ringschluß-Rk. mit H_3PO_4 liefert bei Anwendung auf **III** mit 90%ig. Ausbeute *1.8-Dimethyl-Δ¹-hexahydroindon-(3)* (**IV**); unmittelbar aus **I** u. **II** entsteht **IV** zu 60%. Die Hydrierung von **IV** liefert *1.8-Dimethylhexahydroindanon-(3)* (**V**). Die Struktur von **IV** ergibt sich daraus, daß beim Ozonisieren *2-Methyl-2-acetylcyclohexancarbonsäure-(1)* entsteht, aus der sich mit Br_2 u. Alkali *1-Methylhexahydrophthalsäure* (**VI**) bildet. **VI** wurde gleichzeitig durch Diensynth. aus Citraconsäureanhydrid (**VII**) u. Divinyl, Hydrolyse des entstehenden Anhydrids zu *1-Methyl-Δ³-tetrahydrophthalsäure* u. Hydrieren dargestellt. **IV** wurde in 2 Formen, deren Verschiedenheit durch cis–trans-Isomerie bedingt ist, gewonnen. Aus ihnen entstand je ein 2.4-Dinitrophenylhydrazon, aber das gleiche Semicarbazon. Die cis–trans-Isomerie bleibt in **V** erhalten. Wenn mit der Möglichkeit zu rechnen ist, daß die

Dehydratation von I in anderer Richtung verläuft, so müßte wenigstens in kleiner Menge, neben IV ein Strukturisomeres entstehen, bei dem ebenfalls cis–trans-Isomerie möglich ist.

Versuche: *2-Methyl-1-vinyläthinylcyclohexanol-(1)* (I), Kp.$_{2,5}$ 76,5°; durch Zutropfen einer Lsg. von 73 g 1-Methylcyclohexanon-(2) u. 50 g Vinylacetylen in 150 ml Ae. zu 47 g KOH in 100 ml Ae. unter Rühren u. Kühlen mit Eis; man rührt noch 5 Std. bei 0° weiter; n_D^{17} 1,5110; 97 g. — *2-Methyl-1-butylcyclohexanol-(1)*, $C_{11}H_{22}O$, Kp.$_{3,5}$ 72 bis 72,5°; durch Hydrieren von I (Pt nach ADAMS; CH_3OH); bewegliche, angenehm riechende Fl.; $D.^{20}_4$ 0,9081; n_D^{20} 1,4692. — *2-Methyl-1-vinyläthinyl-Δ^1-cyclohexen* (II), $C_{11}H_{14}$, Kp.$_{3,5}$ 65°; durch Verrühren von 95,6 g I mit 96 g 50%ig. H_2SO_4, 1 Std. bei 40°, 1 Std. bei 50° u. 3 Std. bei 60°; bewegliche, sich schnell polymerisierende Fl. von spezif. Geruch; $D.^{20}_4$ 0,8947; n_D^{20} 1,5430; Mol.-Refr. ($[MR]_D$) 51,44; 75 g. — *1-Methyl-2-butylcyclohexan*, $C_{11}H_{22}$, Kp.$_{11,5}$ 72—73°; durch Hydrieren von II (Pt; Eisessig; 13 Std.); bewegliche Fl. von spezif. Geruch; $D.^{20}_4$ 0,8145; n_D^{20} 1,4472. — *Allyl-[2-methyl-Δ^1-cyclohexenyl-(1)]-keton* (III), $C_{11}H_{16}O$, Kp.$_4$ 95°. Ein Gemisch von 270 g 93%ig. CH_3OH, 0,4 ml konz. H_2SO_4, 40 g II u. 2 g $HgSO_4$ wird 2½ Std. bei 60° verrührt u. während dieser Zeit noch 2 g $HgSO_4$ in 2 Anteilen eingetragen. Das Reaktionsprod. (Kp.$_4$ 91—102°; 45 g) wird mit 0,15 g p-Toluolsulfonsäure bei 100 mm auf 130° (Badtemp.) erhitzt u. dann dest.; gelbliche Fl. von spezif. Geruch; $D.^{20}_4$ 0,9551; n_D^{20} 1,5062; $[MR]_D$ 51,03; 37,7 g. — *Propyl-[2-methylcyclohexyl-(1)]-keton*, $C_{11}H_{20}O$, Kp.$_{3,5}$ 57°; durch Hydrieren von III (Pt-Oxyd; Eisessig; 9 Std.); angenehm riechende Fl.; $D.^{20}_4$ 0,8955; n_D^{20} 1,4520. *Semicarbazon*, $C_{12}H_{23}ON_3$, F. 162—163°; aus CH_3OH. — *1.8-Dimethyl-Δ^1-hexahydroindon-(3)* (IV), $C_{11}H_{16}O$, Kp.$_{3,5}$ 83° a) 20 g II werden mit 20 ml H_3PO_4 (D. 1,76) 6 Std. bei 60—65° verrührt; 13 g. b) 5 g I werden mit 5 ml H_3PO_4 (D. 1,76) 20 Min. bei Zimmertemp. u. 8 Std. bei 60—65° verrührt; 2,9 g. c) 11,9 g III werden mit 12 ml H_3PO_4 (D. 1,765) 15 Min. bei Zimmertemp. u. 6 Std. bei 60—65° verrührt; 10,5 g. Campherartig riechende Fl.; $D.^{20}_4$ 0,9984; n_D^{20} 1,5050; $[MR]_D$ 48,72. *Semicarbazon*, $C_{12}H_{19}ON_3$, F. 177—178°; aus CH_3OH. Das nach c) erhaltene IV liefert außer diesem in überwiegender Menge ein *Semicarbazon $C_{12}H_{19}ON_3$*, F. 202—203°, über das weitere Angaben nicht vorliegen. Bei den sonstigen Rkk. dieses IV-Präp. ließen sich aber keine Unterschiede gegenüber den nach a) u. b) erhaltenen feststellen; auch die physikal. Konstanten wichen wenig ab. *2.4-Dinitrophenylhydrazone $C_{17}H_{20}O_4N_4$*. 1. Präp. vom F. 184—184,5°; orangefarbene Kristalle aus Bzl. + CH_3OH. 2. Präp. vom F. 175—175,5°; himbeerrote Kristalle aus Bzl. + CH_3OH. — *1.8-Dimethylhexahydroindanon-(3)* (V), $C_{11}H_{18}O$, Kp.$_{3,5}$ 74—75°; durch Hydrieren von IV (Pt-Oxyd; Eisessig; 3 Std.); bewegliche, terpentinölartig riechende Fl.; $D.^{20}_4$ 0,9763; n_D^{20} 1,4800. *Semicarbazon*, $C_{12}H_{21}ON_3$, F. 195,5—196°; aus CH_3OH. *2.4-Dinitrophenylhydrazone*, $C_{17}H_{22}O_4N_4$. 1. Präp. vom F. 155,5—156°; hellorangefarbene Kristalle aus Bzl. + CH_3OH. 2. Präp. vom F. 122,5—123°; himbeerrote Kristalle aus Bzl. + CH_3OH. — *2-Methyl-2-acetylcyclohexancarbonsäure-(1)*, $C_{10}H_{16}O_3$, F. 92,5—93°; durch Ozonisation von IV in Chlf.; aus W. Kristalle; 2 g aus 8,1 g IV, neben *HCO_2H*. Hieraus durch Oxydation mit Br_2 in 10%ig. NaOH nachst. Verbindung. — *1-Methylhexahydrophthalsäure* (VI), $C_9H_{14}O_4$, F. 150°. 2,1 g VII u. 12 ml einer 20%ig. Lsg. von Divinyl in Bzl. werden im Metallgefäß 5½ Std. auf 100° erhitzt. Durch Fraktionieren des Reaktionsprod. im Vakuum wird neben wiedergewonnenem VII (1 g) *1-Methyl-Δ^3-tetrahydrophthalsäureanhydrid*, Kp.$_{2,5}$ 108—111°; n_D^{20} 1,4840; 1,1 g erhalten. Hieraus durch Kochen mit W. die freie Säure, F. 161°; aus W. Kristalle; 1 g u. aus letzterer (0,8 g) durch Hydrieren (Pt; CH_3OH) VI; aus W. Kristalle (0,7 g). (Журнал Общей Химии [J. allg. Chem.] **20**. (**82**.) 2009—20. Nov. 1950. Inst. für organ. Chem. der Akad. der Wiss. der UdSSR.) SCHMEISS. 2650

Yoshiro Ogata, Jiro Ishiguro und Yasuo Kitamura, *Kondensation von Naphthalin mit α-Halogenfettsäuren und verwandte Reaktionen.* Vff. beschreiben die Darst. von *Naphthalin-1.5-diessigsäure* (VII), *α-Naphthyl-(1)-propionsäure* (VIII) u. *α-Naphthyl-(1)-buttersäure* (IX) durch Kondensation von Naphthalin (I) mit α-Halogenfettsäuren in Ggw. von Fe_2O_3 u. KBr. Dieser Katalysator bewirkt auch die Kondensation von I u. *Chloracetonitril* (V) zu *Naphthyl-(1)-acetonitril* (X). Von I-ähnlichen Verbb. kondensieren mit Chloressigsäure (II) Biphenyl zu *p-Xenylessigsäure* (XI) u. 1-Methylnaphthalin (VI) zu einem Gemisch von *1-Methylnaphthyl-(4)-* u. *-(5)-essigsäure* (XII u. XIII).

Versuche: *Naphthalin* (I), gereinigt durch Destillation, F. 80—81,5°, Fe-Geh. 0,0008%. — *Chloressigsäure* (II), F. 61—63°. — *α-Chlorpropionsäure* (III) aus Ca-Laktat u. PCl_5, Kp. 185—190°. — *α-Brombuttersäure* (IV), aus Buttersäure, Kp.$_{75}$ 146—151°. — *Chloracetonitril* (V), aus Chloracetamid mit P_2O_5, Kp. 123—127°. — *1-Methylnaphthalin* (VI) in 70%ig. Ausbeute durch Dest. von K-α-Naphthylacetat, Kp. 239—242°. — *Naphthalin-(1.5)-diessigsäure* (VII), $C_{14}H_{12}O_4$, durch Erhitzen von I u. II mit Fe_2O_3 u. KBr auf 208° (20 Std.), Extraktion des Gemisches mit NaOH, Filtrieren, Ansäuern des Filtrats, Verestern des Säuregemisches mit Methanol u. Fraktionieren: *Naphthyl-(1)-*

essigsäuremethylester, Kp.$_{20}$ 185—200° (*Freie Säure*, F. 131°) u. *Naphthalin-1.5-diessigsäuredimethylester* Nadeln, F. 125—126,5°. Hieraus **VII**, F. 278—280°, dessen K-Salz bei Dest. *1.5-Dimethylnaphthalin*, F. 80—82°, ergab. — *α-Naphthyl-(1)-propionsäure* (**VIII**), $C_{13}H_{12}O_2$, analog vorst. Verb. aus **I** u. **III**, Kristalle aus Kerosin u. Ae., F. 149—150,5°; 19% (Rohausbeute). Dest. des K-Salzes gibt ein Öl, dessen *Pikrat*, F. 97—99° (Methanol), mit *1-Äthylnaphthalinpikrat*, F. 100°, keine Depression zeigt. — *α-Naphthyl-(1)-buttersäure* (**IX**), $C_{14}H_{14}O_2$, analog vorst. Verb., Kp.$_{15}$ 215—224°; Prismen aus Ae.-PAe., F. 86 bis 87°; 22%; Dest. des K-Salzes gibt ein Öl, dessen *Pikrat*, F. 90—92°, mit *1-n-Propylnaphthalinpikrat*, F. 91—92°, übereinstimmt. — *Naphthyl-(1)-acetonitril* (**X**), analog aus **I** u. **V**; 42%; identifiziert durch Hydrolyse mit KOH zu *1-Naphthyl-(1)-essigsäure*, F. 132°. — *p-Xenylessigsäure* (**XI**), analog aus Biphenyl u. **II**, F. 159—161° (Essigsäure-W. 1:2); gibt mit durch Chlormethylierung erhaltener Säure keine Depression. — *1-Methylnaphthyl-(4)-* u. *-(5)-essigsäure* (**XII** u. **XIII**), $C_{13}H_{12}O_2$, analog aus **VI** u. **II**. **XII**, Nadeln, F. 178—179°, aus den Mutterlaugen **XIII**, F. 155—157°, Dest. des K-Salzes von **XII** gibt ein Öl, dessen *Pikrat*, F. 142—143°, mit *1.4-Dimethylnaphthalinpikrat*, F. 142—144°, übereinstimmt. Dest. des K-Salzes von **XIII** liefert *1.5-Dimethylnaphthalin*, F. 80—82°, *Pikrat*, F. 137—139°. — Aus **I** u. α-Bromisovaleriansäure wurde das Kondensationsprod. nur in sehr geringer Ausbeute erhalten, Bzl., Toluol, Xylol, Anisol, Nitrobenzol, Dimethylanilin, Chlorbenzol, Tetralin, 1-Nitronaphthalin, Diphenylmethan, Dibenzyl u. Thiophen reagierten nicht oder nur geringfügig mit **II**, desgleichen **I** mit Methylchloracetat Phenol gibt mit **II** u. Bromessigsäure Phenylchloracetat bzw. Phenoxyessigsäure. 2-Naphthol reagiert mit **II** zu 2-Naphthol-1-essigsäure. (J. org. Chemistry **16**. 239—42. Febr. 1951. Yoshida, Kyoto Univ., Dep. of Indust. Chem., Fac. of Engng.) FROHLOFF. 2700

Frank A. Vingiello und **James G. van Oot**, *Die Synthese und Cyclisierung von einigen 2-[substituiertem Benzyl]-benzophenonen.* Vff. zeigen, daß die Cyclisierungsgeschwindigkeit von *2-Benzylbenzophenonen* hauptsächlich von der Elektronendichte an der o-Stellung des Benzolringes, an der die Cyclisierung stattfindet, abhängig ist (vgl. BRADSHER u. VINGIELLO, C. **1949**. E. 543).

Versuche (FF. korr.): *2-Chlor-4'-methyldiphenylcarbinol*, Kp.$_6$ 173—175°: Die GRIGNARD-Verb. aus p-Bromtoluol wurde mit o-Chlorbenzaldehyd in Ae. umgesetzt u. das Reaktionsprod. nach 16std. Kochen mit 20%ig. NH_4Cl-Lsg. zerlegt; 64% (Ausbeute). Die anderen Carbinole wurden analog erhalten. — *2-Chlor-4'-methyldiphenylmethan* (**I**), $C_{14}H_{13}Cl$, Kp.$_6$ 146—147°: Vorst. Verb. wurde 36 Std. mit P u. J_2 in Eisessig erhitzt; 59%. — Analog wurden erhalten: *2-Chlor-2'-methyldiphenylmethan*, Kp.$_9$ 159—159,5°; 77%. — *2-Chlor-3'-methyldiphenylmethan*, Kp.$_8$ 151—153°; 78%. — *2-Chlor-3'-trifluormethyldiphenylmethan*, Kp.$_4$ 134—135°; 80%. — *2-Chlor-4'-fluordiphenylmethan*, Kp.$_{11}$ 149—154°; 66%. — *2-Cyan-4'-methyldiphenylmethan* (**II**), Kp.$_{4,5}$ 165—171°; **I** wurde 32 Std. mit CuCN u. etwas $CuSO_4$ in Pyridin auf 250° erhitzt, anschließend wurde dest., mit halbkonz. NH_4OH versetzt, mit Ae. extrahiert u. mit HCl gewaschen; 60%. — Analog wurden dargestellt: *2-Cyan-2'-methyldiphenylmethan*, Kp.$_6$ 174—175°; 77%. — *2-Cyan-3'-methyldiphenylmethan*, Kp.$_5$ 167—169°; 67%. — *2-Cyan-3'-trifluormethyldiphenylmethan*, Kp.$_1$ 135,5—136°; 79%. — *2-Cyan-4'-fluordiphenylmethan*, Kp.$_8$ 171—173°; 62%. — *2-[4'-Methylbenzyl]-benzophenon* (**III**), Kp.$_1$ 194—196°; Phenylmagnesiumbromid wurde 18 Std. mit **II** in Bzl. erhitzt, es wurde mit 20%ig. NH_4Cl versetzt u. die Benzollsg. 17 Std. mit 2nHCl erhitzt; 95%. — *2-[2'-Methylbenzyl]-benzophenon*, F. 85—86°; Kp.$_5$ 228—230°; 84%. — *2-[3'-Methylbenzyl]-benzophenon* (**VI**), Kp.$_1$ 193—196°; 86%. — *2-[3'-Trifluormethylbenzyl]-benzophenon* (**IV**), Kp.$_1$ 185—186,5; 84%. — *2-[4'-Fluorbenzyl]-benzophenon* (**V**), Kp.$_2$ 193—195°; 89%. — *3-Methyl-10-phenylanthracen*, F. 117—118° (A.): **III** wurde in Eisessig-HBr 15 Std. erhitzt; 88%. Cyclisierungsgeschwindigkeit K [bei 117,5°] 13,8 [$(h^{-1})\cdot 10^{-2}$]. — *1-Methyl-10-phenylanthracen*, F. 104—104,5°; 90%. K 15,4. **VI** hatte eine Cyclisierungsgeschwindigkeit K = 200. — *3-Trifluormethyl-2'-benzoylbenzophenon*, $C_{21}H_{13}O_2F_3$, Nadeln aus 50%ig. A., F. 107,5—108°, aus **IV** durch Oxydation mit $Na_2Cr_2O_7$ in Eisessig-H_2SO_4; 94%. Auch nach erfolgloser Cyclisierung (246 Std. Erhitzen mit Eisessig-HBr) wurde das zurückgewonnene **IV** zu vorst. Diketon oxydiert; 87%. — *4-Fluor-2'-benzoylbenzophenon*, $C_{20}H_{13}O_2F$, F. 99—100°, aus **V**, auch nach versuchter Cyclisierung (72std. Erhitzen mit Eisessig-HBr); 95%. (J. Amer. chem. Soc. **73**. 5070—72. Nov. 1951. Blacksburg, Va., Virginia Polytechn. Inst., Chem. Labors.) FAASS. 2800

P. Lambert und **R. H. Martin**, *Beitrag zur Untersuchung der β-Naphthoylacrylsäuren und der Benzindanoncarbonsäuren.* β-[Naphthoyl-(1)]-acrylsäure (**II**) cyclisiert sich in konz. H_2SO_4 bei Zimmertemp. nahezu quantitativ zu *4.5-Benzindanon-(3)-carbonsäure-(1)* (**III**). Die isomere *6.7-Benzindanon-(3)-carbonsäure-(1)* (**IV**), die aus β-[Naphthoyl-(2)]-acrylsäure (**V**) unter diesen Bedingungen nur in geringer Ausbeute gebildet wird, entsteht gut aus Naphthalin u. Maleinsäureanhydrid in der $AlCl_3$–NaCl-Schmelze. **III** u. **IV** werden beim Schmelzen decarboxyliert u. liefern in guter Ausbeute *4.5-Benzindanon-(3)* (**VI**) bzw. *6.7-Benzindanon-(3)* (**I**). Diese Befunde stehen im Gegensatz zu den Angaben früherer Patentschriften (vgl. D. R. P. 554 879, C. **1932.** II. 2238). Die leichte Decarboxylierbarkeit erklärt sich, wenn man **III** u. **IV** als Vinyloge von β-Ketosäuren auffaßt.

Versuche: *4.5-Benzindanon-(3)-carbonsäure-(1)* (**III**), $C_{14}H_{10}O_3$, F. 187—187,5° (Zers. unter Gasentw.), a) aus **II** in konz. H_2SO_4 bei Zimmertemp., bis die rote Lsg. grün geworden ist (ca. 15 Tage); nach der Zers. mit Eis 98% (Ausbeute); b) aus **II** mit $ZnCl_2$ + NaCl bei 240° (wenige Min.), zunächst braune Kristalle; 30%; c) analog mit $AlCl_3$ + NaCl bei 150°; 10%; aus A. + Toluol Nädelchen; Fluorescenz in konz. H_2SO_4 grün. *Methylester*, $C_{15}H_{12}O_3$, F. 102—102,5°, mit Methanol + HCl; aus Methanol hellgelbe Nadeln; 70%. — *6.7-Benzindanon-(3)-carbonsäure-(1)* (**IV**), $C_{14}H_{10}O_3$, F. 188—189° (Zers. unter Gasentw.), a) aus Naphthalin u. Maleinsäureanhydrid nach FRIEDEL-CRAFTS mit $AlCl_3$ + NaCl bei 160°; 60%; b) durch Cyclisieren von **V**, wie für **III** beschrieben; aus Toluol + Methanol Täfelchen. *Methylester*, $C_{15}H_{12}O_3$, F. 141,5—142°, aus Methanol Nadeln; 95,7%. — *4.5-Benzindanon-(3)* (**VI**), F. 101—102°, durch Schmelzen von **III** über den F.; aus Cyclohexan Nadeln; 75%. — *6.7-Benzindanon-(3)* (**I**), F. 117—118°, wie **VI** aus **IV**; aus Cyclohexan Nadeln. — *2.3.5.6-Dibenzofluorenon*, F. 206—207°, aus **I** u. Phthalaldehyd in sd. Methanol (30 Min.) u. anschließend Zugabe von Methylat (2 Std. kochen); gelber Nd., aus Eisessig Kristalle. (Bull. Soc. chim. belges **61.** 132—38. 15/5. 1952.)

GOLD. 2950

T. A. Geissman und **Ardy Armen**, *Die Reaktion des Gramins mit Methyljodid. Darstellung und Eigenschaften des Graminmethojodids.* Bei der Rk. von methanol. KOH u. CH_3J mit *Gramin* (**I**) unter Bldg. von *3-Methoxymethylindol* (**II**) wirkt nicht das Alkyljodid auf hydrolyt. gebildetes 3-Oxymethylindol alkylierend ein, sondern das Alkylat auf vorher entstandenes Graminalkojodid, was daraus folgt, daß **I** mit äthanol. $NaOC_2H_5$ u. CH_3J zu *3-Äthoxymethylindol* führte. Das bisher in der Literatur beschriebene „*Graminmethojodid*" besteht aus *3.3'-Bis-[indolylmethyl]-dimethylammoniumjodid, Tetramethylammoniumjodid* u. **I**-*Methojodid*. **I**-*Methojodid* bildet sich durch Zufügen von **I** zu stark überschüssigem CH_3J. Es ist leicht wasserlösl., F. 168—169°, bildet mit $NaOCH_3$ **II** u. Trimethylamin, mit KCN *3-Indolylacetonitril* u. Trimethylamin. **I** u. sd. Acetanhydrid bildeten *N-Acetyl-3-acetoxymethylindol.*

Versuche: *3-Äthoxymethylindol*, $C_{11}H_{13}ON$, F. 63—64°. 0,35 g Na in absol. A. werden zu 1 g **I** gegeben u. 2,1 g CH_3J zugesetzt. Das Filtrat wird in W. eingegossen. *3-Methoxymethylindol* (**II**), F. 98—99°, aus **I** mit $NaOCH_3$ u. C_2H_5J. — *3.3'-Bis-[indolylmethyl]-dimethylammoniumjodid*, $C_{20}H_{22}N_3J$, F. 171—171,5° (A.), aus 0,00575 Mol **I** u. 0,0057 Mol CH_3J in A. u. anschließende fraktionierte Kristallisation des Reaktionsprod. aus CH_3OH. Daneben Tetramethylammoniumjodid, F. >300°. — *Graminmethojodid*, $C_{12}H_{17}N_2J$, F. 168—169°. 5 g **I** werden langsam zu 80 ml CH_3J unter Rühren hinzugefügt. Nach 12 Std. bei 5° wird in CH_3OH gelöst, Tetramethylammoniumjodid abgetrennt u. zum Filtrat Bzl. zugegeben. — *3-Indolylessigsäure*, F. 164,5—166,5°, aus **I**-Methojodid mit KCN in wss. A. nach anschließender Hydrolyse mit wss. KOH. — *N-Acetyl-3-acetoxymethylindol*, $C_{13}H_{13}O_3N$, F. 90—90,5° (Ligroin), aus **I** u. Acetanhydrid in Ggw. von Na-Acetat; Nadeln. — *N-Acetylskatol*, F. 66—67°, aus Skatol u. Acetanhydrid während 7 Std. bei 180—200°. (J. Amer. chem. Soc. **74.** 3916—19. 5/8. 1952. Los Angeles, Calif., Univ., Dep. of Chem.)

NEZEL. 3081

A. Vystrčil und **Z. Stejskal**, *Untersuchungen in der Pyrazolreihe.* 1. Mitt. Vff. stellen durch Rk. von *Phenylhydrazin* (**I**) mit den *Methylestern der α-Methacrylsäure* (**II**), *der Crotonsäure* (**III**) u. *der Zimtsäure* (**IV**) Pyrazolidone dar u. stellen die grundlegenden Unterss. an der Kondensation von **I** mit **II** an. Es wurde gefunden: 1. Bei n. Temp. tritt auch bei monatelangem Stehen zwischen beiden Verbb. keine Rk. ein, ausgenommen die Polymerisation von **II** bei Luftzutritt, die selbst durch Zugabe von 0,1—0,5% Hydrochinon (**Ia**) oder Pyrogallol nicht verhindert wird. In geschlossenen Gefäßen sind **I** u. **II** prakt. quantitativ rückgewinnbar. Erst bei Tempp. von 170—180° tritt Kondensation ein, wobei es zur Bldg. der 3- u. 5-substituierten Pyrazolidone kommt; letzteres überwiegt immer. Über 180° beginnt durch Einw. von **I** Dehydrierung, zuerst bei den 3-substituierten Verbb., die sich zur direkten Gewinnung der Pyrazolone fortsetzen läßt (**II**: **I** = 1:2—2,2). Soll diese Rk. vermieden werden, muß mit einem Esterüberschuß 1,5—2:1 gearbeitet werden. 2. Wird als Reaktionsmedium 60—80%ig. Essigsäure verwendet, dann tritt bis 110° ohne Stabilisator nur Polymerisation ein, über 130° (Optimum 150°) bildet sich ausschließlich *1-Phenyl-4-methylpyrazolidon-(3)* (**V**) ohne das 5-Isomere u. ohne Bldg. der Oxydationsprodukte. 3. Auch durch Einw. von Alkalialkoholaten werden die reinen 3-Isomeren in sehr guten Ausbeuten erhalten, während die Kondensation mit $NaNH_2$ in Toluol zu einem Gemisch von 5- u. 3-Isomeren führt, dessen Verhältnis aus nicht bekanntem Grund schwankt. 4. Die Kondensation mit sich von **II** ableitenden *Betainen von β-Aminosäureestern*, die sich in der Hitze leicht wieder in den ungesätt. Ester u. das Amin spalten, führt zur ausschließlichen Bldg. von *1-Phenyl-4-methylpyrazolidon-(5)* (**VI**) ohne Oxydationsprodd., gleichgültig, ob die Additionsverb. mit Methyläthylamin oder Piperidin hergestellt wurde. Im ersten Falle wird nur reineres Prod. mit geringerer Ausbeute erhalten. — In ähnlicher Weise findet die Kondensation mit **III** statt, während mit **IV** nur das Phenylhydrazid erhalten werden konnte.

V e r s u c h e: *Methacrylsäuremethylester* (**II**), $Kp._{200}$ 61°. — *Crotonsäuremethylester* (**III**), Kp. 119—120°. — *Zimtsäuremethylester* (**IV**), $Kp._{12}$ 164—167°. — Kondensationsverss. von **I** mit **II**: Tabellen mit den Ergebnissen für verschied. Tempp. zwischen 135 u. 225° u. für verschied. Mischungsverhältnisse. Es werden bei 12std. Erhitzungsdauer in Ggw. von 0,1% Hydrochinon (**Ia**) bei einem Verhältnis **I**:**II** = 1:1, 190—193°, z. B. erhalten: 74,9% *1-Phenyl-4-methylpyrazolidon-(5)* (**VI**), 4,57% *1-Phenyl-4-methylpyrazolidon-(3)* (**V**), 0% *1-Phenyl-4-methylpyrazolon-(5)* (**VII**) u. 3,79% *1-Phenyl-4-methylpyrazolon-(3)* (**VIII**). Bei 200—210° entstehen 70,02 (%) **VI**, 4,78 **V**, 4,78 **VII** u. 10,23 **VIII**. Unter den gleichen Bedingungen entstehen beim Verhältnis **I**:**II** = 1:1,5 bei 190—194° 77,5 **VI**, 5,68 **V**, 0 **VII** u. 1,15 **VIII**, während sich beim Verhältnis **I**:**II** = 1,5:1 bei der gleichen Temp. 69,3 **VI**, 5 **V**, 4,94 **VII** u. 5,51 **VIII** bilden. — **V**, aus 5,4 g **I**, 5 g **II**, 0,05 g **Ia** u. 10 cm^3 70%ig. Essigsäure durch 4std. Erhitzen im Einschmelzrohr auf 150—155°; 79,20% (Ausbeute); aus 5 g Na u. in 25 cm^3 Methanol, 1 g **Ia** in 5 cm^3 A., 10,8 g **I** u. 10 g **II** wird unter exothermer Rk. u. durch weiteres 3std. Erhitzen **V** mit 76,8% neben **VIII** mit 12,08% Ausbeute erhalten; durch 1std. Erhitzen werden 72,7 **V** u. 4,71 **VIII**, durch 8std. Erhitzen 67,8 **V** u. 20,1 **VIII** erhalten. — Wird die Kondensation in Ggw. von $NaNH_2$ in Toluol ausgeführt, dann erhält man 32,75 **V**, 15,94 **VI**, 4,7 **VIII** u. 1,37 **VII**. — Die Kondensation von 2,90 g *„Betain" der β-[N-Methyläthylamino]-α-methylpropionsäure* mit 2,16 g **I** bei 155° führt zu 61% **VI**, wobei das Betain zu 93,2% zers. wird. — Die Kondensation von 3,70 g *Betain des β-Piperidino-α-methylpropionsäuremethylesters* mit 2,16 g **I** bei 170—180° gibt 90,2% **VI**. — **VI**, $C_{10}H_{12}ON_2$, F. 109,5—110°; *Acetylderiv.*, $C_{12}H_{14}O_2N_2$, $Kp._{2-3}$ 151—158°, nach 3 Monaten Kristalle aus CCl_4, F. 61—62°. — **VII**, $C_{10}H_{10}ON_2$, durch Dehydrierung von **VI** mit Br_2 in Eisessig, aus verd. A. prismat. Kristalle, F. 145—146°; desgleichen durch Dehydrierung von **VI** mit Ca-Hypochlorit; 82,3%. — **V**, $C_{10}H_{12}ON_2$, F. 129,5—130°. — **VIII**, $C_{10}H_{10}ON_2$, durch Dehydrierung von **V** in Chlf. mit HgO, aus CCl_4, F. 208—208,5°; 87,8%; desgleichen durch Dehydrierung von **V** mit $FeCl_3$; 71%. — *1-[Bromphenyl]-4-methylpyrazolon-(3)*, $C_{10}H_9ON_2Br$, durch Zugabe einer Br_2-Lsg. in Eisessig zu einer Lsg. von **V**, aus Chlf., F. 233—234°; *Na-Salz*, $C_{10}H_8ON_2BrNa \cdot 2H_2O$, durch Erhitzen der vorigen Verb. mit 2nNaOH, nadelförmige Kristalle, Zers. über 300°; *Cu-Salz*, $(C_{10}H_8ON_2Br)_2Cu \cdot H_2O$, aus dem Na-Salz u. $CuSO_4$-Lsg., Nd.; 99,1%. — Kondensation von **I** mit **III**: 1. Ohne Zusatz: Aus 10,8 g **I**, 10 g **III**, 0,5 g **Ia** durch 12std. Erhitzen auf 180—185° im Einschlußrohr werden erhalten: *1-Phenyl-3-methylpyrazolidon-(5)*, F. 81—82,5°; 66,2%; *1-Phenyl-5-methylpyrazolidon-(3)* (**IX**), F. 125—126°; 4,42%; *1-Phenyl-3-methylpyrazolon-(5)*, F. 125—126°; 18,85%. 2. Kondensation in Essigsäure: 5,4 g **I**, 5 g **III**, 10 cm^3 60%ig. Essigsäure, 0,5 g **Ia**, im Einschlußrohr 5 Std. auf 150—155° erhitzt, geben **IX**; 46,66%. 3. Kondensation in Ggw. von Na-Alkoholat: 10,8 g **I**, 10 g **III** u. Alkoholat aus 5 g Na geben **IX**; 47,7%, u. *1-Phenyl-5-methylpyrazolon-(3)*, F. 165—166°; 4,72%. — Kondensation von **I** mit **IV** führt zum *Zimtsäurephenylhydrazid*, aus A., F. 180—181°; 18,2%. (Časopis českého Lékárnictva, vědecká Příloha **63**. 75—85. 30/6. 1950.) Rotter. 3122

David A. Rosenfeld, James W. Pratt, Nelson K. Richtmyer und C. S. Hudson, *Neue Benzimidazole aus Polyoxysäuren.* Vff. stellten neue *2-Polyoxyalkylbenzimidazole* aus o-Phenylendiamin (**I**) u. den entsprechenden Polyoxysäuren bzw. deren Salzen dar u. konnten eine von Griess u. Harrow [1887] beschriebene Verb. als *5-Methyl-2-[D-gluco-1.2.3.4.5-pentaoxypentyl]-benzimidazol* (**II**) identifizieren. Der Drehsinn der synthetisierten Verbb. bestätigt die früher (vgl. C. **1943**. II. 1621) aufgestellte „Benzimidazolregel".

V e r s u c h e: *2-[D-glycero-1.2-Dioxyäthyl]-benzimidazol*, $C_9H_{10}O_2N_2$, F. 184—186° (Zers.), durch 3std. Kochen von **I** u. Ca-D-Glyceratdihydrat in 4nHCl u. Überführen in das Cu-Salz analog einer Vorschrift von Moore u. Link (vgl. C. **1941**. II. 478); aus A.-W. (1:6) bräunliche Nadeln; $[\alpha]_D^{20}$ +39,6° (n. HCl; c = 3,6); 28% (Ausbeute). — *5-Methyl-2-[D-gluco-1.2.3.4.5-pentaoxypentyl]-benzimidazol* (**II**), $C_{13}H_{18}O_5N_2$, F. 212 bis 214° (Zers.), analog vorst. Verb. aus Ca-D-Gluconat u. 3.4-Diaminotoluoldihydrochlorid; aus W. warzenförmige Kristalle; $[\alpha]_D^{20}$ +9,2° (n HCl; c = 2); 70%. — *2-[L-manno-L-gala-hepto-1.2.3.4.5-Pentaoxyhexyl]-benzimidazol*, $C_{13}H_{18}O_5N_2$, F. 266—268° (Zers.), analog **II** aus **I** u. dem Lacton oder dem Phenylhydrazid der L-α-Rhamnohexonsäure

(= 7-Desoxy-L-manno-L-gala-heptonsäure); aus 50%ig. A. Nadeln; $[\alpha]_D^{20}$ $-41{,}5^0$ (n HCl; c = 2,5); 54 bzw. 70%. — *Ba-D-Gala-L-gluco-heptonat*, $C_{14}H_{26}O_{16}Ba$, durch Erhitzen von D-Gala-L-gluco-heptonsäurephenylhydrazid mit einer wss. Lsg. von $CuSO_4$ u. Bldg. des Ba-Salzes; aus W. längliche Prismen; $[\alpha]_D^{20}$ $-4{,}1^0$ (W; c = 2); in n HCl (c = 5) Mutarotation, nach 1440 Min. $[\alpha]_D^{20}$ $-11{,}6^0$. — *2-[D-gala-L-glucohepto-1.2.3.4.5.6-Hexaoxyhexyl]-benzimidazol*, $C_{13}H_{18}O_6N_2 \cdot 0{,}75\,H_2O$, F. 198° (bei langsamem Erhitzen), durch 2½std. Erhitzen von 5,9 g vorst. Verb. u. 2,4 g I in verd. HCl auf ca. 135°, Aufnehmen in heißem W., Alkalisieren mit NH_4OH, Eindampfen, Waschen mit Ae., Lösen in heißem W. u. Eindunsten; aus wenig A. enthaltendem W. lange Nadeln; 3,5 g; $[\alpha]_D^{20}$ $3{,}8^0$ (n HCl; c = 2). — *L-threo-1.2-Bis-[benzimidazolyl-(2)]-1.2-dioxyäthan*, $C_{16}H_{14}O_2N_4$, durch 2½std. Erhitzen von 15 g (+)-Weinsäure u. 21,6 g I in 5nHCl auf ca. 135°, Lösen in W., Alkalisieren mit NH_4OH, Filtrieren, Waschen mit W. u. Ae., Aufnehmen in Methanol u. Fällen mit wenig W.; aus Methanol Nadeln, die bei 275° zu einer roten M. zerfließen; 4 g; $[\alpha]_D^{20}$ $+212^0$ (n HCl; c = 0,8). Beim Eindunsten einer Lsg. der Verb. in n HCl entsteht das *Dihydrochloriddihydrat*, $C_{16}H_{14}O_2N_4 \cdot 2HCl \cdot 2H_2O$, F. 270° (Gasentw.); aus Pentan enthaltendem A. Blättchen. (J. Amer. chem. Soc. **73**. 5907—08. Dez. 1951. Bethesda, Md., Federal Security Agency, Public Health Service, Nat. Inst. of Health, Nat. Inst. of Arthritis and Metabolic Diseases.) W. HOFFMANN. 3122

John A. Stephens und Cliff S. Hamilton, *Die Synthese von einigen Naphth-[1.2]-imidazolderivaten.* Vff. erhielten einige im Naphthalinkern substituierte Derivv. des *Naphth-[1.2]-imidazols* (I) aus den entsprechenden 1-Nitro-2-acylaminonaphthalinen durch katalyt. Hydrierung oder nach den Methoden von FISCHER [1901], PHILLIPS [1928] oder KELLY u. DAY (C. **1945**. II. 491) als in verd. Säuren u. Alkalien leicht, in organ. Lösungsmitteln (außer A.) schwerlösl. Verbb., die schwerlösl. Hydrochloride, Pikrate u. rote Cu-Komplexsalze bilden.

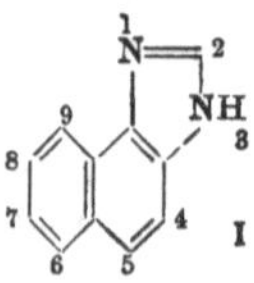

I

Versuche: *4-Brom-2-methylnaphth-[1.2]-imidazol* (II), $C_{12}H_9N_2Br$, F. 233—234° (verd. A.), durch Hydrierung von 3-Brom-1-nitro-2-acetamidonaphthalin mit RANEY-Ni in Aceton bei 46 lbs., Fällung des *Hydrochlorids* mit HCl-Gas u. Behandlung mit 5%ig. $NaHCO_3$-Lsg.; 59% (Ausbeute). — *9-Amino-2-methylnaphth-[1.2]-imidazol*, $C_{12}H_{11}N_3$, F. 205—207° (Zers.), durch 2std. Kochen von 1.8-Dinitro-2-acetamidonaphthalin mit aktiviertem Fe-Pulver in 90%ig. A., Filtrieren, Einengen, Erhitzen mit $SnCl_2$ in 5%ig. HCl auf 80°, Entfernen von überschüssigem Sn bzw. Fe mit H_2S, Zugabe von konz. HCl, 12std. Stehen bei 0° u. Behandlung des gebildeten *Hydrochlorids* (F. >350°) mit 5%ig. $NaHCO_3$-Lsg.; aus verd. A., dann Bzl. Nadeln; 45%. *Pikrat*, F. 228—231°. *Monoacetylderiv.*, F. 322—323°. — *9-Aminonapht-[1.2]-imidazol*, $C_{11}H_9N_3$, F. 199—200° (Zers.); aus verd. A. schieferfarbene Nadeln; 43%; Darst. analog vorst. Verb. aus 1.8-Dinitro-2-formamidonaphthalin (F. 222—224°), dieses nach VESELY u. JAKES [1923] aus 8-Nitro-2-formamidonaphthalin (F. 190—191°). — *6-Brom-1-nitro-2-acetamidonaphthalin* (III), F. 157—159°, durch vorsichtige Zugabe von rauchender HNO_3 in Eisessig zu 6-Brom-2-acetamidonaphthalin + Essigsäureanhydrid in Eisessig; aus A. gelbe Nadeln; 55%; gibt mit konz. HCl in A. *6-Brom-1-nitro-2-aminonaphthalin*, F. 189—191°; daraus durch Erhitzen in Dioxan + 10%ig. NaOH *6-Brom-1-nitro-2-naphthol*, F. 122—123°. — *6-Brom-1-amino-2-acetamidonaphthalin*, $C_{12}H_{11}ON_2Br$, F. 219—221°, aus **III** analog **II**; aus A. Nadeln; 87%; gibt bei 1std. Kochen in Xylol *7-Brom-2-methylnaphth-[1.2]-imidazol*, $C_{12}H_9N_2Br$, F. 216—218°; aus wss. A. Nadeln. — *1.6-Diamino-2-acetamidonaphthalin*, $C_{12}H_{13}ON_3$, F. 205—206°, durch Hydrierung von 1.6-Dinitro-2-acetamidonaphthalin mit RANEY-Ni in Aceton; aus Aceton–Methanol (1:1) Nadeln; 81%. — *7-Amino-2-methylnaphth-[1.2]-imidazol* (IV), $C_{12}H_{11}N_3$, F. 109—110° (verd. A.), nach 6std. Trocknen über P_2O_5 bei 108—110°, F. 126,5—128°; hygroskop.; aus vorst. Verb. a) durch 1std. Kochen mit 10%ig. HCl, Behandlung mit $NaHCO_3$ in konz. wss. Lsg. u. anschließend in heißem A.; 87%; b) durch Erhitzen mit CH_3COONa in Eisessig u. Alkalisieren mit konz. NH_4OH bei 0°, wobei das *Acetylderiv.* entsteht, F. 355—356°, aus A. rosafarbene Nadeln; gibt bei 1std. Erhitzen mit konz. HCl **IV**-*Hydrochlorid*; **IV** entsteht daraus durch Behandeln mit konz. $NaHCO_3$-Lösung. *Pikrat*, F. 259—260°; orangefarben. — *7-Chlor-2-methylnaphth-[1.2]-imidazol*, $C_{12}H_9N_2Cl$, F. 235,5—236,5°, durch Diazotieren von **IV**, Eingießen in konz. HCl in Ggw. von CuCl, 1 std. Stehenlassen bei Raumtemp., 1std. Erhitzen auf 80° u. Behandeln des festen Anteils mit konz. $NaHCO_3$-Lsg.; aus verd. A. schwach rosafarbene Kristalle; 43%. — *1.5-Diamino-2-acetamidonaphthalin* (V), $C_{12}H_{13}ON_3$, F. 215—217° (Zers.), durch Hydrierung von 1.5-Dinitro-2-acetamidonaphthalin mit RANEY-Ni in Aceton; aus 90%ig. A. Nadeln, 70%, bleibt bei Erhitzen in Xylol unverändert; gibt mit Eisessig + Acetanhydrid *1.2.5-Triacetamidonaphthalin*, $C_{16}H_{17}O_3N_3$, F. 313—314°. — *6-Amino-2-methylnaphth-[1.2]-imidazolhydrochlorid*, $C_{12}H_{11}N_3 \cdot HCl$, durch 1std. Kochen von **V** mit 10%ig. HCl, 12std. Stehen u. Umkristallisieren aus A.; bei Behandlung mit $NaHCO_3$-Lsg. erfolgt nur teilweise Umsetzung zur Base. (J. Amer. chem. Soc. **73**. 4297—99. Sept. 1951. Lincoln, Nebr., Univ. of Nebraska, Avery Labor.) W. HOFFMANN. 3122

Melvin S. Newman und Abraham Kutner, *Neue, bei Behandlung von 3-Nitrosooxazolidonen-(2) mit Alkali stattfindende Reaktionen.* Vff. beschreiben die Darst. einiger substituierter 3-Nitrosooxazolidone-(2) aus den entsprechenden Oxazolidonen, die ihrerseits durch CURTIUSsche Umlagerung von β-Oxysäureaziden oder durch Cyclisierung von β-Aminoalkoholen mit Phosgen oder Diäthylcarbonat gewonnen werden können. Die erhaltenen Nitrosoverbb. sind bis auf das selbstentzündliche *3-Nitrosooxazolidon-(2)* u. das instabile *5-Phenyl-3-nitrosooxazolidon-(2)* beständig. Die bei der Behandlung von *3-Nitroso-1-oxa-3-azaspiro-[4.5]-decanon-(2)* mit Alkali gemachten Beobachtungen (vgl. C. **1950**. I. 541) werden erweitert. Je nach Art der an $C_{(5)}$ befindlichen Substituenten entstehen bei der Alkalisierung *Acetylene, Ketone, Aldehyde oder Vinyläther.* Sind beide Reste aromat., so entsteht unter Umlagerung ein Diarylacetylen; bei einem aromat. u. einem aliphat. Rest (bzw. H) entsteht neben einem Acetylen ein Keton bzw. Aldehyd; sind beide Reste aliphat., so findet keine Umlagerung statt, es resultiert ein Aldehyd vom Typ R_1R_2CHCHO. Da als Ausgangsprodd. hauptsächlich Ketone bzw. Aldehyde verwendet werden u. bei allen Stufen gute Ausbeuten zu verzeichnen sind, lassen sich über die Oxazolidone Rkk. folgender Art durchführen: RCOR′ → RC≡CR′ (R u. R′ = Aryl); RCOR′ → RC=CR′ neben RCH_2COR' (R = Aryl, R′ = Alkyl bzw. H); RCOR′ → RR′CHCHO (R u. R′ = Alkyl). Bei der Durchführung der Rkk. in absol. Alkohol in Ggw. des entsprechenden Na-Alkoholats entstehen auch *Vinyläther,* u. zwar bevorzugt bei *4.5.5-Triphenyl-3-nitrosooxazolidon-(2)* (**IV**), jedoch nicht bei *5.5-Diphenyl-3-nitrosooxazolidon-(2)* (**V**). — Vff. vermuten, daß die Umlagerung über ein ungesätt. hypothet. Carboniumion $RR'C = \overset{+}{C}H$ verläuft. Der Reaktionsmechanismus wird erörtert.

Versuche (FF. < 200° korr.): *1-Oxycycloheptylessigsäuremethylester,* $Kp._{0,5}$ 69 bis 70°: Darst. dieser Verb. u. der übrigen Oxyester durch REFORMATSKI-Rk.; 70% (Ausbeute). — *α-[1-Oxycycloheptyl]-essigsäurehydrazid,* $C_9H_{18}O_2N_2$, F. 60,0—62,4°, aus vorst. Verb. durch Erwärmen mit N_2H_4 auf 50° u. 1std. Kochen in CH_3OH; 92%. — Analog wurden dargestellt: *α-[1-Oxycyclohexyl]-essigsäurehydrazid* (**VII**), $C_8H_{16}O_2N_2$, F. 102,4—104,4°; 78%. — *β-Oxy-β-äthylvaleriansäurehydrazid,* $C_7H_{16}O_2N_2$, F. 69,7—72,3°; 94%. — *β-Oxy-β-phenylpropionsäurehydrazid,* $C_9H_{12}O_2N_2$, F. 159,6—161,6°; 90%. — *β-Oxy-β-phenylbuttersäurehydrazid,* $C_{10}H_{14}O_2N_2$, F. 85,0—87,5°; 71%. — *β-Oxy-β.β-diphenylpropionsäurehydrazid,* $C_{15}H_{16}O_2N_2$, F. 129,0—130,4°; 94%. — *5.5-Pentamethylenoxazolidon-(2),* $C_8H_{13}O_2N$, F. 101,0—102,4°, durch Zugabe von $NaNO_2$ zu einer mit Leichtbzn. überschichteten Lsg. von **VII** in 2—3nHCl; 82%. — Analog wurden folgende *Oxazolidone-(2)* dargestellt: *5.5-Hexamethylen,* $C_9H_{15}O_2N$, F. 92,0—93,0°; 82%. — *5.5-Diäthyl-,* $C_7H_{13}O_2N$, F. 52,2—56,4°; lösl. in W., zur Isolierung kontinuierliche Ae.-Extraktion. — *5-Phenyl-,* $C_9H_9O_2N$, F. 88,8—90,2°; 71%. — *5-Phenyl-5-methyl-,* $C_{10}H_{11}O_2N$, F. 146,2—147,2°; 89%. — *5.5-Diphenyl-* (**I**), $C_{15}H_{13}O_2N$, F. 199,6—200,4°; 91%. — *4.5.5-Triphenyloxazolidon-(2)* (**II**), $C_{21}H_{17}O_2N$, F. 229,5—231,0°, durch vorsichtige Zugabe von $COCl_2$ in Toluol zu einer gekühlten Mischung von 1.1.2-Triphenyl-2-aminoäthanol (**III**) in Toluol u. 12,5%ig. KOH, Zerreiben des Rohprod. in Pyridin–Essigester (5:1), Filtrieren u. Versetzen mit W.; Nadeln; 52%. — *erythro-4.5-Diphenyloxazolidon-(2)* (**VI**), $C_{15}H_{13}O_2N$, F. 193,5—195,0°, a) analog **II** aus erythro-1.2-Diphenyl-2-aminoäthanol (**VIII**, F. 163—164°) u. Umkristallisieren des Rohprod. aus wss. A.; 82%; b) durch Einengen von **VIII** in Diäthylcarbonat u. etwas Toluol, Zufügen von CH_3ONa, $1^1/_4$std. Erhitzen auf 120° u. Umkristallisieren des Rohprod. aus 80%ig. CH_3OH; 45%. Daneben entsteht *erythro-3-Carbäthoxy-4.5-diphenyloxazolidon-(2),* $C_{18}H_{17}O_4N$, F. 152,8—153,4°; Nadeln; 21%; gibt bei alkal. Hydrolyse **VI**. — *threo-4.5-Diphenyloxazolidon-(2)* (**XI**), $C_{15}H_{13}O_2N$, F. 159,0—160,5°, analog **VI** aus threo-1.2-Diphenyl-2-aminoäthanol (F. 128—129°); a) 89%, b) 49%. Daneben *threo-3-Carbäthoxy-4.5-diphenyloxazolidon-(2),* $C_{18}H_{17}O_4N$, F. 117,6 bis 118,8°; 18%; gibt bei alkal. Hydrolyse **XI**. — *1-Carbäthoxyamino-1.2.2-triphenyläthylen,* $C_{23}H_{21}O_2N$, F. 221—223° (Aceton–W.), entstand beim Vers., **III** mit Diäthylcarbonat zu cyclisieren; 68%. — *5.5-Diphenyl-3-nitrosooxazolidon-(2)* (**V**), $C_{15}H_{12}O_3N_2$, F. 107,5—108,5, durch Zugabe einer 4,8n-Lsg. von NOCl in Essigsäureanhydrid zu **I** in Pyridin bei 10—15° u. Eingießen in Eiswasser; aus Leichtbenzin gelbe Nadeln; 92%; gibt bei Zers. mit KOH in verd. A. *Diphenylacetylen* (**IX**), F. 58,2—59°; 100%; *Pikrat,* F. 108,5—110,0°. — Analog **V** oder durch Nitrosierung mit $NaNO_2$ (bei ausreichender Löslichkeit in kalter verd. HCl) wurden dargestellt: *3-Nitrosooxazolidon-(2),* F. 50—53°; gibt bei Zers. mit 50%ig. KOH *Acetylen;* 12,5%. — Ferner folgende *3-Nitrosooxazolidone-(2) 5.5-Pentamethylen-* {*3-Nitroso-1-oxa-3-azaspiro-[4.5]-decanon-(2)*}, $C_8H_{12}O_3N_2$, F. 82,8—83,2°; 94%; gibt bei Zers. mit KOH *Hexahydrobenzaldehyd;* 88%; *2.4-Dinitrophenylhydrazon,* F. 170

bis 173°. — *5.5-Hexamethylen-*, $C_9H_{14}O_3N_2$, F. 82,6—83,5°; 93%; gibt bei Zers. mit KOH *Cycloheptylformaldehyd*; 81%; *2.4-Dinitrophenylhydrazon*, $C_{14}H_{18}O_4N_4$, F. 132,4—133,2°. — *5.5-Dimethyl-*, $C_5H_8O_3N_2$, F. 87,7—89,8°, aus 5.5-Dimethyloxazolidon-(2) (vgl. Close, J. Amer. chem Soc. **73.** [1951.] 95); 71%; gibt bei Zers. mit KOH *Isobutyraldehyd*; 80%; *2.4-Dinitrophenylhydrazon*, F. 181—182°. — *5.5-Diäthyl-*, $C_7H_{12}O_3N_2$, F. 3°, Kp.$_1$ 106 bis 107°; durch Zers. des Rohprod. mit KOH in verd. CH_3OH *Diäthylacetaldehyd*, Kp. 113 bis 117°; n_D^{25} 1,4059; 79%; *2.4-Dinitrophenylhydrazon*, F. 133—134°; bei Zers. mit CH_3ONa in absol. CH_3ONa entsteht daneben nach Abfiltrieren von gebildetem CH_3OCO_2Na *2.2-Diäthyl-1-methoxyäthylen*; 70%. — *5-Phenyl-*, $C_9H_8O_3N_2$, F. 76,5—77,5°; 77%; gibt bei Zers. mit Alkali in A. *Phenylacetylen*. 61%, identifiziert als *Bis-[phenyläthinyl]-quecksilber*, F. 124—125°; daneben entsteht *Phenylacetaldehyd*; 20%; *Semicarbazon*, F. 153 bis 155°. — *5-Methyl-5-phenyl-*, $C_{10}H_{10}O_3N_2$, F. 116,5—117,4°; 97%, bei Zers. mit KOH entsteht *Phenylaceton*, 16%; *2.4-Dinitrophenylhydrazon*, F. 147,0—148,5°; im Filtrat als Hauptprod. *1-Phenylpropin*; 74%; identifiziert a) nach Umwandlung mit konz. H_2SO_4 + HgO zu *Propiophenon* als dessen *2.4-Dinitrophenylhydrazon*, F. 187—189°; b) durch vorherige Abtrennung mit Girard-Reagens P u. anschließende katalyt. Hydrierung. — *5-Äthyl-5-phenyl-*, Fl., aus 5-Äthyl-5-phenyloxazolidon-(2); Zers. des Rohprod. mit KOH in verd. A. liefert *1-Phenylbutanon-(2)*; 9%, Kp.$_{10}$ 103—105°; *2.4-Dinitrophenylhydrazon*, $C_{16}H_{16}O_4N_4$, F. 145,8—146,8°, orangefarbene Nadeln; im Filtrat als Hauptprod. der Zers. *1-Phenylbutin*; 80%, identifiziert a) nach Umwandlung mit konz. H_2SO_4 + HgO zu *Butyrophenon* als dessen *2.4-Dinitrophenylhydrazon*, F. 187—189°, aus Pyridin–A. rote Blättchen, b) durch vorherige Abtrennung mit Girard-Reagens P u. katalyt. Hydrierung. — *erythro-4.5-Diphenyl-*, $C_{15}H_{12}O_3N_2$, F. 115,2—117,5°; 89%. *threo-4.5-Diphenyl-*, $C_{15}H_{12}O_3N_2$, F. 106,5—108,0°; 91%; beide Verbb. liefern bei der Zers. mit KOH in CH_3OH, Aufnehmen in Ae.–Bzl. u. Entfernen der Lösungsmittel *1.2-Diphenyl-2-methoxyäthanol* u. **IX**, > 10%, identifiziert mit Br_2 in Ae. als *Dibromdiphenyläthylen*, F. 203 bis 205°; außerdem entstehen *meso-Hydrobenzoin*, F. 134—136°, u. ca. 6% Desoxybenzoin; *2.4-Dinitrophenylhydrazon*, F. 196—198°. — *4.5.5-Triphenyl-* (**IV**), $C_{21}H_{16}O_3N_2$, F. 115,8 bis 117,5°; 91%; bei Zers. mit KOH in CH_3OH entsteht *1.2.2-Triphenyl-1-methoxyäthylen* (**X**), $C_{21}H_{18}O$, F. 108,4—109,2° (wss. A.); 40%; entfärbt $KMnO_4$ in Aceton oder Br_2 in CCl_4 nicht, gibt mit konz. H_2SO_4 bei anschließender Zers. mit W. *Benzhydrylphenylketon*, F. 136—137°; mit O_3 in Chlf. bei —78° u. anschließender Spaltung mit H_2O_2 in Essigsäure entstehen *Benzophenon* u. *Benzoesäure*. Durch Hydrierung von **X** mit Pd + $BaSO_4$ entsteht der *Benzhydrylphenylcarbinylmethyläther*, $C_{21}H_{20}O$, F. 66,8 bis 68,0°; 100%. Durch Zers. von **IV** mit KOH in A. *1.2.2-Triphenyl-1-äthoxyäthylen*, $C_{22}H_{20}$, F. 117,4—118,6°. (J. Amer. chem. Soc. **73.** 4199—4204. Sept. 1951. Columbus, O., Ohio State Univ., Chem. Labor.) W. Hoffmann. 3132

Ronald A. Henry, *Methylierung von 5-Phenyltetrazol*. Die durch 2std. Kochen einer mit CH_3J in Aceton versetzten Lsg. von *5-Phenyltetrazol* in NaOH, Aufnehmen in Bzl., Waschen mit W., Trocknen u. Einengen in quantitativer Ausbeute gewonnenen gelben Kristalle (F. 41—46°) der Zus. $C_8H_8N_4$ stellen ein Isomerengemisch dar (vgl. dagegen Elpern u. Nachod, J. Amer. chem. Soc. **72.** [1950.] 3379). Aus der etwas Bzl. enthaltenden äther. Lsg. krist. nach Zugabe von PAe. u. Stehen bei 0° *1-Methyl-5-phenyltetrazol* aus; F. 103—104° (korr.); Nadeln; 19,7% (Ausbeute). Aus der Mutterlauge durch Einengen wird *2-Methyl-5-phenyltetrazol* gewonnen; F. 50,5—51° (korr.); aus PAe. lange Nadeln; 80%. (J. Amer. chem. Soc. **73.** 4470. Sept. 1951. China Lake, Calif., U. S. Naval Ordnance Test. Stat., Chem. Div., Inorg. Chem. Branch.) W. Hoffmann. 3184

Paul F. Wiley, *Chromone in der Mannich-Reaktion*. Bei der Rk. von Chromon sowie den 6-Methoxy-, 7-Methoxy-, 6-Chlor- u. 6-Methylderivv. mit Formaldehyd u. einer Base, wie Dimethyl-, Diäthylamin, Piperidin oder Morpholin nach Mannich, findet die Anlagerung der Aminomethylgruppe an $C_{(3)}$ statt. Das Chromonsyst. ist, wie UV- u. Infrarotspektren beweisen, nach der Rk. unverändert, die Substitution an $C_{(3)}$ ließ sich durch Red. des *7-Methoxy-3-dimethylaminomethylchromons* zum bekannten *3-Dimethylaminomethyl-7-methoxychromanon* beweisen. Da die Ausbeute hier jedoch nur 1,5% betrug, wurde zur Sicherheit das völlig verschied. *2-Dimethylaminomethyl-6-methoxychromon* aus N-Bromsuccinimid (**III**) u. 2-Methyl-6-methoxychromon (**II**) u. Behandlung mit Dimethylamin dargestellt. 2-Methylchromon u. seine substituierten Derivv. gehen keine Mannich-Rk. ein, ebenfalls nicht β-Äthoxyacrylophenon u. β-Äthoxycrotonophenon, γ-Pyron dagegen ergibt ein Gemisch von *3-mono-* u. *3.5-disubstituiertem Pyron*. Wie Vf. bereits früher (J. Amer. chem. Soc. **73.** [1951.] 4205) festgestellt hat, reagieren auch 2-Methylchromanone erheblich schwieriger nach Mannich als 2-unsubstituierte Chromanone. — Die für die Verss. erforderlichen Ausgangsverbb. wurden auf üblichen Wegen dargestellt, *2-unsubstituierte Chromone* aus 2-Oxyacetophenonen (**I**) u. Diäthyloxalat (**IV**) in Ggw. von Basen u. anschließender Behandlung mit Säure zu *2-Carboxychromon* u. therm. Decarboxylierung, *2-Methylchromone* aus **I** durch CLAISEN-Kondensation mit Essigester u. Cyclisierung der so erhaltenen 1.3-Diketone, *2-Brommethylchromon* aus **II** u. **III**, da direkte Bromierung hier eine Dibromierung zur Folge hatte.

Versuche: *2-Carboxy-6-methoxychromon*, $C_{11}H_8O_5$, F. 268° (Zers.), aus 2-Oxy-5-methoxyacetophenon u. **IV** + Na-Sand in Dioxan, nach 2std. Rühren Zufügen von etwas A. u. dann Essigsäure, Aufnehmen der Paste in W., Ausäthern, Abdampfen, Aufnehmen in A. u. Einleiten von HCl; 47% (Rohausbeute). — *6-Methoxychromon*, $C_{10}H_8O_3$, F. 93—95° (A.), aus vorst. Verb. durch Erhitzen auf 350°; 29%. Nachst. *3-substituierte Chromonhydrochloride*, durch 4—5std. Sieden von 0,05 (Mol) des entsprechenden Chromons, 0,052 Dialkylaminhydrochlorid, 0,1 Paraformaldehyd in 16 cm³ absol. A.: *3-Dimethylaminomethyl-*, $C_{12}H_{14}O_2NCl$, F. 238—239°; 60%. — *3-Diäthylaminomethyl-*, $C_{14}H_{18}O_2NCl$, F. 167—168°; 7,5%. — *3-Piperidinomethyl-*, $C_{15}H_{18}O_2NCl$, F. 262 bis 263°; 14%. — *3-Morpholinomethyl-*, $C_{14}H_{16}O_3NCl$, F. 244—246°; 60%. — *6-Methoxy-3-dimethylaminomethyl-*, $C_{13}H_{16}O_3NCl$, F. 234—236°; 22%. — *7-Methoxy-3-dimethylaminomethyl-* (**V**), $C_{13}H_{16}O_3NCl$, F. 235—236°; 47%. — *6-Methyl-3-dimethylaminomethyl-*, $C_{13}H_{16}O_2NCl$, F. 230—231°; 21%. — *6-Chlor-3-dimethylaminomethyl-*, $C_{12}H_{13}O_2NCl_2$, F. 243—245°; 46%. — *3-Dimethylaminomethyl-7-methoxychromanon(-4)-hydrochlorid*, $C_{13}H_{18}O_3NCl$, F. 168—170°, durch Hydrieren von 2 g **V** mit PtO_2 in A. bei 50 lbs./sq.in.; 0,03 g. — *2-Brommethyl-6-methoxychromon*, $C_{11}H_9O_3Br$, F. 124—126° (A.), durch 3std. Sieden von **II** u. **III** in CCl_4 u. Einengen der abfiltrierten Lsg.; 17%. — *2-Dimethylaminomethyl-6-methoxychromonhydrochlorid*, $C_{13}H_{16}O_3NCl$, F. 223° (Zers.), durch 6std. Schütteln von 5,9 g vorst. Verb. mit Dimethylamin in A. bei 100° in einer Wasserstoffbombe u. Zufügen von W. + Ae.; aus der äther. Lsg. nach Einleiten von HCl; 0,05 g. — *2-Dibrommethyl-6-methoxychromon*, $C_{11}H_8O_3Br_2$, F. 158,5—160°, aus **II** in Essigsäure in MnO_2 + Br_2, ¼std. Sieden, Abdekantieren u. Einengen. — MANNICH-Rk. an 5 g γ-Pyron, Dimethylamin u. CH_2O wie oben liefert 2 g eines Gemisches des *3-Dimethylaminomethyl-* u. *3.5-Bis-[dimethylaminomethyl]-γ-pyrons*. (J. Amer. chem. Soc. **74**. 4326—28. 5/9. 1952. Indianapolis, Ind., Lilly Res. Labors.) LEHWALD. 3211

Paul F. Wiley, *Chromone und verwandte Verbindungen als Bronchodilatoren*. (Vgl. vorst. Ref.) Da *Khellin*, das ein wirksamer Bronchodilator ist, nur schwierig zu synthetisieren u. ebenfalls schwer aus seinen natürlichen Quellen zu isolieren ist, stellt Vf., in der Hoffnung, Verbb. mit ähnlicher Wrkg. zu finden, eine Anzahl *substituierter Acetophenone*, hieraus durch Kondensation mit Essigester eine Anzahl *substituierter 1-Arylbutandione-(1.3)* u. hieraus durch säurekatalysierten Ringschluß eine Reihe *substituierter Chromone* dar. Alle Verbb., mit Ausnahme der Chromone ohne 2-Methylgruppe, erwiesen sich als pharmakol. im gewünschten Sinne mehr oder weniger wirksam. Eine Gesetzmäßigkeit zwischen Struktur u. Wrkg. wurde nicht gefunden.

Versuche: Nachst. *Acetophenone* wurden nach bekannten Verff. aus dem Oxyacetophenon durch Methylierung, aus Phenolen oder Phenoläthern durch Einführung einer Acetylgruppe oder durch Kombination dieser Methoden erhalten: *2-* u. *3-Methoxy-*, *2-Oxy-4-* u. *-5-methoxy-*, *2-Oxy-4.5-* u. *-4.6-di-* u. *-3.4.6-trimethoxy-*, *-2.4-*, *2.5-*, *3.4-Di-*, *2.3.4-Tri-* u. *2.3.4.6-Tetramethoxy-*. — *1-[2-Oxy-5-methoxyphenyl]-butandion-(1.3)*, $C_{11}H_{12}O_4$, F. 102—104°, nach früherer Meth. (vgl. J. Amer. chem. Soc. **73**. [1951.] 4205); 25% (Ausbeute). — *1-[2-Oxy-4.6-dimethoxyphenyl]-butandion-(1.3)*, $C_{12}H_{14}O_5$, F. 83 bis 85° (A.), aus 2-Oxy-4.6-dimethoxyacetophenon u. Essigester + Na-Sand; 37%. — Analog: *1-[2-Oxy-3.4-dimethoxyphenyl]-*, F. 104—107°, 20%; *1-[2-Oxy-3.4.6-trimethoxyphenyl]-*, $C_{13}H_{16}O_6$, F. 117—119°, 72%; *1-[2.4.6-Trimethoxyphenyl]-*, F. 96—97°; *1-[2.5-Dimethoxyphenyl]-*, $C_{12}H_{14}O_4$, $Kp._{0,1}$ 97°, n_D^{25} 1,5893, 28%, u. *1-[2.3.4.6-Tetramethoxyphenyl]-butandion-(1.3)*, $C_{14}H_{18}O_6$, F. 76—78°, 41%. — *2-Brommethyl-7-methoxychromon*, $C_{11}H_9O_3Br$, F. 161—163°, aus dem entsprechenden Chromon u. N-Bromsuccinimid; 10%. — *2-Methyl-5.7-dimethoxychromon*, $C_{12}H_{12}O_4$, F. 121—123°, aus dem entsprechenden Acetophenon durch Kondensation mit Diäthyloxalat in Ggw. von Na, Hydrolyse u. Decarboxylierung; Hydrat, F. 68—70°. — *2-Methyl-5.7.8-trimethoxychromon*, $C_{13}H_{14}O_5$, F. 167—169°, durch kurzes Sieden des entsprechend substituierten Butandions-(1.3) in Essigsäure bei Ggw. von etwas konz. HCl, Abdampfen im Vakuum u. Behandeln mit Ae.; gelbe Kristalle aus 50%ig. A.; 81% (roh). — Außer den vorst. genannten Verbb. wurden noch auf ihre physiol. Wrkg. geprüft: *1-[2.4-Dimethoxyphenyl]-* u. *1-[2.3.4-Trimethoxyphenyl]-butandion-(1.3)*, sowie *6-* u. *7-Methoxy-*, *2-Dimethylaminomethyl-7-methoxy-*, *2-Methyl-6-* u. *-7-methoxy-* u. *2-Methyl-7.8-dimethoxychromon*. (J. Amer. chem. Soc. **74**. 4329—31. 5/9. 1952.) LEHWALD. 3211

D. W. Adamson und **J. W. Billinghurst**, *Tertiäre Aminoalkylcarbinole und verwandte Verbindungen*. 3. Mitt. *3-tert.-Amino-1-aryl-1-[2-pyridyl]-propanole-(1) und -pro-*

pene-(1). (2. vgl. C. **1952.** 2165.) Vff. versuchen, durch Austausch eines Phenyl- gegen einen Pyridyl-(2)-rest die Antihistaminwrkg. der als mittelmäßig wirksam erkannten *3-tert.-Amino-1.1-diphenylpropanole* bzw. *-propene* (vgl. J. chem. Soc. [London] Suppl. 1. **1949.** 144) zu verstärken. Sie behandeln *Aryl-[2-tert.-aminoäthyl]-keton* (dargestellt aus den entsprechenden Verbb. durch Mannich-Kondensation) mit *Pyridyl-(2)-lithium* (dargestellt nach Gilman u. Spatz, J. Amer. chem. Soc. **62.** [1940.] 446, aus *2-Brompyridin* u. *n-Butyllithium*) u. erhalten *3-tert.-Amino-1-aryl-1-[2-pyridyl]-propanol*, dessen Dehydratisierung durch Schwefelsäure oder Thionylchlorid zu dem entsprechenden Propen führt. Einige der auf diese Weise dargestellten Verbb. werden durch Hydrierung in die analogen Propane verwandelt. Pharmakol. sind vor allem die Allylverbb. am wirksamsten.

Versuche: *Aryl-[2-tert.-aminoäthyl]-ketone,* nach Blicke (Org. Reactions 1942, Vol. 1, S. 303) durch Kochen von *Arylmethylketon,* Paraformaldehyd u. dem sek.-Aminhydrochlorid in A. + HCl u. Überführen des Hydrochlorids in die freie Base mit wss. NH_3: *2-[Dimethylamino]-äthylphenylketonhydrochlorid,* F. 152—153° (A. + Aceton); *2-[Diäthylamino]-äthylphenylketonhydrochlorid,* F. 110—112° (Aceton + Ae.); *[2-Pyrrolidinoäthyl]-phenylketonhydrochlorid,* $C_{13}H_{17}ON \cdot HCl$, F. 162—164° (A.–Essigester); *[2-Piperidinoäthyl]-phenylketonhydrochlorid,* F. 189—190° (A.); *[2-Morpholinoäthyl]-phenylketonhydrochlorid,* F. 181—182° (A.); *2-[Dimethylamino]-äthyl-[p-chlorphenyl]-keton,* $C_{11} \cdot H_{14}ONCl$, F. 58—59° (A.), *Hydrochlorid,* F. 174—175° (A.); *2-[Diäthylamino]-äthyl-[p-chlorphenyl]-keton,* $C_{13}H_{18}ONCl$, Öl; *Hydrochlorid,* F. 141—142° (A.); *[2-Pyrrolidinoäthyl]-[p-chlorphenyl]-keton,* $C_{13}H_{16}ONCl$, F. 72—73° (A.); *Hydrochlorid,* F. 187—188° (A.); *[2-Piperidinoäthyl]-[p-chlorphenyl]-keton,* $C_{14}H_{18}ONCl$, F. 49—51° (PAe.); *Hydrochlorid,* F. 189—191° (A.); *[2-Morpholinoäthyl]-[p-chlorphenyl]-keton,* $C_{13}H_{16}O_2NCl$, F. 89 bis 90° (A.); *Hydrochlorid,* 208—209° (Zers.) (Methanol); *2-[Dimethylamino]-äthyl-[p-methoxyphenyl]-ketonhydrochlorid,* F. 187—188° (A.); *2-[Dimethylamino]-äthylthienyl-(2)-ketonhydrochlorid,* F. 178—179° (A.). — *3-Pyrrolidino-1-[p-chlorphenyl]-1-[2-pyridyl]-propanol,* $C_{18}H_{21}ON_2Cl$, durch Zutropfen von 2-Brompyridin u. *p-Chlor-β-pyrrolidinopropiophenon* in Ae. zu der aus n-Butylchlorid in 200 cm³ + Li bereiteten äther. Lsg. bei —45°, Erwärmen in Eis–Eisessig, Waschen der wss. Schicht mit Ae., Zufügen von NH_3 u. Extrahieren mit Chlf., orangefarbene Kristalle aus A., F. 130—131°. *Monooxalat,* F. 127—128° (Zers.). Nach dieser Meth. wurden folgende *1-[2-Pyridyl]-propanole* dargestellt: *3-Dimethylamino-1-phenyl-,* $C_{16}H_{20}ON_2$, F. 99—100°; 83% (Ausbeute); *Dihydrochlorid,* F. 207—208° (Zers.); *Monooxalat,* F. 151—153°; *Methojodid,* $C_{17}H_{23} \cdot ON_2J$, F. 173° (Zers.). *3-Diäthylamino-1-phenyl-,* $C_{18}H_{24}ON_2$, F. 61—62°; 33%; *Monooxalat,* F. 160—161°. *3-Pyrrolidino-1-phenyl-,* $C_{18}H_{22}ON_2$, F. 93—94°; 42%; *Monooxalat,* F. 176—177° (Zers.). *3-Piperidino-1-phenyl-,* $C_{19}H_{24}ON_2$, F. 84—85°; 56%; *Monooxalat,* 204—205° (Zers.). *3-Dimethylamino-1-[p-chlorphenyl]-,* $C_{16}H_{19}ON_2Cl$, F. 89—90°; 62%; *Monooxalat,* F. 158—159° (Zers.). *3-Diäthylamino-1-[p-chlorphenyl]-,* $C_{18}H_{23}ON_2Cl$, Kp.$_{0,1}$ 146—148°; 63%; *Monooxalat,* F. 164—165° (Zers.). *3-Piperidino-1-[p-chlorphenyl]-,* $C_{19}H_{23}ON_2Cl$, F. 97—98°; 69%; *Monooxalat,* F. 151—152° (Zers.). *3-Morpholino-1-[p-chlorphenyl]-,* $C_{18}H_{21}O_2N_2Cl$, F. 83—84°; 41%; *Oxalat,* F. 164—165° (Zers.). *3-Dimethylamino-1-[p-methoxyphenyl]-,* $C_{17}H_{22}O_2N_2$, 89—90°; 46%; *Dihydrochlorid,* F. 208—209° (Zers.). *3-Dimethylamino-1-[2-thienyl]-,* $C_{14}H_{18}ON_2S$, F. 66—67°; 33%; *Monooxalat,* F. 167° (Zers.). — Darst. der entsprechenden Propene, durch Erhitzen der Carbinole mit 85% H_2SO_4 10—20 Min. auf 100—170°, weniger gut durch 2std. Rückflußkochen von $SOCl_2$ u. Carbinol (bisweilen Harzbldg.). Nach diesen Methoden wurden folgende *1-[2-Pyridyl]-propene* (Kristalle aus A., Methanol oder Essigester) dargestellt: *3-Dimethylamino-1-phenyl-,* $C_{16}H_{18}N_2$, Kp.$_{0,5}$ 108°; *Hydrochlorid,* F. 180—181°. *3-Diäthylamino-1-phenyl-,* $C_{18}H_{22}N_2$, Kp.$_{0,01}$ 119—121°; *Oxalat,* F. 153—155° (Zers.). *3-Pyrrolidino-1-phenyl-,* $C_{18}H_{20}N_2$, Kp.$_{0,01}$ 128—135°; *Monooxalat,* F. 165—167° (Zers.); *Mucat,* $C_{18}H_{20}N_2 \cdot$ ½ $C_6H_{10}O_8$, F. 151—152° (Zers.) *3-Piperidino-1-phenyl-,* $C_{19}H_{22}N_2$, Kp.$_{0,01}$ 154—158°; *Monooxalat,* F. 170° (Zers.). *3-Dimethylamino-1-[p-chlorphenyl]-,* $C_{16}H_{17}N_2Cl$, Kp.$_{0,01}$ 118 bis 120°, F. 60—61°; *Monooxalat,* F. 171° (Zers.); *Monomaleat,* F. 166° (Zers.). *3-Diäthylamino-1-[p-chlorphenyl]-,* $C_{18}H_{21}N_2Cl$, Kp.$_{0,01}$ 136—138°; *Oxalat,* F. 151—152° (Zers.). *3-Pyrrolidino-1-[p-chlorphenyl]-,* $C_{18}H_{19}N_2Cl$, Kp.$_{0,01}$ 165—169°; *Monooxalat,* F. 177° (Zers.); *Monomaleat.* F. 148—149° (Zers.). *3-Piperidino-1-[p-chlorphenyl]-,* $C_{19}H_{21}N_2Cl$, Kp.$_{0,01}$ 182—184°; *Monooxalat,* F. 180—181° (Zers.). *3-Morpholino-1-[p-chlorphenyl]-,* $C_{18}H_{19} \cdot ON_2Cl$, Kp.$_{0,01}$ 186—188°; *Monooxalat,* F. 180—181° (Zers.). *3-Dimethylamino-1-[p-methoxyphenyl]-,* $C_{17}H_{20}ON_2$, Kp.$_{0,3}$ 156—158°; *Dihydrochlorid,* F. 206—208° (Zers.); *3-Dimethylamino-1-[2-thienyl]-,* $C_{14}H_{16}N_2S$, Kp.$_{0,5}$ 116—122°; *Monooxalat,* F. 161—162° (Zers.). — *3-Dimethylamino-1-[p-chlorphenyl]-1-[2-pyridyl]-propan,* $C_{16}H_{19}N_2Cl$, durch Hydrieren des Propens in Eisessig + 3% Pd-Kohle, Kp.$_{0,01}$ 122—124°; 70%; *Monooxalat,* F. 137 bis 139°. Analog wurden folgende *1-[2-Pyridyl]-propane* hergestellt: *3-Dimethylamino-1-phenyl-,* $C_{16}H_{20}N_2$, Kp.$_{0,05}$ 104—106°; *Monooxalat,* F. 154°; *Pikrat,* F. 200—202°.

3-Pyrrolidino-1-phenyl-, $Kp._{0,01}$ 120—122°; *Monooxalat*, F. 173—174° (Zers.). *3-Diäthylamino-1-[p-chlorphenyl]-*, $C_{18}H_{23}N_2Cl$; *Monooxalat*, F. 139—140° (Zers.). *3-Pyrrolidino-1-[p-chlorphenyl]*, *Monooxalat*, $C_{18}H_{21}N_2Cl \cdot C_2H_2O_4$, F. 148—149°. (J. chem. Soc. [London] **1950**. 1039—45. April. Beckenham, Kent., Welcome Res. Labors., Chem. Div.)
LEHWALD. 3231

Charles R. Saunders, Clyde E. Smith jr. und **Julius D. Capps**, *Einige Derivate des 6.8-Dichlorchinolins.* Die Darst. einiger Derivv. des *6.8-Dichlorchinolins* (**I**) nach neuen bzw. abgewandelten bekannten Methoden wird beschrieben.

Versuche: *6.8-Dichlorchinolin* (**I**), F. 103—104°, durch SKRAUPsche Synth. aus 2.4-Dichloranilin (**II**) oder 2.4-Dichloracetanilid; 35% (Ausbeute). — *2.4-Dichlor-5-nitroanilin* (**III**), F. 107—108°, durch langsames Zugeben von 5 g **II** in Oleum zu $NaNO_3$ in Oleum bei 0°, $^1/_4$std. Erhitzen auf 40°, Gießen in Eiswasser, Filtrieren, Neutralisieren mit NaOH, Aufnehmen in A. u. Fällen mit W.; gelbe Nadeln; 2,7 g; identifiziert durch Desaminierung zu *2.4-Dichlornitrobenzol*; dieses gibt mit Sn + HCl **II**; daraus durch Bromierung in HCl *6-Brom-2.4-dichloranilin.* — *6.8-Dichlor-5-nitrochinolin* (**IV**), $C_9H_4O_2N_2Cl_2$, F. 125,5—126,5° (A.), a) durch Nitrierung von **I**; 66—78%; b) durch 5std. Erhitzen einer Mischung von 5 g **III**, As_2O_5, Essigsäureanhydrid, Glycerin u. H_2SO_4 auf 155—160°, Gießen in Eiswasser, Filtrieren u. Aufnehmen in Bzl.; 3 g. — *6.8-Dichlor-1-methylchinolon-(2)*, $C_{10}H_7ONCl_2$, F. 80—86° (Rohprod.), durch 3std. Erhitzen von 43 g **I** mit $(CH_3)_2SO_4$ auf 140—150° u. Oxydation mit $K_3[Fe(CN)_6]$ bei 60 bis 65°; 43 g; Reinigung durch Dampfdestillation. — *2.6.8-Trichlorchinolin* (**V**), $C_9H_4 \cdot NCl_3$, F. 165—166° (Aceton), durch Einw. von PCl_5 auf 21 g vorst. Verb.; 12,7 g. — *6.8-Dichlor-1-methyl-5-nitrochinolon-(2)*, $C_{10}H_6O_3N_2Cl_2$, F. 144—145°, durch 3std. Erhitzen von **IV** mit $(CH_3)_2SO_4$ auf 125—130° u. Oxydation mit Perhydrol bei 55—65°; aus Methanol Nadeln. — *2.6.8-Trichlor-5-nitrochinolin* (**VI**), $C_9H_3O_2N_2Cl_3$, F. 151,5 bis 153° (Aceton oder A.), (a) durch 1½std. Einw. von $POCl_3$–PCl_5 auf vorst. Verb. bei 140 bis 150°; b) durch Zugabe von 22 g **V** in H_2SO_4 zu HNO_3 bei 0°, langsames Erhitzen auf 70° u. Gießen in Eiswasser; 21,5 g. — *6.8-Dichlor-2-oxychinolin*, $C_9H_5ONCl_2$, F. 255 bis 256° (A.), durch 3½ std. Erhitzen von **V** in 25%ig. H_2SO_4 auf 170—210° u. Gießen in W.; fast 100%. — *6.8-Dichlor-2-oxy-5-nitrochinolin* (**VII**), $C_9H_4O_3N_2Cl_2$, F. 255 bis 257° (A. oder 2-Äthoxyäthanol), a) durch Einw. von HNO_3 auf 2 g vorst. Verb. in H_2SO_4 bei 55° u. Gießen in Eiswasser; 2 g; b) durch Hydrolyse von **VI**; fast 100%. — *5-Amino-6.8-dichlorchinolin* (**VIII**), $C_9H_6N_2Cl_2$, F. 181—182°, durch Red. von 13 g **IV** mit Sn + HCl, Alkalisieren mit NaOH u. Aufnehmen in sd. Aceton; nach Verdünnung mit W. Nadeln; 7,4 g. — *5-Amino-2.6.8-trichlorchinolin* (**IX**), $C_9H_5N_2Cl_3$, F. 207—208°, durch Red. von **VI** mit H_2 in Ggw. von RANEY-Ni in Aceton oder A. bei 50°. — *5-Amino-6.8-dichlor-2-oxychinolin*, $C_9H_6ON_2Cl_2$, F. 259—260,5° (Zers.), analog **IX** aus **VII**. — *5-Acetamido-6.8-dichlor-2-oxychinolin*, $C_{11}H_8O_2N_2Cl_2$, F. > 310° (nach Auslaugen mit A.), durch Acetylierung vorst. Verbindung. — *5-Acetamido-2.6.8-trichlorchinolin*, $C_{11}H_7ON_2Cl_3$, F. 299—300° (Aceton–A.), aus **IX**. — *5-Acetamido-6.8-dichlorchinolin*, $C_{11}H_8ON_2Cl_2$, F. 247—248,5° (A.), aus **VIII**. — *5-Benzamido-2.6.8-trichlorchinolin*, $C_{16}H_9ON_2Cl_3$, F. 259 bis 260° (A.), durch Benzoylierung von **IX**. — *6.8-Dichlorchinolin-5-arsonsäure*, $C_9H_6O_3 \cdot NCl_2As$, F. 292—293°, aus **VIII**; 30%. — *2.6.8-Trichlorchinolin-5-arsonsäure*, $C_9H_5O_3 \cdot NCl_3As$, F. >310°, aus **IX**; 8,9%. (J. Amer. chem. Soc. **73**. 5910—11. Dez. 1951. Auburn, Ala., Polytechn. Inst., Ross Chem. Labor.) W. HOFFMANN. 3231

K. E. Calderbank und **R. J. W. Le Fèvre**, *Die Orientierung von x-Brom- und x-Nitrobenzocinnolin-6-oxyden.* In Fortführung früherer Verss. (vgl. C. **1950**. I. 268) kommen Vff. nach Best. der Dipolmomente auf Grund theoret. Überlegungen zu dem Ergebnis, daß es sich bei dem von KING u. KING (vgl. J. chem. Soc. [London] **1945**. 824) erhaltenen Mononitrierungsprodd. von *Benzocinnolin-6-oxyd* (**I**) (F. 138°) um *3-Nitrobenzocinnolin-6-oxyd* (**II**) (F. 269°) handelt. Das von GORE dargestellte Monobromderiv. des **I**, das später beschrieben werden soll, ist *3-Brombenzocinnolin-6-oxyd* (**III**) (F. 194,5°). Zum Vgl. wurde außer den Momenten von **II** (5,6) u. **III** (5,3) auch das von *3.8-Dichlorbenzocinnolin-6-oxyd* (**IV**) (5,1) ermittelt. Ferner wurden die UV-Absorptionsmaxima von **I**—**IV** sowie von *Benzocinnolin* u. seinem *1.10-Dimethyl-* bzw. *3.8-Dichlorderiv.* tabelliert.

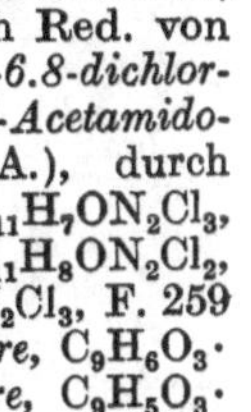
I

Versuche: *3.8-Dichlorbenzocinnolin-6-oxyd* (**IV**), $C_{12}H_6ON_2Cl_2$, F. 244—245°, durch Red. von 4.4'-Dichlor-2.2'-dinitrodiphenyl mit $Na_2S \cdot 9\,H_2O$ nach SAKO; aus Bzl., dann A. hellgelbe Nadeln. Daraus mit HNO_3 *Dinitroderiv.*, $C_{12}H_4O_5N_4Cl_2$ F. 294 bis 295°; aus Essigsäure cremefarbenes Pulver. — *3.8-Dichlorbenzocinnolin*, $C_{12}H_6N_2Cl_2$, F. 259—260°, durch Red. von **IV** mit $SnCl_2$ + HCl; aus A. hellgelbe Kristalle. — *1.10-Dimethylbenzocinnolin*, $C_{14}H_{12}N_2$, F. 135—136° (A.), durch Red. von 1.10-Dimethylbenzocinnolin-6-oxyd (F. 153°). (J. chem. Soc. [London] **1951**. 649—51. März Sydney, Australien, N. S. W., Univ.) W. HOFFMANN. 3272

W. K. Detweiler und **E. D. Amstutz,** *Eine neue Darstellung von 2-Amino-4-phenylpyrimidin. 2-Amino-4-phenylpyrimidin,* $C_{10}H_9N_3$, F. 164,4—165,1°, entsteht durch Zugabe von 2-Aminopyrimidin in Toluol zu C_6H_5Li in Ae., Abdest., 7std. Kochen, Zers. mit halbkonz. HCl, Abtrennen vom Toluol, Alkalisieren bis p_H 9, Filtrieren, Umkristallisieren aus A. u. Sublimieren bei 9 Torr in 20%ig. Ausbeute. (J. Amer. chem. Soc. **73**. 5451. Nov. 1951. Bethlehem, Pa., Lehigh Univ., Dep. of Chem.) W. HOFFMANN. 3272

H. Morren, *Beitrag zur Untersuchung der Derivate des Piperazins.* Vf. gibt eine Übersicht über seine Arbeiten zur Darst. von *N-Alkylpiperazinen* durch Hydrogenolyse der aus Piperazin mit Aldehyden entstehenden Polymerisationsprodd. u. die bei der Einw. von $COCl_2$ auf N-Methylpiperazin oder dessen Dihydrochlorid erfolgende Bldg. von *N-Methylpiperazin-N'-carbonsäurechlorid* (vgl. Bull. Soc. chim. belge **58**. [1949.] 103—11), das mit zahlreichen Aminen zu den entsprechenden *N-Methylpiperazin-N'-carbonsäureamiden* umgesetzt wird (vgl. C. **1951**. I. 3487), welche filaricide Eigg. besitzen. Ihre Toxizität läßt sich durch Oxydation mit H_2O_2 oder H_2SO_5 zu den entsprechenden *N-Oxyden* um 25—30% vermindern. (Ind. chim. belge **16**. 475—78. 1951.) W. HOFFMANN. 3272

Wilhelm Wenner, *6.7-Dihydro-5H-dibenz-[c:e]-azepinderivate, eine neue Klasse von Epinephrinantagonisten.* Aus o.o'-Bis-[brommethyl]-diphenyl (**I**) entstehen mit prim. Aminen Derivv. des *6.7-Dihydro-5H-dibenz-[c:e]-azepins* (**II**), die eine neue Klasse von Epinephrinantagonisten darstellen. Bes. akt. ist das *6-Allylderiv.* (**III**). Mit sek. Aminen erhält man aus **I** quaternäre Azepiniumbromide. Letztere entstehen auch durch Umsetzung der Azepine mit den entsprechenden Alkylbromiden. Mit Anilin reagiert **I** nur träge, mit NH_3 erhält man **II** nur in geringer Menge, als Hauptprod. entsteht eine *Verb.* $C_{28}H_{24}NBr$(**IV**), mit wahrscheinlich nebenst. Struktur. Die synthetisierten Verbb. bilden gut kristallisierende Salze.

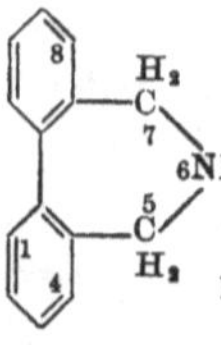

II

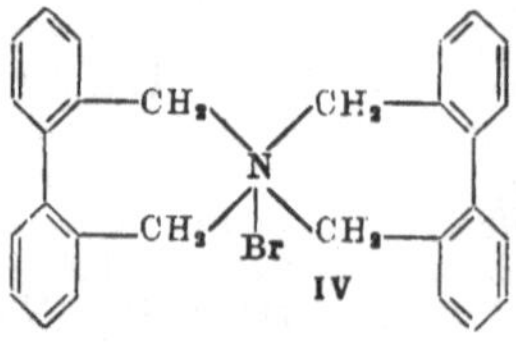

IV

Versuche: *o.o'-Bis-[brommethyl]-diphenyl* (**I**), $C_{14}H_{12}Br_2$, F. 82—83°, Darst. nach KENNER u. TURNER (1911). — *6-Allyl-6.7-dihydro-5H-dibenz-[c:e]-azepin* (**III**), $C_{17}H_{17}N$, Kp.$_{12}$ 176—179°, Kp.$_{0,02}$ 131—134°, durch tropfenweise Zugabe einer benzol. Lsg. von **I** zu Allylamin in Bzl. bei 45—50°, 1std. Erhitzen auf 70—75°, ½tägiges Stehen, Abfiltrieren vom Allylaminhydrobromid, Aufnehmen in verd. HCl, Alkalisieren mit NH_4OH u. Aufnehmen in Bzl.; wasserunlösl. Öl; 70% (Ausbeute). *Phosphat,* $C_{17}H_{17}N \cdot H_3PO_4$, F. 209—210° (A.), aus 113 g **III** u. 85%ig. H_3PO_4 in A.; 130 g. *Hydrochlorid,* $C_{17}H_{17}N \cdot HCl$, F. 214—215° (A.), aus **III** mit alkoh. HCl. *Hydrobromid,* $C_{17}H_{17}N \cdot HBr$, F. 213—214° (W.). — Analog **III** wurden folgende *6.7-Dihydro-5H-dibenz-[c:e]-azepine* dargestellt: *6-Methyl-* (**V**), $C_{15}H_{15}N$, Kp.$_{10}$ 175—178°; *Phosphat,* $C_{15}H_{15}N \cdot H_3PO_4$, F. 187°; *Hydrobromid,* $C_{15}H_{15}N \cdot HBr$, F. 223—225°; *Oxalat,* $C_{15}H_{15}N \cdot C_2H_2O_4$, F. 173—174°. — *6-Äthyl-, Hydrobromid,* $C_{16}H_{17}N \cdot HBr$, F. 203—204°. — *6-n-Propyl-, Hydrobromid,* $C_{17}H_{19}N \cdot HBr \cdot ½ H_2O$, F. 203—204°. — *6-Isopropyl-, Hydrobromid,* $C_{17}H_{19}N \cdot HBr$, F. 238—240°. — *6-n-Butyl-, Hydrobromid,* $C_{18}H_{21}N \cdot HBr \cdot ½ H_2O$, F. 163—164°. — *6-Phenyl-, Hydrobromid,* $C_{20}H_{17}N \cdot HBr$, F. 230—232° (A.), 3tägige Reaktionsdauer, nach Alkalisieren Aufnahmen in Ae., Neutralisieren mit alkoh. HBr, Filtrieren u. Eindampfen. — *6.6'-Spiro-bis-(6.7-dihydro-5H-dibenz-[c:e]-azepinium)-bromid* (**IV**), $C_{28}H_{24} \cdot NBr \cdot ½ H_2O$, F. > 310°, durch ½tägige Einw. von 10%ig. methanol. NH_3 auf **I** in Ae.; aus 40%ig. HCOOH lange Prismen. — *6.7-Dihydro-5H-dibenz-[c:e]-azepin* (**II**)-*Hydrobromid,* $C_{14}H_{13}N \cdot HBr \cdot ½ H_2O$, F. 283—284° (A.), aus der Mutterlauge bei der Darst. von **IV** durch Eindampfen, Ausziehen mit NH_4OH u. Neutralisieren mit alkoh. HBr. *Hydrochlorid,* $C_{14}H_{13}N \cdot HCl$, F. 286—288°. — *6.6-Dimethyl-6.7-dihydro-5H-dibenz-[c:e]-azepiniumjodid,* $C_{16}H_{18}NJ$, F. 287—288°, aus **V** + CH_3J in Ae.; aus A. lange Nadeln. — *Bromid,* $C_{16}H_{18}NBr$, F. 276—277°, a) durch 24std. Einw. einer methanol. Lsg. von CH_3Br auf **V** in Ae. u. Umkristallisieren aus Ae.-Methanol; b) durch Einw. von $(CH_3)_2NH$ auf **I** in Bzl. bei 50° nach 15std. Stehen, Umkristallisieren aus Isopropylalkohol u. Trocknen des entstandenen *Semihydrats* ($C_{16}H_{18}NBr \cdot ½ H_2O$, F. 274—276°) bei 100° im Vakuum. — *6-Methyl-6-allyl-6.7-dihydro-5H-dibenz-[c:e]-azepiniumjodid,* $C_{18}H_{20}NJ \cdot ½ H_2O$, F. 182—184° (A.), durch 5std. Erhitzen von **III** mit CH_3J in CH_3OH u. Fällen mit Äther. (J. org. Chemistry **16**. 1475—80. Sept. 1951. Nutley, N. J., Hoffmann-La Roche Inc., Res. Labors.) W. HOFFMANN. 3370

H. R. Bolliger und **P. Ulrich,** *Neue Synthesen für Digitoxose und Cymarose. Desoxyzucker.* 27. Mitt. (26. vgl. TAMM u. Mitarbeiter, C. **1952.** 6692.) *4.6-Ditosyl-2.3-anhydro-α-methyl-D-allosid* (**I**) wird durch Red. mit $LiAlH_4$ je nach den Versuchsbedingungen in *4-Tosyl-α-methyl-D-digitoxosid* (**II**) oder *α-Methyl-D-digitoxosid* (**III**) verwandelt, aus dem mit dem natürlichen Zucker übereinstimmende *D-Digitoxose* gewonnen wird. **II** wird durch Methylierung u. Abspaltung der glucosid. Methylgruppe in ebenfalls mit dem natürlichen Zucker ident. *D-Cymarose* verwandelt.

Versuche [FF. korr. KOFLER-Block; Ausbeuten in ( )]: *4.6-Ditosyl-2.3-anhydro-α-methyl-D-allosid* (**I**), F. 126—127°, aus 4.6-Benzyliden-2.3-anhydro-α-methyl-D-allosid durch Hydrolyse mit 0,01n H_2SO_4 nach GUT & PRINS (C. **1948.** II. 1074) u. Tosylierung des amorphen Zwischenprod. in Pyridin; aus A./Ae.; (83%). — *4-Tosyl-α-methyl-D-digitoxosid* (**II**), $C_{14}H_{20}O_6S$, F. 135—137°, aus **I** in absol. Tetrahydrofuran durch 1std. Erhitzen mit $LiAlH_4$ zum Sieden, nach Eiskühlung Zusatz von Essigester u. gleicher Teile von SEIGNETTE-Salz u. Weinsäure (p_H 7), 6maliges Extrahieren mit Chlf., Trocknen u. Eindampfen; aus A./Ae.; $[\alpha]_D^{18}$ $+144,8\pm1°$ (c = 1,95 in Chlf.);, aus den Mutterlaugen **III**; Gesamtausbeute 52%. — *α-Methyl-D-digitoxosid* (**III**), $C_7H_{14}O_4$ aus **II** in CH_3OH durch 12std. Schütteln mit 3% Na-Amalgam bei 20°, Dekantieren, Neutralisieren mit CO_2, Einengen im Vakuum bei 40° u. Kochen mit A.; nach Zusatz von Aceton Filtrieren u. Eindampfen, desgleichen nach Zusatz von Ae. u. Dest.; $Kp._{0,01}$ 50—60°; leicht beweglicher Sirup; $[\alpha]_D^{20}$ $+192\pm1°$ (c = 2,13 in CH_3OH); (67%). **III** auch aus **I** in Tetrahydrofuran durch 6std. Erhitzen mit $LiAlH_4$ wie oben; (70%). — *D-Digitoxose,* F. 110—112°, aus **III** durch 30 Min. langes Erhitzen mit 0,02n H_2SO_4 auf 60°; aus warmem Aceton unter Zufügen von Ae.; Misch-F. 108—110° (mit natürlicher Digitoxose); $[\alpha]_D^{18}$ $+43,6\pm2°$ (7 Min.) → $50,2\pm2°$ (1 Std. konstant; c = 1,65 ins W.); (50%). — *4-Tosyl-α-methyl-D-cymarosid,* $C_{15}H_{22}O_6S$, F. 85—87°, durch 72std. Erhitzen von **III** mit CH_3J u. Ag_2O; nach Filtrieren über Celite einengen; aus Ae./Pentan; $[\alpha]_D^{18}$ $+151,8\pm2°$ (c = 1,83 in Chlf.); (67%). — *α-Methyl-D-cymarosid,* $C_8H_{16}O_4$, F. 41 bis 44°, aus vorst. Verb. in wss. CH_3OH durch 20std. Schütteln mit 3% Na-Amalgam bei 18°; aus Pentan; $[\alpha]_D^{17}$ $+212,0\pm2°$ (c = 1,21 in CH_3OH); (73%). — *D-Cymarose,* F. 92—93°, aus vorst. Verb. durch 40 Min. langes Erhitzen mit 0,02n H_2SO_4 auf 60°; aus Aceton–Ae. $[\alpha]_D^{18}$ $+48,9\pm4°$ (c = 0,47 in W.); Misch-F. 90—93° (mit natürlicher Cymarose). (Helv. chim. Acta **35.** 93—98. 1/2. 1952. Basel, Univ., Organ.-chem. Anstalt.)
ROSSOW. 3400

H. R. Bolliger und **M. Thürkauf,** *4.6-Ditosyl-2-desoxy-α-methyl-D-allosid. Desoxyzucker.* 28. Mitt. (27. vgl. vorst. Ref.) Bei der Red. von *4.6-Ditosyl-2.3-anhydro-α-methyl-D-allosid* mit $LiAlH_4$ reagieren die 3 funktionellen Gruppen in der Reihenfolge Anhydroring > prim. Tosylgruppe > sek. Tosylgruppe. Je nach den gewählten Bedingungen lassen sich so Derivv. der 2-Desoxy-D-allose, der Digitoxose oder der Cymarose herstellen. Ausgehend von *4.6-Ditosyl-2-desoxy-α-methyl-D-allosid* wurden *2-Desoxy-α-methyl-D-allosid* u. *2-Desoxy-D-allose* dargestellt.

Versuche: *4.6-Ditosyl-2-desoxy-α-methyl-D-allosid,* $C_{21}H_{26}O_9S_2$, F. 106°, durch 6std. Behandlung der 2.3-Anhydroverb. in Tetrahydrofuran mit einer 3,5% äther. Lsg. von $LiAlH_4$ bei 18°, Abkühlen auf 0°, Zugabe von Essigester, W. u. SEIGNETTE-Salzlsg. bis zur klaren Lsg. u. 6malige Extraktion mit Chlf., eindampfen der Chloroformlsg., Chromatographieren über Al_2O_3; Bzl. eluiert unverändertes Ausgangsprod., Bzl./Aceton (9:1 bis 4:1) liefert die 2-Desoxyverb. (47%), Prismen aus A./Ae., $[\alpha]_D^{18}$ $+103,6\pm2°$n (c = 1,35 in $CHCl_3$). — *2-Desoxy-α-methyl-D-allosid,* aus vorst. Verb. in 90%ig. CH_3OH durch 20std. Schütteln mit Na-Amalgam in CO_2-Atmosphäre bei 18°; aus dem rohen Prod. (95%) *2-Desoxy-D-allose,* F. 134—135°, durch 30 Min. Erhitzen mit 0,1n H_2SO_4 auf 50—60°, aus A. durch Versetzen mit wenig Aceton; $[\alpha]_D^{18}$ $+59,6\pm2°$ (c = 0,98 in W.). (Helv. chim. Acta **35.** 1426—28. 16/6. 1952.) ROSSOW. 3400

Kwan-Chung Tsou und **Arnold M. Seligman,** *Herstellung von Naphthyl-β-D-glucopyranosiden als chromogene Substrate für β-D-Glucopyranosidasen.* Für die neu dargestellten Verbb. *1-Brom-2-naphthyl-β-D-glucopyranosid* (**I**), *4-Chlor-1-naphthyl-D-β-glucopyranosid* (**II**), *2-Naphthyl-β-D-galaktopyranosid* (**III**) u. *6-Brom-2-naphthyl-β-D-ribopyranosid* (**IV**) u. für die früher beschriebenen *6-Brom-2-naphthyl-β-D-glucopyranosid* (**V**) u. *6-Brom-2-naphthyl-β-D-galaktopyranosid* (**VI**) (vgl. C. **1953.** 3257) wird die Geschwindigkeit ihrer enzymat. Hydrolyse in Auszügen aus verschied. Säugetiergeweben aus der Farbintensität der aus den abgespaltenen Naphtholen gebildeten Azofarbstoffe gemessen. Die im Vgl. zu **I, II** u. **III** erheblich größere Hydrolysengeschwindigkeit von **V** u. **VI** zeigt die Bedeutung der 6-Br-Gruppe. **IV** wird überhaupt nicht angegriffen. Damit ist die Anwesenheit einer β-D-Ribopyranosidase in den Gewebeextrakten ausgeschlossen. Da Pentoside im allg. von denselben Enzymen hydrolysiert werden wie die entsprechenden Hexoside, scheint bewiesen, daß β-D-Glucopyranosidase Substrate nur angreift, wenn eine zum glucosid. O in cis-Stellung befindliche Hydroxylgruppe an $C_{(3)}$ vorhanden ist. — Die *Tetraacetyl-* bzw. *Triacetylverbb.* von **I**, **II** u. **IV** wurden als Zwischenprodd. in krist. Form gewonnen, **III**-Tetraacetat konnte nicht krist. erhalten werden.

Versuche (FF. korr., Temp. bei Drehwertbest. 23—27⁰): *Naphthyltetraacetyl-β-D-glykopyranoside*, aus den Pentaacetyl-β-D-glykopyranosen durch Schmelzen mit dem entsprechenden Naphthol u. der Toluolsulfonsäure im Vakuum 30 Min. bei 100⁰, Aufnehmen der Schmelze in Bzl. u. Aufarbeiten: *4-Chlor-1-naphthyltetraacetyl-β-D-glucopyranosid*, $C_{24}H_{25}O_{10}Cl$, F. 140—140,5⁰, $[\alpha]_D$ —63,9⁰ (c = 3,9 in Chlf.); 75% (Ausbeute). — *1-Brom-2-naphthyltetraacetyl-β-D-glucopyranosid*, $C_{24}H_{25}O_{10}Br$, F. 172—173⁰ (Bzl./PAe.), $[\alpha]_D$ —77,4⁰ (c = 2,0 in Chlf.), wie vorst. oder aus 2-Naphthyltetraacetyl-β-D-glucopyranosid in Eisessig durch 2std. Rk. mit Br_2 bei Raumtemp.; 60%. *1-Brom-2-naphthol*, F. 83—84⁰, aus vorst. Verb. durch Erwärmen mit 2%ig. NaOH. — *6-Brom-2-naphthyltriacetyl-β-D-ribopyranosid*, $C_{21}H_{21}O_8Br$, F. 111,5—112,5⁰, aus Tetraacetylribopyranose mit 6-Brom-2-naphthol wie oben; $[\alpha]_D$ —53,8⁰ (c = 2,2 in Chlf.). — *Naphthyl-β-D-glykopyranoside*, aus den entsprechenden Acetaten mit NH_3 in CH_3OH bei 0⁰. — *1-Brom-2-naphthyl-β-D-glucopyranosid* (**I**), $C_{16}H_{17}O_6Br$, F. 197,5—198,5⁰, $[\alpha]_D$ —32,6⁰ (c = 1,6 in Pyridin); 80%. — *4-Chlor-1-naphthyl-β-D-glucopyranosid* (**II**), $C_{16}H_{17}O_6Cl$, F. 214 bis 215⁰, $[\alpha]_D$ —77,3⁰ (c = 1,1 in Dioxan); 85%. — *2-Naphthyl-β-D-galaktopyranosid* (**III**), $C_{16}H_{18}O_6$, F. 190,5—192⁰, $[\alpha]_D$ +1,3⁰ (c = 1,3 in Dioxan); 53%. — *6-Brom-2-naphthyl-β-D-ribopyranosid* (**IV**), $C_{15}H_{15}O_5Br$, F. 143—144⁰, $[\alpha]_D$ —108⁰ (c = 0,7 in Dioxan); 85%. (J. Amer. chem. Soc. **74**. 3066—69. 20/6. 1952. Boston, Mass., Harvard Univ., Chem. Labor., Dep. of Surgery of Beth Israel Hosp., u. Harvard Med. School.) ROSSOW. 3400

E. Schlittler und **H. Uehlinger**, *Über das Sterinalkaloid Solanocapsin. Solanocapsin* (**I**; vgl. BARGER u. FRAENKEL-CONRAT, C. **1937**. I. 614) wird aus den Blättern von Solanum pseudocapsicum durch Extraktion mit 80%ig. A. als einziges Alkaloid isoliert (24 g Hydrochlorid + 10 g Base aus 1,75 kg getrocknetem Blattmehl). Es scheint dort als solches vorzuliegen u. nicht erst durch Hydrolyse eines Glykoalkaloids zu entstehen. Die l. c. für **I** aufgestellte Bruttoformel ist auf Grund neuer Analysen der Base u. ihrer Salze abzuändern: **I**, $C_{27}H_{46}O_2N_2 + H_2O$, F. 216—217⁰, $[\alpha]_D^{25}$ +24⁰ (CH_3OH); *Hydrochlorid*, $C_{27}H_{46}O_2N_2 \cdot 2\,HCl + H_2O$, F. > 300⁰; *Dipikrat*, $C_{39}H_{52}O_{16}N_8 + H_2O$, F. 200—201⁰; *Oxalat*, $C_{27}H_{46}O_2N_2 \cdot C_2H_2O_4 + 0{,}5\,CH_3OH$, F. 288—289⁰. **I** enthält 3 (oder 2) $C-CH_3$-Gruppen u. 3 akt. H-Atome; es reagiert nicht mit Br_2 in CCl_4, $KMnO_4$, $C(NO_2)_4$ oder katalyt. erregtem H in Eisessig u. gibt keine Fällung mit Digitonin. Von den beiden N-Atomen gehört eines einer NH_2-, das andere einer cycl. gebundenen NH-Gruppe an, wie durch die Bldg. von *Trimethylsolanocapsin* (**III**; $C_{30}H_{52}O_2N_2$, F. 209⁰) bei der Methylierung mit HCHO + HCOOH u. von *N.N-Diacetylsolanocapsin* ($C_{31}H_{50}O_4N_2$, F. 193 bis 196⁰, amorph) bei der Acetylierung mit Acetanhydrid + Pyridin bestätigt wird. Ein O-Atom liegt als tert. (oder als reaktionsträge sek.) OH-Gruppe vor, das zweite vermutlich in einer Ätherbrücke. Die Bldg. des „*Nitrososolanocapsins*" ($C_{27}H_{42}O_3N_2 + C_2H_5OH$, F. 200⁰ [Zers.]; vgl. BARGER, l. c.), das sich mit PtO_2 in Eisessig zu einem *Dihydroderiv.* ($C_{27}H_{44}O_3N_2$, F. 207,5⁰ [Zers.]) hydrieren läßt, erfolgt wahrscheinlich unter Abspaltung der aus der NH_2-Gruppe intermediär entstehenden OH-Gruppe. Die Darst. von Aposolanocapsin aus **I** ist nicht reproduzierbar. Bei der Einw. von $LiAlH_4$ auf **I** entsteht eine Verb., die in ihrem F. mit **I** übereinstimmt, aber eine höhere Drehung ($[\alpha]_D^{22}$ +47⁰ [CH_3OH]) zeigt. Durch Dehydrierung mit Se bei 320⁰ wird **I**, je nach den angewandten

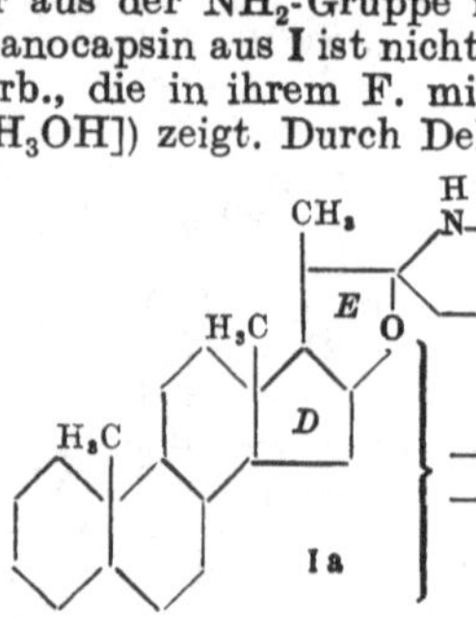

Ia

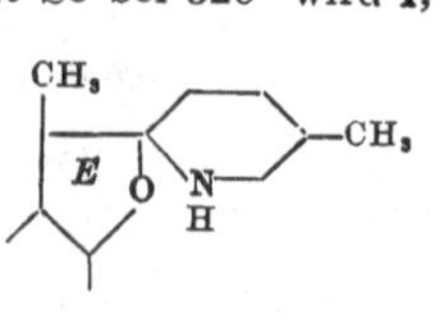

Ib

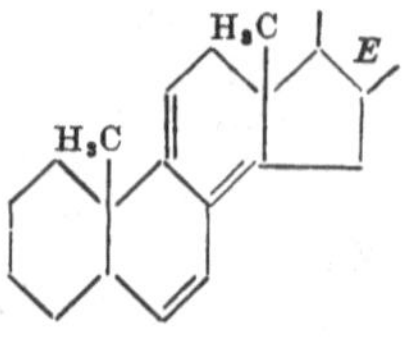

IIa

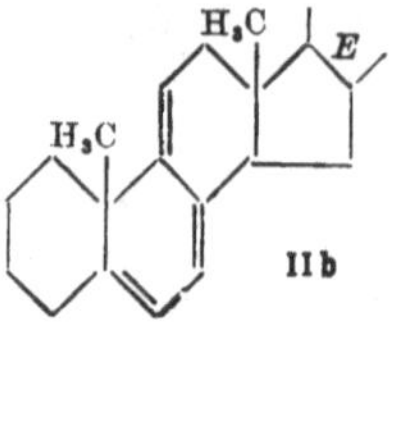

IIb

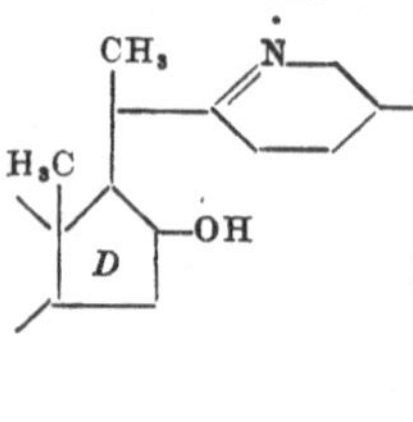

IV

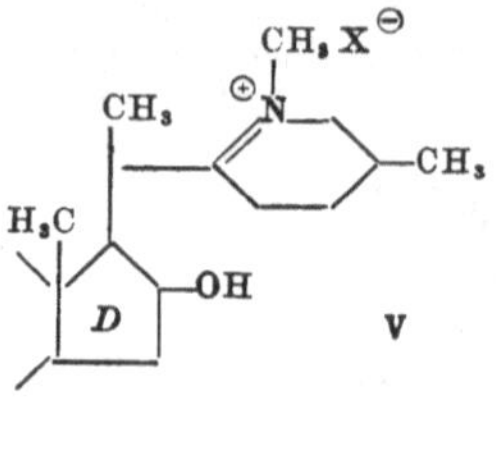

V

Bedingungen, in *1'-Methylcyclopentenophenanthren* (F. 127—127,5°; *Pikrat*, F. 116 bis 117°) u. *2-Äthyl-5-methylpyridin* (*Pikrat*, $C_{14}H_{14}O_7N_4$, F. 144—146°) oder in eine *Base* $C_{27}H_{39}ON$ (**II**; F. 224,5—225,5°) übergeführt. Auf Grund dieser Ergebnisse werden für **I** die Formeln **Ia** u. **Ib** (mit unbestimmten Haftstellen der OH- u. der NH_2-Gruppe), für **II** die Formeln **IIa** u. **IIb** vorgeschlagen. Das Infrarotspektr. von **III**-Hydrochlorid weist gegenüber dem von **III** eine Verlängerung der OH-Bande u. eine zusätzliche Bande im Gebiet der C.N-Doppelbindung auf, woraus der Schluß gezogen werden kann, daß in den Salzen von **III** u. **I** der Ring E entsprechend den Teilformeln **IV** bzw. **V** geöffnet ist (FF. auf dem KOFLER-Block). (Helv. chim. Acta **35.** 2034—44. 15/10. 1952. Basel, Univ., Organ.-chem. Anstalt.) BOIT. 3500

Leonard J. Dry und **Frank L. Warren**, *Senecioalkaloide*. 9. Mitt. *Synthese und optische Spaltung der 3.4-Dioxy-2-methylpentancarbonsäuren-(3): Viridiflorinsäure und Trachelanthinsäure*. (8. vgl. KOEKEMOER u. WARREN, C. **1951.** II. 1886.) *4-Methylpenten-(2)-carbonsäure-(3)* (**I**; $C_7H_{12}O_2$, F. 54°), dargestellt aus 4-Oxy-2-methylpentancarbonsäure-(3)-äthylester durch Erhitzen mit P_2O_5 in Bzl. u. Verseifung des entstehenden Estergemisches mit alkoh. KOH, wird durch Oxydation mit Perbenzoesäure in Chlf. u. nachfolgende Hydrolyse der gebildeten Säure **III** mit H_2SO_4 in (±)-*erythro-3.4-Dioxy-2-methylpentancarbonsäure-(3)* (**IV**; $C_7H_{14}O_4$, F. 148—150°; *p-Phenylphenacylester*, $C_{21}H_{24}O_5$, F. 123—124°), durch Oxydation mit $KMnO_4$ in (±)-*threo-3.4-Dioxy-2-methylpentancarbonsäure-(3)* (**II**; F. 119—121°; *p-Phenylphenacylester*, F. 96—97°; vgl. ADAMS u. HERZ, C. **1950.** II. 1818) übergeführt. Durch Kristallisation der Brucinsalze aus absol. A. wird **II** in (+)-**II** (F. 92°, $[\alpha]_D^{20}$ +2,2° [A.] bzw. ±2° [W.]; *Brucinsalz*, F. 225°) u. (−)-**II** (F. 83—85°, $[\alpha]_D$ −0,75° [W.]; *Brucinsalz*, F. 196—198°), **IV** in eine *Säure* **IVa**

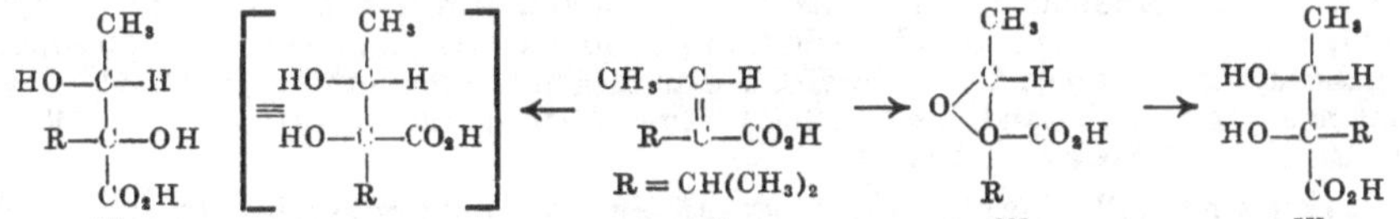

II I III IV

(F. 117—119°; *Brucinsalz*, F. 184—186°) u. eine *Säure* **IVb** (F. 114—115°; *Brucinsalz*, F. 207—210°), beide ohne meßbare Drehung in W., zerlegt. Nach diesen Ergebnissen ist Trachelanthinsäure (MENSCHIKOW, C. **1948.** II. 731) höchstwahrscheinlich ident. mit (+)-**II**, während Viridiflorinsäure (ADAMS u. HERZ, l. c.) **II**, **IVa** oder **IVb** sein kann. (J. chem. Soc. [London] **1952.** 3445—48. Sept. Pietermaritzburg, Univ. of Natal, Dep. of Chem. and Chem. Technol.) BOIT. 3500

Yves-René Naves, *Untersuchungen über flüchtige Pflanzenstoffe*. 109. Mitt. *Kennen wir das β-Iron oder das Neo-β-iron?* (108. vgl. C. **1952.** 4145.) In früheren Arbeiten (vgl. C. **1950.** I. 1861 u. früher) wurde *β-Iron* (**I**), das entweder aus Irisölen oder durch Cyclisation von Pseudoironen oder durch Isomerisation von α- oder γ-Iron gewonnen wird, durch sein *Semicarbazon* (**S**), F. 169—169,5° (FF. korr.), *4-Phenylsemicarbazon* (**PS**), F. 167—168°, *Thiosemicarbazon* (**TS**), F. 167,5—168°, u. sein *2.4-Dinitrophenylhydrazon* (**DP**), F. 135—136°, charakterisiert. Diese Daten sind jenen des *β-Jonons* (**II**) (**S**, F. 148,5 bis 149°; **PS**, F. 161—162°; **TS**, F. 157—158°; **DP**, F. 128,5—129°) infolge der Strukturanalogie ähnlich. Auch ist in den opt. Eigg. von **I** u. **II** u. ihren erwähnten Derivv. starke Ähnlichkeit zu finden (Tabelle mit Gegenüberstellung). Die Ozonolyse von **I** nach STRAIN (J. biol. Chemistry **102.** [1933.] 141) gibt etwa gleich hohe Ausbeuten an *Methylgeronsäure* (**III**; α.α.β-Trimethyl-ε-ketoönanthsäure) wie **II** an Geronsäure. — Die Hydrierung von **I** mit RANEY-Ni verläuft mit gleicher Schnelligkeit wie bei **II**. — Hauptsächlich auf Grund spektraler Unterss. kommt Vf. zur Ansicht, daß dem bekannten **I** die Struktur des *Neo-β-irons* (*2¹.2²-trans-β-Iron*) u. dem **II** die Struktur des Neo-β-jonons zuzuschreiben ist u. nicht die der 2¹.2²-cis-Isomeren. An Hand von 4 wiedergegebenen HIRSCHFELDER TAYLOR-Modellen wird die Konfiguration an der an der Resonanz beteiligten 2⁰.2¹-Einfachbindung diskutiert, ohne daß eine Entscheidung zugunsten einer s- (= single) cis- oder s-trans-Konfiguration getroffen wird.

V e r s u c h e (mit **P. Ardizio**): *Methylgeronsäure* (**III**), $C_{10}H_{18}O_3$, Kp.$_{2,4}$ 139—140°, durch Ozonisierung von **I** nach STRAIN (l. c.); $D.^{20}_4$ 1,0308, n_C^{20} 1,46008, n_D^{20} 1,46262, n_F^{20} 1,46877; 49% (Ausbeute); **S**, $C_{11}H_{21}O_3N_3$, aus 70%ig. A., F. 164—165°; **DP**, $C_{16}H_{22}O_6N_4$, aus Methanol gelbe Kristalle, F. 137—138°. *Methylester*, $C_{11}H_{20}O_3$, Kp.$_{0,8}$ 87—89°, mit Diazomethan in Ae.; $D.^{20}_4$ 0,9851, n_C^{20} 1,44502, n_D^{20} 1,44744, n_F^{20} 1,45331; **S**, $C_{12}H_{23}O_3N_3$, aus 80%ig. A. Kristalle, F. 139—140°. — In einem Zusatz wird auf die Unterschiede in den FF. von **III-S** u. **III-DP** vom Vf. u. BÄCHLI (Diss., Zürich, 1950) hingewiesen. (Bull. Soc. chim. France, Mém. [5] **18.** 243—47. März/April 1951. Vernier-Genf, L. Givaudan & Cie., Labor. de Rech.) ROTTER. 3600

Yves René Naves, Henri Barbier und Pierre Ardizio, *Untersuchungen über flüchtige Pflanzenstoffe.* 110. Mitt. *Über die Isomethyljonone* [2^2-*Methyljonone*]. (109. vgl. vorst. Ref.) Durch Kondensation der Citrale mit Butanon u. Cyclisierung der entstandenen Pseudo-n- u. Pseudoisomethyljonone entstehen Gemische von *n-Methyl-α-* (I) u. *-β-jonon* (II) u. *Isomethyl-α-* (III) u. *-β-jonon* (IV). Es wird gezeigt, daß es sich bei dem Keton mit dem Semicarbazon vom F. 184 bis 184,5° um **IV** handelt.

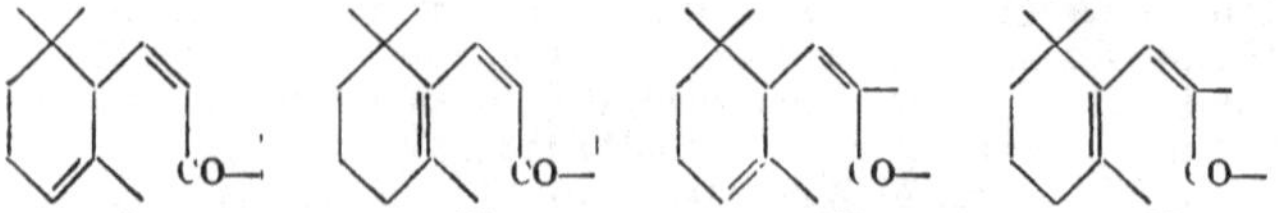

I II III IV

Ozonisierung von **IV** nach STRAIN (J. biol. Chemistry **102.** [1933.] 137) führt zu *Geronsäure*, die in Ausbeuten gleicher Größenordnung gebildet wird wie aus β-Jonon oder **II.** Im Gegensatz zum α-Jonon oder **III** (Semicarbazon, F. 203,5—204°) läßt sich **IV** mit L-Menthyl-N-aminocarbamat nicht spalten. Auch die schlechte Ausbeute (15%) an *1.1.6.7-Tetramethyltetralin* (*Methyljonen*) bei der cyclisierenden Dehydratisierung zeigt den deutlichen Unterschied zu den anderen Jononen, dies läßt sich mit einer Behinderung der planaren Lagerung des C=C·C=C·C=O-Syst. durch die 2^2-Methyl- u. die gem.-Dimethylgruppe erklären. — Beim Vgl. der refraktometr. Eigg. (Tabelle mit Literaturwerten) zeigt es sich, daß die Werte für **III** jenen der anderen α-Jonone sehr ähnlich sind, während sich die für **IV** stark von jenen der anderen β-Jonone unterscheiden. Die UV-Absorption zeigt eine ähnliche Anomalie: Obgleich die Methylgruppe in α-Stellung zur CO-Gruppe einen bathochromen Effekt verursachen sollte, ist, verglichen mit anderen β-Jononen, ein hypsochromer Effekt von ca. 20 mμ (A.) oder 16 mμ (Isooctan) zu beobachten. Diese Anomalien lassen sich nach BRAUDE, JONES u. Mitarbeitern (C. **1950.** II. 1217) erklären, wonach die 2^2-Methylgruppe infolge ster. Hinderung die Resonanzbedingungen für das Syst. C=C·C=C·CO grundlegend verändert u. der C=C—C=O-Gruppe eine große Selbständigkeit verleiht. Eine Bestätigung der Struktur von **IV** wird durch das RAMAN-Spektr. gebracht.

V e r s u c h e (FF. korr.): Aus einer an Pseudoisomethyljonon reichen Pseudomethyljononfraktion wurden durch Cyclisierung u. Isolierung über die Semicarbazone erhalten: *Isomethyl-α-jonon* (**III**), $Kp._2$ 103—104°, $D.^{20}_4$ 0,9345, n_c^{20} 1,49801, n_D^{20} 1,50188, n_F^{20} 1,51126, λ_{max} 237,0 mμ (ε = 16900 in A.), 231,5 mμ (ε = 15900 in Isooctan); *Semicarbazon*, F. 203,5—204°, λ_{max} 263,5 mμ (ε = 32250 in A.); *2.4-Dinitrophenylhydrazon*, $C_{20}H_{26}O_4N_4$, F. 163,5—164° (PAe. vom Kp. 60—80°); λ_{max} 376 mμ (ε = 28200 in A.), u. *Isomethyl-β-jonon* (**IV**), $Kp._2$ 105—106°, $D.^{20}_4$ 0,9355, n_c^{20} 1,50144, n_D^{20} 1,50580, n_F^{20} 1,51640, λ_{max} 230,0 u. 276,0 mμ (ε = 12300 u. 4640 in A.), 224,0 u. 266,0 mμ (ε = 12400 u. 5030 in A.); *Semicarbazon*, F. 184—184,5°, λ_{max} 264,0 mμ (ε = 27700 in A.); *2.4-Dinitrophenylhydrazon*, FF. 137,5—138° u. 148—149°, λ_{max} 375,5 mμ (ε = 27900). — *Geronsäure*, $Kp._{1,3}$ 127—128°, n_D^{20} 1,4582—1,4618, durch Ozonolyse von β-Jonon, **II, IV** bzw. deren Semicarbazonen. *Semicarbazon*, $C_{10}H_{19}\cdot O_3N_3$, F. 163—164° (CH_3OH). *2.4-Dinitrophenylhydrazon*, $C_{15}H_{20}O_6N_4$, F. 136—137° (Bzl.–PAe.). Durch Ozonisierung nach STRAIN wird aus den Jononen *Geronsäure* in folgenden Ausbeuten an *Dinitrophenylhydrazon* erhalten: Aus *β-Jonon* 51 u. 54 (Gew.-%), F. 134—135°; aus **II** 47, F. 133—136°; aus **IV** 52 u. 54, F. 133—135°; *Semicarbazon* des *β-Jonons* 37, F. 134—135°; *Semicarbazon* des **IV** 33, F. 133—134°. *L-Menthyl-N-aminocarbamatderivv.*: von *β-Jonon*, $C_{24}H_{40}O_2N_2$, feine filzige Nadeln, F. 176,5—177°, $[\alpha]_D^{20}$ —39,65 ± 0,50° (c = 4; Bzl.); 96%; von **IV**, $C_{25}H_{42}O_2N_2$, kleine harte Kristalle, F. 165—166°, $[\alpha]_D^{20}$ —56,30 ± 0,25° (3 = 8; Bzl.). RAMAN-Spektr. von **IV** vgl. Original. (Bull. Soc. chim. France, Mém. [5] **18.** 247—50. März/April 1951.)

ROTTER. 3600

Henri Barbier, Yves-René Naves und Pierre Ardizio, *Untersuchungen über flüchtige Pflanzenstoffe.* 111. Mitt. *Über die stereoisomeren Pseudoisomethyljonone.* (110. vgl. vorst. Ref.) Bei der Kondensation der Citrale mit Butanon entstehen zwei Gruppen von *Ketonen* $C_{14}H_{22}O$, die *Pseudo-n-methyl-* u. die *Pseudoisomethyljonone* [**I**; *2.6.9-Trimethylundecatrien-(2.6.8)-one-(10)*], von welchen infolge der Doppelbindungen in 6- u. 8-Stellung theoret. je 4 Isomere existieren können. Durch fraktionierte Kristallisation aus A. u. Bzl. werden 2 stereoisomere Semicarbazone (**II**) der **I** gewonnen; die daraus erhaltenen **I** liefern bei der Cyclisierung beide dasselbe *Isomethyl-α-jonon*; da bei dieser Cyclisierung die Δ^6-Doppelbindung verschwindet, scheint es sich bei den beiden **I** um cis-trans-Isomere bzgl. der Δ^6-Doppelbindung zu handeln, entsprechend den beiden Citralen a u. b. — In den weniger flüchtigen Fraktionen der Hydrolyseprodd. der **II** findet sich in beiden Fällen dasselbe *Hydrat* [**III**; *2.6.9-Trimethylundecadien-(6.8)-ol-(2)-on-(10)*], es trat also in einem Falle Stereomutation an 6.7 ein.

V e r s u c h e (FF. korr.): *Semicarbazone* (II) der *Pseudoisomethyljonone* (I), $C_{15}H_{25}ON_3$. Aus 1000 g Rohpseudomethyljonon 186 g **IIa**, F. 191,5—192° (in Bzl. wenig lösl.), u. 285 g **IIb**, F. 157—158°; Misch-F. 167—182°. Absorption der alkoh. Lsgg. bei 300 mμ; ε = 44300 für **IIa** u. 45100 für **IIb**. — **Ia**, $C_{14}H_{22}O$, $Kp._{2,1}$ 124—125°, durch Hydrolyse von **IIa** mit Phthalsäure in W. u. Propylenglykol durch 6std. Kochen u. Wasserdampfdest.; $D.^{20}_4$ 0,9003, n_C^{20} 1,52601, n_D^{20} 1,53382, n_F^{20} 1,55277, λ_{max} 293,5 mμ (log ε = 4,438 in A.), 282,5 mμ (log ε = 4,484 in Isooctan). *2.4-Dinitrophenylhydrazon*, $C_{20}H_{26}$·O_4N_4, aus Methanol lebhaft rote Nadeln, F. 137—137,5°. *Phenylsemicarbazon*, $C_{21}H_{29}ON_3$, aus A. leichte blättchenförmige Kristalle, am Licht leicht braun werdend, F. 155,5—156°. **Ib**, $Kp._{2,1}$ 123—123,5°, analog **Ia** durch Hydrolyse von **IIb**; $D.^{20}_4$ 0,9001, n_C^{20} 1,52521, n_D^{20} 1,53302, n_F^{20} 1,55295, λ_{max} 294 mμ (log ε = 4,433 in A.), 283 mμ (log ε = 4,474 in Isooctan). *2.4-Dinitrophenylhydrazon*, F. 113—113,5° (CH_3OH). *Phenylsemicarbazon*, F. 147,5—148°. — *Oxydihydropseudoisomethyljonon* (III), $C_{14}H_{24}O_2$, $Kp._{2,3}$ 151—152°, aus dem bei der Dest. der Hydrolyseprodd. von **IIa** oder **IIb** mit Wasserdampf von n. Druck nicht flüchtigem Rückstand durch fraktionierte Dest.; $D.^{20}_4$ 0,9539, n_C^{20} 1,52615, n_D^{20} 1,53370, n_F^{20} 1,55200, λ_{max} 293,0 mμ (log ε = 4,415 in A.). *Semicarbazon*, $C_{15}H_{27}$·O_2N_3, aus A. Nadeln, F. 194,5—195°, λ_{max} 300 mμ (log ε = 4,654 in A.). *Phenylsemicarbazon*, $C_{21}H_{31}O_2N_3$, aus A. Kristalle, F. 115—116°. — Die Cyclisation von 80 g **Ia** oder **Ib** mit 82%ig. H_3PO_4 führt zum gleichen *Isomethyl-α-jonon*, $D.^{20}_4$ 0,9336, n_D^{20} 1,5016; **74** bzw. 71 g. (Bull. Soc. chim. France, Mém. [5] **18**. 254—56. März/April 1951.) ROTTER. 3600

Yves-René Naves, *Untersuchungen über flüchtige Pflanzenstoffe*. 112. Mitt. *Über die Ultraviolettabsorption der α- und β-Vetivone und ihrer Derivate*. (111. vgl. vorst. Ref.) Die bereits früher (C. **1941**. II. 2569) durchgeführte Best. der UV-Absorption von α- u. *β-Vetivon* in Hexan wird durch Messungen in A. u. Isooctan (2.2.4-Trimethylpentan) ergänzt. Die Ergebnisse bestätigen die früher (l. c.) angegebenen Strukturen.

V e r s u c h e (mit **P. Ardizio**): *α-Vetivon*, F. 51—51,5°, $[\alpha]_D^{20}$ +234° (c = 8; A.), λ_{max} 240 mμ (ε = 16200 in A.), 232 u. 335 mμ (ε = 15800 bzw. 152 in Isooctan). *Semicarbazon*, F. 222—223°, $[\alpha]_D^{20}$ +332,20° (c = 4; Essigsäure), λ_{max} 270,5 mμ (ε = 33500 in A.). *2.4-Dinitrophenylhydrazon*, F. 149—150°, λ_{max} 386 mμ (ε = 31200 in A.). — *β-Vetivon*, F. 44—44,5°, $[\alpha]_D^{20}$ —38,92° (c = 10,62; A.), λ_{max} 242 mμ (ε = 15600 in A.), 235 u. 338 mμ (ε = 15300 bzw. 33,4 in Isooctan). *Semicarbazon*, F. 228—229°, $[\alpha]_D^{20}$ —71,70° (c = 4; Essigsäure), λ_{max} 271,0 mμ (ε = 31200 in A.). *2.4-Dinitrophenylhydrazon*, F. 190,5—191°, λ_{max} 385 mμ (ε = 30500 in A.). (Bull. Soc. chim. France, Mém. [5] **18**. 369—70. Mai/Juni 1951.) ROTTER. 3600

Yves-René Naves, *Untersuchungen über flüchtige Pflanzenstoffe*. 113. Mitt. *Über die Ultraviolett- und Raman-Spektren des Piperitenons* [*p-Menthadien-(1.4,8)-on-(3)*]. (112. vgl. vorst. Ref.) Zur Ergänzung u. Revision früherer Ergebnisse (vgl. C. **1943**. I. 519. 520) werden neue Messungen der Spektren des *Piperitenons* (I) mitgeteilt. Das UV-Spektr. von **I** wurde in 95%ig. A., in n/10 NaOH in 95%ig. A. u. in Isooctan bestimmt, die Ergebnisse bestätigen die früheren Messungen in A. u. Hexan; die Maxima der 3 Absorptionsbanden sind abgeflacht. — Modellbetrachtungen zeigen, daß das Piperiton (**II**)-Syst. des **I** fast eben ist, das Pulegon (**III**)-Syst. dagegen nicht, der Einfl. des 1. Syst. tritt daher in der Bande höherer Frequenz (Enon-K-Bande) am stärksten hervor. Die zweite, schwächere K-Bande ist wie die erste durch eine Erhöhung ihrer Frequenz ausgezeichnet, wenn man von der alkoh. zur Isooctanlsg. übergeht, sie kann dem gekreuzt-konjugierten Dienonsyst. zugeordnet werden. — **I** aus Pfefferminzöl gibt 3 *Dinitrophenylhydrazone*, F. 184—184,5° (**Ia**), F. 132—132,5° (**Ib**) u. F. 152,5—153° (**Ic**), Ausbeuteverhältnis 8: 1: 1 (**Ia** u. **Ib** vgl. PENFOLD u. Mitarbeiter, J. chem. Soc. [London] **1939**. 1499). Ihre UV-Absorption [**Ia**, 390 (mμ) (26700) in A., 392 (26300) in Chlf.; **Ib**, 388 (28400) in A.; **Ic**, 389 (28700) in A.; **III**-*Dinitrophenylhydrazon*, 378 (24100)] in A. zeigt neben ster. Einflüssen die Charakteristika für gekreuzte Konjugation. Es scheint, daß die sehr breite, am Maximum abgeflachte Bande von **Ia**–**Ic** Enon- u. Dienon-K-Effekte enthält. — Das RAMAN-Spektr. von **I** im Bereich der ν (C=C)- u. ν (C=O)-Schwingungen zeigt noch deutlicher als die UV-Absorption das Überwiegen des Einfl. des **II**-Syst. u. das Auftreten ster. Hinderung der Dienonstruktur.

V e r s u c h e (FF. korr.): *Piperitenon* (I), aus dem Öl von *Mentha Pulegium* L. durch fraktionierte Dest., Reinigung über die Hydrosulfitverb.; $D.^{20}_4$ 0,9763, n_C^{20} 1,52430, n_D^{20} 1,53012, n_F^{20} 1,54423. *2.4-Dinitrophenylhydrazone*, $C_{16}H_{18}O_4N_4$, Trennung durch Kristallisation aus Methanol u. Reinigung des weniger lösl. in Methanol–Äthylacetat (4: 1), **Ia**, dunkelrote Nadeln, F. 184—184,5°; **Ib**, längliche, heller rote Plättchen, am leichtesten lösl., F. 131—132,5°; **Ic**, rubinrote Tafeln mittlerer Löslichkeit, F. 152,5 bis 153°. (Bull. Soc. chim. France, Mém. [5] **18**. 370—72. Mai/Juni 1951.) ROTTER. 3600

Yves-René Naves, *Untersuchungen über flüchtige Pflanzenstoffe*. 114. Mitt. *Über die Propylenketale einiger Jonone und über ihre Raman-Spektren.* (113. vgl. vorst. Ref.) Die Propylenketale (**A**) der Jonone werden leicht nach SALMI KUHN (J. prakt. Chem. [2] **156.** [1940.] 115) durch Erhitzen der Jonone mit Propandiol-(1.2) u. Bzl. in Ggw. von etwas p-Toluolsulfonsäure in Ausbeuten über 80% erhalten. — Das **A** (**Va**) des *Isomethyl-β-jonons* (**V**) unterscheidet sich von jenen (**IIIa** bzw. **IVa**) des *β-Jonons* (**III**) u. *β-Irons* (**IV**) durch seine Refraktion, sie liegt zwischen den Werten von **IIIa** u. **IVa** einerseits u. von den **A** (**Ia** bzw. **IIa**) von *α-Jonon* (**I**) u. *Isomethyl-α-jonon* (**II**) andererseits. Diese Tatsache spricht für eine Hinderung der Resonanz im Diensyst. von **Va.** Nach Ansicht des Vf. beruht diese auf der Zusammenpressung der VAN DER WAALSschen Wirkungsbereiche der einzelnen Gruppen u. der daraus entstehenden Zusammenziehung des Moleküls. Die UV-Absorption von **IIIa, IVa** u. **Va** {Auswertung nach WOODWARD (J. Amer. chem. Soc. **64.** [1942.] 72), Werte 239, 237 bzw. 239—246 mμ} spricht für diese Annahme. — Die RAMAN-Spektren von **Ia—Va** [Bereich der (C=C)-Schwingungen] zeigen folgende Charakteristika: Bei **Ia** ist die Konfiguration von der nichtcycl. Doppelbindung trans (im **I** selbst cis); **Ia** ist also als **A** des *Neo-α-jonons* aufzufassen. Bei **IIa** tritt wie beim Dihydroisomethyl-α-jonol nur eine, den C=CH-Gruppen zugeordnete Bande auf. — Die Spektren von **IIIa** u. **IVa** zeigen Bandenstruktur, die durch die ster. Hinderung der Konjugation erklärt werden kann. Viel stärker noch ist dieser Effekt im Spektr. des **Va** ausgedrückt.

Versuche: *α-Jononpropylenketal* (**Ia**), $Kp._2$ 111—112°, $D.^{20}_4$ 0,9495, n_C^{20} 1,47335, n_D^{20} 1,47632, n_F^{20} 1,48335. — *Isomethyl-α-jononpropylenketal* (**IIa**), $Kp._{1,8}$ 118°, $D.^{20}_4$ 0,9520, n_C^{20} 1,47741, n_D^{20} 1,48040, n_F^{20} 1,48767. — *β-Jononpropylenketal* (**IIIa**), $Kp._2$ 118°, $D.^{20}_4$ 0,9594, n_C^{20} 1,48228, n_D^{20} 1,48563, n_F^{20} 1,49374. — *β-Ironpropylenketal* (**IVa**), $Kp._{1,2}$ 113°, $D.^{20}_4$ 0,9636, n_C^{20} 1,48653, n_D^{20} 1,48992, n_F^{20} 1,49113. — *Isomethyl-β-jononpropylenketal* (**Va**), $Kp._1$ 108°, $D.^{20}_4$ 0,9563, n_C^{20} 1,48069, n_D^{20} 1,48374, n_F^{20} 1,49013. — RAMAN-*Spektren* (in Klammern Intensitäten): **Ia**, 492 (1), 522 (1), 575 (2), 639 (2), 742 (2), 802—823 (1, bd), 866—888 (2, bd), 929—947 (1, bd), 973 (1), 1017 (2), 1081 (1), 1144 (4), 1191 (1), 1268 (1), 1301 (3), 1350 (2), 1384 (2), 1439—1473 (4, bd), 1680 (6). — **IIa**, 353 (2), 379 (2), 480 (3), 516—538 (1, bd), 582—603 (2, bd), 646 (2), 673 (2), 743 (2), 782 (4), 835 (1), 884 (1), 939 (3), 971 (2), 1010 (2), 1080 (2) 1140 (3), 1173—1237 (3, bd), 1279 (1), 1309 (1), 1346 (4), 1379 (3), 1429—1470 (5, bd), 1672 (7). — **IIIa**, 321 (3), 368 (1), 404 (1), 482 (2), 584 (4), 621 (1), 651 (1), 696 (1), 729 (1), 791 (4), 808 (1), 841 (1), 936 (5), 975 (5), 1005 (1), 1063 (1), 1117—1145 (2, bd), 1171 (2), 1210 (3), 1251 (1), 1274 (1), 1293 (2), 1334 (1), 1355 (1), 1373 (1), 1396 (1), 1426—1470 (4, bd), 1633—1666 (3, bd). — **IVa**, 402 (2), 456 (2), 498 (2), 567 (3), 621 (3), 685 (2), 715 (1), 775 (3), 918 (5), 971 (2), 1152 (1), 1197 (2), 1419—1464 (4, bd), 1623—1655 (2. bd). — **Va**, 321 (1), 479 (1), 569 (1), 590 (2), 743 (1), 783 (2), 802 (1), 888 (1), 937 (1), 978 (2), 1023 (1), 1071 (1), 1126 (2), 1148 (2), 1178 (1), 1208 (1), 1271 (1), 1382 (2), 1430—1463 (2, bd), 1650—1665 (7, bd). (Bull. Soc. chim. France, Mém. [5] **18.** 372—74. Mai/Juni 1951.)

ROTTER. 3600

Yves-René Naves und **Pierre Ardizio**, *Untersuchungen über flüchtige Pflanzenstoffe.* 115. Mitt. *Synthese der stereoisomeren 3-Methylcitrale durch die Reaktion von Arens und van Dorp.* (114. vgl. vorst. Ref.) Die bereits in der 108. Mitt. (C. **1952.** 4145) kurz erwähnte Synth. der stereoisomeren *3-Methylcitrale* (**I**) nach der Meth. von ARENS u. VAN DORP (C. **1948.** I. 471) wird ausführlich beschrieben u. darauf hingewiesen, daß sie laut Patentanmeldung früher durchgeführt wurde als die Arbeit von ROUVÉ u. STOLL (C. **1951.** II. 2027) gleichen Inhalts. Im Gegensatz zu ROUVÉ u. STOLL gelingt Vf. die Isolierung zweier stereoisomerer 2.4-Dinitrophenylhydrazone, die zwar den gleichen F. zeigen, aber miteinander Schmelzpunktdepression geben. Wie bei den Citralen wird dem in A. leichtlösl. **I**-*Semicarbazon* die cis-, dem anderen die trans-Konfiguration zugeschrieben, danach werden 60% cis-**I** u. 30% trans-**I** gebildet. — Es wird ferner die Isomerisierung des Zwischenprod. *8-Äthoxy-2.3.6-trimethylocten-(2)-in-(7)-ol-(6)* (**II**) zu einem Gemisch der stereoisomeren *3-Methylgeraniumsäureäthylester* beschrieben. Nach Verseifung werden eine Säure von F. 81—82° u. fl. Fraktionen erhalten, aus welchen die *Benzylthiuroniumsalze* der beiden stereomeren Säuren, F. 146,5—147° (**IIIa**) u. F. 132,5—133° (**IIIb**), erhalten werden. Zur Identifizierung dieser Salze wird das aus 3-Methyllinalool erhaltene **I**-Gemisch (vgl. C. **1950.** II. 2806 u. früher) oxydiert, aus dem Gemisch werden ebenfalls beide Salze erhalten. Auch hier ist das Verhältnis cis-:trans-Verb. ~ 2:1.

Versuche (FF. korr.): *Vinyläthyläther*, durch Dest. des techn. Prod., $Kp._{730}$ 35—36°, $D.^{20}_4$ 0,7546, n_D^{20} 1,3778. — *α.β-Dibromdiäthyläther*, durch Rühren des vorst. Äthers bei —13 bis —10° mit Br_2 in Chlf.; $Kp._{15}$ 64—66°, $D.^{20}_4$ 1,7315, n_D^{20} 1,5050; 80% (Ausbeute). — *β-Bromvinyläthyläther*, durch Enthydrobromierung der vorst. Verb. mit Diäthylanilin in Vaselineöl unter Erhitzen; $Kp._{40}$ 60—62°, $D.^{20}_4$ 1,4180, n_D^{20} 1,4722; 51%. Daneben 12—15% *Bromacetal*, $Kp._{22}$ 83—85°, $D.^{20}_4$ 1,2680, n_D^{20} 1,4405. — *Äthoxyäthin*, aus vorst. Monobromäther nach JACOBS u. Mitarbeitern (J. Amer. chem. Soc. **64.** [1942.] 223); $Kp._{730}$ 53—54°, $D.^{20}_4$ 0,8019, n_C^{20} 1,38080, n_D^{20} 1,38332, n_F^{20} 1,38944; 70—72%. — *8-Äthoxy-2.3.6-trimethylocten-(2)-in-(7)-ol-(6)* (II), $C_{13}H_{22}O_2$, durch Überführung von 52 g Äthoxyäthin mit 0,75 Mol Äthyl-MgBr in die GRIGNARD-Verb. u. deren Rk. bei —5 bis 0° mit 73 g Dimethylheptenon innerhalb von 15 Min.; $Kp._{0,1}$ 80—82°, $D.^{20}_4$ 0,9258, n_C^{20} 14,6989, n_D^{20} 1,47300, n_F^{20} 1,48053; 81,8 g. — *8-Äthoxy-2.3.6-trimethyloctadien-(2.7)-ol-(6)*, $C_{13}H_{24}O_2$, durch Hydrierung von 22 g **II** in Ggw. von Pd (2% auf $BaSO_4$) bei n. Druck u. Temp.; $Kp._{0,1}$ 70—72°, $D.^{20}_4$ 0,9045, n_C^{20} 1,46499, n_D^{20} 1,46828, n_F^{20} 1,47626; 18,9 g. — *3-Methylcitrale* (I), durch 20 Min. Rühren vorst. Verb. in Ae. mit n HCl bei n. Temp.; $Kp._{2,5}$ 93—94°, $D.^{20}_4$ 0,8994, n_D^{20} 1,4885; 90,3%. *Semicarbazon*, aus 10 g Roh-I durch fraktionierte Kristallisation aus Methanol 3,1 g *trans-Deriv.*, F. 209—209,5°, u. 7,1 g *cis-Deriv.*, F. 183—184°. *2.4-Dinitrophenylhydrazone*, $C_{17}H_{22}O_4N_4$, aus 0,5 g Roh-I aus Methanol 0,35 g *trans-Deriv.*, F. 145,5—146°, u. aus den Mutterlaugen 0,28 g *cis-Deriv.*, dunkler rote Kristalle, F. 145,5—146°. — *3-Methylgeraniumsäureäthylester*, $C_{13}H_{22}O_2$, durch Isomerisation von 13,3 g **II** in Ae. durch 15 Min. Rühren mit 100 cm³ 10%ig. H_2SO_4 in W.; $Kp._{0,8}$ 98—100°, $D.^{20}_4$ 92,36, n_C^{20} 1,46940, n_D^{20} 1,47268, n_F^{20} 1,48062; 7,4 g. *Freie Säuren*, durch Verseifung von 6 g Ester mit alkoh. NaOH; 3,4 g vom $Kp._{0,6}$ 135—145°, n_D^{20} 1,4870—1,4830, daraus 0,85 g *fester Säure*, $C_{11}H_{18}O_2$, F. 81—82°. 0,5 g der fl. Fraktionen wurden in *Benzylthiuroniumsalze*, $C_{19}H_{28}O_2N_2S$, umgewandelt, aus wss. Methanol 0,25 g vom F. 146,5—147° (**IIIa**; trans-Verb.), u. aus wss. Aceton 0,44 g vom F. 132,5—133° (**IIIb**; cis-Verb.). — Oxydation von 20 g eines **I**-Gemisches aus 3-Methyllinalool in A.-Emulsion mit $AgNO_3$ u. NaOH in W. bei 18—22° gab 15,5 g vom $Kp._{0,4}$ 116—120°, daraus durch fraktionierte Kristallisation aus 66%ig. Methanol 6,5 g *cis-3-Methylgeraniumsäure*, $C_{11}H_{18}O_2$, Nadeln, F. 62,5—63°. Aus dem Gemisch wurden die Salze **IIIa** u. **IIIb** isoliert. (Bull. Soc. chim. France, Mém. [5] **18.** 374—77. Mai/Juni 1951.) ROTTER. 3600

M. J. Birchenough und **H. Burton**, *Pyridiniumsulfate, die sich von Cholesterin und Lanostadienol ableiten.* Vff. stellten *epi-Cholesteryl-*, *Lanostenyl-* u. *γ-Lanostadienylpyridiniumsulfat* in Anlehnung an die von SOBEL u. SPOERRI (J. Amer. chem. Soc. **63.** [1941.] 1259) gegebene Vorschrift her. Es wurden keine wirksamen emulgierenden Eigg. dieser Salze festgestellt.

Versuche: *epi-Cholesterylpyridiniumsulfat*, $C_{27}H_{46}O_4S \cdot C_5H_5N$, F. 163—164°. — *Lanostenylpyridiniumsulfat*, $C_{30}H_{52}O_4S \cdot C_5H_5N$, F. 216—217° (Sintern bei 202°). Lanostenol wurde in Bzl. bei 50—55° innerhalb von 30 Min. mit Pyridin · SO_3 versetzt u. das auf Zimmertemp. abgekühlte Gemisch mit PAe. behandelt; aus Chlf. lange Nadeln, $[\alpha]_D^{18}$ +41,7° (c = 2,015% in Chlf.). — *γ-Lanostadienylpyridiniumsulfat*, $C_{30}H_{50}O_4S \cdot C_5H_5N$, F. 234—235°, analog; $[\alpha]_D^{18}$ +57,3° (c = 0,803% in Chlf.). (J. chem. Soc. [London] **1952.** 2443—44. Juni. London, Univ., King's Coll. of Household and Soc. Sci.) SCHORRE. 3700

D_3. Makromolekulare Chemie.

W. Opechowski und **J. M. Bryan**, *Statistik einer linearen paramagnetischen Makromolekel.* Theoret. Berechnungen über das Verh. von spezif. Wärme u. magnet. Susceptibilität für lineare Makromolekeln aus N paramagnet. Atomen. Bei sehr tiefen Tempp. darf bei der magnetischen Susceptibilität für eine große, aber nicht unendliche Zahl N nicht ohne weiteres der asymptot. Wert für $N \to \infty$ benutzt werden. (Canad. J. Physics **29.** 236—44. Vancouver, Univ. of British Columbia, Dep. of Phys.) KLEMM. 4000

M. Joly, *Der Maxwell-Effekt in kolloiden Lösungen. Der Fall starrer, polydisperser, aufeinander einwirkender Teilchen.* Die theoret. Unterss. führen zu dem Ergebnis, daß die Messung der Strömungsdoppelbrechung u. ihre Extrapolation auf die Konz. 0 für polydisperse Systeme von Stäbchenmicellen mit Wechselwrkg. aufeinander wenigstens näherungsweise die Gestalt der Teilchen mit maximaler Frequenz zu bestimmen gestattet sowie den Polydispersitätsgrad des Syst. u. den Mittelwert der Potentialschranke für die Drehung eines Teilchens um 180°. (J. Chim. physique Physico-Chim. biol. **48.** 536—41. Nov./Dez. 1951. Paris, Inst. Pasteur.) HENTSCHEL. 4000

R. Signer und **B. Schmidli**, *Der Maxwell-Effekt in makromolekularen konzentrierten Lösungen.* Orientierende Verss. über den Verlauf des MAXWELL-Effektes — Orientierungswinkel u. Strömungsdoppelbrechung bei nach O konvergierendem Gefälle — bei zwei *Polystyrol*-Proben mit einem Mol.-Gew. von 200000 bzw. 700000 sowie einer *Nitrocellulose*-Probe mit kleinem Mol.-Gew. von ca. 60000 ergaben für verhältnismäßig konz. Lsgg. einen ähnlichen Kurvenverlauf bei beiden Stoffen; auch die Viscositätskurven dieser Stoffe zeigen Ähnlichkeit (Minimum). (J. Chim. physique Physico-Chim. biol. **48.** 542—44. Nov./Dez. 1951. Bern, Univ.) HENTSCHEL. 4010

J. R. Roland und **L. M. Richards,** *Die Struktur von Copolymeren aus der Polymerisation von Äthylen in Gegenwart von Polyvinylacetat.* Die bisher untersuchten Beispiele sogenannter „gepfropfter" Vinylcopolymerer durch Polymerisation eines Monomeren in Ggw. eines vorher ausgebildeten Vinylpolymeren geben keine Auskunft hinsichtlich des Ansatzpunktes der Seitenketten an die ursprüngliche Polymerenkette. Vff. untersuchen die Polymerisation von *Äthylen* (I) in Ggw. von *Polyvinylacetat* (II). Die Verss. wurden in Stahlschüttelautoklaven mit Diäthylperoxyd als Katalysator durch 8std. Erhitzen auf 130° durchgeführt. Der gewünschte I-Druck wurde durch period. Zufügen von frischem I aufrechterhalten. In den Einheiten der II-Kette können am CH_3 der Acetylgruppe oder an den beiden C der Vinylgruppe durch H-Abspaltung mittels des Polymerisationsinitiators oder durch wachsende Polymerenketten freie Radikale entstehen, die mit I ein II mit Poly-I-Seitenketten liefern würden. Der Kettenabbruch erfolgt hierbei hauptsächlich durch Kettenübertragung. Die bei einem I-Druck von 300—1200 pounds/inch² dargestellten Copolymeren enthielten 10—16% I. Die Lage der Seitenketten wurde durch Alkali-katalysierte Methanolyse in Bzl. festgestellt u. ergab langkettige Fettsäuren vom Mol.-Gew. 1020—1180 (Angriff des I an der Acetylgruppe von II), neben wasserunlösl. äthylenmodifizierten II (Angriff des I an einem der beiden C der Vinylgruppe von II). Im letzten Falle war eine Unterscheidung, an welchem der beiden C sich die Seitenketten befinden, nicht möglich. Die lateralen Poly-I-Seitenketten hatten eine mittlere Kettenlänge von 11—50 I-Einheiten. Bei den untersuchten Drucken wurden daneben nur Spuren bis geringe Mengen Poly-I-Wachse vom Mol.-Gew. 285—900 gebildet, die durch erschöpfende Extraktion mit sd. Toluol aus dem Hydrolysat gewonnen wurden. Bei höheren I-Drucken wird mehr Poly-I gebildet, u. es scheint dabei mehr I an den Ketten-C als an der Acetylgruppe des II gebunden zu werden. Oxydation des I-modifizierten II mit HNO_3 gab Oxalsäure neben langkettigen Fettsäuren. (J. Polymer Sci. 9. 61—68. Juli 1952. Wilmington, Del., E. I. du Pont de Nemours & Co., Chem. Dep., Exp. Stat.)

RUSKE. 4010

E. F. Izard, *Einfluß der chemischen Struktur auf die physikalischen Eigenschaften isomerer Polyester.* Vf. untersucht die Unterschiede im physikal. Verh. einer Anzahl isomerer Polyester, die durch Umesterung der entsprechenden Methylester unter Einfl. von PbO mit Glykolen dargestellt u. meist bei 260° u. 1 mm Druck polymerisiert wurden, u. kommt zu folgenden Ergebnissen: *Bibenzoesäure-(4.4')-dimethylester,* F. 212°. — *Polyäthylenbibenzoat-(4.4'),* F. > 300°, kristallin, Übergangstemp. 2. Ordnung > 100°. — *Polytetramethylenbibenzoat,* F. 280°, extrem kristallin, Übergangstemp. 2. Ordnung wegen Kristallzustand nicht zu bestimmen, aber >100°. — *Polyhexamethylenbibenzoat,* F. ~230°, hochkristallin, nicht amorph erhältlich. — *p.p'-Äthylendibenzoesäuredimethylester,* F. 119°. — *Polyäthylen-p.p'-äthylendibenzoat,* F. 212°, kristallin. Die Trennung der aromat. Ringe durch zwei Methylengruppen bedingt Erniedrigung des F., Kristallzustand bleibt aber noch erhalten. — *p.p'-Äthylidendibenzoesäuredimethylester,* viscose Flüssigkeit. — *Polyäthylen-p.p'-äthylidendibenzoat,* F. 100°, amorph, niedrige Übergangstemperatur. Hier ist der F. noch weiter erniedrigt, gegebenenfalls durch die ungerade Anzahl C-Atome in der Kette, ein Effekt, wie er auch bei aliphat. Polyamiden auftritt u. durch die als Seitenketten angeordneten Methylgruppen hervorgerufen wird, die auch bei Terephthalsäurepolyestern den F. erniedrigen. — *Diphenyldiessigsäure-(4.4')-dimethylester,* F. 71°. — *Polyäthylendiphenyldiacetat-(4.4'),* F. 150°, amorph, niedrige Übergangstemperatur. Hier ist die Resonanz der beiden Benzolringe nicht gestört, aber die Carboxylgruppen sind durch Methylengruppen vom Ring getrennt, was sich auf den F. stärker auswirkt, als wenn die Ringe selbst durch zwei Methylengruppen voneinander getrennt sind. Hoher F. ist also an das Carboxyl in Nachbarschaft zum Ring gebunden. — *2.2'-Dimethyldiphenyldicarbonsäure-(4.4')-dimethylester,* F. 100°. — *Polyäthylen-2.2'-dimethyldiphenyldicarboxylat-(4.4'),* F. > 200°, amorph, Übergangstemp. 2. Ordnung 73°. Die Methylgruppen machen die coplanare Anordnung der beiden Ringe unmöglich u. erniedrigen ihre Resonanz, gegebenenfalls verhindern sie auch eine dichteste Packung der Moll. im Kristall. Der Klebepunkt liegt mit 200° für ein amorphes Polymeres ungewöhnlich hoch. (J. Polymer Sci. 9. 35—39. Juli 1952. Buffalo, N. Y., E. I. du Pont de Nemours & Co., Inc.)

RUSKE. 4010

J. W. Breitenbach und **A. Schmidt,** *Die Polymerisation des N-Vinylpyrrolidons in Lösung.* Die durch radikalliefernde Substanzen gestartete Polymerisation des *N-Vinylpyrrolidons* (I) gibt Prodd., deren mittlerer Polymerisationsgrad in einem gut meßbaren Bereich liegt. Das gleiche gilt für die Polymerisationsgeschwindigkeit. Da I gut mit W. u. organ. Lösungsmitteln mischbar ist, ist es zur Unters. der Lösungspolymerisation gut geeignet. Vff. finden für die Polymerisation von I in wss. Lsg. bei 50° mit $4{,}5 \cdot 10^{-3}$ Mol/Liter *2.2'-Azoisobutyronitril* (II) als Katalysator nach 1std. Reaktionsdauer, daß in der wss. Lsg. höhermol. Prodd. entstehen als aus reinem I u. in nicht zu konz. Lsgg. ein oberer

Grenzwert des mittleren Polymerisationsgrads erreicht wird. In Bzl. hingegen ist unter den gleichen Bedingungen Umsatz u. Grundviscosität von der Monomerenkonz. unabhängig. Die abweichenden Verhältnisse in wss. Lsg. gehen gegebenenfalls auf eine verschied. Reaktionsfähigkeit des hydratisierten I zurück. Verss. bei 50° mit höherer II-Konz. in wss. Lsg. zeigten, daß die Polymerisationsgeschwindigkeit der Wurzel der II-Konz. proportional ist. Neben der Übertragungs-Rk. übt hier auch der Kettenabbruch einen gewissen Einfl. auf die mittlere Kettenlänge der Polymerisate aus. Verss. mit H_2O_2 als Katalysator zeigten, daß dieses neben der Polymerisationsanregung eine zusätzliche Übertragungs-Rk. einführt, die die Bldg. niedrigmol. Prodd. bedingt. (Mh. Chem. **83.** 1288—90. 15/10.; S.-B. österr. Akad. Wiss., math.-naturwiss. Kl. IIb **161.** 1288—90. 1952. Wien, Univ., I. Chem. Labor.) RUSKE. 4010

S. T. Semegen und J. H. Wakelin, *Untersuchung der Vulkanisation und Struktur von Polyacrylesterkautschuk.* Vff. untersuchten die Vernetzung (Vulkanisation) von Polyacrylsäureäthyl- u. -methylester mittels $Na_2SiO_3 \cdot 5H_2O$, KOH, NaOH oder PbO, um den Mechanismus dieser Rk. aufzuklären. Es wird gezeigt, daß sich während der Vulkanisation A. bildet. Dies spricht für eine Art CLAISEN-Kondensation. Die Tatsache aber, daß ein Acrylsäuremethylester–Acrylsäure-Mischpolymerisat (I) mit A. plastifiziert werden kann u. einen Kettenabstand analog dem von vernetztem Polymethylacrylat (II) annimmt, während unvulkanisiertes II u. nichtweichgemachtes I deutlich verschied. Kettenabstände zeigen, weist andererseits auf einen Mechanismus einer Hydrolyse u. Wasserstoffbrückenbldg. hin. Dieser Mechanismus würde noch eine weitere Stütze finden, wenn mit A. weichgemachtes I Beweise für eine Vulkanisation in situ (größere Beständigkeit gegenüber Methyläthylketon, verminderte Thermoplastizität u. verstärkte Kautschukelastizität) zeigen würde. (Rubber Age [New York] **71.** 57—63. April 1952. Brecksville, O., B. F. Goodrich Res. Center.) SCHÄFF. 4030

Ivan A. Wolff, Paul R. Watson und Carl E. Rist, *Polysaccharidarylcarbamate. 2. Mitt. Kernsubstituierte Tricarbanilate von Maisstärke, Maisamylose und -amylopektin.* (1. vgl. J. Amer. chem. Soc. **70.** [1948.] 2779.) Durch Rk. der Polysaccharide mit den entsprechenden Arylisocyanaten in Pyridin werden *substituierte Tricarbanilate* dargestellt. *o-Chlorcarbanilate*: von *Maisstärke* (I; $[\alpha]_D^{25}$ −20° in Pyridin [c = 1]); von *Maisamylose* (II; $[\alpha]_D^{25}$ −24° in Pyridin; +30° in Morpholin); von *Maisamylopektin* (III; −19°; +37°). — *m-Chlorcarbanilate*: von I (−147°), von II (−190°; −41°), von III (−130°; −27°). — *2.5-Dichlorcarbanilate*: von I (−34°); von II (−42°), von III (−33°). — *o-Methylcarbanilate*: von I (−4°), von II (−8°; +38°), von III (−3°; +40°). — *m-Methylcarbanilate*: von I (−119°), von II (−136°; −17°), von III (−108°). — *p-Methylcarbanilate*: von I (−90°), von II (−107°; −37°), von III (−83°). — *p-Bromcarbanilate*: von I (−122°; −89°), von II (−140°; −109°), von III (−118°; −84°). Die o-substituierten Derivv. zeigen infolge innermol. Bindungen sehr abweichende Drehwerte niedrigere Schmelzintervalle u. die o-Cl-Verbb. niedrigere Viscosität der Lsgg. u. geringere Löslichkeit in unpolaren organ. Lösungsmitteln als die m- u. p-Verbindungen. — Die Reaktionsgeschwindigkeit verschied. Isocyanate mit I wurde bei 80° gemessen, die Aktivität sinkt dabei vom m-Chlorphenylisocyanat über Phenyl-, m-Tolyl-, 2.5-Dichlorphenyl-, o-Chlorphenyl-, p-Bromphenyl-, p-Tolyl- zum α-Naphthylisocyanat. (J. Amer. chem. Soc. **74.** 3061—63. 20/6. 1952. Peoria, Ill., North Reg. Res. Labor.) ROSSOW. 4050

Ivan A. Wolff, Paul R. Watson und Carl E. Rist, *Die Rotationsdispersion stärkeartiger Polysaccharide und ihrer Triester.* Die Messung der Rotationsdispersion bei 4339, 4358, 4916, 5461, 5770, 5791, 5893, 6073 u. 6234 Å wurde für Maisstärke u. -amylopektin in Alkali, für die Triacetate u. Tricarbanilate von Maisstärke, -amylose u. -amylopektin in Chlf. bzw. Pyridin u. für Dextrantricarbanilat in Morpholin durchgeführt. Es wurden überall einfache u. n. Werte gefunden, d. h. die spezif. Drehung vermindert sich in linearem Verhältnis mit wachsender Wellenlänge nach der Gleichung $[\alpha]t/\lambda = A/\lambda^2 - \lambda_0^2$, wobei A u. λ_0 empir. bestimmt werden. Die Phenylgruppe der Carbanilate beeinflußt die opt. Drehung erheblich. (J. Amer. chem. Soc. **74.** 3064—66. 20/6. 1952.) ROSSOW. 4050

M. Ss. Resnitschenko, *Über den Gehalt an Aminostickstoff im Gliadin. (Zur Frage der Länge der Peptidketten im Eiweißmolekül.)* Vf. hat den Amino-N des Gliadins durch Desaminierung zu ~1,50% bestimmt. Nach Abzug von 0,23% für Arginin-N beträgt der reine Amino-N 1,27%. Dies entspricht einem Nonapeptid vom Mol.-Gew. 1080. Da das Mol.-Gew. des Gliadins 27000 beträgt, besteht das Gliadinmol. aus 25 Nonapeptidketten u. enthält 25 freie endständige Aminogruppen. (Биохимия [Biochimia] **16.** 579—83. Nov./Dez. 1951. Moskau, Techn. Inst. für Nahrungsmittelind., Lehrstuhl für organ. Chem.) v. SCHROEDER. 4070

W. W. Ponomarew, *Hitzedenaturierung von Gliadin.* Die Denaturierung von Gliadin (I) wurde bei 70, 130 u. 150° vorgenommen. Die Löslichkeit in 70%ig. A. u. die opt.

Aktivität in alkoh. Lsg. fallen mit der Dauer u. der Temperaturerhöhung der Denaturierung. Quellung in W. u. Viscosität in alkoh. Lsg. erhöhten sich mit der Dauer u. Temperaturerhöhung. Die spezif. Wärme des **I** erniedrigt sich durch Denaturierung. Die Wärmeentw. bei Einw. von W. ist beim denaturierten **I** kleiner, bei Einw. von A. größer, ebenso die Verbrennungswärme. Das Mol.-Gew. fällt durch Denaturierung bei 150° von 40500 auf 12600. Die Röntgenunters. zeigt Zerstörung des Kristallgitters. Die Verss. zeigen, daß bei der Hitzedenaturierung, wenn auch kein vollständiger Zerfall des Mol., so doch eine erhebliche Schwächung der inneren Bindungen eintritt. Die Versuchsergebnisse stehen im Widerspruch zu der bisher vertretenen Ansicht, daß die Denaturierung zu einer Aggregation der Proteinmoll. führt. Die Denaturierung geht auch im trockenen, ungelösten **I** vor sich. (Биохимия [Biochimia] **16.** 556—61. Nov./Dez. 1951. Moskau, Torfinst.) V. SCHROEDER. 4070

Harold Hart and **Robert D. Schuetz**, A short course in organic chemistry. Boston: Houghton. 1953. (335 S. m. Abb. u. Diagr.) $ 4,50.

—, Methoden der organischen Chemie (Houben-Weyl). Hrsg. von **Eugen Müller** 4 völlig neu gestaltete Aufl. Bd. 8. Stuttgart: Thieme. 1952. (XVIII + 775 S. m. 13 Abb.) 8°. DM 98,—.

E. Biologische Chemie. Physiologie. Medizin.

E_1. Allgemeine Biologie und Biochemie.

K. F. Jacobs, *Colchicinbehandlung von Reis.* Es wird herausgestellt, daß die *Colchicin*-Behandlung für die Gewinnung fertiler Hybriden aus begrannten u. unbegrannten Reisvarietäten von großer Bedeutung ist. Durch Colchicininjektion wird die Gewinnung von polyploidem Reis gefördert. Mehrere Behandlungsmethoden sind in der Arbeit wiedergegeben. (Landbouwkund. Tijdschr. **64.** 155—62. März 1952.) KATHEN. 4130

J. Rickenbacher, *Die Nucleinsäuren in der Augenentwicklung bei Amphibien und beim Hühnchen.* Die Unters. des Verh. der *Nucleinsäuren* während der Augenentw. von *Triton alpestris, Pleurodeles waltlii* u. vom Hühnchen mittels der Methylgrün-Pyronin-Färbung ergab: Vork. der *Ribonucleinsäure* (**I**) in der Einzelzelle vorwiegend an der Kern- u. Cytoplasmaoberfläche sowie in den Nucleolen, deutliche **I**-Abnahme bei den Amphibien während der Mitose, Vork. der *Desoxyribonucleinsäure* (**II**) nur im Kern, **I**-Zunahme während der Entw. des Auges entsprechend der Wachstumsintensität u. Abnahme bei beginnender Differenzierung. Die Ergebnisse bzgl. **II** sind weniger eindeutig. Wahrscheinlich nimmt **II** im einzelnen Kern während der Entw. zu, wobei gleichzeitig auch Strukturänderungen, die Acidität oder Länge der **II**-Moll. betreffen, auftreten dürften. (Roux' Arch. Entwicklungsmechan. Organismen **145.** 387—402. 1952. Zürich, Univ., Anatom. Inst.) K. MAIER. 4150

Louis F. Fieser, *Cortison, Cholesterin und Krebs.* Vortrag über Sterine, bes. die Physiologie des Cholesterins (**I**), Cortisons u. dessen Synth. u. über die mögliche Bedeutung einiger **I**-Begleiter (Latosterin u. Taptosterin) für die Krebsgenese. (Boll. chim. farmac. **91.** 273—75. Juli 1952. Haward, Univ., Ist. di Chim. Organ.) IPPEN. 4160

László Kádas, *Histochemische Untersuchungen über die Melaninbildung in von der Haut ausgehenden malignen Melanomen.* Vf. untersuchte histochem. Melanocarcinome, Melanosarkome u. deren zum Teil nichtpigmentierte Metastasen. Nucleolus u. Kernmembran von noch nicht Pigment enthaltenden Zellen zeigen nach dem Verf. von MCMANUS eine starke, zum Teil granulierte Färbung, was auf das Vorhandensein von *Mucopolysacchariden* (= „Präpigment") schließen läßt. Dagegen zeigen Kern u. Plasma von Carcinomen u. Sarkomen eine negative Reaktion. Nach dem Ausfall der modifizierten LOELEschen Phenol-Rk. glaubt Vf., daß das Präpigment phenolartiger Natur ist, sich zuerst im Kern zeigt, dann die Kernmembran durchsetzt u. erst im Plasma sich in Pigment umwandelt. Mit Methylgrün-Pyronin zeigt sich ebenfalls eine starke Färbung an allen Stätten der Pigmentbldg. (Nucleolus, Kern u. Mitochondrien). Jedoch läßt sich nicht immer mit dieser Meth. ein Präpigment feststellen. Man muß wohl zwischen dem Stoffwechsel von Pigmentgeschwülsten u. anderen Tumoren einen Unterschied annehmen. Nach Schädigung des Nucleinsäurekomplexes (durch Röntgenstrahlen usw.) trat keine Pigmentbldg. mehr auf. (Acta morphol. Acad. Sci. hung. **2.** 11—20. 1952. Pécs, Univ., Inst. für patholog. Anatom.) H. SCHEURLEN. 4160

L. Rupp und **A. Siegert**, *Über die Wirkung des Plenosols bei Collum- und Mammacarcinomrecidiven.* Vff. berichten über die Anwendung von *Plenosol* (**I**; Präp. aus Mistelextrakt; DR. MADAUS & CO., Köln) bei 50 Fällen von prakt. desolaten Collum- u. Mammacarcinomrecidiven. **I** wurde intravenös in steigenden Dosen von 50 bis durch schnittlich 1000 Nekroseeinheiten pro Injektion appliziert. In 70% der Fälle wurden eine subjektive Besserung, Gewichtszunahme bzw. vorübergehender Stillstand des Tumorwachstumes u.

manchmal eine schmerzstillende Wrkg. hervorgerufen. Schädigende Nebenwrkgg. beobachteten Vff. nicht. (Therap. Gegenwart **91.** 251—55. Juli 1952. Erlangen, Univ., Frauenklinik.) GUMMEL. 4160

A. Rothmann und **K. Klein,** *Vergleichende Untersuchungen an Hautmetastasen eines malignen Melanoms nach Injektionen von Plenosol und Urethan.* (Vgl. auch vorst. Ref.) Vff. berichten über intratumorale Plenosolanwendung bei einem malignen melanot. Tumor der Haut. Es wurden gleichzeitig Hautmetastasen unter sonst gleichen Bedingungen mit *Plenosol, Urethan* u. physiol. *Kochsalz*-Lsg. infiltriert. Urethan bewirkte lediglich zentrale Nekrosen in der Metastase u. im gesunden Gewebe. Bei Plenosolanwendung wird angegeben, daß die Metastasen selbst degenerative Prozesse im Protoplasma aufweisen u. eine beschleunigte Ausreifung der Geschwulstzellen stattfindet. Auch glauben Vff. aus beigefügten histolog. Bildern eine Wrkg. auf das umgebende gesunde Gewebe im Sinne einer Aktivierung der Abwehrkräfte ableiten zu können. Sie führen beide Vorgänge, also die Wrkg. auf die Geschwulstzelle selbst u. die Aktivierung der Abwehrkräfte, auf die Plenosolwrkg. zurück. (Med. Klin. **47.** 1218—21. 12/9. 1952.) GUMMEL. 4160

Ernst-Adolf Mueller, *Warmätherbehandlung des Krebses.* Vf. bezeichnet die von TIEGEL angegebene Meth. als eingreifend u. tritt für eine red. Dosis ein (20 g/die, 2mal wöchentlich). Er spricht von lokalen u. allg. Besserungen, zweifelt aber an einer carcinolyt. Wrkg. des Äthers. (Hippokrates **23.** 272. 1952. München-Sendling, Privat-Frauenklinik.) GUMMEL. 4160

N. Zett, *Kritisches zur Heißdampfätherinhalation nach Tiegel.* Vf. berichtet über 31 nach der TIEGELschen Meth. behandelte Fälle. Er beobachtet Besserung bei 4 Carcinomen u. bei 6 Magenulcera, in allen anderen Fällen rapiden Verfall u. Exitus letalis nach vorübergehender belebender Wirkung. Vf. tritt für die „Tiefnarkose" ein, in welcher er eine bessere Ausnutzbarkeit der JORDANschen quantenbiol. Treffertheorie erblickt. (Hippokrates **23.** 273—74. 1952. Memmingen/Allgäu.) GUMMEL. 4160

Harald Petri, *Kritische Bemerkungen zur Warmätherinhalation nach Tiegel.* (Erste Mitt. über unsere bisherigen Erfahrungen mit dieser Methode.) Vf. setzt sich mit den theoret. Grundlagen der TIEGELschen Meth. auseinander, wobei er eine Diskrepanz zwischen der nach dem Exponentialgesetz zur „Ein-Treffer-Tötung" nötigen Dosis u. der Verträglichkeit des Ae. bei desolaten Fällen sieht. Hiermit begründet er die 100%ig. Mißerfolge bei seinen 8 Patienten. Die Warcinomätherbehandlung von Carm-Frühfällen wird vom Vf. als Kunstfehler abgelehnt. (Hippokrates **23.** 274—79. 1952. Wattenscheid, Evang. Krankenhaus.) GUMMEL. 4160

E_2. Enzymologie. Gärung.

Thomas Dillon und **Proinnsias O'Colla,** *Die enzymatische Hydrolyse von Polyglucosanen mit 1.3-Bindung.* In Hafer-, Gersten-, Kartoffel- u. Hyazinthenzwiebelextrakten wurde ein der *Laminarinase* aus Weizen (vgl. C. **1951.** I. 2302) ähnliches Enzym aufgefunden. Die enzymat. Hydrolyse von *Laminarin* (I) durch Weizen-, Hafer- oder Gerstenextrakte ließ papierchromatograph. (mit Essigester–W.–Pyridin) im frühen Reaktionsstadium *Glucose* (II), *Laminaribiose* (III) u. 5 weitere Flecken, die Oligosacchariden zugeschrieben werden, erkennen; mit fortschreitender Hydrolyse verschwanden 4 dieser Oligosaccharide u. ein neuer Fleck mit $R_G = 0{,}51$, der vermutlich einem Tetrasaccharid zukommt, entstand. Mit Kartoffelextrakt verläuft die I-Hydrolyse anders; in merklichen Mengen entstanden **II, III** u. nur 3 Oligosaccharide, während nur wenig von der Substanz mit R_G 0,51 entstand; Endprodd. der Hydrolyse sind **II** u. **III.** Obige Extrakte hydrolysieren *Lichenin* zu **II**; durch Endgruppenoxydation lösl. gemachtes *Hefeglucan* wird zu 20% unter Bldg. von **II** u. **III** (ohne Bldg. von Oligosacchariden) hydrolysiert. Extrakte aus keimender Gerste u. Malz haben Laminarinasewrkg., während konz. Malzextrakte des Handels inakt. sind. (Chem. and Ind. **1951.** 111. 10/2. Galway, Univ. Coll., Chem. Labor.) K. F. MÜLLER. 4210

Shizuo Watanabe, Akio Imamiya und **Tetsu Nanba,** *Die sogenannte „Apyrase" der Süßkartoffel. Apyrase* findet sich im Fällungsanteil, erhalten durch 30—60%ig. gesätt. $(NH_4)_2SO_4$, des Süßkartoffelauszugs. Sie wird durch Acetonbehandlung gereinigt u. spaltet, am besten bei p_H 4,7, aus Adenosintriphosphorsäure 2 Phosphorsäurereste ab. Nach dem Vgl. der MICHAELIS-Konstanten sollte die *Apyrase* einfach als *Pyrophosphatase* bezeichnet werden. — 11 Kurvendiagramme. (J. chem. Soc. Japan, pure Chem. Sect. [Nippon Kagaku Zassi] **73.** 31—35. Jan. 1952. Sapporo, Hokkaido Univ. [Orig.: japan.]) SCHULER. 4210

M. R. J. Salton, *Die Zellwand von Micrococcus lysodeikticus als Substrat von Lysozym.* Die Zellwand von *Micrococcus lysodeikticus,* ein unlösl. hochpolymeres Mucopolysaccharid, wird von *Lysozym* (I) in kurzer Zeit depolymerisiert. Der Abbau läßt sich turbidimetr. verfolgen, die Strukturänderung der Zellwand während des Abbaus durch I wurde mit dem Elektronenmikroskop beobachtet.

Versuche: Präparierung des Substrats aus 24 Std. alten *Micrococcus lysodeikticus*-Kulturen. Stabile, milchig-weiße opalescierende Suspensionen in 0,1mol. Phosphatpuffer, p_H 6,2. Abbau durch **I**, gelöst in physiol. Kochsalzlsg., bei 37°. Optimaler p_H-Bereich 5,7—7,0. (Nature [London] **170.** 746—47. 1/11. 1952. Cambridge, Univ., Dep. of Colloid Sci.) BRATFISCH. 4210

Tokukichi Nojima, Makoto Ishimoto, Makoto Sasaki, Go Matsumura und **Eiko Sayama,** *Biochemische Studien über Hyaluronsäure und Hyaluronidase.* 2. Mitt. *Reinigung des Enzyms.* Aus dem an *Hyaluronidase* (I) reichsten Stamm S T-3 von *Staphylococcus aureus* läßt sich nach der A.-Meth. das Rohprod. erhalten. Die reinste **I** ist nach dem Einfrieren u. Trocknen **nur** wenig haltbar. Sie läßt sich am besten aus der Fraktion, die durch A. (30—40%) erhalten wird, bei p_H 5,7, Ionenstärke 0,05, Temp. —5°, gewinnen. — 3 Diagramme, 2 Tabellen. (J. chem. Soc. Japan, pure Chem. Sect. [Nippon Kagaku Zassi] **73.** 26—28. Jan. 1952. Tokyo [Orig.: japan.].) SCHULER. 4210

Sven Bergqvist, *Staphylokokken und Antihyaluronidasen. Eine serobakteriologische und klinische Untersuchung mit besonderer Bezugnahme auf die Tuberkulose.* Nach einer Literaturübersicht mit 190 Zitaten wird die Technik der turbidimetr. *Hyaluronidase* (**I**)- bzw. Antihyaluronidase (**II**)-Auswertung sowie die Gewinnung bakterieller **I** beschrieben. Es wird die Bldg. spezif. **II** im Gefolge von Immunisierungsexperimenten an Tieren untersucht. Insgesamt 612 Seren von Gesunden, Tuberkulösen u. anderen patholog. Fällen, ferner von verschied. Altersstufen wurden auf ihren **II**-Titer geprüft. Es wird auf die Bedeutung der unspezif. Infektion, bes. durch **I**-produzierende Staphylo-, Strepto- u. Pneumokokken, für die Pathogenese der Tbc hingewiesen. (Acta med. scand. **143.** Suppl. Nr. 267. 1—80. 1952. Stockholm, St. Göran's Hosp., u. Dep. of Bacteriol.) GIBIAN. 4230

C. Weurman, *Pektinumwandlungen und pektinspaltende Fermente in der Doyenné-Boussoch-Birne.* Nach einer ausführlichen Literaturübersicht über die Vorgänge bei der Obstreifung u. das Verh. der *Pektine* (**I**) während dieser Zeit berichtet Vf. über eigene Unterss. über den **I**-Geh. der Birne „Doyenné Boussoch" bei verschied. Reifegraden u. über das Verh. der pektinspaltenden Fermente (*Pektase* [**II**], *Pektinase* [**III**] u. *Protopektinase* [**IV**]) während der Reifung. Der Geh. an lösl. u. unlösl. **I** wurde nach der Meth. von CARRÉ u. HAYNES (Biochem. J. **16.** [1922.] 60) sofort nach dem Pflücken u. nach 7tägiger Lagerung bei 25° bestimmt. Ebenso wurde der **I**-Geh. von Birnen zur üblichen Erntezeit u. nach mehrmonatiger Lagerung bei 2° bestimmt. Bei unreif geernteten Birnen sank der **I**-Geh. bei der 7tägigen Lagerung in einigen Fällen ab, was auf das Vorhandensein von **III** u. **IV** zurückgeführt wird. Das Vorhandensein der **II** wurde auf verschied. Wegen nachgewiesen u. ihre Menge viscosimetr. bestimmt. Der **II**-Geh. war in unreifen Früchten am höchsten u. sank ab August bis zur üblichen Erntezeit ab. Dieses Absinken ist vom Wechsel des Ca-Geh. der Früchte unabhängig. Werden die Birnen unreif geerntet u. bis zur üblichen Erntezeit bei Zimmertemp. gelagert, so findet keine Abnahme des **II**-Geh. statt. Im Saft der Birnen konnten 2 verschied. Hemmstoffe für **III** nachgewiesen werden. Einer dieser Antagonisten wurde näher untersucht. Er tritt im August auf u. findet sich bei voller Reife in der größten Menge. Es handelt sich um einen thermolabilen Stoff, der nicht proteolyt. wirkt (cysteinhaltige Gelatinelsgg. erfuhren durch diesen Stoff keine nennenswerten Viscositätsänderungen). Auf Tomaten-*Depolymerase* (MC COLLOCH u. Mitarbeiter, Arch. Biochemistry **10.** [1946.] 479) war der Stoff ohne Einfluß. Der zweite **III**-Antagonist ist thermostabil u. tritt bereits in den sehr früh gepflückten Birnen auf. Er verschwindet im Juli, so daß die Birnen bis zum Auftreten des thermolabilen **III**-Antagonisten im August keine solchen Hemmstoffe enthalten. Da der thermolabile **III**-Antagonist u. **III** unterschiedlich adsorbiert werden, ist es möglich, die Anwesenheit von **III** in Früchten nachzuweisen. (Centr. Inst. Voedingsonderzoek T. N. O., Utrecht. Publ. Nr. **147.** 1—74. 9/7. 1952.) IPPEN. 4230

Emilio Forti, Luciano Rognone und **Amos Luzzatto,** *Experimenteller Nachweis einer Antiamylase bei Hunden.* Bei Hunden, die an 6—7 aufeinanderfolgenden Tagen täglich subcutan 3—4 cm^3 0,2—1%ig. (in 1 Fall 5%ig.) wss. *Amylase* (**I**)-Lsg. (*Diastase* MERCK) erhielten, wurde anschließend eine starke Verminderung der **I**-Aktivität des Blutserums von 1800, 3583 bzw. 586 E. auf 220, 2608 bzw. 253 E. beobachtet, die mindestens eine Woche anhielt. Ebenso sank der **I**-Spiegel im Duodenalsaft nach **I**-Injektionen ab. Vff. führen dieses Verh. auf die Existenz bzw. Bldg. eines *Antiamylase*-Faktors, ähnlich *Antitrypsin* oder *Antilipase*, zurück u. nehmen an, daß die bei akuter Pankreatitis auftretende **I**-Zunahme auf Störung eines zwischen Enzym u. Antienzym bestehenden Gleichgewichtes beruht. (J. int. Coll. Surgeons **18.** 853—58. Dez. 1952. Rom, Univ., Surgical Clinic.) K. MAIER. 4230

H. Q. Woodard und **F. W. Spiers,** *Die Wirkung von Röntgenstrahlen verschiedener Härte auf die alkalische Phosphatase von lebendem Mäuseknochengewebe.* Als Maßstab für die Wrkg. von Röntgenstrahlen auf die lebende Knochensubstanz haben Vff. die Aktivität der alkal. Phosphatase des Knochens geprüft. Eine hintere Extremität von ♂ weißen Mäusen wurde in einer Einzeldosis mit Röntgenstrahlen von folgenden drei unterschiedlichen Qualitäten bestrahlt: 1. 100 kV, Filter 2 mm Al, HWS 3,0 mm Al, FHA 15 cm. 2. 185 kV, Filter 0,5 mm Cu + 1,65 mm Al, HWS 0,75 mm Cu, FHA 20 cm. 3. 1000 kV, Filter 0,8 mm Cu + 1,0 mm Al + 1,5 mm Gummi, HWS 3,8 mm Pb, FHA 50 cm (in jedem Fall ist noch die jeweilige Eigenfilterung zu addieren). In verschied. Zeitabständen nach der Bestrahlung wurde nach Tötung der Tiere Knochengewebe excidiert u. der Phosphatasegeh. nach WOODARD bestimmt. Die Unters. ergab, daß die Wrkg. der Strahlungen von 100 kV u. 185 kV nahezu gleich u. ca. 1,35mal höher als die der 1000-kV-Strahlung ist. Berechnung der vom Gewebe bei den verschied. Strahlenhärten absorbierten Energie ergibt Werte, die qualitativ die beobachtete Abnahme der Phosphataseaktivität bestätigen. (Brit. J. Radiol. **26.** 38—46. Jan. 1953. New York, Memorial Center, u. Leeds, England, Univ. of Leeds, Dep. of Med. Phys.) REUSSE. 4230

E₃. Mikrobiologie. Bakteriologie. Immunologie.

Padmasine Ayengar, Eugene Roberts und **G. B. Ramasarma,** *Die Rolle des Glutamins beim Wachstum von Lactobacillus arabinosus.* Kleine Mengen von *Glutamin* (I) steigern beträchtlich die Fähigkeit von *Lactobacillus arabinosus,* D- u. *L-Glutaminsäure* zum Wachstum zu verwerten. Auch *α-Ketoglutarsäure* (II), die für sich allein das Wachstum nicht fördert, wird bei Ggw. von I verwertet. In diesem Fall bildet sich unter dem Einfl. von I aus II zunächst Glutaminsäure, deren Nutzbarmachung gleichzeitig beschleunigt wird. (J. biol. Chemistry **193.** 781—91. Dez. 1951. St. Louis, Mo., Washington Univ., School of Med., Wernse Labor. of Cancer Res.) RUTKOWSKI. 4320

Padmasine Ayengar und **Eugene Roberts,** *Hemmung der Verwertung von Glutaminsäure durch Lactobacillus arabinosus. Lactobacillus arabinosus 17–5* wird zur Testung auf *Glutaminsäure* (I) bei p_H 6,0 (vgl. vorst. Ref.) bei niederer u. auf *Glutamin* (II) bei p_H 7,0 bei hoher Konz. von Asparaginsäure gezüchtet u. die Trübung, ohne die Temp. zu ändern, im Brutraum bei 37° abgelesen. Die Verwertung von I wird von *DL-α-Methylglutaminsäure* (III) (F. 168—170° Zers.) u. *DL-β-Oxyglutaminsäure* (IV) „A"-Form (F. 198° Zers.) gehemmt; die Verwertung von II wird nicht beeinflußt. Keinen Einfl. auf die Verwertung von I u. II haben: *L-Methionsulfoxyd*; *L-γ-Glutamylhydrazid*; *DL-β-Asparagylhydrazid*; *L-γ-Methylglutaminsäure*; *DL-Pyrrolidoncarbonsäure*; *DL-β-Oxyglutaminsäure* „B"-Form als Hydrat, F. 180—185° Zers.; u. „B"-Form, wasserfrei, F. 157—156° Zers.; *γ-Methylamido-L-glutaminsäure.* — **III** u. **IV** hemmen also die bakterielle Umwandlung von I u. II u. stören auch das α-Ketoglutarsäure/Glutaminsäure-System. Der Antagonismus zwischen **III** u. **I** ließ sich auch in vivo an 14—18 g schweren weißen Mäusen nachweisen. (Proc. Soc. exp. Biol. Med. **79.** 476—81. März. 1952. St. Louis, Mo., Washington Univ., School of Med., Wernse Labor. of Cancer Res.) KLINGMÜLLER. 4320

Jaswant Singh, A. P. Ray, P. C. Basu und **C. P. Nair,** *Erworbene Resistenz von Plasmodium knowlesi gegenüber Proguanil.* Vff. züchteten im Laufe eines Jahres einen Stamm *Plasmodium knowlesi* bei Rhesusaffen, die zuerst mit subkurativen, später mit hohen Dosen *Proguanil* (I) behandelt wurden. Der Erreger war gegenüber einer 2400 fachen wirksamen I-Minimaldosis resistent. Der Effekt war noch nach 8 Monaten feststellbar; in dieser Zeit wurde kein weiteres I bei fortlaufenden Passagen verabreicht. Der I-resistente Stamm war ebenso gegenüber *Daraprim* u. *Bromoguanid* refraktär, aber nicht gegenüber *Sulfadiazin, M 3349* u. *Chloroquine.* (Trans. Roy. Soc. trop. Med. Hyg. **46.** 639—49. Nov. 1952. Delhi, Malaria Inst. of India.) DOSSMANN. 4330

K. B. Björnesjö, *Über das Vorkommen von tuberkulostatischen Substanzen in Rinderorganextrakten.* Ein Faktor, der eine wachstumshemmende Wrkg. gegen Tbc-Bacillen in vitro hat, wurde mit W. bei einem p_H von 6—7 aus Rindermilz, -niere, -leber, -lunge u. -muskelfleisch extrahiert. Dieser Faktor scheint eng verwandt zu sein mit einer tuberkulostat. Substanz, die im Urin gefunden wurde. Er ist nicht ident. mit Spermin. (Acta Tubercul. scand. **27.** 134—39. 1952. Uppsala, Schweden, Univ., Dep. of Chem.) K. BÖHM. 4330

A. Arriagada V, *Gegenwärtiger Stand der Untersuchungen über die Wirkung einer Temperatur von 42° auf die Virulenz des Bac. Koch und auf die Aktivität bakteriostatischer Mittel.* 180 verschied. Kulturen von Bac. KOCH wurden bei 42° aufbewahrt. Nach 36 bis 48 Std. waren bis auf eine alle Kulturen im Kaninchenvers. wirkungslos. Entsprechend sieht man auch an den Kulturplatten Veränderungen. Bei Anwendung bakteriostat. Mittel wie *Streptomycin, PAS, Thiosemicarbazon* kann man erkennen, daß diese Präpp., je höher die Temp., bei welcher die Kulturen aufbewahrt waren, um so stärker wirken.

Bei 42° ist diese Wrkg. 100mal stärker als in n. Verhältnissen. Hinweis auf therapeut. Anwendung lokaler Temperaturerhöhung. (Rev. clín. españ. **47.** 17–18. 15/10. 1952. Santiago de Chile, Labor. de Invest. de TBC.) P. G. SCHEURLEN. 4330

R. Angelico, A. Calo', A. D'Amore, A. Mariani, O. Mariani-Marelli und F. Scanga, *Untersuchungen über das Isonicotinsäurehydrazid.* Es wird über die chem. u. physikochem. Eigg. des *Isonicotinsäurehydrazids* (I) berichtet. Im UV-Spektrogramm ähnelt die Absorptionskurve sehr stark der der Isonicotinsäure (Maximum bei 270 mμ, Minimum bei 238 mμ bzw. bei I 266 mμ u. 236 mμ.). Bestimmungsmeth. von I: 2 ml Serum werden mit Trichloressigsäure enteiweißt u. anschließend die überstehende Fl. mit angesäuerter Dimethylaminobenzaldehyd-A.-Lsg. versetzt, zusammen mit HCl 90 Min. bei 100° aufbewahrt u. bei 458 mμ colorimetriert. — Der umfangreichere Teil der Arbeit beschäftigt sich mit mikrobiol. Unterss. (elektronenopt. Aufnahmen). Dabei werden die Wirkungen sehr kleiner wie auch sehr hoher Konzz. von I auf *Tuberkelbazillen* (Fleckung, Einschnürung, partielle u. totale Auflösung) geprüft. Ferner werden an Maus, Ratte, Hund u. Macacus Rhesus Toxizität u. andere pharmakolog. Eigg. des I untersucht. (Rend. Ist. super. Sanità **15.** 627–722. 1952. Roma, Ist Sup. di Sanità, Labor. di Microbiol.) P. G. SCHEURLEN. 4330

E. Aubertin, Ch. Dulong de Rosnay und Cl. Martin-Dupont, *Streptomycinempfindlichkeit von Bacillen der tuberkulösen Meningitis.* Untersucht wurden 47 Stämme, davon waren 29 empfindlich gegenüber weniger als 1 γ *Streptomycin* (I) pro cm³, 14 gegenüber 1–5 γ; resistent waren 4 Stämme, davon 3 bei 100 γ I/cm³. Die Patienten mit tuberkulöser Meningitis, von denen diese Stämme isoliert wurden, sprachen auf I-Therapie nicht an u. starben. Das Auftreten von I-Resistenz im Verlaufe einer I-Therapie wird zu erklären versucht; es ist durch Kombination von I mit *PAS* u. *Sulfonen* nicht überzeugend zu beeinflussen. Nach Vff. dürften I-resistente Meningitisfälle unter Umständen mit *Isonicotinsäurehydrazid* zu behandeln sein. (J. Méd. Bordeaux Sud-Ouest **129.** 823–30. Okt. 1952. Bordeaux, Clin. des Malades infectieuses.) DOSSMANN. 4340

R. Saric, Ch. Dulong de Rosnay, P. Labadie und P. du Pasquier, *Über zwei schwere, chloromycetinresistente Typhusfälle.* Bericht über 2 Fälle, die zeigen, daß gewisse Typhusformen auf *Chloromycetin* (I) schlecht reagieren. In den besprochenen Fällen waren die Erreger Salmonella typhi resistent gegenüber 75 γ bzw. 19 γ I/cm³. Meistens handelt es sich bei schweren Typhusfällen um Keime, die sofort oder sek. I-resistent sind. Vff. stellten Zunahme der Resistenz des Erregers im Verlauf der I-Therapie in 34% ihrer Fälle fest. Die aus den Bläschen isolierten Erreger waren I-resistenter als die Organismen aus dem Stuhl. (J. Méd. Bordeaux Sud-Ouest **129.** 987–89. Okt. 1952. Bordeaux, Clinique des Maladies infectieuses.) DOSSMANN. 4340

Mario Pavan, *Erster experimenteller Beitrag zur pharmakologischen Untersuchung des Iridomyrmecins.* (Vgl. auch C. **1953.** 2622.) Vf. prüfte das aus Iridomyrmex humilis MAYER isolierte *Iridomyrmecin* (I), das antibakteriell u. insekticid wirkt, auf seine Toxizität. Für die weiße Maus fand er bei intraperitonealer Anwendung einer 4%ig. I-Lsg. in Mandelöl eine DL_{50} von ca. 1 g/kg Körpergewicht. Die antibakterielle Wrkg. des I wird in vitro durch Blut nicht beeinträchtigt. Die Verteilung des I auf verschied. Organe nach intraperitonealer Injektion ist unterschiedlich, das in öliger Lsg. angewandte I ist bereits nach 2 Std. in den Organen nicht mehr nachweisbar, das in verd. alkoh. Lsg. gegebene bleibt etwas länger nachweisbar. Zum größten Teil findet sich das I in den Organen in antibakteriell wirksamer Form. (Arch. int. Pharmacodynam. Thérap. **89.** 223–28. 1/3. 1952. Pavia, Univ., Ist. di Anat. Comparata.) IPPEN. 4340

Richard J. Hickey, Cyril J. Corum, Phil H. Hidy, I. Roy Cohen, Urs F. B. Nager und Eleanore Kropp, *Ascosin, ein fungistatisches, durch einen Streptomyceten erzeugtes Antibioticum.* Bericht über *Ascosin* (I), das aus Kulturen von Streptomyces canescus erhalten wurde. Eine Reindarst. von I ist bisher nicht gelungen. I ist stabil im Bereich p_H 5–7,5, in verd. Lsgg. ist I therm. nicht stabil. Bei intraperitonealer Verabreichung unterscheidet sich die I-Wrkg. bei Mäusen, Kaninchen, Meerschweinchen u. Ratten. Intravenöse Verabreichung ruft Störung des Vestibularapp. hervor. Die Ursache des verschied. Verh. bei verschied. Verabreichung ist noch nicht geklärt. Subcutane Injektion ist von zweifelhaftem Wert, wegen lokaler Reizerscheinungen. Eine fungistat. Wrkg. gegenüber Hefen u. Pilzen wurde festgestellt; kein I-Effekt bei Streptomyceten oder Bakterien. Der prakt. Wert von I bleibt noch zu beweisen. (Antibiotics and Chemotherapy **2.** 472–83. Sept. 1952. Terre Haute, Ind., Commercial Solvent Corp.) DOSSMANN. 4340

Lawrence P. Garrod, *Die Empfindlichkeit von Actinomyces israeli gegen Antibiotica.* Unters. der in vitro-Empfindlichkeit von 12 Stämmen von Actinomyces israeli gegenüber 5 *Antibioticis.* Die durchschnittliche Mindesthemmwrkg. betrug in μg/ml bei: *Penicillin* (I)

0,06; *Streptomycin* 23,7; *Aureomycin* 4,2; *Chloramphenicol* 2,8; *Terramycin* 2,2. Danach ist **I** das wirksamste Mittel zur Bekämpfung des Erregers der Actinomykose. (Brit. med. J. **1952.** I. 1263—64. 14/6. London, St. Bartholomew's Hosp.) DOSSMANN. 4340

E. Kestermann und **M. Asbach,** *Zur Prophylaxe der Poliomyelitis anterior acuta.* Unter der Annahme, daß ein großer Teil der Erwachsenen eine latente Poliomyelitis durchgemacht hat u. entsprechende Serumantikörper an die Globuline (bes. γ-Globulin) gebunden besitzt, halten Vff. eine Prophylaxe mit dem *γ-Globulin* (BEHRINGWERKE, Marburg) für aussichtsreich. Es wird intramuskuläre Injektion von mindestens 0,2 ml/kg empfohlen. (Med. Mschr. **6.** 698—99. Nov. 1952. Bochum-Linden, Evangel. Krankenhaus.) KRUSEN. 4370

E5. Tierchemie. Tierphysiologie. Tierpathologie.

M. Aloisi, A. Ascenzi, E. Bonetti, *Vergleichende elektronenmikroskopische Untersuchungen über das Verhalten des Actins, das aus Muskeln normaler Kaninchen und aus Muskeln von Kaninchen mit E-Avitaminose extrahiert wurde. Actin G* aus den Muskeln gesunder Kaninchen, das elektronenmkr. in Form kleiner Kügelchen beobachtet werden kann, formt sich nach Behandlung mit *KCl* oder *LiCl* in fadenförmiges *Actin F* um. Das Actin G aus Muskeln von Kaninchen mit E-Avitaminose tritt in Form von etwas größeren, aber unregelmäßigen Kügelchen auf. (Rend. Ist. super. Sanità **15.** 430—38. 1952. Roma, Univ., Ist. Sup. di Sanità, Ist di. Patol. Gen., u. Centro per lo Studio della Fisiopatol. del C. N. R., Ist. di Anatom. e Istolog. Patol.) H. SCHEURLEN. 4520

Bruno Götz, *Die Sexualduftstoffe an Lepidopteren.* Zusammenfassung über Morphologie der Sexualduftdrüsen von ♀ Schmetterlingen, über die Eigg. der Sexualduftstoffe (Artspezifität, Zeitpunkt, Dauer u. Intensität der Ausscheidung, Wirkungsbereich u. -dauer, Gewinnung von Extrakten u. deren Unters., Diskussion der Wirkungsweise) u. über prakt. Anwendung der Sexualduftstoffe in der Schädlingsbekämpfung. (Experientia [Basel] **7.** 406—18. 15/11. 1951. Freiburg/Br., Versuchs- u. Forschungsanst. für Weinbau u. Weinbehandl., Zool. Abt.) A. HEUSNER. 4520

J. Schwartz, *Die 17-Ketosteroide. Kritische Wertung.* Bei einer krit. Betrachtung über den Wert der Best. der *17-Ketosteroide* (**I**) kommt Vf. zu folgenden Schlüssen: Die verschied. Methoden zur Urinextraktion bewirken einen Abbau bestimmter Steroide; die verwendeten colorimetr. Verff. sind nicht völlig spezifisch. Die **I** hängen nicht nur mit dem Stoffwechsel der *Androgene* zusammen, sondern auch mit dem anderer Steroidhormone. Die **I**-Best. ist zwar ein wertvolles diagnost. Hilfsmittel, aber sie sollte nur mit Kritik u. im Verein mit anderen Untersuchungsmethoden gewertet werden. (Semaine Hôpitaux Paris **28.** 139—41. 14/1. 1952. Strasbourg, Clin. Méd.) VINCKE. 4558

Allan C. Barnes und **John W. Epperson,** *Untersuchungen über die Beziehung Cholinesterase–Hormon.* Bericht über 837 *Cholinesterase* (**I**)-Bestimmungen nach der Mikrometh. von GLICK in der Modifikation von SAWYER (J. exp. Zoology **92.** [1943.] 1) im Blutserum zahlreicher Männer oder Frauen, sowie in 23 Placenta- u. 8 Uterusextrakten. Es wurde gefunden, daß, entgegen tierexperimentellen Befunden, keine einwandfreien Differenzen im Durchschnittsgeh. an Gesamt-, spezif. u. nichtspezif. (Pseudo-) **I** zwischen Männern, postklimakter. u. menstruierenden Frauen bestehen. Es konnten ferner keine cycl. Schwankungen im **I**-Geh. während des Menstrualcyclus festgestellt werden. Während der Schwangerschaft sank zwar der Geh. an Pseudo-**I** ab, aber die Änderungen in den anderen **I**-Fraktionen können nach Vff. auf die Hydrämie während der Gravidität zurückgeführt werden. Während der verschied. Schwangerschaftsperioden wurden keine Schwankungen des **I**-Geh. gefunden. Die Rückkehr zu n. Werten nach der Entbindung war binnen 6 Wochen vollendet. Am meisten sprach auf endokrine Änderungen die *Benzoylcholin* hydrolysierende Enzymfraktion (Pseudo-**I**) an; jedoch ging der Geh. an dieser Fraktion nicht mit den Östrogenwerten parallel. (Amer. J. Obstetr. Gynecol. **63.** 326—31. Febr. 1952. Columbus, O., Ohio State Univ., Coll. of Med., Dep. of Gynecol. and Obstetr.) VINCKE. 4558

Ernst Haupt, *Placentawirkstoffe im Hühnerversuch.* Durch Verfütterung von Placentabrei (Plac.) an Hühner keine Leistungssteigerung der Eierlegetätigkeit. Wesentliche Verkürzung der Zeitdauer der Mauser bei mit Plac. gefütterten Hühnern im Vgl. zu nicht mit Plac. gefütterten. Plac.-Fütterung der Hühner bewirkt eine massive Proliferation der gesamten Zellschichten des Oviduktes, bes. des Oberflächenepithels. Durch Plac.-Fütterung des Hahnes tritt hormonale Kastrierung ein. (Zbl. Gynäkol. **75.** 21—24. 1953. Jena, Univ., Frauenklinik.) BRATFISCH. 4559

Martin Kludas und **Rudolf Knoblauch,** *Placentaextrakt bei Psoriasis.* Ein steriles, intramuskulär injizierbares Autolysat aus Humanplacenta wurde in der Therapie der

Psoriasis verwandt. Bei 48 Patienten wurde nach 10 Injektionen eine Abheilung erreicht. Von 35 Patienten mit jeweils 20 Injektionen wurden 10 ausgeheilt, 18 gebessert. Eine weitere Steigerung der Anzahl der Injektionen beeinflußte den Erfolg nicht bzw. brachte nur Verschlechterungen. Das Placentaautolysat wird somit als aussichtsreiches Therapeuticum in der Behandlung der Psoriasis angesehen. (Med. Klin. **47.** 1459—61. 31/10. 1952. Berlin, Freie Univ., Hyg. Inst.) Reichle. 4559

A. F. Dosal, J. L. del Piñal und J. M. Gómez-Mantilla, *Die Hormontherapie der sogenannten dysmenorrhoischen Migräne.* Vff. erwähnen die Behandlung der Migräne, die gelegentlich bei Menstruationen angetroffen wird. Sie geben 4—5 Tage ante menses je 10 mg *Progesteron* intramuskulär. Es wird auf eine psycholog. Beeinflussung der Kopfschmerzen hingewiesen. (Clin. y Lab. **55.** (**38.**) 22—26. Jan. 1953. Santander.) P. G. Scheurlen. 4559

H. M. Bruce und A. S. Parkes, *Ein Depotmedium für Adrenocorticotropin.* Die Wirksamkeit eines *ACTH* (**I**)-Präp. in verschied. Medien wurde untersucht. Als Test diente die Best. des Thymusgewichtes von 4—10 Tage alten Ratten, denen **I** in physiol. NaCl-Lsg. gelöst, in *Arachisöl* (**II**) bzw. in **II**, das 5% *Bienenwachs* enthielt, suspendiert, injiziert wurde. Das Gewicht der Thymusdrüsen wurde durch **I** im letztgenannten Medium am stärksten — um ca. das 10fache, verglichen mit den anderen Medien — verringert. Große **I**-Dosen in diesem Medium zeigten eine mehrere Tage andauernde Depotwirkung. (Lancet **262.** 71—72. 12/1. 1952. London, Mill Hill, Nat. Inst. for Med. Res.) Vincke. 4560

Norman G. Brink, Frederick A. Kuehl jr., Melvin A. P. Meisinger, Mary Neale Bishop und Karl Folkers, *Die Darstellung von aktiven, nichtantidiuretischen ACTH-Hydrolysaten.* Darst. einer Reihe von Säurehydrolysaten unter wechselnden Bedingungen sowohl gereinigter *ACTH* (**I**)-Präpp. als auch relativ stark verunreinigter Konzentrate (Rohprolactin). Bei der klin. Prüfung der Hydrolysate an Arthritiskranken zeigte sich, daß sie physiol. wirksam waren; bestimmte Chargen riefen bei den Patienten keine merkliche Na- oder Wasserretention mehr hervor. Vff. suchten die Bedingungen festzustellen, unter denen bei der Säurehydrolyse Prodd. mit voll erhaltener **I**-Wrkg. erzielt u. die genannten Nebenwirkungen beseitigt werden. Hydrolyse von einer Std. Dauer in 0,3nHCl am Rückfluß ergab ein Präp., das nur noch sehr wenig *antidiuret. Hormon* enthielt. Es wird als wahrscheinlich angesehen, daß die antidiuret., u. möglicherweise auch die Na-Retentionswrkg., von nicht hydrolysiertem **I** bzw. von mit Pepsin verdautem **I** der Anwesenheit anderer physiol. wirksamer Stoffe in den **I**-Präpp., z. B. Beimengungen aus dem Hypophysenhinterlappen, zuzuschreiben ist. Das Verschwinden dieser Nebenwirkungen durch Säurehydrolyse kann der geringeren Stabilität solcher Stoffe gegenüber Säure zugeschrieben werden. — Z. B. wurde 1 g Rohprolactin aus Schweinehypophysen mit 20 cm^3 0,3nHCl 1 Std. am Rückfluß gekocht, abgekühlt u. nach Zusatz von 2 Tropfen *Tributylcitrat* zur Vermeidung des Schäumens im Vakuum zur Trockne verdampft. Das erhaltene, grau-rot gefärbte Prod. wurde mit 3 Portionen von je 5 cm^3 Methanol ausgezogen u. der in Methanol unlösl. Rückstand verworfen. Die vereinigten Methanolextrakte wurden mit 150 cm^3 Ae. versetzt, wobei sich ein pulverförmiger, schwach gefärbter Nd. ergab. Der Nd. wurde durch Zentrifugieren gesammelt u. im Vakuum getrocknet; er wog 547 mg. Dieses Prod. war bei Arthritiskranken vorzüglich wirksam, ohne daß merkbare Na- oder Wasserretention auftrat. (J. Amer. chem. Soc. **74.** 480—82. Jan. 1952. Rahway, N. J., Merck Inst. for Therap. Res.) Vincke. 4560

F. Lembeck und I. Obrecht, *Der Noradrenalingehalt menschlicher Nebennieren.* Eine Unters. von 73 Nebennieren auf ihren *Adrenalin-* u. *Noradrenalin-*Geh. nach einer modifizierten, colorimetr. Meth. von Euler u. Hamberg (Science [New York] **110.** [1949.] 561) ergibt ein durchschnittliches Verhältnis von Adrenalin: Noradrenalin = 73: 27. (Z. Vitamin-, Hormon- u. Fermentforsch. [Wien] **5.** 11—18. 1952. Graz, Univ., Pharmakol. Inst.) Baumann. 4561

W. A. Bain und Jean E. Batty, *Über die Inaktivierung von Adrenalin und Noradrenalin durch menschliche Leber in vitro.* 28 Proben von menschlicher Leber wurden untersucht. Die Leberschnitte inaktivieren *Adrenalin* u. *Noradrenalin* in vitro (in Blut bei 37°). Dieser Vorgang war bei einigen Proben verzögert, ähnlich wie bei früheren Verss. mit *Adrenalin* allein (Bain u. Dickinson, J. Physiology **93.** [1938.] 54P). Vff. vermuten, daß eine derartige verzögerte Inaktivierung dieser Hormone eine Rolle bei bestimmten Hochdruckformen spielen kann. (J. Physiology **118.** 13P—14P. 28/10. 1952. Leeds, Univ., Dep. of Pharmacol.) Dautzenberg. 4561

Hans Georg Fassbender, *Rheumatismus, allergisch-hyperergische Entzündung und Nebenniere.* Aus histolog. Befunden an n. bzw. adrenalektomierten Albinoratten, die täglich 10 mg *Desoxycorticosteronacetat* (**I**) 23 Tage lang erhielten, schließt Vf., daß die durch **I** erzeugte Entzündung keine Ähnlichkeit mit den beim menschlichen Rheumatismus auftretenden Veränderungen hat. Nach ihm ist dieser keineAdaptationskrankheit im Sinne von SELYE. (Virchow's Arch. pathol. Anatom. Physiol. klin. Med. **321.** 275—82. 1952. Mainz, Johannes-Gutenberg-Univ., Pathol. Inst.) VINCKE. 4561

A. Góth, E. Bencze und **L. Lengyel,** *Nebennierenrindeninsuffizienztest.* Bei 182 Personen wurde der Blutzuckerspiegel (B.Z.) nüchtern, sowie 3 u. 5½ Std. nach Verzehren des Eiweißes von 5 gekochten Eiern bestimmt. Nur Änderungen des B.Z. um ± 10 mg-% wurden als einwandfrei gewertet. Unter 13 Fällen von Nebennierenrindeninsuffizienz wurde der B.Z. bei zwölf gesenkt, desgleichen bei etwa der Hälfte von 45 Patienten mit Hypophysenvorderlappeninsuffizienz. — Vff. glauben, daß die Senkung des B.Z. nach einer Proteinmahlzeit bei Patienten mit Nebennierenrindeninsuffizienz auf die verminderte Gluconeogenese als Folge ungenügender Ausschüttung von Glucocorticoiden durch die Nebennierenrinde zurückzuführen ist. Sie führen zur Unterstützung ihrer These Ergebnisse von analogen Verss. an n. bzw. adrenalektomierten Ratten an. — Nach Vff. soll ein nach Proteinzufuhr erhöhter oder unveränderter B.Z. n. Nebennierenrindenfunktion anzeigen. Nach ihnen bedeutet die Abnahme des B.Z. nach 3 u./oder 5½ Std. ein fast sicheres Zeichen für eine Insuffizienz. (Lancet **262.** 103—04. 12/1. 1952. Budapest, Jozsef Attila Hosp.) VINCKE. 4561

Joachim Kracht und **Ursula Kracht,** *Zur Histopathologie und Therapie der Schreckthyreotoxikose des Wildkaninchens.* Unterss. über die sogenannte Schreckthyreotoxikose des Wildkaninchens (durch Frettieren der Tiere) an 100 Tieren. Ohne Behandlung führt diese zum Tode; eine Verlängerung der Lebensdauer wird durch Thyreoidektomie u./oder Behandlung mit thyreostat. Substanzen erzielt. Ausführliche histolog. u. therapeut. Angaben im Original. (Virchow's Arch. pathol. Anatom. Physiol. klin. Med. **321.** 238—74. 1952. Borstel über Bad Oldesloe, Tuberkulose-Forschungsinst.; Hamburg, Allg. Krankenhaus St. Georg, I. Med. Abt., u. Kiel, Univ., Pathol. Inst.) VINCKE. 4562

A. Schlierer, *Die Dauerbehandlung der Thyreotoxikose mit thyreostatischen Stoffen.* Vf. untersucht an Hand von 60 Fällen die Wirksamkeit von thyreostat. Stoffen, bes. des *Methylthiouracils.* Er ist der Ansicht, daß unter ständiger Kontrolle von Grundumsatz, Cholesterinspiegel u. Blutbild die Thyreotoxikose prakt. geheilt werden kann, unbeschadet der Möglichkeit von Rückfällen, da diese ebenfalls mit Leichtigkeit durch die *Thiouracile* beherrscht werden können. So lassen sich in vielen Fällen Operationen vermeiden, jedoch nicht immer ersetzen. Falls nötig, können diese als ultima ratio immer noch ohne Erschwerung ihrer Bedingungen durchgeführt werden. (Dtsch. med. Wschr. **77.** 1393—96. 7/11. 1952. Stuttgart-Bad Cannstatt, Krankenhaus.) BERGER. 4562

A. G. Bearn, Barbara H. Billing und **Sheila Sherlock,** *Das Verhalten der Leber gegenüber Insulin bei normalen Personen und Diabetikern: Untersuchungen mit Hilfe des Lebervenenkatheterismus.* An 15 n. u. 35 diabet. Personen wurde mit Hilfe eines Lebervenenkatheters die Wrkg. des *Insulins* (0,1 E./kg intravenös) untersucht. In beiden Gruppen sank die Glucoseausschwemmung aus der Leber, bei Diabetikern länger andauernd als bei Gesunden. Im Gegensatz zu Diabetikern zeigte sich bei Gesunden bei Auftreten von Hypoglykämie Anstieg der Glucoseausschwemmung aus der Leber, des venösen Milchsäurespiegels u. des O_2-Verbrauchs im Splanchnicusgebiet. Bei diabet. Ketose fand sich im Lebervenenblut eine höhere Ketonkörperkonz. als im peripheren Venenblut. (Clin. Sci. **11.** 151—65. 1952. London, Postgraduate Med. School, Dep. of Med.) SCHWEIGER. 4564

Alfredo Planchart und **Rafael Villalba,** *Erhöhung der Glykämie und Verminderung des Glutathionspiegels nach Verabfolgung von Glucose.* Vff. untersuchten bei 40 Diabetikern u. 20 Gesunden den Blutzucker- u. Glutathionspiegel nach einer einmaligen Gabe von 50 g Glucose. Wie zu erwarten stieg der Blutzucker bei den Kranken an, blieb bei n. Versuchspersonen weitgehend im Bereich des Ausgangswertes. Demgegenüber konnte bei Gesunden u. Kranken kein Unterschied im Verh. des Glutathions beobachtet werden: es fand sich eine leichte Abnahme. Die Glutathionwerte liegen jedoch beim Gesunden höher als beim Diabetiker. (Arch. venezolanos Nutric. **3.** 45—52. Juni 1952. Caracas, Inst. Nac. de Nutr.) P. G. SCHEURLEN. 4564

A. Gonzalenz Mata und **R. Nava Gutierrez,** *Alloxandiabetes der weißen Ratte.* 1. Mitt. *Die Glykämie der normalen Ratte.* Als Grundlage für weitere Unterss. wurde der n. *Blutzucker*-Geh. der weißen Ratte bestimmt. Die Blutentnahmen erfolgten bei je 30 Tieren a) ohne Anästhesie, b) nach Ae.-Anästhesie, c) nach Anästhesie mit einem Gemisch, das im ml 0,1 g Diallylbarbitursäure, 0,4 g Äthylcarbamat u. 0,4 g Monoäthylharnstoff enthielt, d) nach Anästhesie mit wss. Lsg. von 0,1 g Chloralhydrat u. 0,5 mg Morphinsulfat. Die Mittelwerte (M), Streuung (σ) u. der mittlere Fehler des arithmet. Mittels (E) betrugen bei a) M = 108,1; σ = 23,13; E = 2,31, bei b) M = 117,1; σ = 17,14; E = 1,71, bei

c) M = 93,06; σ = 23,89; E = 2,39 u. bei d) M = 134,05; σ = 29,57 u. E = 2,96. Es wird daher die Blutentnahme in Ae.-Anästhesie vorgeschlagen. (Ciencia [Mexico] **12.** 75—78. 1952. Mexico, D. F., Escuela Nac. de Med., U. N. A., Dep. de Fisiol.) LOCH. 4572

C. Rimington, *Häme und Porphyrine in Gesundheit und Krankheit.* Übersicht über die neueren Arbeiten auf dem Gebiet der Biosynth. der *Porphyrine* u. *Häme.* Klassifikation der Porphyrine u. ihre patho-physiol. Grundlagen. (Acta. med. scand. **143.** 161—76. u. 177—96. 1952. London, Univ., Med. School, Coll. Hosp.) SCHELER. 4572

J. Canivet, P. Fallot und **Janine Poidatz,** *Untersuchung der im Urin ausgeschiedenen Porphyrine in 9 Fällen von akuter Porphyrie.* Bei 9 Fällen akuter Porphyrie wurde als Hauptkomponente der *Porphyrinfarbstoffe* (I) das *Uroporphyrin III* in Form des Metallkomplexsalzes ausgeschieden. 7 Fälle (von 7 Untersuchten) wiesen auch *Porphobilinogen* auf. Weiterhin wurde papierchromatograph. gezeigt, daß im Urin noch 3—4 andere I vorhanden waren, wahrscheinlich *Coproporphyrin* u. I mit 4—8 Carboxylgruppen. (Semaine Hôpitaux Paris **28.** 3883—87. 25/12. 1952. Paris, Inst. Nat. d'Hyg.) SCHELER. 4572

J. F. Long, L. O. Gilmore, G. M. Curtis und **D. C. Rife,** *Proteingebundenes Serumjod beim Rind und seine Beziehung zum Alter und zur Rasse.* Der Geh. an *proteingebundenem Serumjod* (I) wurde bei 116 Milch- u. Mastrindern nach der Meth. von CONNER u. Mitarbeitern (vgl. Surgery **25.** [1949.] 510) bestimmt. — Das Alter der Tiere hat einen deutlichen Einfl. auf den Geh. an **I**; je jünger die Tiere sind, um so höher ist er im allgemeinen. Bei 5 verschied. Rassen festgestellte Unterschiede lassen erkennen, daß die Höhe des I-Wertes durch den Genotyp des Rindes beeinflußt wird. Es ergeben sich zwischen bestimmten Rassen signifikante u. hochsignifikante Unterschiede. Wie weit hierbei auch Umweltfaktoren eine Rolle spielen, ist noch nicht geklärt. (J. Dairy Sci. **35.** 603—06. Juli 1952. Columbus, O., Ohio State Univ., Dep. of Dairy Sci., Surgic. Res., u. Inst. of Genetics.) RANG. 4574

John J. Spitzer und **Judy A. Spitzer,** *Der Mechanismus der Blutkoagulation bei Fröschen in Beziehung zur Artspezifität von Thromboplasie, zur intracardialen Thrombininjektion und zur Wirkung jahreszeitlicher Änderungen.* Die Prothrombinzeiten (Pz.) unter Verwendung von Froschprothrombin (I) u. Kaninchenprothrombin (II) werden bei verschied. Tierarten miteinander verglichen. Beim Frosch sind die Pz. mit I sehr viel kürzer als mit II, bei Kaninchen, Ratte u. Hund umgekehrt (Unterschiede etwas kleiner, aber doch erheblich), während beim Meerschweinchen kein wesentlicher Unterschied auftritt. Die intracardiale Injektion von Thrombin beim Frosch ruft hinsichtlich der Gesamtblutkoagulationszeit eine 3phasige Wrkg. hervor: Verringerung auf ca. 10 Sek., steiler Anstieg (5—30 Min. nach Injektion) u. Rückkehr zum n. Wert nach ½—1½ Std., u. zwar schneller als bei den Säugetieren. Beim Vgl. zwischen Winter- u. Sommerfrosch finden sich folgende jahreszeitliche Veränderungen der 1. gegenüber der 2. Gruppe: verlängerte Gerinnungszeit, erhöhte Prothrombinzeit u. geringere Wrkg. intracardialer Thrombinlösung. Bei den Gerinnungszeiten mit zugegebenem Thrombin tritt kein Unterschied auf. (Canad. J. med. Sci. **30.** 420—24. Okt. 1952. Tallahassee, Fla., Florida State Univ., Dep. of Physiol.) KÖNIGSDORF. 4574

P. Aldehoff, G. Kruchen und **H. Weidenbach,** *Klinische Betrachtungen zur Antikoagulationstherapie und ihrer Kontrollmethoden.* Es werden die schnell, aber kurzfristig wirksamen Antikoagulantien *Heparin, Thrombocid* u. *Thrombodym,* sowie die langsam, aber anhaltend wirksamen Präpp. *Dicumarol* u. *Tromexan* vom Standpunkt der Therapie u. der Wirksamkeitskontrolle besprochen. (Dtsch. med. Wschr. **77.** 1398—1401. 7/11. 1952. Düsseldorf, Med. Akad., I. Med. Klinik.) BERGER. 4574

Irving Schulman und **Carl H. Smith,** *Bluterkrankheit eines Kindes, verursacht durch Mangel eines vorläufig unbeschriebenen Gerinnungsfaktors.* Vff. beschreiben einen Fall von Bluterkrankheit vergleichbar mit der Hämophilie, für die sie das Fehlen eines bisher nicht beschriebenen Plasmagerinnungsfaktors verantwortlich machen, der notwendig für die Bldg. von akt. Thromboplastin ist. (Blood **7.** 794—807. Aug. 1952. New York, N. Y., Hospital-Cornell.) BRATFISCH. 4574

E. Meulengracht, *Weitere Untersuchungen über die Lokalisation des antianämischen Faktors („intrinsic factor") im Magen.* 7. Mitt. *Die antianämische Aktivität der Pylorusmucosa und -muscularis des Schweinemagens.* Herst. von Präpp. aus Mucosa u. Muscularis des Schweinemagens durch Trennung der Schichten, Trocknung u. Pulverisierung. Prüfung der antianäm. Wirksamkeit an 18 unbehandelten Perniciosakranken. 3mal 10 g des Pulvers bewirkten völligen therapeut. Erfolg, gleich ob Präp. aus Mucosa oder Muscularis hergestellt war. Kombinationen mit Vitamin B_{12} bzw. Leberanteilen bewirkten Steigerung der antianäm. Aktivität. (Acta med. scand. **143.** 207—34. 1952. Copenhagen, Bispebjerg Hosp.) SCHELER. 4575

Reinhard J. Haschen, *Die Kobaltbehandlung der Anämien, unter besonderer Berücksichtigung der Differentialtherapie mit Kobalt und Eisen.* Bericht über die *Kobalt*-Behandlung von 43 Patienten, vorwiegend mit Infekt- oder Tumoranämie. Vers. einer Abgrenzung des Indikationsbereiches der Co-Therapie. (Dtsch. Gesundheitswes. **8.** 4—7 1/1. 1953. Halle, Univ., I. Med. Klinik.) SCHELER. 4575

Herbert A. Ravin, Arnold M. Seligman und **Jacob Fine,** *Polyvinylpyrrolidon als Plasmavolumenvermehrer. Untersuchungen über Ausscheidung, Verteilung und Stoffwechsel.* Für die Verss. wurde *Polyvinylpyrrolidon* (I) mit ^{131}J markiert (durch Addition von aus $Na^{131}J$ mittels $NaNO_2 + HCl$ frei gemachtem ^{131}J oder von ^{131}J in Chlf. bzw. CCl_4 oder durch Umsetzung mit ^{131}JCl). Nach der Rk. wurde gegen W. dialysiert. Es ließ sich markiertes I mit 1/70 bis 1/1400 Jodgeh. herstellen bzw. mit 0,6—1,4 Atomen J/Mol. I. Der beste Markierungseffekt lag bei einem Verhältnis von I : J = 700:1. Ferner wurde mit ^{14}C in der Polyvinylkette markiertes, aus markiertem Acetylen hergestelltes, I benutzt. Die Präpp. wurden zum Teil aus methanol. Lsg. mit Ae. oder aus wss. Lsg. mit Aceton fraktioniert. — Verss. wurden bei Hunden mit jodhaltigem I u. bei Menschen, Ratten, Kaninchen u. Hunden mit ^{14}C-haltigem I unternommen u. die I-Konzz. durch Messung der Radioaktivität bestimmt. — Bei Hunden nahm die I-Konz. im Blut in den ersten 1—2 Std. linear zur Zeit, später nur noch wenig, ab. Die Höhe des im Blut verbleibenden I-Geh. war stark vom Mol.-Gew. bzw. vom FIKENTSCHERschen K-Wert abhängig. — 40—80% vom I wurden in den ersten 48 Std. ausgeschieden. Die Menge ist vom Viscositätskoeff. abhängig. In den ersten 3 oder 4 Tagen ist der Prozentsatz der ausgeschiedenen Menge eines I-Präp. unabhängig von der infundierten Menge, wenn diese 3,5 kg Körpergewicht nicht überschreitet. Ein Teil des infundierten I wird prakt. vollständig gespeichert. Bei Verss. mit ^{14}C-I fand sich bei Mensch u. Hund in den ersten 24 Std. nach der I-Infusion nur eine 0,3—0,5% der I-Menge entsprechende Radioaktivität, später nur 0,01%/Tag im Stuhl. Der Hund scheidet I nur über die Galle in den Darm ab. Durch die Lunge wurden nur 0,15—0,20% der Radioaktivität des I in den ersten 12 Std. nach der Infusion ausgeschieden, in den nächsten 12 Std. nur 0,01%, nach 36 Std. keine Ausscheidung mehr. I unterliegt also prakt. keinem Stoffwechsel u. wird in nennenswerten Mengen nur durch die Niere ausgeschieden. I verteilt sich im Körper ziemlich gleichmäßig, kann aber doppelte Membranschranken (in Gehirn u. Placenta) nicht durchschreiten. Ein Gleichgewicht der I-Konz. stellt sich zwischen Blutplasma u. Lymphe je nach dem Mol.-Gew. mehr oder weniger schnell ein. Die Speicherung dauert am längsten im RES, wo I mit einem Mol.-Gew. über 110000—120000 wahrscheinlich Jahre festgehalten wird, während I mit dem Mol.-Gew. bis zu 40000 in wenigen Tagen ausgeschieden wird. Auf Grund der Ergebnisse wird für die meisten Moll. ein mittleres Mol.-Gew. von 25000—40000 gefordert, wobei die äußersten Grenzen bei 20000 u. 70000 zu liegen haben. (New England J. Med. **247.** 921—29. 11/12. 1952. Boston, Mass., Yamins and Kirstein Labor. for Surg. Res., Beth Israel Hosp., u. Havard Med. School, Dep. of Surg.) WILLENBERG. 4576

K. Guggenheim, *Untersuchungen über die Wirkung von Atebrin auf den Vitamin-A-Stoffwechsel.* Da Beobachtungen über den Einfl. von *Atebrin* (I) auf den Stoffwechsel verschied. Elemente u. Wirkstoffe vorliegen, wurde die Wrkg. von I auf den Vitamin-A (II)-Stoffwechsel bei Ratten untersucht. Bei Tieren, die auf Grund der Ernährung der Muttertiere bei Entwöhnen 3—8 I.E. II in der Leber hatten (Best. bei Vergleichstieren) u. nach 8 Tagen bei II-freier Nahrung an II verarmt waren, war die Ausnutzung der Versuchsnahrung (50% Magermilchpulver, 800 mg I je kg) bei ausreichenden II-Zulagen nicht verschlechtert. Durch längere I-Behandlung wurde die II-Speicherungsfähigkeit der Leber ungünstig beeinflußt. In diesem Falle war aber der II-Bedarf nicht verändert. Durch längere I-Behandlung wurde die Resorption von Carotin u. II vermindert. Bei einer synthet. Nahrung mit Casein als Protein wurde die Nahrungsausnutzung durch 800 mg I je kg Nahrung vermindert. (J. Nutrit. **46.** 141—49. 11/2. 1952. Jerusalem, Hebrew Univ., Hadassah Med. School, Labor. of Nutrit.) SCHWAIBOLD. 4587

Harold H. Draper, Marian F. Jame und **B. Connor Johnson,** *Tri-o-kresylphosphat als Vitamin-E-Antagonist für Ratte und Lamm.* Verss. an jungen Ratten u. neugeborenen Lämmern mit Vitaminmangelkost mit u. ohne Zugabe von *Tri-o-kresylphosphat* (I) u. *DL-α-Tocopherolacetat* (II). Als Test diente bei Ratten die Wachstumsrate u. die Hämolyse in Dialursäure (ROSE u. GYÖRGY). I erwies sich als Vitamin-E-Antagonist. Durch Zugabe von II (0,24 mg/g Grundkost) konnten die Erscheinungen des Vitamin-E-Mangels verhütet werden. Bei Lämmern zeigte die Gruppe mit Vitamin-E-freier Grundkost + I Lähmung der Beine, Dystrophie der quergestreiften Muskulatur, Kreatinurie, Störungen im EKG u. geringen Tocopherolgeh. des Plasmas. Die Tiere gingen nach ca. 4 Wochen ein. Die Erscheinungen konnten verhütet, aber nach ihrem Auftreten durch wöchentliche Gaben von 100 mg II nicht geheilt werden. Das Mangelsyndrom ist ident. mit *„stiff-*

lamb-disease“ der Jungtiere nach Vitamin-E-Mangel der Mutterschafe. (J. Nutrit. **47.** 583—97. 11/8. 1952. Urbana, Ill., Univ. of Illinois, Div. of Animal Nutrit.) BARTH. 4587

H. J. DeBey, Esmond E. Snell und **C. A. Baumann,** *Untersuchungen über die Wechselwirkung zwischen Methionin und Vitamin* B_6. In Hinsicht auf verschiedentlich beobachtete Beziehungen zwischen *Methionin* (I)-Zufuhr u. *Vitamin*-B_6 (II)-Bedarf wurden bei Ratten mit synthet. Nahrung u. wechselnden Zulagen von I u. II u. einigen Aminosäuren Unterss. über diese Wechselwrkg. durchgeführt (I-Best. mit *Leuconostoc citrovorum 8081*, II-Best. mit *Saccharomyces carlsbergensis* 4228). Es wurde gefunden, daß das Wachstum bei Zufuhr begrenzter II-Mengen durch wenig höhere als die notwendige I-Zufuhr gehemmt wird. Die Wrkg. solcher I-Zufuhr wird durch erhöhte II-Zufuhr aufgehoben, nicht jedoch bei 2,5% I in der Nahrung. D-, L- u. DL-Methionin sowie DL-Homocystin wirken ähnlich wie I, Cystin besitzt keine solche Wirkung. Akrodynie wird durch mäßige Gaben dieser Verbb. verstärkt. Die Wrkg. von mäßigen I-Gaben bei geringer oder fehlender II-Zufuhr wird durch zusätzliche Gaben von Glycin, Alanin, Cystin, Serin, Threonin oder von anderen B-Vitaminen nicht beeinflußt. Bei 1% I in der Nahrung zeigten die 3 Formen von II etwa gleiche Wachstumswrkg., in einigen Fällen war *Pyridoxal* wirksamer. Bei mäßiger I-Zufuhr wurde die I-Ausscheidung im Harn durch Zufuhr von *Pyridoxin* vermindert. Die II-Konz. in Blut u. Leber wurde durch I-Zufuhr nicht beeinflußt. (J. Nutrit. **46.** 203—14. 11/2. 1952. Madison, Wis., Univ., Coll. of Agricult., Dep. of Biochem.) SCHWAIBOLD. 4587

L. S. Dietrich, W. J. Monson, Helen Gwoh und **C. A. Elvehjem,** *Die Bestimmung von Folsäure und Citrovorumfaktor im tierischen Gewebe.* Es wird darauf hingewiesen, daß der *Leuconostoc citrovorum*-Faktor (I) bei *Streptococcus faecalis* R (II) u. bei *Lactobacillus casei*, die beide für die Best. von *Folsäure* (III) verwendet werden, Wachstumswrkg. aufweist. Da I u. III in Struktur u. biol. Wrkg. ähnlich sind, erschien eine Feststellung der Komponenten der gesamten freigesetzten mikrobiol. Wirksamkeit erforderlich, bevor eine Unters. der Stoffwechselfunktion dieser Komponenten erfolgen kann. Es wurde daher zunächst ein Vgl. der durch Autolyse von verschied. Geweben von Ratte, Meerschweinchen u. Huhn freigesetzten gesamten Wirksamkeit bei diesen Mikroorganismen vorgenommen. Es wurde gefunden, daß maximale I-Wrkg. bei *Lactobacillus citrovorum 8081* durch Autolyse bei p_H 4,5—6,0 in Abhängigkeit von der Gewebeart bewirkt wird. Die optimale Incubationszeit ist dabei 22—30 Stunden. Bei sofortigem Gefrieren der Gewebe wurde keine I-Wrkg, aber eine geringe Wrkg. bei II beobachtet. Der bei verschied. Lebergeweben u. p_H-Werten freigesetzte I, der einzige unter den Versuchsbedingungen gefundene akt. Bestandteil, erwies sich als ähnlich oder ident. mit synthet. I (chromatograph. Analyse). (J. biol. Chemistry **194.** 549—53. Febr. 1952. Madison, Wis., Univ., Coll. of Agricult., Dep. of Biochem.) SCHWAIBOLD. 4587

F. Bartsch, *Die Auswirkungen der Vitamine in der Geflügelfütterung unter besonderer Berücksichtigung von Vitamin* B_{12} *und der Antibioticazusätze.* (Tierzucht **7.** 94—96. März 1953. Schönwalde.) LOCH. 4587

I. E. Liener und **M. O. Schultze,** *Die Ausscheidung von* N^1*-Methylnicotinamid und Kreatinin unter dem Einfluß von Vitamin* B_{12} *und verschiedenen Methylspendern.* Auf Grund der Annahme, daß die zur Methylierung von *Nicotinamid* (I) u. *Guanidinessigsäure* (II) u. Bldg. von N^1-*Methylnicotinamid* (III) u. *Kreatin* benötigten Methylgruppen direkt dem *Methionin* (IV) entnommen werden, wurde bei Ratten mit *Vitamin*-B_{12} (V)-Mangel u. einer Nahrung ohne labile Methylgruppen, ohne oder mit Zulagen von IV, *Cholin* (VI), *Homocystin* (VII) oder diesem zusammen mit VI, *Betain* (VIII) oder Formiat die Ausscheidung von III oder *Kreatinin* (IX) nach Injektion von I oder II bestimmt. Nur bei Ergänzung der Nahrung mit VII in Ggw. von VI, VIII oder V waren das Wachstum u. die Ausscheidung von III ähnlich wie bei Tieren mit IV-Zulagen. Die Zufuhr von V bewirkte eine weitere Steigerung von Wachstum u. III-Ausscheidung, wenn die Nahrung VII mit VI oder VIII enthielt. Formiat war bei Fehlen von V als Methylspender für VII unwirksam. Bei Ggw. von VII in der Nahrung wurden Wachstum u. IX-Ausscheidung durch V-Zulagen oder dazu noch VI ebenso gesteigert wie durch IV-Zulagen. VI-Zulagen allein hatten eine ähnliche Wrkg. auf die IX-Ausscheidung, aber keine Wrkg. auf das Wachstum. Die Bedeutung dieser Befunde für die Kenntnis der Rolle von V bei der Biosynth. von IV wird erörtert. (J. Nutrit. **46.** 223—37. 11/2. 1952. St. Paul, Univ., Div. of. Agricult. Biochem.) SCHWAIBOLD. 4587

H. Kalk und **E. Wildhirt,** *Untersuchungen zur Behandlung der chronischen Hepatitis und der Lebercirrhose mit Leberextrakten.* Die seit einiger Zeit vor allem von amerikan. Seite propagierte Behandlung der chron. Hepatitis u. der Lebercirrhose mit Leberextrakten ist in ihren theoret. Grundlagen noch recht unklar. Fest steht nur, daß sie zur Zeit als die rationellste Therapie dieser Krankheiten angesehen werden muß. An Hand von

44 Fällen berichten Vff. über die klin. Erfahrungen u. über die günstigste Dosierung (3—4 cm^3 über 3—6 Monate). Bes. wichtig ist der möglichst frühzeitige Beginn der Behandlung, ehe es noch zum Einbruch des Bindegewebes in das Leberläppchen gekommen ist. Als mögliche wirksame Faktoren bezeichnen Vff. die *Folsäure* u. das *Vitamin* B_{12}. Eine Tabelle u. mehrere Mikrophotogramme veranschaulichen die Erfolge dieser Therapie (Dtsch. med. Wschr. **77.** 1390—93. 7/11.; Helv. med. Acta **19.** 397—402. Okt. 1952. Kassel, Stadtkrankenhaus.) Berger. 4587

José Maria Bengoa, *Einflüsse der Diät auf die Bildung von Anämien.* Besprechung der Einflüsse der Ernährung auf die Ausbildung von Anämien, bes. hinsichtlich Eiweiß, Fe, Cu, Co, Nicotinsäureamid, Folsäure, Vitamin B_{12}, B_{14}, A u. C, Pyridoxin u. Cholin. (Arch. venezolanos Nutric. **3.** 5—23. Juni 1952. Caracas, Inst. Nacional de Nutrición.) P. G. Scheurlen. 4589

C. Nieman, E. H. Groot und B. C. P. Jansen, *Der Ernährungswert von Butterfett, verglichen mit demjenigen von pflanzlichen Fetten.* 1. Mitt. *Biologische Versuche. A) Experimentelle Ergebnisse.* Hinweise an Hand der Literatur auf die bisherigen Arbeiten, die zusammen mit den neuen Verss. statist. ausgewertet werden. Herangezogen werden Maibutter (Grasbutter) sowie ***Arachisöl,*** teils als Glyceridgemisch, teils als Gesamtfettsäuren; Verfütterung an männliche Ratten (4 Wochen alt), die auf einer kompletten Grunddiät gehalten werden; Zugabe von 10% der Fette bzw. Fettsäuregemische; bei Arachisöl Ergänzung durch ***Vitamin A*** bzw. ***Carotin*** u. ***Vitamin D*** in Mengen, die dem Geh. der Butter entsprechen; Ermittlung der Gewichtszunahme der Tiere bei den Verss. über 7—12 Wochen. Darst. der Ergebnisse in Tabelle (vgl. Original). (Proc., Kon. nederl. Akad. Wetensch., Ser. C **55.** 587—97. Nov./Dez. 1952. Amsterdam, Netherlands Inst. for Nat. Nutrit., u. Labor. for Physiol. Chem.) Täufel. 4589

C. Nieman, E. H. Groot und B. C. P. Jansen, *Der Ernährungswert von Butterfett, verglichen mit demjenigen von pflanzlichen Fetten.* 1. Mitt. *Biologische Versuche. B) Diskussion der experimentellen Ergebnisse.* (Teil A vgl. vorst. Ref.) Die statist. Auswertung (vgl. folgendes Ref.) der früheren u. neuen Verss. lehrt, daß unter den gewählten Bedingungen das Butterfett einen höheren Ernährungswert (Wachstumssteigerung) besitzt als ***Arachisöl,*** auch dann, wenn dieses durch Zugabe von 300 γ ***β-Carotin*** u. 0,35 γ ***Calciferol***/je Woche bzw. vom Unverseifbaren aus Butterfett ergänzt wird. Die Überlegenheit der Butter ist im verseifbaren Teil lokalisiert. Der Ernährungswert der Butter bleibt unverändert, wenn sie 12 Wochen bei —10° aufbewahrt wird. Der Wachstumsfaktor ist auch in Winterbutter enthalten; das verringerte Wachstum geht auf ihren geringeren Geh. an Vitamin D zurück. (Proc., Kon. nederl. Akad. Wetensch., Ser. C **55.** 598—604. 587—97. Nov./Dez. 1952.) Täufel. 4589

C. Van Eeden, *Der Ernährungswert von Butterfett, verglichen mit demjenigen von pflanzlichen Fetten.* 2. Mitt. *Statistische Analyse.* (1. vgl. vorst. Reff.) Die statist. Auswertung befaßt sich mit der Prüfung der mathemat. Teste nach Geary u. Pearson (Test of normality; Biometrika office, London, 1938), nach Hartley u. Pearson (Tables for testing the homogeneity of a set of estimated variances, Biometrika [London] **33.** [1946.] 296) sowie nach Fisher-Snedecor (Kendall, The advanced theory of statistics, London, 1947). Es zeigt sich, daß auf Grund der Verss. die vorgenannten 3 Teste erfüllt sind, so daß grundsätzliche Einwände gegen die Versuchsanordnung nicht zu erheben sind. Die eingehende Auswertung der früheren u. neueren Verss. (vgl. vorst. Reff.) läßt eindeutig erkennen, daß Butterfett u. seine Gesamtfettsäuren gegenüber ***Arachisöl*** u. seinen Gesamtfettsäuren bei der Verfütterung an männliche Ratten ein gesteigertes Wachstum verursachen. Die Ergänzung des Arachisöles mit ***Vitamin A*** (***Carotin***) u. ***Vitamin D*** bzw. mit dem Unverseifbaren aus Butterfett hebt diesen Unterschied nicht auf. (Proc., Kon. nederl. Akad. Wetensch., Ser. C **55.** 605—16. Nov./Dez. 1952.) Täufel. 4589

F. J. McClure, *Zahncaries bei Ratten bei Fütterung mit verarbeiteten Cerealien und niedrigem Gehalt an raffiniertem Zucker.* Bei 90 Tage dauernder Verfütterung einer Kost, die 25% getrocknetes Roggenbrot, 25% getrocknetes Weißbrot, 18% Glucose, 15% gekochte u. getrocknete Haferflocken, 15% gekochten u. getrockneten Maisgrieß, 2% NaCl sowie Vitamine A, D u. Vitamin-B-Komplex enthält, werden bei Ratten cariöse Zahnschäden in verschied. Stufen hervorgerufen. Auf die Folgen der Mangelernährung u. die hohe Mortalität wird hingewiesen. (Science [Washington] **116.** 229—31. 29/8. 1952. Bethesda, Md., U. S. Public Health Serv., Nat. Inst. of Dental Res.) Krusen. 4589

J. A. Barclay und M. Ibrahim, *Wirkung der Diurese auf Ausscheidung von Salzen.* Unters. über die Ausscheidung von Na, K, Cl u. P nach Zufuhr verschied. Verbindungen. Nicht-Elektrolyte (W., 0,08 cm^3 Theophyllin 25%ig., Glucose 28—100 g) bewirken entweder Anstieg oder Abfall der untersuchten Ionen. Bei Elektrolyten (Natriumphosphat intravenös, KCl 3,0—5,0 per os, Na_2SO_4 intravenös, NaCl hyper- oder isoton. intravenös) hängt die Wrkg. von den Kationen u. Anionen ab, die das Salz bilden. Wird Na gegeben, so steigt die K-Ausscheidung an u. umgekehrt. Cl-Anwesenheit führt zu gesteigerter Phosphatausscheidung. SO_4 u. P bewirken Verminderung der Cl-Ausscheidung. Änderungen der Plasmawerte der betreffenden Ionen scheinen nicht signifikant in den Unterss. mit Elektrolyten zu sein. Ein Sinken oder Erhöhung der tubulären Rückresorption der verschied. Ionen könnte zur Erklärung der Ergebnisse angeführt werden. (J. Physiology **116**. 8 P. 28/2. 1952. Birmingham, Univ., Dep. of Physiol.) K. BÖHM. 4597

Bengt Andersson, *Polydipsie nach Injektionen hypertonischer Salzlösungen.* Nach Injektion von 0,1 ml NaCl-Lsg. (1,5—2,0%ig.) in die vordere Medialregion des Hypothalamus trat bei Ziegen krankhafter Durst auf, der sie zur Aufnahme von 500—2500 ml W. zwang. Bei Anwendung von hypoton. oder isoton. Lsgg. wurde die Wrkg. nicht beobachtet. Da diese Erscheinung auch nur nach Injektion an der beschriebenen Stelle auftrat, vermutet Vf. dort Zellen, die für osmot. Änderungen empfindlich sind u. das Durstgefühl auslösen. (Nordisk Med. **47**. 663—65. 16/5. 1952. Stockholm, Kungl. Veterinärhögskolan, Fysiolog. Inst.) LOCH. 4598

Konrad Lang, Der intermediäre Stoffwechsel. Berlin, Göttingen, Heidelberg: Springer. 1952. (VIII + 423 S. m. 29 Abb.) 8° = Lehrbuch d. Physiologie in zusammenhängenden Einzeldarstellungen. DM 39,60. Mit Literaturverzeichnis (S. 371—391.)

E_6. Pharmakologie. Therapie. Toxikologie. Hygiene.

J. K. Scott, W. F. Neuman und **J. F. Bonner**, *Verteilung und Abscheidung von Thoriumsulfat.* An Kaninchen, Ratten u. Meerschweinchen wurden Verss. über die tox. Wrkg. von lösl. Th-Verbb. [$Th(SO_4)_2$] durchgeführt. Die Tiere erhielten intravenöse Injektionen von $^{234}Th(UX_1)$, bei Mäusen wurde außerdem subcutan injiziert, bei Ratten durch Gavage, schließlich wurden noch intratracheale Injektionen durchgeführt. Die Unters. des Verbleibs des Th sollte zeigen, ob sich lösl. Th-Verbb. ähnlich verhalten wie unlösl., über die bereits Unterss. vorliegen (ThO_2). Bei intravenöser Zufuhr verbleibt der größte Teil in Leber, Milz u. Knochenmark, bei intramuskulärer Injektion im injizierten Muskel u. bei intratrachealer Einführung in der Lunge. Durch Gavage gegebenes UX_1 wird über die Fäces ausgeschieden. (J. Pharmacol. exp. Therapeut. **106**. 286—90. Nov. 1952. Rochester, N. Y., Univ. of Rochester, School of Med and Dent., Div. of Pharmacol. and Toxicol., Dep. of Radiat. Biol.) REUSSE. 4601

Hans Finkbeiner, *Hysterosalpingographie mit öligen oder wasserlöslichen Kontrastmitteln.* Vf. behandelt Erfahrungen mit der röntgenolog. Darst. des weiblichen Genitalapp. durch Kontrastmittel u. warnt vor der Anwendung von Jodölen, bes. weil wegen ihrer relativ hohen Viscosität Füllungsdefekte auftreten können. Bessere Erfolge hat Vf. mit den wasserlösl. Mitteln *Joduron S* u. *Per-Abrodil HS* erzielt. Sie ermöglichen eine feinere Tubendiagnostik. Für die Uterographie wird außerdem noch *Jodipin* angewendet. Eine endgültige Entscheidung über das optimale Mittel für die Hysterosalpingographie erfordert weitere vergleichende Untersuchungen. Die Untersuchungstechnik an Patienten wird dargestellt. (Dtsch. med. Wschr. **77**. 1627—30. 26/12. 1952. Berlin, Freie Univ., Frauenklinik.) REUSSE. 4601

Paul W. Roman, John H. Wagner und **Stanley H. Steinbach**, *Tödliche Embolie während einer Untersuchung unter Anwendung eines Bariumklistiers.* Krankenbericht über eine Patientin, bei der ein Bariumklistier durchgeführt wurde, wobei es zu einer Fissur kam u. Ba in das Blutgefäßsyst. eintrat, so daß Exitus infolge Embolie ausgelöst wurde. (Radiology **59**. 190—92. Aug. 1952. Baltimore, Md., Lutheran Hosp. of Maryland). REUSSE. 4601

O. A. Angerer und **F. Streibl**, *Die Ultraschalltherapie — ihr Wesen und ihre Bedeutung für die Praxis.* Es werden die komplexe Wrkg. des Ultraschalls u. der Einfl. der verschied. heterogen wirkenden Faktoren auf den therapeut. Effekt besprochen. (Z. ges. inn. Med. Grenzgebiete **7**. 101—08. 1/2. 1952.) DOSSMANN. 4601

E. Romero, C. Aguirre und **M. Gandarias**, *Histologische Veränderungen der Nebennierenrinde nach Stickstofflost. Anwendung der Methode von Giroud.* 8 Kaninchen erhielten *Stickstofflost* (I) intracardial in einer Dosis von 0,01 g/100 g Körpergewicht ein- oder mehrmals verabfolgt u. wurden in verschied. Zeitabständen getötet. Die histolog. Unters. der Nebennieren ließ einen Lipoidschwund der Rinde erkennen, der mit einer Hyperplasie, bes. der Zona fasciculata, einherging. Der Ascorbinsäuregeh. (Meth. von GIROUD) war bei allen Tieren vermindert. Leber u. Milz, vor allem aber auch das Blutbild, zeigten eine deutliche Abnahme der lymphocyt. Elemente. Ebenfalls abgenommen hatten die Eosinophilen sowie die Gesamtzahl der Leukocyten (bei gleichzeitiger Zunahme der Granulocyten). Es ist nicht sicher, ob es sich bei dieser Wrkg. auf die Nebennierenrinde um einen direkten Effekt des I handelt oder ob durch diese Behandlung ein Alarmsyndrom ausgelöst wurde. — Das Nebennierenmark wies keine auffallenden Veränderungen auf. Die injizierten Dosen entsprachen denen der menschlichen Therapie. (Rev. clin. españ. **47.** 98—105. 31/10. 1952. Valladolid, Consejo Superior de Investigaciones Cientificas, Dep. de Fisiologia.) P. G. SCHEURLEN. 4607

M. Schachter, *Freiwerden von Histamin aus der Haut durch Neoarsphenamin und gallensaures Salz.* Eine einzige intraarterielle Injektion von 0,5 cm³ *Neoarsphenamin* (1—25 mg) in die isolierte durchströmte Haut einer Katze bewirkte regelmäßig Freiwerden von rund 50% des gesamten Hauthistamins (I). Natriumtauroglykocholat (1—5 mg) in ähnlichem Vers. injiziert setzte 15% des Hauthistamins frei. Injektionen von 10% Ae. oder 5% Coffein waren unwirksam. n/20 HCl oder dest. W. waren entweder ohne Wrkg. oder bewirkten nur ein kaum feststellbares Ansteigen der I-Ausschüttung. Diese Ergebnisse lassen vermuten, daß beim Menschen I-Freiwerden an den Symptomen der „Nitritoidkrisen", wie sie bei As-Therapie vorkommen, mitwirkt u. ebenso den Pruritus bei Gelbsucht verursacht. (J. Physiology **116.** 10P. 28/2. 1952. London, Nat. Inst. for Med Res.) K. BÖHM. 4607

J. Fraux und **M.-A. Fraux,** *Ein Fall von Glutaminsäureintoleranz.* Bericht über den Fall eines fast 3jährigen Kindes, das zur Behandlung von psychomotor. Störungen täglich 3 g *Glutaminsäure* erhielt u. darauf mit Fieber, Albuminurie, Pyurie u. Anwesenheit von Staphylokokken u. Colibakterien im Harn reagierte. Heilung mit Penicillin u. Chloromycetin. (Trav. Soc. Pharmac. Montpellier **12.** 43—45. 1952. Rodez, Centre Hosp.) KRUSEN. 4607

J. Groen, H. Pelser, M. Frenkel, C. E. Kamminga und **A. F. Willenbrands,** *Die Wirkung der Glycyrrhizinsäure auf den Elektrolytstoffwechsel bei der Addison'schen Krankheit.* Bei einem Patienten mit ADDISONscher Krankheit wurde nach Absetzung von Desoxycorticosteron das Elektrolytgleichgewicht durch tägliche Gaben von 3—4 mg *Ammoniumglycyrrhizinat* per os wiederhergestellt. Wurde die Behandlung ausgesetzt, so stellten sich Na- u. Cl-Verlust, K-Retention u. klin. Anzeichen der Dehydrierung u. Hämokonz. ein. Roher Süßholzextrakt normalisierte den Elektrolytstoffwechsel wieder. Seine Wrkg. wird danach auf Glycyrrhizinsäure zurückgeführt. (J. clin. Invest. **31.** 87—91. Jan. 1952. Amsterdam, Wilhelmina-Gasthuis, Sec. Med. Serv.) ITZEROTT. 4607

René Hazard und **Paul Lechat,** *Toxizitätsvergleich von natürlichem und synthetischem racemischem Menthol.* Bei der intraperitonealen Applikation von 10%ig. Lsgg. von natürlichem u. synthet. *Menthol* (I) fanden Vff. bei Meerschweinchen die gleiche DL_{50} von 860—865 mg/kg. Ratten zeigten für synthet. I etwas größere Empfindlichkeit, DL_{50} = 670 mg/kg gegenüber 785 bei natürlichem. Die Vergiftungssymptome sind bei beiden identisch. (Ann. pharmac. franç. **10.** 481—86. Juli/Aug. 1952. Paris, Fac. de Méd., Labor. de Pharmacol.) KRUSEN. 4607

James M. Crampton und **Elbert Voss,** *Eine Untersuchung über die chronische Toxizität und Annahme von Castrix.* Die Vff. verfütterten das zur Nagerbekämpfung verwendete *Castrix* (I; *2-Chlor-4-dimethylamino-6-methylpyrimidin*) über längere Zeit an weiße Ratten (ca. 3—4 mg/kg u. Tag). In 2 von 5 Fällen war eine geringe Leberschädigung u. in 3 von 5 Fällen eine Lungenschädigung nachweisbar. In den Hoden wurde eine erhebliche Verringerung der Spermiogenese gefunden, jedoch war die Vermehrung nach Absetzen des I schnell wieder normal. Da als DL_{50} für I eine einmalige Gabe von 1,25 mg/kg angegeben wurde, bei diesen Verss. aber 3—4 mg/kg über den Tag verteilt vertragen wurden, ist eine sehr schnelle Ausscheidung oder Entgiftung des I sehr wahrscheinlich. In einer weiteren Versuchsreihe zeigten die Vff., daß entgegen früheren Behauptungen reines W. u. n. Futter von Ratten sehr viel lieber genommen wird als W., das 200 mg I/Liter enthielt oder Futter mit 0,5% I. (J. Amer. pharmac. Assoc., sci. Edit. **41.** 135—38. März 1952. Gainesville, Univ. of Florida, Coll. of Pharm.) IPPEN. 4607

Anthony M. Abrose, Dorothy J. Robbins und **Floyd DeEds,** *Vergleichende Toxizität von Quercetin und Quercitrin.* Die Vff. prüften die Toxizität von *Quercitrin* (I; *3.5.7.3'.4'-Pentaoxyflavon-3-rhamnosid, Quercimelin, Quercitrinsäure, Quercetinrhamnosid*) u. seines Aglykons *Quercetin* (II; *Meletin, Flavin, Sophoretin*) bei Kaninchen u. Ratten u. fanden, daß Kaninchen nach 100—150 mg I (in Propylenglykol) oder II (in Methylglucamin u. W.) pro kg Körpergewicht keine Vergiftungserscheinungen zeigten, auch wenn die Gabe wiederholt wurde. Ein großer Teil beider Substanzen wurde sehr schnell mit dem Urin ausgeschieden, kenntlich an der Farbvertiefung des Urins mit NaOH. Verfütterung einer Diät, die 0,25—1% I oder II enthielt, an weiße Ratten über 410 Tage zeigte keine Wrkg. auf Wachstum, Nahrungsaufnahme, Blutbild, Hämoglobinmenge, Organgewichte u. den Feinbau der Organe. (J. Amer. pharmac. Assoc., sci. Edit. **41.** 119—22. März 1952. Albany, Calif., U. S. Dep. of Agricult., Agricult. Res. Admin., Bur. of Agric. and Industrial Chem., Pharmacol. Labor.) IPPEN. 4608

Duane G. Wenzel und **Albert R. Haskell**, *Pharmakologische Wirkungen von Paeonia officinalis.* Für einen alkoh. Extrakt aus der Wurzel von Paeonia officinalis, der nach Entfernung des A. 15% des Gewichtes der trocknen Wurzel ausmachte, fanden Vff. bei intraperitonealer Anwendung eine DL_{50} von 700 (Ratte) bzw. 795 (Maus) mg/kg. Die orale Toxizität konnte nicht bestimmt werden, da auch nach höchsten Dosen keine Erscheinungen beobachtet wurden. Nach der intraperitonealen Gabe trat der Tod nach 48—56 Std. unter systol. Herzstillstand ein. Die Nebennieren wiesen starke Vaskularisierung auf. Auf den Uterus gravider u. nichtgravider Ratten wirkt der Extrakt in einer Verdünnung von 1:1000 kontrahierend u. tonisierend. Die gleiche Verdünnung lähmt den Darm von Ratten u. Kaninchen. Auf das Froschherz wirkt der Päonienextrakt digitalisartig. In einer Menge von 160 mg/kg wirkt er bei der Ratte blutdrucksenkend, u. zwar nicht adrenolytisch. Analget. Wrkg. wurde bei Mäusen auch mit 75% der DL_{50} nicht beobachtet, ebensowenig eine antiepilept. Wrkg. der gleichen Dosis beim Cardiazol- oder Elektroschock der Ratte. (J. Amer. pharmac. Assoc., sci. Edit. **41**. 162—64. März 1952. Lawrence, Univ. of Kansas, School of Pharm.) IPPEN. 4608

Erwin Hiller, *Mitteilung über einen neuen, aus den Erythrocyten des Retroplacentarblutes gewonnenen Stoff, seine Wirkung auf die Nebenniere, die Corticoidausscheidung im Urin, die Plasmaproteine und seine klinische Verwendung.* Es werden Unterss. über einen Extrakt, welcher aus Erythrocyten des Retroplacentarbluts gewonnen wurde, beschrieben. Dieser extrahierte Stoff, über welchen präparative Angaben nicht gemacht werden, ist als wss. Lsg. injizierbar u. bewirkt tierexperimentell wie klin. eine Aktivierung der Nebennierenrinde. Der Extrakt, welcher wohl hauptsächlich Lipoide enthält, ist weder als Antigen noch als Hapten anzusprechen u. wurde in freier Form wie nach Koppelung an γ-Globulin verabreicht. Bei den Versuchstieren wurde — je nach der Dosierung — Hyperämie, Hypertrophie, Hyperplasie u. Adenombldg. der Nebennieren gefunden. Vf. begründet die Wrkg. des Extrakts, welcher als „*Liposerin-Asid*" im Handel ist, bei klin. Fällen mit einer Aktivierung der Nebenniere u. des reticuloendothelialen Syst. sowie mit der endogen vermehrten γ-Globulinproduktion. Während der Behandlung ist Vitamin C in hohen Dosen zu geben. (Z. klin. Med. **149**. 504—19. 1952. München, Univ., I. Med. Klinik.) WOLFGANG ALBRECHT. 4609

Ivar Källqvist, *Neueste Ergebnisse der p-Aminosalicylsäuretherapie bei sekundärer Intestinaltuberkulose.* 25 Fälle röntgenolog. kontrollierter sek. Intestinaltuberkulosen wurden mit *PAS* behandelt u. über Zeiträume von 3 Jahren 3 Monate bis 4 Jahren seit Behandlungsbeginn beobachtet. 15 Patienten sind noch am Leben u. zeigen keine intestinalen Symptome. Bei 14 von diesen wurden nach der Behandlung Röntgenbilder angefertigt, 9 Patienten zeigen vollkommen n. Bilder, 2 leichte Unregelmäßigkeit der Schleimhaut u. 3 Reststenosen. Autopsie bei 2 tödlich verlaufenen Fällen zeigte fast vollständigen Untergang der Drüsengänge u. Heilung durch Granulationsgewebe. (Acta Tubercul. scand. **27**. 101—08. 1952. Uttran, Schweden, Söderby Hosp.) BÖHM. 4610

E. Pérez Hervada, *Das Isonicotinsäurehydrazid.* Kurze Angaben über die Behandlung von 50 tuberkulösen Patienten mit Isonicotinsäurehydrazid. Bzgl. Dosierung, Indikation u. Unverträglichkeitserscheinungen werden keine neuen Angaben gemacht. (Rev. clín. españ. **47**. 105—07. 31/10. 1952. San José, Hosp. Municipial.) P. G. SCHEURLEN. 4610

F. Garcia Ramos, *Lungentuberkulose und Wirkung des Isonicotinsäurehydrazids.* Kasuist. Bericht über zwei Patienten mit offener Lungentuberkulose, die nach bekanntem Dosierungsschema mit Isonicotinsäurehydrazid behandelt wurden u. klin. Besserung zeigten. Hinweis darauf, daß keine tox. Wrkg. auf den Herzmuskel besteht. (Rev. clín. españ. **47**. 47—49. 15/10. 1952. Algeciras.) P. G. SCHEURLEN. 4610

Brunello Brettoni, *Die Ausscheidung von Isonicotinsäurehydrazid im Urin. Experimentelle Untersuchungen und kritische Betrachtungen.* Durch graph. Darst. u. Tabellen wird gezeigt, in welchem Maße *Isonicotinsäurehydrazid* (I) vom menschlichen Körper aufgenommen bzw. wieder ausgeschieden wird. Im Urin von 24 Tbc-Kranken wurden während der I-Therapie laufend I-Bestimmungen durchgeführt. Die prozentuale Menge des ausgeschiedenen I schwankte von 1,5—20% der verabreichten Dosis. Für die Hauptmenge wird eine Aufspaltung im Körper vermutet, die auf eine regulative Mitwirkung von *p-Aminobenzoesäure* (II) oder *Aminosäuren* (III) zurückgeführt wird. Bei Patienten, die eine Besserung ihres Leidens spürten, konnte eine vermehrte Ausscheidung von I beobachtet werden. Die gleichzeitige Verabreichung von II oder III hatte in 75% der Fälle eine gesteigerte I-Ausscheidung zur Folge. Vf. kann bis zur Beendigung noch laufender Unterss. keine entscheidenden Schlußfolgerungen ziehen. (Minerva med. [Torino] **43**. II. 674—78. 15/10. 1952. Firenze, Univ., Cattedra di Tisioligia.) ENDRASS. 4610

W. H. Jopling und E. W. O'G. Kirwan, *Toxische Amblyopie durch TBIII, Bericht über einen Fall.* Verabreichung von *TBIII* = *p-Äthylsulfonylbenzaldehydthiosemicarbazon* = *Ethion* (I; HERTS PHARMACEUTICALS) rief bei einem Patienten Amblyopie hervor. Nach Absetzen von I allmähliche Normalisierung des Sehvermögens. (Trans. Roy. Soc. trop. Med. Hyg. **46.** 656—57. Nov. 1952. London, Hosp. for Tropical Diseases.) DOSSMANN. 4610

F.-J. Traissac, *Einige neue Gesichtspunkte bei Staphylokokkeninfektionen und ihre Behandlung.* Bzgl. der Therapie werden folgende Angaben gemacht: Einige Staphylokokkenstämme sprechen nur auf *Sulfonamide* (*Solufontamide, Sumédine*) an, *Penicillin* versagt häufig, die Wrkg. von *Aureomycin* ist zur Zeit am regelmäßigsten. Wichtig ist Impfung mit dem Staphylokokken-*Anatoxin* von RAMON (INST. PASTEUR), Steigerung von ½ auf 2 cm^3 jeweils über 5 Tage, Gesamtmenge 10 cm^3. Außerdem wird noch eine neuere *Mischvaccine* erwähnt, die aus *Anatoxin* u. getöteten Mikroben besteht u. mit der 90—95% Heilungserfolge erzielt wurden. (J. Méd. Bordeaux Sud-Ouest **129.** 955—64. Okt. 1952.) DOSSMANN. 4610

Eduard Melchior, *Die therapeutische Anwendung von Emetin bei schweren chirurgischen Infekten.* (Istanbul Contr. clin. Sci. **2.** 77—93. Jan./März 1952. Ankara, Univ., 2. Chirurg. Klinik. — C. **1952.** 5771.) K. MAIER. 4610

R. R. Wilcox, *Die Behandlung von klimatischem Bubo* (*Lymphogranuloma venereum*) *beim afrikanischen Neger.* 120 Fälle mit klimat. Bubo mit relativ gutartigem Verlauf. Reihenbehandlung mit *Sulfonamiden* (I); 80 erhielten *Sulfanilamid,* 30 *Sulfadiazin,* 10 *Sulfapyridin.* Eine kurze 4—5tägige Kur mit 5 g I täglich war in 50% der Fälle erfolgreich, die anderen Fälle erhielten zusätzlich *Anthiomaline* (II). Krankenhausaufenthalt im Durchschnitt 9,1 Tage, 8 Rückfälle, nur bei 13 der 120 Fälle war eine zweite I-Kur in Kombination mit Fieber notwendig. Von der II-Verabreichung wurde später abgesehen u. die I-Kur auf 7 Tage verlängert. Da Antibiotica trotz günstiger Beeinflussung der Krankheit für afrikan. Verhältnisse zu teuer sind, hält Vf. die besprochene I-Therapie für durchaus zufriedenstellend. (Trans. Roy. Soc. trop. Med. Hyg. **46.** 658—61. Nov. 1952. London, St. Mary's Hosp.) DOSSMANN. 4610

Horst Ruhland, *Seröse Meningitis und extrarenales Nierensyndrom als allergische Erscheinungen.* Eingehende Besprechung eines Falles mit Cystopyelitis, bei dem am 2. u. 3. Krankheitstag ein *Badional* (I)-Stoß von insgesamt 10 g gegeben wurde; 6 Tage danach traten Urticaria, abakterielle seröse Meningitis u. ein extrarenales Nierensyndrom auf. Die Erscheinungen waren in kausalen Zusammenhang mit der I-Therapie zu bringen; Vf. deutet sie als Organmanifestationen einer allerg.-hypererg. Gefäßreaktion. (Z. ges. inn. Med. Grenzgebiete **7.** 128—35. 1/2. 1952. Worms/Rh., Stadtkrankenhaus.) DOSSMANN. 4610

S. Båstrup Thomsen und H. Nielsen, *Lokalanwendung von Neoalfasollösung in der Klinik. Neoalfasol* (I; *Hydrat des Na-Salzes der α-[4-(4'.6'-Dimethylpyrimidyl-{2'}-sulfanilo]-äthansulfonsäure*; A/S A. BENZON, Kopenhagen) ist in sterilen wss. Lsgg. bis herab zu 0,02% haltbar. In 1%ig. Lsg. wirkt es auf Streptokokken u. Staphylokokken hemmend. Es werden vier Fälle beschrieben, in denen es bei schlechtheilenden Wunden (Trauma, Fraktur, Verbrennung, Verätzung) äußerlich angewandt gute Erfolge zeigte. (Nordisk Med. **47.** 665—67. 16/5. 1952. Kopenhagen, Norre Hosp.) LOCH. 4610

Paul Meißner, *Therapeutische Erfahrungen mit Azopräparaten.* Zur therapeut. u. prophylakt. Behandlung von Grippe, Angina u. diphther. Angina wurde *Azoangin* (Tabletten mit Milchzucker u. 0,05 g *2.4-Diaminoazobenzolmonohydrochloridcitrat* oder 4% ig. wss. A.-Glycerin-Lsg. des Farbstoffes; HUBOLD u. BARTSCH, Hamburg — PHARMACOLOR G. M. B. H., Sandkrug/Old.) mit gutem Erfolg angewandt, ebenso bei Bronchitiden, Fluor vaginalis, Furunkulose u. Coliinfektion der Gallengänge. (Med. Klin. **47.** **1638.** 5/12. 1952. Berlin-Charlottenburg.) LOCH. 4610

John L. Gardiner, Marion M. Farr und Everett E. Wehr, *Die coccidiostatische Wirkung von Nitrophenid auf Eimeria tenella. Nitrophenid* (I) = *m.m'-Dinitrodiphenyldisulfid* übt eine günstige Wrkg. bei Küken auf experimentelle Eimeria tenella-Infektion aus, wenn es 2—4 Tage nach der Infektion gegeben wird. Je länger die Behandlungszeit, desto günstigere Ergebnisse. Der Verzug in dem Erscheinen oder eine geringere Hämorrhagie u. Oocytenausscheidung lassen eine coccidiostat. Wrkg. von I annehmen. Werden Küken 96 Std. nach der Inokulation in Behandlung genommen, so bringt I nur wenig Vorteil. Wird die Behandlung mit der Inokulation oder vorher begonnen u. nicht länger als 48 Std. nach der Inokulation behandelt, so ist der Erfolg ebenfalls gering. Bemerkenswerter Rückgang der Sporulation von Oocyten wurde bei Versuchstieren beobachtet, die von der 97.—144. Std. nach der Inokulation behandelt wurden. Die 2. Generation Schizonten war entscheidend durch die Verabfolgung von I geschädigt. (J. Parasitology **38.** 517—24. Dez. 1952. U. S. Dep. of Agric., Zool. Div.) K. BÖHM. 4610

W. E. Laufer und **M. L. Freedman,** *Camoquin bei Malaria. Camoquin = 4-[7'-Chlorchinolyl-(4')-amino]-α-diäthylamino-o-kresol* ist ein hellgelbes krist. Pulver, das sich bei Zimmertemp. 5%ig. in W. löst. Behandlung von 25 mkr. gesicherten Malariafällen (Afrikaner) mit I in einmaliger Dosis von 0,6 g. 20 waren nach dieser einmaligen Dosis geheilt, 2 weitere reagierten auf eine 2. Gabe, 3 Versager. Der Wert verschied. Malariamittel zur Prophylaxe wird kurz erörtert. Zur Behandlung einer Malaria sollte nicht das zur Prophylaxe benutzte Mittel gebraucht werden. (South African med. J. **27.** 101—03. 31/1. 1953. Bechuanaland Protectorat.) K. BÖHM. 4610

T. Norman, *Untersuchung über das Versagen der Proguanilprophylaxe.* In Teeplantagen erhielt die gesamte Bevölkerung zur Malariaprophylaxe 0,1 g *Proguanil* (I) 2mal wöchentlich oral. Von 634 Urinproben waren 48% negativ oder schwach positiv, 52% positiv. Das Versagen wird darauf zurückgeführt, daß die I-Verabreichung bei der eingeborenen Bevölkerung nicht scharf genug kontrolliert werden konnte. (Trans. Roy. Soc. trop. Med. Hyg. **46.** 653—55. Nov. 1952. Ihanzic Tea Assoc., u. Amgoorie Tea Estates Ltd.) DOSSMANN. 4610

Inge Scherbauer, *Omnacillin, eine Kombination von Omnadin und Penicillin in der Kleintierpraxis.* Bericht über Erfolge mit *Omnacillin* (I; FARBWERKE HOECHST) = gebrauchsfertige Suspension von *Novocain–Penicillin-G* in dem Immuntherapeuticum *Omnadin,* bei 22 Hunden u. 3 Katzen, darunter 10 Fälle mit Leptospirose, sowie infektiöse Erkrankungen der Atmungsorgane u. des Magen–Darm-Kanals. Zur Heilung waren im allg. 2—3 Injektionen erforderlich. Krankheitsdauer betrug 4—14 Tage, sie erfuhr durch I eine erhebliche Abkürzung. (Tierärztl. Umschau **8.** 20—22. Jan. 1953. München.) DOSSMANN. 4611

Charlotte P. McLeod und **Harold J. Magnuson** (unter techn. Mitarbeit von **Dorothy C. Huffman**), *Penicillinbehandlung experimenteller Framboesia tropica bei Kaninchen mit besonderem Hinweis auf die Kriterien für Infektion und Heilung.* Die 50% ig. Heildosis für Kaninchen mit Framboesia-Infektion wurde zu angenähert 16 E./kg bei Verabreichung von *Procain–Penicillin-G* + 2% *Al-Monostearat,* verd. in Erdnußöl, bei täglich 4 gleichen Dosen festgestellt. Zum Nachw. einer latenten Infektion bei den behandelten infizierten Tieren erwies sich die Meth. der negativen Lymphknotenübertragung, wie sie bei experimenteller Syphilis gehandhabt wird, als unzuverlässig. (Amer. J. Syphilis, Gonorrhea, vener. Diseases **36.** 545—51. Nov. 1952. Chapel Hill, N. C., U. S. Public Health Serv., Venereal Disease Exp. Labor., u. Univ. of North Carolina, School of Public Health.) DOSSMANN. 4611

John F. O'Brien und **Clarence A. Smith,** *Vorläufige Bewertung von N.N'-Dibenzyläthylendiamindipenicillin-G bei akuter Gonorrhöe des Mannes.* Bericht über Erfahrungen mit einem neuen *Depotpenicillin* (I) = *N.N'-Dibenzyläthylendiamindipenicillin-G* (II; *Bicillin,* WYETH) bei akuter gonorrhöischer Urethritis in 1377 Fällen. 389 Fälle erhielten $3 \cdot 10^5$ E. **II,** 605: $5 \cdot 10^5$ E., 354: $2{,}3$—$2{,}5 \cdot 10^6$ E. in einer Injektion, 15: $1{,}25 \cdot 10^6$ E. u. 14: $2{,}5 \cdot 10^6$ E. je 2 Injektionen mit einer Woche Zwischenraum. Am I-Blutspiegel zeigte sich die Überlegenheit der $2{,}5 \cdot 10^6$ **II**-Dosis, gleichgültig, ob in ein- oder zweimaliger Injektion; bei den niedrigeren Dosierungen bedingte **II** in 97% von 396 kontrollierten Fällen schnelle u. anhaltende Abnahme der Symptome; keine Versager. Nebenwirkungen traten in weniger als 0,3% der Gesamtfälle auf. (Amer. J. Syphilis, Gonorrhea, vener. Diseases **36.** 519—23. Nov. 1952. Chicago, Ill., Board of Health, Venereal Disease Control Program, u. U. S. Public Health Serv.) DOSSMANN. 4611

Seymour Weinstein, Jack Rodriquez, Clarence A. Smith und **George X. Schwemlein,** *Orales Penicillin und Fieber zur Behandlung früher Syphilis.* Bericht über 134 Fälle mit prim. u. sek. Syphilis, die in der Zeit von Dezember 1946 bis September 1947 oral $4{,}5 \cdot 10^5$ E. kristallines *Na-Penicillin-G* (I) in Tabletten zu $5 \cdot 10^4$ E. jede Std. vor u. während einer einmaligen 6std. Behandlung mit künstlichem Fieber erhielten, danach $4{,}5 \cdot 10^5$ E. alle 2 Std., insgesamt $6{,}75 \cdot 10^6$ E.; Behandlungsdauer 24 Std., Nachbeobachtung 24—27 Monate. Insgesamt war ein Erfolg nur bei 63% der Fälle festzustellen. Je kürzer die Dauer der Infektion, um so bessere Erfolge waren zu verzeichnen. Mit der kurzen oralen I + *Fieber*-Meth. ist trotz höherer Dosierung keine Steigerung der Erfolgsziffer gegenüber der kurzen parenteralen I + *Fieber*-Meth. zu erzielen. (Amer. J. Syphilis, Gonorrhea, vener. Diseases **36.** 528—32. Nov. 1952. Chicago, Ill., Board of Health, Venereal Disease Program u. U. S. Public Health Serv.) DOSSMANN. 4611

A. R. Somner, *Nebenwirkungen von Dihydrostreptomycin.* Hinweis auf das Auftreten von Nebenwirkungen, wie Nystagmus u. Diplopie bei cisternaler Verabreichung von *Dihydrostreptomycin.* (Brit. med. J. **1952.** I. 1302. 14/6. Edinburgh.) DOSSMANN. 4611

O. Ampofo und **G. M. Findlay**, *Behandlung von tropischem Ulcus mit Terramycinsalbe.* (Vgl. C. **1952.** 2710.) Lokale Anwendung von 3%ig. *Terramycin* (I)-Salbe bei 6 Kindern mit Ulcus. Spirochäten, fusiforme Bacillen u. Kokken verschwanden sehr schnell aus dem Eiter; Fungi, wahrscheinlich Candida albicans, wurden in 4 Fällen nach 3–6tägiger I-Therapie nachgewiesen. Keine Rückfälle innerhalb 3–4 Monaten. (Trans. Roy. Soc. trop. Med. Hyg. **46.** 650–52. Nov. 1952. Mampong-Akwapim, Gold Coast, u. London, School of Pharm., Pharmacol. Labor.) DOSSMANN. 4611

B. Söderholm, *Klinische Versuche mit Terramycin in der Behandlung der Lungentuberkulose.* 4 Fälle mit beiderseitiger diffuser Lungentuberkulose, die klin. Zeichen von Aktivität zeigten u. vorher mit *PAS*, *Streptomycin* u. *Conteben* in verschied. Kombinationen mit negativem Erfolg behandelt worden waren, wurden für 120 Tage mit 5,0 *Terramycin* täglich behandelt. Kontrolliert wurden Temp., Gewicht, BKS, Hb, Sputum u. Röntgenbild. Es konnte kein therapeut. Effekt erzielt werden. (Acta Tubercul. scand. **27.** 109–15. 1952. Stockholm, Söderby Hosp.) K. BÖHM. 4611

Harry J. Greene, *Terramycin in der Behandlung der Trichomonas-vaginalis-Vaginitis. Bericht über 21 Fälle.* 21 Fälle mit Trichomonas-vaginalis-Vaginitis wurden mit Suppositorien zu 250 mg kristallinem *Terramycinhydrochlorid* (I; CHAS. PFIZER & CO., INC.) 7 Tage behandelt. Heilung innerhalb 1–6 Monaten, 1 Rückfall, der mit einer weiteren 10tägigen I-Kur gleichfalls geheilt wurde. (Antibiotics and Chemotherapy **2.** 119–22. März 1952. Brooklyn, N. Y., King's County Hosp.) DOSSMANN. 4611

Austin H. Kutscher, Herbert Silvers und **Edward V. Zegarelli**, *Chloramphenicol und Terramycin bei der Behandlung der rekurrenten, aphthösen Stomatitis.* Die beiden Antibiotica hatten keinen Einfl. auf den Krankheitsablauf. (J. Amer. Dental Assoc. **46.** 144–45. Febr. 1953. New York, N. Y., Columbia Univ., Fac. of Med., School of Dental and Oral Surgery.) LOCH. 4611

Gerda S. Landman, Franklin D. Hendricks, S. Ross Taggart und **Aston B. Greaves**, *Behandlung von Granuloma inguinale bei ambulanten Patienten mit intramuskulär verabreichtem Chloramphenicol.* Bericht über 12 Fälle mit Granuloma inguinale, sie erhielten insgesamt je 12 g *Chloramphenicol* (I; PARKE, DAVIS & CO.) intramuskulär in Dosen von 4 g in einem 72–96std. Intervall. 1 Ampulle enthielt 0,5 g I, 1 g *Dimethylacetamid* u. 0,5 ml dest. Wasser. Die Injektion verursachte örtliche Schmerzen, weswegen zusätzlich 1–2% *Procain* verabreicht wurden. Sehr schnelle Besserung der Läsionen verbunden mit Verschwinden des Erregers *Leishmania Donovani.* Heilung trat nach 1–7 Wochen ein, 10 Fälle wurden bis zu 22 Wochen überwacht. Wert von I für ambulante Therapie wird betont. (Amer. J. Syphilis, Gonorrhea, vener. Diseases **36.** 515–18. Nov. 1952. Washington, D. C., Gallinger Municipal Hosp., District of Columbia Health Dep., u. Federal Security Agency.) DOSSMANN. 4611

D. E. Marmion, *Die Behandlung von Typhus abdominalis mit Chloramphenicol. Klinische Untersuchung von 330 Fällen mit Unterleibstyphus in Ägypten.* Bericht über Erfolge mit *Chloramphenicol* (I) bei 300 Typhus- u. 30 Paratyphusfällen. Bei gleicher Initialdosis von 3,5 g wurden verschied. Dosierungsschemen bei kontinuierlicher oder unterbrochener Verabreichung angewandt. Gesamt-I-Menge lag zwischen 10 u. 38 g. Eine Reihe von Patienten erhielt außerdem *TAB-Vaccine* (phenolized; II). Angabe der verabfolgten Diät. Entfieberung im Mittel 3–5 Tage; durch II wurde die Fieberdauer um 1,4 Tage verlängert. Besprechung der tox. Symptome, die bei Typhus in 44%, bei Paratyphus in 22,6% der Fälle ca. 11 Tage nach der letzten I-Dosis auftraten; sie bestanden in Störungen des gastrointestinalen Traktes, Arzneimittelfieber, Albuminurie, neuromuskulären Wirkungen, ferner Schleimhautreizungen, Urticaria, daneben sek. Effekte durch das Endotoxin u. Pilzinfektionen; am häufigsten traten Störungen des Wasser- u. Elektrolythaushaltes auf. Mortalität 1%, Rückfälle bei Typhus 28%, bei Paratyphus 13,8%. (Trans. Roy. Soc. trop. Med. Hyg. **46.** 619–38. Nov. 1952. Royal Army Med. Corps, British Military Hosp., Fayid.) DOSSMANN. 4611

Aksel Stenderup, Flemming Kissmeyer-Nielsen und **Peder Linnet-Jepsen**, *Chemotherapie bei Infektionen des Harntraktes.* Bericht über 181 Fälle akuter u. chron. Infektionen des Harntraktes. Behandelt wurde mit *Sulfonamiden, Mandelsäure, Streptomycin, Penicillin* u. *Aureomycin.* In den meisten Fällen vorherige Isolierung u. Testung der Bakterien auf ihre Empfindlichkeit. Einteilung in akute, chron. u. Pyelonephritiden (PN) mit Komplikationen. Die besten Behandlungserfolge gaben die akuten PN, die schlechtesten die mit Komplikationen. In allen 3 Gruppen fanden sich eine hohe Zahl Rückfälle. Fragen der Resistenzentw. u. Änderung in der Bakterienflora werden erörtert. Die Ergebnisse der Behandlung liegen wesentlich unter dem, was man in Hinblick auf den gegenwärtigen Stand der Chemotherapie erwartet hatte. (Acta med. scand. **144.** 124–36. 14/11. 1952. Aarhus, Dänemark, Marselisborg Hosp., Municipal Hosp., County Hosp., Horsens Municipal Hosp.) K. BÖHM. 4611

Herbert Harnisch, *Neuere Antibiotica in der zahnärztlichen Chirurgie.* Bericht über Wirkungsspektren u. Indikationsgebiete von *Aureomycin, Terramycin, Penicillin–Streptomycin*-Kombination, *Supracillin*-GRÜNENTHAL, *Omnacillin* (HOECHST), *Citocillin*-GRÜNENTHAL u. über Ersatz von Penicillin durch *Tyrothricin* bei örtlicher Anwendung. (Zahnärztl. Rdsch. **62.** 12—14. 5/1. 1953. Marburg/Lahn, Univ., Zahnklinik.) KLESSE. 4611

Arno Münnich, *Das Hyaluronsäure–Hyaluronidase-System und die Behandlung periartikulärer Schwellungen.* Wenn auch noch keine Einigkeit über die Wirkungsweise des *Hyaluronsäure* (**I**)–*Hyaluronidase* (**II**)-Syst. bei Gelenkerkrankungen rheumat. Genese besteht, so unterliegt seine Beteiligung dabei keinem Zweifel. Aus diesem Grund versuchte Vf. Schwellungen im Bereich der Gelenke durch Injektion des **II**-Präp. *Kinetin* zu beeinflussen. Er injizierte 2mal wöchentlich 10 SCHERING-E. *Kinetin* in 2 cm³ *Novocain* gelöst möglichst kapselnahe an das Gelenk. Im allg. waren nur 4 Injektionen erforderlich. Bes. rasch war eine subjektive Besserung durch Nachlassen des Spannungsgefühls u. der Schmerzen feststellbar, dem auch (unter Umständen nach vorübergehender Verschlechterung) ein deutliches Verschwinden der Schwellung folgte. Vf. glaubt bei Arthrosen günstigere Wirkungen gesehen zu haben als bei Arthritiden. Dies scheint daran zu liegen, daß bei degenerativen Erkrankungen eine falsch polymerisierte **I** aufgebaut wird, die durch die n. **II** nicht angegriffen werden kann. Die Injektion greift in diesen steckengebliebenen Mechanismus ein u. stellt wieder das Gleichgewicht her. Blutsenkungsgeschwindigkeit, Blutbild u. Blutdruck werden durch die Injektionen nicht beeinflußt. (Dtsch. med. Wschr. **77.** 1402—03. 7/11. 1952. Berlin-Lichtenberg, Poliklinik für Rheumakranke.) BERGER. 4614

S. Gordon Castigliano und C. Jules Rominger, *Eine unerwünschte Reaktion bei Verwendung von Streptokinase und Streptodornase zur Behandlung schmerzloser Geschwüre nach Röntgenbestrahlung.* Vff. berichten von zwei Fällen mit unerwünschter Rk. bei Behandlung von Geschwüren nach Röntgenbestrahlung mit *Streptokinase–Streptodornase* (**I**). In beiden Fällen bei **I**-Behandlung Ausbreitung u. Vertiefung des Geschwürs u. anschließende Perforation. — Diskussion von theoret. Überlegungen. (Amer. J. Surgery **85.** 55—61. Jan. 1953. Philadelphia, Pa., Trainee Nar. Cancer Inst.) BRATFISCH. 4614

Klaus-Dietrich Rudat, *Über Crotalustoxinanwendung (Epileptasid) bei Migräne und migränoiden Kopfschmerzen.* Verabreichung von ca. 16 Injektionen von *Epileptasid* (**I**; Crotalustoxinpräp. mit 0,04 mg Toxin je ml) an 62 Patienten mit migränoiden Kopfschmerzen hatte in 50% der Fälle vollen Erfolg, besserte 19,3% u. zeigte in 29% der Fälle keine Wirkung. Intracutane Einzeldosis von 0,4—1,5 ml steigend, Gesamtmenge ca. 14 ml. (Psychiatrie, Neurol. med. Psychol. **4.** 311—14. Okt. 1952. Erfurt, Kath. Krankenhaus St. Nepomuk.) LOCH. 4620

Rigal, *Behandlung von Manie und Zuständen von Hyperthymie mit 3277 R. P. (Phenergan).* Vf. betont den Wert der *Phenergan*-Therapie bei den verschied. man. Zuständen. Gewöhnlich wurden täglich 0,1 g in 2 Gaben injiziert; bei Besserung Übergang zu oraler Verabreichung u. langsamer Verringerung der Dosis. (J. Méd. Bordeaux Sud-Ouest **129.** 899—901. Okt. 1952. Bordeaux, Hôp. militaire Robert-Picqué.) DOSSMANN. 4620

W. Brenner, *Die Anwendung eines ganglienblockierenden Mittels in der Urologie.* Bei 41 von 45 Nieren- u. Uretersteinkoliken verschwanden die Kolikschmerzen auf 100 mg *Pendiomid* (CIBA) intravenös prompt, in 2 Fällen verzögert. Ferner wurde bei postoperativen Krampfzuständen der Blase gute Schmerzlinderung erzielt. Außerdem wurde die Blutdruck-Rk. auf *Pendiomid* als Test vor der Sympathektomie bei essentiellem Hochdruck mit Erfolg verwertet. (Med. Klin. **47.** 1366—67. 10/10. 1952. Düsseldorf, Med. Akad., Chirurg. Klinik.) DAUTZENBERG. 4620

G. Heidelmann, *Grundlagen und Indikationen der pharmakologischen Ganglienblockade bei peripheren Durchblutungsstörungen.* Bei Unterss. an 120 Patienten, davon 78 mit peripheren Durchblutungsstörungen, mit *Tetraäthylammoniumbromid* u. *Pendiomid* wurde festgestellt, daß durch die mit diesen Mitteln durchgeführte Ganglienblockade meist eine schlechtere Durchblutung der Akren hervorgerufen wird. Nur im Zustand einer akuten Sensibilisierung trat eine Durchblutungsverbesserung ein. Diese Erfahrungen stehen im Gegensatz zu den meisten Berichten im Schrifttum u. unterscheiden sich grundsätzlich von der Wrkg. typ. Sympathicolytica, wie *Regitin* u. *Hydergin*, oder einer Sympathektomie. Vf. diskutiert die Möglichkeit des Vorhandenseins vasodilatator. Nervenfasern, deren Blockierung bei n. Individuen stärker als die der vasokonstriktor. Fasern hervortrete. (Die Medizinische **1952.** 824—27. 14/6. Halle-Wittenberg, Martin-Luther-Univ., II. Med. Klinik.) DAUTZENBERG. 4620

A. Fennemann, *Isopropylchlorid als Inhalationsanalgeticum unter der Geburt.* **Bei** 200 Geburten wurde *Isopropylchlorid* zur Rauschnarkose ohne besondere Störungen verwandt. (Geburtshilfe u. Frauenheilkunde **12.** 1119—24. Dez. 1952. Bochum, Landesfrauenklinik.) DAUTZENBERG. 4621

Paul Kluger, *Aus der Narkosepraxis mit Isopropylchlorid (IPC).* Mit *Isopropylchlorid* wurden 600 ambulante Kurznarkosen u. mehrere Langnarkosen im geschlossenen Syst. ohne Störungen durchgeführt. (Münchener med. Wschr. **94.** 2215—18. 31/10. 1952. Homberg/Ndrh., St. Johannes-Stift, Chirurg. Abt.) DAUTZENBERG. 4621

Columbus R. Gangemi, *Pharmakologische und klinische Angaben über Dormison, ein neues Sedativum und Hypnoticum.* Nach kurzer Besprechung der Pharmakologie des *Dormisons* [*Methylparafynol*; *3-Methyl-1-pentinol-(3)*] wird über die klin. Anwendung bei 101 Patienten berichtet. Als Schlafmittel wurden im Mittel 0,5 g (0,25—1,25 g) gegeben. Gute Wrkg. ohne Nachwirkungen am nächsten Tag. Die Verwendung als Tagessedativum ist durch die hypnot. Wrkg. etwas eingeschränkt. Bestimmungen von Grundumsatz, Blutbild, Blutzucker u. Leberfunktionsproben zeigten unter Dormison keine Abweichung von der Norm. Kontraindikationen sind bisher nicht bekannt. (Int. Rec. Med. **165.** 199—205. April 1952. Philadelphia, Pa.) DAUTZENBERG. 4621

E. Genazzani und **P. Petrone,** *Experimentelle und klinische Untersuchungen über ein neues Hypnoticum: Das 3-Methylpentinol.* (Vgl. vorst. Ref.) In pharmakol. u. klin. Verss. wird das *3-Methyl-1-pentinol-(3)* (**I**; *Dormosan*; SOC. ITAL. PRODOTTI SCHERING) auf seine Toxizität, Verträglichkeit u. hypnot. Wrkg. untersucht. Die Ergebnisse zeigen, daß **I** eine relativ geringe Toxizität besitzt. Die DL minima ist intraperitoneal angewandt beim Kaninchen **104**mal, beim Meerschweinchen 73mal, bei der Maus peroral **132**mal u. beim Frosch (injiziert in den Brustlymphsack) 528mal höher als die therapeut. perorale Dosis beim Menschen. Ratten, die 42 Tage lang mit einer 60mal höheren Dosis als die therapeut. gefüttert wurden, zeigten keine nennenswerte Störung. **I** wird vom Organismus rasch umgesetzt u. zeigt keinerlei Folgeerscheinungen sek. Art. Bei 6 Personengruppen — Gesunden u. an Schlaflosigkeit Leidenden — durchgeführte Erprobungen bewiesen, daß **I** eine unzweifelhaft hypnot. Wrkg. besitzt u. unschädlich ist. Die therapeut. Dosis wird für den Menschen mit 250—500 mg pro die angegeben. **I** wird in 2 Formen, als Kapsel u. als Kamillenelixier angewandt. Die hypnot. Wrkg. der beiden Präpp. ist jedoch, quantitativ gesehen, nicht gleichartig. (Minerva med. [Torino] **43.** II. 667—74. 15/10. 1952. Napoli, Univ., Ist. di Farmacol. e Tossocol.) ENDRASS. 4621

A. F. Green, *Themalon, ein neues Analgeticum und Hypnoticum für Hunde.* Unter der Bezeichnung *Themalon* (**I**) wird das *3-Diäthylamino-1.1-dithienylbuten-(1)-hydrochlorid* als Analgeticum u. Hypnoticum für Hunde empfohlen. **I** ist ein weißes, wasserlösl. Pulver, dessen wss. Lsg. gekocht werden kann. Die pharmakol. Eigg. von **I** werden beschrieben. **I** wirkt analget. u. hypnot. u. gleicht darin dem Morphin. Es zeigt aber trotzdem erhebliche Unterschiede. Die Nebenwirkungen sind gering u. äußern sich z. B. in Speichelfluß, der durch Gaben von 0,05 mg/kg Atropin zu beheben ist. Subcutan injiziert ist es $^1/_5$ so wirksam wie Morphinsulfat u. 3—4mal so wirksam wie Pethidin. Gaben von 5—20 mg/kg bewirken Analgesie bis tiefe Narkose. Die Wrkg., die von der Dosis u. anderen Funktionen abhängig ist, setzt 5—10 Min. später ein u. erreicht 1—10 Std. danach ihr Maximum. Bei intravenöser Applikation (1—5 mg/kg) ist die Wrkg. viel rascher, als bei subcutaner Anwendung. Tox. Nebenwirkungen treten bei subcutaner Anwendung bei 100 mg/kg, bei intravenöser Anwendung bei 10 mg/kg auf. Diese können durch Pentobarbitonnatrium behoben werden. Die angestellten Unterss. an einer großen Zahl von Hunden lassen **I** bei Hunden das Morphin mit Vorteil ersetzen. (Veterin. Rec. **49.** 803—04. 6/12. 1952. Beckenham, Kent, Wellcome Res. Labor.) W. LORENZ. 4621

E. Engels und **H. Strake,** *Polamidon „C" und seine praktische Anwendung.* Klin. Erfahrungsbericht über die Verwendung von *Polamidon „C"* (*Polamidon* + *α.α-Diphenylpiperidinoäthylacetamidhydrochlorid*) bei 200 Patienten. Bes. hervorgehoben wird neben der guten analget. u. spasmolyt. Wrkg. die Verhinderung von Schüttelfrösten nach Bluttransfusionen. (Med. Klin. **47.** 1572—74. 21/11. 1952. Eslohe/Sauerland, St.-Josefs-Hosp.) DAUTZENBERG. 4621

K. Ammann, *Polamivet, ein Analgeticum mit narkoseähnlicher Wirkung und dessen Anwendung beim Hund.* Auf Grund der Erfahrungen an 73 Hunden wird als Basisnarkoticum *Polamivet* (*2-Dimethylamino-4.4-diphenylheptanon-(5)-hydrochlorid* + *Diphenylpiperidinoäthylacetamidhydrochlorid*; entspricht dem *Polamidin C*) intravenös empfohlen; bei größeren Eingriffen wurde *Ae.* als Zusatznarkoticum gegeben. Günstig sind die geringe Toxizität u. das Fehlen von Nebenwirkungen. (Schweiz. Arch. Tierheilkunde **94.** 806—13. Dez. 1952. Zürich, Univ., Veter.-chirurg. Klinik.) DAUTZENBERG. 4621

H. Kranz, *Erfahrungen bei Kurznarkosen mit Narconumal.* Auf Grund der günstigen Erfahrungen bei 500 Kurznarkosen mit *Narconumal* (*Na-Salz der 1-Methyl-5-allyl-5-isopropylbarbitursäure*) bei kleineren geburtshilflichen u. gynäkolog. Eingriffen empfiehlt

Vf. das Mittel als g t brauchbares intravenöses Kurznarkoticum. Nebenwirkungen wurden nicht gesehen. Kontraindikation besteht für Patienten mit gestörter Leberfunktion. (Die Medizinische **1952**. 1598—99. 13/12. Würzburg, Univ., Frauenklinik.)
DAUTZENBERG. 4621

Wilhelm Küstner, *Paladrin und Palascopin in der Chirurgie des Kopfes und Halses.* Kurzer Bericht über gute Erfahrungen mit *Paladrin* (*Pavium forte* 1,0 = 0,01 *Morphin* + *Ephedrinhydrochlorid* 0,025 + *Belladonnaalkaloide* 0,0005) in 869 Fällen u. *Palascopin* (*Paladrin* + *Scopolamin* 0,0004) in 210 Fällen zur Vorbereitung vor chirurg. Eingriffen im Kopf–Hals-Gebiet. Wrkg., Indikationen u. Gegenindikationen entsprechen denen der bekannten Kombination: *Scopolamin–Eukodal–Ephetonin.* (Dtsch. Gesundheitswes. **7.** 1165—67. 12/9. 1952. Magdeburg, Gustav-Ricker-Krankenhaus, Städt. Hals-, Nasen-, Ohrenklinik.) DAUTZENBERG. 4621

Henning Ruben und **Lucien E. Morris**, *Der Einfluß des Cocains auf den Herzautomatismus beim Hund. Cocain* allein (5 mg/kg intravenös) hat weder am wachen noch am mit *Cyclopropan* narkotisierten Hund Rhythmusstörungen oder Blutdruckanstieg zur Folge. Dagegen verstärkt es erheblich die Wrkg. von intravenös gegebenem *Epinephrin* (5—20 g/kg) sowohl bei vorheriger als auch bei gleichzeitiger Verabfolgung, am n. wie am narkotisierten Tier. (J. Pharmacol. exp. Therapeut. **106.** 55—64. Sept. 1952. Iowa City, Iowa, State Univ. of Iowa, Coll. of Med., Dep. of Surg., Div. of Anesthesiol.)
DAUTZENBERG. 4621

Walter Homeyer jr., Stanley Mintz und **John Adriani**, *Beeinflussung der Dauer der Spinalanästhesie durch Kombination nichtanästhetischer Substanzen mit dem Anastheticum.* Verschied. Kombinationen wurden an Patienten, die wiederholt die gleiche Anästhesie erhielten, geprüft. Die Anästhesie mit *Procain* (I) wird durch *Glucose* (II) nicht verlängert, tritt aber rascher ein. *Pontocain* (III) + II ergibt rascheren Eintritt u. längere Wirkung. Bei *Nupercain* (IV) ist II für eine gleichmäßige Anästhesie notwendig. II allein intralumbal gegeben, erzeugt eine gewisse Hypalgesie, jedoch keine Anästhesie oder motor. Lähmung. Alkalisierung eines Gemisches von I u. II bis zum p_H 8,0 hat keinen Einfl. auf die Dauer der Anästhesie. Alkalisierung von III- u. IV-Lsgg. ergibt Ausfällungen. Kombination von I u. III ergibt rascheren Wirkungseintritt u. Wirkungsverlängerung, ähnlich I u. IV. Verlängerung der Anästhesie wird auch erzielt durch Kombination von I mit *Epinephrin, Pituitrin* u. *Arterenol*, nicht dagegen mit *Ephedrin*. (Anesthesiology **13.** 231—41. Mai 1952. New Orleans, La., Charity Hosp., Dep. of Anesthesia; Louisiana State Univ., School of Med., Dep. of Surg.) DAUTZENBERG. 4621

Arno Reinike, *Beitrag zur Durchführung der modernen Kreislaufnarkose ohne Intubation.* Vf. empfiehlt für mittlere u. kleinere Krankenhäuser eine kombinierte *Evipan–Lachgas–Sauerstoff*-Narkose mit Anwendung nicht atemlähmender *Curare*-Dosen ohne Intubation. Die Technik wird genau beschrieben. (Münchener med. Wschr. **94.** 1455—58. 18/7. 1952. Marburg/Lahn, Versorgungskrankenhaus, Chirurg. Abt.) DAUTZENBERG. 4621

A. Jores, M. Loos und **U. Spiegelberg**, *Weckamine in der Behandlung der Fettsucht.* In 52 Fällen von Fettsucht konnte durch fortlaufende *Pervitin*-Gabe (6—18 mg täglich, zum Teil bis zu 6 Monaten) die Einhaltung der Diätvorschriften sehr erleichtert u. damit ein Erfolg der Abmagerungskur gesichert werden. Die Wrkg. des *Pervitins* äußerte sich vor allem in Herabsetzung des Appetits u. Steigerung der körperlichen Aktivität. Störende Nebenwirkungen wurden bei der angegebenen Dosierung nicht beobachtet. (Die Medizinische **1952.** 815—18. 14/6. Hamburg-Eppendorf, Univ., II. Med. Klinik.)
DAUTZENBERG. 4622

C. Dal Co und **G. Petrin**, *Beitrag zur Therapie der exsudativen Pleuritis durch Kombination Pyramidon–Antihistaminica.* Vff. berichten über 35 Fälle einer kombinierten *Pyramidon–Antihistaminicum*-Behandlung von *Pleuritis exsudativa.* Pyramidon wurde in täglichen Gaben per os von 1,5—3,0 g pro die, das Antihistaminicum von 0,2—0,6 g alle 5—6 Std. teils peroral, teils parenteral 10—20 Tage lang verabreicht. In Übereinstimmung mit anderen Autoren erzielten die Vff. gute Ergebnisse. (Minerva med. [Torino] **43.** II. 510—12. 1/10. 1952. Padova, Univ., Ist. di Clin., Med. Gen. e Terapia Med.)
ENDRASS. 4625

Johannes Dohr, *Curare zur Repositionserleichterung, insbesondere bei Halswirbelluxationen.* Eine Halswirbelluxation, die in Lokal- u. Allgemeinanästhesie nicht reponiert werden konnte, ließ sich mühelos unter *Curare* einrichten, desgleichen eine kurz darauf eingetretene Reluxation beim gleichen Patienten. (Zbl. Chirurg. **77.** 2399—2404. 1952. Bonn, Univ., Chirurg. Klinik u. Poliklinik.) DAUTZENBERG. 4628

R. I. Bodman, H. J. V. Morton und **W. D. Wylie**, *Ein neues synthetisches Mittel mit Curarewirkung. Klinische Erprobung von Compound 20* (*Laudolissin*). *Laudolissin* (*Dekamethylen-bis-*[*N-*(*6.7-dimethoxy-1-*{*3'.4'-dimethoxybenzyl*}*-N-methyl-1.2.3.4-tetrahydro-*

isochinolin)-methosulfat]; ALLEN HANBURYS) wurde bei 236 Operationen als Relaxans verwendet. Seine Eigg. entsprechen etwa denen des *d-Tubocurarins*, jedoch sind doppelt so große Dosen erforderlich. Die Dauer der Wrkg. ist etwas länger. *Neostigmin* wirkt als Antidot. Es wurden keine störenden Nebenwirkungen beobachtet. (Lancet **263.** 517—18. 13/9. 1952.) DAUTZENBERG. 4628

Suzanne Levis, Serge Preat und **Jacques Dauby,** *Pharmakodynamische Untersuchung zweier Reihen synthetischer Verbindungen mit Curarewirkung.* Synthet. Verbb. mit Curarewrkg. können entweder, wie natürliche Curareverbb., an der Nerv–Muskel-Verbindung mit Acetylcholin in Wettbewerb treten (Reihe A), oder, wie Decamethonium, auf andere, bisher noch unbekannte Art ihre Wirksamkeit entfalten (Reihe B). Vertreter beider Reihen wurden synthetisiert u. an Hund, Kaninchen, Rattendiaphragma u. an der Maus geprüft, wobei d-Tubocurarin, Flaxedil oder Dekamethonium als Bezugssubstanzen dienten. Reihe A: (*249*): *4.4'-Bis-[β-dimethylaminoäthoxy]-diphenyl,* (*253*): *-diphenylmethan,* (*266*): *-stilben,* (*260*): *-α-methylstilben,* (*256*): *-α-äthylstilben,* (*270*): *-α-isopropylstilben,* (*258*): *-α-n-propylstilben,* (*265*): *-α-n-butylstilben,* (*228*): *-trans-α.β-diäthylstilben,* (*263*): *-cis-α.β-diäthylstilben,* (*264*): *-trans-α.β-di-n-butylstilben,* (*251*): *-diphenyläthan,* (*261*): *-α-methyldiphenyläthan,* (*255*): *-α-äthyldiphenyläthan,* (*268*): *-α-isopropyldiphenyläthan,* (*259*): *-α-n-propyldiphenyläthan,* (*267*): *-α-n-butyldiphenyläthan* u. (*230*): *-α.β-diäthyldiphenyläthan.* Reihe B: (*248*) u. (*250*): *Bis-methobromid* des *Bis-[2-dimethylaminoäthyl]-äthers* u. des *Bis-[3-dimethylaminopropyl]-äthers,* (*252*): *Bis-methojodid* des *Bis-[4-dimethylaminobutyl]-äthers,* (*222a*), (*222b*) u. (*222c*): *Bis-methojodid, Bis-methobromid* u. *Bis-methochlorid* des *Bis-[5-dimethylaminopentyl]-äthers,* (*273*): *Bis-äthojodid* des *Bis-[5-diäthylaminopentyl]-äthers,* (*272*): *Bis-methojodid* des *Bis-[5-diäthylaminopentyl]-äthers,* die *Bis-methojodide* des *Bis-[6-dimethylaminohexyl]-äthers* (*257*), des *2-Dimethylaminoäthyl-3'-dimethylaminopropyläthers* (*254*), des *1.3-Bis-[2'-dimethylaminoäthoxy]-propans* (*217*), des *1.5-Bis-[2'-dimethylaminoäthoxy]-pentans* (*208*) u. des *β.β'-Bis-[ω-dimethylaminoäthoxy]-diäthyläthers.* Weniger als 25% der Wirksamkeit erreichten die Verbb. 249, 253, 270, 251, 248, 250, 252, 257, 254, 217 u. 210. Doppelte bis 6fache Wirksamkeit wiesen die Verbb. 256, 258, 265, 228, 263, 264, 267, 230, 272 u. 273 auf, hatten jedoch eine unerwünscht lange Wirkung. Wegen zu geringer Löslichkeit (<2,5‰) mußten die Verbb. 266 u. 260 ausscheiden. 255, 259 u. 268 waren etwa gleich wirksam u. von einer dem d-Tubocurarin gleichen Wirkungsdauer. 222a u. 222c waren nur halb so lange wirksam, doch hatte die letzte einen größeren Sicherheitskoeffizienten. Diese beiden u. 268 scheinen für die Klinik am geeignetsten. (Arch. int. Pharmacodynam. Thérap. **93.** 46—54. 1/2. 1953. Union chim. Belge, Labor. de Biol., Div. Pharmac.) LOCH. 4628

H. Lindner und **J. Walther,** *Klinischer Bericht über ein neues Spasmolyticum.* Bei 90 Patienten bewährte sich *Spasmo-Parparid* (NORDMARK; *Phenyl-[1-piperidino]-essigsäure-β-diäthylaminoäthylester*) als sehr gut wirksames Spasmolyticum ohne atropinähnliche Nebenwirkungen. Es wirkt nicht analget., aber offenbar leicht sedativ. (Med. Klin. **47.** 1636—38. 5/12. 1952. Hamburg, Allg. Krankenhaus Eilbek.)
DAUTZENBERG. 4628

H. Richards und **H. R. Youngman,** *Die ultrakurz wirkenden Relaxantien.* Kurze Übersicht über gute Ergebnisse in 250 Fällen mit *Succinylcholinchlorid* (*Scolin*) u. *-jodid* (*Celocurin*). (Brit. med. J. **1952.** I. 1334—35. 21/6.) DAUTZENBERG. 4628

L. Barth, W. Bosse und **H. Herrig,** „*Pantolax*" (*Succinyl-bis-cholin-dichlorid*), *ein kurzwirkendes Muskelrelaxans für die Narkosepraxis.* (Vorl. Mitt.) Bei 99 Patienten von 8—71 Jahren wurde *Pantolax* (CHEM. WERKE DR. RUDOLF REISS, Berlin; *Succinylcholinchlorid*) als Muskelrelaxans bei kleinen u. großen Eingriffen, hierbei als Dauertropfinfusion, mit gutem Ergebnis verwendet. Keine tox. Effekte. (Die Medizinische **1952.** 1195—97. 20/9. Berlin, Deutsche Akad. d. Wiss., Inst. für Med. u. Biol., Geschwulstklinik; Städt. Krankenhaus „Im Friedrichshain", Chirurg. Abt.) DAUTZENBERG. 4628

Franz Kleibel, *Untersuchungen über die Wirkung des 2-[N^4-Phthalylsulfanilamido]-thiazol* (*Taleudron*) *auf den isolierten Meerschweinchen- und Rattendarm.* An isolierten Dick- u. Dünndarmstücken von Ratten u. Meerschweinchen wurde in 104 Verss. ein motilitätshemmender Effekt durch *Taleudron* festgestellt. Die Wirkungsdauer schwankt zwischen 10—60 Minuten. Sie ist abhängig von der ursprünglichen Kontraktionsneigung der Darmsegmente. Der Angriffspunkt ist peripherer Natur. (Dtsch. Z. Verdauungs- u. Stoffwechselkrankh. **12.** 184—88. Sept. 1952. Würzburg, Med. Poliklinik.) K. BÖHM. 4628

J. D. Montagu, *Anwendung von Hexamethoniumbromid und Dekamethoniumjodid bei Elektroschock.* Bei einem psychiatr. Kranken, der gleichzeitig an Hypertonie litt, wurde Elektroschockbehandlung nach Vorbehandlung mit dem depressor. wirkenden *Hexamethoniumbromid* u. dem curarisierenden *Dekamethoniumjodid* mit gutem Ergebnis durchgeführt. Es waren keine Zeichen eines Antagonismus zwischen beiden Verbb. festzustellen. (Brit. med. J. **1952**. I. 1336. 21/6. Wickford, Essex, Runwell Hosp.) DAUTZENBERG. 4628

S. M. Guerrier und **J. C. Mason**, *Unerwünschte Nebenwirkungen des Dekamethoniumjodids.* Bei insgesamt 233 Fällen, in denen *Dekamethoniumjodid* als Relaxans zur Anwendung kam, traten einmal kumulative Erscheinungen bei einer Gesamtmenge von 8 mg innerhalb 30 Min. auf, die sich in längerer Atemdepression äußerten. In 4 Fällen traten Störungen des Kreislaufs ein. (Brit. med. J. **1952**. I. 1329—31. 21/6. Barnet Group of Hosp.; Barnet Gen. Hosp.) DAUTZENBERG. 4628

Walter F. Kvale, *Hexamethonium und Apresoline (1-Hydrazinophthalazin).* In der Behandlung der essentiellen Hypertonie kann kombinierte Anwendung von *Hexamethonium* u. dem schwächer depressor. wirkenden *Apresoline* (*1-Hydrazinophthalazin*) Gutes leisten. 6 Krankengeschichten werden als Beispiele dargestellt, gleichzeitig wird wegen der möglichen Nebenwirkungen vor kritikloser Anwendung dieser Behandlungsmeth. gewarnt. (Proc. Staff Meetings Mayo Clin. **27**. 489—94. 19/11. 1952.) DAUTZENBERG. 4630

W. Glen Moss, *Der Einfluß der Narkose auf die adrenergische Blockade.* Während die vasokonstriktor. Wrkg. von *Epinephrin* (I) u. *Norepinephrin* (II), photometr. gemessen am Hundeohr nach intraarterieller Injektion, durch Narkose nicht signifikant verändert wird, tritt nach Vorbehandlung mit den adrenerg. blockierenden Mitteln *SY 28* (*β-Chloräthylamin*, 2 mg/kg) u. *D.H.O. 180* (Secalepräp., 0,2 mg/kg) eine Veränderung der Vasokonstriktion nach I u. II deutlich in Narkose, dagegen kaum am wachen Tier ein. Vf. nimmt an, daß das nicht narkotisierte Tier imstande sei, die Hautgefäße gegenüber dem vasokonstriktor. Einfl. von I u. II zu sensibilisieren, wodurch die Blockade wirkungslos wird. (Science [Washington] **116**. 151—52. 8/8. 1952. Chicago, Ill., Univ. of Illinois, Coll. of Med., Dep. of Physiol.) DAUTZENBERG. 4630

A. M. Lands und **J. W. Howard**, *Vergleichende Untersuchung der Wirkungen von l-Arterenol, Epinephrin und Isopropylarterenol auf das Herz.* Am durchströmten Froschherzen u. am isolierten Vorhofpräp. der Schildkröte wirkt *Epinephrin* (I) stärker als *l-Arterenol* (II) auf Amplitude u. Frequenz, wobei die Wrkg. auf die Amplitude überwiegt. Umgekehrt ist am isolierten Kaninchenvorhof oder am durchströmten Kaninchenherzen II wirksamer als I; hier tritt zuerst die Wrkg. auf die Frequenz ein. Wesentlich wirksamer als I u. II ist bei allen Präpp. *Isopropylarterenol*. Vff. nehmen daher an, daß für die Veränderungen von Amplitude u. Frequenz verschied. Rezeptorsysteme, an denen die untersuchten Verbb. angreifen, bestehen. (J. Pharmacol. exp. Therapeut. **106**. 65—76. Sept. 1952. Rensselaer, N. Y., Sterling-Winthrop Res. Inst., Pharmacol. Sect.) DAUTZENBERG. 4630

Bruno Finzi und **Antonio Cattaneo**, *Über Milzkontraktion nach Amylnitrit.* Bericht über die Behandlung von Milzvergrößerung in 12 Fällen (davon 2 mit BANTIscher Krankheit) durch Inhalation von *Amylnitrit* (I) im Vgl. zur intravenösen Gabe von *Adrenalin* (II). Die Behandlung mit I ist eindeutiger, die Rk. ist mäßiger u. von längerer Dauer. Wo I versagt, bleibt auch die Wrkg. von II aus. I wird in der angegebenen Verabreichung besser vertragen als die intravenöse Anwendung von II. (Minerva med. [Torino] **43**. II. 543—45. 1/10. 1952. Venezia, Ospedali Civili Riunti.) ENDRASS. 4630

Edgar A. Hines jr., *Kaliumthiocyanat und Nitroprussidnatrium.* Darst. der Behandlung der Hypertonie mit *Thiocyanaten* unter laufender Kontrolle des Blutspiegels. *Nitroprussidnatrium* senkt den Blutdruck schneller u. intensiver. Zum größten Teil entsteht im Körper aus dem Nitroprussidrest *Thiocyanat*, das dann gegebenenfalls für die länger dauernden Wirkungen verantwortlich ist. (Proc. Staff Meetings Mayo Clin. **27**. 485—88. 19/11. 1952.) DAUTZENBERG. 4630

Lucien E. Morris, Chung Sang Yein, Bruno Haid und **J. M. White jr.**, *Beobachtungen in Laboratorium und Klinik über die Wirkung von Regitin (C-7337) auf Herzrhythmusstörungen während Cyclopropannarkose.* An Hunden in *Cyclopropan*-Narkose konnten mit *Regitin* (*2-[N-p'-Tolyl-N-(m'-oxyphenyl)-aminomethyl]-imidazolin*) durch *Epinephrin* ausgelöste ventrikuläre Tachykardien teilweise verhindert werden. Hingegen wurden spontane ventrikuläre Rhythmusstörungen bei Patienten in *Cyclopropan*-Narkose durch *Regitin* nicht beeinflußt (weder durch Vorbehandlung noch durch Injektion während der Narkose). Allerdings kann die beim Hund angewendete Dosierung wegen der Nebenwirkungen beim Menschen nicht angewendet werden. Diese Diskrepanz zwischen tierexperimentellen u. klin. Ergebnissen kann auf ungenügender Dosierung beim Menschen oder darauf beruhen, daß die Rhythmusstörung bei *Cyclopropan*-Narkose nicht durch sympath. Erregung zustande kommt. (J. Pharmacol. exp. Therapeut. **106**. 49—54. Sept. 1952. Iowa City, Iowa, State Univ. of Iowa, Coll. of Med., Dep. of Surg., Div. of Anesthesiol.) DAUTZENBERG. 4630

William G. Bannon, *Ein neues sympathicolytisches und adrenolytisches Mittel. Klinische Untersuchungen bei essentieller Hypertonie.* 28 Patienten mit essentieller Hypertonie wurden mit *688–A* (*Dibenzylin,* SMITH, KLINE & FRENCH LABOR., Philadelphia, Pa.; *N-Phenoxyisopropyl-N-benzyl-β-chloräthylaminhydrochlorid*), einem wirksameren Verwandten des *Dibenamin,* behandelt. Bei oraler Gabe (15 Fälle) war die Wrkg. sehr unterschiedlich, im ganzen wesentlich schwächer als bei intravenöser Gabe (13 Fälle). Hierbei trat einmal beim Aufsetzen nach der Injektion Kollaps mit Muskelzuckungen auf. Im übrigen sind zu einer Beurteilung bzgl. der Nebenwirkungen noch mehr Beobachtungen notwendig. (Proc. Staff Meetings Mayo Clin. **27.** 475—81. 19/11. 1952. Univ. of Minnesota, Mayo Found.) DAUTZENBERG. 4630

E. Moritz und O. Nowak, *Zur Klinik und Wirkungsweise von Coramin–Adenosin. Coramin–Adenosin* (0,2 Pyridin-β-carbonsäurediäthylamid, 0,075 Theophyllin, 0,001 Adenosin) hat eine coronargefäßerweiternde Wirkung. Sein günstiger Effekt bei Frühschädigungen des Herzmuskels infektiös tox. Genese soll auf einer capillarabdichtenden Wrkg. beruhen. Erfahrungen an 75 Patienten. (Wiener med. Wschr. **102.** 304—06. 19/4. 1952. Villach, Landeskrankenhaus.) P. G. SCHEURLEN. 4630

Wallace A. Merritt, *Die Behandlung der essentiellen Hypertonie mit Veratrum.* Beschreibung eines Falles von essentieller Hypertonie, der mit *Veriloid* (Gesamtalkaloide aus Veratrum) mit zufriedenstellendem Ergebnis behandelt wurde, nachdem Behandlung mit KSCN u. Na-arme Kost keine wesentliche Besserung gebracht hatten. (Proc. Staff Meetings Mayo Clin. **27.** 481—85. 19/11. 1952.) DAUTZENBERG. 4630

H.-J. Christoph, *Das Neospiran als Analepticum beim Hund. Neospiran* (CHEM. FABR. GRÜNAU; *Phthalsäure-bis-diäthylamid*) hat sich in der Chirurgie u. Kollapsbehandlung des Hundes als gut brauchbares Analepticum erwiesen. (Mh. Veterinärmed. **7.** 480. 1/12. 1952. Leipzig, Univ., Klinik u. Poliklinik für kleine Haustiere.) DAUTZENBERG. 4630

Friedrich Irle, *Beobachtungen bei der ambulanten Röntgenuntersuchung des Magen- und Zwölffingerdarmgeschwürs vor und nach der Behandlung mit Caved- (S-) Magengeschwür-Tabletten (mit Succus liquiritiae).* Hinweis auf den Lakritzensaft (I) als Heilmittel für Magen- u. Zwölffingerdarmgeschwüre. Vf. untersuchte 30 Patienten, die mit den in Holland hergestellten *Caved- (S-) Magengeschwür-Tabletten,* die neben bekannten adstringierenden u. neutralisierenden Substanzen defermentiertes Succus liquiritiae in pulverisierter Form enthalten, behandelt worden waren, oder sich auf eigene Faust behandelt hatten. Die durch Röntgenunters. festgestellten Erfolge waren nach Angaben des Vf. erstaunlich. Die Wrkg. dieses Präp. wird auf das Defermentierungsverf. zurückgeführt. Anders lassen sich die Erfolge mit einer so geringen Menge I nicht erklären. Diese kleinen Mengen vermeiden auch den Nachteil der großen, sonst therapeut. notwendigen, die ähnliche Erscheinungen wie *Desoxycorticosteron* in größeren Dosen zeigen. (Münchener med. Wschr. **94.** 1173—75. 6/6. 1952. Aachen, Röntgen- u. Lichtheilinst. des Krankenkassenverbandes.) BERGER. 4645

F. E. Revers, *Behandlung von Magengeschwüren mit Succus liquiritiae, aus dem der ödemerzeugende Faktor (Glycyrrhizinsäure) entfernt wurde.* Durch Zusatz eines Überschusses an Kalkwasser zu Succus liquiritiae (I)-Lsg. erhielt Vf. eine braune Fällung, die die gesamte *Glycyrrhizinsäure* (II) enthielt. Das II-freie Konzentrat wurde auf Sirupkonsistenz eingeengt u. zeigte bei Magengeschwüren sehr gute Wirksamkeit, ohne Ödeme zu erzeugen. Diese gute Wrkg. führt Vf. auf eine spasmolyt. Komponente zurück. II-haltiger I wirkt im Gegensatz dazu nicht spasmolyt., zeigt aber auf Morbus ADDISON gute Wirkung. Die Entstehung von Ödemen unter der Therapie mit rohem I führt Vf. auf Grund dieser Ergebnisse auf den II-Geh. des rohen I zurück. (Nederl. Tijdschr. Geneeskunde **96.** 2338—41. 20/9. 1952. Utrecht.) IPPEN. 4645

Bernhard Landtman, *Heidelbeeren bei Oxyuriasis.* Beobachtungen an 30 Kindern mit Oxyuriasis, die auf Heidelbeerdiät (roh, Mus oder Suppe) gesetzt wurden. Beobachtungszeit bis zu 5 Jahren. Voller Erfolg in 26 Fällen. (Nordisk Med. **47.** 673—75. 16/5. 1952. Helsingfors, Barnkliniken.) LOCH. 4649

F. A. Thomson, *Behandlung von Ascariasis mit Diäthylcarbamazine.* Kurze Notiz über Behandlung von 50 Kindern mit Ascariasis mit *Diäthylcarbamazine* = *Hetrazan* (LEDERLE) = *Banocide* (BURROUGHS WELLCOME). Wirksame orale Tagesdosis 20 mg/kg, Kurdauer 7, mindestens aber 4 Tage. Keine Nebenwirkungen. (Trans. Roy. Soc. trop. Med. Hyg. **46.** 679. Nov. 1952. Ipoh, Infant Welfare Centre.) DOSSMANN. 4649

Francis F. Heyroth, *Toxikologischer Beweis für die Sicherheit gegen Schädigungen von Fluoriden bei öffentlichen Wasserlieferungen.* Auf Grund von Tierverss. weist Vf.

darauf hin, daß geringe *Fluorid*-Mengen keine chron. Intoxikation hervorrufen. Unterss. an Industriearbeitern haben ergeben, daß Knochenveränderungen bei empfindlichen Personen nur auftreten, wenn der Fluoridgeh. des W. 5—6 mg-% überschreitet. Es wird die Sicherheit geboten, daß die öffentlichen Wasserzufuhren eine optimale Fluoridkonz. besitzen. (Amer. J. publ. Health Nation's Health **42.** 1568—75. Dez. 1952. Cincinnati, O., Univ., Coll. of Med., Dep. of Preventive Med. and Ind. Health.) FAHRNLAENDER. 4675

Gerhard Bornmann, *Leberatrophie durch Kalkstickstoffvergiftung?* Bericht über einen Fall tödlicher akuter gelber Leberatrophie nach Einw. von *Cyanamid* u. *α-Naphthylthioharnstoff*. Nach den Kenntnissen der experimentellen Pharmakologie u. Toxikologie sind beide Stoffe ausgesprochene Stoffwechselgifte, die zu ihrer Entgiftung schwefelhaltige Aminosäuren benötigen. Die Frage eines synergist. Zusammenhanges zwischen der Einw. beider Stoffe u. dem Krankheitsbild wird erörtert u. für wahrscheinlich gehalten. (Samml. Vergiftungsfällen, Arch. Toxikol. **14.** 184—87. 1952. Münster, Univ., Pharmakol. Inst.) K. BÖHM. 4675

H. Naujoks, *Abtreibung durch intraamniale Formalineinspritzung mit tödlichem Ausgang.* Vf. berichtet über einen Fall von Abtreibung mittels *Formalin*-Injektion in die Fruchtblase, der tödlich verlief. Die Sektion ergab neben anderen Befunden graugelbe Beläge auf den teilweise miteinander verklebten Darmschlingen. Das Formalin hatte in der Bauchhöhle schwere peritonit. Erscheinungen hervorgerufen. Vf. lehnt deshalb diese Meth. der Schwangerschaftsunterbrechung, wie sie auch an manchen Kliniken geübt wird, als zu gefährlich ab. (Dtsch. med. Wschr. **77.** 1381—82. 7/11. 1952. Frankfurt/M., Univ., Frauenklinik.) BERGER. 4675

Wolfgang Schwerd, *Tödliche akute Essigsäurevergiftung mit Magenperforation und Ikterus.* Bericht über eine akute, nach 16 Std. tödlich verlaufene *Essigsäure*-Vergiftung. Ungewöhnlich war dabei die Perforation der Magenvorderwand. Ferner wurde ein schwerer Ikterus beobachtet, der auf eine starke Hämolyse bei rasch sich entwickelnder Anurie zurückgeführt wird. Innerhalb kurzer Zeit trat eine so stark einsetzende Hämoglobinurie auf, daß sogar der Verdacht einer Abtreibungshandlung entstand. (Samml. Vergiftungsfällen, Arch. Toxikol. **14.** 188—92. 1952. Erlangen, Univ., Inst. für gerichtl. Med. u. Kriminalistik.) K. BÖHM. 4675

S. Casadio, *Toxikologische, pharmakologische und klinische Daten einiger Netzmittel.* Ausführliche Literaturübersicht über Toxizität, Nebenwirkungen, Pharmakologie u. Klinik von synthet. Netzmitteln. Beschrieben werden Span 20, 40, 60, 62, 65, 80, 85, Arlacel A u. C, G 672, 772 u. 2129, Tween 20, 21, 40, 60, 61, 80, 85, G 9096, H 1030, 2812, 1086 u. 1394, Myrj 45 u. 52, G 2149, 2151, 2152 u. 2153 sowie Triton A 20. — 23 Literaturangaben. (Boll. chim. farmac. **91.** 276—82. Juli 1952.) IPPEN. 4675

M. A. Gerebtzoff, M. J. Dallemagne und **E. Philippot,** *Vergiftung von Säugetieren durch Hexachlorcyclohexan und Substitutionsprodukte des Mesoinosits.* (Vgl. auch C. **1953.** 573.) Vff. stellen durch Verss. an verschied. Säugetieren (Ratten, Kaninchen, Meerschweinchen, Hunden u. Katzen) fest, daß *γ-Hexachlorcyclohexan* (**I**) sowie *Hexamethoxycyclohexan* u. *Oxypentamethoxycyclohexan* eine hohe Toxizität besitzen, die sich bei akuten Fällen in heftigen klon. u. ton. Krämpfen, bei chron. in einer Abmagerung des Tieres bemerkbar macht. Die letale Dosis des **I** beträgt 0,19 g/kg (Ratten, per os), 100 mg/kg (Hunde, per os), 75 mg/kg (Ratten, Kaninchen, subcutan), 100 mg/kg (Meerschweinchen, subcutan), 20 mg/kg (Hund, Katze, Ratte, Maus, intramuskulär), 40 mg/kg (Kaninchen, Meerschweinchen, intramuskulär), 1 mg/kg (Hund, intravenös), 1,75 bis 2 mg/kg (Ratte, Kaninchen, intravenös). Die Toxizität der 3 übrigen Isomeren des Hexachlorcyclohexans (α-, β- u. δ-) ist dagegen gering. Ferner wird gefunden, daß die Giftigkeit des **I**, sowie der beiden *Methyläther des Mesoinosits* proportional ihrer Lipoidlöslichkeit ist. Durch histopatholog., histochem. u. cytolog. Unterss. wird gezeigt, daß eine Fettdegeneration der Gewebe stattfindet, wobei die Fett–Eiweiß-Komplexe der Zelle gespalten werden, außerdem wird durch die Vergiftung eine Beschleunigung der Blutgerinnung hervorgerufen. (Bull. Acad. roy. Méd. Belgique [6] **17.** 300—32. 1952. Liège, Univ., Inst. d'Anatomie et de Thérapeut. experim.) FAHRNLAENDER. 4675

G. Jantzen, *Akute Vergiftung mit dem Schädlingsbekämpfungsmittel E. 605.* An Hand von 2 akuten *E 605-* (*p-Nitrophenyldiäthylthiophosphat-*) Vergiftungen beim Menschen wird berichtet, daß der Wirkungsmechanismus des E 605 im einzelnen noch nicht völlig geklärt ist, jedoch deutliche Beeinflussung des parasympath. Nervensyst. erkennen läßt. Als mittlere letale Dosis wurde für einen Menschen von 70 kg Gewicht 14 g *E 605*-Präp. *Folidol* bzw. 2,1 g *E 605-forte* berechnet. Therapie: Magenentleeren u. Atropin ohne Rücksicht auf die Höchstdosen des DAB wiederholt geben. Als einfacher, zwar unspezif. Nachw. von E 605-Präpp. im Blut wird angegeben: 3—5 cm^3 Blut + Trichloressigsäure zu gleichen Teilen, farbloses Filtrat + 4—8 Tropfen 33%ig. NaOH. Wenn beim Kochen Gelbfärbung auftritt, ist E 605 vorhanden. Schwache Färbung bereits in der Kälte = tox. bis tödliche Blutkonzentrationen. Die Meth. soll bereits bei subtox. Konz. von 1 mg-% positiv sein. (Samml. Vergiftungsfällen, Arch. Toxikol. **14.** 165—69. 1952.) K. BÖHM. 4675

W. W. Douglas und **P. B. C. Matthews,** *Akute Tetraäthylpyrophosphatvergiftung bei Katzen und ihre Modifikation durch Atropin und Hyoscin.* An Katzen bewirken Injektionen von *Tetraäthylpyrophosphat* (I) 0,3—0,6 mg/kg Körpergewicht Tod durch Atemlähmung, die durch Lähmung der Atemmuskulatur u. des Atemzentrums eintritt. Bronchialkrampf kommt vor, spielt aber eine sek. Rolle. Die Lähmung der Atemmuskulatur ist auf neuromuskuläre Blockierung zurückzuführen, wobei diese die charakterist. Zeichen der Cholinesterasehemmung zeigt u. wahrscheinlich durch Acetylcholinanhäufung an der Endplatte bewirkt wird. Die Schwächung des Atemzentrums ist unabhängig von der peripheren Wrkg. des **I** auf Lungenventilation u. Blutdruck, scheint vielmehr von einer Wrkg. des **I** auf das Zentralnervensyst. auszugehen. Die Wirkungen von **I** auf die neuromuskuläre Übertragung u. das Atemzentrum sind reversibel. Die neuromuskuläre Blockierung dauert ca. 15 Min. an, die zentrale Atemschwäche ist anhaltender. Durch *Atropin* (**II**) oder *Hyoscin* (**III**) wird die Schwächung des Atemzentrums verhindert oder aufgehoben. **II** oder **III** vermindern die zentralen Konvulsionen, die nach **I** auftreten u. kontrollieren bei Zugabe die parasympathicomimet. Wirkungen. Wird die vorübergehende Lähmung der Atemmuskulatur durch künstliche Beatmung bekämpft, so können diese Alkaloide den Tod sogar bei großen Dosen (10 mg/kg) **I** verhindern. (J. Physiology **116.** 202—17. 28/2. 1952. London, Nat. Inst. for Med. Res.) K. BÖHM. 4675

Hans-Ulrich Ottmann, *Phenothiazinvergiftung bei einer Madenwurmkur.* Beschreibung einer *Phenothiazin*-Vergiftung, die nach Anwendung in üblicher Dosierung als Oxyurenmittel aufgetreten ist. Neben Erbrechen u. Mattigkeit kam es dabei zu einer hochgradigen hämolyt. Anämie u. schweren tox. Nieren- u. Leberparenchymschädigungen. Warnung vor der Anwendung eines Präp. mit so ungünstigem therapeut. Index. (Samml. Vergiftungsfällen, Arch. Toxikol. **14.** 192—95. 1952. Berlin-Lichterfelde-West, Kinderklinik des Rittbergkrankenhauses.) K. BÖHM. 4675

A. Illchmann-Christ, *Zur Pathologie der akuten Campher- (Cardiazol)-Vergiftung im Kleinkindesalter.* Allg. Überblick über die tox. Wirkungen des *Camphers* (**I**) u. des *Cardiazols* (**II**). Bericht über zwei 5 u. 9 Monate alte Kinder, die je 2 cm³ 20%ig. **I**-Öl bei Infekten der Luftwege erhalten hatten, worauf ton.-klon. Krämpfe auftraten, die sich nach weiterer Gabe von je 0,5 cm³ **II** steigerten u. nach 7 bzw. 8 Std. zum Tode infolge Kreislauf- u. Atemlähmung führten. In beiden Fällen fanden sich weitgehend gleichartige lokalisierte Parenchymschäden in den subcorticalen Kerngebieten u. Transsudationsschäden der Marksubstanz des Gehirns. Die engen Wechselbeziehungen pathogenet. Faktoren, wie vasomotor.-hypoxäm. Störungen, prim.-hypox. Blut-Hirnschrankenschädigung, tox. Schädigung am Vasomotoren- u. Atemzentrum u. dadurch Versagen des zentral nerval gesteuerten Gefäßtonus mit asphykt. Hypoxie führen zu einem Gesamtbild, das weitgehend signifikant erscheint. Ein „direkter" Einfl. der **I**-Intoxikation auf die Zelle selbst wird erörtert, kann aber nicht wahrscheinlich gemacht werden. Hinweis auf besondere Zurückhaltung in der Indikation u. Dosierung der **I**-Applikation bei Kleinkindern. (Samml. Vergiftungsfällen, Arch. Toxikol. **14.** 196—228. 1952. Kiel, Univ., Inst. für gerichtl. u. sozial. Med.) K. BÖHM. 4675

A. Stingl, *Tödliche Chininvergiftung unter dem Bild einer Schwangerschaftstoxikose.* Bericht über eine tödlich verlaufene *Chinin* (**I**)-Vergiftung im 4. Schwangerschaftsmonat, die das Bild einer Schwangerschaftstoxikose vortäuschte. Es wird auf die häufig angeborene oder erworbene **I**-Allergie hingewiesen. Dabei sind Hauterscheinungen bes. auffällig, Frühsymptome sind Kopfschmerzen, Schwindel, Ohrensausen, Herzklopfen. Bei über 10,0 g **I** wird das Krankheitsbild durch die zentrale Lähmung beherrscht. Nierenreizungen mit Eiweißausscheidung sind bei der akuten Vergiftung häufig, Blutschädigungen dagegen selten. Der Tod tritt durch Atemstillstand ein, dem ein diastol. Herzstillstand folgt. Der **I**-Nachw. bei tödlicher Vergiftung gelingt am besten in der Leber. Geeignet sind hierzu die Fluorescenzmeth., die Thalleiochin- u. die Wismutjodid—Jodkalium-Reaktion. (Samml. Vergiftungsfällen, Arch. Toxikol. **14.** 173—76. 1952. Leoben, Österr., Landeskrankenhaus, Geburtsh.-gynäkol. Abt.) K. BÖHM. 4675

Claus Klotzsche, *Akute Halluzinose bei einem Kinde durch Extractum Scopoliae in einem Bettnässermittel.* Bericht über akute Halluzinose bei einem Kind, das ein Bettnässermittel, welches Extract. Scopoliae enthielt, erhalten hatte. Es war versehentlich die Erwachsenendosis gegeben worden. Unter Adalin, Bettruhe u. Absetzen des Mittels klangen alle Erscheinungen ab. Da der Wirkstoff hauptsächlich *l-Hyoscyamin* ist, wird auf die Gefährlichkeit der Abgabe eines solchen Präp. im Handverkauf u. die unzulängliche verschwommene Deklarierung der Inhaltsstoffe („Tropanine") hingewiesen. (Samml. Vergiftungsfällen, Arch. Toxikol. **14.** 170—72. 1952. Berlin-Dahlem, Robert-Koch-Inst. für Hyg. u. Infektionskrankh., Abt. für Physiol. u. Pharmakol.) K. BÖHM. 4675

Günther Malorny, *Stechapfelsamenvergiftungen nach Genuß von Buchweizenmehlzubereitungen.* Bericht über eine Massenvergiftung nach Genuß von stechapfelsamenhaltigem Buchweizenmehl (45—105 Samen/kg Buchweizen). Der Nachw. von Semen Stramonii wurde pharmakognost. (makro- u. mkr. Identifizierung), chem. (Alkaloidgehaltsbest. nach Ergänzungsbuch zum DAB VI) u. biol. (Auslösung einer Mydriasis am Katzenauge) geführt. Die beobachteten Erkrankungszeichen sprechen eindeutig für Stechapfelsamenvergiftung. Eine einwandfreie Abscheidung der Giftsamen ließ sich nicht durchführen. (Samml. Vergiftungsfällen, Arch. Toxikol. **14.** 181—84. 1952. Kiel, Univ., Pharmakol. Inst.) K. BÖHM. 4675

René Fabre, *Der Nutzen der Untersuchungen von Stoffwechselprodukten organischer Gifte für die Toxikologie.* Vf. unterscheidet 3 Fälle von Stoffwechselprodd., die durch organ. Gifte im Organismus gebildet werden: Zuerst solche, die weniger giftig sind als die ursprüngliche organ. Substanz, z. B. *Phenolglucuronsäure* aus Bzl., *Hippursäure* aus Toluol u. *Trichloressigsäure* aus Trichloräthylen. Ferner Stoffwechselprodd., die toxischer sind als die Ausgangsverbb., u. die eine ganz spezif. Wrkg. auf manche Organe entfalten, wie *Polyphenole* aus Bzl. u. HCHO, HCOOH aus CH_3OH. Andere Stoffwechselprodd. zeigen keine besondere Toxizität, doch ruft ihre Bldg. im Organismus infolge Blockierung lebenswichtiger Zellsubstanzen (wie Cystein u. Methionin) tox. Wirkungen hervor, z. B. *Naphthalin.* (Bull. Acad. roy. Méd. Belgique [6] **17.** 289—97. 1952.) FAHRNLAENDER. 4675

Josef Klosa, Antibiotika. Berlin: Verl. Technik. 1952. (332 S.) 8°. DM 14,—.

F. Pharmazie. Desinfektion.

C. H. Hampshire, *Pharmacopoea Internationalis — eine Weltpharmakopoe.* Vf. umreißt Bedeutung u. Gliederung der von der WORLD HEALTH ORGANISATION herausgegebenen Pharmacopoea Internationalis, die, über den nationalen Pharmakopoen stehend, letztere nicht ausschließen, sondern ergänzen soll. (Pharmac. J. **167.** ([4] **113.**) 437—38. 15/12. 1951.) M.-D. LAUBSCHAT. 4750

R. Dolder, *Redoxsysteme in der Pharmazie.* 4. Mitt. (3. vgl. C. **1952. 7698.**) Fortsetzung der Diskussion über die Stabilisierung der *Ascorbinsäure* (I). Von den untersuchten Stabilisatoren (II) zeigten sich die Thiolverbb. als bes. wirksam. Den besten stabilisierenden Effekt, auch bei Anwendung von **II**, hat Fremdbegasung, d. h. Herst. der Lsg. u. Ampullieren im inerten Gasstrom. Rezepturbeispiel. Ausführliche Darst. des Oxydationsverh. des Adrenalins (**III**) u. seiner Stabilisierungsmöglichkeiten. Der gegebene Stabilisator für **III** ist die **I**, die auch im Organismus als Synergist u. Stabilisator von **III** auftritt. (Pharmac. Acta Helvetiae **27.** 235—50. 30/9. 1952. Zürich, ETH, Pharmaz. Inst.) v. GIZYCKI. 4750

F. X. Münzel und K. Münzel, *Pharmazeutische Groß- und Kleinapparaturen, Hilfsmittel und Utensilien.* 26. Mitt. *Emix-Flasche nach Apotheker F. X. Münzel.* (25. vgl. SAGER, C. **1953. 3764.**) Beschrieben wird ein Vorratsgefäß (Abb.) für sterile Flüssigkeiten. (Schweiz. Apotheker-Ztg. **89.** 209—12. 31/3. 1951. Baden, Schweiz, Apotheke Dr. U. Münzel; Zürich, ETH, Inst. für Pharmazie, Galen. Abt.) v. OSTEN. 4758

H. Sager, *Pharmazeutische Groß- und Kleinapparaturen, Hilfsmittel und Utensilien.* 27. Mitt. *Blood-Pack, ein neues Gerät für die Herstellung und Transfusion von Blutkonserven.* (26. vgl. vorst. Ref.; vgl. auch MÜNZEL, C. **1952. 4655.**) Das Gerät (Abb.) (aus einer Polyvinylverb. angefertigt) besteht aus dem Behälterbeutel, einer Punktionskanüle mit Schutzrohr, einem hauptsächlich Ca-Ionen adsorbierenden Kationenaustauscher u. Schlauch mit Schutzrohr für den Anschluß eines Transfusionsschlauches. Metallteile sind mit einer Siliconschicht überzogen. (Schweiz. Apotheker-Ztg. **89.** 337—40. 19/5. 1951. Bern, Schweizer Rotes Kreuz, Zentrallabor. des Blutspenderdienstes.) v. OSTEN. 4758

J. Kisbye, *Herstellung darmlöslicher Dragees. Spezielle Verwendung von Celluloseacetatphthalat.* Neben anderen Dragee-Überzugsmitteln wird bes. Celluloseacetatphthalat (I) genannt. Eigg., Herst. von Dragees mittels **I**, sein rascher Zerfall im Darmsaft gegenüber seiner Beständigkeit im Magensaft (ca. **24** Std.) werden beschrieben. Der Zerfall von **I** in alkal. Lsg. beruht auf enzymat. Hydrolyse. — 17 Literaturhinweise. (Dansk Tidsskr. Farmaci **26.** 211—16. Nov. 1952.) GEITZ. 4766

Czesław Bańkowski, *Der Gehalt an Pfefferminzöl in Pfefferminzproben aus den vereinigten Breslauer Apotheken und aus der Kräuterzentrale.* Die untersuchten Proben von

Folium Menthae piperitae zeigen Schwankungen des Ölgeh. zwischen 1,25 u. 2,80% gegenüber 0,60—1,25% bei Herba Menthae piperitae. (Farmacja polska 8. 343—44. Sept. 1952.) R. K. MÜLLER. 4782

St. Büchner, *Die gegenseitige Abhängigkeit der Ausbeute an ätherischem Öl und Bitterstoff bei Artemisia absinthium L. in den verschiedenen Entwicklungsstufen.* Der Geh. an äther. Öl ist bei Wermut am höchsten im Rohprod. aus alten Pflanzen vor dem Blühen u. zu dessen Beginn. In den Blättern einjähriger Pflanzen ist der Geh. geringer. Er zeigt die kleinsten Schwankungen während der Vegetationsperiode. Der Geh. an Bitterstoff ist bei einjährigen u. älteren Pflanzen von gleicher Größenordnung u. geringen Schwankungen unterworfen. (Farmacja polska 8. 325—28. Sept. 1952. Warzawa, Akad. Med., Ogr. farmakognost.) R. K. MÜLLER. 4782

Josef Klosa, *Notiz zur Heilwirkung der Parmeliaceae.* In Flechten aus der Familie der Parmeliaceen sind antibiot. wirkende Stoffe enthalten, die bei Tbc., Fluor albus u. lokalen infektiösen Hautkrankheiten erfolgreich verwendet wurden (Evosinpräpp.). Der Wirkungsmechanismus bei Tbc. muß ein anderer sein als z. B. der des Streptomycins. (Pharmazie 7. 755. Nov. 1952. Berlin-Adlershof.) FRESENIUS. 4782

J. Büchi, *Ionenaustauscher in Pharmazie und Medizin.* Entwicklungsgeschichtliches, Aufbau, Eigg. u. Anwendung der Ionenaustauscher mit besonderer Berücksichtigung des W., sowie für die Best. von Alkaloiden u. die Aufarbeitung von Aminosäuren aus Proteinhydrolysaten, von Vitamin B_1 u. B_2 u. von Antibioticis. Da Reizübertragungen im tier. u. pflanzlichen Organismus sehr oft auf Ionenaustausch beruhen, dürfte die Chemie der Ionenaustauscher auch für die Biologie eine bedeutsame Rolle spielen, im besonderen auch für die Medizin bei der Entw. von Adsorptionsmitteln verschied. Wirkungsbereiches. (Arzneimittel-Forsch. 1. 247—57. Sept. 1951. Zürich, ETH, Pharmazeut. Inst.) M.-D. LAUBSCHAT. 4786

William J. Husa und Oliver M. Littlejohn, *Einige pharmazeutische Anwendungsgebiete von aktivierter Holzkohle.* Untersucht wurden 4 Sorten Holzkohle (I), offizinell nach U. S. P. XIII, sowie 2 nichtoffizinelle Sorten. Die scheinbaren Dichtewerte wurden bestimmt (zwischen 0,48 u. 1,97). Die Menge verschied. Sorten I in gleichmäßig gefüllten Kapseln variierte stark. Die trockene Sedimentation der unzerkleinerten I-Sorten zeigt eine Beziehung zwischen Gewichtsmenge u. Vol. bei der Füllung der Kapseln. Die Werte der Methylenblauadsorption werden angegeben. I läßt sich leicht in Kapseln packen, wenn sie mit 37,5 cm^3 Propylenglykol je 100 g I benetzt wird; die Kapseln werden nicht feucht. (J. Amer. pharmac. Assoc., pract. Pharmac. Edit. 13. 412—14. Juni 1952. Gainesville, Fla., Univ. of Florida, Dep. of Pharmacy.) BOYE. 4786

M. Herzog, *Tinkturen aus Alkaloiddrogen.* Für 10 Alkaloiddrogentinkturen des DAB. 6 werden die günstigsten Extraktionsbedingungen bzgl. A.-Stärke, Säurezusätze u. Stabilität ermittelt u. in einer Tabelle mitgeteilt. (Pharmazie 7. 331—32. Mai 1952. Leipzig, Dr. Willmar Schwabe.) SPITALER. 4790

H. Spengler, *Kontrolle von Nahtmaterial.* Vortrag. Prüfung der mechan. Eigg. u. der Sterilität chirurg. Nahtmaterials, bes. von Catgut. (Boll. chim. farmac. 91. 288—90. Juli 1952. Esercito Svizzero.) IPPEN. 4794

Fritz Weigel, *Bessere Metallprothetik durch moderne Legierungen.* Hinweis auf die farbbeständigen, für prothet. Arbeiten u. Gußfüllungen geeigneten Pt–Au-Legierungen *Degulor.* (Dtsch. dentist. Z. 7. 77—79. 8/2. 1953. Karlsruhe.) KLESSE. 4798

Otto M. Huttrer, *Prothenyl-Nylon, das neue Prothesenmaterial.* Hinweis auf das säureunempfindliche neue Prothesenmaterial *Prothenyl-Nylon* auf Nylonbasis mit sehr guter Zahnfleischverträglichkeit (D. 1,09). Verarbeitungsvorschriften. (Zahnärztl. Welt 8. 37. 25/1. 1953. Ludwigshafen/Rh.) KLESSE. 4798

Hans Vogel, *Mikrobiologische Chemie und Pharmazie.* Umfassende Übersicht, namentlich über die für die Pharmazie in Frage kommenden mikrobiol. Herstellungsmöglichkeiten wichtiger Substanzen. (Österr. Apotheker-Ztg. 5. 528—31. 8/9. 1951.) KERN. 4810

Günther Gillissen und Sven Carlson, *Eine neue Methode zur Erhöhung der Antibiotica-Produktion durch Schimmelpilze.* Bei Verwendung des Kulturmediums von VINCENT erhält man bei Oberflächenkulturen von antibiot. Stoffen, die durch Schimmelpilze produziert werden, eine höhere Gesamtausbeute, wenn man neben dem Wasserersatzverf. eine gleichzeitige schwache Wechselstrombehandlung vornimmt; auf diese Weise erhält man Werte, die mit jeder der beiden Methoden allein nicht zu erreichen sind. (Arch. Hyg. Bakteriol. 136. 601—04. 1952. Mainz, Univ., Hygieneinst.) DOSSMANN. 4810

John H. Wood und Margaret E. Brighten, *Eine neue Darstellung von Bariumsulfat.* Um beim Einnehmen von $BaSO_4$ (I)-Suspensionen für Röntgenunterss. den sandigen

Geschmack, der durch Bldg. kleiner Klümpchen beim Vermischen von I-Pulver mit der entsprechenden Fl. hervorgerufen wird, zu vermeiden, wird vorgeschlagen, das I nicht in Pulverform, sondern als Paste mit 36—37% W. zu verwenden. Diese kann dann zur entsprechenden Konz. verdünnt werden. (Pharmac. J. **168.** ([4] **114.**) 344. 17/5. 1952.) BOYE. 4828

E. Benk, *Neue quartäre Ammoniumverbindungen.* Nach Besprechung der allg. Merkmale u. Rkk. der quartären NH_4-Verbb. werden 3 als Desinfektionsmittel techn. verwendete Verbb. (*Activet, Desinfektionssalz H 50%ig* u. *Polacid*) eingehend behandelt. (Dtsch. Drogisten-Ztg. **8.** 36. 15/1. 1953. Reutlingen.) BOYE. 4834

E. Lévy-Solal, J. Choukroun und **J. Badin,** *Verwendung eines Saponiums als universelles Desinfektionsmittel in einer großen Entbindungsanstalt.* Es wird zunächst über die Wirkungsweise der Saponiumprodd. (kationenakt. Verbb.) berichtet. Es wird weiter die Verwendung von sehr verd. Lsgg., die Vermeidung warmer Lsgg. u. die Vermeidung der Verwendung dieser Verbb. während oder nach einer Behandlung mit Seifen empfohlen. Es folgen einige Anwendungen von 0,4—0,5%ig. Lsgg. des *Methylphenyldodecyltrimethylammoniummethosulfats* (*Desogène,* GEIGY) in der Geburtshilfe. (Semaine Hôpitaux Paris **28.** 3011—13. 10/10. 1952.) BOYE. 4834

H. Ostertag, *Aufgaben und Probleme der chemischen Raumluftdesinfektion.* Beschrieben werden die Aerolisierung, die Eigg. der Aerosole, die Erzeugung künstlicher Aerosole sowie die Anwendungs- u. Wirkungsweisen chem. Luftdesinfektionsmittel. (Städtehygiene **1952.** 349—56. Dez. Hamburg, Hyg.-Inst.) BOYE. 4834

Torsten Hemberg, *Bestimmung von Arbutin in verschieden geernteten Bärentraubenblättern.* Nach den Unterss. ist der Arbutingeh. derselbe, ob das Blatt bei der Lufttrocknung (20 Tage) am Stiel sitzt oder von diesem abgetrennt ist. (Svensk farmac. Tidskr. **56.** 401—07. 30/6. 1952. Stockholms Högskola, Inst, för Fysiol. Botanik.) GEITZ. 4880

Maurice Bertrand, *Extraktion und Bestimmung der Gesamtalkaloide von Chinarinden.* Die mittelfein gepulverte Droge wird unter Zusatz von NaOH bei 60° mit Chlf. extrahiert, nach Verdampfen eines aliquoten Teiles der Lsg. in HCl gelöst u. mit Kieselwolframsäure gefällt. Die Best. des Alkaloidgeh. (I) erfolgt gravimetr. aus dem Glührückstand dieses Niederschlages. In analoger Weise kann die Best. des I in fl. Extrakten erfolgen. (Ann. pharmac. franç. **9.** 331—38. Mai 1951. Marseille, Service de Santé.) v. GIZYCKI. 4880

Axel Jermstad und **Tor Waaler,** *Papierchromatographischer Nachweis einiger Analgetica und Antipyretica.* Vff. haben Acetanilid, Acetylsalicylsäure, Amidopyrin, Phenacetin u. Phenazon in der App. von JERMSTAD u. JENSEN (C. **1951.** II. 1023) untersucht. Die Farb-Rkk. mit $FeCl_3$ u. MILLONS Reagens sind in Tabellen zusammengestellt. Die Meth. wurde auch zur Feststellung der genannten Substanzen in Tabletten (Analgetica u. Antipyretica) gebraucht. — 9 Literaturhinweise. (Dansk Tidsskr. Farmaci **26.** 205—11. Nov. 1952. Oslo, Univ., Inst. für Pharmazie, Abt. für galen. Pharmazie.) GEITZ. 4880

Ada Anastasi, Enrico Mecarelli und **Leo Novacic,** *Anwendung elektrometrischer Methoden zur Analyse pharmazeutischer Produkte.* 3. Mitt. *Bestimmung von freiem und in einigen Pharmazeutica enthaltenem Dimethylaminoantipyrin.* (Vgl. C. **1952.** 7223.) In den wichtigsten europäischen Pharmakopöen, der U. S. P. XIII sowie Fachwerken fehlen Methoden zur Best. von *Dimethylaminoantipyrin* (I) (*Itamidon, Pyramidon*). Vff. arbeiteten elektrometr. Verff. aus. Zur konduktometr. Best. benutzt man eine Einwaage von 0,2 g, die in ca. 200—300 ml W. gelöst u. mit 0,1 oder 0,5n HCl unter Rühren titriert wird. 1 ml 0,1n HCl = 0,0231297 g I. Ebenso einfach ist die I-Best. in Itamidon. Enthält dieses $NaHCO_3$ (ca. 2,5%), so verfährt man folgendermaßen: 0,1 g der fein zerkleinerten Tablettensubstanz werden in 10 ml W. suspendiert u. mit 7 ml 0,5n H_2SO_4-Lsg. auf p_H 2,5—3,0 eingestellt. Zur CO_2-Vertreibung kocht man einige Minuten. Nach Abkühlung versetzt man mit 2 Tropfen Phenolphthalein u. fügt 0,5nNaOH-Lsg. bis zur schwachen Rosafärbung (p_H 8,0—8,5) zu. Man überträgt die Lsg. in einen gewogenen 50 ml-Kolben, fügt 15 ml einer 0,2n CdJ_2-Lsg. hinzu, vermischt u. füllt zur Marke auf. Dann filtriert man (trockenes Filter) u. verwendet die ersten 20 ml des Filtrates, um potentiometr. den CdJ_2-Überschuß mit 0,1n $AgNO_3$-Lsg. zurückzutitrieren. Bei Farmidon ist der Geh. an *Ca-Gluconat, Vitamin A* u. D_3 sowie an *Kakaobutter* zu berücksichtigen. Nach Vff. behandelt man das Präp. mit Chlf., das zur Trockne abgedampft wird. Den Rückstand extrahiert man 6—7mal mit etwas sd. W., u. nach dem Abkühlen auf 25—30° läßt sich das Öl leicht abtrennen. Die wss. Phase wird in bekannter Weise konduktometr. titriert. Von einem Präp., das neben I noch das Antihistaminicum *Fargan* (*N-[2-Dimethylamino-1-methyläthyl]-dibenzo-p-thiazinhydrochlorid*) enthält, werden 5 g Substanz mit W. u. Ae. extrahiert, die äther. Lsg. wird mehrmals mit kleinen Mengen W. (nicht stark Schütteln!) gewaschen. Die wss. Lsg. enthält das gesamte Fargan, das mit

0,1n $AgNO_3$-Lsg. potentiometr. titriert wird. I stört dabei nicht, weil es erst nach Erreichung des Cl'-Äquivalenzpunktes mit $AgNO_3$ reagiert. I selbst wird wie in Farmidon bestimmt. (Pharmac. Acta Helvetiae **26**. 233—42. 28/7. 1951. Como, Stabilimento Farmitalia.) FREYTAG. 4880

F. Martin, *Analytische Reaktionen sympathomimetischer Amine.* Vf. untersuchte das Verh. von *Adrenalin* (**I**), *Aleudrin* (**II**), *Pholedrin* (**III**), *Tyramin* (**IV**), *Sympatol* (**V**), *Adrianol* (**VI**), *Pervitin* (**VII**), *Benzedrin* (**VIII**) u. *Ephedrin* (**IX**) gegenüber den Reagentien von MAQUIS ($HCHO-H_2SO_4$), SIVADJAN (H_2O_2) u. CHEN CAO ($CuSO_4$–NaOH) sowie gegenüber $FeCl_3$. Die tabellar. zusammengefaßten Ergebnisse erlauben folgende allg. Schlußfolgerungen: Die für die Rk. nach MAQUIS typ. Grünfärbung tritt nur auf bei Ggw. einer Phenolfunktion in p-Stellung u. einer prim. oder sek. Aminfunktion in der Seitenkette (**II, III, IV**). m-Phenole geben orangegelbe (**VI**), Diphenole (**I, II**) rotbraune, Nichtphenole (**VII, VIII, IX**) vorübergehend braune Verfärbungen. Die sek. Alkoholfunktion in **V** wirkt gegenüber **III** u. **IV** reaktionsverzögernd. Die Rk. nach SIVADJAN tritt nur auf bei Anwesenheit eines aromat. Kerns mit einem sek. Amin in der Seitenkette (**I, II, III, V, VI, VII, IX**). Phenol- u. Alkoholfunktionen sind ohne Einfluß. Das Eintreten einer Rk. nach CHEN CAO ist an die gleichzeitige Anwesenheit einer Alkohol- u. (hier nur sek.) Aminfunktion gebunden (**I, II, V, VI, IX**), die die Bldg. von $Cu(OH)_2$ verhindert. Die Farbintensitäten sind logischerweise nur eine Frage der $Cu^{\cdot\cdot}$-Konzentration. $FeCl_3$ gibt mit **I, II** grüne, mit **III, IV** bläuliche u. blauviolette, mit **V, VI** violette Färbungen. (J. Pharmac. Belgique [N. S.] **6**. 283—93. Sept./Okt. 1951. Bruxelles, Hôp. Brugmann.) M.-D. LAUBSCHAT. 4880

Hiroshi Mitsuhashi, *Neue Methode zur quantitativen Santoninbestimmung.* Santonin wird mit Essigsäureanhydrid u. H_2SO_4 zu 1-α-Desmotroposantoninacetat (**I**) umgelagert u. acetyliert. 50 mg **I** werden mit n/10-KOH u. Methanol durch halbstd. Erhitzen verseift u. unverbrauchtes Alkali zurücktitriert. 2% Fehler. 5 g Droge werden extrahiert, der Auszug wird gereinigt, erneut extrahiert, die Extraktlsg. abdest., der Rückstand acetyliert u., wie beschrieben, weiterbehandelt. (Pharmazie **7**. 746. Nov. 1952. Tokyo, Univ., Pharmaz. Inst.) FRESENIUS. 4880

Dr. Karl Thomae G. m. b. H. Chemisch-pharmazeutische Fabrik (Erfinder: **A. Kottler** und **Ernst Staudt**), Biberach/Riß, *Herstellung von Arzneimittelzubereitungen* für rektale oder vaginale Einführung, dad. gek., daß man die Arzneimittel, gegebenenfalls zusammen mit Füll- oder Trägerstoffen, verformt u. die Preßlinge mit einem bei Körpertemp. schm. oder in wss. Körper-Fll. lösl. Überzug versieht. Den Preßlingen können z. B. Stärke, Alginate, Pektin als Quellstoffe u. z. B. Lecithin als Emulsionsbildner einverleibt sein. Für *Suppositorien, Vaginalovula* oder *Urethralstäbchen.* (**D. B. P. 859 663** Kl. 30h vom 24/11. 1950, ausg. 15/12. 1952.) SCHINDLER. 4767

Günther Sach, Rendsburg (Erfinder: **Erich Euler,** Bielefeld), *Herstellung von durch organische Membranen resorbierbaren Lösungen von Arzneimitteln* durch Überführen der Wirkstoffe in K- u./oder Ammoniumverbb., die in wss., organ. Lösungsmitteln gelöst werden. Als Lösungsmittel kommen ein- oder mehrwertige Alkohole, Ketone u./oder Ester oder deren Mischungen in Betracht. — Z. B. wird Salicylamid-K bzw. $-NH_4$ in W., A., Glycerin, Butanol, Aceton u. Essigester gelöst. Weitere Beispiele mit einer Adrenalin–K-Citratverb., Atropin–K-Citrat, Apitoxin–K. (**D. B. P. 865 637** Kl. 30h vom 10/2. 1950, ausg. 2/2. 1953.) K. HEINZE. 4791

Alma Fiessler geb. Reschke, Ammerried bei Hartmannsdorf, Mfr. (Erfinder: **Karl August Fiessler,** Berlin), *Arzneimittel zur Steigerung der Milchabsonderung* durch Extraktion pflanzlicher Drogen, die ungesätt. Öle enthalten, wie Malvenblüten u. -blätter, Fenchel- u./oder Anissamen, Melissen- u. Dillkraut mit 50%ig. A. in der Kälte. Es können Agnus castus (Keuschlamm), Radix cardui lactis oder Radix mariani (Disteln) mit extrahiert werden. Der Extrakt wird per os verabreicht. (**D. B. P. 859 349** Kl. 30h vom 18/3. 1950, ausg. 15/12. 1952.) K. HEINZE. 4791

Upjohn Co. (Erfinder: **Jon T. Correll**), Kalamazoo, Mich., V. St. A., *Therapeutisch verwendbarer Schwamm,* bestehend aus in W. unlösl., physiol. absorbierbarer Gelatine in durchlässiger, trockener u. steriler Form. Eine wss. 5%ig. Gelatinelsg., die in 100 cm^3 0,01 —10 cm^3 CH_2O enthält, wird bis zur Schaumbldg. geschlagen, der Schaum (**I**) zur Entfernung des W. auf $<35^0$ erwärmt u. der getrocknete **I** längere Zeit auf 130—150° erhitzt. (**D. B. P. 852 905** Kl. 39b vom 21/4. 1950, ausg. 20/10. 1952. A. Prior. 14/8. 1944.) SALZMANN. 4795

Otto Thomas Mayer, Ochsenhausen, Krs. Bieberach, *Herstellen von oxydfreien quecksilberarmen Amalgamkörnern zur Beschwerung von Kunstharzprothesen* für den Unterkiefer. Amalgamabfälle, bes. aus der zahnärztlichen Praxis, werden in verd. HNO_3,

H_2SO_4 oder HCl oder in NH_4Cl-Lsg. gewaschen, dann gequetscht u. die entstehenden Körner mit NaOH neutralisiert, darauf mit physiol. NaCl-Lsg. gewaschen u. getrocknet. Poröse Körner, die in das noch weiche Kunstharz eingerührt werden. (**D. B. P. 854 072** Kl. 30h vom 15/6. 1950, ausg. 30/10. 1952.) E. Petersen. 4799

Ayerst, McKenna & Harrison Ltd., New York, N. Y., V. St. A., übert. von: **Erik Jacobsen** und **Jens Hald**, Kopenhagen, Dänemark, *Mittel gegen Alkoholismus*, enthaltend Tetraäthylthiuramdisulfid (I) in Tabletten- oder Dragéeform. — Z. B. werden 2,5 (kg) I mit 7 Weizenstärke (II), 1 Milchzucker u. einem Brei aus 1,8 II mit etwas W. granuliert. Dann wird 0,3 II zugefügt u. die M. zu Tabletten verpreßt, die 0,25 g I enthalten. Übliche Dosierung 1 g I pro Tag. (**A. P. 2 567 814** vom 26/3. 1948, ausg. 11/9. 1951.) K. Heinze. 4807

Merck & Co., Inc., Rahway, N. J., V. St. A., *Herstellung von Aminosäurelösungen* durch Eiweißhydrolyse u. Extraktion des wss. Hydrolysates mit aliphat. Alkoholen, wie n-Butanol (I) u. weitere Reinigung der wss. Lsg. mit Aktivkohle u. Ionenaustauschern. — Z. B. werden 450 (g) Casein 20 Std. mit 1800 H_2SO_4 (20%ig) am Rückfluß gekocht u. mit $Ba(OH)_2$ (II) auf p_H 5,4 gebracht. Das Filtrat von $BaSO_4$ wird auf 2200 cm^3 eingedampft u. mit weiterem II versetzt. Durch Abkühlen auf 5—10° krist. Tyrosin aus. Es wird mit Kohle behandelt u. filtriert. Filtrat mit I extrahiert. Der wss. Rückstand wird vom I im Vakuum befreit, mit W. verd. u. durch eine Phenol–Formaldehyd-Harzsäule geschickt. Die Säure wird mit 4,5%ig. H_2SO_4 eluiert. Eluate mit $Ba(OH)_2$ behandelt, Filtrat etwas eingedampft. Sterilisation unter Stickstoff. Lsg. enthält Arginin, Histidin Leucin, Isoleucin, Methionin, Phenylalanin, Threonin, Tryptophan u. Valin. Anwendung peroral, parenteral oder rektal zum Ausgleich der Stickstoffbilanz. (**E. P. 652 237** vom 16/12. 1946, ausg. 18/4. 1951. A. Prior. 27/12. 1945.) K. Heinze. 4807

Sharp & Dohme, Inc., Philadelphia, Pa., V. St. A., *Herstellung von 1-(p-Carboxyphenyl)-sulfonamido-n-pentan* durch Rk. des entsprechenden Sulfonylchlorids mit n-Amylamin in Aceton. Das Prod. kann gegebenenfalls gemeinsam mit Penicillin-Na u. Mg-Trisilicat zu Tabletten verpreßt oder in Kapseln appliziert werden. Injektionslsgg. werden mit KH_2PO_4 auf p_H 7,4 gebracht oder durch Suspendieren mit Penicillin-Ca u. 10% weißem Wachs in Erdnußöl hergestellt. (**E. P. 666 547** vom 27/8. 1947, ausg. 13/2. 1952. A. Prior. 5/9. 1946.) K. Heinze. 4807

Dr. A. Wander A.G., Bern, Schweiz, *Herstellung von 3-Butoxy-4-aminobenzoesäurediäthylaminoäthylester.* Man verestert 3-Butoxy-4-nitrobenzoesäurechlorid mit Diäthylaminoäthanol, z. B. in Bzl., unter Kochen zum *3-Butoxy-4-nitrobenzoesäurediäthylaminoäthylester.* $Kp._{2,5}$ 215°. Diesen Ester red. man zu *3-Butoxy-4-aminobenzoesäurediäthylaminoäthylester,* $Kp._{2,0}$ 215—218°, *Dihydrochlorid,* F. 196—197°, z. B. in absol. A. in Ggw. von Raney-Ni. Das Prod. zeichnet sich durch starke *Oberflächenanästhesie* (ohne Hautreizung) aus. (**Dän. P. 73 422** vom 30/4. 1948, ausg. 26/11. 1951. Schwz. Prior. 17/5. 1947.) Jürgen Schmidt. 4807

Cilag Ltd., Schaffhausen, Schweiz, *4-Amino-2-oxybenzol-1.5-dicarbonsäure* entsteht beim Erhitzen von p-Aminosalicylsäure oder p-Oxyanthranilsäure mit CO_2, einem Alkali- oder Erdalkalibicarbonat in W. unter Druck auf ca. 130°. F. 210—211°. — *Tuberkuloseheilmittel.* (**E. P. 668 674** vom 13/2. 1950, ausg. 19/3. 1952. Schwz. Prior. 24/3. 1949.) Langer. 4807

F. Hoffmann-La Roche & Co. Akt.-Ges., Basel, Schweiz (Erfinder: **R. Duschinsky**), *Herstellung von Harnstoffderivaten.* Man kondensiert Benzhydrylharnstoff mit einem Acylierungsmittel, z. B. zum *1-Benzhydryl-3-formylharnstoff,* F. 190—191°, *1-Benzhydryl-3-acetylharnstoff,* F. 154—155°, *1-Benzhydryl-3-propionylharnstoff,* F. 130—131°, *1-Benzhydryl-3-benzoylharnstoff,* F. 208—210°, u. *1-Benzhydryl-3-chloracetylharnstoff* F. 120—121°. — *Analgetica, Hypnotica, Sedativa* u. *Antiepileptica.* (**Schwed. P. 132 229** vom 19/7. 1950, ausg. 10/7. 1951. A. Prior. 12/7. 1949.) Jürgen Schmidt. 4807

F. Hoffmann-La Roche & Co. Akt.-Ges., Basel, Schweiz (Erfinder: **R. Duschinsky**), *Herstellung von Harnstoffderivaten.* Man setzt Benzhydrol mit einem Monoacylharnstoff, bes. in Ggw. eines Kondensationsmittels, um. — Z. B. kondensiert man 7,4 g Benzhydrol u. 4 g Acetylharnstoff in Essigsäure u. Essigsäureanhydrid zu *1-Benzhydryl-3-acetylharnstoff,* F. 153—155°. Analog *1-Benzhydryl-3-butyrylharnstoff,* F. 135—136°. — *Analgetica, Hypnotica, Sedativa* u. *Antiepileptica.* (**Schwed. P. 132 230** vom 19/6. 1950, ausg. 10/7. 1951. A. Prior. 12/7. 1949.) Jürgen Schmidt. 4807

Soc. des Usines Chimiques Rhône-Poulenc, Paris (Erfinder: **Edouard Bessot**, Paris, und **Pierre Garet**, Choisy-le-Roi), Frankreich, *Herstellung von N^1-(p-Chlorphenyl)-N^5-isopropylbiguanid* (I) durch Rk. von p-Chlorphenylcyanamid (II) mit Isopropylguanidin (III) in der Hitze. Die Rk. erfolgt entweder trocken, in Suspension oder Lösung. Es werden vorzugsweise nichtpolare Lösungsmittel verwendet, die **I** lösen, nicht jedoch das Ausgangssalz lösen, z. B. Bzl., Toluol (**IV**) oder Anisol. — Z. B. werden **II** u. **III** umgesetzt u. 1 Teil des Reaktionsprod. in 4 **IV** suspendiert, durch azeotrope Dest. dehydratisiert u. anschließend 3 Std. beim Kp. des **IV** erhitzt. Ausbeute 90%. — Heilmittel. (**D. B. P. 836 645** Kl. 30h vom 30/4. 1950, ausg. 15/4. 1952. F. Prior. 20/2. 1948.)

K. HEINZE. 4807

Parke, Davis & Co., Detroit, übert. von: **George Rieveschl jr.** und **William R. Coleman**, Grosse Pointe Woods, Mich., V. St. A., *Niedere Alkyl- und Alkenyl-N-(1-naphthylmethyl)-N-(β-oxyäthyl)-amine* wirken sympatholyt. u. *antihistaminisch.* — *Methyl-(β-oxyäthyl)-(1-naphthylmethyl)-amin.* Beim Kochen von 1-Chlormethylnaphthalin mit N-Methyläthanolamin u. K_2CO_3 in Benzol. Kp.$_5$ 172°. — Im folgenden: I = -(β-oxyäthyl)-(1-naphthylmethyl)-amin; II = -(β-oxypropyl)-(1-naphthylmethyl)-amin. — *Äthyl*-I, Kp.$_5$ 187°. — *n-Propyl*-I, Öl. — *Isopropyl*-I, Kp.$_{111}$ 139—141°. — *Allyl*-I, Kp.$_{0,2}$ 144—146°. — *n-Butyl*-I, Kp.$_5$ 187—188°. — *Isobutyl*-I, Kp.$_{0,6}$ 153—154°. — sek.-Butyl-I, Kp.$_{2,5}$ 173—180°. — *n-Amyl*-I, Kp.$_{0,08}$ 165°. — *n-Hexyl*-I, Kp.$_{0,55}$ 163—170°. — *Äthyl*-II, Kp.$_{0,6}$ 138—140°. — *Allyl*-II, Öl. — *Isopropyl*-II. (**A. P. 2 573 606** vom 2/12. 1946, ausg. 30/10. 1951.)

LANGER. 4807

Ciba Akt.-Ges., Basel, Schweiz, *Substituierte Imidazoline* erhält man durch Kondensation einer Verb. der Formel I (X = ein bei der Rk. sich abspaltender Rest) mit Diphenylaminen. — Durch Erhitzen von p.p'-Dioxydiphenylamin mit 2-Chlormethylimidazolinhydrochlorid (**III**) in Butanol unter N_2 erhält man *2-[N.N-(p.p'-Dioxydiphenyl)-aminomethyl]-imidazolinhydrochlorid* (**II**), F. 227—230° aus A.–Essigester. — **III** + N-(p-Oxyphenyl)-phenylamin → *2-[N-(p-Oxyphenyl)-N-phenylaminomethyl]-imidazolinhydrochlorid*, F. 225°; *freie Base*, F. 166—170°. — **III** + N-(p-Methylphenyl)-m'-methoxyphenylamin → *2-[N-(p-Methylphenyl)-N-(m'-methoxyphenyl)-aminomethyl]-imidazolin*, F. 91—93°. *Hydrochlorid*, F. 148—151°. — **III** + N-(p-Methoxyphenyl)-phenylamin → *2-[N-(p-Methoxyphenyl)-N-phenylaminomethyl]-imidazolinhydrochlorid*, F. 178—181°; *freie Base*, F. 109—111°. — **III** + p.p'-Dimethoxydiphenylamin (erhalten aus p-Anisidin + p-Bromanisol) → *2-[N.N-(p.p'-Dioxydiphenyl)-aminomethyl]-imidazolinhydrochlorid*, F. 227—230°. — **III** + N-(m-Acetoxyphenyl)-phenylamin (erhalten aus dem Na-Salz des N-(m-Oxyphenyl)- phenylamins + CH_3COCl) → *2-[N-(m-Oxyphenyl)-N-phenylaminomethyl]-imidazolinhydrochlorid*, F. 191—194°. — Verwendung als *sympathicolyt.* wirkende *Heilmittel.* (**Schwz. PP. 281 653, 281 655, 281 656, 281 657, 283 318** u. **283 320** vom 31/1. 1947, ausg. 1/7. 1952, die beiden letzten 16/9. 1952. **Zusätze zu Schwz. P. 268 686; C. 1952. 5940.**)

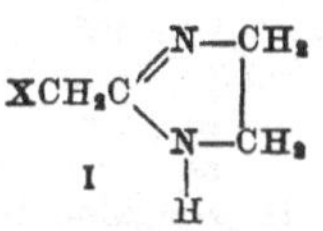

I

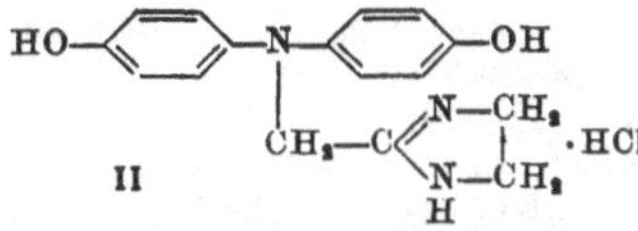

II

KRAUSS. 4807

Ciba Akt.-Ges., Basel, Schweiz, *2-[N-p-Tolyl-N-(m'-oxyphenyl)-aminomethyl]-imidazolin*, F. 175°, *Hydrochlorid*, F. 240°, besitzt *sympathicolyt.* Wirkung. Man erhält es durch Rk. von N-(p-Tolyl)-N-(m'-methoxyphenyl)-amin mit 2-Chlormethylimidazolin u. Hydrolyse der CH_3O- zur OH-Gruppe. (**Schwz. P. 284 271** vom 31/1. 1947, ausg. 17/11. 1952. **Zusatz zu Schwz. P. 268 686; C. 1952. 5940.**)

BRÖSAMLE. 4807

United States of America, übert. von: **George F. Lisk**, Buffalo, und **Gardner W. Stacey**, New York, N. Y., V. St. A., *Antimalariamittel.* Man setzt 0,33 (Mol) m-Chloranilin (**I**) mit 0,38 HCl (20° Bé) (**II**) u. 0,33 Na-Oxalessigsäurediäthylester (**III**) in einem hochsd. Lösungsm., z. B. „Dowtherm" (**IV**) bei 60° um u. entfernt das W. durch einen CO_2-Strom. — Beispiel: Zur Lsg. von 42,5 (Gewichtsteilen) **I** in 1580 **IV** gibt man langsam unter Rühren 44 **II** u. bei 20—30° 70 **III**, worauf man 3 Std. unter Rühren auf ca. 60° erhitzt, wobei 6—8 Liter/Min. CO_2 durchgeleitet werden. Der erhaltene *β-Carbäthoxy-β-(m-chloranilino)-acrylsäureäthylester* wird durch 15—20 Min. langes Erhitzen auf 250° cyclisiert. Durch Verseifung mit NaOH erhält man aus dem Cyclisierungsprod. 80% einer Mischung aus *5-* u. *7-Chlor-4-oxychinolin-2-carbonsäure*, F. 256—259°. (**A. P. 2 577 900** vom 20/6. 1947, ausg. 11/12. 1951.)

MÜLLER-MEININGEN. 4807

Ciba Akt.-Ges., Basel, Schweiz (Erfinder: **J. Druey** und **P. Schmidt**), *Herstellung von neuen 4.7-Phenanthrolinen.* Man unterwirft 1.4-Phenylendiamin oder seine äquivalenten Verbb., die mindestens eine freie oder gebundene Oxygruppe u. zwei benachbarte H-Atome enthalten, der SKRAUPschen Synth. in ein oder zwei Stufen. Man kann auch 4.7-Phenanthroline, die in 5- oder 6-Stellung ein Halogenatom, eine Sulfonsäure- oder Aminogruppe enthalten, so behandeln, daß diese durch eine freie oder verätherte Oxygruppe ersetzt werden. Die erhaltenen Verbb., bes. *5-Oxy-4.7-phenanthrolin* (**I**) u. *5-Methoxy-4.7-phenanthrolin* (**II**) haben eine *stimulierende Wrkg. auf das Zentralnervensystem.*

Bes. stimulieren sie die Atmung u. wirken wie Strychnin, sind aber viel weniger toxisch. Z. B. behandelt man 2-Methoxy-4-nitroanilin unter Erhitzen mit wss. H_2SO_4, Glycerin u. Arsensäure. Man erhält *8-Methoxy-6-nitrochinolin* in gelben Nadeln, F. 149°, das hydriert wird zu *8-Methoxy-6-aminochinolin*, grauweiße Kristalle, F. 168°. Hieraus mit wss. H_2SO_4 Glycerin u. Arsensäure. II, gelbes Öl, $Kp._{0,1}$ 200—201°, F. 105°, *Monohydrochlorid*, hygroskop., F. 245° (Zers.), Dimethansulfat, F. 191°. Durch Verseifung entsteht I, F. 149°. Aus II *5-Äthoxy-4.7-phenanthrolin*, F. 123°. Ähnlich aus Guajacol u. 5-Chlor-4.7-phenanthrolin *5-[o-Methoxyphenoxy]-4.7-phenanthrolin*, F. 206°. (**Schwed. P. 132 234** vom 1/4. 1950, ausg. 10/7. 1951. Schwz. Priorr. 29/4. 1949 u. 17/2. 1950.)
JÜRGEN SCHMIDT. 4807

Imperial Chemical Industries Ltd., London, England, *Quaternäre Salze des 4-Chlor-2-amino-6-methylpyrimidins* (I), die zur Herst. *trypanocider* Mittel verwendet werden. Durch Rk. von I mit Dimethylsulfat erhält man das *1-Methosulfat*, F. 156°; von I mit CH_3Cl das *1-Methochlorid*, F. 250°; von I mit CH_3Br das *1-Methobromid*, F. 275°; von I mit Methyl-p-toluolsulfonat das *1-Metho-p-toluolsulfonat*, F. 201°. (**Schwz. PP. 284 259, 284 260, 284 261** u. **284 262**, alle vom 21/8. 1948, ausg. 1/11. 1952. E. Prior. 22/8. 1947. **Sämtliche Zusätze zu Schwz. P. 270 254; C. 1951. I. 3538.**) BRÖSAMLE. 4807

Imperial Chemical Industries Ltd., London, England, *Pyrimidylaminochinolinderivate*, die *trypanocide* Eigg. aufweisen. Durch Rk. von 4-Amino-6-(2'-amino-6'-methylpyrimidyl-4'-amino)-chinaldin mit Methyl-p-toluolsulfonat (I) erhält man *4-Amino-6-(2'-amino-6'-methylpyrimidyl-4'-amino)-chinaldin-1.1'-di-(metho-p-toluolsulfonat)*, F. 183°; *4-Amino-6-(2'-amino-6'-methylpyrimidyl-4'-amino)-chinolin-1.1'-di-(metho-p-toluolsulfonat)*, F. 329°; aus 4-Amino-6-(2'-aminopyrimidyl-4'-amino)-chinaldin (II) u. Dimethylsulfat erhält man *4-Amino-6-(2'-aminopyrimidyl-4'-amino)-chinaldin-1.1'-di-(methomethylsulfat)*, F. 225°; aus I u. II *4-Amino-6-(2'-aminopyrimidyl-4'-amino)-chinaldin-1.1'-di-(metho-p-toluolsulfonat)*, F. 345° (Zers.); *4-Amino-6-(2'-aminopyrimidyl-4'-amino)-chinolin-1.1'-di-(methomethylsulfat)*, F. 305° (Zers.); *4-Amino-6-(2'-aminopyrimidyl-4'-amino)-chinolin-1.1'-di-(metho-p-toluolsulfonat)*, F. 298—302°. (**Schwz. PP. 284 272, 284 273, 284 274, 284 275, 284 276** u. **284 277**, alle vom 21/8. 1948, ausg. 1/11. 1952. E. Prior. 22/8. 1947. **Sämtliche Zusätze zu Schwz. P. 273 545; C. 1952. 6100.**) BRÖSAMLE. 4807

Ruth H. Vogel, New York, N. Y., V. St. A., *Mittel gegen Tuberkulose*. Durch Erhitzen von 1 Mol 2.4-Diamino-6-chlor-1.3.5-triazin (I) mit 1 Mol 4.4'-Diaminodiphenylsulfon in wss. Lsg. u. in Ggw. von HCl erhält man *p-[2.4-Diamino-1.3.5-triazinyl-(6)-amino]-phenyl-p'-aminophenylsulfon*, F. 240—245° (bei raschem Erhitzen). Verwendet man 2 I, so erhält man analog *Bis-[p-{2.4-diamino-1.3.5-triazinyl-(6)-amino}-phenyl]-sulfon*, F. > 250°. (**A. P. 2 599 145** vom 6/8. 1951, ausg. 3/6. 1952.) BRÖSAMLE. 4807

American Cyanamid Co., New York, übert. von: **Coy W. Waller** und **John H. Mowat**, Pearl River, N. Y., V. St. A., *Pteroinsäure* erhält man durch Rk. von 2.4.5-Triamino-6-oxypyrimidin, p-Aminobenzoesäure u. α.β-Dibrompropionaldehyd in wss. Medium bei p_H 3—5. — *Biolog.* Wirksamkeit. (**A. P. 2 598 667** vom 23/7. 1945, ausg. 3/6. 1952.)
BRÖSAMLE. 4809

Schering Akt.-Ges., Berlin (Erfinder: **Rudolf Tschesche** und **Friedhelm Korte**), Hamburg, *Pteroinsäure und ihre Derivate*, bes. *Folsäure*, erhält man durch Kondensation von 2-Amino-6-oxypteridin-8-α-halogenessigsäure mit p-Aminobenzoesäure bzw. p-Aminobenzoylglutaminsäure u. gegebenenfalls Decarboxylierung des Kondensationsproduktes. Man kondensiert vorteilhaft in wasserfreiem Glykol u. in Ggw. von Na-Acetat. (**D. B. P. 869 961** Kl. 12p vom 21/3. 1951, ausg. 9/3. 1953. **Zusatz zu D. B. P. 806 457; C. 1951. II. 1932.**) BRÖSAMLE. 4809

Upjohn Co., übert. von: **William G. Jackson**, Kalamaazoo, Mich., V. St. A., *Gewinnung und Reinigung von Vitamin B_{12}* mit einem tern. Lösungsmittelsyst. aus W., Phenol (I) u. Dibutyläther (II). — Z. B. wird eine Kultur-Fl. von Streptomyces griseus auf p_H 5,3 gebracht, das abgetrennte Mycel wird mit W. erhitzt u. 3 Liter Filtrat mit 270 (cm^3) I, 75 W. u. 150 II extrahiert. Die obere Schicht, bestehend aus 30(%) II, 62,5 I u. 7,5 W., wird abgetrennt. Die untere Schicht wird nochmals mit dem tern. Syst. extrahiert. Den gesammelten I–II-Schichten wird durch Ausschütteln mit W. das Vitamin B_{12} entzogen. Wiederholtes Umlösen mit dem tern. Syst. u. W. ergibt reinste Produkte. — Weiteres Beispiel mit einem B_{12}-Adsorbat an Kieselgur als Ausgangsrohstoff. An Stelle von II kann Ae. verwendet werden. — *Perniciosaheilmittel.* (**A. P. 2 613 171** vom 25/2. 1950, ausg. 7/10. 1952.) K. HEINZE. 4809

Merck & Co., Inc., Rahway, übert. von: **Norman G. Brink**, Plainfield, und **Frank J. Wolf**, Westfield, N. J., V. St. A., *Feinreinigung von Vitamin B_{12}* (I) durch mehrfach, bis zu 8mal wiederholte Gegenstromextraktion mit Benzylalkohol (IV) aus I-haltigem Wasser. Hauptausbeute an reiner Substanz fällt in der vierten Fraktion an. — Z. B. erfolgt die Vorreinigung der Fermentations-Fl. von Streptomyces griseus durch Adsorption des I an Aktivkohle, Eluieren mit wss. Pyridin, Aufnehmen des Trockenrückstandes mit I, Chromatographieren an Al_2O_3, Entwickeln mit Methanol (II), Fällen des I mit Aceton (III), Lösen des Nd. in II, Wiederholung der Chromatographie u. der Fällung mit III. Der bereits weitgehend gereinigte I-Nd. wird in wasserhaltigem IV gelöst u. mit IV-haltigem W. extrahiert. 8malige Wiederholung, Ausbeute 96,5% I. (**A. P. 2 607 717** vom 8/10. 1949, ausg. 19/8. 1952.) K. HEINZE. 4809

Ayerst, McKenna & Harrison Ltd., St. Laurent, übert. von: **Desmond Beall**, Westmount, Can., *Gewinnung freier Steroide* aus wasserlösl. Steroidsulfaten durch Hydrolyse mit Dioxan u. anschließende Fällung der Steroide durch Wasser. — Z. B. werden 0,1 g Na-Salz des Dehydroisoandrosteron-3-monosulfat mit 2 (cm³) Dioxan 30 Min. auf 100° erwärmt. Nach Abkühlen werden 20 W. zugegeben u. das freie Steroid ausgeäthert. Weitere Beispiele. (**A. P. 2 567 268** vom 8/3. 1951, ausg. 11/9. 1951. Can. Prior. 31/1. 1949.) K. HEINZE. 4809

Ciba Akt.-Ges., Basel, Schweiz, *Herstellung von in 17-Stellung substituierten Androstanolonen.* Man läßt metallorgan. Verbb. auf 3-Enolate oder 3-Acetale von Androstandionen, die auch ungesätt. sein können, einwirken u. verseift gegebenenfalls anschließend. Z. B. behandelt man Androstendion-3-monoäthyläther mit Acetylen in Ggw. von K in Amylalkohol unter Kühlung. Das Prod. wird gespalten u. man erhält den *3-Enoläther* von *17-Äthinyltestosteron,* der mit verd. Säure zum *17-Äthinyltestosteron* verseift wird. Nach N. P. 78 978 geht man von den entsprechenden 3-Thioderivv. aus; hierbei wird die geringe, sonst bei der Behandlung mit metallorgan. Verbb. auftretende Spaltung ganz vermieden. (**N. PP. 78 913** vom 4/12. 1947, ausg. 13/8. 1951. Schwz. Prior. 10/12. 1938, u. **78 978** vom 6/12. 1947, ausg. 27/8. 1951. Schwz. Prior. 16/1. 1941. [Zusatzpatent.]) JÜRGEN SCHMIDT. 4809

Syntex S. A., übert. von: **Stephen Kaufmann, George Rosenkranz** und **John Pataki**, Mexico City, Mexico, *21-Acyloxypregnane* u. *-allopregnane* erhält man durch Behandeln von 17-Oxy-20-keto-21-halogenpregnanen bzw. -allopregnanen mit Alkalisalzen von niedermol. Fettsäuren in einem organ. Lösungsmittel. — 21-Brompregnan-3β.17α-diol-20-on wird in Aceton mit NaJ unter Erhitzen in das 21-Jodpregnan übergeführt, das nach 12std. Erhitzen mit K-Acetat in Aceton *Pregnan-3β.17α.21-triol-20-on-21-acetat,* F. 217 bis 219°, liefert. — 21-Brompregnan-3α.17α-diol-11.20-dion, F. 170° (Zers.) → *Pregnan-3α.17α.21-triol-11.20-dion-21-monoacetat,* F. 217—221°. — 21-Bromallopregnan-3β.17α-diol-20-on-3-acetat (REICHSTEINS Verb. L) → *3β.17α.21-triol-20-onallopregnan-3.21-diacetat* (REICHSTEINS Verb. P), F. 208—210°. — 21-Bromallopregnan-3β.17α-diol-20-on → *3β.17α.21-Triol-20-onallopregnan-21-acetat,* F. 235—238°. —21-Bromallopregnan-17α-ol-3.20-dion → *Allopregnan-17α.21-diol-3.20-dion-21-acetat,* F. 244—247°. (**A. PP. 2 596 562** vom 23/1. 1950 u. **2 596 563** vom 30/10. 1950, beide ausg. 13/5. 1952.) KRAUSS. 4809

Parke, Davis & Co., übert. von: **Herman H. Bogin**, Detroit, und **Ernest R. Jones**, Grosse Pointe Farms, Mich., V. St. A., *Arzneimittelemulsion* mit Celluloseacetatphthalat (I) als Emulgator. — Z. B. werden 30 (g) I mit 7,5 $NaHCO_3$ in 270 W. von 77° gelöst. Dann werden 15 Hexylresorcin einemulgiert. Nach Vakuumtrocknung werden Tabletten gepreßt. Weitere Beispiele mit einer Penicillinsuspension in Öl u. einer Ölsuspension von Pitressintannat. (**A. P. 2 553 806** vom 12/7. 1950, ausg. 22/5. 1951.) K. HEINZE. 4815

L'Institut de Sérotherapie Hémopoiétique, übert. von: **Georges Louis Auguste Crut**, Paris, Frankreich, *Blutstillendes Präparat* durch Lösen von Thrombin (I) in Salzwasser, Zusatz von Glykokoll (II), Ausfällen mit Aceton (III) in der Kälte, Abtrennen u. Vakuumtrocknung des Niederschlages. — Z. B. wird I aus 5 Liter Blut in 350—550 cm³ 3%ig. NaCl-Lsg. gelöst u. mit 5% II versetzt. Durch Zusatz von 2 Teilen III bei 0° wird I u. II gemeinsam gefällt, abfiltriert u. im Vakuum getrocknet. Das Gemisch ist längere Zeit haltbar u. wird bes. in der Neurochirurgie verwendet. (**A. P. 2 553 497** vom 31/7. 1947, ausg. 15/5. 1951. F. Prior. 4/2. 1946.) K. HEINZE. 4815

Sterling Drug, Inc., Wilmington, Del., übert. von: **Sydney Archer**, Albany, N. Y., V. St. A., *Monojodmonoalkoxybenzoesäurealkoxyalkylester* dienen als *myelographische Röntgenkontrastmittel.* Sie entstehen durch Veresterung von Jodalkoxybenzoesäuren. — *3-Jod-4-methoxybenzoesäure-β-äthoxyäthylester,* $Kp._{0,06}$ 163—165°; F. 50,5—52,5°. — *3-Jod-4-äthoxybenzoesäure-β-äthoxyäthylester,* F. 63—64°; $Kp._{0,6}$ 170—172°. — *3-Jod-4-äthoxybenzoesäure-β-methoxyäthylester,* F. 53—53,5°; $Kp._{1,15}$ 178—180°. — *3-Jod-4-äthoxybenzoesäure-γ-äthoxypropylester,* $Kp._{0,8}$ 184—185°. — *3-Jod-4-methoxybenzoesäure-β-butyloxyäthylester,* $Kp._{0,8}$ 192—194°. — *3-Jod-4-methoxybenzoesäure-γ-methoxypropylester,* $Kp._{0,8}$ 171—172°. — *2-Jod-5-methoxybenzoesäure-β-äthoxyäthylester,* $Kp._{0,6}$ 173—175°. (**A. P. 2 572 828** vom 24/11. 1947, ausg. 30/11. 1951.) LANGER. 4829

Louis-René Fischer, Seine, Frankreich, *Desinfektionsmittel.* Es besteht aus Acetaldehyd, gegebenenfalls im Gemisch mit Crotonaldehyd, ist mikrobicid, verändert weder Metalle noch Farben oder Kleidungsstücke u. ist für den Menschen ungiftig. (**F. P. 995 388** vom 23/2. 1945, ausg. 30/11. 1951.) RAETZ. 4835

Charles Oren Lee, The official preparations of pharmacy. 2nd ed. St. Louis: C. V. Mosby. 1953. (544 S. m. Abb.) $ 5,50.

G. Analyse. Laboratorium.

Roy E. Young, *Gestell für Warburg-Gefäße.* Beschreibung eines in der Praxis bewährten Gestells, das 10 WARBURG-Gefäße zu tragen vermag. (Analytic. Chem. **24.** 1078. Juni 1952. Los Angeles, Calif., Univ. of California, Div. of subtropical Horticulture.) FRETZDORFF. 5006

P. Dalling, *Herstellung von Natrium im Laboratorium.* Für den Eigenbedarf wird Na durch Elektrolyse einer 5nNaCl-Lsg. an Hg-Kathode, Ablassen des Amalgams in einen mit inertem Gas gefüllten Destillierkolben, Abdest. des Hg u. Eingießen des auf ca. 100° gekühlten Na in kurze Reagensgläser hergestellt. (School Sci. Rev. **33.** 410. Juni 1952. Bath, Prior Park Coll.) BLUMRICH. 5010

H. S. Eisner, *Ein einfaches Widerstandsthermometer.* Das beschriebene Widerstandsthermometer besteht aus einer zylindr. Spule aus 0,002 in. seidenumsponnenem Pt-Draht, der in Kollodium eingebettet ist. Der Innendurchmesser der Spule beträgt 0,25 in., die Länge $^5/_{16}$ in. Die Spule wird zunächst auf ein Kupferrohr gewickelt, nach erfolgter Wicklung wird dieses elektrolyt. abgetragen, so daß die freitragende Spule übrigbleibt. Meßbereich: -20^0 bis $+50^0$, Meßgenauigkeit $\pm 0{,}05^0$, Widerstand der Spule 40 Ohm. (J. sci. Instruments **29.** **166.** Mai 1952. Buxton, Derbyshire, Ministry of Fuel and Power, Safety in Mines Res. Establ.) REUSSE. 5016

Nobuji Sasaki und **Akira Kamada**, *Ein Schreibgerät zur Messung von Oberflächentemperaturen.* Das Thermoelement zum Messen der Oberflächentempp. ist mit einer elektr. betätigten Heizwicklung umgeben, die die Schenkel period. abwechselnd auf 2 Tempp. aufheizt, zwischen denen die Oberflächentemp. liegt. Jedesmal, wenn die Lötstelle kurzzeitig die Oberfläche berührt, ergibt sich an dem angeschlossenen Spiegelgalvanometer u. damit an der Registrierkurve ein Ausschlag, der um so größer ist, je größer die Temperaturdifferenz zwischen Oberfläche u. Heizwicklung ist. Stimmt die Temp. beider überein, so ergibt sich an der Registrierkurve ein Punkt. Die Verbindung der Punkte in den sinusförmig verlaufenden Kurven der Heiztempp. ergibt den zeitlichen Verlauf der Oberflächentemperatur. Das Thermoelement kann auch mit einer 2. Vergleichslötstelle auf konstanter Temp. mit oder ohne Thermostaten verwendet werden. (Rev. sci. Instruments **23.** 261—63. Juni 1952. Kyoto, Univ., Chem. Inst., Dep. of Sci.) MIETHING. 5016

J. J. Benbow, *Viscositätsmessungen von hochviscosen plastischen Mischungen bei hohen Schergeschwindigkeiten.* Vf. beschreibt ein Pendelviscosimeter zur Unters. von hochviscosen Pasten bei Schergeschwindigkeiten von 5000—25000 Sek.$^{-1}$. Die mittlere Temperaturerhöhung der Pasten beträgt bei der höchsten Schergeschwindigkeit ca. 13°. Die Fehlerquellen der Meth. wurden untersucht. Einige Beispiele (Polyvinylchlorid in Trikresylphosphat ohne bzw. mit Pigmenten) für thixotropes Verh. u. für Viscositätszunahme unter Schubspannung werden erörtert. (Brit. J. appl. Physics **2.** 359—63. Dez. 1951. Manchester, Brit. Cotton Ind. Res. Assoc., Shirley Inst.) SCHÄFF. 5040

Montgomery R. Shafer, Ernest F. Fiock, Harry L. Bovey und **Ross B. Van Lone**, *Korrektur nach Dichte und Viscosität bei inkompressiblen Flüssigkeiten für mit Schwimmer versehene Strömungsmesser.* Bei Vornahme geeigneter Korrekturen für den Einfl. der D. u. der Viscosität läßt sich die Durchflußgeschwindigkeit der Prüf-Fll. (11 *Fliegerbenzine*) an Strömungsmessern nach dem Schwimmerprinzip (Rotameter) mit einer Genauigkeit von einigen Zehntel Prozent bestimmen. Um festzustellen, ob für jede andere Fl. als die zur Eichung des Instrumentes von der Herstellerfirma benutzte eine neue Eichung erforderlich ist, wurde die Strömungsgeschwindigkeit für je 4—5 Fll. u. 4 Schwimmereinstellungen gemessen. Die Ergebnisse werden in Diagrammen für M/X gegen μ/X wiedergegeben (M = Durchflußmenge/Std., μ = Viscosität). Diese Parameter werden zum Teil auf Grund ihrer Dimensionen abgeleitet. Zur Vermeidung von Fehlern infolge ungenauer Kalibrierung des Durchflußrohres u. bei der Skala ist mit einer Prüf-Fl. bei noch zahlreicheren Schwimmerstellungen zu messen. Die abgeleiteten Beziehungen gelten für alle inkompressiblen Fll. u. teilweise auch für Gase, u. das Versagen früher aufgestellter allg. Theorien über derartige Strömungsmesser wird dadurch erklärlich. (J. Res. nat. Bur. Standards **47.** 227—38. Okt. 1951. Washington.) HENTSCHEL. 5040

—, *Raschere Qualitätskontrolle an Pulvern. Beschreibung einer neuen photoelektrischen Einrichtung.* Es wird ein Photosedimentometer zur raschen Best. der Teilchengrößen bzw. der spezif. Oberflächen von Pulvern aus der Sedimentationsgeschwindigkeit in geeigneten Fll. bekannter Viscosität beschrieben. Von einer Lichtquelle fallen 2 gleiche, parallele flache Strahlenbündel in entgegengesetzter Richtung auf 2 lichtelektr. Zellen. In einem Strahlengang befindet sich der Sedimentiertank. Das Intensitätsverhältnis des einfallenden zum durchgehenden Strahl wird aus der EMK.-Differenz der Photozellen in bekannter Weise nach der Nullpunktsmeth. bestimmt. Wärmekonvektionen der Sedimentier-Fl. können durch Infrarotabsorptionsfilter u. durch mit klarer Fl. gefüllte Zusatztanks verhindert werden. (Metallurgia [Manchester] **45.** 49—51. Jan. 1952.) WEITBRECHT. 5048

Elizabeth A. Wood, *Ein Hochtemperaturtisch für das Polarisationsmikroskop.* Es wird ein heizbarer Tisch beschrieben, der sich leicht auf einem Polarisationsmikroskop anbringen läßt u. mit dem es möglich ist, mkr. Beobachtungen bis zu einer Temp. von ca. 1000° durchzuführen. (Amer. Mineralogist **36.** 768—72. Sept./Okt. 1951. Murray Hill, N. J., Bell Telephone Labor.) GOTTFRIED. 5056

Albert J. Pollard, L. I. Braddock und **Mary L. Willard**, *Die Eichung eines Mikrometerokulars zur Bestimmung von 2 E.* Vf. beschreibt eine Meth. zur Best. des opt. Achsenwinkels von Kristallen u. der numer. Öffnung von Trockenobjektiven mit Hilfe eines Okularmikrometers u. Millimeterpapiers. (Mikrochem. verein. Mikrochim. Acta **39.** 192—93. 1952. State College, Pa., Dep. of Chem.) HILLER. 5056

T. Brindle und **C. L. Wilson**, *Ein Mikromanipulator für die chemische Analyse im Mikrogrammbereich.* Beschreibung eines für die Unters. von γ-Mengen geeigneten Mikromanipulators, der eine Mikropipette trägt, die mit einer Mikrometer-Injektionsbürette kontrolliert wird. Mittels dieses App. wird diese Pipette in die auf einem drehbaren Mikroskoptisch mit schwacher Vergrößerung angebrachten Reaktionsgefäße eingebracht. (Mikrochem. verein. Mikrochim. Acta **39.** 310—14. 1952. Belfast, Northern Ireland, Queen's Univ., Chem. Dep.) FRETZDORFF. 5056

R. J. Brison, *Eine Methode zur Darstellung von polierten Dünnschliffen von Mineralkörnern.* Es wird eine Meth. zur Herst. von polierten Dünnschliffen einzelner Mineralkörner beschrieben. Die Schliffe können sowohl in reflektiertem als auch durchfallendem Licht untersucht werden. (Amer. Mineralogist **36.** 731—35. Sept./Okt. 1951. Columbus. O., Battelle Mem. Inst.) GOTTFRIED. 5056

Ju. M. Salesski, *Anwendung von Plexiglas bei der Herstellung mikroskopischer Präparate.* Die Lsg. des festen Plexiglaspolymeren von Sirupkonsistenz in fl. Monomerem oder in Aceton, Äthylessigester, Dichloräthan wird in dünner Schicht auf die entfärbten u. entwässerten histolog. Präpp. aufgetragen. Der erhärtete dünne Film ersetzt sowohl den Kanadabalsam als auch das Deckglas. (Микробиология [Mikrobiologie] **21.** 226—27. März/April 1952.) LEBTAG. 5056

F. Gabler, *Ein neues Auflicht-Phasenmikroskop.* Das Phasenkontrastverf. wird auf undurchsichtige Objekte ausgedehnt. Bei dem beschriebenen Auflichtphasenmikroskop liegt der Phasenring auf einem Zwischenbild der Brennfläche des Objektivs. Durch Drehen einer Revolverscheibe können Phasenplatte für positiven u. negativen Phasenkontrast eingestellt u. entfernt werden. Niveaudifferenzen von ca. 10—50 Å liefern deutlich sichtbare Intensitätsdifferenzen. Das Mikroskop ist zur Unters. von Korngrenzen, Gefügebestandteilen, Einschlüssen, Zwillingsbldg. u. dgl. bes. geeignet. (Radex-Rdsch. **1952.** 210—15. Okt. Wien, Entwicklungslabor. der Opt. Werke C. Reichert A. G.) LINDBERG. 5056

R. Mitsche, *Die Anwendung der Phasenkontrastmikroskopie im Berg- und Hüttenwesen.* (Vgl. vorst. Ref.) Am Beispiel der Metallographie, der Erz- u. Kohlemikroskopie sowie der Mikroskopie feuerfester Steine wird gezeigt, daß das Auflichtphasenmikroskop häufig neue Erkenntnisse bringt u. den Bildkontrast wesentlich erhöht. Die Untersuchungsmöglichkeit des nur polierten, ungeätzten Schliffes ist von Vorteil. (Radex-Rdsch. **1952.** 216—21. Okt. Leoben.) LINDBERG. 5056

J. Bor, *Eine neue photographische Methode zur Messung der Dispersion der optischen Konstanten von Metallen.* Es wird eine Anordnung beschrieben, die die gleichzeitige Messung der opt. Konstanten für verschied. Wellenlängen im Bereich von 0,4—0,65 μ gestattet. Sie besteht aus Polarisator, Analysator, dispergierendem Prisma u. zwei senkrecht zueinander orientierten Zylinderlinsen. Die nichtdrehende Ebene des Polarisators ist durch einen feinen Draht definiert. Die Anordnung entwirft auf einer Photoplatte für jede Wellenlänge ein vertikales Band variabler Intensität. $\sqrt{I_{max}/I_{min}}$ liefert das Achsenverhältnis, der Abstand der horizontalen Linie, die den Draht abbildet, von den Maxima u. Minima die Lage der zu untersuchenden Schwingungsellipse. (Proc. physic. Soc., Sect. B **65.** 753—58. 1/10. 1952. West Ham, Coll. of Technol.) LINDBERG. 5060

E. Marquínez und **A. Camuñas**, *Anwendung eines Systems graduierter Diaphragmen beim Littrow-Spektrographen mit Glasoptik.* 2. Mitt. (1. vgl. C. **1953.** 1694.) Wenn beim LITTROW-Spektrographen mit Flintglasoptik rechtwinklige Diaphragmen mit 2, 4, 6, 8, 12, 16, 24 u. 32 mm Öffnung verwendet werden, die vor dem Prisma auf den Kollimator aufgesetzt werden, erhält man im Verhältnis der Diaphragmen abnehmende Intensitäten der Spektrallinien. Dadurch ergeben sich die charakterist. Kurven der photograph. Emulsionen (Best. des Kontrastfaktors γ durch Messung der Neigungsdifferenzen der Schwärzungskurven), u. man kann diese unmittelbar für quantitative Analysen verwenden. (An. Real Soc. españ. Física Quím., Ser. A **48.** 175—86. Mai/Juni 1952. Madrid, Inst. de Física A. Gregorio de Rocasolano.) R. K. MÜLLER. 5063

A. Sáenz Bretón, *Anwendung von Geiger-Müller-Zählern für die spektrochemische Analyse.* Überblick über Verf. zur Intensitätsmessung bestimmter Spektrallinien durch Zählung der Ausschläge, die mit Quarzfenstern versehene GEIGER-MÜLLER-Zähler geben. Deren Empfindlichkeit ändert sich entgegengesetzt jener der photograph. Platte: für beide gleich bei der Wellenlänge von ca. 2600 Å, größer für den Zähler bei kleineren, für die Platte bei größeren Wellenlängen. Beispiele einiger apparativer Anordnungen u. funkenspektrograph. Bestimmungen von Zn in Sodalsg., P in Stählen u. Pb in Luft. (Inform. Quím. analít. **6.** 46—48. März/April. 84—88. Mai/Juni 1952. Madrid, Inst. Optica „Daza de Valdés".) METZENER. 5063

H. G. W. Harding, *Tragbare Meßgeräte für die Messung der Farbtemperatur mit visueller und photoelektrischer Ablesung.* Zur Messung der Farbtemp. nach PLANCK wird eine opt. Vorr. beschrieben, bei der die Lichtintensität einer Glühlampe *subjektiv* beobachtet u. mit derjenigen der zu messenden Lichtquelle verglichen wird. Durch Einsetzen von Filtern können bestimmte Spektralbereiche verglichen werden. Bei einer zweiten Meßanordnung für objektive Ablesung werden 2 Se-Photozellen benutzt. Durch Einschaltung von unterschiedlichen Farbfiltern in den Strahlengang vor den Zellen kann aus dem Verhältnis der beiden registrierten Lichtintensitäten auf die Farbtemp. der Lichtquelle geschlossen werden. Der Meßbereich des erstgenannten Gerätes erstreckt sich von 2000° K bis zu beliebigen Tempp., derjenige des zweiten von 1800—10000° K. Die Meßgenauigkeit beträgt für beide Geräte 100—3000° K u. 1000—10000° K. (J. sci. Instruments **29.** 145—48. Mai 1952. Teddington, Middlesex, Nat. Phys. Labor.) REUSSE. 5064

F. C. Spurr, *Für polarographische Serienanalyse geeignete Durchflußelektrodenrohre.* Um den zeitraubenden Spülprozeß zu verkürzen, entwickelt Vf. 2 polarograph. Durchflußmeßzellen. Während die eine als Anode einen mit AgCl bedeckten Ag-Draht nach LINGANE verwendet, benutzt die andere einen Hg-Sumpf. Das durch die Capillare zutropfende Hg wird am Boden bzw. über dem Anodensumpf abgefangen u. entfernt. Durch die gleiche Ableitung kann einmal die alte Meßlsg. abgesaugt u. nach dem Spülen mit neuer Meßlsg. in diese N_2 zur Entfernung von O_2 eingeleitet werden. Die Meßrohre sind einfach, robust u. geben leicht reproduzierbare Ergebnisse. (Metallurgia [Manchester] **45.** 52—53. Jan. 1953. Birmingham, T. J. Priestman, Ltd.) WEITBRECHT. 5066

Ss. I. Spiridonowa, *Titration von wässerigen Elektrolytlösungen mit Wasser in Gegenwart von Nichtelektrolyten als Indicatoren.* 8. Mitt. *über die Bestimmung der Konzentration von Lösungen durch ein System zweier Lösungsmittel.* (7. vgl. Журнал Прикладной Химии [J. angew. Chem.] **22.** [1949.] 1284.) Die Unters. der Verwendbarkeit verschied. Nichtelektrolyte für die Konzentrationsbest. von wss. Elektrolytlsgg. durch indirekte Titration mit W. bis zur Entmischung nach Vf. (Журнал Аналитической Химии [J. analytic. Chem.] **4.** [1949.] 169) ergibt, daß eine genügend scharfe Trübung nur die Lsgg. von *Campher* (**I**), *Borneol* (**II**), *Nitrobenzol* (**III**), *Anilin* (**IV**), *Furfurol* (**V**) u. *Isobutylalkohol* (**VI**) in A. ergeben. Alle untersuchten Elektrolyte zeigen mit **I** u. **II** eine nur schwache „Einsalzwrkg.", während sie mit den übrigen Nichtelektrolyten entweder eine aussalzende oder eine einsalzende Wrkg. zeigen. KBr, $NaNO_3$ u. KNO_3 wirken auf **I, II, III** u. **IV** einsalzend, auf **V** u. **VI** aussalzend. NH_4NO_3, KJ u. Rhodanide sind immer einsalzend, $(NH_4)_2CO_3$ wirkt aussalzend auf **III, V** u. **VI**, einsalzend auf **IV** u. ist wirkungslos bei **I** u. **II**. Am geeignetsten als Indicator sind **V** u. **VI**. Die Konzentrationsbest. von $KClO_3$ u. Na_2SO_4 durch Titration mit W. in Ggw. von 40%ig. **V**-Lsg. in A. ist mit einer Genauigkeit von $\pm 2{,}5\%$ möglich, wenn die **V**-Lsg. frisch ist. Die genau verfolgte zeitliche Veränderung der **V**-Lsg. macht diesen Indicator ungeeignet. In Ggw. von **VI** u. A. wirken alle Sulfate, Carbonate u. Chloride so stark aussalzend, daß **VI** als Indicator unbrauchbar wird. Weniger aussalzend wirken Nitrate, $NaNO_2$, KBr, NH_4Br. Rhodanide, Jodide u. Chromate wirken einsalzend, so daß beim Titrieren der 1n Lsgg.

keine Trübung erhalten wird. Diese kann bei geringerer Konz. erzielt werden. (Журнал Прикладной Химии [J. angew. Chem.] **25.** 159—67. Febr. 1952.) Lebtag. 5066

a) Elemente und anorganische Verbindungen.

Anil Kumar Majumdar und **Ramendra Nath Sen Sarma,** *Bestimmung von Blei. Gravimetrische Analyse mit Phenylarsonsäure.* Pb gibt mit Phenylarsonsäure einen Nd., der in kaltem W. wenig u. etwas mehr in heißem W. lösl. ist. Führt man diese Pb-Fällung bei p_H 6,8—7,4 aus, hat der Nd. eine definierte Zus. u. die Ausfällung des Pb ist quantitativ. Alkalimetalle werden mitgefällt, wenn ihre Menge eine bestimmte Konz. überschreitet, jedoch löst sich der Nd. wieder in einem genügend großen Überschuß. Die Mitfällung von Ca wird durch doppelte Fällung vermieden. Ba u. Sr stören nicht. (J. Indian chem. Soc. **28.** 654—56. Nov. 1951. Jadavpur, Calcutta, Coll. of Engng. and Technol., Inorg. Chem. Labors.) Fretzdorff. G 328

G. V. L. N. Murty und **N. C. Sen,** *Untersuchungen über colorimetrische Methoden bei der metallurgischen Analyse.* 4. Mitt. *Bestimmung von Silicium in Stahl mit dem Duboscq-Colorimeter.* (3. vgl. Proc. indian Sci. Congr., 1945.) Bei Verwendung eines geeigneten Spektralfilters, z. B. Ilford Spectrum Red Filter 608 kann man in einfacher Weise, wie Vff. an 11 einfachen u. 10 legierten Stählen zeigen, den Si-Geh. nach der Molybdänblaumeth. colorimetr. bestimmen. Zum raschen Aufschluß der Probe mit 0,05—1,9% Si dient eine Oxydationsmischung aus $(NH_4)_2S_2O_8$ u. verd. H_2SO_4. Die Ergebnisse werden mit absorptiometr. u. gravimetr. erhaltenen Werten verglichen u. zeigen gute Übereinstimmung. Ein Verf., unmittelbar den Si-Geh. bei Verwendung eines geeigneten Bezugstahls u. Berücksichtigung des Null-Fehlers am Colorimeter abzulesen, wird angegeben. (Metallurgia [Manchester] **45.** 53—54. Jan. 1952. Jamshedpur, Tata Iron and Steel Co., Ltd., Central Labor.) Weitbrecht. G 354

Rafael E. Longo, *Halbmikrobestimmung des Nickels mit Heptoxim.* Das von Voter u. Banks (Analytic. Chem. **21.** [1949.] 1320) vorgeschlagene Verf. zur Best. des Ni mit wss. Heptoxim- (1.2-Cycloheptandiondioxim-) Lsg. kann in saurer Lsg., am besten bei p_H 4, aber auch noch bei p_H 3, auch im Halbmikro- u. im Mikromaßstab ausgeführt werden. Bei 2—10 mg Ni ist der Fehler $<1\%$, auch in Ggw. viel größerer Mengen *Acetat-*, *Tartrat* (I)- u. *Citrat* (II)-Ionen. Mikrobestimmungen sind noch bis zu 0,1 mg Ni, wenn auch mit erheblichem Fehler, möglich. Die Ggw. von Al^{3+}, Fe^{3+} u. Cr^{3+} muß durch I-, die von Ti^{4+} durch II-Ionen maskiert werden; die der 5fachen mol. Menge von Mn^{2+} u. Zn^{2+} stört nicht, die von Co^{2+} nur im Verhältnis 0,3 Co : 1 Ni nicht, so daß größere Co-Mengen Wiederauflsg. des Nd. u. Umfällung nötig machen. (An. Soc. ci. argent. **154.** 87—94. Sept. 1952. Minist. Salud pública, Central Investigaciones, Labor. Inst. Investig. microquím.) Metzener. G 356

Earle R. Caley, *Berechnung der Zusammensetzung antiker Metallgegenstände. Brauchbarkeit von Messungen des spezifischen Gewichts.* Um die Zus. wertvoller antiker Gegenstände, bes. aus Au- u. Ag-Legierungen, ohne chem. Analyse bestimmen zu können, untersucht Vf. krit. die Brauchbarkeit u. Anwendungsmöglichkeiten des spezif. Gewichtes. So kann das Verf. einmal qualitativ bei der Ermittlung von Fälschungen zur Unterscheidung von edlen u. unedlen Metallen verwendet werden. Bei der quantitativen Best. des Au-Geh. von Legierungen mit Cu oder Ag nimmt die Genauigkeit mit sinkendem Au-Geh. ab. Zur Best. des Ag-Geh. von Ag–Cu-Legierungen dagegen ist eine hinreichende Genauigkeit nur bei hohen Ag-Gehh. gegeben. Zur Best. von Cu-Gehh. u. anderer unedler Metalle ist das Verf. ungeeignet. Die Ergebnisse an zahlreichen Gegenständen aus Au- u. Ag-Legierungen sowie Tabellen zur prakt. Auswertung der Dichten werden mitgeteilt. Die Genauigkeit sowie die Fehlerquellen werden eingehend diskutiert. (Analytic. Chem. **24.** 676—81. April 1952. Columbus, O., Ohio State Univ., Dep. of Chem.) Weitbrecht. 5280

Robert M. Grogan, *Nachweis von Fluorit in Sanden mit Zirkonium–Alizarin-Lösung.* Zur Unters. auf Fluorit werden die Bodenproben nach Zusatz von wenig Natriumsilicat in W. mechan. dispergiert u. feucht durch ein 200-Maschensieb gesiebt. Nach Trocknen wird die Fraktion, die größer als 20 Maschen ist, durch Sieben entfernt u. der Rückstand mittels Bromoforms in leichte u. schwere Fraktionen getrennt. Aus der schweren Fraktion wird Limonit elektromagnet. entfernt. Hierauf werden die Körner in dünner Schicht gleichmäßig auf Filtrierpapier verteilt, das mit der Zirkonium–Alizarin-Lsg. getränkt war. Auf dem anfänglich tief rotvioletten Papier treten nach 10—20 Min. gelbe Flecken auf, die durch Fluorit entstanden sind. Störend bei der Rk. wirken nur Fe-Verbindungen. Zur Darst. der Lsg. werden 0,05 g Zirkoniumnitrat in 50 cm^3 W. + 10 cm^3 konz. HCl gelöst u. mit einer Lsg. gemischt, die 0,05 g Natriumalizarinsulfonat in 50 cm^3 enthält. Die Lsg. ist gut haltbar. (Amer. Mineralogist **36.** 780—82. Sept./Okt. 1951. Illinois State Geol. Surv.) Gottfried. 5290

b) Organische Verbindungen.

W. Schöniger, *Über eine Modifikation der Mikrostickstoffbestimmung nach Dumas-Pregl.* Beschreibung einer Modifikation der Mikro-N-Best. organ. Verbb. nach DUMAS-PREGL. Es werden 2 Verbrennungsrohre hintereinander geschaltet, die Verbrennung der mit gepulvertem CuO gemischten Substanz erfolgt in dem 1. Rohr, das mit einem Schliff mit der App. verbunden u. auswechselbar ist. Diese Anordnung gestattet die Ausführung von 4 Analysen in 1 Std. bei gleicher Genauigkeit. — Beleganalysen. (Mikrochem. verein. Mikrochim. Acta **39.** 229—33. 1952. Graz, Univ., Med.-chem. Inst. u. Pregl-Labor.) FRETZDORFF. 5352

W. Kirsten, *Dumas-Bestimmung von Stickstoff.* (Vorl. Mitt.) Bei hohen Tempp. (1000°) lassen sich auch schwer verbrennbare organ. Substanzen ohne Mischen mit CuO mit guter Genauigkeit verbrennen (vgl. C. **1951.** I. 905). (Mikrochem. verein. Mikrochim. Acta **39.** 245—46. 1952. Uppsala, Univ., Inst. Med. Chem.) FRETZDORFF. 5352

Wolfgang Kirsten, *Mikro- und Halbmikro-Kjeldahl-Destillationsapparat.* Beschreibung eines prakt. u. genau arbeitenden Destillationsapp. für die Mikro- u. Halbmikrobest. des N nach KJELDAHL. (Analytic. Chem. **24.** 1078. Juni 1952. Uppsala, Univ., Inst. of Med. Chem.) FRETZDORFF. 5352

Wolfgang Kirsten und **Izeael Alperowicz,** *Mikro- und Halbmikrobestimmung von Halogenen.* Für die Mikro- u. Halbmikrobest. von Halogenen in organ. Verbb. wird die Substanz trocken verascht u. das freiwerdende Halogen in sd. NaOH-Lsg. absorbiert, wobei H_2O_2 vorher (Cl), nachher (Br) oder nicht (J) zugesetzt wird. Cl u. Br werden mit alkoh. $AgNO_3$-Lsg. u. $HgCl_2$ bzw. $HgBr_2$ + Diphenylcarbazid als Indicator titriert. J wird nach der Oxydation zu Jodat mit Thiosulfat bestimmt. Rückstand gebende Substanzen werden mit V_2O_5 verascht. — Beleganalysen. (Mikrochem. verein. Mikrochim. Acta **39.** 234—44. 1952. Uppsala, Schweden, Univ., Inst. of Med. Chem.) FRETZDORFF. 5352

D. Köszegi und **I. Barcsay,** *Gewichts- und maßanalytische Schwefelbestimmung in Kohlenstoffverbindungen.* Inhaltlich ident. mit der C. **1953.** 426 referierten Arbeit. (Z. analyt. Chem. **135.** 349—54. 1952. Szeged, Univ., Inst. für Pharmaz. Chem.) BARCHET. 5352

René Fabre, René Truhaut und **Paul Chéramy,** *Gleichzeitige Bestimmung von Äthylalkohol und Äther (Äthyloxyd) in der Atmosphäre und in biologischen Medien (Blut, Gewebe usw.).* Die gleichzeitige Best. von *A.* u. *Ae.* ist durch Verwendung zweier Oxydationsmittel auf Chromsäurebasis möglich. Die Luft, deren Geh. an A. u. Ae. bestimmt werden soll, wird mit einer Geschwindigkeit von ca. 100 cm^3/Min. durch 2 hintereinander geschaltete Auffanggefäße geleitet. Das erste Gefäß enthält 10 cm^3 eines Reagenses A, das durch Auflösen von 4,9 g $K_2Cr_2O_7$ in 1000 cm^3 HNO_3 (D. 1,39) u. Verdünnen mit dem gleichen Vol. W. hergestellt wird, u. das in der Kälte A. quantitativ, jedoch nicht Ae. oxydiert. Das zweite Gefäß enthält 10 cm^3 eines Reagenses B, das durch Vermischung gleicher Voll. des vorigen Reagenses u. H_2SO_4 (D. 1,84) erhalten wird, u. das Ae. oxydiert. Nach 30 Min. Stehen in der Kälte wird der Inhalt beider Gefäße mit W. verd. (gegebenenfalls unter Kühlung), mit 0,5 g KJ versetzt u. mit n/10 $Na_2S_2O_3$-Lsg. titriert. Gleichzeitig werden unter gleichen Bedingungen die Titer der beiden Reagenslsgg. bestimmt. Auf Grund der Oxydationsgleichungen entspricht 1 cm^3 von Reagens A (n/10) 1,15 mg A. u. 1 cm^3 Reagens B (n/10) 0,9256 mg Äthyläther. — Die Meth. ist zur Best. von A. u. Ae. in biol. Medien (Blut, Organe) anwendbar, wenn die Proteine vorher mit Pikrinsäure gefällt u. A. u. Ae. durch Durchleiten heißer Luft in die Auffanggefäße mit den Oxydationsreagentien gespült werden. (Ann. pharmac. franç. **9.** 408—16. Juni 1951. Paris, Fac. de Pharm., Labor. de Toxicol.) K. F. MÜLLER. G 560

A. D. Campbell und **J. E. Morton,** *Die Bestimmung von C-Methylgruppen in einigen verzweigtkettigen Fettsäuren.* Vff. haben 13 Verbb. (Tabelle im Original), welche *gem*-Dimethyl- u. tert.-Butyl-Gruppen u. andere Typen von Seitenketten enthalten, nach der GINGERschen Modifikation (J. biol. Chemistry **156.** [1944.] 452) des KUHN-ROTH-Verf. (Ber. dtsch. chem. Ges. **66.** [1933.] 1274) mit Chromsäure oxydiert, wobei theoret. je **C**—CH_3-Gruppe (**I**) 1 Mol $CH_3 \cdot COOH$ (**II**) entstehen soll. Die Ausbeute an **II** ist aber sehr schwankend (62—99%), so daß die Meth. nicht geeignet erscheint, mit einiger Sicherheit Aufschluß über die Anzahl der in 1 Mol. vorhandenen **I** zu geben. Auch *Aceton* (**III**) lieferte **II** (74% Ausbeute); Mesityloxyd ergab bei der Oxydation nicht, wie seiner Struktur wegen erwartet, **III**, sondern pro $>$**C** $(CH_3)_2$- u. $\geqslant$**C** (CH_3)-Gruppe je 1 Mol **II** (77%). Die bei der Oxydation entstandene **II** läßt auch nicht erkennen, ob sie aus einer $\geqslant$**C**(CH_3)-, einer $>$**C**$(CH_3)_2$- oder einer —**C**$(CH_3)_3$-Gruppe stammt.

Versuche: **C**—CH_3-Bestimmungen wurden an 10—20 mg-Proben von 13 verschied. Verbb. in der PREGLschen Mikro-Acetyl-App. unter Anwendung der GINGERschen Modifikation durchgeführt, jedoch mit der Abänderung, daß das Reaktionsgefäß jeweils 1½—2 Std. tief in ein sd. Wasserbad eingetaucht wurde. In einigen Fällen wurde die entstandene **II** im Destillat als p-Bromphenacylester identifiziert. (J. chem. Soc. [London] **1952.** 1693—95. Mai. Dunedin, New Zealand, Univ. of Otago.) SCHILDKNECHT. G 810

Earl F. McFarren und **James A. Mills,** *Quantitative Bestimmung von Aminosäuren auf Filterpapierchromatogrammen durch direkte Photometrie.* Am Beispiel des *β-Lactoglobulins* werden die geeignetsten Bedingungen gesucht, unter denen eine quantitative Aminosäurebest. durch Chromatographieren möglich ist. Die Farbintensität der Flecken wird mit einem lichtelektr. gesteuerten Densitometer mit durchfallendem Licht gemessen. Für die Messungen wurde die Apertur 5 mm u. das Filter 570 benutzt. Es wurden jeweils unbekannte Lsgg. mit bekannten zusammen chromatographiert. Es wurden verschied. Lauf-Fll. verwendet, zur Sichtbarmachung der Flecke wurden die Chromatogramme entweder besprüht oder getaucht. Letzteres erwies sich hinsichtlich der Farbdichte als günstiger. Die höchste Farbintensität wurde erreicht, wenn die Chromatogramme vor der Einw. von Ninhydrin 30 Min. bei 60° getrocknet wurden. Je nach der Art der Aminosäuren sind verschied. Sprühreagentien vorteilhaft: 0,4% Ninhydrin in wassergesätt. Butanol (**I**) unter Zusatz von 4% Essigsäure (**II**) für *Asparagin-*, *Glutaminsäure, Serin, Glycin, Threonin, Alanin* u. *Tryptophan*; dasselbe unter Zusatz von 2% **II** für *Tyrosin, Histidin, Valin, Methionin, Lysin, Arginin, Phenylalanin, Leucin* u. *Isoleucin*; dasselbe unter Zusatz von 2% Triäthylamin für *Cystin*; 0,4% Isatin in **I** mit 4% **II** für *Prolin.* Aus Kurven, die die Farbdichte in Abhängigkeit von der Konz. der aufgetragenen Aminosäure für verschied. Wellenlängen darstellen, konnte ermittelt werden, daß Licht der Wellenlänge 570 mμ am meisten absorbiert wird. In einer Tabelle werden die nach den günstigsten Bedingungen papierchromatograph. gefundenen Werte mit denen anderer Autoren, nach anderen Verff. ermittelten, verglichen. (Analytic. Chem. **24.** 650—53. April 1952. Oakdale, Long Island, N. Y., Nat. Dairy Res. Labors., Inc.) ENDRASS. G 950

Aurelio Mariani, *Verbesserungen in der Technik der Papiermikroelektrophorese.* Vf. untersucht den Einfl. der Elektroosmose bei der elektrophoret. Trennung eiweißhaltiger Lsgg. auf Papier. Die durch die Ladungsunterschiede der Celluloseporen gegenüber der Pufferlsg. erklärten osmot. Kräfte bewirken, daß geringer konz. *Protein*-Lsgg. weniger weit anod. wandern u. ein großer Teil ihrer Menge auf dem Weg liegenbleiben. Verss. mit verschied. konz. Albuminlsgg. zeigen dies. Weitere Verss. demonstrieren, daß das am schnellsten wandernde *Albumin* auf Grund seiner relativ größten Menge die Papier-„Matrize" gewissermaßen präpariert bzw. die osmot. Hemmung auf die Globulinfraktionen vermindert, jedenfalls dafür verantwortlich ist, daß gewöhnlich die geringer konz. Globulinfraktionen sich nicht auf ihrem Weg erschöpfen. Daß aber auch hier immer Osmose wirkt, geht daraus hervor, daß das *γ-Globulin* trotz seiner anod. Eig. bei der Papierelektrophorese vom Startpunkt weg in Richtung der Kathode wandert. Dieser Effekt kann weitgehend aufgehoben werden u. auch das übrige Pherogramm verbessert werden, wenn man in Anlehnung an KUNKEL u. TISELIUS eine bestimmte Menge Albumin vorauslaufen läßt, das bei der Elution der einzelnen Fraktionen ohne Schwierigkeiten im Blindwert verrechnet werden kann. (Rend. Ist. super. Sanità **15.** 337—43. 1952. Roma, Ist. Sup. di Sanità, Labor. di Biol.) P. G. SCHEURLEN. G 4070

d) Medizinische und toxikologische Analyse.

Ivan Berkeš, *Die Elektrophorese in Medizin und Pharmazie.* Übersicht über die theoret. Grundlagen u. die prakt. Anwendung der Elektrophoresemethoden von TISELIUS. Mikromethoden für Filtrierpapierelektrophorese werden auf Grund eigener Erfahrungen mit einer CREMER-TISELIUS-App. beschrieben. (Farmac. Glasnik **7.** 257—69. Juli 1951. Zagreb, Med.-Chem. Inst.) BECKMANN. 5725

Andre C. Kibrick, Hannah E. Rogers und **S. J. Skupp,** *Eine photometrische Methode zur genauen Bestimmung der Cephalin–Cholesterin-Flockung.* 0,2 ml *Serum* werden mit 4 ml 0,9%ig. NaCl-Lsg. verd. u. 1 ml HANGERs Reagens zugefügt. Die Trübung wird nach 24—48 Std. durch Vgl. mit Standardlsgg. gemessen. In dem nach 24 Std. Stehen u. Zentrifugieren für 15 Min. mit 2500—3000 U/Min. erhaltenen Nd. wird *Cholesterin* (**I**) nach SAIFER (J. Clin. Invest. **27.** [1948.] 737) bestimmt. In der überstehenden Fl. wird **I** durch Messung der opt. D. bei 660 mμ bestimmt. Während die SAIFER-Einheiten bei Gruppen von gesunden u. kranken Personen mit u. ohne Leberschäden einander teilweise überlagern, ermöglicht die colorimetr. I-Best. in der überstehenden Fl. genauere Differenzierung einzelner Fälle. (Amer. J. clin. Pathol. **22.** 698—702. Juli 1952. New York, N. Y., Bronx Hosp.) KRUSEN. 5728

M. P. K. Shoobridge, *Salzhaushalt: Die Anwendung des Chloridtestpapiers A.* Das von DEVINE (C. **1952.** 4668) beschriebene Chloridtestpapier („Chlorest paper A") wird auf seine Brauchbarkeit zur Chloridbest. im Urin geprüft. Im Bereich von 0,5—4,0 g pro Liter, welcher klin. interessiert, arbeitet die Meth. sehr genau. Um individuelle Unterschiede bei der Endpunktbest. auszuschalten, wird empfohlen, die graph. Einteilung selbst zu eichen. (Med. J. Australia **39.** II. 335—36. 6/9. 1952. Launceston, Tasmania, General Hosp.) KAISER. 5730

R. A. Anderson, *Bemerkung über die Herstellung von ätherischem Wasserstoffsuperoxyd.* Äther. H_2O_2-Lsg. wird zum Blutnachw. im Harn benötigt. Sie wird besser u. billiger aus Ae. u. konz. H_2O_2 als mit verd. H_2O_2 hergestellt. Tabelle zur Entnahme der richtigen Mengen Ae. u. H_2O_2 verschied. Konz. zur Erzielung des Präp. nach Vorschrift des B.P.C. Gehaltsbest. manganometrisch. (Australas. J. Pharmacy [N. S.] **33.** 841—42. 30/9. 1952.) FRESENIUS. 5732

E. Rathenasinkam, *Die Isolierung, Identifizierung und Bestimmung von Amphetamin in Eingeweiden. Amphetamin* (*Benzedrinsulfat*) wird aus Eingeweiden isoliert durch eine Kombination der Extraktionsmeth. nach STAS-OTTO u. Wasserdampfdest. aus alkal. Lösung. Die qualitative Best. erfolgt durch Farb-Rkk. u. Best. des F., die quantitative durch Titration mit 0,01nH_2SO_4 oder gravimetr. durch Fällung als Oxalat. (Analyst **77.** 135—38. März 1952. Colombo, Ceylon, Government Analyst's Labor.) KLINGMÜLLER. 5762

H. Angewandte Chemie.

I. Allgemeine chemische Technologie.

O. Dammer, *Verarbeitung von Kunststoffen im Apparatebau und in der chemischen Technik.* (Chemie-Ing.-Techn. **24.** 546—51. Okt. 1952. Leverkusen, Farbenfabriken Bayer.) P. ECKERT. 5806

H. Jungnickel, *Sonderfragen aus dem Vinidur-Rohrleitungsbau.* Allg. gehaltene Ausführungen über die Be- u. Verarbeitung von *Vinidur*-Rohrleitungen sowie über deren techn. Verwendungsmöglichkeiten. (Chem. Techn. **4.** 477—80. Okt. 1952.) P. ECKERT. 5806

H. Bourquin, *Der kathodische Schutz eingegrabener Anlagen.* In der Praxis zeigt sich immer mehr eine Abkehr von den passiven Schutzmaßnahmen zu dem akt. Schutz durch Anlegen eines kathod. Potentials. Dieses Potential wird durch äußere Umstände beeinflußt. Es wird auf das Prinzip u. die Verwirklichung solcher Maßnahmen hingewiesen. Die „Empfindsamkeit" ϱ des zu schützenden Objektes wird mit $\varrho = U_{ki} - U_{ko}/i$ ausgedrückt, wobei U_K das Potential des als Kathode wirkenden Objektes gegen Erde ist. $U_{ki} - U_{ko}$ ist eine lineare Funktion der Stromdichte i. An einigen Anwendungsbeispielen wird die Bedeutung des kathod. Schutzes unterstrichen. (Schweiz. Bau-Ztg. **70.** 663—68. 22/11. 1952. Küsnacht ZH.) J. FISCHER. 5806

Charles P. Lohman, *Neue Verwendungen für Emailüberzüge.* Zahlreiche Vorschläge zur Verwendung von Emails als Korrosionsschutz in der Industrie u. Bautechnik. (J. Canad. ceram. Soc. **21.** 76—79. 1952. Baltimore, Md., V. St. A., Pemco Corp.) MARKHOFF. 5810

Alicia Crespi, *Über die Abführung Flüssigkeit–Flüssigkeit, die bei Systemen von vier Komponenten angewandt wird.* 1. Mitt. *Kontaktsysteme bei Extraktionsvorgängen. Angewandte Berechnungsmethoden bei jedem System.* Einleitend werden die Aufgaben untersucht, die bei der Anwendung der Abführung Fl.–Fl. bei den quaternären Systemen auftreten. Es folgt eine Beschreibung über die dis- sowie kontinuierlichen Kontaktmethoden, die bei den erwähnten Systemen von vier Komponenten benutzt werden. Außerdem wird auf Berechnungsverff., die für jeden der verschied. Fälle in Frage kommen könnten, näher eingegangen, jedoch unter der Voraussetzung, daß verd. Lsgg. vorliegen. (Rev. Ci. apl. **6.** 331—46. Juli/Aug. 1952.) PISTOR. 5862

F. I. Alekssaschin, *Metalldiffuseure in der Extraktindustrie.* Diffusionskörper aus nichtrostendem Stahl haben sich gut bewährt. Bei Tempp. bis 120° war die Extraktausbeute an Tanniden im Vgl. zu Holz- oder anderen Metalldiffuseuren erhöht. (Легкая Промышленность [Leichtindustrie] **12.** Nr. 4. 33. April 1952.) v. SCHROEDER. 5862

National Aluminate Corp., Chicago, übert. von: **Carl E. Johnson,** Westchester, Ill., V. St. A., *Schaumverhinderung bei Dampferzeugern* durch Zusatz eines Diäthers eines Polyoxyalkylenglykols (I) mit einem Mol.-Gew. $>$500, dessen Polyoxyalkylenkette mindestens 1 Oxymethylengruppe enthält. Durch Kondensation in Ggw. saurer Katalysatoren werden die Zusatzstoffe z. B. erhalten aus Dodecanol, Polyoxyäthylenglykol u. Trioxymethylen oder Acetaldehyd; im allg. aus einem aliphat. Alkohol mit mindestens 12 C-Atomen, einem I mit mindestens 7 Oxyalkylengruppen u. einem Aldehyd oder Keton. — Beispiele. (**A. P. 2 609 344** vom 14/8. 1948, ausg. 2/9. 1952.) SCHINDLER. 5817

Barnstead Stiel & Sterilisier Co., übert. von: **Jacqueline A. Osborne**, Forest Hills, Mass., V. St. A., *Entsalzen wässeriger Lösungen.* Die Entsalzung wird mittels eines kombinierten Ionenaustauschers vorgenommen. Dieser besteht aus einem anionenakt., körnigen, in W. unlösl. harzartigen Reaktionsprod. aus einer α-Chlor-β.γ-epoxyverb. u. mindestens einem Alkylenpolyamin im Mischungsverhältnis von 2 Moll. Epoxyverb. auf 1 Mol Polyamin u. einem kationenakt., körnigen, in W. unlösl. Harz; dieses ist ein sulfoniertes Polymerisat einer Polyvinylarylverbindung. Die Anteile können im Verhältnis 1: 3 bis 3: 1 gemischt verwendet werden, wobei die anionenakt. Teilchen in direktem Kontakt mit den kationenakt. sich befinden. Nach 24 Wochen hat die Kombination eine Kapazität von 7 kg $CaCO_3/m^3$. Für den ersten Teil wird ein Kondensationsprod. aus Epichlorhydrin u. Tetraäthylenpentamin u. für den zweiten Teil ein sulfoniertes Mischpolymerisat aus Styrol u. Divinylbenzol vorgeschlagen. (**Can. P. 485 410** vom 14/12. 1949, ausg. 5/8. 1952. A. Prior. 13/4. 1949.) WITTHOLZ. 5827

Dewey & Almy Chemical Co., übert. von: **Morgan R. Day**, Cambridge, Mass., V. St. A., *Gasabsorptionsmittel*, bestehend aus einem Umsetzungsprod. aus 69,75 (Gewichtsteilen) $Ca(OH)_2$, 15 Kieselgur, 5,25 NaOH u. einer Cu-Verb., z. B. Cu-Sulfat, Cu-Carbonat, Cupro- oder Cuprichlorid, deren Menge 10 Teile beträgt. Mit W. wird aus der M. eine Paste gebildet. — An Stelle von Cu kann auch Zn als Sulfat, Chlorid oder Oxyd verwendet werden. (**Can. PP. 485 430** u. **485 431** vom 26/4. 1946, ausg. 5/8. 1952. A. Prior. 18/5. 1945.) WITTHOLZ. 5849

A.-B. Rosenblads Patenter, Stockholm, Schweden, *Eindampfen von krustenbildenden Flüssigkeiten.* Man führt die Verdampfung in einem Wärmeaustauscher durch, wobei Eindampfgut u. Kondensat wechselweise erst das eine u. dann das andere Wegsyst. des Wärmeaustauschers durchströmen. Hierbei ist weiter vorgesehen, daß wenigstens ein Teil des Kondensates mit den herausgelösten Krusten in den Anfangsteil des gleichen Syst. zurückgeführt wird. Hierdurch wird die Möglichkeit zur Lsg. abgelagerter Krusten erhöht. — Vorr., Zeichnung. (**N. P. 79 118** vom 14/10. 1948, ausg. 1/10. 1951.) JÜRGEN SCHMIDT. 5865

Quartz & Silice, Frankreich, *Herstellung von Einkristallen* durch Abscheiden aus Lsgg., z. B. von *Seignettesalz.* Das Wachstum der Kristalle in bestimmte Richtungen wird begrenzt durch Anordnung von Wänden, z. B. aus Glas, in entsprechender Lage zum Kristallkeim. Um das Loslösen der Kristalle zu erleichtern, wird empfohlen, die Wände mit einer dünnen Fettschicht oder einer anderen in der Lsg. unlösl. Schicht zu bedecken. (**F. P. 1 003 029** vom 22/11. 1946, ausg. 13/3. 1952.) SCHÖNAUER. 5869

III. Elektrotechnik.

Georges Guieu und **Christian Caradec**, Frankreich, *Aktive Massen für Akkumulatorenplatten*, bestehend aus Pb_3O_4, PbO, SiO_2 u. Pb in Pulverform, z. B. 1 (Gewichtsteil) Pb_3O_4, 0,5 PbO, 0,05 SiO_2 u. 0,5 Pb. Das Gemisch wird mit H_2SO_4 vom spezif. Gewicht 1,13 u. Glycerin angefeuchtet unter Zusatz von $KMnO_4$. Die M. findet in positiven Platten Verwendung. Für negative Platten wird an Stelle von $KMnO_4$ $ZnSO_4$ zugesetzt. (**F. P. 1 002 284** vom 3/9. 1946, ausg. 4/3. 1952.) SCHÖNAUER. 5971

Robert Bosch G. m. b. H., Stuttgart, *Sammlerbatterie* mit Platten, deren Gitter aus einer Pb–Sb-Legierung bestehen, dad. gek., daß die Pb–Sb-Legierung einen As-Zusatz von mindestens 0,05 bis höchstens 0,5%, bes. ca. 0,2%, enthält. — Gegebenenfalls enthalten nur die Gitter der positiven Platte den As-Zusatz. (**Oe. P. 171 681** vom 28/12. 1950, ausg. 25/6. 1952. D. Prior. 21/1. 1950.) M. F. MÜLLER. 5971

Comp. Générale d'Électricité, Frankreich, *Verschluß von elektrischen Zellen.* Um das Auslaufen des Elektrolyten beim Umkippen der Zellen zu verhindern, sind an den Verschlüssen 2 fein perforierte Platten angeordnet, zwischen denen sich eine genügende Menge eines fl. Silicons, z. B. ein Alkylchlorosilan, das eine größere D. als der Elektrolyt hat, befindet. Die sich im Elektrolyten entwickelnden Gase können durch das Silicon entweichen, der Elektrolyt wird zurückgehalten. (**F. P. 998 409** vom 24/9. 1945, ausg. 18/1. 1952.) SCHÖNAUER. 5971

Louis-Antoine-Jules-Tony Krieger und **Charles-Emmanuel Midé**, Frankreich, *Akkumulatoren mit Zinkanoden.* Der akt. M. der Anodenplatten aus Zn-Pulver wird 10—20% Mg-Pulver zugesetzt. Als Elektrolyt wird eine 30%ig. Lsg. von K_3PO_4 verwendet. Die akt. M. der Kathodenplatten besteht aus NiO-Pulver. Die EMK. beträgt 1,75 V. (**F. P. 1 004 463** vom 25/4. 1947, ausg. 31/3. 1952.) SCHÖNAUER. 5971

Max Gloor, Fritz Koref und **Marcel Villat**, Aarau, Schweiz, *Elektrische Glühlampen oder Gasentladungsleuchtröhren* erhalten auf der Innenwandung einen lichtstreuenden Belag durch Benetzen mit der Suspension (I) eines hydratisierbaren Metalloxydes (z. B. ZnO, MgO, Al_2O_3, SnO) in einer die teilweise Hydratisierung bewirkenden Fl., z. B. einem Gemisch aus W. mit A., Aceton, Amylacetat oder anderen organ. Lösungsmitteln. Die I kann auch noch unhydratisierbare feinverteilte feste Stoffe enthalten, z. B. $BaSO_4$ oder Glaspulver. Sie wird auf der Röhrenwandung angetrocknet u. durch Wärmewrkg. festgefrittet. (**Schwz. P. 283 569** vom 15/5. 1950, ausg. 1/10. 1952.) KESSEL. 5973

Westinghouse Electric Corp., East Pittsburgh, Pa., V. St. A., *Bildwandlerröhre*. Die Elektronenlinsen tragen schwarze Schichten aus C, ZnS oder SnO, durch die der Cs-Dampf der Photokathode adsorbiert u. von der Fluorescenzschicht des Endbildschirms ferngehalten wird. (**Belg. P. 500727** vom 19/1. 1951, ausg. 11/4. 1952. A. Prior. 20/1. 1950.) KESSEL. 5975

S. E. M. Soc. d'Électricité et de Mécanique Soc. An., Brüssel, Belgien, *Elektrische Entladungsröhre* mit fl. Kathode (I) u. kapazitiver Zündeinrichtung (II). Die I besteht aus einem Alkalimetall (III), bes. Cs, oder einer III-Legierung. Die Zündelektrode der II ist mit einem Al-Silicatglas umkleidet [z. B. 37 (%) SiO_2, 18 B_2O_3, 10 Al_2O_3, 35 BaO]. (**Belg. P. 500 368** vom 30/12. 1950, ausg. 28/3. 1952. A. Prior. 30/12. 1949.) KESSEL. 5975

S. E. M. Soc. d'Électricité et de Mécanique Soc. An., Brüssel, Belgien, *Glühkathode*. Die emittierende Schicht besteht aus einem oder mehreren Boriden B_6M, worin M ein Metall der Seltenen Erden ist, mit oder ohne Zusatz von kleinen Mengen Erdalkali-, Th- oder U-Borid. (**Belg. P. 502 232** vom 30/3. 1951, ausg. 4/7. 1952. A. Priorr. 31/3. u. 8/8. 1950.) KESSEL. 5975

Bell Telephone Laboratories, Inc., New York, N. Y., übert. von: **Jack H. Scaff**, Summit, N. J., und **Henry C. Theuerer**, New York, N. Y., V. St. A., *Germaniumgleichrichter*. Ge mit ca. 0,1 (%) Sn-Geh. wird mit einer Spur As, Sb, Bi oder P (z. B. 0,00005 bis 0,001 As oder 0,001—0,01 Sb) unter He in Ggw. eines reduzierenden Gases erschmolzen. Aus den beim Abkühlen entstehenden Zonen verschied. Gleichrichtercharakteristik werden Scheiben herausgeschnitten, oder der Körper wird in O-freier Atmosphäre durch Erhitzung homogenisiert; bei 800—900° entsteht ein Element vom P-Typ, bei 400—700° eines vom N-Typ. — Zeichnungen. (**A. P. 2 602 211** vom 29/12. 1945, ausg. 8/7. 1952.) KESSEL. 5977

United States of America, übert. von: **John A. Simpson jr.**, Chicago, Ill., V. St. A., *Geiger-Müller-Zähler* für niedrige Betriebsspannung (125—300 V). Die Gasfüllung besteht aus einem Edelgas (I) als Trägergas u. einem 2. Edelgas (II). Das Energieniveau des tiefsten metastabilen Zustandes des I liegt wenig über dem des 1. Ionisationspotentials des II, das in solcher Konz. vorhanden sein muß, daß die metastabilen Atome des I in weniger als 10^{-4} Sek. vernichtet werden. — Beispiele: Ne mit 0,001—1,0 (%) Ar bei einem Druck von 5—50 cm Hg-Säule; He mit Xe oder Ar unter ähnlichen Mengen- u. Druckverhältnissen. Die Kathodenoberfläche besteht aus einem Material, das bei Ionenbombardement möglichst wenig Sekundärelektronen emittiert, z. B. Cu_2O. — Diagramme, Zeichnungen. (**A. P. 2 606 296** vom 28/4. 1947, ausg. 5/8. 1952.) KESSEL. 5979

IV. Wasser. Abwasser.

A. Haneman jr., *Erhaltung des Wasservorrates, größte Aufgabe der Wasserwerksindustrie*. Bericht über geeignete Maßnahmen zur Erhaltung u. zweckmäßigen Nutzung größerer Wasservorräte im Staate Texas wie Dammbau zu Stauung u. Vermehrung des Grundwassers, Hochwasserschutz auch in kleineren Flußgebieten, Verwendung hygien. einwandfreien W. für Grundwasseranreicherung, Ausschluß vermeidbarer Verunreinigung des Grundwassers in unzulänglichen Brunnen-, Förder- u. Verteilungsanlagen, Vorausplanung wiederholter Nutzung, zuletzt für Bewässerung. (Southwest Water Works J. **34**. Nr. 9. 11—14. Dez. 1952.) MANZ. 6014

J. D. Yoder, *Entsalzung durch Ionenaustausch*. Es wird an Hand von Zahlenbeispielen gezeigt, daß die höheren Kosten für die Gewinnung von Speisewasser für Hochdruckdampfkessel durch Entsalzung von Rohwasser durch die größere Reinheit des entsalzten W. im Vgl. mit enthärtetem W. u. die damit verknüpfte größere Betriebssicherheit im Kraftwerk aufgewogen werden. (Paper Mill News **75**. Nr. 49. 83—84. 86. 130. 6/12. 1952.) WESLY. 6020

C. R. Harihara Iyer, R. Rajagopalan und **S. C. Pillai**, *Wirkung der Abwässer der Schmälzen für pflanzliche Öle und Fette aus der Zucker- und Holzschliffabrik auf Belebtschlamm*. Abwässer hemmten auch bei Verdünnung mit häuslichem Abwasser die Belebtschlammreinigung infolge ihrer Alkalität (p_H 9,6—8,2) unter Verzögerung der Nitrifikation u. Hemmung der Protozoenentwicklung. Nach Neutralisation auf p_H 7,2 ging der Abbau

n. vonstatten. (Sci. and Cult. **17.** 521—22. Juni 1952. Bangalore, Ind., Inst. of Sci., Dep. of Biochem.) MANZ. 6048

R. C. Kroner, M. B. Ettinger und **W. Allan Moore,** *Bestimmung von Pyridin und Pyridinbasen in Flußwässern und gewerblichen Abwässern.* Unterss. zur Steigerung der Empfindlichkeit der KOENIGschen Rk. zum Nachw. von Pyridinbasen aus Abwässern der Petroleumindustrie u. der Kokereien als geschmacks- u. geruchsbildende Stoffe im Wasser. Stärkste Farbentw. tritt im Dunkeln u. im p_H-Bereich 6,2—11,3 auf. Na-Acetat wirkt als Puffer u. verstärkt die Färbung. Zur Abtrennung störender Stoffe (Phenol, o- u. m-Kresol, Naphthol, Naphthylamin, Furfural) werden aus 500 cm^3 nach Alkalisierung auf p_H 10 mit NaOH u. Zusatz von Siliconfett zur Vermeidung des Überschäumens erst 450, nach Zugabe von dest. W. in den Destillationskolben weitere 50 cm^3 abdestilliert. Man verd. eine 0,001—0,02 mg Pyridin entsprechende Menge des Destillats auf 100 cm^3, setzt 4,0 cm^3 15%ig. Na-Acetatlsg., 2,0 cm^3 Benzidinreagens zu, stellt mit Indicatorpapier p_H auf 6,8—8,0 ein, schüttelt nach Zugabe von 25 cm^3 n-Butylalkohol u. 5,0 cm^3 Cyanbromid durch, läßt bei Raumtemp. im Dunkeln 3½—4 Std. stehen, hebt vorsichtig 5,0 cm^3 der Butylalkoholschicht ab u. liest in 1 cm^3-Küvette bei 520 mμ gegen gleichbehandelte Blindprobe ab u. errechnet den Pyridingeh. aus den Ablesungen gleichbehandelter Vergleichslösungen. Empfindlichkeit 0,005 mg/Liter im Bereich 0,005—1,0 mg/Liter. 1-, 2- u. 3-Picolin, 2.4- u. 2.6-Lutidin u. Nicotinsäure geben gleiche Färbung. (Analytic. Chem. **24.** 1877—81. Dez. 1952. Cincinnati, O., Publ. Health Serv., Environmental Health Center.) MANZ. 6068

R. S. Ingols und **E. S. Kirkpatrick,** *Untersuchung der Giftwirkung des Chroms bei verschiedenen Sauerstoffbedarfstesten.* Nach vergleichenden Unterss. mit dem üblichen BSB-Verdünnungsverf., dem SIERP-App. u. der Methylenblauprobe mit $NaNO_3$-Zusatz ist die hemmende Wrkg. des Cr von verschied. Faktoren, der Ggw. oder Abwesenheit von O_2, der Valenz der Cr-Verb., der Anwesenheit autotropher oder heterotropher Organismen, der Menge der vorhandenen organ. Stoffe abhängig. Nach Beobachtungen unter anaeroben Bedingungen wird vermutet, daß die Cr-Toxizität nur eine Störung durch inerte, kleine Teilchen darstellt. (Analytic. Chem. **24.** 1881—84. Dez. 1952. Atlanta, Ga., Inst. of Technol., State Engng. Expt. Stat.) MANZ. 6068

Marvin D. Weiss, R. S. Aries et leurs collaborateurs. Industrial water pollution. (Survey of legislation and regulations). New York: Chemonomics, Inc. 1951. (142 S.) $ 5,—.

V. Anorganische Industrie.

Telefunken Gesellschaft für drahtlose Telegraphie m. b. H. (Erfinder: **Alfred Widmann,** Falkensee, und **Heinz Breuer**), Berlin, *Reinigung von Edelgasen.* Die in üblicher Weise vorgereinigten Edelgase, die z. B. noch 0,01 Vol.-% N_2 enthalten, werden unter Luftabschluß bei 500° durch einen oder mehrere Behälter geleitet, die ein Mischsinterprod. enthalten, das aus 10—75 (Gew.-%) einer 5—95 enthaltenden Ce–Al-Legierung, La–Al-Legierung oder Cermischmetall–Al-Legierung u. 90—25 eines oder mehrerer hochschm. Metalle, wie Ti, Zr, Ta oder bes. Th, besteht u. das bes. auf große Oberflächen, z. B. auf Metallspänen oder -fäden, aufgesintert ist. Zur Regenerierung wird die Metalllegierung im Vakuum bei 1000° so lange erhitzt, bis die entbundenen unedlen Gase abgepumpt sind. — Zeichnung. (**D. R. P. 752 433** Kl. 12i vom 30/1. 1943, ausg. 4/11. 1952.) ZÜRN. H 230

Leon J. Ligonnet, Frankreich, *Herstellung von Wasserstoff.* Man läßt einen Wechselstrom durch die in einem Gefäß angeordneten, von einem Elektrolyten umspülten, aus Metall, z. B. Al oder Fe, bestehenden Elektroden. Diese bestehen aus mehreren Metallplatten, die abwechselnd untereinander verbunden sind u. parallel zueinander angeordnet sind. Als Elektrolyt dient Na_2-, K_2SO_4 oder Meersalz. Durch den Wechselstrom wird eine Polarisation der Elektroden, die ständig ihre Polarität wechseln, vermieden u. der H_2 in einer über der Elektrolysierzelle angeordneten Glocke aufgefangen u. abgezogen. (**F. P. 1 000 512** vom 18/2. 1946, ausg. 13/2. 1952.) WITTHOLZ. H 238

Soc. d'Études et de Recherches (S. E. R.), Frankreich, *Stabilisieren von Wasserstoffsuperoxyd* durch Zusatz einer Verb. des Oxychinolins, z. B. des Sulfates, in einer Menge von 0,1—0,2%. Das so stabilisierte H_2O_2 eignet sich bes. als Zusatz zu Haarfärbemitteln. (**F. P. 998 486** vom 11/10. 1945, ausg. 18/1. 1952.) SCHÖNAUER. H 241

I. G. Farbenindustrie Akt.-Ges., Frankfurt/M. (Erfinder: **Jenfried Petersen, Hans-Bernhard Seebohm** und **Rudolf Bock,** Wolfen, Kr. Bitterfeld), *Herstellung von Stickoxyden durch Ammoniakverbrennung.* Man führt die Wärme durch die Heizrohre eines Zwangsumlaufkessels (I) ab u. baut die Rohre so ein, daß **I** die Wand des gesamten Behältnisses kühlt, das zwischen dem Kontakt u. dem eigentlichen Abhitzekessel angeordnet ist. — Vorrichtung. (**D. R. P. 752 205** Kl. 12i vom 25/12. 1941, ausg. 10/11. 1952.) ZÜRN. H 243

Bamag-Meguin Akt.-Ges. (Erfinder: **Thomas Fischer**), Berlin, *Kontinuierliche Herstellung von hochkonzentrierter HNO_3*. Die Rk. zwischen fl. N_2O_4, W. oder verd. HNO_3 u. O_2 bei erhöhter Temp. u. 20—50 at wird in einem 10—20 m langen Reaktionsrohr durchgeführt, das fast völlig mit Fl. gefüllt ist u. dem der O_2 unten u. die fl. Komponenten oben zugeführt werden. Bei Anwendung eines senkrechten Rohres sind in gewissen Abständen horizontal angeordnete Leitbleche mit um 180° versetzten Durchbrüchen vorgesehen. Die Rohre können auch horizontal oder schräg übereinanderliegen u. z. B. als Rohrschlange ausgebildet sein. Zwecks guter Ausnutzung des O_2 arbeitet man mit einem Flüssigkeitsüberschuß, der mit den Restgasen oben entfernt wird. (**D. R. P. 750 981** Kl. 12i vom 22/9. 1937, ausg. 1/12. 1952.) ZÜRN. H 243

Inventa Akt.-Ges. für Forschung und Patentverwertung Luzern, Luzern, übert. von: **Kurt Kahr,** Ems, Schweiz, *Herstellung wässeriger Lösungen von Ammonnitrit* durch Einleiten nitroser Gase in eine gesätt. $(NH_4)_2CO_3$-NH_4HCO_3-Lsg. bei Tempp. nahe dem Erstarrungspunkt. (**A. P. 2 606 813** vom 11/8. 1950, ausg. 12/8. 1952. Schwz. Prior. 27/8. 1949.) NEBELSIECK. H 243

American Zinc, Lead & Smelting Co., St. Louis, Miss., V. St. A., *Rückgewinnung von Fluor aus Gasen.* Man behandelt die zu reinigenden Gase mit zerkleinerten Mg-Silicatmineralien. Anschließend laugt man die Silicate aus u. arbeitet die Lsg. durch Kristallisation auf $MgSiF_6$ auf, das dann unter Zusatz von H_2SO_4 auf wasserfreies HF dest. wird. (**N. P. 79 344** vom 25/9. 1950, ausg. 5/11. 1951. A. Prior. 28/10. 1949.) JÜRGEN SCHMIDT. H 246

I. G. Farbenindustrie Akt.-Ges., Deutschland, *Chlorwasserstoffgas* durch Abtreiben aus Salzsäure. Der vorerwärmten Salzsäure wird überhitzter Wasserdampf zugeführt. Dem abgetriebenen HCl-Gas wird durch Kühlen der geringe Wassergeh. entzogen. Die aus der Abtreibekolonne fließende heiße Salzsäure wird im Vakuum durch Entziehen von W. auf einen erhöhten Geh. gebracht u. von neuem für die Absorption von HCl aus Gasgemischen verwendet. — Beispiel: 3696 g 32,3%ig. Salzsäure, erhalten durch Waschen von Gas mit 6% HCl, wird auf 70° erhitzt. Durch Einführen von 840 g Wasserdampf von 102° werden 512 g HCl abgetrieben, deren geringer Wassergeh. durch Kühlen auf 20° niedergeschlagen wird. Die aus der Kolonne abfließende Salzsäure von 16,9% u. 102° wird im Vakuum auf einen Geh. von 18,7% gebracht. (**F. P. 1 001 948** vom 5/7. 1946, ausg. 29/2. 1952.) SCHÖNAUER. H 247

Canadian International Paper Co., Montreal, Quebec, übert. von: **Morris Wayman** und **William Howard Rapson,** Hawkesbury, Ont., Canada, *Herstellung von ClO_2*. Eine konz. Lsg. eines Chlorates, z. B. $NaClO_3$, läßt man durch einen Füllkörperturm (**I**) rieseln u. leitet im Gleich- oder Gegenstrom SO_2 u. ein Verdünnungsgas (**II**) durch **I**. An der Stelle der Haupt-Rk. wird gekühlt. Die entweichenden Gase bestehen aus ClO_2 u. **II**. — 5 Abbildungen. (**A. P. 2 598 087** vom 2/6. 1949, ausg. 27/5. 1952.) ZÜRN. H 247

Bozel Maletra, Frankreich, *Chlordioxyd* durch Einw. eines fein verteilten Metalloids, z. B. S, auf Chlorat in saurer Lösung. Die Reaktionstemp. darf 60° nicht überschreiten, da sonst Explosionsgefahr besteht. Das gebildete ClO_2 wird durch einen Luftstrom abgetrieben. Aus 50 g $NaClO_3$ konnten 26,4 g ClO_2 hergestellt werden. (**F. P. 1 002 286** vom 3/9. 1946, ausg. 4/3. 1952.) SCHÖNAUER. H 247

United States of America, übert. von: **Homer Jacobson,** New York, N. Y., V. St. A., *Herstellung von radioaktivem Brom.* Ein nichtflüchtiges Br-Salz, z. B. KBr, wird mit Neutronen bestrahlt, so daß es radioakt. wird. Dann wird es mit einem flüchtigen Br-Salz gemischt, das geschmolzen in Ionen dissoziiert, z. B. mit $AlBr_3$, $SnBr_2$ oder $ZnBr_2$. Das Gemisch wird so hoch erhitzt, daß ein Teil des flüchtigen Br-Salzes verdampft; die Dämpfe werden mit Br_2-Dampf gemischt u. dieser wird anschließend abgetrennt. (**A. P. 2 605 219** vom 28/9. 1949, ausg. 29/7. 1952.) ZÜRN. H 248

Potasse et Engrais Chimiques, Frankreich, *Gleichzeitige Herstellung von Schwefeldioxyd und Schwefel.* S-haltige Erze mit z. B. 10% S werden in einem Luftstrom erhitzt, dessen O_2-Geh. so eingestellt ist, daß nur ein Teil des S verbrennt, während der Rest als S-Dampf mit den Gasen der Reaktionskammer entweicht. — Z. B. enthalten die abziehenden Gase 150 g/m³ S u. 10% SO_2. Im elektr. Feld wird der S bei 130° zu feinem Nebel verdichtet u. dann zur Absorption des S mit geschmolzenem S bei 130° berieselt. SO_2 wird nach den bekannten Verff. aufgearbeitet. (**F. P. 1 004 344** vom 9/4. 1947, ausg. 28/3. 1952.) SCHÖNAUER. H 253

Permanente Metals Corp., Oakland, übert. von: **Leslie W. Austin,** San Jose, und **James C. Hicks** und **Clarence A. Ricks,** Menlo Park, Calif., V. St. A., *Magnesiumoxyd.* Eine Mg-Verb., die beim Erhitzen MgO ergibt, u. eine Cr-Verb. werden vermischt u. bei

Tempp. zwischen 1300 u. 1700° erhitzt. Der Zusatz der Cr-Verb. soll so bemessen sein, daß das Endprod. 2% Cr_2O_3 enthält. Es entsteht ein dichtes, nicht geschmolzenes, kristallines MgO. (**Can. P. 477 484** vom 17/11. 1948, ausg. 2/10. 1951.) SCHÖNAUER. H 282

VI. Silicatchemie. Baustoffe.

Craig C. Hill, *Die Entfernung von Eisenverunreinigungen und anderer nichtmetallischer Mineralien aus dem Sand.* Durch red. Rösten des Sandes bei ca. 400° wird die Wrkg. der magnet. Trennung gesteigert. (Ceram. Age **60.** 24—25. Sept. 1952.) SCHÜTZ. 6170

Kamillo Konopicky, *Silicasteine im Glaswannenofen.* Vf. gibt aus einer reichen Literaturzusammenstellung eine Zusammenfassung über: die Eigg. des Silicasteines u. die Möglichkeiten ihrer Beeinflussung. Prüfmethoden u. ihre begrenzten Aussagen. Wanderung der Flußmittel im Stein gegen das kältere Ende u. die Bedeutung dieser Zonenbldg. für den Verschleiß. Grenzen der Anwendbarkeit u. Qualitätsvorschriften. Über die guten Erfahrungen mit Quarzgutsteinen u. die Möglichkeit des Einsatzes von bas. (Magnesit-) Steinen. (Glastechn. Ber. **25.** 12—17. Jan. 1952. Millstatt, Kärnten, Österreich.) SCHÜTZ. 6172

Laurence C. Liberatore und **Raymond E. Wilson,** *Alterungsbedingte Änderung von Fieberthermometern.* Vff. geben eine Einleitung in die Theorie der Gleichgewichtsbedingungen im Glaszustand im Transformationsgebiet, dann die Meth. der Herst. u. Prüfung der für die Verss. verwendeten Thermometer. Diese werden teils künstlich gealtert durch Wärmebehandlung von 3 Std. bei 840° F (450° C), 24 Std. bei 790° F (425° C), 48 Std. bei 770° F (410° C), 36 Std. bei 700° F (340° C), dann bei 600° F (315° C) entgast u. mit Hg gefüllt, teils 3 Std. bei 450° getempert u. dann auf 290° abgekühlt u. dann gefüllt. Vergleichsposten wurden unbehandelt gefüllt. Die Prüfung erstreckte sich über 6 Monate. Die künstlich gealterten Thermometer zeigten nach dieser Zeit durchschnittlich Differenzen von 0,03° F, die anderen bis 0,10° F. (J. Amer. ceram. Soc. **35.** 203—06. Aug. 1952.) KÜHNERT. 6180

H. Brugger, *Ein einfaches Verfahren zur Herstellung hochbrechender dünner Schichten auf Glas.* Durch Eintropfen von $TiCl_4$ (auch $AlCl_3$ oder $SnCl_4$) in organ. Fll. hergestellte Lsgg. werden auf das Glas gebracht, abzentrifugiert, an feuchter Luft hydrolysiert u. auf 200° erhitzt (n = 2,3, bei Zusatz von Kieselsäureestern 1,45—2,3; hart, festhaftend, äußerst beständig). (Chimia [Zürich] **6.** 218. 15/9. 1952. Aarau, Kern & Co., Labor.) BLUMRICH. 6200

Robert F. Patrick, *Ursachen für das Rosten und das Abplatzen von Titanemails bei abwechselndem Frieren und Auftauen in Gegenwart von Feuchtigkeit.* Rosten u. Abplatzen von Ti-Emails stehen in direkter Beziehung zu der Bläschenstruktur in der Deckemailschicht. Höhere Bläschenanzahl u. wachsende Größe der Bläschen verringern die Neigung zum Rosten u. Abplatzen des Emails in Kühlschränken. Für die Bläschenstruktur ist der Mühlenzusatz weitgehend maßgebend. Fraglich ist der Einfl. des Grundemails. Von Bedeutung hingegen sind die Einbrennbedingungen. — 5 Abbildungen, 5 Tabellen. (Amer. ceram. Soc. Bull. **31.** 334—39. Sept. 1952. Baltimore, Md., V. St. A., Pemco Corp.) MARKHOFF. 6212

Franz Kirnbauer, *Die Anwendung von Sensibilisatoren in der Tonaufbereitung.* Die Aufbereitung von Tonen richtet sich nach keinem einheitlichen Schema. Sie muß vielmehr bes. für jedes Vork., mitunter auch für jede Sorte Ton, untersucht u. dann abgestimmt werden. Der Tonschlämmung mit Elektrolytzusätzen, mit u. ohne Sensibilisatoren, kommt hierbei besondere Beachtung zu. Bei Tonsuspensionen, die als Bohr-Fll. verwendet werden, spielt der p_H-Wert eine große Rolle. In England sind hierüber umfangreiche Verss. u. Unterss. vorgenommen worden, durch Zusatz von Gerbstoffen als Sensibilisatoren die Fl. der Suspension, d. h. die „scheinbare Viscosität“ herabzusetzen u. auch die Gelstärke zu vermindern. — Schrifttum. (Montan-Ztg. **68.** 177—79. Nov. 1952. Wien/Mödling.) PISTOR. 6216

I. F. Tschikurow, *Zur Frage der rationellen Organisation der Technologie der Herstellung von schamottereichen Erzeugnissen.* Zusammenfassende Behandlung des Brennprozesses, der Brikettrocknung, der Ofentypen, der Kornzus. der Schamottemasse, des Mahlprozesses u. der Vorbehandlung der Masse. (Огнеупоры [Feuerfeste Mater.] **17.** 387—97. Sept. 1952.) LEBTAG. 6218

I. O. Waidman, *Ein Versuch zur Verwendung von Kuckermit in Mörteln. Kuckermit* aus Schieferasche ist in Zus. u. Eigg. dem Romanzement ähnlich. Verss., ihn statt des teuren Kalkes zu Stukkaturarbeiten an Innen- u. Außenwänden zu benutzen, waren erfolgreich, ebenso Verss., ihn als Mörtel bei Ausschluß von Kalk u. Zement zu verwenden. (Торфяная Промышленность [Torf-Ind.] **29.** Nr. 6. 11. Juni 1952.) v. SCHROEDER. 6222

A. I. Ogorodnikowa, *Eine Schnellkontrolle des Gehaltes an Magnesiumoxyd in Dolomiten und Gläsern.* Zur Best. des Geh. von Dolomit an CaO u. MgO wird in der gleichen Probe Ca als Oxalat, Mg als $MgNH_4PO_4$ (I) gefällt. I wird mit überschüssiger 0,1nH_2SO_4. versetzt u. mit 0,1nNaOH zurücktitriert. Ca-Oxalat wird mit $KMnO_4$ titriert. SiO_2 u. die Sesquioxyde sind vor der Best. von Ca u. Mg zu entfernen. Nur in sehr reinen Dolomiten kann die Best. von Ca u. Mg in Ggw. der Oxyde von Fe u. Al erfolgen. Die Fehlergrenze liegt bei Ca unterhalb 0,8%, bei Mg unterhalb 1,0%. Bei der Analyse von Glas erfolgt die Fällung von Mg erst nach der Titration des Ca-Oxalates. Die Ausführung der Meth. wird genau beschrieben. (Легкая Промышленность [Leicht-Ind.] **12.** Nr. 8. 32—34. Aug. 1952.) LEBTAG. 6242

André Jourdain, *Der gegenwärtige Stand der Analyse in der Keramik.* (Vgl. C. **1952.** 7399.) Es wird über neue, bes. physikal. Methoden berichtet: Die Thermowaage nach CHEVENARD ermöglicht die Best. der Temperaturbereiche der Gewichtsbeständigkeit analyt. Ndd. u. gibt damit exakte Grundlagen für gravimetr. Vorschriften. Weiterhin werden mikroanalyt., colorimetr., spektrograph., polarograph. u. röntgenograph. Verff., sowie Leitfähigkeitstitrationen behandelt. (Ind. céram. **1951.** 100—03. Mai. 121—26. Juni.) F. HEINRICH. 6248

Patent-Treuhand-Ges. für elektrische Glühlampen m. b. H., Heidenheim/Brenz (Erfinder: **Harry Kalsing,** Düsseldorf-Heerdt), *Entglasungsfestes Maschinenröhrenglas.* Das Glas enthält 45—50(%) SiO_2 (I), 5—10 B_2O_3 (II), 0—5 P_2O_5 (III), 15—20 Al_2O_3 (IV), 10—15 BaO (V) u. 3—8 CaO + MgO. Beispiel für eine Glaszus.: 51,2 **I**, 6,7 **II**, 4,3 **III**, 18,4 **IV**, 11,4 **V**, 2,0 MgO u. 6,0 CaO. (**D. B. P. 854 074** Kl. 32b vom 31/10. 1942, ausg. 30/10. 1952.) HANS HOFFMANN. 6171

Hartford Empire Co., Hartford, Conn., V. St. A. (Erfinder: **D. G. Merrill**), *Wärmebehandlung von Glasgegenständen* auf einem endlosen Band in einem Tunnelofen. Unterhalb des Bandes befindet sich der Heizkanal. Aus diesem streichen die Heizgase durch einen Wärmeaustauscher, in dem Luft vorgewärmt wird, die zunächst um über dem Transportband angebrachte Muffeln herumstreicht u. dann durch Öffnungen in den inneren Muffelraum übertritt. — Zeichnungen. (**Schwed. P. 134 228** vom 23/11. 1946, ausg. 15/1. 1952. A. Prior. 23/11. 1945.) JÜRGEN SCHMIDT. 6181

Corning Glass Works, Corning, N. Y., V. St. A., *Durch Abschrecken gehärteter Glasgegenstand.* Dieser besteht aus einem Glas der Zus. 72,5—83(%) SiO_2 + Al_2O_3, 0 bis 15 B_2O_3 u. 4—16 Alkali- u. Erdalkalioxyde, dessen linearer Wärmeausdehnungskoeff. (I) kleiner als $65 \cdot 10^{-7}$, dessen Erstarrungsbereich (II) kleiner als 300° u. dessen Entspannungstemp. (III) höher als 506° ist. — Beispiel: Ein Glas der Zus. 56,4 SiO_2, 5,0 B_2O_3, 23,0 Al_2O_3, 0,8 Na_2O, 4,1 CaO u. 10,7 MgO hat $I = 38 \cdot 10^{-7}$, $II = 245°$ u. $III = 684°$. (**D. R. P. 767 476** Kl. 32b vom 2/7. 1936, ausg. 8/9. 1952. A. Prior. 24/9. 1935.) HANS HOFFMANN. 6181

Badische Anilin- & Soda-Fabrik (Erfinder: **Hans Fikentscher und Alfred Kirsch**), Ludwigshafen/Rh., *Ätzen und Mattieren von Glas.* Zwecks Herst. von Ätz- oder Mattierungsmustern werden die Stellen des Glases, welche von den gebräuchlichen Ätz- oder Mattierungsmitteln nicht angegriffen werden sollen, mit einer Folie aus einem Polymerisat des Vinylchlorids beklebt. Zweckmäßig werden Folien mit einer HF-beständigen Klebeschicht verwendet. (**D. B. P. 853 801** Kl. 32b vom 8/2. 1951, ausg. 27/10. 1952.) HANS HOFFMANN. 6189

Optische Werke C. A. Steinheil Söhne G. m. b. H. (Erfinder: Hubert Schröder), München, *Erhöhung der Lichtdurchlässigkeit optischer Gläser.* Den zur Erzielung der Durchlässigkeitserhöhung notwendigen chem. Stoffen werden zusätzlich weitere, vorzugsweise in gasförmigem Zustand, beigefügt, welche die Aktivierungsenergien der zu lösenden Glasbestandteile herabsetzen. Es kommen hierfür bes. Gase von reduzierender Wrkg. in Frage, die in möglichster Nähe der zu behandelnden Gläser entwickelt werden, wie H_2 oder NO. (**D. R. P. 755 972** Kl. 32b vom 11/6. 1940, ausg. 22/9. 1952.) HANS HOFFMANN. 6201

Optische Werke C. A. Steinheil Söhne G. m. b. H. (Erfinder: **Franz Mantler** und **Josef Schnell**), München, *Herstellung von reflexionsändernden Oberflächenschichten auf Glas oder durchsichtigen Kunststoffen.* Beim Aufdampfen von CaF_2 oder anderen Fluoriden im Vakuum auf die Glasoberfläche wird dem Aufdampfgut ein nach seinem Versäuerungsgrad zu bemessender Zusatz eines oder mehrerer Oxyde der Erdalkalien, z. B. CaO, MgO oder dgl., beigemengt. (**D. B. P. 850 786** Kl. 32b vom 26/6. 1942, ausg. 29/9. 1952.) HANS HOFFMANN. 6201

Optische Werke C. A. Steinheil Söhne G. m. b. H. (Erfinder: **Hubert Schröder**), München, *Verbesserung der Lichtdurchlässigkeit von Gläsern.* Bei Gläsern mit glaseigenen reflexvermindernden Oberflächenschichten wird deren Porosität durch chem. Nachbehandlung verstärkt. Zur Nachbehandlung kann verd. HF oder eine neutrale oder schwach alkal. Lsg. mit p_H zwischen 5 u. 10 verwendet werden. — Diagramm. (**D. B. P. 853 637** Kl. 32b vom 16/4. 1943, ausg. 27/10. 1952.) HANS HOFFMANN. 6201

Optische Werke C. A. Steinheil Söhne G. m. b. H. (Erfinder: **Walter Rollwagen, Josef Schnell** und **Hubert Schröder**), München, *Verarbeitung vergüteter Glasteile.* Glasgegenstände, deren Oberflächen zwecks Reflexionsverminderung mit glaseigenen Schichten versehen sind, werden vor ihrer Weiterverarbeitung mit einer Schutzschicht überzogen, welche nachträglich wenigstens auf den opt. wirksamen Teilen wieder entfernt wird. Zur Herst. der Schutzschicht können Polymerisate oder Kondensationsprodd., bes. Polystyrol, verwendet werden. (**D. B. P. 853 638** Kl. 32b vom 27/1. 1943, ausg. 27/10. 1952.) HANS HOFFMANN. 6201

Optische Werke C. A. Steinheil Söhne G. m. b. H. (Erfinder: **Hubert Schröder**), München, *Vergütung von Glasoberflächen.* Zur opt. Vergütung von Glas werden Glasbestandteile in einer Oberflächenschicht mit einer Dicke von ca. $^1/_4$ λ unter Verwendung von Salzen, Säuren, Laugen oder dgl. herausgelöst. Hierbei wird das Kieselsäuregerüst einem teilweisen chem. Angriff ausgesetzt, indem die Einw. der Chemikalien durch Schutzstoffe, die den Chemikalien zugesetzt werden oder erst durch Wechselwrkg. zwischen den Chemikalien u. den Glasbestandteilen entstehen, in der Weise behindert wird, daß aus dem ursprünglichen Kieselsäuregerüst nur ein Teil der Kieselsäure entfernt wird. Als Schutzstoffe können Stoffe mit Dipolmoment, z. B. Alkohole oder Metalloxydhydrate verwendet werden. Beim Behandeln von Pb-Glas mit einer $RCrO_4$-Lsg. bilden sich die Schutzstoffe von selbst. (**D. B. P. 853 639** Kl. 32b vom 13/5. 1942, ausg. 27/10. 1952.) HANS HOFFMANN. 6201

Revêtement Electrotechnique Relec, Paris, Frankreich (Erfinder: **Charles A. Marlies**, New York, N. Y., V. St. A.), *Herstellung von Metallüberzügen auf Glas oder dergleichen.* Zwecks Herst. einer dünnen, festhaftenden, zusammenhängenden Ag-Schicht von hoher Leitfähigkeit auf beliebigen Unterlagen, wie Glas, keram. Massen, Wachs oder dgl., wird die betreffende Oberfläche nacheinander mit Hilfe einer Spritzpistole mit einer Reinigungslsg., mit Waschwasser, mit einer $SnCl_2$ enthaltenden Sensibilisierungslsg., mit Waschwasser u. schließlich mit einem Gemisch aus ammoniakal. $AgNO_3$-Lsg. u. einer reduzierenden Lsg. behandelt. Die Reinigungs- u. $SnCl_2$-Lsg. können organ., oberflächenakt. Stoffe enthalten, die in beiden Lsgg. lösl. sind. (**D. B. P. 851 538** Kl. 32b vom 3/10. 1950, ausg. 6/10. 1952. F. Prior. 28/2. 1949.) HANS HOFFMANN. 6203

VII. Agrikulturchemie. Schädlingsbekämpfung.

W. J. Lütjeharms, *Der Einfluß von Bodenpilzen auf die Stabilität von Bodenaggregaten und den Benetzungswiderstand.* Eine durch Bodenpilze verursachte befriedigende Bodenstruktur hängt wahrscheinlich von einer großen Wasserstabilität (die in Wechselbeziehung zum Benetzungswiderstand steht) u. einer ausreichenden Infiltrationskapazität ab. (Pharmac. Weekbl. **87.** 636—40. 13/9. 1952. Bloemfontain, Univ. of the Orange Free State, Dep. of Botany, u. Inst. of Soil Biol.) WESLY. 6302

B. Bel, H. Denizot und **G. Mathieu**, *Untersuchung einiger charakteristischer Böden aus der Gegend von Dijon.* Unterss. an 3 alkal. u. 3 sauren Böden zeigten, daß für die Best. des N-Bedarfes die Proben gegen Ende des Winters zu entnehmen sind. Einige Böden zeigten P_2O_5- bzw. K_2O_6-Fixierung, gestatten somit eine gewisse Vorratsdüngung. (Ann. Inst. nat. Rech. agronom., Sér. A **3.** 191—205. März/April 1952. Dijon.) GRIMME. 6304

Daniel Bourdon, *Kalimangel des Bodens und Aschenalkalität.* Nach Verss. an Klee, Buchweizen, Raps, Wicken, Kartoffeln, verschied. Getreiden u. Unkräutern kommt zu deren K_2O-Versorgung nur der in W. lösl. bzw. austauschfähige Anteil in Frage. Aschenanalysen ergaben, daß bei K_2O-Mangel generell die Aschenalkalität steigt. Dieser Anstieg ist bedingt durch erhöhte Aufnahme von CaO u. MgO. (C. R. hebd. Séances Acad. Agric. France **39.** 362—65. 1952.) GRIMME. 6304

W. Sauerlandt, *Humus und Humuswirtschaft.* Überblick über die Bedeutung des Humus für den Weinbau u. den derzeitigen Stand unserer Kenntnis der Humusstoffe. — 28 Literaturhinweise. (Weinbau, wiss. Beih. **6.** 196—208. Dez. 1952. Braunschweig-Völkenrode, Forschungsanst. für Landwirtschaft, Inst. für Humuswirtschaft.) WINIKER. 6304

Karl Schrimpf, *Wodurch wird der Eiweißgehalt der Braugerste beeinflußt?* Entgegen der allg. verbreiteten Ansicht hat eine hohe Rein-N-Düngung keinen Einfl. auf den sortentyp. Eiweißgeh. der Braugerste (I). Da die I vorwiegend auf kalkhaltigen Böden angebaut wird, sollen neutrale oder NH_3-haltige Düngemittel bevorzugt werden. Reine

Salpeterdünger sind zu vermeiden. Hinweise auf den Einfl. der Vorfrucht. (Mitt. dtsch. Landwirtschafts-Ges. **68.** 310—11. 26/3. 1953. Stuttgart-Hohenheim.) WINIKER. 6304

G. A. Küppers-Sonnenberg, *Nährstoffansprüche der Topinambur.* Kurzer, zusammenfassender Überblick an Hand der Literatur. (Zucker **5.** 91—93. 1/3. 1952.) WINIKER. 6304

J. Garola und **R. Cadier,** *Die Düngung von Lein in Beauce.* Auf Grund eingehender Verss. schlagen Vff. eine $N-P_2O_5-K_2O$-Düngung im Verhältnis 1:1,5:1,75 vor. (C. R. hebd. Séances Acad. Agric. France **39.** 276—78. 1952.) GRIMME. 6304

M. Hanf, *Bestandsänderung im Grünland durch wuchsstoffhaltige Unkrautbekämpfungsmittel.* Die Wuchsstoffbehandlung (mit 2.4-D) von Wiesen greift ganz erheblich in das pflanzenphysiol. Gefüge ein in dem Sinne, daß vor allem Rotklee, Rosettenpflanzen u. Hahnenfuß zurückgedrängt werden. Diese Änderung bleibt über mehrere Jahre erhalten. Nachteilig wirkt sich die Abnahme der Erntemenge u. des Eiweißgeh. aus. Die Anwendung von Wuchsstoffen in Grünland ist also nur dort zu empfehlen, wo rasch einzelne, geschlossene Bestände bildende Arten, z. B. Wegerich, Ginster, Kompositen, vernichtet werden sollen, oder wo der Grasbestand weit weniger als die Hälfte des Bestandes ausmacht. (Mitt. biol. Zentralanst. Land- u. Fortswirtsch. Berlin-Dahlem **1953.** 109—13. März Gießen, Bezirksstelle für Pflanzenschutz.) WINIKER. 6312

B. Rademacher, *Stand der Unkrautbekämpfung mit herbiciden Wuchsstoffen auf dem Grünland.* Bericht über Erfahrungen mit *2.4-D.* (Mitt. biol. Zentralanst. Land- u. Forstwirtsch. Berlin-Dahlem **1953.** 100—09. März. Stuttgart-Hohenheim, Inst. für Pflanzenschutz der Landw. Hochschule.) WINIKER. 6312

M. Klinkowski, *Die Antibiotica und ihre Bedeutung als Beizmittel.* Zusammenfassender Überblick an Hand der Literatur. (Mitt. biol. Zentralanst. Land- u. Forstwirtsch. Berlin-Dahlem **1953.** 152—55. März. Halle/S., Phytopathol. Inst. der Martin-Luther-Univ.) WINIKER. 6312

O. Jancke, *Ein neues Verfahren zur Desinfektion von bewurzelten Jungreben.* Die Desinfektion erfolgt durch kurzfristiges Tauchen der Reben in 6%ig. Lsgg. eines Obstbaumcarbolineums. Dieses Verf. bewirkt gleichzeitig eine Stimulierung des Wurzelwachstums. (Weinbau, wiss. Beih. **6.** 177—88. Dez. 1952. Neustadt/Weinstraße, Landesanst. für Wein-, Obst- u. Gartenbau.) WINIKER. 6312

Claude Scoupe, *Samendesinfektion.* Sammelbericht über Naß- u. Trockenbeize von Getreidesaaten unter Verwendung von Gamma-Mitteln u. organ. Hg-Verbindungen. (Engrais **66.** Nr. 54. 7—8. Sept. 1952.) GRIMME. 6312

H. Goossen, *Bekämpfung der Stahlblauen Kiefernschonungs-Gespinstblattwespe* (*Acantholyda erythrocephala L.*). Bekämpfungsaktionen mit DDT-Gamma- u. Hexa-Präpp. führten, wenn sie frühzeitig genug (1. u. 2. Larvenstadium) erfolgten, zur Verhinderung nennenswerter Fraßschäden u. einer sehr weitgehenden Verringerung der Befallszahlen. Eine einmalige Aktion ist nicht immer ausreichend. (Mitt. biol. Zentralanst. Land- u. Forstwirtsch. Berlin-Dahlem **1953.** 146—51. März Münster, Pflanzenschutzamt.) WINIKER. 6312

Kurt R. Müller, *Zur Biologie und Bekämpfung der Gartenhaarmücke* (*Bibio hortulanus L.*) Ausführlicher Überblick an Hand der Literatur (29 Hinweise) u. auf Grund eigener Versuche. Als bes. wirksame Bekämpfungsmittel erwiesen sich *Gesarol, Verindal* u. *Hexacid.* (Nachrichtenbl. dtsch. Pflanzenschutzdienst [Berlin] [N. F.] **7.** (**33.**) 41—48. März **1953.** Halle/S., Zweigstelle der Zentralanst. der Deutschen Akademie der Landwirtschaftswissenschaften in Berlin.) WINIKER. 6312

Alfred Bittner, *Beobachtungen über die Wirkung von Fuklasin F auf die Honigbiene.* Es wurde festgestellt, daß das Pflanzenschutzmittel *Fuklasin F* (VEB SCHERING ADLERSHOF) selbst bei einer Konz. von 5% keine Bienenschäden verursacht. (Nachrichtenbl. dtsch. Pflanzenschutzdienst [Berlin] [N. F.] **7.** (**33.**) 35—36. Febr. 1953. Dummerstorf, Kreis Rostock, Inst. für Tierzuchtforsch., Deutsche Akademie der Landwirtschaftswissenschaften zu Berlin.) WINIKER. 6312

E. Bender, *Auftreten, Schaden und Bekämpfung einiger Tortriciden an Obstbäumen in den Jahren 1949—1952.* Die jungen Raupen, bes. die Eiraupen, u. die Falter sind empfindlich gegen *DDT-* u. *E-Mittel,* während ältere Raupen widerstandsfähiger sind u. die Eigelege u. Puppen prakt. durch die Spritzung nicht geschädigt werden. Unter Berücksichtigung des Entwicklungsganges ergeben sich Angriffspunkte beim Austrieb u. nach der Eiablage im Juni. (Mitt. biol. Zentralanst. Land- u. Fortswirtsch. Berlin-Dahlem **1953.** 218—24. März. Meersburg/Bodensee, Staatl. Inst. für Pflanzenschutz [Pflanzenschutzamt], Freiburg, Bezirksstelle Meersburg/Bodensee.) WINIKER. 6312

W. Downing, H. E. Harbour und **L. C. Stones,** *Moderne Insekticide und Ektoparasitenbekämpfung.* Vortrag, der einen Überblick über die Verwendung neuerer Insekticide (DDT, BHC, Toxaphen, Chlordan, Dieldrin) zur Bekämpfung der Schaffliegenmade sowie der Ein-, Zwei- u. Dreiwirtzecken vermittelt. — Diskussion. (Veterin. Rec. **64.** 787—803. 6/12. 1952.) W. LORENZ. 6312

E. Thiem, *Untersuchungen über die Eignung von Kornkäfereinstreumitteln zur Bekämpfung der Mehlmilben.* Es wurde festgestellt, daß mit den derzeitig üblichen Einstreumitteln (bes. *Gammexan*) bei n. Dosierung (1 Gewichtsteil des Mittels auf 1000 Gewichtsteile) lediglich ein beträchtlicher Rückgang des Milbenbefalls erzielt werden kann. Gegen eine höhere Dosierung bestehen hygien. Bedenken. — 13Literaturhinweise. (Nachrichtenbl. dtsch. Pflanzenschutzdienst [Berlin] [N. F.] **7.** (**33.**) 54—55. März 1953. Kleinmachnow, Abt. Pflanzenschutzmittelforsch. u. -prüfung der Biol. Zentralanst. Berlin.) WINIKER. 6312

K. Sellke und **Erika Schwartz,** *Kartoffelkäferbekämpfung mit Kontaktmitteln in geringen Brüheaufwandmengen.* Es wurde festgestellt, daß Spritzbrühmengen, die nur 30—16% des bisher üblichen Wasserbedarfes erfordern, zur Kartoffelkäferbekämpfung geeignet sind. *DDT, HCC* u. *GHx 404* (DDT-HCC-Mischpräp.) waren von gleicher Wirksamkeit. (Nachrichtenbl. dtsch. Pflanzenschutzdienst [Berlin] [N. F.] **7.** (**33.**) 48—53. März 1953. Kleinmachnow, Biol. Zentralanstalt Berlin.) WINIKER. 6312

E. G. Batte, L. E. Swanson und **J. B. Murphy,** *Bekämpfung von Süßwasserschnecken (Zwischenwirten von Fasciola hepatica) in Florida.* Der Bekämpfung von Fasciola hepatica diente Hexachloräthan sowie $CuSO_4$. (J. Amer. veterin. med. Assoc. **118.** 139 bis 141. März 1951. Gainesville, Fla.) LIEBNER. 6312

S. Mehl, *Die Bekämpfung von Nagetieren mit Rauchgasen und ihre Gefahren.* Allg. Ausführungen. (Mitt. biol. Zentralanst. Land- u. Forstwirtsch. Berlin-Dahlem **1953.** 199—203. März München, Bayer. Landesanst. für Pflanzenbau u. Pflanzenschutz.) WINIKER. 6312

S. Mehl, *Über aktuelle Fragen der Rattenbekämpfung mit besonderer Berücksichtigung der Cumarinmittel.* Behandelt werden Technik u. Organisation der Rattenvertilgungsaktionen. (Mitt. biol. Zentralanst. Land- u. Forstwirtsch. Berlin-Dahlem **1953.** 205—09. März. München, Landesanst. für Pflanzenbau u. Pflanzenschutz.) WINIKER. 6312

Chemische Studiengesellschaft Uniwapo G. m. b. H., Berlin (Erfinder: **Berndt Meppen,** Oranienburg), *Herstellung von Phosphatdüngemitteln.* Der Glühaufschluß von Rohphosphaten mit der bei der Entschwefelung von Roheisen anfallenden Sodaschlacke wird bei $<1000^0$, bes. bei ca. 850^0, vorgenommen. Ein Zusatz von Kalk kann erfolgen. Störungsfreier Verlauf des Sinterprozesses unter Gewinnung citronensäure- u. citratlösl. Phosphatdüngemittel. (**D. R. P. 747 405** Kl. 16 vom 14/4. 1939, ausg. 5/1. 1953.) KARST. 6283

Österreichische Stickstoffwerke Akt.-Ges. (Erfinder: **Wolfgang Leithe**), Linz, Österreich, *Phosphatdüngemittel.* Rohphosphat wird mit einem Gemisch aus HNO_3 u. bei 150^0 nicht merklich flüchtigen Säuren, z. B. H_2SO_4 oder H_3PO_4 oder einem Gemisch derselben, bei ca. 40^0 eine Std. behandelt u. anschließend zur Entfernung der flüchtigen Säure (HNO_3) auf $100—250^0$ eine Std. erhitzt, wobei die HNO_3 vollständig entfernt wird. Dadurch wird der Geh. an citratlösl. H_3PO_4 wesentlich erhöht gegenüber dem üblichen Superphosphat verfahren. (**Oe. P. 172 639** vom 18/11. 1950, ausg. 25/9. 1952.) WITTHOLZ. 6283

Chemische Werke Albert (Erfinder: **Rüdiger Lothar von Reppert**), Wiesbaden, *Herstellung von granuliertem Superphosphat.* Bei der Granulierung nach Pat. 837 104 wird frischem oder abgelagertem Superphosphat Sulfitablauge, bes. in starker wss. Verdünnung, zugesetzt u. das Gemisch unter den Bedingungen des Hauptpatents in druckfeste Granula übergeführt. Auf 1 (Teil) Phosphat wird 0,1 Ablauge mit 0,1—0,2% Trockensubstanz verwendet. Hohe Lagerbeständigkeit. (**D. B. P. 857 057** Kl. 16 vom 27/3. 1949, ausg. 27/11. 1952. **Zusatz zu D. B. P. 837 104; C. 1952. 6594.**) KARST. 6283

Chemische Werke Albert (Erfinder: **Rüdiger Lothar von Reppert**), Wiesbaden, *Herstellung von granuliertem Superphosphat.* Dem frischen oder abgelagerten, pulverigen Superphosphat werden Bindemittel zugegeben, denen feinpulverige Schädlingsbekämpfungsmittel, gegebenenfalls zusammen mit Spurenelementen, zugesetzt sind. Bes. geeignet: eine Suspension oder Emulsion von γ-$C_6H_6Cl_6$ (**I**) in einer Wasserglaslsg. oder ein Gemisch aus trockener Sulfitablauge u. **I.** Die Gemische werden in Ggw. von W. granuliert, getrocknet u. erhärten gelassen. (**D. B. P. 863 947** Kl. 16 vom 26/1. 1951, ausg. 22/1. 1953. **Zusatz zu D. B. P. 837 104; C. 1952. 6594.**) KARST. 6283

Davison Chemical Corp., V. St. A., *Ammoniakhaltiges, granuliertes Superphosphat.* Man beläßt das angefeuchtete granulierte Superphosphat (I) mit Ammoniak in einem geschlossenen Raum ca. 5 Min., wobei die Temp. 75—100° betragen kann. Hierdurch wird eine Fixierung des NH_3 bewirkt, außerdem kann die Rückbldg. des I durch Zugabe von H_2SO_4 verhindert werden. (**F. P. 1 003 999** vom 21/12. 1949, ausg. 24/3. 1952. A. Prior. 17/2. 1949.) WITTHOLZ. 6283

Hercules Powder Co., übert. von: **Cornell H. Cordie** und **Robert W. Lawrence**, Wilmington, Del., V. St. A., *Düngemittel.* Körniges NH_4NO_3 wird mit nicht mehr als 4% einer Mischung von 30—80 (Teilen) Kolophonium, 5—25 Paraffin, 5—50 Vaseline behandelt u. gekühlt, bis der Überzug fest haftet. Dann wird mit einer porigen, feinkörnigen, wasserunlösl. M., z. B. gefälltem $Al(OH)_3$ oder Kieselgur, gemischt. Das körnige Düngemittel backt nicht zusammen. (**Can. P. 477 460** vom 11/9. 1944, ausg. 2/10. 1951. A. Prior. 13/4. 1944.) SCHÖNAUER. 6285

United States of America, übert. von: **Aaron M. Altschul, Marjorie Z. Condon** und **Madeline G. Lambou**, New Orleans, La., V. St. A., *Behandlung von Saaten.* Baumwollsaat, Sonnenblumenkerne, Reis, Flachssaat, Hirsekörner u. dgl. mit einem Feuchtigkeitsgeh. von 15—30% werden mit einem Gemisch, das ca. 10 (Teile) Propylenglykoldipropionat u. ca. 1 1.3-Dimethyl-4.6-bischlormethylbenzol in einer Konz. von 0,2—1,0% enthält, während 1—3 Tagen im isolierten Behälter behandelt, worauf durch Einw. von Luftströmen der Wassergeh. der Saaten ohne Wärmezufuhr auf unter 15% herabgesetzt wird. Die Erhitzung der Saaten während der Lagerung, die Bldg. von Schimmel u. dgl. u. von freien Fettsäuren wird vermieden. (**A. P. 2 571 095** vom 8/11. 1949, ausg. 16/10. 1951.) KARST. 6313

Bayer Products Ltd., W. Brown, London, und **H. C. Mellor**, Middlesex, England, *Bekämpfung von Krankheiten von Kartoffelknollen.* Man behandelt die Kartoffeln mit einem Mittel, das als Wirkstoff Mononitrobenzole mit mindestens 3 Cl-Atomen im Mol. enthält, z. B. *Pentachlornitrobenzol, 2.3.5.6-Tetrachlor-1-nitrobenzol* oder *1.2.4-Trichlor-5-nitrobenzol.* (**N. P. 79 328** vom 16/3. 1948, ausg. 5/11. 1951. E. Prior. 18/3. 1947.) JÜRGEN SCHMIDT. 6313

Nuodex Products Co., Inc., Elizabeth, N. J., V. St. A., *Fungicides Mittel*, enthaltend als wirksamen tox. Bestandteil ein im wesentlichen wasserunlösl. u. benzinlösl. Alkyldimethylbenzylammoniumnaphthenat, dessen Alkylgruppe 12—18 C-Atome enthält, z. B. n-Dodecyldimethylbenzylammoniumnaphthenat, u. einen Trägerstoff hierfür. — Beispiele. (**E. P. 648 400** vom 26/11. 1947, ausg. 3/1. 1951. A. Prior. 7/11. 1946.) KETTNER. 6313

Lewis R. Drake, Midland, und **Arthur J. Erbel**, Bay City, Mich., V. St. A., *Herstellung von 2.4.6-Trichlorphenyldialkylphosphaten* aus dem 2.4.6-Trichlorphenyldichlorphosphat u. A. oder Methanol. *Dimethylverb.*, F. 69—71°; *Diäthylverb.*, F. 40—41°. *Schädlingsbekämpfungsmittel.* (**A. P. 2 599 375** vom 21/4. 1950, ausg. 3/6. 1952.) FABEL. 6313

Dow Chemical Co., Midland, übert. von: **Lewis R. Drake**, Midland, und **Arthur J. Erbel**, Bay City, Mich., V. St. A., *O-2.4.6-Trichlorphenyl-O.O-dialkylthiophosphate* Man setzt das O-2.4.6-Trichlorphenyldichlorthiophosphat mit CH_3OH oder A. um. — *O.O-Diäthylverb.*, F. 49—51°; *O.O-Dimethylverb.*, F. 59—60°. — *Schädlingsbekämpfungsmittel.* (**A. P. 2 599 512** vom 21/4. 1950, ausg. 3/6. 1952.) FABEL. 6313

Pest Control Ltd., Bourn (Erfinder: **Denis William Pound**, Cambridge), Cambridgeshire, England, *Insekticide Phosphorverbindungen* der Formel I entstehen durch Rk. von 2 Mol II mit 1 Mol W. in einem inerten Lösungsm. in Ggw. eines tert.-Amins. Es bedeuten X einen Mono- oder Dialkylaminrest, Y einen Monoalkylamin-, Dialkylamin- oder Alkoxyrest. — *Tetrakis-(äthylamino)-phosphinsäureanhydrid.* Aus Bis-(äthylamino)-chlorphosphinoxyd u. W. in Chlf. u. Methyldibutylamin, Kp.$_{1-2}$ 160°. — Analog: *Tetrakis-(monoisopropylamino)-phosphinsäureanhydrid*, F. 151°. — *Bis-(dimethylamino)-bis-(äthoxy)-phosphinsäureanhydrid.* (**D. B. P. 855 567** Kl. 12q vom 22/12. 1950, ausg. 13/11. 1952. E. Prior. 23/12. 1949. **Zusatz zu D. B. P. 836 192; C. 1953. 438.**) LANGER. 6313

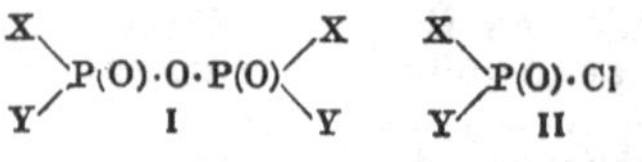

Pest Control Ltd., Bourn, England (Erfinder: **G. S. Hartley, D. W. Pound** und **B. C. Saunders**), *Phosphorhaltige insekticide Verbindungen.* Das Verf. nach Schwed. P. 128 008 (C. **1951. I. 2351**) zur Herst. phosphorhaltiger Verbb. aus Dialkylaminen mit POCl in einem inerten Lösungsm. wird dahin weitergebildet, daß man diesen Umsatz in Ggw. eines tert. Amins mit einer Basizität, die mindestens dem Pyridin entspricht, die aber nicht irreversibel mit POCl reagiert, durchführt. Geeignet sind z. B. *Methyldibutylamin, Triäthylamin.* Als Dialkylamine kommen bes. Dimethylamin u. N-Diäthyl-

cyclohexylamin in Betracht. — Z. B. stellt man aus Triäthylamin u. Dimethylamin *Bis-[bis-dimethylaminophosphon]-anhydrid* her. (**Schwed. P. 133 599** vom 23/11. 1949, ausg. 20/11. 1951. E. Prior. 6/12. 1948. **Zusatz zu Schwed. P. 128 008; C. 1951. I. 2351.**)
JÜRGEN SCHMIDT. 6313

Elmer Ralph de Ong, Insect, fungus and weed control. New York: Chemical Pub. Co. (400 S. m. Abb.) $ 10,—.

VIII. Metallurgie. Metallographie. Metallverarbeitung.

J. L. Boyle, *Wasserstoff als zusätzliches Reduktionsmittel zum Koks im Hochofen.* Die metallurg. Vorteile der Verwendung von H_2 sind bes. die Erhöhung der Temp. in der Windformenebene durch Unterdrückung von Wassergas-Rkk., das Bestehen eines Gegenstromes von Reduktions- u. Oxydationsmitteln. H_2 ist dem C zur Red. von Fe-Erz thermochem. vorzuziehen. (Blast Furnace Steel Plant **40.** 535—37. Mai 1952.) PAHL. 6400

J. H. Ubbink, *Zur Frage des Einflusses der Aufheizgeschwindigkeit beim Tempern auf die Temperkohlebildung.* Im Duplexverf. Kupolofen–Elektroofen hergestellter Temperrohguß enthält beim Tempern auf Schwarzguß um so zahlreichere Temperkohleknoten in der Volumeneinheit, je langsamer der Temperaturbereich zwischen ca. 250 u. 350° beim Aufheizen der Proben durchlaufen wird. Dieser Einfl. tritt auch auf, wenn nach langsamem Durchschreiten dieses Bereiches vor dem eigentlichen **betriebsmäßigen** Tempern eine Zwischenabkühlung auf Raumtemp. erfolgt. Die Abkühlungsgeschwindigkeit nach der Vorglühung ist ohne Einfl. auf die Temperkohlebildung. Nach diesem Verf. hergestellter Temperguß zeigt kompakte Temperkohleknoten, während Verästelungen fehlen. (Giesserei, techn.-wiss. Beih. **1952.** 335—37. März. Doesburg, Holland.) HOCHSTEIN. 6406

E. Mickel, *Zur Frage der Gestaltfestigkeit bei Temperguß.* Der Temperguß steht in bezug auf die Gestaltfestigkeit zwischen dem Stahlguß u. dem Grauguß. Einer Dauerwechselfestigkeit in der Größe von 15—17 kg/mm² steht eine mäßige Kerb- u. Gestaltempfindlichkeit gegenüber. Gegenüber dem bearbeiteten u. sauber polierten Probestab verringert eine saubere Gußhaut die Wechselfestigkeit nicht. (Giesserei **39.** 429—31. 4/9. 1952. Stuttgart-Bad Cannstadt.) HOCHSTEIN. 6406

T. Ko und S. A. Cottrell, *Die Bildung von Bainit.* Bei der Bainitbldg. aus Austenit wird die Probenoberfläche verzerrt, wobei ein Gefüge gebildet wird ähnlich wie während der Martensitbildung. Bei der Unters. des Oberflächenreliefs während der Bainitbldg. wurde festgestellt, daß Bainit durch Keimwrkg. u. ein langsames kohärentes Wachstum entsteht, dessen Geschwindigkeit von der Austenitzus. u. der Umwandlungstemp. abhängt. Es wird eine neue Theorie über den Verlauf der Bainitbldg. erörtert, wobei angenommen wird, daß infolge einer unzulänglichen Treibkraft sich Martensit nicht bilden kann u. das kohärente Wachstum nur möglich ist, wenn die Treibkraft erhöht wird u. der im Bainit in Lsg. befindliche C gesenkt wird. Dies findet statt bei Diffusion des C in den umgebenden Austenit oder einer Carbidausscheidung innerhalb des Bainits oder durch eine Kombination von beiden. Die Wachstumsgeschwindigkeit wird somit durch die Geschwindigkeit der C-Entfernung geregelt. — Schrifttumsangaben. (J. Iron Steel Inst. **172.** 307—13. Nov. 1952. Birmingham, Univ., u. Warrington, Ministry of Supply.) HOCHSTEIN. 6408

E. Ll. Evans und H. A. Sloman, *Untersuchungen über die Desoxydation von Eisen. Desoxydation durch Silicium.* Beschrieben wird die Herst., mkr. Prüfung u. Analyse von Stahlblöcken, die durch Zusatz verschied. Mengen von Eisenoxyd u. Si zu Schmelzen aus reinem Eisen im Vakuum erschmolzen wurden. Die Ergebnisse wurden durch röntgenograph. u. chem. Analyse der aus den Blöcken extrahierten nichtmetall. Rückstände, durch O-Bestimmungen u. Best. des Si-Geh. ergänzt. Dort, wo Si stöchiometr. im Überschuß zum O_2 zugesetzt wurde, waren die Einschlüsse glasig. Bei Si-Gehh. der Blöcke über 0,1% waren die Einschlüsse aus prakt. reiner SiO_2 zusammengesetzt. Bei niedrigeren Si-Gehh. wuchs der Eisenoxydgeh. der Einschlüsse progressiv an. Einschlüsse in diesem Gebiet können aus zwei unmischbaren Gläsern bestehen oder aus *Fayalit* zusammen mit *Wüstit* u. *Magnetit.* — Schrifttumsangaben. (J. Iron Steel Inst. **172.** 296—300. Nov. 1952. Teddington, Nat. Physical Labor.) HOCHSTEIN. 6408

—, *Sprödbruch im Stahl.* Stähle mit über 0,006—0,007% N können nach schneller Abkühlung durch Aushärtung spröde werden. Hierfür ist das Verhältnis von Mn:C entscheidend. (Iron Coal Trades Rev. **163.** 815—16. 12/10. 1951.) K. STEIN. 6408

—, *Einsparung an Legierungselementen.* Für Vergütungs- u. Einsatzstähle der *En*-Reihe werden zur Ersparnis an Ni u. Mo nach Querschnitt u. verlangter Festigkeit die zu verwendenden Stahlmarken angegeben. (Metallurgia [Manchester] **46.** 31—32. Juli 1952.) K. STEIN. 6408

Walter Bading, *Stand und Entwicklung der Windfrischverfahren.* Überblick. (Stahl u. Eisen **71.** 373—88. 12/4. 1951. Huckingen.) HABBEL. 6408

Edward A. Loria, *Erstarrung und Ausscheidungen in Blöcken von beruhigtem Stahl.* Überblick mit Literaturangaben. (Blast Furnace Steel Plant **40.** 410—15. April 1952. Niagara Falls, Carborundum Co.) PAHL. 6408

Fritz Richter, *Eigenschaften und Auswahl von Lagerwerkstoffen.* Überblick. (Werkstatt u. Betrieb **84.** 304—07. Juli 1951. Frankfurt/M.) HABBEL. 6432

F. X. McGarvey, R. E. Tenhoor und **R. P. Nevers,** *Messing- und Kupferindustrie. Kationenaustauscher für Metallanreicherung aus Beizereiwaschwässern.* Die Wiedergewinnung von *Cu* u. *Zn* aus Beizereispülwässern ist mit Hochleistungsaustauschern im Salz- u. Säurekreislauf möglich. Die Verwendung des Regenerationssäureablaufes zum Auffrischen der Beizsäure ermöglicht Säureeinsparung. Die Kapazität der Austauscher für Cu u. Zn wird bes. bei geringen Konzz. im Spülwasser durch die Härte des verwendeten W. beeinflußt. Bei Verzicht auf Wiedergewinnung der Metalle ist im Salzkreislauf eine höhere Kapazität, geringere Beeinflussung durch die Rohwasserhärte, höhere Metallkonz. in der Regenerationsablauge u. vollständigere Aufnahme des Cr III zu erreichen. (Ind. Engng. Chem. **44.** 534—41. März 1952. Philadelphia, Pa., Rohm and Haas Co., Waterbury, Conn., American Brass Co.) MANZ. 6432

K. L. Dreyer, *Über den Gefügeaufbau und die Aushärtbarkeit von Kupfer-Mangan-Silicium-Legierungen.* Es werden Unterss. über die Aushärtung u. Entfestigung von Cu-Mn-Si-Legierungen mit 1 u. 2% Mn u. 2—5% Si durchgeführt. Legierungen mit 1% Mn u. 5% Si sowie 2% Mn + 4% Si härten durch Anlassen bei 200—400° nach einem Abschrecken von ca. 700° deutlich aus, ihre Entfestigung nach Kaltverformung findet erst bei Tempp. über 400° statt. (Metall **6.** 440—44. Aug. 1952. Berlin-Charlottenburg, Techn. Univ.) HOCHSTEIN. 6432

Paul Klare, *Über die Entstehung der oxydulreichen an der Luft erstarrten Oberfläche von liegend gegossenen Kupferdrahtbarren.* Die Cu_2O-reiche Schicht entsteht dadurch, daß das in der Gießform fl., mit der Atmosphäre in Berührung kommende Cu an der Oberfläche den Luftsauerstoff unter Bldg. von Cu_2O aufnimmt. Drahtbarren, die während des Gießens bis zur Erstarrung unter Schutzgas stehen, sind vermutlich frei von der bei der Weiterverarbeitung nachteilig wirkenden oxydulreichen Oberfläche. — Diskussion. (Z. Erzbergbau Metallhüttenwes. **5.** 350—54. Sept. 1952. Frankfurt/M.) HOCHSTEIN. 6432

Fritz Goederitz, *Die Aluminiumbronzen (Formgußlegierungen) unter besonderer Berücksichtigung ihrer Schmelz- und Gießbehandlung.* Besprochen werden: Bin. Al-Bronzen mit 2—10% *Al* u. Mehrstoff-Al-Bronzen mit ca. 85% *Cu* u. wechselnden Zusätzen an Al, *Mn, Fe, Ni* (*Sn, Zn* u. *Pb*) u. in Einzelfällen auch *Si.* (Metallurgie u. Gießereitechn. **1.** 168—74. Juni 1951. Eisleben.) PAHL. 6432

E. D. Weisert, *Hastelloy. Hastelloy*-Legierungen sind gegen $CuSO_4$-Lsgg. sehr widerstandsfähig. — Beispiele. (Chem. Engng. **58.** 216. April 1951. Kokomo, Ind., Haynes Stelite Co.) J. FISCHER. 6434

—, *Die Nickelindustrie im Jahre 1950.* Herst. u. Verwendung von Ni-Legierungen, Ni-legiertem Gußeisen u. Ni-Stählen. (Iron and Steel **24.** 23. 25. Jan. 1951.) PAHL. 6434

A. D. Schwope und **W. Chubb,** *Erhöhung der Festigkeit von Zirkonium bei erhöhten Temperaturen durch geringe Zusätze.* Geringe Zusätze von *Mo* (0,82—1,2 [%]) u. *Nb* (1,6 bis 2,2) erhöhen die Festigkeit von induktiv geschmolzenem Zr bei Tempp. unter 500°. Zusätze von *Al* (0,38—2,0), *Ta* (3,0—6,4) u. *V* (3,1—3,2) sind bes. wirksam zur Erhöhung der Zr-Festigkeit bei Tempp. über 600°. Für Tempp. zwischen 300 u. 700° haben *Ti*-Zusätze die größte festigkeitssteigernde Wirkung. — Schrifttumsangaben. (J. Metals **4.** 1138—40. Nov. 1952. Columbus, O., Battelle Mem. Inst.) HOCHSTEIN. 6436

A. Gragnani, *Metallographie der komplexen Aluminiumbronzen (Cu-Al-Fe-Ni) vom Typ Xantal B.* Nach kurzer Besprechung der zugehörigen bin. u. tern. Zustandsdiagramme wird auf Grund der metallograph. Unterss. festgestellt, daß die Struktur des Xantal B (Cu 81%, Al 11%, Fe 4%, Ni 4%), da Fe nicht stört, als tern. Syst. Al-Cu-Ni aufgefaßt werden kann. Ferner ergaben die Experimente, daß die wichtigsten krit. Punkte bei 600° bzw. 700° liegen u. die Härte nicht nennenswert vom technolog. Zustand des Werkstoffs, wohl aber von den Abkühlungsbedingungen oberhalb 550° beeinflußt wird. Die für die mechan. Eigg. günstigste Anlaßtemp. liegt bei 650—675° u. nicht, wie allg. angenommen wird, bei 620°. (Alluminio **20.** 423—39. Nov. 1951. Novara, Ist. Sperimentale dei Metalli Leggeri, Div. Ricerche.) RUMPF. 6442

Dudley T. Ross, *K-150 schließt eine Lücke unter den eingeführten Aluminiumlegierungen.* Die Lücke zwischen den Aluminiumlegierungen *3 S* u. *52 S,* die bzgl. Festigkeit u. Verarbeitungseigg. bes. für Tiefziehzwecke bestand, wird durch K-150, eine Allzweckelegierung, die ca. 22% fester ist u. eine um 40% höhere Streckfestigkeit als 3 S besitzt, ausgefüllt. Besprechung der Anwendungsgebiete, Vergleichstabelle über Zugfestigkeiten, Streckfestigkeit u. Dehnungen gegenüber 3 S u. 52 S. (Materials and Methods **34.** Nr. 2. 74—75. Aug. 1951. Kaiser Aluminium & Chem. Sales, Inc.) ROTTER. 6442

I. C. Fitch, *Verwendung von Lichtbogenschweißelektroden.* Krit. Ausführung über Elektrodenzahl, Aufhärtung, Schweißvorbereitung bei verschied. Stahlsorten, Auftragsschweißung, Wärmebehandlung. — Diskussion. (Trans. Inst. Welding **14.** 45—52. April 1951.) G. RICHTER. 6506

C. G. Keel, *Schweißtechnik in USA.* Überblick. (Z. Schweisstechn. [Zürich] **42.** 41—70. März 1952. Basel.) HABBEL. 6506

P. Brenner, *Über das Schweißen von Leichtmetall.* Überblick über neuzeitliche Fortschritte. (Z. Ver. dtsch. Ing. **93.** 729—35. 1/8. 1951. Bonn.) HABBEL. 6506

A. Müller-Busse, *Untersuchung von argonarc- und autogengeschweißten Leichtmetallblechen.* Nach dem *Argonarc*-Verf. geschweißte 2 u. 4 mm dicke Bleche aus Reinaluminium u. verschied. Al-Legierungen weisen in ihrer Zerreißfestigkeit u. Biegefähigkeit keine systemat. Unterschiede gegenüber autogengeschweißten Verbindungen auf. Auf Grund von Härtekurven u. Schliffbildern wurde nachgewiesen, daß die Wärmeeinflußzone bei der Autogenschweißung merklich breiter als bei der Argonarcschweißung ist. (Metall **5.** 538—39. Dez. 1951. Bonn, Vereinigte Leichtmetallwerke.) HOCHSTEIN. 6506

—, *Einfluß von organischen Verunreinigungen im Nickelbad. Ihre Beseitigung.* Hierfür kommen nur 2 Methoden in Betracht: Die Adsorption u. die Oxydation. Für die Adsorption sind geeignet $Fe(OH)_3$ (1 g/Liter $FeSO_4$ u. H_2O_2) bei p_H 4—4,5, MnO_2-Hydrat (1 g/Liter $MnSO_4$ u. 0,4 g/Liter $KMnO_4$) oder Fällen mit Kieselgur oder gepulverter Holzkohle. Als Oxydationsmittel ist bes. $KMnO_4$ (0,1—0,2 g/Liter) bei p_H 3 geeignet. Über die Reinigungsmeth. wird eingehend berichtet. Andere Oxydationsmittel wie H_2O_2 sind stark abhängig von der Art der organ. Verunreinigung. (Galvano [Paris] **20.** Nr. 176. 11—14. Sept. 1951.) J. FISCHER. 6514

N. P. Fedotjew und **Ss. Ja. Grilichess,** *Elektrochemische Bearbeitung von Metallen.* Überblick über Entw., Durchführung u. benötigte App. der elektrochem. Polierung von Metalloberflächen. (Наука и Жизнь [Wiss. u. Leben] **19.** Nr. 9. 13—15. Sept. 1952.) HOCHSTEIN. 6514

K. Chakravarty, B. N. Ghosh und **S. K. Roy,** *Mit Kupfer und Nickel elektroplattierte Oberflächen von Nichtleitern. Holz, Glas, Glimmer, Kunststoffe* u. andere Nichtleiter werden nach dem Aufrauhen u. Entfetten in einem salzsauren $SnCl_2$-Bad sensibilisiert, durch Red. einer auf p_H 8,8—9,0 eingestellten, mit NH_3 versetzten $CuSO_4$-Lsg. mit festem $Na_2S_2O_4$ bei 25° ein Cu-Film hergestellt, in nichtoxydierender Atmosphäre getrocknet u. diese Cu-Schicht durch Elektroplattierung verstärkt. Bei Ni-Plattierung kann die Sensibilisierung entfallen u. der Cu-Film durch einen in gleicher Weise hergestellten Ni-Film ersetzt werden. (J. Indian chem. Soc., ind. News Edit. **14.** 148—52. 1951. Calcutta, Univ., Dep. of phys. Chem.) STEINER. 6516

Thomas A. Dickinson, *Neuzeitliche Metallisierungsverfahren.* Beschreibung der Kathodenzerstäubung u. -verdampfung zur Erzielung metall. Schichten für bes. Ansprüche. Entw. der Metallspritztechnik. Lenkung der Sprühnebel durch elektrostat. Felder auf die Werkteile. (Steel processing **37.** 122—25. März 1951.) KATZ. 6516

Alan W. Brown, *Ungewöhnliche Verchromungsprobleme.* Verchromung von Druckwalzen u. Gewehrläufen, das Problem der porösen Chromschicht, das durch Aufrauhen vor der Verchromung gelöst worden ist, u. die Vorbehandlung der zu verchromenden Teile, bes. Al, durch nasses Sandstrahlen. Infolge des nassen Sandstrahlens fällt jede andere Vorbehandlung selbst bei Al-Guß weg. (Machinery [New York] **58.** Nr. 8. 162—66. April 1952. Cro-Plate Co. Inc.) J. FISCHER. 6518

S. A. Iofa und **E. I. Ljachowetzkaja,** *Über den Mechanismus der Wirkung von Inhibitoren auf die Wasserstoffversprödung von Stahl in Schwefelsäure.* Vff. untersuchten die Versprödung von dünnem Draht aus weichem Fe (0,1% C) nach kathod. Polarisation in reiner 1n- u. 6n H_2SO_4 mit u. ohne Zugabe von Inhibitoren: *KJ* 10^{-3}, $(C_6H_5CH_2)_3N$ 10^{-3}, $(C_6H_5CH_2)_3N$ 10^{-3} + KJ 10^{-3}, As_2O_3 10^{-6}, As_2O_3 10^{-6} + KJ 10^{-3}, As_2O_3 10^{-6} + $(C_6H_5CH_2)_3N$ 10^{-3} + KJ 10^{-3}. Es wurde die Biegezahl (180°) bis zum Bruch u. die Zeit bis zum Reißen bei konstanter Belastung vor u. nach der Polarisation bestimmt. In einigen Fällen wurde die Unters. durch Best. des vom Fe absorbierten H_2 nach der Extraktionsmeth. ergänzt. Haloidionen setzen die H-Sprödigkeit herab, desgleichen Kationen der organ. Stoffe, im letzteren Falle wird dieser Effekt durch Zugabe von KJ erheblich verstärkt. As in geringsten Mengen begünstigt stark die Versprödung, durch Zugabe der

N_2-haltigen organ. Verb. u. KJ wird die schädliche Wrkg. des As wieder behoben. Die Ergebnisse werden theoret. gedeutet. (Доклады Академии Наук СССР [Ber. Akad. Wiss. UdSSR] [N. S.] **86.** 577—80. 21/9. 1952. Moskau, Lomonossow-Univ.)
EHMCKE. 6538

Rudolf Auerbach, *Phasengrenzlinien, insbesondere in ihrer Bedeutung für die Korrosion.* Gezeigt wird die Mannigfaltigkeit, mit der Phasengrenzlinien in Erscheinung treten können. Ihre Reaktionsfähigkeit kann Anlaß zu Korrosionen geben, solange nicht spontane oder künstliche Schutzschichten vorhanden sind oder das fl. Medium geringe Leitfähigkeit aufweist. Im andern Falle gibt es nur den spezif. Schutz, die Aktivität durch Adlineation zu mildern. (Werkstoffe u. Korrosion **2.** 365—67. Okt. 1951. Neumünster.)
MARKHOFF. 6538

Oliver Osborn, *Kampf gegen die Korrosion in einer chemischen Anlage mit Hilfe von Magnesiumanoden.* (Corrosion [Houston] **7.** 2—9. Jan. 1951.) J. FISCHER. 6538

T. A. Evans, *Einige Schutzverfahren gegen die metallische Korrosion.* Überblick über Formen der Korrosion u. Schutzmaßnahmen. (J. Instn. Product Engr. **30.** 62—78. Febr. 1951.) J. FISCHER. 6538

Vilh. Christiansen, *Korrosionsprobleme bei Aluminium und seinen Legierungen.* Entstehung u. Wrkg. einer Oxydschicht auf Al; Einfl. von Verbb., Legierungszusätzen u. Wärmebehandlung auf den Korrosionswiderstand. Verschied. Korrosionsarten. Angriff verschied. Arten der Atmosphäre, Wässer u. Chemikalien. (I V A **22.** 103—15. 1951. Finspång.) PAHL. 6538

A. E. Williams, *Einige Faktoren, die die Lebensdauer von Stahlseilen beeinflussen.* Nach kurzem Überblick über die geschichtliche Entw. der Stahlseilherst. werden die modernen Herstellungsverff. kurz besprochen u. der Einfl. von Biegebeanspruchungen erörtert. Außer den mechan. Beanspruchungen sind auch Korrosionseinflüsse für die Lebensdauer von Stahlseilen von Bedeutung. Da Korrosion oft bevorzugt im Inneren der Seilbündel auftritt, kann eine gute Oberfläche täuschen. Korrosion im Inneren des Seiles kann erkannt werden, wenn man es erst voll belastet u. dann entlastet. Bei Vorhandensein von Innenkorrosion lockern sich unter diesen Umständen vielfach die äußeren Drähte. Genaueren Aufschluß über den Zustand der inneren Drähte gewinnt man durch Aufspleißen des Bündels u. Freilegen der einzelnen Drähte. Korrosion kann hintangehalten werden durch Schmierung oder Galvanisierung der Einzeldrähte u. des ganzen Seiles. Als Schutzüberzug wird meist Zn verwendet, wobei die Drähte zusätzlich noch einem Diffusionsprozeß bei 419° (Sherardisierung) unterworfen werden können. Gefahr für Stahlseile kann ferner durch Dauerbrüche einzelner Stränge entstehen. Diese werden durch Reibung u. zusätzliche Biegespannungen begünstigt. Reibung kann zu Kaltverformungen der Oberfläche oder auch zur Martensitbldg. an einzelnen Stellen der Drahtoberfläche führen. Derartige Stellen sind meist Ausgangspunkte für Dauerbrüche. Die Beanspruchung eines Stahlseiles soll innerhalb der Proportionalitätsgrenze bleiben, die bei ca. 45—50% der Bruchspannung liegt. Oberflächenhärtung von Stahlseilen infolge von Reibung an Rollen kann durch Überziehen der Rollen u. Umführungsorgane mit Gummi vermindert werden. (Iron Coal Trades Rev. **164.** 187—91. 25/1. 1952.) WERNER. 6540

Oel- und Chemie-Werk Akt.-Ges., übert. von: **Franz Rudolf Moser,** Hausen bei Brugg, Schweiz, *Herstellung von Bindern für Gießereikerne.* Der Sulfitablauge werden Säuren, z. B. H_2SO_4 oder HCl, in Mengen zugesetzt, die zum Neutralisieren der Laugen ausreichen u. während das Kernbackens die Sulfitablauge zum Verkoken bringen. (**A. P. 2 556 333** vom 11/2. 1948, ausg. 12/6. 1951. Schwz. Prior. 1/5. 1943.) BÜLTMANN. 6383

Oel- und Chemie-Werk Akt.-Ges., übert. von: **Franz Rudolf Moser,** Hausen bei Brugg, Schweiz, *Herstellung von Bindern für Gießereikerne.* Der Sulfitablauge wird ein NH_4-Salz der Mineralsäuren in Mengen zugesetzt, die zum Neutralisieren der Laugen ausreichen u. während der hohen Temp. des Kernbackens die Sulfitablauge zum Verkoken bringen. (**A. P. 2 556 334** vom 11/2. 1948, ausg. 12/6. 1951. Schwz. Prior. 1/5. 1943.)
BÜLTMANN. 6383

N. V. Philips' Gloeilampenfabrieken (Erfinder: **Hendrik Johannes Meerkamp van Embden**), Eindhoven, Holland, *Herstellung von Gußstücken.* Dünne, stabförmige Gußstücke mit glatter Oberfläche aus spröden Legierungen werden in gläserne oder keram. Formen mit glatten Innenwänden vergossen. Für magnet. Zwecke besteht die Legierung aus 6—30 (%) *Al*, 12—30 *Ni*, 0—30 *Co*, 0—6 *Cu* oder *Ti* u. Rest *Fe*. (**D. B. P. 860 242** Kl. 31c vom 17/10. 1944, ausg. 18/12. 1952. Holl. Prior. 20/10. 1943.) BÜLTMANN. 6383

Davide Primavesi, Lugano, Schweiz, *Elektrolytisches Raffinieren von Eisenschrott.* Die Elektrolyse wird in einer in Anoden- u. Kathodenraum unterteilten Zelle vorgenommen. Der Schrott wird in den Anodenraum eingebracht u. durch Zuleitungen aus Graphit mit dem positiven Pol der Stromquelle verbunden. Die Trennwände sind so ausgebildet, daß Strom u. Elektrolyt hindurchgehen, der Anodenschlamm aber zurückgehalten wird. — Abbildung. (**E. P. 676 007** vom 11/1. 1949, ausg. 23/7. 1952.) MARKHOFF. 6391

Allis-Chalmers Mfg. Co., Milwaukee, Wis., übert. von: **Ray C. Newhause**, Wanwasota, Wis., V. St. A., *Herstellung von kugelförmigem Eisenerz.* Körnige, feinverteilte Eisenerzteilchen werden ohne Zusatz eines besondern Agglomerierungsmittels in einer Gasatmosphäre so erhitzt, daß durch Red. der Ferri-Verbb. in der M. eine wesentliche Menge eines eutekt. Gemenges von 3 FeO·1 Fe_2O_3 entsteht, welches bei sehr niedriger Temp. schmilzt. Nach Bldg. des eutekt. Gemenges u. seiner Schmelzung erstarren die Erze in Kugelform. Durch nachfolgendes Anblasen mit Luft oder anderen oxydierenden Gasgemischen werden die niedrigen Eisenoxyde wieder oxydiert, u. die harten, zähen u. porigen Erzkügelchen haben einen hohen Geh. an gebundenem O_2. — Abbildungen. (**A. P. 2 584 808** vom 26/3. 1947, ausg. 5/2. 1952.) HOCHSTEIN. 6391

Hydrocarbon Research, Inc., New York, N. Y., übert. von: **Manson Benedict**, Westfield, **James B. Wagstaff**, Ridgewood, und **George B. Welb**, Westfield, N. J., V. St. A., *Reduktion von Eisenoxyd.* Bei der Red. von Eisenoxyd in einem Schachtofen, in dem das Eisenoxyd in Berührung mit einem entgegenströmenden, CO- u. H_2-haltigen Gasstrom niedergeht, wird von dem reduzierenden Gasstrom ein Teil abgezogen, nachdem ein Teil des CO- u. H_2-Geh. bei der Red. des Eisenoxyds in CO_2 u. Wasserdampf umgewandelt worden ist. Aus dem abgezweigten Gas werden ca. 70% des enthaltenen Wasserdampfes durch Kühlung ausgeschieden. Ein frisch erzeugter Reduziergasstrom mit einem CO/H_2-Verhältnis von 0,5 zu 2,5 wird nun mit dem aus dem Ofen abgezweigten Gasstrom bei erhöhter Temp. (ca. 925°) unter Wassergas-Rk. vereinigt, wobei das CO/H_2-Verhältnis auf 1,2 zu 4 erhöht wird. Anschließend wird dieses Gas als Reduziergas dem Ofen zugeleitet. Das aus dem Ofen abgezweigte Gas hat zweckmäßig das 2—4fache Vol. von dem des zugesetzten Frischgases. — Abbildung. (**A. P. 2 577 730** vom 24/6. 1949, ausg. 11/12. 1951.) HOCHSTEIN. 6391

Gebr. Böhler & Co. Akt.-Ges., Österreich, *Warmfeste Stähle und Schweißungen* mit $<$10% Cr oder $<$ 10% Mn enthalten Nitride mindestens eines Elementes der 3. bis 6. Gruppe des Period. Systems. Bei der Stahlherst. wird das Nitrid entweder durch das Windfrischen gebildet oder bei anderen Verff. durch Fe-Nitrid eingebracht. Bis 500° warmfeste THOMAS-Baustähle enthalten vorzugsweise Al-Nitrid; bei Cr-Stählen werden Nitride der 3.—5. Gruppe bevorzugt, bei Schnelldrehstählen solche der 3. u. 4. Gruppe. Schweißungen sollen 0,08—0,5% gebundenen N_2 enthalten; der Nitridbildner kann im Schweißdrahtkern, in der Umhüllung oder in einer auf die Schweißnaht aufgebrachten Paste oder aufgestreutem Pulver enthalten sein. Beim Lichtbogenschweißen wird der N_2 aus der Raumluft genommen. (**F. P. 970 873** vom 27/8. 1948, ausg. 10/1. 1951.) HABBEL. 6411

Chapman Valve Mfg. Co., Springfield, Mass., V. St. A., *Herstellung von nichtrostendem Stahl in einem elektrischen Lichtbogenofen.* In einen bes. zugestellten Ofen werden 1300 Teile Stahlschrott mit nicht über 0,7 (%) C, 8—10 Ni u. 18—22 Cr, 1600 Teile Stahlschrott mit nicht über 0,1 C sowie 250 Teile Mn-haltiges Eisenerz eingesetzt u. nach dem Einschmelzen dieser Beschickung 150 Teile von trockenem, kieselsteingroßem CaO zur Schlackenbldg. zugesetzt. Nach dem Schlackenabzug wird nochmals CaO zu einer Krustenbldg. aufgegeben u. 850 Teile Ferrochrom mit nicht über 0,1 C auf diese Kruste aufgebracht. Nach Zusatz von 30—50 Teilen eines 85%ig. Ferrosiliciums in Zeitabständen von 5 Min. wird für die Endschlacke nochmals CaO zugeführt, das Stahlbad aus dem Ofen in eine Pfanne abgegossen u. in diese 4 Teile Calcium–Silicium zugegeben. (**E. P. 670 011** vom 5/1. 1949, ausg. 9/4. 1952.) HOCHSTEIN. 6411

Soc. d'Électro-Chimie, d'Électro-Métallurgie et des Aciéries Électriques d'Ugine, Paris, Frankreich, *Austenitische Wolframstähle* mit Cr u. Ni enthalten 0,05—0,15 (%) *C*, 16—18 *Cr*, 11—14 *Ni*, 0,4—0,8 *Ti* u. 2,5—4,5 *W*; ferner können bis je 1 *Mn* u./oder *Si* vorhanden sein. Die Stähle werden so weit kaltverarbeitet, daß die Streckgrenze bei 0,2% bleibender Dehnung mindestens 45 kg/mm² beträgt. — Gute Warmfestigkeit, bes. Kriechfestigkeit. (**E. P. 660 711** vom 21/4. 1949, ausg. 14/11. 1951. F. Prior. 22/4. 1948.) HABBEL. 6411

William Jessop & Sons Ltd., Sheffield, England, *Dauermagnete.* Für anisotrope Dauermagnete wird eine Fe-Legierung oder eine gesinterte M. verwendet, die 6—11 (%) *Al*, 12—30 *Co*, 0,5—8 *Cu*, 10—30 *Ni*, 1,5 *Nb* u. 1,5 *Ta* enthält u. bei ihrer Abkühlung durch den CURIE-Punkt einem magnet. Feld ausgesetzt u. dann gealtert wird. — Beispiel: 8 Al, 24,5 Co, 3 Cu, 13,5 Ni, 1,5 Nb u. 1,5 Ta. (**E. P. 659 527** vom 1/6. 1949, ausg. 24/10. 1951. A. Prior. 9/11. 1948.) HABBEL. 6411

Philips Electrical Ltd., William Thomas Dean und **John Viney Harding,** London, England, *Anisotrope Dauermagnete* bestehen aus einer Fe-Legierung mit 6—11 (%) *Al,* 16—30 *Co,* 10—20 *Ni* u. 0,5—12 (bes. 8—10) *Ta.* Ferner können vorhanden sein bis 10 *Nb,* bis 7 *Cu,* bis 5 *Ti* u./oder geringe Gehh. (z. B. je 0,5 u. gemeinsam bis 1) an *W, Cr, Mo, V, Zr, Ca, Ce* u./oder *Si*). Die Legierungen werden bis auf 600° abgekühlt u. bei ihrem Durchgang durch den CURIE-Punkt einem magnet. Feld ausgesetzt u. dann z. B. bei 600° gealtert. (**E. P. 660 592** vom 16/9. 1948, ausg. 7/11. 1951.) HABBEL. 6411

Metallgesellschaft Akt.-Ges. (Erfinder: **Karl Löhberg**), Frankfurt/M., *Zinklegierungen* bestehen aus 15—40 (%) *Al,* 0,01—0,05 *Mg,* 0—1,5 *Cu,* Rest *Feinzink* (99,99). Die Legierungen haben bei tiefen Tempp. noch eine gute Zähigkeit, bes. Kerbzähigkeit, lassen sich pressen, ziehen u. spanlos verformen u. eignen sich z. B. für Teile von Kühlschränken. (**D. R. P. 759 258** Kl. 40b vom 1/7. 1939, ausg. 27/10. 1952.) GÖTZE. 6427

Jaques Fondal, New York, N. Y., V. St. A., *Heiß zieh- und formbare Legierungen* bestehen aus 45—80 (%) *Zn,* 2—20 *Cu* u. mindestens ebensoviel *Mn,* nicht mehr als 0,1 Verunreinigungen. Sie sind korrosionsfest u. eignen sich für Ventile, Zahngetriebe u. dergleichen. (**Schwz. P. 279 683** vom 25/2. 1948, ausg. 17/3. 1952. A. Prior. 29/4. 1940.) GÖTZE. 6427

Metallgesellschaft Akt.-Ges. (Erfinder: **Karl Löhberg** und **Erich Schmid**), Frankfurt/M., *Zinklegierungen* bestehen aus 10—15 (%) *Al,* 0,3 bis weniger als 1,5 *Cu,* 0,01 bis 0,04 *Mg,* Rest *Zn* mit weniger als je 0,01 *Sn, Pb* u. *Cd.* Sie haben eine gute Kerbzähigkeit u. Zerspanbarkeit u. eignen sich für durch Strangpressen herzustellende Erzeugnisse. (**D. R. P. 767 504** Kl. 40b vom 10/10. 1939, ausg. 17/11. 1952.) GÖTZE. 6427

Rau-Metallwerk-Ges., Metallhüttenwerk, München (Erfinder: **Josef Blanderer,** München-Solln), *Entkupfern von hochkupferhaltigem Weißmetall.* Hochkupferhaltiges Weißmetall (Glanzmetall) wird fein zerteilt u. hierauf in der Luft bis zur vollkommenen Veraschung u. Oxydation erhitzt. Aus dem Oxydationsprod. wird das CuO z. B. mit verd. H_2SO_4 herausgelöst. Die Zerteilung des Weißmetalles kann dadurch erfolgen, daß es geschmolzen u. durch einen Luftstrom in ein körniges, aus Metall u. Oxyd bestehendes Prod. übergeführt wird; dieses wird dann unter Luftzutritt u. dauerndem Bewegen fertig oxydiert, so daß ein Zusammenschmelzen verhindert wird. (**D. B. P. 857 688** Kl. 40a vom 13/10. 1951, ausg. 1/12. 1952.) HANS HOFFMANN. 6429

Metallgesellschaft Akt.-Ges. (Erfinder: **Elisabeth Schulz**), Frankfurt/M., *Bleilagermetall* besteht aus 0,60—0,75 (%) *Ca,* 0,2—0,8 *Ba,* 0,25—0,8 *Na,* 0,01—0,2 *Al,* 0,01 bis 0,06 *Te,* Rest *Pb.* Außerdem kann es noch 0,01—0,07 *Mg* enthalten u. *Ba* kann ganz oder teilweise durch *Sr* ersetzt sein. (**D. B. P. 859 805** Kl. 40b vom 9/2. 1951, ausg. 15/12. 1952.) GÖTZE. 6431

Établissements Duranton & Achard, Frankreich, *Lagermetallegierungen* bestehen aus bis 10 (%) *Sn,* 1—10 *Cu* u. *Bi,* 15 *Sb,* Rest *Pb.* Außerdem können sie noch 1—2 *Ni* u. *Cd* enthalten. Die Legierungen sind homogen, an der Oberfläche hart, selbstschmierend u. haben einen sehr geringen Reibungskoeffizienten. (**F. P. 979 496** vom 8/7. 1942, ausg. 26/4. 1951.) GÖTZE. 6431

International General Electric Comp., Inc., New York, N. Y. (Erfinder: **John F. Eckel,** Schenectady, N. Y.), V. St. A., *Bleilegierungen* bestehen aus 0,01—0,4 (%) *Te,* 0,05—0,5 *As,* 0,05—1 *Sn,* Rest *Pb.* Infolge ihrer guten Dauerstandsfestigkeit bei höheren Tempp. u. guten Biegefestigkeit unter erhöhtem Zug eignen sich die Legierungen für Kabelmäntel, bes. für mit Fl. u. Gas gefüllte Kabel. (**D. B. P. 855 003** Kl. 40b vom 19/12. 1950, ausg. 10/11. 1952. A. Prior. 24/12. 1949.) GÖTZE. 6431

Aluminium-Industrie-Akt.-Ges., Chippis, Wallis, Schweiz (Erfinder: **Roland Irmann,** Neuhausen am Rheinfall/Schweiz), *Leichtmetallkörper, die ihre Festigkeitseigenschaften auch durch Glühen auf 200—500° nicht verlieren,* erhält man durch Pressen u. Sintern von Al-Pulver solcher Feinheit, daß mindestens 50% der Pulverteilchen kleiner als 2 μ sind. Als Ausgangsstoff dient vorteilhaft legiertes Al oder mit anderen Stoffen vermischtes Al-Pulver. Große Oberflächenhärte läßt sich durch Anreichern der Oberfläche des vorgepreßten Körpers an Oxyd erreichen. Beim Warmverformen soll die Querschnittsverminderung 50% übersteigen. Verwendung der Körper als Kolben u. Kolbenringe von Brennkraftmaschinen, Turbinenleitschaufeln u. dergleichen. (**D. B. P. 837 467** Kl. 40b vom 2/10. 1948, ausg. 28/4. 1952. Schwz. Priorr. 17/7. 1946 u. 8/5. 1947.) GÖTZE. 6475

Baker & Co., Inc., Newark, N. Y., V. St. A., *Metallpulver für Amalgame.* Zur Herst. von Amalgamen werden Metallpulver mit einer Teilchengröße von 0,1—0,01 mm verwendet, deren Dicke nicht weniger als $^1/_3$ der Länge beträgt u. die frei von Rissen u. Zacken sind. Barren einer zweckentsprechenden Legierung, z. B. 65 (%) oder mehr *Ag,*

25 *Sn*, 6 *Cu*, 2 *Zn*, werden zu Feinspänen zweckmäßig unter der Oberfläche einer Fl. zerschnitten, gemahlen u. in bestimmte Korngrößen zerlegt. Bei diesen Vorgängen muß eine Oxydation der Teilchen verhindert werden. Die Amalgame sind bes. für Zahnfüllungen geeignet. (**D. B. P. 844 970** Kl. 40b vom 8/10. 1933, ausg. 28/7. 1952. A. Prior. 5/8. 1933.) GÖTZE. 6475

Metallwerk Plansee G. m. b. H. (Erfinder: **Rudolf Palme**, Reutte), Österreich, *Herstellung von Formkörpern aus Wolframlegierungen hoher Dichte.* In einen Wolframskelettkörper, der aus einem vorgesinterten oder umgesinterten Preßling bestehen kann, wird eine W-Legierung aus W mit Metallen der Fe-Gruppe mit vorzugsweise eutekt. Zus. eingeseigert. Die Tränkung des Skelettkörpers kann in der Weise erfolgen, daß er in die geschmolzene W-Lsg. getaucht oder daß er mit einer Auflage einer W-Legierung versehen wird, worauf eine Erhitzung des Körpers bis zum Niederschmelzen der Auflage erfolgt. Es entstehen hierbei porenfreie W-Körper mit einer Dichte von über 18. (**Oe. P. 169 816** vom 6/4. 1950, ausg. 27/12. 1951.) GÖTZE. 6475

Mannesmannröhren-Werke, Düsseldorf, *Sintererzeugnis aus Eisenpulver, insbesondere für elektrotechnische Zwecke, und seine Herstellung.* Das Sintererzeugnis (I) enthält bis 3, bes. 0,1—1% *As.* Ferner kann noch ein erhöhter *P-Geh.* vorhanden sein, so daß As + P = bis 3, bes. 0,1—1% betragen. Zur Herst. des I wird ein durch Zerstäuben von Eisen erhaltenes kohlenstoff- u. sauerstoffhaltiges *Fe*-Pulver geglüht, dann eine As enthaltende Verb. (festes As-Salz oder wss. Lsg. eines As-Salzes oder Salz der H_3AsO_3) zugegeben u. darauf das Pulver zu dem I weiterverarbeitet. (**Schwz. P. 282 145** vom 2/11. 1949, ausg. 16/7. 1952. D. Prior. 15/3. 1949.) HABBEL. 6475

Joseph B. Brennan, Bratenahl, O., V. St. A., *Verbinden von Stahl und Silber.* Auf die Stahloberfläche wird Ni-Pulver in dünner Schicht gestreut u. aufgeschmolzen, so daß sich eine Art Gitter aus Ni bildet. Dann wird die Ag-Platte aufgepreßt u. haftet fest auf dem Stahl. (**A. P. 2 580 652** vom 18/7. 1945, ausg. 1/1. 1952.) MARKHOFF. 6477

Wenzel Letfuss (Erfinder: **Theodor Skutta**), Wien, Österreich, *Elektrolytisches Entrosten und/oder Entzundern von Gegenständen aus Eisen oder Eisenlegierungen.* Die Gegenstände werden bis zum Auftreten einer leicht haftenden dunklen Schicht anod. in alkal. Bädern geschaltet, worauf umgepolt u. so lange kathod. geschaltet wird, bis diese Schicht wieder gelöst ist. Gegebenenfalls werden die Arbeitsgänge wiederholt. Es bilden sich lösl. Ferrate, die durch Zusatz von Erdalkaliverbb., bes. von -hydroxyden, aus der Lsg. ausgefällt werden. Hierdurch bleibt der Elektrolyt erhalten. Die Verluste an Elektrolyt beschränken sich auf die Austragverluste. (**D. B. P. 850 368** Kl. 48a vom 11/1. 1951, ausg. 25/9. 1952.) MARKHOFF. 6515

W. L. Schwaab, Lack- und Farbenfabriken, Weingarten Zweigwerk Berneck, Bad Berneck/Fichtelgeb. (Erfinder: **Hans Kopp**, Markt Oberdorf/Allgäu), *Leitendmachen von Nichtleitern als Vorbereitung zum Aufbringen galvanischer Überzüge.* Auf dem Nichtleiter wird zunächst ein festhaftender Lackfilm aufgebracht, auf den dann eine Aufschlämmung eines pulverförmigen Leiters in einem Lösungsm., das geeignet ist den Lackfilm anzulösen, aufgebracht wird. Nach dem Verdunsten des Lösungsm. läßt sich auf der so behandelten Oberfläche ein galvan. Metallüberzug niederschlagen. (**D. B. P. 853 692** Kl. 48a vom 20/2. 1951, ausg. 27/10. 1952.) MARKHOFF. 6515

Leonardus Nicolaas Jozef Welschen und **George Michael**, Holland, *Verhindern des Festfressens aufeinanderreibender Maschinenteile, wie Motorzylinder, Kolben.* Die gebohrten Teile werden in einer Beizsäure, z. B. in einer Lsg. von 150—300 g/Liter CrO_3 mit einem Zusatz von 0,1—1 cm^3 konz. H_2SO_4, anod. mit einer Stromdichte von ca. 20—80 A/dm^2 2—15 Min. behandelt. Durch die Auflsg. des Fe bleibt eine poröse Oberfläche zurück, die im wesentlichen aus dem Fe enthaltenden Graphit besteht u. schmierend wirkt. (**F. P. 988 733** vom 17/6. 1949, ausg. 30/8. 1951. Holl. Prior. 29/6. 1948.) MARKHOFF. 6515

United States of America, übert. von: **Morris Kolodney**, New York, N. Y., V. St. A., *Vorbehandlung von Beryllium vor dem Aufbringen von Metallüberzügen.* Be wird zunächst kathod. in einer KOH-Lsg. u. dann anod. in einer H_3PO_4-Lsg. mit geringem Geh. an HF behandelt. Nach dem Waschen in W. wird in eine Lsg. aus $(NH_4)_2SO_4$ u. H_2SO_4 getaucht. Auf die so vorbehandelte Fläche lassen sich Metallüberzüge galvan. oder durch therm. Zers. von Metallverbb. aufbringen. (**A. P. 2 588 734** vom 14/5. 1948, ausg. 11/3. 1952.) MARKHOFF. 6517

Libbey-Owens-Ford Glass Co., übert. von: **Georges B. Watkins** und **Romey A. Gaiser**, Toledo, O., V. St. A., *Erzeugen galvanischer Metallüberzüge auf Glas.* Die Glasoberfläche wird erhitzt u. mit $SnCl_4$-Dämpfen behandelt. Auf der sich hierbei bildenden *Sn*-Schicht lassen sich dann galvan. festhaftende Metall-Ndd. erzeugen. — Abbildungen. (**A. P. 2 596 515** vom 14/3. 1946, ausg. 13/5. 1952.) MARKHOFF. 6517

Fansteel Metallurgical Corp., North Chicago, Ill., übert. von: **Bruce W. Gonser** und **Edward E. Slowter**, Columbus, O., V. St. A., *Erzeugen von Überzügen aus Tantal und Niob durch thermische Zersetzung ihrer Halogenide.* Das zu überziehende Metall mit einem F. von über 500° wird auf 500—1300° erhitzt u. von einem Gemisch von H_2 u. einer flüchtigen Halogenverb. des Überzugsmetalles überströmt. Das Gas–Dampf-Gemisch muß frei von Wasserdampf, O_2 u. C-haltigen Gasen sein. Es bildet sich eine dichte, haftende Überzugsschicht. — Abbildung. (**A. P. 2 604 395** vom 19/11. 1945, ausg. 22/7. 1952.) MARKHOFF. 6517

Lucien Thiébaut et Gustave Martin, Recherche et étude économique des gîtes métallifères. 2e éd. Revue et mises à jour par N. Dyleff. Paris: C. Béranger. 1952. (XXVI + 728 S. m. Abb. u. Taf.) fr. 8400,—

—, Neuzeitliche Galvanotechnik. Eine Sammlung von Arbeiten über moderne Galvanotechnik. Kollektivarbeit d. VEB Galvanotechnik Leipzig. Berlin: Verl. Technik. 1952. (84 S. m. 47 Abb.) 8° = Schriftenreihe d. Verlages Technik. Bd. 16. DM 3,30.

IX. Organische Industrie.

Phillips Petroleum Co., Del., übert. von: **Gardner C. Ray**, Bartlesville, Okla., V. St. A., *Aldehyde* gewinnt man aus KW-stoffgemischen, die neben gesätt. u./oder olefin. KW-stoffen noch KW-stoffe mit acetylen. Bindungen enthalten, durch Rk. mit Wasserdampf bei 230—350° in Ggw. von Kupferpyrophosphaten als Katalysatoren. Neben den Aldehyden, z. B. Acetaldehyd (aus C_2H_2), bilden sich geringe Mengen Nebenprodd., wie Aceton u. Essigsäure. Das Verf. ist geeignet, Alkine aus Mischungen von Olefinen u. gesätt. KW-stoffen zu trennen. (**A. P. 2 564 278** vom 15/10. 1948, ausg. 14/8. 1951.) G. KÖNIG. H 670

Francis Norman Morris, Derby, England, *Herstellung von Trichloressigsäure.* Chloral (**I**) oder **I**-Hydrat wird bei < 45°, bes. 15—25°, mit HNO_3 (60—80%ig.) in 1—2 mol. Überschuß behandelt. Das Prod. wird durch fraktionierte Dest. gereinigt; Ausbeute 74—77%. (**E. P. 649 123** vom 15/6. 1948, ausg. 17/1. 1951.) MÖLLERING. H 810

Camille Dreyfus, übert. von: **George W. Seymour, Blanche B. White** und **Elisabeth Barabash**, New York, N. Y., V. St. A., *Gewinnung von Crotonsäure* durch katalyt. Oxydation von Crotonaldehyd (**I**) in einer Eisessiglsg., welche 10—15% **I** enthält. Durch die Lsg. wird bei 5—10° O_2-Gas hindurchgeleitet. Als Oxydationskatalysator dienen Mn-Acetat (**II**) u. $KMnO_4$ im Verhältnis von 5—7 Teile **II** auf 1 Teil $KMnO_4$. (**Can. P. 479 606** vom 17/4. 1946, ausg. 18/12. 1951. A. Prior. 19/5. 1945.) M. F. MÜLLER. H 810

Imperial Chemical Industries Ltd., London, und **William Whitehead**, Norton-on-Tees, England, *Herstellung aliphatischer Amine.* Man läßt aliphat. Alkohole mit mindestens 3 C-Atomen bei 350—450° u. bis zu 360 at in Ggw. von bas. Al-Phosphat mit NH_3 reagieren. Isopropanol u. NH_3 im Mol-Verhältnis 1:4 liefern ein Gemisch von *Mono-, Di-* u. *Tripropylamin.* (**E. P. 649 980** vom 19/12. 1947, ausg. 7/2. 1951.) LÜTTGEN. H 910

Deutsches Hydrierwerk Rodleben VEB (Erfinder: **Winfried Hentrich** und **Erik Schirm**), Rodleben bei Rosslau/Elbe, *Herstellung von aminosubstituierten Diaryldisulfonimiden*, dad. gek., daß man Verbb. der allg. Formel I mit aromat. Verbb., welche Hydroxyl-, Mercapto- oder Sulfinsäuregruppen enthalten, in Ggw. säurebindender Mittel umsetzt u. in den erhaltenen Nitroarylätherrn, Nitroarylthioäthern oder Nitroarylsulfonen die Nitrogruppen in Aminogruppen überführt. In der allg. Formel bedeutet R einen substituierten oder nichtsubstituierten aromat. oder cycloaliphat. KW-stoffrest, einen aliphat. oder heterocycl. Rest. X ist H oder ein Substituent. — Als Ausgangsstoffe sind z. B. genannt: 3-Nitro-4-chlorphenylsulfonphenylsulfonimid, 3-Nitro-4-chlorphenylsulfon-isobutyl- oder -n-dodecylsulfonimid, 3-Nitro-4.6-dichlorphenylsulfonphenylsulfonimid, 3-Nitro-2.4.5-trichlorphenylsulfon-4'-n-butylphenylsulfonimid, 3-Nitro-4-chlorphenylsulfon-1'-naphthylsulfonimid, 3-Nitro-4-chlorphenylsulfon-3'-dimethylaminophenylsulfonimid, 3.3'-Dinitro-4.4'.6.6'-tetrachlordiphenylsulfonimid, 3-Nitro-4-chlorphenylsulfon-3'-pyridylsulfonimid. — Diese Art Ausgangsstoffe wird umgesetzt mit aromat. Hydroxylverbb., aromat. Mercaptoverbb., aromat. Sulfinsäuren. Genannt sind z. B. Phenol, Kresole, Naphthol, Resorcin, 2.7-Dioxynaphthalin, Benzylalkohol, Phenylmercaptan, 2-Naphthylmercaptan, 1.3-Dimercaptobenzol, Benzoylmercaptan, Benzolsulfinsäure, 4-Chlorbenzolsulfinsäure, Naphthalin-1-sulfinsäure, Benzol-1.3-disulfinsäure, γ-Phenylpropylsulfinsäure, 5.6.7.8-Tetrahydronaphthalin-2-sulfinsäure. — Gemäß den Beispielen werden hergestellt *3-Amino-4-benzolsulfonyldibenzoldisulfimid, 3-Amino-4-(4'-chlorphenoxy)-benzolbenzoldisulfimid, 3.3'-Dinitro-4.4'-diphenoxydibenzoldisulfimid.* (**D. P. [DDR] 593** Kl. 12q vom 28/3. 1943, ausg. 18/6. 1952 [Wirtschaftspatent].) M. F. MÜLLER. H 1090

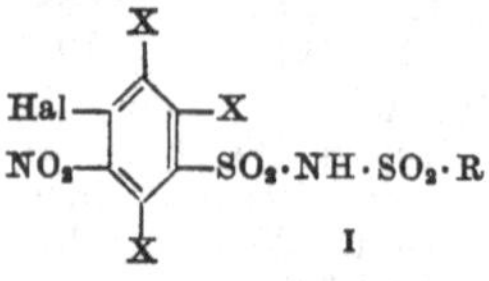

I

E. I. du Pont de Nemours & Co., Wilmington, Del., V. St. A., *Terephthalsäure* entsteht durch Oxydation von Verbb. mit der Gruppierung  bes. von p-Xylol, p-Cymol, p-Toluylaldehyd, mit HNO_3 unter Druck bei 150—250° u. einem Verhältnis von 1—10 (Teilen) HNO_3 zu 1 p-Phenylenderivat. (**Schwz. P. 282 253** vom 19/7. 1949, ausg. 1/9. 1952. A. Prior. 2/10. 1948.) LANGER. H 1220

Ohio-Apex, Inc., übert. von: **Charles Adam Heiberger**, Nitro, W. Va., V. St. A., *Aralkylcarbonate* der allg. Formel (**I**) $Ar \cdot CH_2OCO \cdot OCH_2 \cdot Ar$, erhält man aus Aralkylchloriden ($ArCH_2Cl$; **II**) u. Carbonaten (**III**) oder Bicarbonaten (**IV**) bei Tempp. bis 130° in Ggw. eines Beschleunigers (**V**) der allg. Formel $(R)_3N$ oder $(R)_4NX$. In **I** bedeuten Ar aromat. Reste, die substituiert sein können. In **II** kann Ar substituiert sein, die Substituenten sollen jedoch bei der Reaktionstemp. mit **III** oder **IV** nicht reagieren; bes. geeignet sind Alkoxyverbindungen. R in **V** kann eine Alkyl-, Aryl-, Aralkyl-, Alkenyl-, Cycloalkyl-, Aminoalkyl-, Oxyalkyl-, Oxyaralkyl- oder eine Alkoxyaryloxygruppe sein, wobei jedoch mindestens ein R eine Alkylgruppe sein soll. X = Halogen. Bes. geeignet sind: Triäthyl-, Trihexyl-, N.N-Dimethylbenzyl-, Dimethyloctylphenoxyäthoxyäthylamin; Dimethylaminomethylphenol, Octadecenyläthylammoniumbromid. Von **I** sind einzelne Verbb. neue Körper, bes. die substituierten Dibenzylcarbonate, wie *Di-(3.4-dimethylbenzyl)-carbonat*, klare Fl. bei n. Temp., $Kp._4$ 214—220°, F. —20°, n_D^{25} 1,5460, $D.^{20}$ 1,087, lösl. in Isopropyläther (**VI**), Bzn. (**VII**) u. Bzl. (**VIII**); *(Dinaphthobenzyl)-carbonat*, weißes Pulver, F. 100—106°, lösl. in **VII** u. **VIII**; *Di-(p-chlorbenzyl)-carbonat*, leicht gelbliche nadelförmige Kristalle, F. 85°, $Kp._4$ 220—225°, lösl. in **VII** u. **VIII**; *Di-(äthylbenzyl)-carbonat*, klare Fl. bei n. Temp., $Kp._4$ 213—219°, F. —25°, n_D^{25} 1,5368, $D.^{20}$ 1,076, lösl. in **VI**, **VII** u. **VIII**; *Di-(sek.-butylbenzyl)-carbonat*, klare, viscose Fl. bei n. Temp., $Kp._4$ 225—238°, n_D^{25} 1,5262, $D.^{20}$ 1,037, lösl. in **VI**, **VII** u. **VIII**; *Di-(methylisopropylbenzyl)-carbonat*, klare, viscose Fl. bei n. Temp., $Kp._4$ 220—232°, n_D^{25} 1,5281, $D.^{20}$ 1,024, lösl. in **VI**, **VII** u. **VIII**. Diese Verbb. besitzen gegenüber Licht eine relative Unempfindlichkeit, die Flammsicherheit ist verhältnismäßig hoch, u. die elektr. Eigg. sind besser als bei anderen organ. Estern. Verwendung als Imprägniermittel, als Zusatz zu Erdölen, Schmiermitteln, natürlichen u. synthet. Harzen, wobei sie als Plastifiziermittel wirken. (**E. P. 666 560** vom 15/4. 1948, ausg. 13/2. 1952. A. Priorr. 25/4. 1947, 17/2. u. 31/3. 1948.) G. KÖNIG. H 1280

Imperial Chemical Industries Ltd., übert. von: **Francis H. S. Curd und Francis L. Rose**, London, England, *Herstellung von substituierten Biguaniden* der allg. Formel A—NX—C(:NH)—NH—C(:NH)—NRR′, worin A ein organ. Rest, wie p-Bromphenyl, p-Jodphenyl, 3 4-Dihalogenphenyl, 3.5-Dihalogenphenyl, 3-Halogen-4-alkylphenyl, 3-Alkyl-4-halogenphenyl, 3.4.5-Trihalogenphenyl bedeutet. X ist H oder ein Alkylrest, R. u. R′ sind H oder Alkylreste, welche höchstens 8 C-Atome enthalten. Zur Herst. werden Aryldicyandiamide der Formel A—NX—C(:NH)—NH—CN mit einem Amin der Formel NHRR′ umgesetzt, worin A, X, R u. R′ die obige Bedeutung haben. — Aus p-Jodphenyldicyandiamid u. Isopropylamin entsteht *N′-p-Jodphenyl-N^5-isopropylbiguanid*. — Ebenso bilden 3.4-Dichlorphenyldicyandiamid u. Isopropylamin das *N′-3.4-Dichlorphenyl-N^5-isopropylbiguanid*, u. 3-Methyl-4-chlorphenyldicyandiamid u. Isopropylamin liefern das *N′-3-Methyl-4-chlorphenyl-N^5-isopropylbiguanid*. (**Can. P. 485 672** vom 8/8. 1947, ausg. 12/8. 1952.) M. F. MÜLLER. H 1280

Farbwerke Hoechst, vormals Meister Lucius & Brüning (Erfinder: **Otto Scherer und Fritz Schächer**), Frankfurt/M., *m-Oxybenzylamin* erhält man durch Red. von m-Oxybenzaldehyd in Ggw. von NH_3 unter Druck, bes. mit RANEY-Ni., F. 173—174° aus Methanol. Zwischenprod. für Farbstoff- oder Arzneimittelherstellung. (**D. B. P. 865 455** Kl. 12g vom 28/12. 1950, ausg. 2/2. 1953.) SCHINDLER. H 1320

Soc. des Usines Chimiques Rhône-Poulenc, Paris (Erfinder: **Raymond Jacques Horclois**, Malakoff, Seine), Frankreich, *Quaternäre Salze vom Anilin abgeleiteter Äther* der Formel (R)(R′)(R′)N(X)·Ph·O·A·O·Ph·N(X)(R)(R′)(R′), worin Ph einen Phenylenrest, R Alkyl mit 1—7 C-Atomen, R′ CH_3 oder C_2H_5, X Halogen oder Acyl u. A eine 2wertige KW-stoffkette bedeuten, entstehen aus dem entsprechenden Di-tert.-Amin durch Rk. mit einem Alkylhalogenid oder Alkylester. — *Bis-(dimethylamino-2′-phenoxy)-1.4-butan* (**I**). Man kocht o-Dimethylaminophenol mit 1.4-Dibrombutan in alkoh. NaOH. Liefert beim Erhitzen mit CH_3J das *Dijodmethylat*, F. 184—185°. — Analog entstehen: I-*Bis-(p-toluolsulfonäthylat)*, F. 147—149°. — *Bis-(dimethylamino-2′-phenoxy)-1.4-pentandijodmethylat*, F. 167—168°; *Dijodäthylat*, F. 154—155°. — *Bis-(dimethylamino-2′-phenoxy)-1.6-hexandijodmethylat*, F. 179—180°. — *Bis-(diäthylamino-2′-phenoxy)-1.3-propandipikrat*, F. 113°; *Dijodmethylat*, F. 237—238°. — *Bis-(diäthylamino-2′-phenoxy)-1.4-butandipikrat*, F. 173°; *Dijodmethylat*, F. 197—198°; *Dijodäthylat*, F. 210—211°. — *Bis-(diäthylamino-2′-phenoxy)-1.5-pentandipikrat*, F. 153°; *Dijodmethylat*, F. 187—188°. —

Bis-(diäthylamino-2'-phenoxy)-1.6-hexandipikrat, F. 136°; *Dijodmethylat*, F. 186—187°; *Dijodäthylat*, F. 201—202°. — *Bis-(dimethylamino-3'-phenoxy)-1.6-hexan*, Kp.$_2$ 265—270°; *Dipikrat*, F. 155—156°; *Dijodmethylat*, F. 204°. — *Bis-(dimethylamino-4'-phenoxy)-1.4-butandijodmethylat*, F. 187—188°. — *Bis-(dimethylamino-4'-phenoxy)-1.6-hexandijodmethylat*, F. 184—185°. — *Bis-(dimethylamino-2'-phenoxy)-1.5-pentandipikrat*, F. 214°; *Dijodmethylat*, F. 210°. — *Bis-(dimethylamino-3'-phenoxy)-1.5-pentandijodmethylat*, F. 150° (Zers.). (**D. B. P. 828 550** Kl. 12q vom 20/7. 1950, ausg. 17/1. 1952. F. Priorr. 8/1. u. 14/4. 1947.) Langer. H 1320

Badische Anilin- & Soda-Fabrik, Ludwigshafen/Rh. (Erfinder: **Alfred Simon** †, Heidelberg-Ziegelhausen, und **Walter Reppe**, Ludwigshafen/Rh.), *Substituierte Acrylsäuren und ihre Ester*. Zweiseitig substituierte Acetylene werden in fl. oder gasförmiger Phase mit Metallcarbonylen in Ggw. von W., Alkoholen oder Phenolen u. organ. oder anorgan. Säuren bei niedriger oder erhöhter Temp. unter gewöhnlichem oder erhöhtem Druck umgesetzt nach dem Reaktionsschema: $R-C\equiv C-R_1 + R_2OH + CO \rightarrow R-CH=C(R_1)-COOR_2$ (R u. R_1 = z. B. Aryl oder Alkyl, R_2 = H, Alkyl, Cycloalkyl, Aralkyl oder Aryl). — Diphenylacetylen wird in Aceton mit W., Eisessig u. $Ni(CO)_4$ auf 60° erwärmt, wodurch man *α-Phenyltranszimtsäure*, F. 172°, erhält. — *α-Phenylzimtsäureäthylester*, Kp.$_{1,2}$ 145—149°. — *α-Methylzimtsäure*, F. 74—78°; Na-Salz läßt sich aus wss. Lsg. mit NaCl aussalzen. — *α-Phenylcrotonsäure*, F. 130—135°. — *β-Pentyl-α-methylacrylsäure*, $CH_3(CH_2)_4CH=C(CH_3)COOH$, Kp.$_{15}$ 150—153°. (**D. B. P. 857 635** Kl. 12o vom 27/1. 1940, ausg. 1/12. 1952.) Krauss. H 1610

Minnesota Mining & Mfg. Co. (Erfinder: **Albert Robert Diesslin, Edward Alexander Kauck** und **Joseph H. Simons**), Saint Paul, Minn., V. St. A., *Elektrochemische Herstellung von Fluorcarbonsäurefluoriden* (I) der allg. Formel R—C(O)F, worin R einen gesätt. Fluorkohlenstoffrest mit mindestens 3 C-Atomen bedeutet, u. ihren Derivv., wie Carbonsäuren, Anhydriden, Halogeniden, Estern, Amiden, Nitrilen u. Salzen, durch Elektrolysieren einer Monocarbonsäurelsg. in HF (**II**) bei 5—8 Volt. Die Zellenspannung soll nicht zur Bldg. von freiem F ausreichen. Es wird von Butter-, Capron-, Capryl-, Caprin-, Benzoe- (**III**) oder Phenylessigsäure ausgegangen. Die **I** können in funktionelle Derivv. übergeführt werden. — Z. B. wird eine Lsg. von 175 (g) **III** in 1800 wasserfreier **II** bei einer Zellenspannung von 5—6 Volt u. einer Stromdichte von 0,222 Amp. je cm² 38 Std. elektrolysiert. *Undekafluorcyclohexylfluorid*. — Weitere Beispiele. Zwischenprodukt. (**D. B. P. 836 796** Kl. 12o vom 20/7. 1949, ausg. 17/4. 1952. A. Prior. 10/1. 1949.) K. Heinze. H 1810

Monsanto Chemical Co., St. Louis, übert. von: **George W. Steahly**, Maplewood, Mo., V. St. A., *Herstellung von Aminonitrothiazolen* (**I**). Man hydrolysiert Acetylaminonitrothiazole durch ca. 1std. Kochen mit wss. Mineralsäuren unter Rückfluß (90—110°). Bes. gute Ausbeuten an I erhält man, wenn die wss. Lsg. der gebildeten mineralsauren Salze (Sulfate, Hydrochloride) mit NH_4OH neutralisiert wird. Es werden dargestellt: *2-Amino-5-nitrothiazol*, F. 197—198°, *2-Amino-4-nitrothiazol*, *4-Amino-5-nitrothiazol*. (**A. PP. 2 573 656** vom 22/7. 1950 u. **2 573 657** vom 28/7. 1950, beide ausg. 30/10. 1951.) Brösamle. H 3142

Imperial Chemical Industries Ltd., übert. von: **John G. M. Bremner, Arthur W. Ch. Taylor** und **David G. Jones**, London, England, *Herstellung von polymeren Verbindungen des Dihydropyrans* durch Behandlung von Dihydropyran in fl. Phase unter wasserfreien Bedingungen in Ggw. eines Friedel-Crafts-Katalysators, z. B. $AlCl_3$, $FeCl_3$, BF_3, HF u. gegebenenfalls in Ggw. von Methylenchlorid, Äthylendichlorid, CS_2 oder Tetrahydropyran. — Vgl. Can. P. 474 812; C. **1952**. 3085. (**Can. P. 479 300** vom 8/5. 1943, ausg. 11/12. 1951.) M. F. Müller. H 3211

X. Färberei. Organische Farbstoffe.

Sumner Henry Williams, Charlotte, N. C., V. St. A., *Färben, Bleichen und sonstige Flüssigkeitsbehandlung von Textilstoffen*. Man leitet die Gewebe im Gleichstrom mit der Behandlungs-Fl. durch eine Reihe von Behandlungsbehältern, wobei die Zuführung der Behandlungs-Fl. so bemessen wird, daß das Gewebe während aller Auf- u. Abwärtsbewegung ständig von Fl. bedeckt ist. — Vorr., Zeichnung. (**Dän. P. 73 546** vom 9/10. 1947, ausg. 27/12. 1951. A. Prior. 26/2. 1942.) Jürgen Schmidt. 7021

Pacific Mills, übert. von: **John N. Dalton** und **John P. Plonbides**, Lawrence, Mass., V. St. A., *Färben von Wolle* mit koll. Farbstoffen hoher Affinität. Man bereitet ein alkal. Färbebad durch Dispergieren des Farbstoffes in W. u. Zufügen von 0,1—0,5 (Gew.-%) Diammoniumphosphat u. tränkt damit 0,1—0,5 der zu färbenden Wolle bei Raumtemperatur. Dann erhitzt man 1—1½ Std. in der Nähe des Kp., wobei das Bad alkal. bleibt, der Farbstoff nicht fixiert wird u. die Wollfaser quillt. Dann erhitzt man zum Kochen, wobei NH_4OH entweicht, das Bad sauer wird u. die auf der Faser verteilten Farbstoffpartikel fixiert werden. (**A. P. 2 590 847** vom 18/11. 1948, ausg. 1/4. 1952.) V. SCHILLER. 7021

Ciba Akt.-Ges. (Erfinder: **Max Schmid**, Riehen, und **Eduard Moser**), Basel, Schweiz, *Tetrakisazofarbstoffe.* 4-Amino-4'-oxy-1.1'-azobenzol-3.3'-dicarbonsäuren (**I**) werden mit Dipyrazolonen gekuppelt, die 2 aromat. Kerne mit je einer NH_2-Gruppe enthalten. Es können auch Monopyrazolone, bes. p-Aminoarylpyrazolone (**II**) mit **I** gekuppelt werden, worauf man 2 Mol Reaktionsprod. durch Einw. von Verbb. mit mindestens 2 beweglichen Halogenatomen, z. B. $COCl_2$ oder Cyanurchlorid, miteinander verkettet. An Stelle der Aminoverbb. können auch solche **II** verwendet werden, die eine leicht in NH_2 umwandelbare Gruppe, z. B. NO_2 oder Acylamino tragen, die nach beendeter Kupplung in NH_2 umgesetzt wird. Weitere Beispiele für **I** sind das 6'- u. 5'-Methylderiv., Beispiele für **II** (py = Pyrazolon): 1-(3'- oder 4'-Aminophenyl)-3-methyl-5-py, 1-(3'- oder 4'-Aminophenyl)-5-py-3-carbonsäure u. 1-(4'-Phenyl-4''-aminophenyl)-3-methyl-5-py. — Beispiel: 30,1 (Teile) **I** werden mit 45,1 des Pyrazolons **III** gekuppelt u. das Reaktionsprod. mit $COCl_2$ behandelt. Das Endprod. färbt Baumwolle direkt orange, beim Nachkupfern blaustichig rot. (**D. B. P. 845 087** Kl. 22a vom 25/12. 1942, ausg. 28/7. 1952. Schwz. Prior. 23/12. 1941.) KALIX. 7055

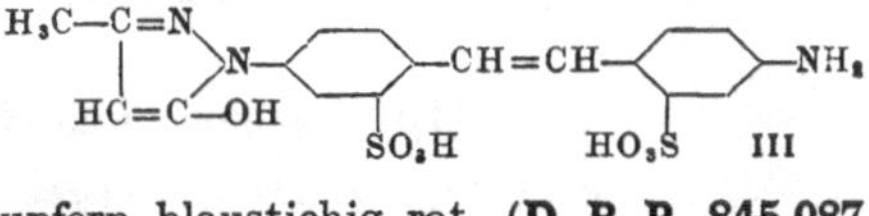

Comp. de Produits Chimiques & Électrométallurgiques Alais, Froges & Camargue und **Soc. de Produits Chimiques des Terres Rares**, Paris, Frankreich (Erfinder: **R. S. Wilder**), *Herstellung von Anthrachinonfarbstoffen.* Anthrachinone der allg. Formel **I**, in der X = Halogen, H oder $-SO_3H$, Y = H, $-OH$, $-NH_2$ oder $-SO_3H$, Z = H oder OH, W = $-NH_2$, $-OH$, H, Halogen, einer Alkoxygruppe oder $-NHR_3$ (R_3 = Alkyl-, Aryl- oder Alkarylgruppe) oder W = U u. U = einer funktionellen Gruppe, wie Halogen, $-NO_2$ oder $-SO_3Na$ sind, werden mit tert. Oxaminen der allg. Formel $NH_2 \cdot CHR \cdot C(R_1) \cdot (R_2)OH$ umgesetzt, in der R = H oder einer Alkylgruppe mit 1—4 C-Atomen, u. R_1 u. R_2 Aryl-, Alkyl- oder Aralkylgruppen sind, die auch zusammen eine cycloaliphat. Kette bilden können. — Z. B. kondensiert man 1-Chloranthrachinon mit 3-Amino-2-methyl-2-butanol zu *1-[N-(1.2-Dimethyl-2-oxy)-propyl]-aminoanthrachinon.* Der Farbstoff ist lösl. in organ. Lösungsmitteln u. gibt mit Acetatseide helle, klare, rote Farbtöne. (**Schwed. P. 132 134** vom 1/10. 1948, ausg. 3/7. 1951. A. Prior. 4/10. 1947.) JÜRGEN SCHMIDT. 7059

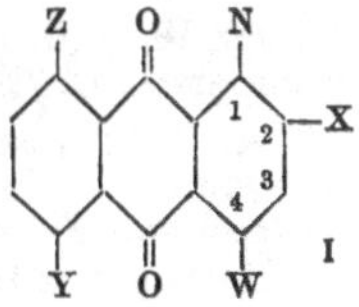

Celanese Corp. of America, Del., übert. von: **George W. Seymour**, Cumberland, Md., und **Victor S. Salvin**, Summit, N. J., V. St. A., *Anthrachinonfarbstoffe* der allg. Zus. **I**, worin das eine X H u. das andere X Halogen oder eine Amino- oder Alkylaminogruppe u. R H oder eine Alkyl-, Hydroaryl-, Aralkyl- oder Arylgruppe bedeutet, färben Celluloseacetat oder andere organ. Derivv. der Cellulose in wasch-, licht- u. säureechten, rotstichig, grünstichig oder rein blauen Tönen. Die Farbstoffe können erhalten werden durch Umsetzen von 1-Amino-2-sulfo-4-amino- (gegebenenfalls substituiert) -5- oder -8-chloranthrachinon mit KCN u. bei Herst. der 5- oder 8-Amino- oder 5- oder 8-Alkylaminoverbb. Kondensation der erhaltenen 2-Cyanoverb. mit p-Toluolsulfonamid oder einem p-Toluolalkylsulfonamid u. anschließendem Hydrolysieren. Die Herst. der folgenden Farbstoffe ist beschrieben: *1-Amino-2-cyano-4-amino-5-chloranthrachinon; 1-Amino-2-cyano-4.5-diaminoanthrachinon; 1-Amino-2-cyano-4-butylamino-5-chloranthrachinon; 1-Amino-2-cyano-4-butylamino-5-aminoanthrachinon; 1-Amino-2-cyano-4-amino-5-methylaminoanthrachinon; 1-Amino-2-cyano-4-butylamino-5-methylaminoanthrachinon; 1-Amino-2-cyano-4-butylamino-8-methylaminoanthrachinon.* (**A. P. 2 587 002** vom 22/4. 1947, ausg. 26/2. 1952.) ROICK. 7059

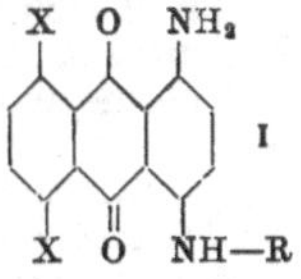

E. I. du Pont de Nemours & Co., Wilmington, Del., übert. von: **Herman E. Schroeder**, Kennett Square, Pa., und **Joseph Deinet**, Glassboro, N. J., V. St. A., *Küpenfarbstoffe der Anthrachinonazolreihe.* Man kondensiert ein 4.4'-Azobiphenyl-4''.4'''-dicarbonylchlorid (**Ia**) mit einem 2-Amino-1-halogen- (**I**) oder -1-mercaptoanthrachinon (**II**) bei 120—150°, setzt das erhaltene Prod. bei 160—220° mit einem β-Aminoanthrachinon um, u. führt den Ringschluß zum Oxazol oder Thiazol in derselben Lsg. mit oder ohne säurebindende Stoffe u. Katalysatoren bei erhöhter Temp., ca. 160—220°, durch. Man kann auch ein Azobiphenylcarbonyl-β-aminoanthrachinoncarbonylchlorid mit einem **I** oder **II** umsetzen u. dann den Ringschluß herbeiführen oder 4''-[1.2(N)-Anthrachinonoxazolyl]-azobiphenyl-4'''-carbonylchlorid (**III**) mit einer p-Aminoanthrachinonverb. kondensieren. — Man erhält Küpenfarbstoffe der allg. Zus. **IV** (Y = S oder O, X = H, Br oder Cl,

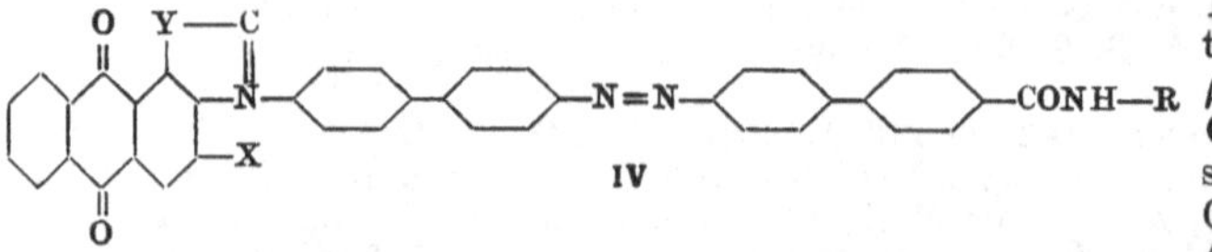

IV

R = verküpbarer Anthrachinonylrest, der in β-Stellung an der NH-Gruppe sitzt u. noch Substituenten, wie Cl, Br, CH_3, OCH_3, SCH_3 u. Acylamino- u. Thenoylaminogruppen enthalten kann), die nach kalten u. heißen Färbemethoden Baumwolle aus rotbrauner Küpe in sehr lichtechten, kräftigen, klaren gelben Tönen färben. — Farbstoffe können hergestellt werden aus: **Ia**, 1-Chlor-2-aminoanthrachinon (**V**) u. 2-Aminoanthrachinon (**VI**); **Ia**, **V** u. 2-Amino-3-methylanthrachinon; **III** u. 2-Amino-3-bromanthrachinon; **Ia**, **VI** u. 1.3-Dibrom-2-aminoanthrachinon; **Ia**, 1-Brom-2-aminoanthrachinon u. **VI**; **Ia**, **V** u. 1-Methylmercapto-2-aminoanthrachinon; **Ia**, **VI** u. dem Na-Salz des 1-Mercapto-2-aminoanthrachinons. (**A. P. 2 587 908** vom 24/3. 1950, ausg. 4/3. 1952.)
ROICK. 7059

XIa. Farben. Anstriche. Lacke. Naturharze.

W. Lützkendorf, *Das Deckvermögen der Pigmente als Funktion der Teilchengröße.* Auf Grund seiner Unterss. vertritt Vf. die Ansicht, daß die mol. Löslichkeit, die koll. Löslichkeit u. die Unlöslichkeit nicht eigentlich eine spezif. Eig. der einzelnen Farbstoffindividuen darstellt, sondern eine Folge der Teilchengröße ist. Diese wird maßgeblich von dem Dispergiervermögen der Medien (Lösungs- u. Weichmachungsmittel, Bindemittel, Kunststoff usw.) u. dem Affinitätsgrad des Mediums zum Farbkörper, d. h. der Polarität bzw. Nichtpolarität der beiden Systeme beeinflußt. Je größer die Übereinstimmung der polaren bzw. nichtpolaren Eigg. ist, desto mehr wird der kolloid- bzw. molardisperse Zustand erreicht. (Farbe u. Lack **59**. 7—16. Jan. 1953. Leverkusen.) WINIKER. 7092

A. Poggi Pollini, *Die Fischöle in der Lackindustrie.* Neue Verff. der Raffination u. Zerlegung der Fischöle mit fl. Propan liefern Prodd. von konstanten Eigg., wie am Beispiel von Pilchardöl (*Marinol K*) gezeigt wird (Verarbeitung zu Standöl, Verkochung mit Hartharz zu Öllacken u. Verarbeitung auf Ölalkydharz). (Pitture e Vernici **8**. 473—81. Sept. 1952.) SCHEIFELE. 7096

Felix Fritz, *Über die Änderung des Lichtbrechungswertes des Holzöles durch Oxydation.* Es wurde festgestellt, daß der Lichtbrechungswert des Holzöls durch Luftbehandlung bei Raumtemp. kaum verändert wird. (Dtsch. Farben-Z. **7**. 90. März 1953.)
WINIKER. 7096

Horst von Gottberg, *Elektrostatisches Farbspritzen mit und ohne Pistolen.* (Ind. Lackier-Betrieb **21**. 67—69. April 1953. Bad Hersfeld.) WINIKER. 7106

A. Turco, *Vorbereitung von Holz für die Lackierung: Entfettung, Auslaugung, Entharzung.* Angaben verschied., in der Praxis angewandter Vorbehandlungsverff. für Hölzer, die nachfolgend mit einem Anstrich versehen werden. (Pitture e Vernici **8**. 487—91. Sept. 1952.) SCHEIFELE. 7106

Manfred Ragg, *Über den Einfluß des Farbtones auf den Bewuchs des Schiffsbodens.* An Hand der Literatur u. auf Grund eigener Verss. kommt Vf. zu dem Schluß, daß eine Beeinflussung des Bewuchses durch den Farbton als solchen besteht. Der derzeitig allg. gebräuchliche rote Farbton ist in dieser Beziehung am ungünstigsten. Grüne Anstriche hingegen haben eine bewuchsvermindernde Wirkung. Infolge techn. Schwierigkeiten hat jedoch die Idee, einen Schiffsboden nur durch Farbwrkg. rein zu halten, wenig Aussicht auf Erfüllung. (Farbe u. Lack **58**. 435—40. Okt. 1952. Klagenfurt.) WINIKER. 7106

Carl Boller und Ulrich Lichthardt, *Bodensatzbildung von Pigmenten, ihre meßbare Erfassung und Verhinderung.* Beschreibung eines Gerätes zur graph. Darst. der Bodensatzbldg. nebst einigen Ausführungen über die Möglichkeit einer Verhinderung derselben. (Farbe u. Lack **58**. 441—43. Okt. 1952. Gießen, Unters.- u. Forsch.-Labor. für Oberflächenschutz u. Anstrichtechnik.) WINIKER. 7158

Badische Anilin- & Soda-Fabrik, Deutschland, *Herstellung von Pigmenten* durch Aufarbeiten des bei dem Abscheiden von Al_2O_3 aus rotem Bauxit durch alkal. Aufschluß anfallenden Fe_2O_3. Der Fe_2O_3-haltige Rückstand wird bei 105° getrocknet, in einer Kugelmühle gemahlen u. durch Sieben in mehrere Fraktionen zerlegt, z. B. mit Sieben von 900, 2100, 4900 Maschen/cm². Den einzelnen Fraktionen wird 4% NaCl zugegeben, je nach Kornfeinheit werden sie bei 700—800° gebrannt. Die noch heißen Massen werden in 1%ig. Salzsäure gegeben, filtriert u. gewaschen. Nach Trocknen bei 105° u. Mahlen geben die vereinigten Fraktionen ein dunkelrotes Pigment. (**F. P. 1 002 009** vom 12/7. 1946, ausg. 3/3. 1952.) SCHÖNAUER. 7093

Zelman Wajnsztejn, Frankreich, *Ersatzbindemittel für Anstrichzwecke*. Mineralöle, z. B. Schmieröl, tier. oder pflanzliche Öle, werden mit Salpetersäure behandelt u. ergeben nach Zusatz der üblichen Stoffe, wie Kunst- oder Naturharze, Trockenstoffe u. Lösungsmittel, das fertige Bindemittel. — 40 (Gewichtsteile) Schmieröl werden mit 4 HNO_3 von 40° Bé ca. ½ Std. bei 120° behandelt. Man fügt 20 Harz, 5 Trockenstoff u. 30 Lösungsm., z. B. Testbenzin, hinzu. (**F. P. 1 005 436** vom 19/7. 1947, ausg. 10/4. 1952.) HEYNE. 7097

American Cyanamid Co., V. St. A. (Erfinder: **George William Barlow**), *Herstellung wärmehärtender Aminoplast–Alkydharz-Mischungen* für Lacke u. Überzüge. Man erhitzt Aminotriazin- oder Carbamid–Aldehyd-Kondensationsprodd. in einem indifferenten Lösungsm. mit einem sauren Katalysator, bis sich ein Gel gebildet hat, das mit trocknenden Alkydharzen gemischt auf Lackierungen u. dgl. verarbeitet u. bei niedriger Temp. gehärtet wird. — Man gibt z. B. 200 (Teile) einer 50%ig. Lsg. von Harnstoff–CH_2O (1 Mol: 2,25 Mol)-Harz in einer Butanol–Xylol (3:2)-Mischung zu 200 Xylol u. 2 P_2O_4, heizt unter Rückfluß bis zur Bldg. eines weichen deformierbaren Gels, das nach Abtrennen des Lösungsm. mit 114 eines 70%ig. Alkydharzfirnisses (aus Phthalsäureanhydrid, Sojafettsäure, Glycerin u. Xylol) gemischt wird. Hierzu gibt man 40 einer 50%ig. Xylollsg. eines mit Kolophonium modifizierten Phenol–CH_2O-Harzes. Die homogene Mischung wird auf Holzplatten in dünner Schicht gespritzt u. dasselbe mit einer stärkeren Schicht wiederholt. Statt der genannten Aminoplaste kann man veresterte Harze, wie butyliertes Harnstoff–CH_2O-Harz, verwenden u. 45—55 (Teile) der gelierten Aminoplaste mit 55—45 trocknenden oder halbtrocknenden Alkydharz mischen u. bei 52—79° härten. (**F. P. 979 816** vom 31/1. 1949, ausg. 4/5. 1951. A. Prior. 27/7. 1948.) PANKOW. 7097

Produits Chimiques de Ribécourt, Seine, Frankreich (Erfinder: **Géza Austerweil**), *Herstellung von Aminoplasten*. Man kondensiert Aldehyde, Ketone, Ketoaldehyde, Diketone, Dialdehyde, Aldehyd- oder Ketoalkohole oder gewisse Cellulosen mit Stoffen, die als Hydrazindimerisate 2 Guanidylreste oder einen mit einem Harnstoff oder Thioharnstoff dimerisierten Guanidylrest der Formeln $(H_2N\cdot C[:NH]\cdot NH)_2$, $NH_2\cdot C(:NH)\cdot NH\cdot NH\cdot CO\cdot NH_2$ oder $NH_2\cdot C(:NH)\cdot (NH)_2\cdot CS\cdot NH_2$ enthalten. Die erhaltenen Harze sind in lipophilen organ. Lösungsmitteln lösl. u. eignen sich für *Anstrichmittel*. — Man erhitzt z. B. 1 (Teil) des Reaktionsprod. aus Nitroharnstoff u. Aminoguanidin unter Rückfluß mit 4 Formol vom p_H 7 bis zur Lösung, filtriert kalt, gibt A. u. n/2 HCl bis p_H 3 zu u. erhält einen im Ofen härtenden Firnis. (**F. P. 993 874** vom 26/10. 1944, ausg. 8/11. 1951.) PANKOW. 7097

Herbert Hönel, Graz, Österreich, *Filmbildende Mischung*, bestehend aus 1. einem niedrigmol., zumindest hydrophilen Kondensationsprod., das akt. Methylolgruppen enthalten kann, z. B. Resol oder Aminoplast; 2. einem Polyesterharz mit hydrophilem Charakter, hergestellt aus Polyglykolen (z. B. Pentaerythrit) u. mehrbas. aliphat., hydroaromat. oder aromat., gesätt. oder ungesätt. Carbonsäuren u. 3 einer wasserlösl., stark bas. N-Verb., wie NH_4OH, prim., sek., tert. oder quartären aliphat. Aminen, Äthylendiamin, Putrescin oder Cadaverin. Als Härter kann ein partieller Ester der H_3PO_4, W. u. ein mit diesem weitgehend mischbares Lösungsm. zugegeben werden. Herst. von Einbrennlacken, Grundierungen, Decklacken, heißtrocknenden Binde- u. Imprägniermitteln (für Schleifpapier), kalttrocknenden Anstrichmitteln für feuchtes Mauerwerk. (**Schwz. P. 283 427** vom 31/1. 1949, ausg. 1/10. 1952. It. Prior. 13/2. 1948.) SALZMANN. 7097

Eivind Eckbo, Oslo, Norwegen, *Pulverförmige, lagerfähige, phosphathaltige Anstrichmittel*. Man mischt Monophosphate u. Triphosphate u./oder Metalloxyde in solchen Verhältnissen, daß der Säuregeh. zwischen Mono- u. Triphosphat liegt, u. setzt so viel W. zu, daß die Rk. schnell verlaufen kann, worauf man die M. pulverisiert u. trocknet. Als Metallkomponenten eignen sich bes. Carbonate von Fe, Mn oder Zn. (**N. P. 79 493** vom 15/3. 1948, ausg. 10/12. 1951.) JÜRGEN SCHMIDT. 7097

Seidlitz Paint & Varnish Co., übert. von: **Otto Jensen**, Kansas, Miss., V. St. A., *Farbpulver für die Ölmalerei*. Ein in W. unlösl. Harz wird in einem in W. lösl. Lösungsm. gelöst u. mit dem Pigment verrieben. Das Lösungsm. wird mit W. ausgewaschen u. das lösungsmittelfreie pigmentierte Harz getrocknet u. gepulvert. (**Can. P. 475 938** vom 6/1. 1950, ausg. 7/8. 1951.) SCHÖNAUER. 7097

Jolo, Johannes Lohmann Kom.-Ges. (Erfinder: **Johannes Lohmann**), Fahr/Rh., *Herstellung von zunächst plastischen, später erhärtenden Körpern bzw. Überzügen*. Die Grundformen bzw. vorgeformten Gegenstände werden mit die Überzugsmasse, z. B. Gips oder Kunststoffe, in trocknem Zustand aufweisenden Trägerstoffen überzogen oder bespannt, worauf die M. in den plast. Zustand, z. B. mittels W. oder Lösungsmitteln, übergeführt u. die endgültigen Formen bzw. die erwünschten Konturen herausgearbeitet werden. (**D. B. P. 822 059** Kl. 75b vom 17/4. 1949, ausg. 22/11. 1951.) KITTLER. 7107

Thermoid Chemical Co., übert. von: **Vincent I. Frilette**, New York, N. Y., V. St. A., *Anstrichmittel*, bestehend aus einem trocknenden oder halbtrocknenden fetten Öl, einem öllösl. Harz u. 0,05—2% gut verteiltem, elementarem S, berechnet auf den gesamten, nichtflüchtigen Anteil des Anstrichmittels. (**Can. P. 485 543** vom 5/4. 1945, ausg. 12/8. 1952. A. Prior. 20/5. 1944.) WITTHOLZ. 7107

Beck, Koller & Co. Ltd., Liverpool, England, *Vinylpolymere*. Styrol wird in Ggw. von niedrigsd. Mineralöl u. Benzoylperoxyd mit dem Ester aus einem mehrwertigen Alkohol u. einem trocknenden oder halbtrocknenden Öl, z. B. Ricinus- oder Leinöl, 20 Std. gekocht u. mit einem Sikkativ versetzt. Die Lsg. liefert geschmeidige wasserfeste *Lackfilme*. (**E. P. 651 561** vom 12/8. 1948, ausg. 4/4. 1951.) SALZMANN. 7107

New Wrinkle, Inc., Wilmington, Del., übert. von: **William A. Waldie**, Oakwood, O., V. St. A., *Runzellacke für Überzüge*. Man verwendet ein Gemisch aus 10 (Teilen) eines Lackes aus mit Harz modifiziertem Phenol-CH_2O-Harz, Oiticicaöl, Bleiglätte, Xylol u. Toluol, 8 rohem Holzöl, 6 Xylol, 2 Butanol u. 0,5 einer 6%ig. Mn-Naphthenatlsg., wozu nach Bedarf noch eine Farbpaste zugesetzt werden kann. Der erhaltene Lack trocknet in 16—20 Std. in Runzeln auf. (**A. P. 2 600 818** vom 18/9. 1947, ausg. 17/6. 1952.) MÖLLERING. 7107

I. G. Farbenindustrie Akt.-Ges. (Erfinder: **Karl Daimler**), Frankfurt/M., *Herstellung von Anstrichmitteln* auf Grundlage wss. Lsgg. von Zn- oder Cu-Ammoniak-Komplexverbb. wasserunlösl. Fettsäuren im Bereich von 5—12 C-Atomen, z. B. von synthet. Fettsäuregemischen C_7—C_9 aus der Paraffinoxydation oder von synthet. Fettsäuregemischen mit C_8—C_{12}, die z. B. als Nachlauföl bei der Butanolsynth. anfallen, dad. gek., daß hochkonz. wss. Lsgg. dieser Komplexverbb., gegebenenfalls neben Pigmenten, Verwendung finden. (**D. R. P. 753 057** Kl. 22g vom 1/3. 1938, ausg. 24/11. 1952.) GRÄGER. 7107

Soc. An. Alo-Jidac, Frankreich, *Rostverhinderungsmittel für Feuerwaffen*, bestehend aus einem Fettkörper u. einer schwachen organ. Base, wie Pyridin, Anilin, Toluidin, Naphthylamin, gegebenenfalls unter Zusatz von Seifen schwacher Basen, wie z. B. Triäthanolaminoleatvaseline 85 (Teile), Amylalkohol 5, Toluidin 10. (**F. P. 1 006 432** vom 13/1. 1948, ausg. 23/4. 1952.) HEYNE. 7107

George Chandler Cox, Charleston, W. Va., V. St. A., *Schützen von Metalloberflächen*. Um auf Metalloberflächen, bes. Schiffsböden in Salzwasser, dichte u. festsitzende Überzüge anzubringen, bringt man in die Nähe der zu schützenden Fläche eine Kathode, schaltet das Schiff als Anode u. elektrolysiert bei einer Stromdichte zwischen 0,0032 u. 0,043 A/dm^2, so daß sich ein Belag aus bas. Mg- u. Ca-Verbb. bildet. Bes. vorteilhaft wird ein pulsierender Gleichstrom verwendet. (**N. P. 79 567** vom 12/4. 1940, ausg. 31/12. 1951.) JÜRGEN SCHMIDT. 7107

Germaine-Marie-Henriette Desorbay, Seine, Frankreich, *Herstellung von Harzlösungen*. Man gibt zu dem Harz, wie Kolophonium, 0,7—1%ig. Alkalilsgg. u. gibt weiteres Alkali bis zu 60 g/Liter zu, so daß schließlich bis zu 50%ig. Lsgg. des Harzes entstehen. (**F. P. 986 614** vom 24/11. 1943, ausg. 2/8. 1951.) PANKOW. 7141

XIb. Plaste (Kunstharze. Plastische Massen).

Österreichische Stickstoffwerke Akt.-Ges. (Erfinder: **Otto Pesta**), Linz, Österreich, *Herstellung eines Weichmachers*. Man kondensiert Bzl. oder seine Homologen mit S unter Verwendung von $AlCl_3$ oder ähnlichen Kondensationsmitteln, treibt überschüssige Ausgangsstoffe ab, trennt pechartigen Rückstand durch Dest. ab u. zerlegt das Kondensationsprod. in mindestens 2 Fraktionen. Da diese Fraktionen unterschiedliche Eigg. aufweisen, müssen zur Erreichung optimaler Wirkungen einzelne Fraktionen miteinander verschnitten werden, z. B. kann man die Fraktionen von $Kp._{12}$ 180—190° u. 233—240° mischen. Zweckmäßig werden krist. Anteile aus der zuletzt genannten Fraktion erst nach der Fraktionierung abgetrennt. Die Abtrennung von einzelnen Bestandteilen aus den Kondensationsprodd. kann außer durch Fraktionierung auch durch andere Mittel, wie Bleicherden, erfolgen. Die Weichmacher können auch für andere Kunststoffe als Polyvinylchlorid, z. B. bei Celluloseäthern, angewandt werden. (**Oe. P. 172 949** vom 16/8. 1950, ausg. 25/10. 1952. **Zusatz zu Oe. P. 170 286; C. 1952. 7422.**) PANKOW. 7171

Socony-Vacuum Oil Co., Inc., New York, N. Y., V. St. A., *Polymerisation von Propylen* (**I**) erfolgt im (dis-) kontinuierlichen Verf. in einem inerten Lösungsm. (n-Propan oder Butan) in Ggw. von $AlBr_3$ (**II**) als Kontaktmasse u. eines Aktivators für **II**, dessen Menge so bemessen wird, daß ein Verhältnis von Aktivator zu gelöstem **II** von 0,2—5 eingehalten wird. Als Aktivator geeignet sind HBr u. Alkylbromide mit mindestens 3 C-Atomen. Ferner soll das Verhältnis von **I** zu gelöstem **II** in der Reaktionszone gleich 2:1 Mol betragen. — Tabellen über die Viscositätsabhängigkeit von I-Polymerisaten vom Geh. an gelöstem **II** u. Aktivator. (**E. P. 668 466** vom 8/10. 1948, ausg. 19/3. 1952. A. Prior. 31/10. 1947.) MÖLLERING. 7173

Anglo-Iranian Oil Co. Ltd., London, übert. von: **Eric William Fawcett** und **Eric Sylvester Narracott**, Sunbury-on-Thames, Middlesex, England, *Polyvinylchloridmischung* mit verbesserter Farbfestigkeit. Man gibt zu Polyvinylchlorid oder Vinylchloridmischpolymerisaten bis zu 10% eines öllösl. Pb-Salzes einer ungesätt. Säure, wie Öl- oder Naphthensäure, u. einen KW-stoff mit einem Mol.-Gew. von 200—800, den man aus Mineralöldestillaten oder -rückständen durch Extrahieren mit einem polaren Lösungsm. oder einer Mischung von Lösungsmitteln mit wenigstens einem polaren Anteil erhält. (**Can. P. 478 476** vom 8/10. 1946, ausg. 13/11. 1951. E. Prior. 28/6. 1945.) PANKOW. 7173

Westinghouse Electric Corp., V. St. A. (Erfinder: **Frederick A. Yeoman**), *Polymerisieren von Vinylverbindungen* in Ggw. von Cu. Man polymerisiert Mischungen aus ungesätt. Alkydharzen u. polymerisierbaren Monomeren mit sek. oder tert. Butylhydroperoxyd, tert. Butylperbenzoat, tert. Dibutyldiperphthalat, Oxycyclohexylhydroperoxyd oder 2.2-Bis-(tert.-butylperoxy)-butan u. einem Aldehydamin als Katalysator in Ggw. von Cu oder Cu-Legierungen, ohne daß eine Verfärbung des Polymeren erfolgt. Man mischt z. B. 65 (Gewichtsteile) Ricinusöltrimaleat (aus 100 Ricinusöl u. 30 Maleinsäureanhydrid bei 140°) mit 35 Styrol, 0,5 tert. Butylperbenzoat, 0,02 Chinhydron u. 0,05 Anilin–Butyraldehyd (mol. Mengen in Toluol 15 Min. am Rückfluß u. dann ohne Toluol bei 75—145° erhitzt) u. erhitzt zusammen mit einer Cu-Folie 4—6 Std. auf 135°. Man kann auch auf 100—200° erhitzte elektr. Spulen in eine solche Mischung tauchen, herausziehen u. fertigpolymerisieren. Benzoylperoxyd ist als Katalysator unbrauchbar. (**F. P. 986 391** vom 20/5. 1949, ausg. 31/7. 1951. A. Prior. 21/5. 1948.) PANKOW. 7173

Imperial Chemical Industries Ltd., London, England, *Herstellung wässeriger Dispersionen von Polymerisaten bzw. Copolymerisaten des Vinylchlorids.* Bei der Emulsionspolymerisation wird das Emulgiermittel erst nach Beginn der Polymerisation, jedoch vor Beginn der Koagulation der gebildeten Polymerisatdispersion in das Polymerisationssyst. gegeben, bes. zu einem Zeitpunkt, in dem der Polymerisatgeh. des Syst. 0,5 bis 1 Gew.-% erreicht hat. Steigt der Polymerisatgeh. auf 8 Gew.-% vor Einführung des Emulgiermittels, so besteht Koagulationsgefahr. Der Emulgator kann anteilweise oder kontinuierlich bis nach Beendigung der Polymerisation auch in Form eines anderen Emulgiermittels zugegeben werden. Auch Monomeres u. W. können während der Polymerisation zugegeben werden u. Polymerteilchen erheblicher Größe erhalten werden. Man kann zu Beginn eine solche Menge Vinylchlorid (**I**) oder dessen Mischungen mit anderen polymerisierbaren Stoffen einführen, daß die mit fortschreitender Polymerisation beobachtete Abnahme des Dampfdruckes infolge Adsorption des Monomeren an das Polymere den Zeitpunkt anzeigt, in dem der Polymerisatgeh. des Syst. jenen Wert erreicht, bei dem Emulgator eingeführt werden muß, u. weiteres **I** nur nach Beobachtung der Dampfdruckabnahme zugesetzt wird. Der Latex kann direkt verarbeitet oder sprühgetrocknet oder koaguliert u. auch sprühgetrocknet werden. — 65000 (Teile) W., 6500 **I** u. 12 $(NH_4)_2 \cdot S_2O_8$ werden bei 50° gerührt. Durch Vorvers. wurde festgestellt, daß bei Umwandlung von ca. 55 Gew.-% **I** Dampfdruckabnahme erfolgt. Der ursprüngliche Manometerdruck von 7 kg/cm² fällt auf 6,65 kg/cm², worauf 72,5 Na-Salz eines hochsulfonierten Methyloleats u. danach 22500 **I** zugesetzt werden; man polymerisiert noch ca. 12 Std. u. erhält einen Latex von 28% Polymergeh. mit Polymerisatkügelchen von 0,3 μ Durchmesser. (**Oe. P. 173 263** vom 15/6. 1951, ausg. 10/12. 1952. E. Priorr. 15/6. 1950 u. 22/3. 1951.) PANKOW. 7173

E. I. du Pont de Nemours & Co., übert. von: **Ellsworth Knowlton**, Wilmington, Del., V. St. A., *Mischpolymerisat.* Ein Ansatz aus 75—85, bes. 78—82 (%), Vinylchlorid (**I**) u. 15—25, bes. 18—22, Allylglycidyläther (**II**) wird so polymerisiert, daß das Prod. als 30%ig. Lsg. in Cyclohexanon eine Viscosität bei 25° von 1,3—3 Poise aufweist. — In 262 (Teilen) thiophenfreiem Bzn. werden 180 **II**, 6 $\alpha.\alpha'$-Azodiisobutyronitril u. 0,6 Maleinsäureanhydrid gelöst. Man kühlt mit CO_2–Schnee–Aceton u. setzt 420 **I** zu. Unter Rühren wird der Autoklav auf 60° erwärmt u. 12 Std. dort gehalten. Danach wird der abgekühlte Inhalt in die 6fache Menge Methanol gegeben u. der Nd. abgetrennt. Nach dem Trocknen u. Umlösen in Aceton erhält man 118,5 Prod. mit 44,8% Geh. an Chlor. — Das farblose, feste Harz ist bes. in aromat. KW-stoffen lösl., durch Wärmeeinw. von 120—250° wird es dagegen unlöslich. Die Aushärtung kann auch durch Einw. von 0,1—3 $SnCl_2 \cdot 2H_2O$ erfolgen. Die Prodd. eignen sich zum Behandeln von Papier, Textilien, Ziegel u. dgl., sie sind verformbar zu Filmen u. Fäden. (**A. P. 2 589 237** vom 25/8. 1950, ausg. 18/3. 1952.) MÖLLERING. 7173

British Thomson-Houston Co. Ltd., London, England, *Polymerisieren von Monovinyltetrahydronaphthalinen.* α- u. β-Vinyltetrahydronaphthalin werden in Ggw. von Polymerisationsaktivatoren, wie BF_3, $SnCl_4$, organ. wie anorgan. Peroxyden, oder durch Anwendung kurzwelligen Lichtes bei erhöhter Temp. zu einem polystyrolähnlichen Kunststoff polymerisiert. Dieser zeichnet sich u. a. neben einem höheren Erweichungspunkt als Polystyrol auch durch gute elektr. Eigg. aus. Im übrigen sind die Anwendungsgebiete im wesentlichen die gleichen wie für Polystyrol. Die Polymerisation kann im Block, in Lsg. oder Dispersion erfolgen. — Z. B. werden 50 g der α-Verb. in 100 cm^3 Bzl. im offenen Gefäß mit 5 Tropfen des Ätherats von BF_3 versetzt. Die Polymerisation springt schnell an, verläuft in exotherm. Rk. u. ist nach 3 Min. vollendet. Das Reaktionsgemisch wird mit 1000 cm^3 Bzl. zur Lsg. des Polymeren versetzt u. in 2000 cm^3 Methanol gegeben, wobei das Polymere ausfällt. Ausbeute 48,5 g trockenes Polymerisat in Form eines farblosen durchscheinenden Pulvers. (**E. P. 664675** vom 10/11. 1947, ausg. 9/1. 1952. A. Prior. 13/11. 1946.) HERBST. 7173

American Cyanamid Co., New York, N. Y., übert. von: **John A. Price**, Stamford, Conn., V. St. A., *Polymerisate.* Man polymerisiert *2-Vinylbenzimidazol* zusammen mit *Acrylsäureäthylester, Styrol, Vinylacetat, Acrylnitril, Acrylamid* oder *Methacrylnitril* bzw. Mischungen der genannten Verbb., z. B. in Methyläthylketon u. in Ggw. von Benzoylperoxyd als Katalysator. Man erhält Polymerisate, die zum Pressen, Gießen, zur Herst. von Überzügen u. elektr. Isolierungen geeignet sind. (**A. P. 2 606 175** vom 12/4. 1951, ausg. 5/8. 1952.) BRÖSAMLE. 7173

Badische Anilin- & Soda-Fabrik (Erfinder: **Eugen Müller**), Ludwigshafen/Rh., *Polymerisationsprodukte aus Vinyläthern* nach D. B. P. 846 794 erhält man durch Tieftemperaturpolymerisation von Gemischen von Vinylbutyläther (**I**) u. Olefinen mit mehr als 4 C-Atomen u. einer Isopropylidengruppe im Mol., ausgenommen Gemische von **I** mit Di- u./oder Triisobutylen, mittels FRIEDEL-CRAFTSscher Katalysatoren oder deren Additionsverbindungen. — Z. B. ergeben **I** u. ein Olefingemisch mit 61% 2.3-Dimethylbuten-(2) u. 7,5% 4-Methylpenten-(3) in fl. Propan mit BF_3 ein Polymerisat vom K-Wert 82 u. F. 70—75°, u. **I** mit Olefingemisch [70% 2.4-Dimethylpenten-(3)] in analoger Weise ein Harz vom K-Wert 85 u. F. 73—78°. (**D. B. P. 868 353** Kl. 39c vom 21/1. 1951, ausg. 23/2. 1953. **Zusatz zu D. B. P. 846 794; C. 1953. 1569.**) SCHINDLER. 7173

American-Marietta Co., Seattle, Wash., V. St. A., *In der Wärme härtende Phenolaldehydharze.* Man kondensiert wss. Lsgg. von Phenol u. Aldehyd im alkal. Medium 4—8 Std., wobei die Alkalimenge stufenweise erhöht wird, so daß der p_H-Wert stets zwischen 9,5 u. 14 liegt u. eine Ausscheidung des Harzes nicht erfolgt, obgleich das Stadium der Löslichkeit überschritten wird. Anschließend kondensiert man weiter über das B-Stadium hinaus bis zum beginnenden C-Stadium. Die Ausfällung am Ende des Kondensationsprozesses erfolgt durch Zusatz von Alkohol. (**N. P. 79 478** vom 11/8. 1948, ausg. 3/12. 1951.) JÜRGEN SCHMIDT. 7177

Soc. An. Comp. Générale d'Électricité, Seine, Frankreich (Erfinder: **Maurice Rapine**), *Herstellung von Phenolharzen.* Man gibt zu einer Mischung von Phenolöl, Aldehyd u. saurem Katalysator vor oder nach der Kondensation ein Lösungsm. für das neutrale Öl, das zugleich prakt. ein Nichtlöser für das entstehende Harz ist, z. B. Bzl., CCl_4, Ae., bestimmte Chlor-KW-stoffe u. Erdöldestillatfraktionen. Man erwärmt z. B. 500 (cm^3) Phenolöl mit 40 Gew.-% Phenolen, 225 30%ig. Formol, 50 HCl (22° Bé), 500 Bzl. ½ Std. unter Rückfluß auf 80—90° u. erhält Weichharz, wss. Phase u. eine Bzl.-Öl-Phase. Man dest. das Harz im Vakuum, worauf es hart wird u. sich für *Preßmassen* eignet. (**F. P. 990 173** vom 11/3. 1944, ausg. 18/9. 1951.) PANKOW. 7177

Courtaulds Ltd., England (Erfinder: **Frank Reeder** und **Eric Richard Wallsgrove**), *Herstellung polymerer Ester.* Man kondensiert Hydrochinon- oder Resorcin-bis-(β-oxyäthyl)-äther oder dessen Acylderivv. mit einer ω.ω'-Dicarbonsäure, Terephthalsäure, Diphenyl-4.4'-dicarbonsäure u. Säuren der Formel p-$HOOC \cdot C_6H_4 \cdot R \cdot C_6H_4 \cdot COOH$ (R = 2wertige Gruppe) oder Diestern dieser Dicarbonsäuren, vorzugsweise in Abwesenheit von O_2 u. in Ggw. eines Katalysators, wie Li- oder Na-Methylat, Al-Äthylat oder p-Toluolsulfonsäure, bei 200° u. mehr, worauf nach Entfernung der entstehenden Nebenprodd. bei 240—300° fertig geheizt werden kann. Man kann in einer 2. Reaktionsphase auch das Kondensationsprod. mit dem Diester einer aliphat. Monocarbonsäure u. eines Dioxybenzols mit den OH-Gruppen in p- oder m-Stellung am gleichen oder in p.p'- oder m.m'-Stellung an verschied. Kernen weiterkondensieren. — Zu einer Lsg. von 44 (Gewichtsteilen) Hydrochinon u. 35 NaOH in 140 W. gibt man langsam eine Mischung aus 70 Glykolmonochlorhydrin u. 70 W., heizt 3 Std. im Dampfbad, läßt 1 Tag absetzen, filtriert den Äther ab, extrahiert ihn mit Bzl. u. erhält den Hydrochinon-bis-(β-oxyäthyl)-äther aus Bzl. mit F. 105°. 12,3 davon erhitzt man mit 12 Dimethylterephthalat u. 0,7 einer 1%ig.

Li-Lsg. in Methanol im N_2-Strom auf 180° u. dann in 1 Std. auf 280°, wobei der Druck 1 Std. auf 0,1 mm erniedrigt u. die Temp. bei 285° 3 Std. gehalten wird. Prod. vom F. 199—203°, das zu Fäden ausgezogen werden kann, die kalt gereckt werden können. (**F. P. 985 231** vom 26/4. 1949, ausg. 16/7. 1951. E. Prior. 30/4. 1948.) PANKOW. 7177

L'Auxiliaire des Chemins de Fer et de l'Industrie, Seine, Frankreich, *Herstellung von Anionenaustauschern.* Man läßt ein Cyanamid mit p-Diaminoderivv., wie Diphenyl- oder Dinaphthyldiamin, reagieren: $H_2N\cdot CN + (NH_2\cdot C_6H_4)_2 \rightarrow H_2N\cdot C(NH)\cdot NH\cdot C_6H_4\cdot C_6H_4NH_2$ u. kondensiert dann mit einem Aldehyd oder Keton, wobei eine der Komponenten eine oder mehrere Äthylenbindungen enthalten kann. Man kann auch von m-Nitrobenzidin ausgehen u. die Nitrogruppe nach der Kondensation reduzieren. — Man erhitzt z. B. 23 (g) Benzidinbase, 21 Dicyandiamid u. 26 cm³ W. 5. Std unter Rückfluß, gibt 40 Eisessig zu u. in kleinen Portionen 50 Furfural, dampft bei 60° ein u. heizt einige Std. auf 125°. (**F. P. 993 080** vom 27/11. 1944, ausg. 26/10. 1951.) PANKOW. 7181

Imperial Chemical Industries Ltd., London, England (Erfinder: **D. A. Harper** und **W. F. Smith**), *Härten von Polyesteramiden, die mit Diisocyanaten modifiziert sind.* Die Härtung erfolgt in gleichförmiger Mischung mit Cellulosederivv., z. B. Celluloseacetaten, bes. in in Aceton lösl. Form. Außerdem können übliche Füllstoffe zugegen sein. Die Menge der Cellulosederivv. kann 25—175 (Teile) auf 100 modifizierte Polyesteramide betragen. Übliche Härtungsmittel. (**Schwed. P. 132 170** vom 22/12. 1945, ausg. 3/7. 1951. E. Prior. 22/12. 1944.) JÜRGEN SCHMIDT. 7181

Roelof Houwink, Grundriß der Technologie der synthetischen Hochmolekularen nach chemischen und physikalischen Gesichtspunkten. Leipzig: Geest & Portig. 1952. (XI + 292 S. m. 194 Abb. u. 70 Tab.) 8°. DM 14,50.

XII. Kautschuk. Guttapercha. Balata.

A. H. Willis, *Die Bedeutung des Kautschuks für den Ingenieur.* Ausführlicher Überblick über die für den Ingenieur wichtigen Eigg. von Gummi u. die sich daraus ergebenden Verwendungsmöglichkeiten als Konstruktionsmaterial. (Trans. Instn. Rubber Ind. **27.** 264—75. Okt. 1951.) WINIKER. 7220

G. Verhaar, *Fraktionierung von frischem und konserviertem Hevealatex durch Zentrifugieren.* Vf. untersuchte an Hevealatex (I) von 6 verschied. Klonen den Einfl. von dest. W., Na_2SO_3, NH_4OH u. CH_2O auf die Fraktionierung durch Zentrifugieren. Es wurde festgestellt, daß die gelbe Farbe des in frischem **I** beim Zentrifugieren als gesonderte Phase auftretenden viscosen, von DE HAAN-HOMANS u. VAN GILS *Lutoide* (**II**) genannten Anteils keine spezif. Eig. ist. Für **II** wird daher die Bezeichnung *Viscoide* vorgeschlagen. Weiter wurde festgestellt, daß das Tyrosin–Tyrosinase-Syst. zum **II**-Komplex gehört. Zusatz von dest. W. beeinflußte das Vol. von **II**, doch war dieser Einfl. je nach Klon verschieden. Na_2SO_3 u. NH_4OH bewirkten eine Verringerung des **II**-Volumens. Zusatz von CH_2O hatte eine Verzögerung der Fraktionierung u. eine Vergrößerung des **II**-Vol. zur Folge. (India Rubber Wld. **126.** 636—40. 644. Aug. 1952. Liberia, Fireston Plantatio Co.) WINIKER. 7222

C. A. Litzler, *Gewebegummierung und -imprägnierung.* Ausführlicher Überblick über Methoden u. dazugehörige Maschinen. — 53 Abbildungen u. schemat. Darstellungen. (Rubber Age [New York] **71.** 501—06. Juli. 631—38. Aug. 781—86. Sept. 1952. Cleveland, O., Ind. Owens Inc.) WINIKER. 7230

—, *Herstellung von Keilriemen.* Behandelt werden: Mischungsaufbau, Gewebeauswahl, -präparation u. -gummierung sowie Prüfung der Keilriemen. (Gummi u. Asbest **6.** 112—16. 1/3. 1953.) WINIKER. 7230

G. E. Proske, *Moderne Verfahren der Gummi-Metall-Bindung.* Krit. Betrachtung der gegenwärtig verwendeten Verff. (Hartgummibindung, Chlorkautschukbindung, Phenolharzbindung, Messingbindung, Kautschukhydrochloridbindung, Isocyanatbindung) unter besonderer Berücksichtigung der Isocyanate, welche wesentliche Verbesserungen bringen. (Kautschuk u. Gummi **5.** Nr. 10. Wiss. u. Techn. WT 153—56. Okt. 1952. Adelaide. S. A.) WINIKER. 7230

W. Späth, *Verschleiß von Gummi in Abhängigkeit von der Belastung.* Behandelt werden Mechanik des Verschleißes von Luftreifen, Einfl. der Durchführung von Verschleißprüfungen, Vgl. zwischen Laboratoriums- u. Betriebsversuchen. (Gummi u. Asbest **6.** 148—52. 1/4. 1953.) WINIKER. 7248

L. Mullins und **R. W. Whorlow**, *Der Einfluß von Füllstoffen auf die Plastizität von nichtvulkanisiertem Kautschuk.* Die Unters. des Einfl. der Füllstoffe auf die Fließeigg. von Kautschukmischungen ergab, daß die Plastizitätswerte keine für die Mischungen charakterist. Größen sind. Dieselben sind vielmehr entsprechend der Vorgeschichte der Mischungen

u. entsprechend den Meßbedingungen variabel. Vff. diskutieren die prakt. Bedeutung dieser Feststellung u. machen Vorschläge zur Modifikation der zur Zeit üblichen Meßmethoden. (Trans. Instn. Rubber Ind. **27**. 55—74. Febr. 1951.) WINIKER. 7248

Standard Oil Development Co., Elizabeth, N. J., V. St. A., *Tieftemperaturpolymerisation von Isobutylen* im Gemisch mit Olefinen mit 4—14 C-Atomen zu *kautschukähnlichen* Prodd. erfolgt kontinuierlich im inerten, im Kreislauf geführten Lösungsm., wie Propan oder Butan, wobei aus dem kontinuierlichen Strom eine noch fließbare Polymerisatlsg. unter Wärmeaustausch abgezogen u. durch ständige Zufuhr eines Gemisches aus Monomeren u. Lösungsm. ersetzt wird. Die fließbare Polymerisatlsg. wird mittels Wasserdampf in warmes W. gedrückt u. dabei von restlichen Lösungsmitteln u. monomeren Anteilen befreit. — Reaktionsschema, Abbildungen. (**D. B. P. 852 304** Kl. 39c vom 29/10. 1950, ausg. 13/10. 1952. A. Prior. 4/11. 1949.) MÖLLERING. 7225

Soc. à responsabilité limitée: Soc. Auxiliaire de l'Institut Français du Cautchouc, Seine, Frankreich (Erfinder: **Patrice Henri Marie Compagnon**), *Weichmacher für Kautschuk und Kautschukersatzstoffe*. Man verwendet den stark harzhaltigen Latex von *Euphorbia Balsamifera* oder den aus seinem Koagulat hergestellten, in A. am besten lösl. Anteil oder seine durch Erhitzen des Koagulats auf 200—250° erhaltenen Umwandlungsprodukte. Der Weichmacher, der als Latex, Lsg. oder Koagulat angewandt werden kann, macht den Kautschuk weich u. klebend. (**F. P. 977 714** vom 19/10. 1942, ausg. 4/4. 1951.) PANKOW. 7227

Metallgesellschaft Akt.-Ges., Frankfurt/M., und **Rhenania-Ossag, Mineralölwerke Akt.-Ges.**, Hamburg (Erfinder: **Herbert Wick**, Frankfurt/M., und **Carl Zerbe**, Hamburg), *Mischungszusatz* zu Mischpolymerisaten von Butadien oder seinen Homologen, z. B. mit Styrol oder Acrylsäurenitril, bestehend aus Gemischen von vorwiegend gesätt., zwischen 250 u. 400° sd. KW-stofffölen, wie Spindelöl, Teeröl, Mineralöl, z. B. aus Hydrier- oder Spaltprozessen, u. bei n. Druck nicht unzers. destillierbaren festen bis zähfesten Bitumina, in Mischungsverhältnissen von 1 : 3 bis 3 : 1. (**D. R. P. 767 568** Kl. 39b vom 12/3. 1941, ausg. 19/1. 1953.) OVERBECK. 7227

Siemens-Schuckertwerke Akt.-Ges., Berlin und Erlangen (Erfinder: **Hans Müller**, Berlin), *Ozon-, öl- und feuerfestes Kunstkautschukvulkanisat* mit einem Geh. an weichmacherhaltigen, Polyvinylchlorid oder Vinylchlorid enthaltenden Mischpolymerisaten u. PbO als Aktivator. (**D. R. P. 767 503** Kl. 39b vom 23/7. 1941, ausg. 8/12. 1952.) OVERBECK. 7229

Commonwealth Engineering Co. of Ohio, übert. von: **Harry A. Toulmin jr.**, Dayton, O., V. St. A., *Herstellung von Schaumkautschuk*. Eine Kautschukmilchmischung mit einem geringen Geh. an Polyvinylmethyläther u. NH_4-Caseinat (p_H ca. 7) wird kontinuierlich in einem geschlossenen Gefäß bei 1,4—35 at, bes. 14 at, mit z. B. N_2O verschäumt, während der Schaum aus einer Öffnung abgelassen u. in einer Heizzone mit sich verjüngendem Querschnitt bei 83—108° vulkanisiert wird. (**A. P. 2 576 318** vom 19/9. 1949, ausg. 27/9. 1951.) OVERBECK. 7229

B. F. Goodrich Co., New York, N. Y., übert. von: **Alvon R. Cox**, Cuyahoga Falls, und **Frank E. Trockle**, Akron, O., V. St. A., *Geformte Schaumkautschukartikel*. Gelatinierter vulkanisierter Kautschukmilchschaum wird bei 60—104° ca. 1—5 Min. an bestimmten gewünschten Stellen einem lokalen Druck ausgesetzt, wobei der Schaum an diesen Stellen zusammenfällt, u. worauf vulkanisiert wird. (**A. P. 2 575 259** vom 17/11. 1948, ausg. 13/11. 1951.) OVERBECK. 7229

Wingfoot Corp., V. St. A. (Erfinder: **Thomas H. Rogers jr.**), *Herstellung von porösem Kautschuk* aus Mischungen von Kautschukmilch oder Kunstkautschuklatex mit 30 u. mehr % einer wss. Dispersion eines Mischpolymerisats aus 80—95% einer Arylvinylverb., wie Styrol, u. 20—5% eines konjugierten Diolefins, wie Butadien. — Man mischt 167,5 (Teile) Kautschukmilch (62,8% Trockensubstanz, 59,8% Trockenkautschuk) mit 6,14 einer wss. 20%ig. K-Oleatdispersion, 0,6 einer wss. Dispersion von 35% Äthylcinnamat, von 3 einer 50%ig. Zn-Mercaptobenzothiazol–Paraffin-Dispersion u. 2 einer wss. 50%ig. Di-β-naphthyl-p-phenylendiamindispersion, läßt unter Bewegen 16 Std. reifen, gibt 3,74 einer 55%ig. wss. S-Dispersion, 2,365 einer 20%ig. wss. K-Resinatdispersion u. 3,282 einer wss. 50%ig. Paraffindispersion (F. 57,2°) zu (alle %-Zahlen auf Trockenkautschuk bezogen) u. rührt langsam 3 Std., worauf man zu 351 dieser Mischung 19,6 eines Mischpolymerisatlatex (85% Styrol, 15% Butadien) gibt, verschäumt, gibt 20 einer wss. Dispersion einer Mischung von 3 ZnO u. 1 Diphenylguanidin u. danach 22 einer 18%ig. wss. Dispersion von Na-Silicofluorid dazu, gießt den Schaum in eine Form u. heizt 20 Min. bei 1,4 kg/cm² Dampfdruck. Verwendung für Möbel, Autopolster, Decken, Schuhsohlen. (**F. P. 976 338** vom 8/12. 1948, ausg. 16/3. 1951. A. Prior. 4/3. 1948.) PANKOW. 7231

National Cash Register Co., Dayton, O., V. St. A., *Herstellung von Gegenständen aus mikroporösem Kautschuk mit mikrofeinem auslaugbarem Füllstoff.* Man vermischt den Füllstoff mit der Kautschukmasse in Ggw. eines Lösungsm. für den Kautschuk, worauf der Füllstoff nach der Verformung u. Vulkanisierung ausgelaugt wird. Das Einmischen erfolgt auf Walzenstühlen mit sehr geringen Mengen Lösungsm., bes. Toluol oder Tetrahydrofurfurylalkohol oder Isooctan. Jedenfalls darf die Kautschukmasse nicht fl. werden. Die Füllstoffmenge beträgt ca. 85% der Summe aus Kautschuk u. Füllstoff. (**N. P. 79 322** vom 20/11. 1948, ausg. 5/11. 1951. A. Prior. 2/1. 1948.) JÜRGEN SCHMIDT. 7231

Pierre Dequenne, Seine, Frankreich, *Herstellung von Kunstkautschukmischungen.* Man gibt zu Kunstkautschuk (Buna, Neopren, Thioplasten wie Thiokol oder Perduren) ein Plastiziermittel, die üblichen Füll- u. Vulkanisiermittel, auch etwas Naturkautschuk, u. bis zu 200% Korkkörner oder -pulver, je nach Feinheit des herzustellenden Gegenstandes; der zerkleinerte Kork kann vorher auf einer vibrierenden Platte gereinigt u. in gröbere u. feinere Teilchen getrennt werden. Die Mischung wird geformt u. vulkanisiert u. dient für Reibkörper, Pumpenteile, Verbindungsstücke, Dämpfer, Wärmeschutz, Schwimmer. (**F. P. 984 472** vom 30/9. 1943, ausg. 6/7. 1951.) PANKOW. 7231

Rubber-Stichting, Delft, Holland, *Herstellung von Gummigegenständen.* Man vermischt Kautschuk mit mindestens der gleichen Menge pflanzlicher Stoffe, bes. Holzmehl oder Strohhäcksel, u. vulkanisiert dann ohne Anwendung von Druck bei Raumtemp. bis ca. 50° unter Verwendung von Aminen als Vulkanisationsbeschleuniger. Geeignet sind z. B. Butylamin oder Triäthanolamin, die in Mengen von ca. 1% des Kautschuks angewendet werden. Gleichzeitig kann man noch wachsähnliche Weichmacher, bes. Ozokerit oder Paraffin, zusetzen. (**N. P. 79 442** vom 4/8. 1949, ausg. 26/11. 1951. Holl. Prior. 6/8. 1948.) JÜRGEN SCHMIDT. 7231

XIV. Zucker. Kohlenhydrate. Stärke.

E. Rüegg, *Kontinuierliche Zentrifugen für die Zuckerindustrie.* (Zucker 5. 548—51. 15/12. 1952.) WINIKER. 7400

J. Weber und **D. Becker**, *Über die Eignung der Melasse zur Backhefeherstellung bei Entkalkung der Dünnsäfte mit Basenaustauschern.* Auf Grund ihrer Unterss. sind Vff. der Ansicht, daß die Melassen in ihrer Verwertbarkeit für die Hefefabrikation durch Anwendung von Basenaustauschern zur Dünnsaftentkalkung in keiner Weise beeinträchtigt werden. (Zucker **5**. 508—12. 15/11. 1952. Dormagen.) WINIKER. 7418

F. Schneider und **G. A. Erlemann**, *Über die Umlagerung von Fructose und Glucose.* 2. Mitt. (**1. vgl. C. 1952. 3097.**) Durch gemeinsames Chromatogramm einer 20%ig., phosphatgepufferten Fructoselsg. nach 6std. Erhitzen auf dem Wasserbad. mit einer von REICHSTEIN (Helv. chim. Acta **19.** [1936.] 184) synthet. dargestellten D-Psicose (D-Allulose (**I**) (1%ig. Lsg. Butanol–Eisessig–W. 4:1:5) wurde bewiesen, daß die von den Vff. gefundene (vgl. 1. Mitt.) „Ketohexose" mit **I** ident. ist. Auch durch ein Mischchromatogramm konnte keine Trennung der Ketohexose von **I** erreicht werden. Auf dem gleichen Wege wurde die Identität der von DE BRUYN (Recueil Trav. chim. Pays-Bas **15.** [1896.] 92 u. **16.** [1897.] 274) beschriebene „Glutose" mit **I** bewiesen. — Das Chromatogramm einer 6 Std. erhitzten 70%ig. Fructoselsg. (p_H 7) zeigt beim Besprühen mit p-Aminodimethylanilin außer D-Fructose 3 Substanzen (Rotfärbung), die reduzierende Eigg. besitzen u. positiv auf Ketosereagentien (Trichloressigsäure–Naphthoresorcin) reagieren. R_F-Werte 0,13 bzw. 0,11 bzw. 0,08. Sie sind nicht ident. mit den von SATTLER (Ind. Engng. Chem. **37.** [1945.] 1113) beschriebenen Difructoseanhydriden, dagegen scheinen es die gleichen Substanzen zu sein, die WHALLEY (C. **1952.** 7428) auf seinem Chromatogramm sichtbar gemacht hat. Sie werden als Reversionsprodd. der Fructose mit wenigstens einer Ketogruppe angesehen. (Zucker-Beih. **1952.** Nr. 5. 77—78. März. Beilage zu: Zucker. Braunschweig, TH, Inst. für landwirtschaftl. Technol. u. Zuckerind.) ROSSOW. 7488

Maschinenfabrik Buckau R. Wolf Akt.-Ges., Grevenbroich (Erfinder: **Max Stuntz**, Magdeburg), *Verkochen dicker Flüssigkeiten*, z. B. *Zuckerfüllmassen*, in 2 Abschnitten. Im 1. erfolgt das Verkochen mit Brüdenrücknahme durch Dampfstrahlverdichter, im 2. mit überschüssigem Mischdampf des 1. Abschnitts. In diesem wird im Vakuum bei ca. 85°, im 2. Abschnitt bei 65—68° verkocht. — Arbeitsvorschrift u. Zeichnung. (**D. B. P. 851 049** Kl. 12a vom 10/3. 1944, ausg. 2/10. 1952.) SCHINDLER. 7415

Aktieselskabet Dansk Gaerings-Industri, Dänemark, *Gewinnung mineralischer Bestandteile aus Melassenschlempe.* Die Schlempe wird in zerstäubtem Zustand nach oder ohne Eindampfen mit einem Überschuß an Luft in einem Ölbrennerofen verbrannt, so daß nur die mineral. Anteile zurückbleiben. (**F. P. 993 701** vom 23/8. 1949, ausg. 6/11. 1951. Dän. Prior. 24/8. 1948.) WITTHOLZ. 7419

Gustave T. Reich, Philadelphia, Pa., V. St. A., *Wiedergewinnung von Ca-Verbindungen* aus kohlenhydrathaltigen Fll., z. B. *Melasse*, durch Verdünnen mit ca. 3 Teilen W., Zufügen von H_2SO_4 bis zum p_H 4,0—4,5 u. Erhitzen auf ca. 80—90° (für ca. 1 Std.). Das monoklin. krist. $CaSO_4$ wird abgetrennt. (**A. P. 2 596 599** vom 30/8. 1948, ausg. 13/5. 1952.) NEBELSIEK. 7419

Les Usines de Melle, Deux-Sèvres, Frankreich (Erfinder: **Jean Pigeot** und **Roland Mirronneau**), *Milchzucker aus Molke*. Man klärt die Molke mit Kalk, gegebenenfalls unter Zusatz von starker Mineralsäure oder nichtalkal. Verbb., die ein Anion enthalten, deren Wrkg. auf Ca-Ionen stärker ist als Milchsäureanionen, u. deren Ca-Salz eine Löslichkeit aufweist, die sich von Ca-Lactat so stark unterscheidet, daß mindestens 75% der Ca-Ionen des Lactats umgesetzt werden. — Z. B. klärt man 1000 Liter Molke mit 29,4 g Milchzuckergeh. je Liter u. 4,5 g je Liter Milchsäure in bekannter Weise u. fällt dann die Eiweißstoffe nach Zusatz von Kalk aus, filtriert, u. erhält 145 Liter Konzentrat mit 194 g Milchzucker. Dieses Konzentrat wird mit 6,8 kg HCl (22° Bé) behandelt u. bis zur Kristallisation des Milchzuckers eingedampft. Man erhält 21,5 kg Milchzucker mit ca. 8% H_2O. (**N. P. 79 416** vom 25/11. 1948, ausg. 19/11. 1951. F. Prior. 20/12. 1947.) JÜRGEN SCHMIDT. 7445

Soc. Agba, Frankreich, *Herstellung von Maissirup*. 100 (Teile) Maisgrieß werden in 200 W. 2 Std. eingeweicht. Man fügt 1000 kochendes W. hinzu u. kocht 20 Minuten. Der auf 65° abgekühlten Mischung wird 10 feingemahlenes Grünmalz — in 20 W. aufgeschlämmt — hinzugegeben. Hieraus gewinnt man durch Filtrieren u. Eindampfen einen Sirup, der direkt als Brotaufstrich, in der Pastetenbäckerei u. bei der Herst. von Zuckerwaren verwendet werden kann. (**F. P. 1 007 792** vom 1/4. 1948, ausg. 9/5. 1952.) HEYNE. 7447

Corn Products Refining Co., New York, N. Y., V. St. A., *Herstellung eines oxymethylglyoxal- und methylglyoxalfreien, Dextrose und Lävulose enthaltenden Sirups*. Mutterlaugen aus der Herst. von Kristalldextrose, Maissirup u. anderen wss. Dextroselsgg. werden mit H-Ionenaustauschharz (bis zum p_H 2,0—4,0) u. darauf mit Anionenaustauschharz (bis zum p_H 5,0—8,0) behandelt. (**Schwz. P. 280 456** vom 19/5. 1947, ausg. 3/6. 1952. A. Prior. 27/7. 1944.) HEINSEN. 7447

General Mills, Inc., übert. von: **Harold Ferrin**, Keokuk, Iowa, V. St. A., *Reinigung von Stärke*. Rohweizenstärke in Form einer Suspension von ca. 4—7° (Bé) wird zentrifugiert. Das Zentrifugat von 16—19° wird auf 9—13° verd. u. erneut zentrifugiert, wobei ein reines Stärkezentrifugat von 17—21° anfällt. (**A. P. 2 543 281** vom 3/3. 1949, ausg. 27/2. 1951.) KRANZ. 7449

Girdler Corp., Louisville, Ky., V. St. A., *Herstellung von Stärkepasten*, geeignet als Bindemittel für Majonnaisen, Textilien, Papier u. dergleichen. Eine wss. Stärkeaufschlämmung wird in dünner Schicht u. unter starker Bearbeitung innerhalb 10—15 Sek. unter Erhitzen auf ca. 190° F verkleistert, anschließend schnell gekühlt. — Vorrichtung. (**E. P. 649 324** vom 20/5. 1947, ausg. 24/1. 1951. A. Prior. 3/6. 1946.) KRANZ. 7449

Corn Products Refining Co., übert. von: **William W. Pigman, Ralf W. Kerr** und **Norbert F. Schink**, New York, N. Y., V. St. A., *Lösliches Stärkeprodukt*. Eine wss. Stärkesuspension von 17—19° Bé mit p_H 6,3—6,8 wird nach Zugabe von $CaCl_2$, Borsäure u. einem thermophilen, z. B. aus Bacillus mesentherius oder subtilis, gewonnenen Amylasepräp. bei 190—192° F unter starker Bearbeitung verkleistert, 20—30 Min. bei ca. 190° F bis zu einem bestimmten Stärkeabbaugrad gehalten, auf mindestens 230° F erhitzt u. in dünner Schicht getrocknet. (**E. P. 658 525** vom 27/8. 1948, ausg. 10/10. 1951. A. Prior. 21/5. 1948.) KRANZ. 7449

Corn Products Refining Co., New York, N. Y., V. St. A., *Gelatiniertes Kohlenhydrat enthaltendes Gemisch*. Gelatinierbaren Kohlenhydraten (Stärke, Dextrin) (I) werden kleine Mengen Alkalistannat, z. B. mindestens 0,5% Na- oder 5% K-Stannat (bezogen auf Trockengewicht der Stärke) zugesetzt u. das I hierauf gelatiniert. Prod. weist hohe Viscosität, leichte Dispergierbarkeit, sowie große Beständigkeit in physikal. u. chem. Hinsicht auf. (**Schwz. P. 282 722** vom 5/5. 1947, ausg. 1/9. 1952. A. Prior. 18/7. 1945.) HEINSEN. 7449

XV. Gärungsindustrie.

M. Sainclivier, *Die Mikroflora von Hefen im Cider*. Allg. Ausführungen. (Ind. agric. aliment. **68**. 277—78. Mai/Juni 1951.) LIEBNER. 7506

B. Drews, F. Just, H. Olbrich und **J. Vogl**, *Über die Aufnahme von Kobalt und Mangan durch Mikroorganismen*. Die Züchtung von Torulopsis utilis in Co-haltigen

Glucoselsgg. ergab mit steigendem Co-Angebot steigende Co-Gehh. in den Erntehefen, ohne daß die Hefeausbeute geschädigt wurde. Bis zu einer gewissen Co-Höchstmenge waren durchschnittlich 80—90% des angebotenen Co in der Ernte gespeichert, aus Melassenährlsgg. nahm die Hefe 83% des vorhandenen Co auf. Die krit. Grenze liegt bei 200 γ/g Trockensubstanz. Fortführung von Co-haltiger Stellhefe auf Co-haltigen Nährböden ergab weitere Anreicherung von Co bis zu dem Grenzwert, oberhalb dessen die Ausbeute sinkt u. die Hefe geschädigt wird. Auf Co-freier Nährlsg. verringert sich der Co-Gehalt. Es werden das Verh. von Backhefe, Bierhefe u. anderen techn. wichtigen Mikroorganismen bei der Züchtung in Co- u. Mn-haltigen Nähr- u. Gärlsgg. besprochen sowie die Best. von Co (nach einer modifizierten SANDELL-Meth.) u. von Mn (colorimetr. nach Überprüfung des Mn^{++} in Permanganat). (Brauerei, wiss. Beilage **5.** 91—92. Sept. 98—103. Okt. 1952. Berlin, Inst. für Gärungsgewerbe.) HAEVECKER. 7506

John White und **D. J. Munns**, *Faktoren, die Hefewachstum und Gärung beeinflussen.* Nach Erörterung der bekannten Vorgänge des Hefewachstums u. der Gärung gibt Vf. einen Überblick über die mathemat. Beziehungen zwischen Hefewachstum u. Gärung. (Amer. Brewer **85.** 29—31. 74—75. Okt. 1952. Birmingham, England.) HAEVECKER. 7510

K. Silbereisen, *Malzuntersuchungen im II. Quartal 1952.* Untersucht wurden Pilsener Malze auf Wassergeh., Extraktausbeute, Schnittprobe, Mehligkeit u. Glasigkeit, Blattkeimentw., Verzuckerung, Würzeablauf, Farbtiefe, Eiweißgeh. u. Eiweißlösungsgrad. (Brauerei, wiss. Beilage **5.** 92—93. Sept. 1952. Berlin, Versuchs- u. Lehranst. für Brauerei.) HAEVECKER. 7540

Martin Faye, *Die Verwendung von Aktivkohle für Bier.* Besprechung der Wrkg. von Aktivkohle auf Farbe, Geschmack u. Geruch des Bieres u. Beschreibung der hierfür in der Brauerei üblichen Apparaturen. (Amer. Brewer **85.** 38—45. 48—49. 82. Okt. 1952. West Virginia Pulp and Paper Co.) HAEVECKER. 7550

Walter Saller, *Bisherige Erfahrungen mit der tiefgekühlten Gärung.* Zusammenfassender Überblick an Hand der Literatur (12 Hinweise). (Dtsch. Weinbau **8.** 111—12. 5/3. 1953. Klosterneuburg, Österreich, Höhere Bundeslehr- u. Versuchsanst. für Wein- u. Obstbau.) WINIKER. 7554

Rolf Jacobs, *Die Blauschönung bei der Weinbereitung.* Allg. Ausführungen. (Dtsch. Weinbau **8.** 61—62. 5/2. 1953. Neustadt/Weinstraße, Weinbauamt.) WINIKER. 7554

E. Kielhöfer, *Schönung oder Filtration?* Den Verss. des Vf. zufolge hat man die Wahl, den Jungwein entweder durch Blauschönung oder durch Filtration zu klären. Eine Schönung empfiehlt sich, wenn dieselbe infolge höheren Metallgeh., bes. Fe, ohnehin vor der Flaschenfüllung notwendig ist. Erforderlichenfalls kann eine Zusatzschönung mit Gelatine oder Weinkohle zur Farb- u. Geschmacksverbesserung damit verbunden werden. Bei n. Weinen, bei denen lediglich eine geringe Trübung beseitigt werden soll, ist eine Filtration, vielfach auch eine Hausenblasenschönung, anzuraten. (Dtsch. Weinbau **8.** 59—60. 5/2. 1953. Trier.) WINIKER. 7554

F. Tödt, G. Woldt und **R. Koch**, *Neue Erfahrungen mit der elektrochemischen Sauerstoffbestimmung im Brauereibetriebe.* Bericht über Messungen nach dem Verf. von TÖDT. Es wird gezeigt, daß die elektrochem. gefundenen Werte tatsächlich gelösten Sauerstoff angeben. Jedoch genügt bereits eine Luftblase im gärenden Bier, um in einem stark gärenden Bier mit sehr geringem Sauerstoffgeh. den Wert plötzlich stark ansteigen zu lassen. Wegen des Zusammenhangs des Sauerstoffgeh. mit der Haltbarkeit des Bieres kommt der Messung erhöhte prakt. Bedeutung zu. (Brauerei, wiss. Beilage **5.** 87—90. Sept. 1952.) HAEVECKER. 7600

Eugen Georg Stich, Heidelberg, *Belüftung von Gärflüssigkeiten* in Ausbldg. des Verf. nach D. R. P. 743 984, dad. gek., daß nur eine Umwälzeinrichtung in dem Mittelrohr, u. zwar im unteren Teil eingebaut ist, wobei die Maischgeschwindigkeit bei düsenförmig ausgebildetem Mittelrohr so hoch gehalten wird, daß das Aufsteigen der in der Maische enthaltenen Luftbläschen verhindert wird. Dabei kann die Umlaufgeschwindigkeit im Gärbottich derartig eingestellt werden, daß der im oberen Maischespiegel des Mittelrohres eingeführte Luftsauerstoff u. die Nährstoffe der eingeführten Nährlsg. während einer Umlaufzeit ganz oder zum größten Teil verbraucht werden. (**D. R. P. 754 029** Kl. 6a vom 28/12. 1941, ausg. 19/1. 1953. **Zusatz zu D. R. P. 743 984; C. 1944. I. 1142.**) KETTNER. 7501

Katharina Bahrmann, Dresden, *Enzymatische Verarbeitung lebender Hefe auf Hefeextrakt.* Abweichend von dem bisher geübten Verf. wird die Hefe, ohne sie abzupressen u. ohne Zusatz von osmot. wirkenden Substanzen (wie z. B. NaCl), sofort nach dem Waschen der Autolyse bei 50—60° unterworfen, wodurch die Gesamtdauer des Verf. von 7 auf 4 Tage herabgesetzt wird. Das Verf. eignet sich bes. für die Verarbeitung von lebender

Bodensatzhefe aus Melassebrennereien. (**D. P.** [**DDR**] **979** Kl. 6a vom 25/9. 1951, ausg. 12/6. 1952 [Wirtschaftspatent].) HEYNE. 7507

Heinz Hoening (Erfinder: **Horst Rumpelt**), München, *Herstellung von triebfähiger Trockenhefe.* Der hierbei notwendige Trockenvorgang wird in eine Vortrocknung in feuchter Luft, vorzugsweise bei 75—80% relativer Luftfeuchtigkeit, u. in eine Endtrocknung in trockener Luft unterteilt. — Vorrichtung. (**D. B. P. 857 784** Kl. 6a vom 27/11. 1948, ausg. 1/12. 1952.) KETTNER. 7507

Eugen Stich, Heidelberg, *Gewinnung von Anstellhefe.* In üblicher Weise herangezüchtete Saathefe wird gleichmäßig fortlaufend oder in gleichen Teilen portionsweise der Nährlsg. eines weiteren Bottichs während ihrer Generationswechselzeit zugesetzt. (**D. R. P. 752 269** Kl. 6a vom 14/2. 1943, ausg. 29/9. 1952.) KETTNER. 7507

Hans Rost, Dresden, *Kontinuierliches Verfahren zur Herstellung von Backhefe mit oder ohne Alkoholbildung.* Unter Anwendung der bisher bei period. Betrieb üblichen Gärschemen läßt man die Hefe einen Mehrzellenbottich durchlaufen, wobei eine Infektion der Hefe durch kontinuierliche Zugabe von period. gezüchteter Reinzuchthefe in die 1. Zelle biol. unterdrückt wird. Verweildauer der Hefe in den Zellen u. Menge des Durchsatzes kann durch einen verstellbaren Überlauf variiert werden. (**D. P.** [**DDR**] **526** Kl. 6a vom 19/4. 1951, ausg. 12/6. 1952 [Wirtschaftspatent].) ASMUS. 7507

Wilhelm Knappe, Mettingen/Westf., *Aufarbeiten der bei der Alkoholgärung aus Melasse anfallenden Hefe* (**I**) *auf Backhefe.* Die von der vergorenen Nährlsg. befreite u. gewaschene **I** wird einer Nachgärung in einer nährstofffreien sauren Fl. bei niedriger Temp. unter Rühren u./oder Lüften unterworfen u. in bekannter Weise weiterbehandelt. (**D. B. P. 852 681** Kl. 6a vom 15/1. 1941, ausg. 16/10. 1952.) KETTNER. 7507

Jean Vieilly, Frankreich, *Verbesserung von Wein, Likör und ähnlichen Getränken durch künstliche Alterung,* dad. gek., daß zunächst durch Vorprobe im Labor. festgestellt wird, welche Art der Behandlung (Kälte, Wärme, Licht, UV-Strahlen, Sauerstoff) für den vorliegenden Wein usw. die geeignetste ist, um seine Eigg. zu verbessern. Für die Behandlung mit O_2 wird ein Laboratoriumsgerät beschrieben, wobei als O_2-Quelle H_2O_2 verwendet wird. — Zeichnung. (**F. P. 1 003 081** vom 2/12. 1946, ausg. 13/3. 1952.) HEYNE. 7517

Usines de Melle, Frankreich (Erfinder: **Firmin Boinot** und **Pierre Gautier**), *Gewinnung von Alkohol aus den bei der Verzuckerung von Stärke verbleibenden Rückständen.* Die bei der Verzuckerung von Stärke durch Säuren, Vergärung u. Abdest. des A. verbleibenden Rückstände enthalten erhebliche Mengen an unvergärbarem Zucker, die ca. 13—15% — berechnet als Monosaccharid — betragen. Um aus diesen Rückständen weiteren A. zu gewinnen, werden sie erneut einer Behandlung mit Säuren unterworfen. — Die Lsg., welche nicht mehr als 3% unvergärbaren Zucker enthalten darf, wird mit 8 bis 15% HCl — bezogen auf Zucker — versetzt, wobei der p_H-Wert 1,8—2,3 betragen soll, u. im Autoklaven 15—40 Min. bei 140—160° behandelt. Nach dem Abkühlen kann die Lsg. auf A. vergoren, oder einer anderen beliebigen Gärung unterworfen werden. (**F. P. 1 004 269** vom 27/3. 1947, ausg. 27/3. 1952.) HEYNES. 7537

Les Usines de Melle, Deux-Sèvres, Frankreich, *Herstellung von geruchfreiem Alkohol.* Man führt in eine Reinigungskolonne am Boden die erforderliche Dampfmenge zu vollständigen Abtreibung der Verunreinigungen mit Ausnahme von Säuren u. Methanol ein. Der Kopf der Kolonne wird mit W. oder schwach alkoholhaltigem W. beschickt. Hierbei werden die abgetriebenen Verunreinigungen, soweit sie sich im Kühler kondensieren, mit als Kolonnenrücklauf verwendet, wobei eine hinreichende Menge des Kondensates abgeführt wird. Die Zuführung des W. u. der auskondensierten Verunreinigungen erfolgt derart, daß vom Kopf der Kolonne stark konz. Verunreinigungen abziehen, in denen das Verhältnis der Verunreinigungen zu A. größer als 1, bes. zwischen 50 u. 60, ist. — Zeichnungen. (**N. P. 79 387** vom 20/12. 1948, ausg. 19/11. 1951. F. Prior. 14/1. 1948.) JÜRGEN SCHMIDT. 7537

XVI. Nahrungs-, Genuß- und Futtermittel.

André Patron, *Die Maillard'sche Reaktion und nichtenzymatisches Braunwerden in der Lebensmittelindustrie.* Behandelt werden: Hypothesen über den Mechanismus der Rk. von MAILLARD (Rk. reduzierender Zucker mit Aminosäuren in wss. Lsg.), Braunwerden verschied. Nahrungsmittel, z. B. Fruchtsäfte, Bier, Milch, Fische, u. Einfl. auf den Nährwert. — 40 Literaturhinweise. (Ind. agric. aliment. **68.** 251—56. Mai/Juni 1951. Inst. des Fruits et Agrumes Coloniaux.) LIEBNER. 7630

Gerd Graefe, *Die Verwendung von Stärke für Fein- und Dauerbackwaren.* Mais- u. Weizenstärke eignen sich in fachlicher u. geschmacklicher Hinsicht prakt. gleich gut für die Verwendung als Backzutat in der Feinbäckerei. (Zucker- u. Süßwaren-Wirtsch. **5.** 971—72. 20/12. 1952. Hamburg.) WINIKER. 7674

Albrecht Fincke, *Über den Gehalt einzelner Mandeln an Samenkern, Samenschale und an Asche in Kern, Schale und Gesamtmandel.* Vf. stellte fest, daß die Eigg. der einzelnen Mandeln in ziemlich weiten Grenzen schwanken können, auch wenn sie aus derselben Lieferung stammen. Auffallend war der stark wechselnde Wassergeh. der Gesamtmandeln (3,90—6,88%), bes. da die untersuchten Einzelmandeln monatelang nebeneinander in einem verschlossenen Glasgefäß lagerten. Verss., mit Hilfe der Korrelationsrechnung Beziehungen zwischen dem Wassergeh. u. anderen Eigg. aufzudekcen, waren ohne Erfolg. — Tabellar. Zusammenfassung der Untersuchungsergebnisse. (Zucker- u. Süßwaren-Wirtsch. **6.** 87—88. 5/2. 1953. Köln-Marienburg, Wissenschaftl. Forsch.- u. Beratungsstelle des Fachverbandes der Süßwarenind. Detmold.) WINIKER. 7688

N. Czyhrinciw, *Trockenmehle von Bananen, Arrakatscha und Mais.* Es wird die techn. Herst. von Trockenpulver aus Banane, Arrakatscha (Apio; Arracaccia xanthorrhiza, Bancr.) u. Mais geschildert u. bes. auf die Eigg. dieser Mehle hinsichtlich ihrer Quellungsfähigkeit, Gärungsbeschleunigung u. Aufbewahrung hingewiesen. (Arch. venezolanos Nutric. **3.** 179—92. Juni 1952. Caracas, Inst. Nac. de Nutr.)
P. G. SCHEURLEN. 7696

E. Becker und **O. Stelling,** *Über das Eiweiß der Kakaobohne.* Bei fermentiertem Edelkakao wurden höhere Gehh. an Gesamt-N festgestellt als beim Konsumkakao. Dagegen war die Löslichkeit der N-haltigen Verbb. in n/10 NaOH beim fermentierten Konsumkakao höher. Der Gesamt-N-Geh. wurde nicht durch die Fermentierung, wohl aber durch die Okadierung beeinflußt. Beide Verff. erhöhten den Anteil an lösl. N-Verbindungen. Papierchromatograph. wurden bei fermentiertem u. okadiertem Kakao freie Asparaginsäure, Glutaminsäure sowie Alanin u. Isoleucin nachgewiesen. Bei nichtfermentiertem Kakao konnten keine Eiweißspaltprodd. festgestellt werden. (Zucker- u. Süßwaren-Wirtsch. **5.** 936—38. 5/12. 1952. Hamburg, Forschungs-Inst. für Kakaowirtsch. e. V.)
WINIKER. 7726

Heinrich Fincke, *Über die Kennzahlen der Kakaobutter.* Vf. weist darauf hin, daß bei der heutigen Beurteilung von Kakaobutter (I) die seit Jahren üblichen Kennzahlen nicht mehr volle Gültigkeit zu haben brauchen. Dies gilt bes. bzgl. der JZ. u. Refraktometerzahl von I aus Batia-Kakao. — 5 Literaturhinweise. (Zucker- u. Süßwaren-Wirtsch. **6.** 83—84. 5/2. 1953. Köln, Süßwarenwissenschaftl. Zentralstelle.) WINIKER. 7726

Heinrich Fincke, *Anforderungen an halbbittere und bittere Vollmilch- und Sahneschokoladen.* Allg. Ausführungen nebst Beispielen für die Zus. halbbitterer u. bitterer Vollmilch- u. Sahneschokoladen. (Zucker- u. Süßwaren-Wirtsch. **5.** 978. 20/12. 1952. Köln.) WINIKER. 7726

E. Benk, *Über den natürlichen Lecithingehalt von Malzextrakten.* Reine Malzextrakte des Handels haben einen Lecithin (I)-Geh. von 0,044—0,168%. Derselbe ist von dem Malzextrakten mit I ermittelten Gesamtgeh. abzuziehen. Malzextrakte mit I müssen als diätat. Lebensmittel nach Ansicht des Vf. mindestens 1% reines I enthalten. (Zucker- u. Süßwaren-Wirtsch. **6.** 127—28. 20/2. 1953. Reutlingen, Chem. Landesuntersuchungsamt.)
WINIKER. 7742

Charles-Albert Baud, Jean-Claude Morard und **Emile Pernoux,** *Elektronenmikroskopische Beobachtungen über den Koagulationsvorgang der Milch mit Labferment.* Die Verfolgung des Koagulationsvorganges der Milch unter dem Ultramikroskop zeigt Caseinteilchen, die einerseits dicht aneinandergereiht oder zu feinen Fasern angeordnet sind. Unterss. der Vff. mittels des Elektronenmikroskops haben gezeigt, daß die Caseinteilchen zu Beginn der Koagulation von entrahmter Frischmilch mit Labferment annähernd kugelförmig u. völlig wahllos angeordnet sind. Ihr Durchmesser beträgt ca. 90—125 mμ. Diese Daten stimmen mit den mittels der Ultrazentrifuge bestimmten gut überein. Im weiteren Verlauf der Koagulation ordnen sich die Teilchen u. verbinden sich miteinander zu Fibrillen, die sich dann zu Bündeln zusammenlagern. Diese Fibrillenbündel wachsen dann in die Breite u. bilden zum Schluß der Koagulation ein dreidimensionales Netzwerk aus. Dieser Vorgang der Bldg. von kugelförmigen Proteinen scheint allg. Gültigkeit zu besitzen. Die Herst. der Präpp. für die Unters. unter dem Elektronenmikroskop wird ausführlich beschrieben. (C. R. hebd. Séances Acad. Sci. **233.** 276—77. 16/7. 1951.)
H. G. FRÖHLICH. 7756

F. Zureck, *Die Notwendigkeit der Pasteurisierung der Konsummilch.* Allg. Ausführungen. (Molkerei-Ztg. **7.** 303—04. 19/3. 1953. Berlin-Dahlem.) WINIKER. 7756

F. Kieferle, *Carotinisierung und Vitaminisierung der Milch und der Butter über die Milchkuh.* Fütterungsverss. an Kühen zeigten, daß durch Zufuhr von Karotten eine Erhöhung des Carotin- u. Vitamin-A-Geh. der Milch möglich ist. Allerdings werden mengenmäßig die unteren Grenzwerte dieser Wirkstoffe in der Sommermilch (bei Grünfütterung) erst bei Gaben von 10 kg Karotten zusammen mit 1 kg Leinsaat (die bessere Aufnahme des Carotins bewirkt) merkbar überschritten. (Pharmazie **7**. 291—96. Mai 1952. München, TH, Südd. Versuchs- u. Forschungsinst. für Milchwirtsch. Weihenstephan.) SPITALER. 7756

Matti Hietaranta, *Über chemische und technische Probleme der Buttergewinnung.* Zusammenfassender Vortrag über neuere Verff. der Butterherst. sowie Butterfehler u. deren Ursachen u. Bekämpfung. (Suomen Kemistilehti A **24**. 231—41. 1951.) BECKMANN. 7758

R. P. Hansen, F. B. Shorland und **N. J. Cooke,** *Vorkommen einer* C_{18} *methylverzweigten gesättigten Fettsäure in Butterfett.* Es wird die Isolierung einer *methylverzweigten gesätt.* C_{18}*-Fettsäure* aus Butterfett beschrieben. Der niedrige F. von 33,5° dieser Säure spricht dafür, daß die Methylverzweigung etwa in der Mitte der Kette lokalisiert ist (möglicherweise handelt es sich um 10-Methylheptadecansäure); damit steht auch der größte Netzebenenabstand von 33,5 Å (der Wert für Stearinsäure ist 39,75 Å) in Übereinstimmung. (Chem. and Ind. **1951**. 839—40. 6/10. Wellington, New Zealand, Dep. of Scient. and Ind. Res., Fats Res. Labor.) SPAETH. 7758

G. Koestler, *Greyerzer- und Emmentalerkäse (ein wissenschaftlicher Vergleich).* Behandelt werden: Fabrikation, geschmackliche Entw. u. chem. Zusammensetzung. (Schweiz. Milchztg. **79**. 81—82. 13/2. 1953. Bern.) WINIKER. 7760

H. Hostettler, *Über den Einfluß des jodierten Kochsalzes auf die Käsequalität.* Vf. vertritt die Auffassung, daß die Verwendung von jodiertem Kochsalz zum Salzen der Käse deren Qualität nicht nachteilig beeinflußt. — 23 Literaturhinweise. (Schweiz. Milchztg. **79**. 125—26. 6/3. 1953. Liebefeld, Eidg. Milchwirtschaftl. u. Bakteriol. Anst.) WINIKER. 7760

Heinrich Fincke, *Zur Bestimmung des Schmelzpunktes von Kakaobutter.* Gegen einen Vorschlag von KLEINERT, die Best. des F. von Kakaobutter (**I**) an einem schwebenden Fettscheibchen durchzuführen (solche Scheibchen erhält man durch Auftropfen des fl. Fettes auf Eis), wendet Vf. ein, daß keine volle Sicherheit dafür besteht, daß die Fettscheibchen stets gleichzeitig u. richtig erstarrt sind. Ein zu niedrig gefundener F. von **I** ist aber nur dann für eine Verfälschung beweisend, wenn die geprüfte **I** sich in dem üblichen stabilen Zustand befindet. (Zucker- u. Süßwaren-Wirtsch. **6**. 52. 20/1. 1953. Köln.) WINIKER. 7832

J. Sternberg, J. Colas und **T. Kahn,** *Halbmikrobestimmung einiger Bestandteile der Milch durch chromatographische Trennung.* Jede Trennung der Milchbestandteile ist durch die physikal. Verhältnisse der *Casein* (**I**)-Micelle bedingt, von denen anscheinend allein die *Lactose* (**II**) unabhängig ist. Eine schonende Trennung ist möglich durch Anwendung einer Säule von mit Sand gemischtem, hydratisiertem Al_2O_3 (**III**), deren Aufbau ebenso wie die Herst. eines **III** von bestimmtem p_H beschrieben wird. Es handelt sich dabei um einen Ionenaustausch an dem prim. Adsorbat des *Milchfetts* (**IV**) am **III**-Korn, da eine der Milchzus. entsprechende, aber **IV**-freie Lsg. von **I, II** u. anorgan. *Phosphaten* (**V**) sich chromatograph. ganz anders verhält. In jedem Fall wird die **II** zuerst eluiert. Dagegen ist das p_H des **III** von großem Einfl. auf Adsorption u. Elution der *Proteide* (**VI**). Saures **III** hält die **VI** fast vollständig zurück. Neutrales u., schneller noch, alkal. **III** erlaubt ihre Elution zu 90—100%. Unter den Versuchsbedingungen adsorbiert **III** nur eine bestimmte Menge **VI**, so daß eine Fraktion derselben unmittelbar im Filtrat erscheint, während die andere eluiert wird. Jene Fraktion ist bei p_H 4,60 fällbar mit 15,5—15,8% N u. 0,7—0,8% P u. besteht gemäß Trennung nach CHERBULIEZ fast ganz aus **I**-α. Die anorgan. **V** werden unabhängig vom p_H des **III** adsorbiert, müssen aber sauer eluiert werden. Das **IV** wird mit PAe. oder Bzl. aus der Säule extrahiert, wobei auch das zwischen den **III**-Körnern befindliche W. mit abtropft, während das adsorbierte W. (30—35%) am **III** haften bleibt. Der **IV**-Extrakt gibt nach dem Abdampfen der Lösungsm. einen dunkelgelben Rückstand, dessen Trockengewicht der Best. im SOXHLET oder KUMAGAWA entspricht. (Mikrochem. verein. Mikrochim. Acta **36/37**. 942—57. 1951. Paris, Minist. Agric., Inst. nat. agronom., Labor. Physiol.) METZENER. 7856

Burdet Heinemann und **O. B. Parker,** *Bestimmung von Nichtcaseineiweiß in Magermilch und Trockenmagermilch mit Hilfe von Einfachschichten.* Auf eine Schicht 0,2%ig. Essigsäure auf einer besonderen Platte wird ein Spezialöl aufgetragen. Auf die entstehende Oberfläche bringt man mittels einer Pipette u. besonderer Technik 0,0072 ml einer durch Vorbehandlung von Magermilch erhaltenen Eiweißlsg. auf. Die entstehende Verteilungsfläche wird ausgemessen. Durchschnittswerte von 9 Messungen ergeben bei Multiplikation mit einem empir. Faktor den %-Geh. an Nicht-Casein–Eiweiß. Kontrolle nach KJELDAHL ergab prakt. Übereinstimmung der Werte. (J. Dairy Sci. **34**. 427—31. Mai 1951. Springfield, Mo., Producers Creamery Co.) FRESENIUS. 7856

Viljo P. Hirsjärvi und Lars Andersen, *Über die Rohfaserbestimmung.* Die Best. der Rohfaser in Futtermittelgemischen (I) mit hohem Geh. an $CaCO_3$, Ca-Phosphaten oder Knochenschrot nach der von PURANEN u. TOMULA (Suomen Kemistilehti **3.** [1930.] 385) modifizierten WEENDER-Meth. ergibt oft bedeutend zu hohe Werte, bes. bei Futterhefen mit 10—33% $CaCO_3$-Zusatz. Die störende Wrkg. der Ca-Salze läßt sich durch Zugabe von Äthylendiamintetraessigsäure (Trilon B) (**II**), die ein leicht lösl. Ca-Komplexsalz bildet, auf folgende Weise beseitigen: 3 g **I** mit mehr als 10% Ca-Verbb. nach PURANEN-TOMULA zuerst in schwefelsaurer, dann alkal. Lsg. kochen; heiße Lsg. mit 15 ml Eisessig ansäuern, mit gepufferter **II**-Lsg. versetzen, nach 10 Min. filtrieren, mit heißem W., heißer 0,5%ig. KOH-Lsg. u. heißem W. waschen u. nach PURANEN-TOMULA weiter behandeln. — Herst. der gepufferten **II**-Lsg.: 5 g **II** u. 15 g Glykokoll in konz. NH_3 u. dest. W. lösen, auf p_H 6 einstellen, auf 100 ml auffüllen. Davon für **I** mit 10% Ca-Verbb. 5 ml, mit 20% 10 ml, mit 33% 25 ml verwenden. Bei noch höherem Ca-Geh. wird entsprechend weniger **I** eingewogen. — Zusatz von **II**-Lsg. zu **I**, die keine Ca-Verbb. enthalten, ergibt etwas zu niedrige Rohfaserwerte. (Z. analyt. Chem. **136.** 177—85. 1952. Helsinki, Staatl. Agrikulturchem. Labor.) BECKMANN. 7868

XVII. Fette. Seifen. Wasch- u. Reinigungsmittel. Wachse. Bohnermassen. usw.

Giovanni Jacini, *Einige aktuelle Gesichtspunkte der Öl- und Fettindustrie in USA.* Bericht über neue Extraktions- u. Raffinationsmethoden in USA. (Chim. e Ind. [Milano] **34.** 7—15. Jan. 1952.) GRIMME. 7870

Paul I. Smith, *Fettsäuren von Baumwollsamenöl.* Durch Hydrierung der ungesätt. Fettsäuren des Baumwollsamenöls werden feste Prodd. von gelber Farbe mit einer JZ. von höchstens 8 u. einer VZ. von 200—203 erhalten. Diese festen Fettsäuren entsprechen in ihren Eigg. der Stearinsäure. Sie sind in Form von Flocken oder Perlen erhältlich, haben stets ungefähr gleiche Zus. u. sind, in Kombination mit anderen Fetten, für die Herst. von festen Seifen bes. günstig. (Amer. Perfumer essent. Oil Rev. **60.** 379. Nov. 1952.) R. KÖNIG. 7894

K. W. Gerritsma, *Die Bedeutung der chromatographischen Trennung und quantitativen Bestimmung der niederen Fettsäuren.* Übersicht über das Wesen der Chromatographie u. die Anwendung der Verteilungs- u. Papierchromatographie zur Trennung u. Best. von niederen Fettsäuren. (Nederl. Melk- en Zuiveltijdschr. **6.** 266—80. Juli/Sept. 1952. Utrecht, Centraal Inst. voor Voedingsonderzoek, T. N. O.) WESLY. 7932

H. Machemer, *Weißgradmessungen.* Weißgehaltsmessungen mit Kleinleukometer Farbwerke Hoechst, ZEISS-Leukometer, HUNTER-Reflektometer. Leukometer LANGE, an Baumwollgeweben mit künstlicher Anschmutzung vor u. nach Waschung. Die Weißgehaltswerte der einzelnen Instrumente sind verschieden. Die Meßgenauigkeit der geprüften Photometer ist ausreichend zur prakt. Bewertung von Waschmitteln. Die Rang ordnung der Proben im Weißgrad bleibt in der Regel dieselbe, gleichgültig, welches Photometer benutzt wird. Zwischen Auflicht- u. Durchlichtmessungen bestehen gewisse Beziehungen, die aber nicht so weitgehend sind, daß bei Beurteilung eines Waschmittels auf Reflexionsmessungen verzichtet werden könnte. (Fette Seifen einschl. Anstrichmittel **54.** 324—33. Juni 1952. Mannheim-Rheinau, Sunlicht A. G., Untersuchungslabor.) SCHEIFELE. 7942

Eastman Kodak Co., übert. von: **Kenneth C. D. Hickman,** Rochester, N. Y., V. St. A., *Herstellung eines Tocopherolkonzentrats* aus einem Tocopherol enthaltenden pflanzlichen oder tier. Fett — mit Ausnahme von hydriertem Sesamöl — wird durch Hindurchleiten eines inerten Gases u. durch Vakuumdampfdest. ein Destillat gewonnen, welches aus einer oberen Fettschicht u. einer unteren Säureschicht besteht. Die obere Schicht enthält das Tocopherol in hoher Konzentration. Sie dient als *Antioxydationsmittel.* (**Can. P. 485 451** vom 8/11. 1940, ausg. 5/8. 1952. A. Prior. 2/3. 1940.) M. F. MÜLLER. 7879

Trendex Co., übert. von: **Leslie G. Jenness,** Memphis, Tenn., V. St. A., *Reinigung gesättigter Fettsäuren* (**I**). Ungesätt. Fettsäuren (**II**) u. lösl. Bestandteile (**III**) enthaltende **I** werden in Flockenform gebracht u. durch Extraktion mit einem Lösungsm. gegebenenfalls bei erhöhter Temp. von **II** u. **III** gereinigt. — Zeichnung. (**A. P. 2 593 458** vom 7/7. 1948, ausg. 22/4. 1952.) LÜTTGEN. 7909

Zschimmer & Schwarz Chemische Fabrik Dölau, Greiz, *Körperreinigungsmittel,* bestehend aus Sulfinsäuren oder deren Salzen, die in an sich bekannter Weise aus Sulfochloriden der mit SO_2 u. Cl_2 behandelten gesätt. KW-stoffe erhalten werden. (**D. R. P. 750 765** Kl. 30h vom 1/4. 1942, ausg. 13/10. 1952.) E. PETERSEN. 7913

Roger P. G. Thémar, Frankreich, *Händereinigungsmittel*, welches ohne W. benutzbar ist, bestehend aus 1,2 kg Na_2CO_3, 2 kg K-Seife, 5 Liter eines sulfonierten Mineralöls, 1,5 Liter Na-Sulforicinoleat u. 3 Liter denaturiertem Alkohol. (**F. P. 997 628** vom 15/10. 1949, ausg. 8/1. 1952.) M. F. MÜLLER. 7913

Soc. An. de Savonnerie et Dentifrices, Monaco, *Hautreinigungsmittel*, bestehend aus einer konz. Lsg. von verseiften Fettsäuren, der Parfüms zugesetzt worden sind. – Es kann auch bestehen aus einer Lsg. von sulfoniertem Teeröl mit einem Zusatz von Na_2SO_4 u. Parfüms. — Das Mittel kann auch auf einen Trägerstoff aufgebracht werden, z. B. auf saugfähiges Papier, Agar-Agar oder Gelatine. (**F. P. 975 574** vom 25/2. 1942, ausg. 7/3. 1951.) M. F. MÜLLER. 7913

Imperial Chemical Industries Ltd., übert. von: **Edryd G. Parry**, London, England, *Reinigungsmittel*, bestehend aus den β-Monooxyäthylamiden von höheren Fettsäuren mit 8—20 C-Atomen u. aus den wasserlösl. sulfonsauren Salzen der Monoester der genannten β-Monooxyäthylamiden. Man verwendet z. B. Laurinsäureäthanolamid u. Lauroamidoäthyl-Na-sulfat oder Ricinusölfettsäureäthanolamid u. Stearamidoäthyl-Na-sulfat. — Das Mittel soll frei sein von wasserlösl. Salzen von capillarakt. Alkylnaphthalinsulfonsäuren. (**Can. P. 485 670** vom 5/7. 1946, ausg. 12/8. 1952.) M. F. MÜLLER. 7913

Badische Anilin- & Soda-Fabrik (Erfinder: **Jens Sattler** und **Hugo Kröper**), Ludwigshafen/Rh., *Geformte Wasch- und Reinigungsmittel*, gek. durch den Zusatz von ca. 1—3% polymerem N-Vinylpyrrolidon. (**D. B. P. 850 328** Kl. 23e vom 10/8. 1944, ausg. 22/9. 1952.) LÜTTGEN. 7917

Walter Wiese, Laboe über Kiel, *Handreinigungscreme*, bestehend aus einer gesätt. Öl-in-W.-Emulsion von Kolloiden, z. B. einer Kautschuklsg. in wss. Phase, u. einem stabilisierenden Füllmittel, das gleichzeitig als Dispersionsmittel dienen kann, z. B. bas. $MgCO_3$ oder ähnlichen Stoffen. (**D. B. P. 853 503** Kl. 30h vom 4/1. 1949, ausg. 27/10. 1952.) E. PETERSEN. 7917

Louis McDonald, Inyokern, Calif., V. St. A., *Feste Reinigungsmittel*, bestehend aus Na-Seife höherer Fettsäuren, 0,1—5 (%) wasserunlösl. Äthylcellulose u. 0,005—2 Partialester von höheren Fettsäuren u. mehrwertigen aliphat. Alkoholen. (**A. P. 2 587 637** vom 18/12. 1947, ausg. 4/3. 1952.) LÜTTGEN. 7917

Deutsche Hydrierwerke Akt.-Ges. (Erfinder: **Ernst Götte**), Düsseldorf, *Wenigstens 3 höhermolekulare Reste im Molekül enthaltende organische Salze* entstehen durch Kondensation vorzugsweiser wachsartiger, kationakt. Verbb., die wenigstens 2 höhermol., aliphat. KW-stoffreste, welche auch Heteroatome oder Heteroatomgruppen enthalten können, aufweisen, mit anionakt. Verbb. mit wenigstens einem lipophilen, mindestens 6 C-Atome enthaltenden Rest. Durch Erhitzen einer Lsg. des Kondensationsprod. aus Dimethylaminoessigsäureoctadecylester u. Chloressigsäureoctadecylester in W. mit octadecylschwefelsaurem Na erhält man das Salz **I**; F. 80° (aus A.). — Di-(octadecyloxycarbomethyl)-dimethylammoniumchlorid + Na-Oleat → **II**, F. 50—53°. Mit NH_4-Montanat → Wachskörper, F. 63—65°. Mit Na-Alkoxyacetaten (Alkoxy = C_7—C_8) → Wachskörper F. 61—63°. — Dihexadecyldimethylammoniumchlorid + Na-Octadecylsulfonat → Wachsprod., F. 64—66° unter Erweichen. — Trimethyl-sek. pentatriacontylammoniumchlorid + Na-Stearat → Wachsprod., F. 63—64° unter Erweichen. Verwendung als

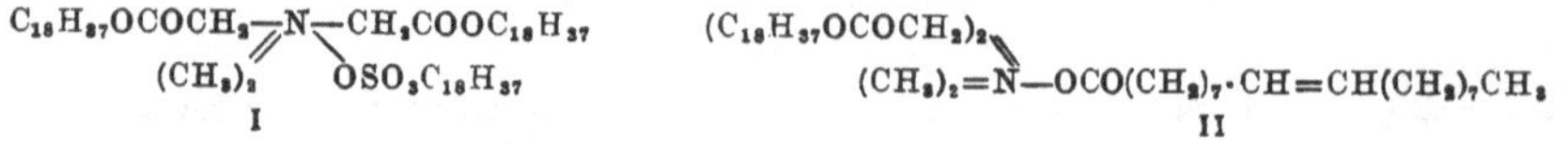

I II

Wachsersatzstoffe u. zur Herst. von *Wachsemulsionen*, auch zusammen mit bekannten Natur- u. Kunstwachsen. (**D. B. P. 859 468** Kl. 12o vom 15/12. 1938, ausg. 15/12. 1952.) KRAUSS. 7925

XVIII a. Holz. Cellulose. Zellstoff. Papier. Papierdruck. Celluloid. Linoleum.

C. J. Brounstein, *Ein Überblick über wenig bekannte Methoden zur Zellstoffherstellung*. Überblick über abseits der n. Methoden zur Celluloseherst. liegende chem. u. halbchem. Verfahren. Zahlreiche erläuternde Tabellen, umfangreicher Literaturhinweis. (Pulp Paper Mag. Canada **53**. 247—63. 1952.) HEINRICHS. 7956

A. Meller, *Chemiezellstoff aus australischem Eucalyptus*. Es wurde versucht, durch alkal. Veredlungsprozesse aus den üblichen, in Australien hergestellten Eukalyptussulfatzellstoffen chem. weiter verarbeitbare Zellstoffe zu gewinnen. Die Anwendung einer Heißveredlung lieferte Stoffe mit noch 16% Xylan u. 87,1% Alphacellulose in 46—48% Ausbeute. Durch eine Kaltveredlung konnte der Alphacellulosegeh. bei einer Ausbeute von 36—38% auf 94,8—96,1% gesteigert werden, jedoch verblieben noch 5,9—7,7%

Xylan im Zellstoff. Angewandt wurde ferner das Vorhydrolysesulfatverf. auf Eukalyptus. Hierbei konnten ungebleichte Zellstoffe in Ausbeuten von 32—32,5% mit einem Lignin-geh. von 1,9—1,4% gewonnen werden. Die Vorhydrolyse erfolgte mit Wasser. Dauer 3 Std. bei 6,5 ata; die Kochung mit 18—20% NaOH, auf vorhydrolysiertes Material gerechnet, bei 4,2 ata für 4 Stunden. Nach einer Dreistufenbleiche wurden Stoffe mit 1,5—1,8% Xylan, 90,6—95,5% Alphacellulose u. Kuoxamviscositäten von 67,2—92,4 erhalten. (Tappi **35.** Nr. 4. 178. 1952, referiert nach: Papier **6.** L 110—11. 15/12. 1952.) P. ECKERT. 7960

Georg Jayme und **Werner Licht,** *Einfluß der Sulfidität beim alkalischen Aufschluß von Buchenholz.* Die beim alkal. Aufschluß von Buchenholz mit carbonathaltigen Laugen gleichbleibender Na-Gehh. u. unter sonst ident. Bedingungen in Abhängigkeit von der Sulfidität eintretenden Ausbeuten u. Eigenschaftsänderungen der entstehenden Zellstoffe wurden bestimmt; dabei gelangten 14 Laugen verschied. Zus. (Sulfiditätswerte zwischen 0 u. 30%) zur Verwendung. Das Durchschnittsoptimum wurde bei einer Sulfidität von 20% ermittelt. Schon geringe Mengen von Na_2S führen zu einer beträchtlichen Eigenschaftsänderung im günstigen Sinn. Eine Sulfidität von nur 5% ergab einen ligninfreien Zellstoff, der bleichfähig war u. nur wenig Grobstoff enthielt. Genaue Angaben hinsichtlich der Festigkeit u. des Weißgeh. beim Arbeiten bei der angegebenen Sulfidität werden gemacht. Die Ursache wird auf die Wrkg. geringer Mengen Na_2S auf die Konst. des Buchenholzprotolignins zurückgeführt, das im Gegensatz von Fichtenholzprotolignin als methoxyreichere Verb. weniger leicht zu schwer lösl. Modifikationen höheren Mol.-Gewichtes kondensieren kann u. dessen Auflösungsvorgang schon durch recht kleine Anteile von mit diesem reagierendem Na_2S wesentlich gefördert wird. Es konnte noch gezeigt werden, daß die Geruchsplage durch Anwendung von Sulfatlaugen geringerer Sulfidität beseitigt werden kann. (Papier **6.** 450—56. Nov. 510—13. Dez. 1952. Darmstadt, TH, Inst. für Cellulosechemie einschl. Holzforschungsstellen.) P. ECKERT. 7960

—, *Die Herstellung von Halbzellstoffen.* Bibliograph. Überblick über die wichtigsten Arbeiten auf diesem Gebiet. — 78 Literaturzitate. (Wbl. Papierfabrikat. **80.** 872. 874—77. Mitte Dez. 1952.) P. ECKERT. 7964

L. Nicolas, *Der Einfluß der Nitrierungsweise auf den Polymerisationsgrad von Nitrocellulosen.* Im Gegensatz zur üblichen Arbeitsweise wurde Cellulose in Essigsäure nitriert (82% HNO_3 u. 18% CH_3COOH; 18—20°; 6 Std.). Ein Vgl. der inneren Viscosität einer so hergestellten Nitrocellulose (**I**) mit in Phosphorsäure nitrierter Nitrocellulose (**II**) aus dem gleichen Ausgangsmaterial u. bei gleichem N-Geh. zeigt für **I** keinen höheren DP als für **II**. Die bei der Nitrierung erfolgende Verringerung des Polymerisationsgrades ist also ausschließlich auf die Wrkg. der HNO_3 selbst zurückzuführen. — Nach einem weiteren Vgl. der inneren Viscosität von **I** in Aceton u. Cellulose in Cupriäthylendiamin wird die Größe der sich ergebenden STAUDINGERschen Konstante K diskutiert. (Assoc. Techn. Ind. Papetière **5.** Bull. Nr. 7. 427—35. Nov. 1951. Suppl. zu: Papeterie **73.** Dez. 1951.) ROSSOW. 7970

Erkki K. Tolvi, *Holländer- und Hydrafiner-Mahlung.* Betriebsmahlungen von Sulfatzellstoff in Holländer-JORDAN-Mühle u. Hydrafiner werden bzgl. Kraftverbrauch u. Einfl. auf die papiertechn. Eigg. besprochen (vgl. C. **1952.** 5024). (Paperi ja Puu **34.** 299—300. 25/8. 1952. Valkeakoski, Finland, United Paper Mills Ltd.) BORCHERS. 7976

Holger Lueder, *Grundsätzliche Untersuchungen über die Entstehung des elektrischen Haftens in einem Papierstapel.* Es werden einleitend die Umstände u. Bedingungen erwähnt, unter denen Papierblätter oder Papierbahnen reproduzierbar elektr. aneinander geheftet werden. Mitgeteilt werden die Ergebnisse von Haftkraftmessungen an Stapeln stark elektrisierten satinierten Naturpapieres. Die Maßnahmen zur beschleunigten Entladung eines elektrisierten Papierstapels werden besprochen. Weitere Einzelheiten werden behandelt. (Papier **6.** 504—10. 15/12. 1952.) P. ECKERT. 7984

Eduard Moosmüller, *Schnellmethode zur Ermittlung der mineralischen Bestandteile im Zellstoff.* Das Verf. beruht auf einer nassen Verbrennung der Cellulose mittels 35%ig. H_2O_2 + konz. H_2SO_4. Es ist nicht anwendbar, wenn sich mit H_2SO_4 flüchtige Verbb. bilden, die mit H_2O_2 nicht oder nur schwer oxydierbar sind. Die Arbeitsweise wird genau beschrieben. Die Sesquioxyde, CaO u. MgO können aus dem Kieselsäurefiltrat bestimmt werden. Die Meth. erfordert nur $^1/_5$ der üblichen zur Best. erforderlichen Zeit. (Papier **6.** 523—24. 15/12. 1952. Neumünster, Zentrallabor. der Prix-Werke AG.) P. ECKERT. 8006

H. W. Bialkowsky und **Gerrit G. De Haas,** *Ein katalytisches Oxydationsverfahren zur Bestimmung von Schwefelverbindungen in den Abgasen einer Kraftstoffabrik.* Die S-haltigen Abgase bei der Herst. von Sulfatzellstoff werden mit O_2 in einem Quarzrohr bei ca. 1000° u. 150 Torr zu SO_2 u. anschließend nach Abkühlen mit 0,3%ig. H_2O_2 in H_2SO_4 vom p_H 3,5 weiter zu H_2SO_4 oxydiert. Danach wird der neue p_H-Wert elektr. gemessen u. aus der

Differenz zu 3,5 der S-Geh. der Abgase errechnet. Die Best. wird nicht durch NH_3 u. die flüchtigen Cl-Verbb. der Zellstoffbleicherei gestört. (Pulp Paper Mag. Canada **53.** Nr. 11. 99—105. Okt. 1952. Longview, Wn., Pulp Div., Weyerhaeuser Timber Co.) H. BECKER. 8006

Fritz Neumann, *Wasserhärtebestimmung und Kalktitration in Turm- und Kochsäure mit Komplexon.* Die direkte Titration von Metallionen nach SCHWARZENBACH (Komplexonmeth.) wurde auf die Kalk- (u. Mg-) Best. von Turm- u. Kochsäure übertragen, wobei man die H_2SO_3 u. die Basen nacheinander in derselben Probe bestimmen kann. Zur Rechnungsvereinfachung wurde die üblicherweise verwendete 0,1 mol.-Komplexonlsg. durch eine solche ersetzt, von der 1 ml 1 mg CaO entspricht. Der Kontrast des Umschlages des Indicators Eriochromschwarz T von blaustichigem Rot nach reinem Blau wurde verstärkt durch Zumischung von 40% Methylrot, womit der Farbwechsel von Rot nach Grün erfolgt. (Papier **6.** 519—22. 15/12. 1952. Zellstoffabrik Mannheim-Waldhof, Forschungslabor.) P. ECKERT. 8006

Theodor Kleinert und **Wilhelm Wincor,** *Zur Bestimmung von Sulfitablaugen in Wässern.* Vff. haben zur Best. von Sulfitablaugen in Wässern die colorimetr. Meth. von BERK u. SCHROEDER mittels „Tyrosin"-Reagens einer krit. Nachprüfung unterzogen u. die Meth. verbessert. Die Arbeitsweise eignet sich zur Best. von Buchen- u. Fichtensulfitablaugen in Verdünnungen bis ca. 1:50000. Zum visuellen Farbvgl. wird eine ein Gemisch bestimmter Farbstoffe enthaltende Vergleichslsg. vorgeschlagen, deren Farbton zeitunabhängig ist. Weiter wurde eine Meth. zur Best. von Sulfitablaugen in Wässern mittels Bromierung ausgearbeitet u. eine entsprechende Arbeitsvorschrift gegeben. Es hat sich gezeigt, daß der Br-Verbrauch der Ligninsubstanzen in Buchen- u. Fichtenholzablaugen enthaltenden Wässern annähernd gleich ist. Er beträgt ca. 8 Atome Br pro Phenylpropangrundkörper. (Papier **6.** 513—19. 15/12. 1952. Lenzing, Oberösterreich, Zellwolle Lenzing AG.) P. ECKERT. 8006

Jules J. Rakos, Beyoglu-Istanbul, Türkei, *Feuerschutzanstrichmittel,* bes. für *Holz,* bestehend aus 48(%) Na-Silicat, 20 Na_3PO_4, 20 Lithopone, 10 feingepulvertem Quarz, 1 CH_2O u. 1 NaOH. (**A. P. 2 593 400** vom 5/10. 1948, ausg. 22/4. 1952.) E. PETERSEN. 7953

Jacques Lemaire, Frankreich, *Gewinnung von Zellstoff aus Pflanzen.* Alfa, einjährige Pflanzen, Getreidestroh u. a. werden 2—4 Std., z. B. in einem Kugelkocher, mit einer Lauge aus $NaHSO_3$ u. Na_2S bei Tempp. oberhalb 120°, zweckmäßig 160°, behandelt. Der Geh. der Lauge an Na in Form von Sulfid beträgt 8—35% des als Monosulfit verwendeten Na, wobei die Menge des Monosulfits zwischen 4 u. 15% des Gewichtes der Rohfaser ausmacht. Dem Aufschluß kann eine Vorbehandlung mit Pektinlösungsmitteln vorangehen u. eine Bleiche angeschlossen werden. (**F. P. 1 005 988** vom 24/10. 1947, ausg. 17/4. 1952.) GLAFEY. 7961

Hans Witzmann, Wien, Österreich, *Gewinnung von Ligninverbindungen aus nativen Zellstoffablaugen* durch Ausfällung mittels aromat. Amine, dad. gek., daß man Sulfitablauge bei 40—105° mit wss. oder alkoh. Lsgg. aromat. Diamine, wie p-Phenylendiamin, Benzidin oder p-Toluylendiamin, umsetzt u. daraus durch Ansäuern mit Mineralsäuren die Lignin-Aminoverbb. in Form von SCHIFFschen Basen vollständig abscheidet. (**Oe. P. 172 661** vom 19/2. 1946, ausg. 10/10. 1952. D. Prior. 8/6. 1939.) M. F. MÜLLER. 7967

Papeteries de Gascogne und **René H. Gadret,** Frankreich, *Verarbeitung der Ablaugen der Zellstoffgewinnung.* Zur Wiedergewinnung der in den Ablaugen enthaltenen Chemikalien u. zur Gewinnung der für den Prozeß erforderlichen Wärmemengen werden in einem Verbrennungsraum die zuvor angereicherten Ablaugen bei Tempp. zwischen 280 u. 500° unter Druck vernebelt u. wird gleichzeitig so viel Luft eingeblasen, wie zur Erzielung einer unvollständigen Verbrennung der organ. Bestandteile der Ablaugen erforderlich ist. Der Ablauge, z. B. Schwarzlauge, können 15—20% brennbare Stoffe, wie fl. KW-stoffe, Heizöle u. dgl., zugesetzt werden. (**F. P. 1 005 859** vom 8/10. 1947, ausg. 16/4. 1952.) GLAFEY. 7969

Camille Dreyfus, übert. von: **William J. Myles,** New York, N. Y., V. St. A., *Stabilisieren von Celluloseäthern,* bes. gegen Farbänderungen durch Wärme- u. Lichteinw., durch Zusatz von organ. Schwefligsäureestern u. SO_2 oder von nichtbeständigen organ. Sulfonen, welche in SO_2 u. organ. Schwefligsäureester gespalten werden. — Äthylcellulose wird mit bis zu 5% Stabilisierungsmittel versetzt. (**Can. P. 485 981** vom 26/8. 1946, ausg. 19/8. 1952. A. Prior. 30/11. 1945.) M. F. MÜLLER. 7971

Hercules Powder Co., übert. von: **Charles L. P. Vaughan,** Wilmington, Del., V. St. A., *Herstellung von wasser- und alkalilöslichen Carboxyäthyläthern der Cellulose.* Man läßt eine Suspension von Alkalicellulose in einem inerten organ. Lösungsm., z. B. Dioxan, mit 3—9 (Mol) Acrylnitril oder 0,5—4 Acrylamid pro Anhydroglucoseeinheit in Ggw. von NaOH, bes. bei 70—95°, reagieren. (**A. PP. 2 618 633** u. **2 618 634** vom 23/12. 1949, ausg. 18/11. 1952.) FABEL. 7971

Hellefors Bruks Aktiebolag, Fredriksberg, Schweden, *Verhinderung des Absetzens von Harz bei der Herstellung von Papier und Pappe.* Man bespritzt die Filtertücher, die Preßfilter usw. während des Betriebes mit einem harzfreien W., dessen p_H-Wert auf 4,5—5,5 eingestellt ist. (**Finn. P. 25 953** vom 25/2. 1949, Auszug veröff. 31/10. 1952. Schwed. Prior. 26/2. 1948.) JÜRGEN SCHMIDT. 7979

H. Baur und **R. Jakobsen,** Deutschland, *Saugfähiges Papier.* Saugfähiges Papier, Löschpapier oder saugfähiger Karton für die Herst. kleiner Gefäße für Pflanzenzucht, läßt sich herstellen, wenn dem Papierstoff in der Bütte oder dem Papier in einem anderen Bearbeitungszustand Schlackenwolle nicht unter 30% zugesetzt wird. Der Zusatz kann bis zur Erzielung einer Unbrennbarkeit des Papieres gesteigert werden. (**F. P. 1 006 212** vom 3/12. 1947, ausg. 21/4. 1952.) GLAFEY. 7985

Badische Anilin- & Soda-Fabrik (Erfinder: **Karl Buschmann,** Neustadt/Weinstraße, und **Hubert Wilfinger**), Ludwigshafen/Rh., *Herstellung von naßfesten Papieren durch Zusatz von härtbaren Kondensationsprodukten im Holländer,* dad. gek., daß die Kondensate Harnstoff, auch im Gemisch mit anderen, Aminoplaste liefernden Stoffen, u. CH_2O hergestellt u. beim Kondensieren Hexamethylentetramin oder seine Ausgangsstoffe zugesetzt werden. Als Kondensationsmittel kann CO_2 unter Druck dienen. (**D. B. P. 850 992** Kl. 55f vom 4/6. 1950, ausg. 29/9. 1952.) G. VOGEL. 7987

Brush Development Co., Cleveland, O., V. St. A., *Magnetisches Registrierpapier.* Saugfähiges Papier wird mit einer M. überzogen u. oberflächlich imprägniert, die magnet. oder magnetisierbare Stoffe (Magnetit, Fe_3O_4, $FeO \cdot Fe_2O_3$, elektrolyt. Fe), in einem Bindemittel feinst verteilt (0,5—5 μ), enthält. Die M. wird mit einem flüchtigen Lösungsm. aufgesprüht oder -gewalzt. — Beispiel: 16 (Teile) Celluloseacetat, 4 Triphenylphosphat, 80 Methyläthylketon u. 40 Magnetitpulver. — Zeichnungen. (**E. P. 650 675** vom 9/7. 1946, ausg. 28/2. 1951. A. Prior. 28/8. 1945.) G. VOGEL. 7987

XVIII b. Textilfasern.

A. J. Hall, *Moderne Textilhilfsmittel.* (Vgl. C. **1952.** 5508. 6954.) Vf. gibt eine Zusammenstellung über 82 neuzeitliche Textilhilfsmittel. Angeführt werden in diesem Zusammenhang die Herstellerfirmen, die wichtigsten physikal. u. chem. Konstanten, die Verwendungsmöglichkeiten sowie die Eigg. der entsprechenden Textilhilfsmittel. Hinweise auf die einschlägige Literatur werden gegeben. (Skinner's Silk Rayon Rec. **26.** 741—42. 746. 749. Juni. 843. 876. Juli. 989—90. 994—996. Aug. 1119—20. 1125. Sept. 1257. 1260. 1262. Okt. 1359. 1362. Nov. 1497—98. 1503—04. Dez. 1952.) P. ECKERT. 8028

David E. King, Henry A. Weil, Fred E. Condo und **Henry A. Rutherford,** *Die Bewertung von Schlichten für Textilien.* Die Wrkg. von Schlichten auf Stapelgarne wurde indirekt dadurch bestimmt daß man die Schlichte bei einem Baumwollvorgespinst anwendet u. dessen Festigkeit, Dehnung u. Steifheit mißt. Diese Meth. ist viel empfindlicher als die Messung an Garnen. (Textile Res. J. **22.** 567—73. Sept. 1952. Raleigh, N. C., North Carolina State Coll., School of Textiles.) ZAHN. 8030

J. D. Dean, C. M. Fleming und **R. T. O'Connor,** *Wirkungen des nichtfiltrierten Kohlenbogenlichtes bei beschleunigten Bewetterungsversuchen von Baumwolle und anderen Textilien.* Vor kurzem war gezeigt worden daß teilweise keine Übereinstimmung zwischen den Ergebnissen natürlicher u. beschleunigter Bewetterungsverss. besteht. In neuen erweiterten Verss. wurden geprüft: Baumwollgewebe (unbehandelt, ausgerüstet mit Cu-Naphthenat, Cu-8-Isochinolat, „Army-type-finish", je ein gelber, grüner u. blauer Küpenfarbstoff, quartäres Wasserabstoßendmittel, Pb-Chromat, Harnstoff-CH_2O-Harz, Melamin-CH_2O-Säuregel) sowie Garne aus Baumwolle, Leinen, Ramie, Wolle, Seide, Polyamid, Polyacrylnitril u. Polyvinylidenchlorid. Die Bewetterung dauerte, bis die unbehandelten Kontrollproben 50% ihrer Festigkeit verloren hatten. Bei allen Baumwollproben wurde ferner der Abbau durch Fluiditätsmessungen verfolgt. Zur künstlichen Bewetterung wurde mit dem nicht gefilterten Kohlenbogen trocken u. bei zusätzlicher Besprühung bestrahlt. Der Einfl. der verschied. chem. Behandlungen auf das Verh. der Gewebe bei der Bewetterung hängt in einigen Fällen von der Art der Bewetterung ab. Häufig schützt eine Ausrüstung in einem Vers. u. sensibilisiert bei der anderen Versuchsanordnung. Bei den unbehandelten Garnen war die Beziehung zwischen Wrkg. der natürlichen u. künstlichen Bewetterung gut. Vff. führen die Unterschiede auf die verschied. spektrale Zus. der Lichtquellen zurück. Baumwolle absorbiert Licht erst im UV (Maximum unterhalb 2200 Å), eine Strahlung, welche im Sonnenlicht fehlt, in der nichtgefilterten Kohlenbogenlampe aber vorkommt. (Textile Res. J. **22.** 609—16 Sept. 1952. New Orleans, La., Southern Reg. Res. Labor.) ZAHN. 8040

Ettore Viviani, *Die physikalischen Eigenschaften der Garne aus endlosen und aus kurzen Fasern, von demselben Rohmaterial ausgehend, ihre Verwendung in der Textilindustrie und ihr rationeller Gebrauch in gemischten Erzeugnissen.* Behandelt werden die Festigkeitswerte, u. zwar der Vgl. zwischen der Bruchfestigkeit der Einzelfäden u. des Garnes sowie die Zerreißfestigkeitsdiagramme, die elast. Eigg. u. die Verträglichkeit von Mischungen mit Fasern oder Fäden anderer Herkunft. Ferner wird auf das scheinbare spezif. Gewicht u. das Wärmehaltungsvermögen sowie auf die opt. Eigg., die das Aussehen der Garne u. der aus ihnen hergestellten Gewebe beeinflussen, eingegangen. Abschließend wird die Titergleichmäßigkeit der verschiedensten Faserarten u. Garne an Hand zahlreicher Diagramme beschrieben. (Reyon, Zellwolle andere Chemiefasern **1952.** 584—91. Nov.) P. ECKERT. 8040

G. Bredemann, *Züchtung auf hohen Fasergehalt bei Bastfaserpflanzen.* (Faserforsch. u. Textiltechn. **4.** 33—36. Jan. 1953.) P. ECKERT. 8050

Christopher Earland und **Kenneth G. Johnson,** *Die Behandlung von Wolle mit Natriumchlorit.* Es wurde untersucht, ob $NaClO_2$ (**I**) (Oxydationspotential in 0,007 mol. Lsg. bei p_H 4:0,79 V) bei Wolle (**II**) die Wrkg. eines Antifilzmittels besitzt. Untersucht wurde die Einw. von ClO_2 in verschied. Lösungsmitteln u. von **I** bei verschied. Tempp., p_H-Werte u. Konzz., wobei bei der behandelten **I** jeweils die Schrumpfung durch Handwalke als Maß für die Antifilzwrkg. diente. Ferner wurde **I** in Ggw. organ. Aktivatoren (Aldehyde, Thioharnstoffe) angewendet u. wurden die optimalen Bedingungen für eine I-Behandlung mit **I** + CH_2O (p_H, I-Konz., CH_2O-Konz.) ermittelt. Der Reaktionsmechanismus konnte nicht eindeutig geklärt werden. An anorgan. Aktivatoren kommen $NaHSO_3$, Rongalit, $Na_2S_2O_4$, $Na_2S_2O_3$ in Frage. (Textile Res. J. **22.** 591—98. Sept. 1952. Leicester, England, Wolsey Ltd., Res. Dep.) ZAHN. 8060

Arnulf Sippel, *Zur Deutung des photolytischen Abbaus der Chemiefasern.* (Vgl. C. **1953.** 468 u. 1579.) Der Bruch von Chemiefasern wird als Zerreißung von Makromolekülketten angesehen. Auf dieser Grundlage ist eine gemeinsame Ableitung der Ausdrücke für die zeitliche Abnahme sowohl der Reißfestigkeit als auch des Polymerisationsgrades bei der Photolyse möglich, die zur Formulierung eines neuen Zusammenhanges zwischen Reißfestigkeit u. Polymerisationsgrad führt. Bestimmungen der Quantenausbeute bei der reinen Photolyse sind für die Deutung eines Zusammenhanges wichtig. Auf Konsequenzen bzgl. der Abmessungen der Kristallite u. der Zahl der Kristallitbrücken wird hingewiesen. — 15 Literaturzitate. (Z. Elektrochem., Ber. Bunsenges. physik. Chem. **56.** 775—79. 1952. Freiburg/Br., Forschungslabor. der Dtsch. Rhodiaceta A. G.) P. ECKERT. 8070

Karl Krüger, *Zur Frage der Beseitigung von statischer Elektrizität bei der Verarbeitung von Chemiefasern aller Art.* In der vorliegenden Arbeit werden die zur Zeit üblichen Verff. zur Beseitigung der bei der Verarbeitung von Chemiefasern entstehenden stat. Aufladung: Konditionierung u. Raumklimatisierung, Ionisation der Raumluft u. Behandlung mit Präparationen beschrieben. Außerdem wird kurz auf die Meßmethoden eingegangen, die zur Best. des elektrostat. Verh. bei Chemiefasern dienen können. Zahlreiche Nachweise der Patent- u. Zeitschriftenliteratur. (Reyon, Zellwolle andere Chemiefasern **1952.** 573—77. Nov.) P. ECKERT. 8070

—, *Fasern aus der amerikanischen Sojabohne.* Kurzer zusammenfassender Überblick über die Gewinnung des Sojamehles, die Herst. der Spinnlsg., den Spinnprozeß sowie über die Weiterverarbeitung des Fasergutes. Besprochen werden ferner die Eigg. sowie die Verwendungsmöglichkeiten der Sojafaser. (Skinner's Silk Rayon Rec. **26.** 1474. Dez. 1952.) P. ECKERT. 8078

Horst Sauer, *Konzentrationsviscositätskurven als Maß für die Vernetzung von Perlon.* Von den Fehlern, die zu Capillarfadenbrüchen führen, wird das Auftreten von sogenannten Spinnknötchen betrachtet, u. zwar solcher, die durch perlonähnliche bzw. aus Perlon hervorgegangener Substanz hervorgerufen werden u. solcher Spinnknötchen, die durch artfremde Substanz entstehen. Im ersteren Fall sind diejenigen Spinnknötchen gemeint, die durch Vernetzung des Polyamids unter der Einw. von O_2 entstehen. In den theoret. Erörterungen wird die Abhängigkeit der Lösungsviscosität von der Konz., von der Polymolekularität sowie von der Vernetzung der Moll. behandelt. An Hand experimenteller Unterss. konnte gezeigt werden, daß bei der Vergilbung von Perlon durch O_2 ein Abbau u. eine Vernetzung stattfinden. Die Vernetzung konnte durch die quadrat. Gleichung $\eta_{sp} = x' (c_g + z' \cdot c_g^2)$ experimentell nachgewiesen werden, wobei z′ um so größere

Werte annimmt, je mehr das Perlon dem O_2 ausgesetzt war; damit ist z′ der Vergilbung unmittelbar proportional. Die Größe z′ ist ein Maß für die Sauberkeit der Schmelze u. damit auch ein Maß für die Spinnknötchen u. weiter für die Verstreckfähigkeit der Seide. — 30 Literaturzitate. (Faserforsch. u. Textiltechn. **4**. 14—21. Jan. 1952.) P. ECKERT. 8080

I. G. Farbenindustrie Akt.-Ges. (Erfinder: **Karl Horst**, Hofheim/Ts., **Ludwig Orthner und Gerhard Balle**), Frankfurt/M., *Kondensationsprodukte.* Gemische von Sulfamidgruppen enthaltenden Verbb., die durch gleichzeitige Behandlung von gesätt., aliphat. KW-stoffen mit SO_2 u. Halogen u. Rk. der entstandenen S, O u. Halogen enthaltenden Verbb. mit NH_3 oder prim. Aminen hergestellt wurden, werden in Ggw. von Alkalien mit salzbildende Gruppen enthaltenden organ. Halogenverbb. kondensiert (Chloressig-, γ-Chlorbutter-, α-Bromlaurin-, ω-Bromundecan-, Chlormethylbenzoe-, Chlormethylphenoxyessig-, Brombernsteinsäure, Halogenalkylsulfonsäuren oder -schwefelsäureester, Benzoylchlorid-p-sulfonsäure, β-Chlorbromäthanolschwefelsäureester). — Hexadecansulfonamid wird in 32%ig. NaOH mit 65%ig. Na-Chloracetat auf 95° u. dann noch 1 Std. auf 100° erhitzt. Das entstandene *hexadecansulfonamidessigsaure Na*, $C_{16}H_{33}SO_2NHCH_2COONa$, wird mit NaCl ausgesalzen. — RSO_2NHCH_3 (erhalten aus KW-stofffraktion mit Kp. 200—350° durch CO-Red.) + β-Chlorpropionsäure → *Alkylsulfomethylamid-β-propionsäure.* — *Alkylsulfamidoessigsäuren.* — *Alkylsulfomethylaminoäthansulfonsäuren.* — *Alkylsulfo-p-sulfobenzylamide.* — *Hexadecansulfamidoäthanolschwefelsäureester.* Verwendung als *Netz-*, *Schaum-*, *Dispergier-* u. *Reinigungsmittel*, bes. für Textilien. (**D. R. P. 767 071** Kl. 12o vom 28/1. 1939, ausg. 17/11. 1952.) KRAUSS. 8029

Hoffmann's Stärkefabriken Akt.-Ges. (Erfinder: **Otto Künne, Robert Krecke** und **Hans Ritter**), Bad Salzuflen, *Herstellung eines Appretur- und Steifungsmittels für Textilien* durch Verkleistern eines Gemisches von schwach abgebauter Kartoffelstärke (I) u. Reisstärke (II), wobei die I in Milchform mit II-Milch gemischt u. nach Entfernen des W. in der bei Herst. von Strahlen- oder Pulverform üblichen Art bei niedriger Temp. getrocknet wird. Die vorentwässerte Stärkemischung kann bei ca. 70° vorgetrocknet u. dann bei 25—30° auf Strahlen- oder Pulverstärke verarbeitet werden. (**D. R. P. 767 580** Kl. 89k vom 16/12. 1938, ausg. 2/2. 1953.) SCHINDLER. 8033

Courtaulds Ltd., London (Erfinder: **Frank Ward**, Braintree), England, *Herstellung wasserlöslicher Celluloseverbindungen*, dad. gek., daß das Cellulosematerial mit einer wss. Lsg. imprägniert wird, die H_2SO_4 u. Cyanamid enthält, u. das imprägnierte Material zur Vollendung der Rk. bei erhöhter Temp. behandelt wird, wobei das imprägnierte Material genügend H_2SO_4 enthalten soll, um ein wasserlösl. Endprod. mit mindestens ca. 25 Gew.-% angelagerte H_2SO_4 zu erhalten. Das Imprägnierungsbad kann Alkalisulfat oder $(NH_4)_2SO_4$ enthalten. Die Rk. vollendet sich beim Trocknen u. durch Wärmenachbehandlung. — Beispiel für Behandlung von Kunstseidegarn. (**D. B. P. 849 092** Kl. 8k vom 13/7. 1949, ausg. 11/9. 1952. E. Prior. 27/7. 1948.) HERBST. 8033

Dow Corning Corp., übert. von: **Mary E. Thayer**, Midland, Mich., V. St. A., *Wasserabstoßendmachen von organischem Faserstoffmaterial* durch Inberührungbringen mit den Dämpfen von *Monomethyldiäthoxysilan* (I) oder durch Überziehen mit Zucker, welcher mit den Dämpfen von I in Berührung gebracht u. danach mindestens 5 Min. lang bis auf 150° erhitzt worden ist. (**Can. P. 485 443** vom 14/8. 1948, ausg. 5/8. 1952.) M. F. MÜLLER. 8037

Cassella Farbwerke Mainkur (Erfinder: **Werner Zerweck und Heinrich Salkowski**), Frankfurt/M., *Herstellung von Kondensationsprodukten*, dad. gek., daß man Melamin mit CH_2O u. mit bei der Fabrikation von Butandiol-(1.3) als Nebenprodd. entstehendem Hexantriol oder/u. Octantetrol kondensiert. — *Textilveredlungsmittel.* (**D. B. P. 861 608** Kl. 39c vom 29/6. 1944, ausg. 5/1. 1953.) DONLE. 8037

Fothergill & Harvey Ltd., Manchester, England, *Behandlung von Textilgewebe aus Cellulose.* Man imprägniert die Textilgewebe mit einem wasserlösl. Verätherungsmittel (Epichlorhydrin oder Glycerindichlorhydrin) in Ggw. von Alkali oberhalb 70° so lange, bis sich wesentliche Mengen von Querverbb. bilden, welche die beieinanderliegenden Celluloseketten miteinander verknüpfen. (**Finn. P. 25 812** vom 26/10. 1949, Auszug veröff. 31/7. 1952.) JÜRGEN SCHMIDT. 8037

Forstmann Woolen Co., Passaic, N. J., übert. von: **John Zimmerman**, Philadelphia, Pa., **Harold W. Wolf**, Clifton, N. J., und **Louis I. Weiner**, Philadelphia, Pa., V. St. A., *Schrumpffreimachen von Wolle*, ohne sie dabei zu schwächen. Man bringt den Feuchtigkeitsgeh. auf 10,5—12% u. behandelt in einer geschlossenen Kammer bei 70° F mit 1½—3% Cl_2-Gas, berechnet auf das Gewicht der Wolle, u. neutralisiert anschließend die entstandene HCl. — Zeichnungen. (**A. P. 2 590 811** vom 13/4. 1950, ausg. 25/3. 1952.) V. SCHILLER. 8061

I. G. Farbenindustrie Akt.-Ges. (Erfinder: **Franz Nestelberger**), Frankfurt/M., *Fixieren von Pigmenten auf Cellulosefasern* unter Verwendung von Lsgg. oder wss. Dispersionen haftfester Bindemittel. Man behandelt das Fasergut zusätzlich vor dem Aufbringen oder während des Aufbringens der Pigmente u. der Bindemittel mit CH_2O u. gegebenenfalls Säuren oder säureabspaltenden Verbindungen. (**D. R. P. 751 399** Kl. 8n vom 9/1. 1942, ausg. 10/11. 1952.) v. SCHILLER. 8075

Wingfoot Corp., Akron, O., V. St. A., *Herstellung linearer Polymerisate.* Dimercaptane u. Glykole werden in Ggw. 2-bas. Säurechloride umgesetzt. — Z. B. erwärmt man ein Gemisch aus 1,04 (Teilen) Pentamethylenglykol, 5,527 Pentamethylendimercaptan u. 10 Terephthalsäurechlorid unter Durchleiten von N_2 auf 109°. Nach Beendigung der HCl-Entw. erhitzt man die verfestigte M. auf 160°, auf 218° u. schließlich 2 Std. auf 255°. Man erhält ein hellbraunes *spinnfähiges* Prod. mit F. 20—205°. — Ein entsprechendes, aus den Tetramethylenverbb. erhaltenes Prod. hat F. 218° u. bei Verwendung von Adipinsäurechlorid F. 110—113°. (**E. PP. 665 271** u. **665 272** vom 3/11. 1948, ausg. 23/1. 1952. A. Prior. 4/5. 1948.) MÖLLERING. 8081

Karl Frank, Einführung in die Textilprüfung. Stuttgart: Konradin-Verl. 1952. (72 S. m. 38 Abb.) 8°. DM 4,80.

XIX. Brennstoffe. Erdöl. Mineralöle.

E. M. Myers, *Anreicherung von Mineralien unter besonderer Berücksichtigung der Kohle.* Zusammenfassender Bericht über die hauptsächlich angewandten Verff. zur Reinigung u. Anreicherung von Mineralmassen, vorzugsweise von Kohlen. In Einzelbeschreibungen sind Handauslese, Trennung leichter u. schwerer Bestandteile durch Rütteln, Aufschwemmen usw. sowie die Schaumflotation besprochen. Einige schemat. Darstellungen erläutern die beschriebenen einzelnen techn. Vorgänge. (Chem. and Ind. **1952.** 278—86. 29/3.) v. MICKWITZ. 8134

Clyde D. Alstadt und **Harry G. Davis**, *Grundlagen der amerikanischen Gasindustrie: Fortleitung. Verdichten von Erdgas.* 1. Mitt. (Amer. Gas J. **177.** 19—22. Dez. 1952.) F. HEINRICH. 8186

R. Irving und **C. N. Thompson**, *Die dielektrischen Eigenschaften von gewissen Erdölen.* Fußend auf der Theorie der mol. Polarisation von DEBYE, versuchen Vff. diese Theorie auf Erdöle anzuwenden u. kommen dabei zu Schlußfolgerungen bes. hinsichtlich der polaren Verbindungen. Das Dipolmoment von z. B. S-Verbb. wurde berechnet u. steht in Übereinstimmung mit der Theorie. Da das Dipolmoment von polaren Verbb. ursächlich mit dem mol. Aufbau zusammenhängt, glauben Vff. einen Weg gefunden zu haben, das Verh. von komplexen polaren Verbb., wie sie die im Erdöl vorhandenen S-Verbb. darstellen, zu klären. Rechner. Ableitungen auf Grund der DEBYE-Gleichung; Versuchsergebnisse u. Tabellen des Dipolmoments von verschied. S-Verbb. in Bzl. als Lösungsmittel. (Chem. and Ind. **1952.** 975—80. 4/10. Chester, England, Thornton Res. Centre, Shell Refining and Marketing Co. Ltd.) K. O. MÜLLER. 8188

A. F. Orlicek und **A. Schmidt**, *Die optimale Verdünnung bei der Filtration viscoser Flüssigkeiten.* Das günstigste Mischungsverhältnis, bei dem ein Mineralöl mit einem Verdünnungsmittel die kürzeste Filtrationszeit ergibt, wird durch eine neuabgeleitete Gleichung berechnet. Zur Erleichterung der Rechnung wird ein Nomogramm aufgestellt. (Chemie-Ing.-Techn. **24.** 457—58. Aug. 1952. Wien, TH, Inst. für Verfahrenstechnik u. Technol. der Brennstoffe.) MIETHING. 8192

Julian Feldman und **Milton Orchin**, *Zusammensetzung des Benzins aus der Kohlehydrierung.* Die in einer Kohlehydrierungs-Versuchsanlage in Louisiana anfallenden Prodd. werden untersucht. Das in der ersten Stufe (Flüssigphase) anfallende Öl dient als Ausgangsmaterial für die zweite Dampfphasenstufe. Die in dieser Stufe gewonnenen Prodd. wurden analysiert. Die individuellen Komponenten wurden durch Dest., chromatograph. u. quantitativ erfaßt u. davon die physikal. Konstanten auch durch Massenspektrometrie ermittelt. C_6- bis C_8-KW-stoffe sind zu 58% im Prod. enthalten, die sich in 19 Gew.-% Paraffine, 49,9 Gew.-% Naphthene u. 31,1 Gew.-% Aromate unterteilen. Durch den hohen Geh. an Aromaten können die Hydrierungsbenzine als Ausgangsstoff für Bzl., Toluol u. C_8-Aromate betrachtet werden. Durch Verkoken von 1 t aschefreier Kohle können bestfalls 2 Gall. Bzl. erhalten werden, durch den Weg über die Hydrierung aber 18 Gallonen. — Diagramme u. Tabellen. (Ind. Engng. Chem. **44.** 2852—56. Dez. 1952. Bruceton, Pa., Synth. Fuels Res. Branch, Bur. of Min.) K. O. MÜLLER. 8198

H. J. Hepp, E. O. Box jr. und **G. C. Ray**, *Verwendung von Schwerbenzin für Düsenkraftstoffe durch Behandlung mit Harnstoff.* Fußend auf einer deutschen Anmeldung von BENGEN aus dem Jahre 1940, daß geradkettige organ. Verbb. mit Harnstoff feste Addukte bilden, die auf Grund der hohen Selektivität solcher Verbb. leicht aus einem Gemisch von cycl. oder isomeren verzweigten aliphat. Verbb. abgeschieden werden können, begründen Vff. ihre Unterss., bisher ungeeignete Düsenkraftstoffe den techn. Lieferbedingungen anzupassen. Es gibt 2 Düsenkraftstoffe, u. zwar den *JP–1* mit niedrigem Dampfdruck vom Schwerbenzintyp u. *JP–3* mit hohem Dampfdruck von Benzintyp. Beide Kraftstoffe müssen besonderen Lieferbedingungen bzgl. Dampfdruck, D., Siedeverh., Ungesättigtheit, Viscosität, Farbe u. E. genügen. Letzterer ist bei —55° festgelegt, so daß viele paraffinhaltige Schwerbenzinfraktionen den Bedingungen für den *JP–1*-Kraftstoff nicht genügen u. auch mit *JP–3* sich nicht aufmischen lassen. Fraktionierte Dest. ist auch nicht anwendbar, weil sonst der 90%-A.S.T.M.-Punkt, der bei mindestens 204° liegen muß, nicht erreicht wird. 200 cm^3 eines aus Mid-Continent-Rohöl herausdest. Schwerbenzins werden mit 25, 50, 75 oder 100 g Harnstoff unter Zugabe von 25 cm^3 absol. Methanol versetzt. Der sich bildende Brei wird filtriert, der aus Harnstoff–n-Paraffinen bestehende Filterkuchen wird mit kaltem Isopentan gewaschen. Das Schwerbenzinfiltrat wird zwecks Entfernung des Methanols mehrmals mit W. gewaschen u. getrocknet. Dieses Raffinat wird für die E.-Messungen u. Mischverss. verwendet. Der Filterkuchen wird nach Entfernung des Isopentans in 300—400 cm^3 W. zers., das abgeschiedene n-Paraffin volumetr. gemessen. Versuchsergebnisse im Original. Alle behandelten Schwerbenzinfraktionen zeigten nach der Harnstoffbehandlung eine starke E.-Erniedrigung, obwohl nur verhältnismäßig geringe Mengen n-Paraffin entfernt worden waren, die durch eine Dest. entfernt, keinesfalls eine solch starke E.-Senkung ergeben hätten. Rechner. Ableitung, Diagramme sowie 7 Literaturhinweise im Original. (Ind. Engng. Chem. **45**. 112—15. Jan. 1953. Bartlesville, Okla., Res. Div., Phillips Petroleum.)

K. O. MÜLLER. 8200

F. G. Ciapetta und **J. B. Hunter**, *Isomerisation von gesättigten Kohlenwasserstoffen in Gegenwart von Hydrierungsspaltkatalysatoren — n-Hexan.* Es ist aus früheren Arbeiten bekannt, daß komplexe Katalysatoren, die aus einer Kombination eines Hydrierungs–Dehydrierungs-Katalysators u. eines Ni-Silica-Al-Katalysators besteht, bes. akt. u. hoch selektiv bei der Isomerisation von Alkanen u. Cycloalkanen in Ggw. von H_2 sind. Diese Katalysatoren sind bei Tempp. von 250—450° u. H_2-Drucken von 7,1—48,5 at aktiv. Wird solch ein komplexer Katalysator noch mit 4—6 Gew.-% Ni beladen, u. dann bei 500—550° red., dann hat er die Fähigkeit, n-Hexan in Ggw. von H_2 zu isomerisieren. Die Tatsache, daß er dies mit hoher Selektivität bei Tempp. oberhalb 300° tut, ist überraschend. Beschreibung der Versuchsanlage, der zahlreich durchgeführten Verss. mit Tabellen u. Diagrammen im Original. (Ind. Engng. Chem. **45**. 147—55. Jan. 1953. Paulsboro, N. J., Socony-Vacuum Labors.; Philadelphia, Pa., Atlantic Refining Co.)

K. O. MÜLLER. 8200

F. G. Ciapetta, *Isomerisation von gesättigten Kohlenwasserstoffen — Cycloalkane.* Die Isomerisation von Methylcyclopentan wurde in Ggw. des Ni-Silica-Al-Katalysators in einem Temperaturbereich von 280—370° untersucht. Aus den graph. u. tabellar. wiedergegebenen Verss. ist zu ersehen, daß die Isomerisation zu Cyclohexan bei allen Umwandlungsverss. die vorherrschende Rk. war. Bei höheren Tempp. trat eine Spaltung zu Hexanen u. niedrigmol. KW-stoffen u. Dehydrierung zu Bzl. auf. (Ind. Engng. Chem. **45**. 159—62. Jan. 1953. Paulsboro, N. J., Socony-Vacuum Labors.) K. O. MÜLLER. 8200

F. G. Ciapetta, *Isomerisation von gesättigten Kohlenwasserstoffen. Über die Natur der Katalysatoren und des Reaktionsmechanismus.* Bei der Herst. des Standard-Ni-Katalysators wird gemahlenes Silica-Al in eine wss. Lsg. von $Ni(NO_3)_2$ gegeben, dabei tritt ein partieller Austausch von H-Ionen mit Ni ein, was durch Absinken des p_H nach Zugabe des Silica-Al festgestellt ist. Durch Zugabe eines Überschusses an $(NH_4)_2CO_3$, um das $NiCO_3$ zu fällen, tritt aber wieder ein völliger Ersatz der Ni-Ionen durch NH_4-Ionen ein. Bei 16std. Aktivierung des Katalysators bei 538° tritt Zers. der NH_4-Ionen ein, so daß die Acidität des Endprod. die gleiche ist wie bei dem frischen Silica-Al. Wird hingegen der Ni-Katalysator durch Fällen von $NiCO_3$ mit Na_2CO_3 statt mit $(NH_4)_2CO_3$ hergestellt, dann zeigt das Endprod. einen wesentlichen Abfall an Acidität, wodurch die H_2-Austauschkapazität um 46,5% zurückgeht. Den Reaktionsmechanismus stellt sich Vf. so vor, daß eine Dissoziation einer C—H-Bindung an der Oberfläche eintritt, u. daß dieser Dissoziation eine Dehydrierung folgt, wobei ungesätt. KW-stoffe gebildet werden. — 49 Literaturhinweise. (Ind. Engng. Chem. **45**. 162—65. Jan. 1953. Paulsboro, N. J., Socony-Vacuum Labors.)

K. O. MÜLLER. 8200

Heinz Heinemann, G. A. Mills, J. B. Hattman und **F. W. Kirsch**, *Houdryforming-Reaktionen. Untersuchungen mit reinen Kohlenwasserstoffen.* Ziel der Unterss. ist, die Wrkg. der polyfunktionellen Houdryforming-Katalysatoren auf Cyclohexan u. Methylcyclohexan als typ. KW-stoffvertreter zu prüfen. Der Katalysator befand sich zwischen

Quarzstücken eingebettet in einem 100 cm langen rostfreien Stahlrohr von einem Innendurchmesser von 2,5 cm, das sich in einem Bleibad befand. Der H_2-Druck betrug entweder 21 oder 42 at. KW-stoffe u. H_2 werden in getrennten Schlangen vorerhitzt, bevor sie in das Reaktionsrohr eintreten. Die Reaktionsprodd. werden jeweils in einem von 2 Hochdruckseparatoren aufgefangen, die abwechselnd entspannt werden. Die Gase werden gemessen u. analysiert in einem Massenspektrometer. Die fl. Reaktionsprodd. werden in einer PODBIELNIAK-Kolonne stabilisiert u. in Aromate, Olefine u. paraffin. Naphthenfraktionen durch chromatograph. Adsorption u. anschließende Desorption über Silicagel mit anschließender A.S.T.M. (Meth. D 936–49 T) Dest. getrennt u. einer nochmaligen PODBIELNIAK-Dest. unterworfen. Destillationsschnitte werden auf ihre physikal. Eigg., wie n_D, Infrarotspektr. usw., geprüft. Cyclohexan wird über dem 2 funktionellen Katalysator zu Bzl. dehydriert in einer dem Gleichgewicht nahen Ausbeute. Bei höheren Tempp., z. B. 510°, tritt Spaltung u. Isomerisation auf, wobei Ringspaltung zu Hexanen u. niedrigen mol. Stoffen, aber auch Umlagerung zu C_7-Paraffinen eintritt. Methylcyclohexan führt in analoger Weise zu Toluol. Übertragung der Versuchsergebnisse auf in Erdölfraktionen vorkommende Alkylcyclopentane u. deren Aromatisierung werden weiterhin besprochen. — Diagramm im Original. (Ind. Engng. Chem. **45.** 130—34. Jan. 1953. Marcus Hook, Pa., Houdry Labors., Houdry Process Corp.)
K. O. MÜLLER. 8200

C. M. Fontana, R. J. Herold, E. J. Kinney und R. C. Miller, *Hochmolekulare Polymere aus Propylen und Buten.* Da hochmol. Polymere wirksame Viscositätsverbesserer für Motorenöle sind, haben sich Vff. die Aufgabe gestellt, diese Verbb. auf einfache Weise aus niedrigmol. 1-Olefinen, bes. Propylen, durch Modifikation des Polymerisationsvorganges zu gewinnen. Verschied. halbtechn. Arbeitsweisen, diskontinuierlich u. kontinuierlich unter Verwendung von akt. $AlBr_3$-Katalysatoren u. Propylen u. 1-Buten werden beschrieben. Den Reaktionsmechanismus erklären sich Vff. durch ein langsames Wachsen eines Carboniumions u. durch Transferierung eines Hydrid-Ions. Diese Hypothese wird durch Formelbilder u. ausführliche Begründungen gestützt. (Ind. Engng. Chem. **44.** 2955—62. Dez. 1952. Paulsboro, N. J., Socony-Vacuum Labors., Res. and Developm. Dep.)
K. O. MÜLLER. 8204

H. Diamond, H. C. Kennedy und R. G. Larsen, *Oxydationseigenschaften von Schmierölen bei hohen Temperaturen.* Ziel dieser Arbeit ist, festzustellen, bis zu welcher höchsten Temp. die Oxydation eines Schmieröles vorgetrieben werden kann, ohne daß eine Zündung erfolgt, u. über das Verh. dieses Öles im Verbrennungsraum eines Motors. Die bisherigen Verss. beschränkten sich auf Prüfung des Verh. der Öle in der Ölwanne. Bei ruhender Ölschicht sind sowohl die Diffusion des O_2 als auch die Reaktionsgeschwindigkeit ausschlaggebende Faktoren. Die Oxydationsgeschwindigkeit steigt bei steigender Temperatur. Cu, Fe u. Pb sowohl in metall. als auch in gelöster Form katalysieren die Oxydation. In jedem Fall ist eine kleine Menge des Metalls in Öl gelöst. Beschreibung einer Laboratoriumsmeth. zur Messung der Oxydationsgeschwindigkeit von Schmierölen in dünnen ruhenden Filmen bei hohen Temperaturen. Die Stabilität von Ölen kann dabei unter Bedingungen geprüft werden, wie sie in der heißesten Zone eines Verbrennungsraumes auftreten, unabhängig von Verschmutzungen u. Beeinflussungen durch andere Faktoren, z. B. Kraftstoff u. den besonderen Eigenarten der Motore. Diese erschwerten Prüfbedingungen ergeben im allg. bis zu einem gewissen Grad ähnliche Resultate wie die bekannten Prüfbedingungen bei gemäßigten Temperaturen. (Ind. Engng. Chem. **44.** 1834—43. Aug. 1952. Emeryville, Calif., Shell Development Co.)
K. O. MÜLLER. 8220

C. M. Murphy, J. G. O'Rear und W. A. Zisman, *Diester der Pinsäure, Herstellung, Eigenschaften und Anwendung als Schmiermittel.* Diester für Schmierzwecke bei sehr tiefen u. hohen Tempp. werden in steigendem Maß benötigt, ihre Herst. aus in der Natur vorkommenden Rohstoffen wird geprüft. Pinsäure, Hauptbestandteil des Terpentinöls, wird mit n-Alkoholen zu Diestern verestert, die den Diestern aliphat. zweibas. Säuren ebenbürtig sind, bes. hinsichtlich Viscosität, Temperaturkoeff., E., Verdampfbarkeit u. Schmiervermögen. Diese Diesteröle eignen sich bes. zum Schmieren der Instrumente u. kleinen Gangwerke in Düsenflugzeugen oder -geschossen. Aus den Ölen lassen sich mit Hilfe von Seifen, Sorbitanmonooleat oder Phthalocyanin-Gelierungsmitteln konsistente Fette herstellen. Nach Ansicht der Vff. ist die Pinsäure auch ein Ausgangsprod. für synthet. Weichmacher, Polymerisate, Harze u. Fasern. Da die Pinsäure leicht durch Oxydation von α-Pinen hergestellt werden kann, zeichnet sich eine neue industrielle Verwertbarkeit des Terpentinöls ab. — 34 Literaturhinweise. (Ind. Engng. Chem. **45.** 119—25. Jan. 1953. Washington, D. C., Naval Res. Labor.) K. O. MÜLLER. 8222

A. R. Myhill, *Charakterisierung des Straßenteeres.* Behandelt wird das Ergebnis eines 1932 von der BRITISH ROAD TAR ASSOCIATION u. dem DEPARTEMENT OF

SCIENTIFIC AND INDUSTRIAL RESEARCH gemeinsam begonnenen Untersuchungsprogramms. Unter Gegenüberstellung von Laboratoriums- u. Straßenverss. werden u. a. behandelt: Chem. u. physikal. Eigg. des Teers u. ihr Einfl., Verdampfung der flüchtigen Öle, Temp.-Viscositäts-Beziehungen, adhäsive Eigg., Festigkeit der Teerbindung, Kristallisationseffekte, Einw. von O_2 ± Licht, Dauerhaftigkeit der Überzüge, Bitumen u. andere Zusätze, Teeremulsionen, Netzmittel, Füllstoffe, Verarbeitung von Teermacadam u. Unterlagen hierfür, Feuchtsandverf. für die Oberfläche, Feuchtaggregatverf., lokale Einflüsse, Kaltverlegung, Dichte der Überzüge, bes. bei verschied. Benutzungsgrad der Straßen, Barber-Green-Finisher, Einfl. von Wetter u. Bereifungsart der verkehrenden Fahrzeuge, Probenahme u. Analyse, Verf. zur gleichmäßigen Verteilung des Teeres. (Coke and Gas **13.** 167—70. Mai 1951.) FRÜHWALD. 8236

Herbert Weil, *50 Jahre Erdölchromatographie.* 1. Mitt. *Empirische und wissenschaftliche Entwicklung.* Zeitlicher Ablauf der Entw. u. Stand der Technik an Hand von 51 Literaturhinweisen. (Petroleum Processing **7.** 812—14. Juni 1952.) K. O. MÜLLER. 8242

Schuchtermann & Kremer-Baum Akt.-Ges. für Aufbereitung, Dortmund (Erfinder: **Kurt Sonnenschein,** Herbede, und **August Heinemann,** Herne), *Mischbriketts aus Steinkohle, Braunkohle und einem Bindemittel,* z. B. Pech, Teer, Sulfitlauge oder dergleichen. Man wählt das Gemischverhältnis zwischen Stein- u. Braunkohle unter Berücksichtigung des tatsächlichen Wassergeh. der Braunkohle derart, daß der Wassergeh. im fertigen Brikett etwa gleich oder kleiner als der Geh. der Braunkohle an hygroskop. aufgenommenem W. ist. Man spart dadurch an Pechzusatz. (**D. B. P. 854 792** Kl. 10b vom 3/12. 1950, ausg. 6/11. 1952.) W. HAUSWALD. 8137

Federationa Narodna Republika Yugoslavija Savet Za energetiku i ekstraktivnu industriju Vlade F. N. R. I., Belgrad (Erfinder: **Božidar Popovic,** Belgrad, und **Maks Sameč,** Laibach), Jugoslawien, *Kokserzeugung aus schlecht verkokbaren Kohlen.* Man setzt den auf unter 1 mm gemahlenen, für sich nicht verkokbaren Kohlen ca. 10—30% Saccharide, Naphthalin oder Dinaphthalinsulfon zu u. verkokt die Mischung in n. Koksöfen. (**D. B. P. 854 644** Kl. 70a vom 12/12. 1950, ausg. 6/11. 1952. Jug. Prior. 4/2. 1950.) W. HAUSWALD. 8145

Ges. für Teerverwertung m. b. H. (Erfinder: **Eduard Moehrle** und **Heinz Franck**), Duisburg-Meiderich, *Herstellung satzfreier Teeröle.* Man versieht die Teeröle mit einem Kunstharz, das zweckmäßig im Teeröl selbst erzeugt wird, u. zwar kann man dieses durch Behandeln des Teeröles mit CH_2O in Ggw. von Katalysatoren, wie $ZnCl_2$, in der Wärme oder durch Behandeln mit Acetylen in der Wärme unter Druck in Ggw. von Ätzkali erreichen. Verfahrensmäßig behandelte Teeröle weisen einen Stockpunkt auf, der unter -15^0 liegen kann. (**D. B. P. 854 360** Kl. 12r vom 1/11. 1950, ausg. 4/11. 1952.) HERBST. 8177

Visco Products Co., Houston, Tex., übert. von: **Earl T. Kocher,** Bellflower, Calif., V. St. A., *Demulgierung.* Öl-in-W.-Emulsionen (von Erdöl) werden gebrochen, indem man sie der Einw. eines entwässerten Kondensationsprod. aus 3—10 Gew.-% $ZnCl_2$ u. Alkylolamin aussetzt. Man erhitzt die Komponenten miteinander unter Bedingungen, die den Austritt von W. erleichtern. — Beispiele: Rk. von Triäthanolamin mit $ZnCl_2$. (**A. P. 2 615 852** vom 14/12. 1948, ausg. 28/10. 1952.) UNGER. 8191

Standard Oil Development Co., Del., übert. von: **Chester L. Read,** Westfield, N. J., V. St. A., *Extraktion.* Zur Trennung eines Roherdöls in aromat. u. paraffin. Bestandteile behandelt man es in einer Extraktionszone mit einem fl. Lösungsm., z. B. Phenol, das vorzugsweise aromat. Bestandteile aufnimmt unter solchen Bedingungen, daß Phasentrennung eintritt. Man bringt in die Behandlungszone 0,0001—0,03% (Vol.) eines Siliconpolymeren, z. B. polymeres Dimethylsilicon, $[(CH_3)_2SiO]_x$, trennt eine Extraktphase u. eine Raffinatphase aus der Behandlungszone ab, entfernt das Lösungsm. u. isoliert das Öl. — Zeichnung. (**A. P. 2 610 942** vom 31/3. 1948, ausg. 16/9. 1952.) UNGER. 8195

N. V. de Bataafsche Petroleum Mij., Den Haag, Holland (Erfinder: **Lloyd Cochrane Fetterly,** San Francisco, Calif., V. St. A.), *Trennung von Gemischen organischer Substanzen, besonders Erdölkohlenwasserstoffen mit geradkettigen Paraffinkohlenwasserstoffen.* Diese werden mit Harnstoff in Ggw. von W. in Berührung gebracht, wobei die entstehenden Harnstoffkomplexe mit dem W. einen Schlamm bilden, der sich leicht von dem Raffinat (organ. Substanzen, die nicht mit Harnstoff reagieren) trennt. Die im Schlamm enthaltenen Komplexe werden unter Regenerierung des Harnstoffes u. der damit verbundenen organ. Substanzen aufgearbeitet, z. B. durch eine Wasserdampfdest. (unter vermindertem Druck) oder in Ggw. von Lösungsm. für den Harnstoff oder für die organ. Verbindungen. (**D. B. P. 866 786** Kl. 12o vom 2/10. 1948, ausg. 12/2. 1953. A. Prior. 21/2. 1947.) UNGER. 8195

Pure Oil Co., Chicago, übert. von: **George W. Ayers**, Chicago, **Marcellus J. Geerts**, Evanston, und **William A. Krewer**, Skokie, Ill., V. St. A., *Gewinnung von H_2S und Mercaptanen aus Gasen oder Flüssigkeiten, wie Erdöl oder Erdölfraktionen.* Sie erfolgt durch Behandeln mit Harzen, wie Polymethylmethacrylaten, Polyvinylchloriden, Polyvinylacetaten, Polyvinylidenchloriden oder Alkydharzen, die mit Alkanolaminen oder anderen organ. N-Verbb. modifiziert wurden, so daß die Oberfläche des Harzes Amino- oder substituierte Aminogruppen enthält, die sich mit H_2S oder Mercaptanen reversibel umsetzen, z. B. nach dem Reaktionsschema: $R_1CH_2CH_2NHCH_2CH_2R_2 + R_3SH \rightarrow \begin{matrix} R_1CH_2CH_2 \searrow \\ R_2CH_2CH_2 \nearrow \end{matrix} NH \cdot R_3SH$ (R_1 u. R_2 = Harzrest, R_3 = Alkyl, Aryl, Aralkyl oder H). Die Regenerierung des Harzes erfolgt entweder durch Waschen mit Alkalien durch Erhitzen auf höhere Temp. oder durch Behandlung mit Dampf oder heißen Gasen. — Polymethylacrylat wird in granulierter oder Pulverform mit Diäthanolamin in An- oder Abwesenheit eines Katalysators erhitzt, bis eine bestimmte Menge Methanol abdest. ist, wodurch sich sek. Aminogruppen bilden. Über dieses granulierte Harz leitet man die zu reinigenden Gase oder Fll., aus dem die S-Verbb., z. B. durch Waschen mit 10—20%ig. NaOH oder durch Ausdampfen bei 100—300°, gewonnen werden. (**A. P. 2592523** vom 21/8. 1948, ausg. 15/4. 1952.) KRAUSS. 8195

Comp. Française de Raffinage (Erfinder: **Joseph Quiquerez**, Gonfreville L'Orcher, und **André Gislon**), Paris, Frankreich, *Regenerierung von bei der Extraktion von Mercaptanen aus Erdölen mit wässerigen alkalischen Lösungen anfallenden Lösungen,* die gegebenenfalls zusätzliche Mercaptidlösungsmittel, wie Kresole, Phenole, Isobutyrate, enthalten. Man oxydiert die Lsgg. mit Luft oder O_2 in Ggw. von PbS u. freiem S, wobei dieser bes. in Mischung mit einem KW-stoff, der die durch Oxydation entstandenen Disulfide löst, angewendet wird. — Eine 12%ig. NaOH, mit 1% Mercaptan-S wird in Ggw. eines KW-stoffs mit 1% S u. ca. 7—8% PbS 45 Min. mit Luft behandelt, wobei 100%ig. Regenerierung erfolgt (Tabelle). — Vorr., Zeichnung. (**D. B. P. 852542** Kl. 12o vom 30/12. 1950, ausg. 16/10. 1952. F. Prior. 21/1. 1950.) KRAUSS. 8195

Ruhrchemie Akt.-Ges., Oberhausen-Holten (Erfinder: **Heinrich Tramm**, Müllheim-Speldorf), *Leistungsverbesserung bestehender Spaltanlagen.* Man baut an geeigneter Stelle des Betriebskreislaufes bei bestehenden Spaltanlagen (z. B. hinter dem Röhrenofen oder nach der Entspannungskammer) eine zusätzliche katalyt. Spaltapp. ein, die gemäß Patent 765 154 so betrieben wird, daß zwischen Spaltwärmebedarf u. Kontaktausbrennungswärme ein therm. Gleichgewicht besteht. (**D. B. P. 852886** Kl. 23b vom 19/5. 1944, ausg. 20/10. 1952.) UNGER. 8197

I. G. Farbenindustrie Akt.-Ges., Frankfurt/M. (Erfinder: **Mathias Pier**, Heidelberg, und **Gerhard Free**, Ludwigshafen/Rh.), *Katalytische Spaltung von Schwerbenzinen oder Mittelölen.* Die Ausgangsöle werden in der Dampfphase über fest angeordnete Katalysatoren in 2 hintereinandergeschalteten Stufen bei gleichbleibender oder ansteigender Temp. in beiden Stufen geleitet, wobei in der 2. Stufe niedrigerer Druck herrscht als in der ersten. K a t a l y s a t o r e n d e r 1. S t u f e: Bleicherde, Tonerde, Aktivkohle oder länger gebrauchte Kontakte der 2. Stufe. K a t a l y s a t o r e n d e r 2. S t u f e: Künstliche Aluminiumsilicate oder mit Säuren (HF) behandelte Bleicherden. (**D. R. P. 764507** Kl. 23b vom 28/7. 1938, ausg. 15/12. 1952.) UNGER. 8197

Sinclair Refining Co., New York, N. Y., übert. von: **Virgil A. Johnson**, Homewood, Ill., V. St. A., *Ausgangsmaterial für katalytische Spaltung.* Bei der fortlaufenden Bereitung von Ausgangsmaterial für katalyt. Spaltung aus Rückständen u. Destillaten, welche Bestandteile enthalten, die zur Spaltung u. Koksbldg. bei hohen Tempp. neigen, erhitzt man zunächst die Rückstände gesondert auf 800° F, dest. die vorerhitzten Rückstände rasch, um Teer u. Asphaltstoffe abzuscheiden u. die Rückstände bei 800° F in die Dampfphase überzuführen. Getrennt davon erhitzt man die oben genannten Destillate auf ca. 1050° F. Man vereinigt die Rückstandsdämpfe (von niedrigerer Temp.) mit den Destillatdämpfen (von höherer Temp.), leitet die vereinigten Dämpfe rasch durch eine Überhitzungszone, wo die Temp. schnell auf 1080° F gesteigert wird. Man muß dabei eine unerwünschte Spaltung u. Verkokung vermeiden. Den überhitzten Dampfstrom leitet man in die katalyt. Spaltzone. — Zeichnung. (**A. P. 2611737** vom 9/2. 1949, ausg. 23/9. 1952.) UNGER. 8197

Houdry Process Corp., Philadelphia, übert. von: **David Benjamin Ardern**, Highland, und **Mayland Avenues**, Moylan, Pa., V. St. A., *Umwandlung von Kohlenwasserstoffen.* Feste KW-stoffumwandlungskatalysatorteilchen laufen kontinuierlich in einer Anlage um, in der der frisch regenerierte Katalysator mit den KW-stoffen unter Umwandlungsbedingungen in einer Reaktionszone in Berührung kommt u. sich dabei mit Koks belädt.

Der beladene Katalysator gelangt aus der Reaktionszone in Form eines zusammenhängenden (nicht fluidisierten) Bettes mit einem O_2-haltigen Gas unter Verbrennungsbedingungen in eine Reihe vertikal übereinander angeordneter benachbarter Regenerierungszonen. Dort wird ein Teil des Kokses verbrannt. Der Katalysator wird in mindestens einer Auftriebszone durch ein Auftriebsgas aufwärts getrieben u. strömt anschließend durch andere Zonen der Anlage abwärts. Das O_2-haltige Gas wird getrennt durch die oberste u. die unterste Regenerierungszone geleitet, wobei ein verhältnismäßig feuchtes Abgas aus der obersten Zone u. ein heißes, trockenes Gas aus der untersten Zone abgeführt wird. Letzteres dient als größerer Teil des Auftriebsgases ohne Zwischenkühlung. Das in die unterste Regenerierungszone eingeleitete O_2-haltige Gas befindet sich unter wesentlich höherem Druck, als er am Boden der Auftriebszone herrscht. Es werden in der untersten Regenerierungszone solche Strömungsbedingungen aufrechterhalten, daß der Druckabfall in dieser Zone nicht größer ist, als der Unterschied zwischen dem Eingangsdruck des Gases am Einführungspunkt in die unterste Regenerierungszone u. dem Druck am Boden der Auftriebszone. Die benachbarten Regenerierungszonen bestehen nur aus 2 übereinander angeordneten Zonen, das O_2-haltige Gas wird in einer Ebene zwischen den Regenerierungszonen eingeleitet, wobei ein Teil des Gases durch die obere Regenerierungszone aufwärts u. der Rest durch die untere Zone abwärts strömt. Die unterste Regenerierungszone wird bei höherer Temp. gehalten als die oberste. Das Auftriebsgas soll weniger als 5 Vol.-% Wasserdampf enthalten. Der Katalysator soll fähig sein, reversibel Wasserdampf unter Wärmeentw. zu adsorbieren. Er soll durch das verhältnismäßig trockene Abgas mit Wasserdampf gesätt. werden, bevor er mit den KW-stoffen in Berührung kommt. Beim *Cracken* S-haltiger, hochsd. KW-stoffe zu Benzinen sollen Katalysatoren verwendet werden, die wesentliche Mengen von Montmorillonitton enthalten. — Zeichnung. (**D. B. P. 865 335** Kl. 23b vom 23/5. 1951, ausg. 2/2. 1953.) UNGER. 8197

Badische Anilin- & Soda-Fabrik, Ludwigshafen/Rh., *Katalysator für Spaltung oder spaltende Druckhydrierung.* Der Katalysator besteht aus Al_2O_3 u. einem oder mehreren Schwermetalloxyden, wobei das Al_2O_3 durch Einw. von verd. Essigsäure auf aktiviertes, metall. Al u. Erhitzen der dabei entstehenden Al-Verb. auf ca. 600—700° gewonnen wurde. (**D. B. P. 868 326** Kl. 23b vom 11/7. 1940, ausg. 23/2. 1953.) UNGER. 8197

Houdry Process Corp., Wilmington, Del., übert. von: **George Alexander Mills,** Ridley Park, Pa., V. St. A., *Herstellung von Katalysatoren aus Tonen,* die nach der bekannten Säurebehandlung keine katalyt. Aktivität aufweisen, z. B. zum *Spalten von KW-stoffen.* — Z. B. Kaolin, der bereits mit Säure behandelt war, wird nach dem Formen auf ca. 500° F erhitzt, nach dem Erkalten mit 4—10% NaOH-Lsg. über 8 Std. behandelt, danach alkalifrei gewaschen u. durch Behandlung mit einer 10—20% $Al_2(SO_4)_3$-Lsg. das Na durch Al ersetzt. Nach Auswaschen u. Trocknen kann der Katalysator noch in bekannter Weise calciniert werden. (**A. P. 2 584 148** vom 28/5. 1946, ausg. 5/2. 1952.) STEIL. 8197

Badische Anilin- & Soda-Fabrik (Erfinder: **Karl Goetze**), Ludwigshafen/Rh., *Kontinuierliche Druckhydrierung von Kohlen, Teeren oder Mineralölen* in fl. Phase unter Erzeugung eines Kreislaufs des Hydrierguts im Reaktionsgefäß, dad. gek., daß das Hydriergut zusammen mit H_2 derart von unten in den einen Teilraum des durch Trennwände in zwei senkrechte, oben u. unten miteinander verbundene Teilräume unterteilten Reaktionsgefäßes eingeführt wird, daß das Hydriergut zwischen den beiden Räumen in Kreislaufbewegung versetzt wird, wobei oben der größte Teil des unten eingeführten H_2 zusammen mit dampfförmigen u. fl. Reaktionsprodd. abgezogen wird. — Zeichnung. (**D. B. P. 859 444** Kl. 12o vom 27/5. 1943, ausg. 15/12. 1952.) G. KÖNIG. 8199

F. J. Collin Akt.-Ges., Dortmund, *Gewinnung von Benzol,* wobei die niedrigersd. Bestandteile als Bzl. (Vorlauf) durch Rektifikation kontinuierlich abgeschieden werden, dad. gek., daß die Rektifikation ohne jegliche Zwischenlagerung in einem Vorratsbehälter, unmittelbar nach der Abtrennung aus dem Abtreiber in einer gesonderten Rektifizierkolonne bei 90—110° erfolgt. — Der Rektifizierkolonne für den Vorlauf ist ein Naphthalinabtreiber nachgeschaltet. — Zeichnung. (**Oe. P. 172 627** vom 27/2. 1950, ausg. 25/9. 1952. D. Prior. 13/2. 1950.) M. F. MÜLLER. 8203

Hans Gruber, Leverkusen, *Herstellung eines festen Treibstoffes hohen Energiegehaltes,* dad. gek., daß C_2H_2 in Schneeform unter Zusatz von NH_3 verdichtet wird. — C_2H_2 wird entweder gasförmig oder fl. in fl. NH_3 geleitet, worauf man das Gemisch expandiert, bis sich C_2H_2-Schnee bildet, oder C_2H_2 wird in fester Form in fl. NH_3 zu einem Brei verrührt, worauf die M. durch Pressen von überschüssigem NH_3 befreit wird. Man kann noch KW-stoffe mit hoher Octanzahl zusetzen. (**D. B. P. 856 977** Kl. 46a[6] vom 13/1. 1945, ausg. 27/11. 1952.) DERSIN. 8205

Standard Oil Development Co., Del., übert. von: **William E. Lifson**, Elizabeth, und **Gordon W. Duncan**, Westfield, N. J., V. St. A., *Motortreibstoff*, bestehend aus einer Mischung von KW-stoffen des Benzinsiedebereichs mit 0,5—1, für Flugmotoren 2—5 Vol.-% Tetrahydrofurfurylalkohol. (**A. P. 2 599 338** vom 26/5. 1950, ausg. 3/6. 1952.) UNGER. 8205

Aktiebolaget Separator, Stockholm, Schweden, *Reinigung von Dieselölen*, die emulgiertes W. u. feste Stoffe enthalten. Man erhitzt das Öl auf 80° u. trennt in einem Zentrifugalseparator W. u. die Feststoffe ab, kühlt das Öl auf eine wenigstens 10° tiefere Temp. ab u. zentrifugiert es erneut, wodurch der Rest der festen Verunreinigungen entfernt wird. (**E. P. 666 777** vom 29/9. 1948, ausg. 20/2. 1952.) DERSIN. 8213

Standard Oil Development Co., Del., V. St. A., übert. von: **Richard C. Brandon**, Elizabeth, N. Y., V. St. A., *Reinigung von Leuchtöl mit Bauxit und Schwefeldioxyd.* Zur Entschwefelung von Leuchtöl (Kp. 300—600° F) wird es in einer 1. Stufe als Dampfphase bei 600—850° F u. 0—50 lbs./sq.in. in Ggw. von Bauxit behandelt. Die behandelte Fraktion wird abgezogen, kondensiert u. in einer 2. Stufe als fl. Phase mit fl. SO_2 im Gegenstrom behandelt. Arbeitstemp.: +20 bis —40° F. Verwendete SO_2-Menge: 35 bis 120 Vol.-% S-Geh., vor der Behandlung 2—3%, nach der Behandlung unter 0,5—0,03%. (**A. P. 2 560 330** vom 24/9. 1948, ausg. 10/7. 1951.) UNGER. 8125

Shell Development Co., San Francisco, Calif., übert. von: **John B. R. Caron**, North Plainfield, und **Everett B. Glendenning**, Cranford, N. J., und **Calmy Wies**, New York, N. Y., V. St. A., *Heizölmischung.* Zur Verhinderung der Schlammabscheidung verrührt man in dem Öl geringe Mengen einer Lsg. von 10—20 (%) Al- oder Fe-Naphthenat u. 5—15 Na-Petroleumsulfonat in 85—65 Mineralöl. Man kann ferner noch schaumverhindernde Mittel, z. B. Siliconöle, zusetzen. (**A. P. 2 575 003** vom 3/7. 1948, ausg. 13/11. 1951.) DERSIN. 8217

Farbwerke Hoechst, vormals Meister Lucius & Brüning, Frankfurt/M., *Wässerige Kühl- und Gleitmittel für die Metallbearbeitung,* bestehend aus wss. Lsgg. von wasserlösl. Salzen der Alkylsulfamidocarbonsäuren, die wenigstens einen Alkylrest mit mindestens 6 C-Atomen enthalten. — Man verwendet z. B. sulfamidoessigsaures Na, das den Rest eines aliphat., hydrierten KW-stoffs aus der CO-Red., Kp. 240—320°, enthält. (**D. B. P. 856 774** Kl. 23c vom 3/11. 1942, ausg. 24/11. 1952.) DERSIN. 8221

S. P. Rosenknop, Die Abtrennung von Schwefeldioxyd aus Gasen. Moskau-Leningrad: Gosschimisdat. 1952. (192 S. m. Abb.) 6 Rbl. 80 Kop. [russ.]

Franz Spausta, *Treibstoffe für Verbrennungsmotoren.* 2., vollst. umgearb. u. vermehrte Aufl. 1. Band: *Flüssige Treibstoffe und ihre Herstellung.* Wien: Springer-Verlag. 1953. (X + 366 S. m. 153 Abb. u. 83 Tab.) DM 45,60.

Die seit der 1. Auflage (1939) außerordentlich schnelle Entw. auf dem Treibstoffgebiet hat die vorliegende, wesentlich erweiterte 2. Auflage zur Folge. Behandelt werden die fl. Treibstoffe aus Erdöl, aus Erdgas, Braunkohle, Steinkohle, Ölschiefer sowie ihre Gewinnung durch Hochdruckhydrierung (Hydrierbenzin), ihre Herst. nach FISCHER-TROPSCH, durch Pyrolyse-, Polymerisations- u. Alkylierungsverff.; weitere Kapitel behandeln das Motorenbenzol sowie die Druckextraktion von Steinkohle (Verf. von POTT u. BROCHE sowie das von UHDE), den Äthylalkohol (Spiritus), das Methanol usw. sowie die Dieselmotorentreibstoffe. Die Literatur ist bis etwa 1944 berücksichtigt. Das Werk stellt eine Bereicherung der Treibstoffliteratur dar u. gibt dem Treibstoff-Fachmann einen Überblick über das Erreichte auf seinem Gebiet. PFLÜCKE. 8204

XXI. Leder. Gerbstoffe.

Fritz Stather, *Fleckenbildungen und Verfärbungen auf salzkonservierten Rohhäuten und Rohfellen.* Allg. Übersicht über Ursachen u. Vork. von Verfärbungen u. Fleckenbldg. auf mit Salz konservierten Rohhäuten u. Rohfellen. (Dtsch. Schuh- u. Leder-Z. **1**. 307—09. Nov. 1952. Freiberg/Sa., Deutsches Lederinst.) H. G. FRÖHLICH. 8334

D. G. Roux, *Verbesserte Zersetzungsmethoden zur Untersuchung von Mimosaextrakt und verwandten Gerbstoffen.* Nach der hier beschriebenen Meth. lassen sich durch eine 2std. Schmelze des Gerbstoffes mit einer NaOH/KOH-Mischung von 4 : 6 bei 200° in einer kleinen Bombe ca. 43% der Substanz in Form von ätherlösl. Phenolkörpern isolieren, die man dann durch Bleisalztrennung, Papierchromatographie usw. zerlegen kann. Hierbei wurden erhalten: 4,2% Resorcylsäure, ca. 11% Gallussäure, geringe Mengen Protocatechusäure, 10,5% Resorcin, ca. 1% Pyrogallol sowie Spuren von Phloroglucin u. Oxydationsprodukten. Durch eine weitere Verbesserung der $KMnO_4$-Oxydation methylierter Gerbstoffe gelingt es, mindestens 20% eines o-Trimethylgallussäure/Veratrumsäure-Gemisches zu erhalten. Die Ergebnisse sind ausführlich beschrieben u. diskutiert. — 23 Literaturhinweise. (J. Soc. Leather Trades' Chemists **36**. 393—400. Dez. 1952. Grahamstrom, South Africa, Leather Ind. Res. Inst.) H. G. FRÖHLICH. 8336

Gustav Wiegand, *Ein Beitrag über „synthetische Austauschgerbstoffe"*. Die Auswertung von Versuchsergebnissen zur Herst. von Austauschgerbstoffen aus o-Kresol, Sulfitablauge, CH_2O, $K_2Cr_2O_7$ u. H_2SO_4 für schwere Leder hat für die besten Gerbstoffe folgende Kennzahlen ergeben. Gerbstoffgeh. 25—28%, Bindungswert = 30—31, Gerbwert = ca. 50 u. Anteilzahl = ca. 60. Probeausgerbungen mit einem solchen Gerbstoff ergaben volle u. feste Leder von heller Farbe bei gleichzeitiger rascher u. gleichmäßiger Durchgerbung. Der Cr-Geh. der Leder lag bei 0,3%. Die Herst. der Gerbstoffe wird ausführlich beschrieben. (Dtsch. Schuh- u. Leder-Z. **1.** 309—10. Nov. 1952. Freiberg/Sa.) H. G. FRÖHLICH. 8336

P. J. van Vlimmeren, *Theoretische Betrachtungen über den Gerbvorgang.* Übersicht über die neuzeitlichen Theorien des Gerbvorgangs u. die bekanntesten prakt. angewandten Gerbverff.: Pflanzen-, Chrom- u. CH_2O-Gerbung. — 56 Literaturhinweise. (Chem. Weekbl. **48.** 945—50. 6/12. 961—67. 13/12. 1952. Waalwijk, Lederinst. T.N.O.) WESLY. 8336

K. G. A. Pankhurst, R. G. Mitton, R. F. Innes und **R. N. Johnson,** *Der Einfluß von Lickerölen auf die Bildung von Ausblühungen und die Zügigkeit von Handschuhleder.* Chromgegerbte Schafsleder aus verschied. Gerbereien wurden mit 10 verschied. Lickerölen (synthet., vegetabil. u. tier.) gefettet, u. nach verschieden langer Lagerung bei verschied. Tempp. wurde das Ausschwitzen nach einer konventionellen Meth. ermittelt. In der Reihenfolge: Olein, Palmkernöl, niedrigsulfiertes Seehundsöl, Lebertran, Heringsöl, hochsulfiertes Seehundsöl, Waltran, Spermöl u. Klauenöl zeigt sich eine gesteigerte Neigung zum Ausschwitzen. Bzgl. der Zügigkeit (run), u. zwar nach abfallenden Werten geordnet, ergibt sich das folgende Bild: Spermöl, hochsulfiertes Seehundsöl, Lebertran, Waltran, niedrigsulfiertes Seehundsöl, Heringsöl, Palmkernöl, Klauenöl u. Olein. Die Ergebnisse, die lediglich als vorläufige zu betrachten sind, werden an Hand von 9 Tabellen ausführlich beschrieben. Weiterhin wird eine Meth. zur statist. Auswertung der einzelnen Verss. gegeben. (J. Soc. Leather Trades' Chemists **36.** 379—90. Dez. 1952. Egham, Surrey, Milton Park, Brit. Leather Manufactures' Res. Ass.) H. G. FRÖHLICH. 8338

S. C. Ellis, R. G. Mitton und **K. G. A. Pankhurst,** *Apparatur für die gleichzeitige Bestimmung von Fett in einer großen Anzahl von Lederproben.* Beschreibung einer App., in der bis zu 1000 u. mehr vorbereitete Lederproben gleichzeitig extrahiert werden können. Als Extraktionsmittel wird CCl_4 verwendet. Nach dem Trocknen der extrahierten Lederproben unter definierten Bedingungen erfolgt die Rückwägung. Für jede extrahierte Probe wird eine unextrahierte aufbewahrt. Die so erhaltenen Ergebnisse, die übrigens gut reproduzierbar sind, stimmen mit den nach den üblichen Verff. erhaltenen gut überein. (J. Soc. Leather Trades' Chemists **36.** 401—09. Dez. 1952. Egham, Surrey, Milton Park, Brit. Leather Manufacturers' Res. Ass.) H. G. FRÖHLICH. 8368

Deutsche Hydrierwerke Akt.-Ges., Düsseldorf (Erfinder: **Erik Schirm,** Cubatao, Estado São Paulo, Brasilien), *Kondensationsprodukte* erhält man durch Kondensation von Sulfitablauge mit aromat. Sulfamiden in Ggw. von Aldehyden oder Aldehyd abgebenden Stoffen, wobei an Stelle der beiden letzten entsprechende N-Methylolverbb. der aromat. Sulfamide oder deren Halogenwasserstoffsäureester verwendet werden können. — Enteisente u. entkälkte, pulvrige Sulfitablauge mit 93,6% Trockengeh. wird in W. mit N-Methylol-p-toluolsulfamid auf 90° erhitzt, bis das Prod. in kaltem W. klar lösl. ist. Nach dem weiteren Verdünnen mit W. auf ein geeignetes p_H erhält man eine Gerblösung. — In weiteren Beispielen wird zur Kondensation ein Gemisch aus Benzol-1.3- u. -1.4-disulfamid (hergestellt aus Bzl. + $ClSO_3H$ + NH_3), Naphthalin-1.3.5- oder -1.3.6-trisulfamid oder die nach D. R. P. 757 503; C. **1952.** 6284 herstellbaren Sulfamide verwendet. *Gerbmittel.* (**D. B. P. 859 460** Kl. 12o vom 9/7. 1940, ausg. 15/12. 1952.) KRAUSS. 8337

Soc. de Produits Chimiques des Terres Rares, Paris, Frankreich, *Gerben von Häuten und Fellen.* Man behandelt das gepickelte Material mit einer wss. Gerblsg., die 15—20 g/Liter eines wasserlösl. komplexen Zr-Salzes (I) enthält, berechnet auf ZrO_2 (II), u. 0,1—2 (Mol) suspendiertes Silicagel auf 1 II. Als I eignen sich bes. die Sulfate, Chloride oder Nitrate. (**E. P. 670 685** vom 27/10. 1949, ausg. 23/4. 1952. F. Prior. 27/10. 1948.) v. SCHILLER. 8337

Jose Baraquil Calva, Minneapolis, Minn., V. St. A., *Behandlung von keratinhaltigen Fasern.* Künstliche oder natürliche Keratinfasern werden mit einer Lsg. behandelt, die die Fasern angreift u. aus einer Säure u. einem Aldehyd oder Keton besteht u. deren p_H-Wert vom isoelektr. Punkt der Fasern verschieden ist. Anschließend werden die Fasern gegebenenfalls einem hochfrequenten Strom ausgesetzt. — Z. B. behandelt man die Fasern mit ca. 0,5—6% Säure u. Formaldehydlösung. Man kann hierdurch eine permanente Änderung der physikal. Eigg. der keratinhaltigen Fasern (Wolle, Haare, Filze), bes. eine Verschiebung des isoelektr. Punktes, erreichen. Dies ist bes. für die

Fixierung der Faserstruktur beim *Gerben von Pelzen* wichtig. (**N. P. 79 036** vom 4/1. 1946, ausg. 17/9. 1951.) JÜRGEN SCHMIDT. 8337

Firestone Tire & Rubber Co., Akron, O., übert. von: **Elmer C. Schule**, Pottstown, Pa., V. St. A., *Kunstleder*. 10—15 (Teile) Mischpolymerisat aus Butadien u. 30—45% Acrylnitril werden bei 54° mit 10—25 calc. Ton vermahlen. Man setzt dann 60—80 Polyvinylchloridharz zu u. vermahlt bei 143—171°, worauf der Ansatz zu Kunstleder ausgewalzt wird. (**A. P. 2 605 247** vom 17/6. 1950, ausg. 29/7. 1952.) MÖLLERING. 8353

Soc. Salpa Française, Seine, Frankreich, *Lederersatz*. Zu N. P. 66 545; C. **1945**. I. 981 ist nachzutragen: Für die Herst. der Kunstharzemulsionen verwendet man bes. Polyvinylchlorid, Polyvinylacetat oder Polyacryl- oder Polystyrolkunstharze, sowie Gelatine, Casein oder Na-Sulforicinoleat als Emulgiermittel. Man erhält einen Lederersatz von der Geschmeidigkeit u. Widerstandsfähigkeit des Naturleders. (**F. P. 972 737** vom 7/4. 1941, ausg. 2/2. 1951.) RAETZ. 8353

Soc. Salpa Française, Seine, Frankreich, *Lederersatz*. Man überzieht eine Unterlage, z. B. ein Gewebe, mit einem Gemisch aus einer Emulsion aus einem Polyvinylkunstharz, wie Polyvinylchlorid oder Polyvinylacetat, gegebenenfalls mit einem Zusatz von Plastizierungsmitteln, wie Trikresylphosphat oder Butylphthalat, u. einer Emulsion aus Anthracenöl, wobei man als Emulgiermittel zweckmäßig Na-Sulforicinoleat, Gelatine oder Casein verwendet; das Emulsionsgemisch kann ferner auch noch Füllstoffe oder mineral. oder organ. Pigmente enthalten. Nach dem Trocknen bei ca. 50—80° erhält man auf dem Gewebe einen glatten u. festhaftenden Überzug, den man durch Aufbringen weiterer Überzüge noch verbessern kann. Man erhält so einen geschmeidigen Lederersatz, der sich in bekannter Weise narben läßt u. zur Herst. von künstlichem Saffianleder, Bucheinbänden oder Riemen geeignet ist. (**F. P. 972 914** vom 12/6. 1941, ausg. 5/2. 1951.) RAETZ. 8353

Henri-Antoine-Désiré Roux, Seine, und **Établissements Iwan-Voos**, Marne, Frankreich, *Kunstleder*. Man vermischt z. B. 200 g Wollfilzabfälle oder andere tier. oder pflanzliche Hohlfaserstoffe, wie Haare, Baumwolle, Ramie oder Leinen, mit 50 g Gelatine oder anderen Hydrolyseprodd. von Albuminsubstanzen oder ähnlichen organ. N-haltigen Substanzen, 350 g W. u. 50 cm³ Glycerin, sowie gegebenenfalls einem Füllstoff oder einem Antischleifmittel, wie $CaCO_3$, verformt das so erhaltene Gemisch u. gerbt es nach dem Erkalten. Man erhält ein Kunstleder, das sich wie Naturleder zurichten u. färben läßt u. sich zur Herst. von Schuh- oder Pantoffelsohlen eignet. (**F. P. 973 670** vom 4/11. 1941, ausg. 13/2. 1951.) RAETZ. 8353

Soc. Salpa Française, Seine, Frankreich, *Wiedergewinnung von Kunstlederabfällen*. Zu N. P. 66 582; C. **1945**. I. 981 ist nachzutragen: Zwecks Erhöhung der Geschmeidigkeit des Endprod. kann man zusätzlich plastizierte Polyvinylkunstharze mitverwenden, während der Zusatz von Füllstoffen, wie Kaolin, zu einem steiferen Prod. führt; die mechan. Widerstandsfähigkeit des Endprod. kann durch Zusatz von Faser- oder Mineralstoffen oder von pflanzlichen oder tier. Stoffen erhöht werden. (**F. P. 972 466** vom 28/3. 1941, ausg. 30/1. 1951.) RAETZ. 8353

XXIV. Photographie.

Keith M. Hornsby, *Übersichtsberichte. Die Diazoniumsalzverfahren*. Patentübersicht über Kupplungskomponenten für die Diazoniumsalzverfahren. (Brit. J. Photogr. **100**. 82—84. 13/2. 1953.) W. GÜNTHER. 8590

E. E. Loening und **G. C. Farnell**, *Über das photographische Verhalten des Systems Kieselsäure/Silberion*. Mit der Absicht, Rückschlüsse auf die Entstehung des latenten Bildes bei Bromsilbersolen ziehen zu können, lassen Vff. $AgNO_3$-Lsg. auf SiO_2 einwirken, das vorher durch Behandeln mit Leitfähigkeitswasser von Cl-Ionen befreit wurde. Zuerst wurde die Adsorptionsisotherme einer n/1000 $AgNO_3$-Lsg. an SiO_2 bei 0° u. einem Ausgangs-p_H von 7,5 bestimmt. Der Sättigungszustand, ident. mit der Adsorption von $3,5 \cdot 10^{-6}$ Grammäquivalent Ag-Ionen an 1 g SiO_2 wird nach Ablauf von 1 Min. erreicht. Belichtet wird durch das WRATTEN-Filter 0 mit Hilfe einer 40 Watt-Lampe, die sich im Abstand von 2 m befindet. Entwickelt wird mit dem physikal. Entwickler nach RZYMKOWSKI (Lsg. I: 3,0 cm³ 12%ig. wss. Citronensäure, 7,5 cm³ frisch bereitete 2%ig. alkoh. Benzochinonlsg., 7,5 cm³ frisch bereitete 2%ig. wss. Hydrochinonlsg., W. auf 50 cm³. Lsg. II: 10%ig. wss. $AgNO_3$-Lösung. Kurz vorher 2 Teile Lsg. II zu 5 Teilen Lsg. I geben). Die Entwicklungszeit beträgt 24 Minuten. Die Entw. muß sofort nach der Belichtung vorgenommen werden, um dem Rückgang des latenten Bildes zuvorzukommen. Nach der Entw. wird das SiO_2 abzentrifugiert u. das auf ihm niedergeschlagene entwickelte Ag in HNO_3 gelöst u. potentiometr. bestimmt. — Es werden folgende Beobachtungen gemacht (Kurven vgl. Original): die Menge des auf der Oberfläche des

SiO_2 niedergeschlagenen entwickelbaren Ag wächst mit der Belichtungszeit; die Ag-Ionenkonz. beeinflußt die Empfindlichkeit des Syst. SiO_2/Ag-Ion; die Empfindlichkeit wächst mit steigendem p_H des Syst.; sie steigt bei einem p_H über 4,5 beträchtlich; wird bei -196^0 belichtet, so ist kein latentes Bild nachweisbar; das latente Bild geht zurück, wenn zwischen Belichtung u. Entw. längere Zeit verstreichen kann (für p_{Ag} 3,0 liegt sie bei 20 Min.); das Syst. ist lichtempfindlich bis in das Spektralgebiet von 6000 Å; Zugabe einer geringen Menge einer 1%ig. Gelatinelsg. steigert die Lichtempfindlichkeit des Systems. — Im Gegensatz zum Bromsilbersyst. können beim Syst. SiO_2/Silberion die bei der Belichtung freiwerdenden Photoelektronen nur an der Oberfläche entstehen. In beiden Fällen jedoch wird als erste Phase für die Entstehung des latenten Bildes durch Belichtung des Silberionenkomplexes die Bldg. von Elektronenfallen an der Oberfläche angenommen. — 13 Literaturhinweise. (Photographic J., Sect. B **92 B.** 187—94. Nov./Dez. 1952. Kodak, Res. Labors. W. GÜNTHER. 8594

J. H. Webb, *Das latente photographische Bild — ein Kernvorgang in der festen Phase.* Vf. diskutiert die Entstehung des latenten Bildes unter Berücksichtigung der Kenntnisse über die Photoleitfähigkeit in Kristallen. Danach rührt die Ionenleitfähigkeit von Halogensilberkristallen von Ag-Ionen her, die Fehlplätze im Gitter eingenommen haben. Wird ein AgBr-Kristall vom Licht getroffen, so entstehen freie Elektronen, die die an der Kristalloberfläche befindlichen, aus Ag_2S bestehenden Störstellen negativ aufladen. Gleichlaufend mit diesem Vorgang geben die an den Fehlplätzen sitzenden Silberionen ihre positive Ladung an die negativ geladenen Störstellen ab, wobei sich metall. Ag abscheidet, das als Keim befähigt ist, die Entw. durch photograph. Entwickler einzuleiten. (Ind. Engng. Chem. **44.** 1331—35. Juni 1952. Rochester, N. Y., Kodak Res. Labor.) W. GÜNTHER. 8594

Edith Weyde, *Über die Wiedergabe von Details in den nach den Silbersalz-Diffusionsverfahren hergestellten Positiven.* Vorbedingung für die prakt. Anwendung der Ag-Salzdiffusionsverff. zur direkten Herst. von Positiven (AGFA-Copyrrapid, GEVAERT-Gevacopypapiere u. Linitex-Film) ist eine genügend scharfe Wiedergabe aller Originaldetails. Um dies zu erreichen, ist die Einhaltung der optimalen Konz. der bei der Entw. beteiligten Agentien von grundlegender Bedeutung. So verlangsamt z. B. eine zu hohe Konz. an Na-Thiosulfat, das bei dem Prozeß als Halogensilberlösungsm. wirkt, die Abscheidung des Ag durch Bldg. stabiler Ag-Komplexsalze. Erhöhung des p_H-Wertes oder eine erhöhte Konz. an Reduktionsmitteln beschleunigt dagegen die Ausscheidung von Silber. Beim Copyrapidverf. hat sich das Zusetzen von „Keimen“ zur Positivschicht als bes. vorteilhaft erwiesen. Sinkt an einer Stelle die Konz. der Ag-Salze durch Red. zu Ag stärker ab, so wird nach dieser Richtung hin eine bevorzugte Diffusion stattfinden. Da der größte Teil des unbelichteten Halogensilbers der Negativschicht zum Aufbau des Bildes in der Positivschicht gebraucht wird, so muß die Red. der gelösten Ag-Salze an dieser Stelle möglichst rasch erfolgen. Die durch die Keime bedingte rasche Ausscheidung des Ag in der Negativschicht führt den größeren Teil der gelösten Ag-Salze der Positivschicht zu, während nur ein verhältnismäßig geringer Anteil in der Negativschicht zurückbleibt u. dort red. als Schleier sichtbar wird. Um eine scharfe Detailwiedergabe zu erzielen, müssen bei den genannten Verff. die Bedingungen so gewählt werden, daß die Einzelvorgänge möglichst rasch ablaufen können. (Photogr. Korresp. **88.** 203—04. 1952.) W. GÜNTHER. 8600

Albert Steigmann, *Über die Unterscheidung photographischer Gelatinen durch eine neue Farbreaktion.* In gewissen photograph. Gelatine (I)-Sorten lassen sich Spuren von *Nitrit* nachweisen, die während des Herstellungsprozesses aus dem W. aufgenommen werden, wo sie aus Nitraten durch bakterielle Red. entstanden sind. Der Nitritgeh. beeinträchtigt die photograph. Qualität. Vf. kann zeigen, daß nicht das Nitrit als solches, sondern die daraus bei p_H unter 5 entstehende freie HNO_2 dafür verantwortlich zu machen ist. Man schm. 10 g I bei 60^0 in 90 cm^3 W. auf, dem 0,1 g $NaNO_2$ zugesetzt wurden. Durch Zugabe von Eisessig wird auf p_H 3,8 eingestellt u. 1 Std. bei 60^0 stehengelassen, wonach das überschüssige $NaNO_2$ mit 0,2 g Ammoniumsulfaminat zerstört wird. Stellt man mit so vorbehandelten Gelatinen nach dem vom Vf. beschriebenen Verf. photograph. Emulsionen her, so zeigt sich bei diesen eine erhebliche Schleierneigung. Vf. weist auf eine Farb-Rk. hin: bei sauer aufbereiteten I entsteht eine intensiv smaragdgrüne Färbung, im Gegensatz zu I, die durch Kalkaufschluß hergestellt werden. Letztere zeigen, wie z. B. gute Röntgengelatinen oder neutrale Negativgelatinen, nur eine schwach gelbliche oder bräunliche Färbung. Da aromat. Aminosäuren mit HNO_2 die beobachtete Grünfärbung nicht geben, wird angenommen, daß bei der Einw. von HNO_2 auf I möglicherweise gefärbte Nitrosoverbb. entstehen. Diese gefärbten Substanzen können Goldsalze reduzieren, so daß eine goldinierte I sensibilisierende Eigg. annehmen kann. (Sci. Ind. photogr. [2] **23.** 426—27. Nov. 1952. Woburn, Mass., Atlantic Gelatine Co., Labor.) W. GÜNTHER. 8602.

Pierre Roman, *Über die Herstellung photographischer Entwickler und ihre Regenerierung auf elektrolytischem Wege.* Nach REINDERS bzw. ABRIBAT (25 Literaturhinweise) sind nur solche Systeme befähigt, das latente Bild zu entwickeln, deren Redoxpotential niedriger als +0,120 V liegt. Außer dieser Bedingung muß ein Entwickler, der durch kathod. Red. regeneriert werden soll, noch folgende Eigg. besitzen: er muß sowohl in der oxydierten als auch in der reduzierten Form lösl. sein; außerdem muß sein Redoxsyst. vollkommen reversibel sein. Von den verschied. Redoxsystemen auf Basis von Metallsalzen besitzen nur die Salze des zweiwertigen Vanadiums prakt. Interesse, während Salze des Ti^{III}, W^{III}, Cr^{II} u. Sn^{II} wohl die obigen Bedingungen erfüllen, bei Durchführung der kathod. Red. jedoch aus verschied. Gründen Schwierigkeiten bereiten. Die Herst. des Vanadiumentwicklers erfolgt so, daß man in eine Aufschwemmung von 40 g V_2O_5 in 200 cm^3 48%ig. HBr bis zur Lsg. SO_2 einleitet u. auf 1000 cm^3 mit W. auffüllt. Die Lsg. ist dann 0,44 mol. an V, 1,55 n. an Br^- u. 0,20 mol. an SO_4^{--}. Sie wird der Elektrolyse unterworfen, wobei die Anoden-Fl. aus $^1/_{100}$ H_2SO_4 besteht. Nach der Elektrolyse enthält die nun gebrauchsfertige Entwicklerlsg. 0,42 Mol. V, 1,35 Mol. HBr u. 0,17 Mol. H_2SO_4. Als Elektrodenmaterial hat sich Pb bewährt. — In ausgedehnten Versuchsreihen wurden die sensitometr. Eigg. des beschriebenen V-Entwicklers untersucht. Er arbeitet außerordentlich rapid. Er entwickelt bei 15° in 15—20 Sek. zu denselben Schwärzen wie ein gewöhnlicher Entwickler (z. B. KODAK D-16) bei 20° in 5 bis 10 Minuten. Bei Verlängerung der Entwicklungszeit tritt eine leichte Schleierneigung auf. Als eigentliche Entwicklungssubstanz ist das zweiwertige V-Ion anzusehen, VBr_2 wirkt wie KBr als Schleierverhütungsmittel u. HBr als Halogensilberlösungsmittel analog dem Sulfit in einem n. Entwickler. Der Entwicklungsvorgang folgt der Gleichung:. $AgBr + VBr_2 \rightarrow Ag + VBr_3$ u. die elektrolyt. Red. der Rk.: $VBr_3 + e \rightarrow VBr_2 + Br^-$. Es empfiehlt sich, die Entwicklungstemp. nicht über 15° steigen zu lassen, da sonst der Schleier zunimmt. Von den drei V-Salzen: Bromid, Chlorid, Sulfat gibt das Bromid die besten Resultate. Erhöhung der HBr-Konz. (zwischen 1,5 u. 4,8 Mol) erniedrigt die Gradation u. erhöht den Schleier. Der optimale Geh. an VBr_2 liegt bei 0,4 Mol. Der V-Entwickler arbeitet ohne Induktionsperiode, wozu ihn sein im Vgl. zu n. Entwicklungssubstanzen relativ kleines Ion befähigt, das im Gegensatz zu diesen positiv geladen ist, so daß es in das von negativen Ladungen umgebene Halogensilberkristall wesentlich leichter eindringen kann. Der V-Entwickler entwickelt nicht nur das Oberflächenbild, sondern je nach HBr-Konz. u. Entwicklungsdauer auch das interne latente Bild. Das entwickelte Ag-Korn weicht in seiner Größe kaum von dem durch n. Entwickler hervorgerufene Korn ab, es zeigt jedoch eine eigentümliche Struktur. — Schemaskizze für eine elektrolyt. Regenerationsanlage vgl. Original. (Sci. Ind. photogr. [2] **23.** 417—26. Nov. 1952. Paris-Vincennes, Kodak-Pathé, Labor. de Recherches.) W. GÜNTHER. 8618

Robert C. Lovick, *Dichtemessungen an Silbersulfid-Tonspuren.* Im allg. bestehen die Tonspuren von Kodachromfilm u. anderen Mehrschichtfarbfilmen aus *Silbersulfid* (I), das sich in seiner spektralen Durchlässigkeit grundlegend von Silberschichten unterscheidet. Die Spektralkurve von abgeschiedenem Silber hat ein Dichteminimum bei 525 mμ, sie steigt langsam mit zunehmenden Wellenlängen. Die D. bei 800 mμ liegt 14% über der von 525 mμ, bei der physikal. Dichtemesser ein Empfindlichkeitsmaximum aufweisen. Bei I dagegen nimmt die D. mit der Verschiebung nach längeren Wellenlängen stark ab. Die D. eines I-Nd. beträgt bei 800 mμ nur ca. 40% von der bei 525 mμ. Im Umkehrverf. hergestellte I-Tonspuren erscheinen deswegen dichter als der Wirklichkeit entspricht, eine Feststellung, die die oft beobachtete Überbelichtung von Tonspuren erklärt. Es wird eine Standardmeth. zur Messung der Dichten von Tonspuren beschrieben, die auf die Verwendung von Interferenzfiltern beruht, wozu sich Densitometer mit Photozellen eignen. (J. Soc. Motion Picture Television Engr. **59.** 89—93. Aug. 1952.) W. GÜNTHER. 8636

Joseph Foldes, *Über die Abschwächung von Negativen.* Vf. gibt Rezepte für den Ansatz der verschied. Abschwächertypen u. Anweisungen für deren Verwendung. (Camera [Baltimore] **75.** 72—75. Dez. 1952.) W. GÜNTHER. 8648

Herausgeber u. verantwortlich für den Inhalt: Prof. Dr. Maximilian Pflücke, Berlin W 8, Jägerstraße 22/23, Fernsprecher: 200481, 201464. Redaktion: Chefredakteure Dr. Eugen Klever und Prof. Dr. Maximilian Pflücke. Verlag: Akademie-Verlag GmbH, Berlin NW 7, Schiffbauerdamm 19 (Fernsprecher 425571, Postscheckkonto Berlin 35021) u. Verlag Chemie, GmbH, Weinheim/Bergstraße (Postscheckkonto Frankfurt/M. 145314 u. Berlin [West] 7430, Fernsprecher: Weinheim 2017). Bestell- u. Verlags-Nr. dieses Heftes: 1007/124/25. Das Chemische Zentralblatt erscheint wöchentlich.
Satz u. Druck: VEB Leipziger Druckhaus, Leipzig. III/18/203. VI. 53.
Veröffentlicht unter der Lizenznummer 1212 des Amtes für Literatur und Verlagswesen der Deutschen Demokratischen Republik.
Printed in Germany.

Kolibri 360 GmbH
Ferdinand-Jühlke-Straße 7
99095 Erfurt, Deutschland
produktsicherheit@kolibri360.de